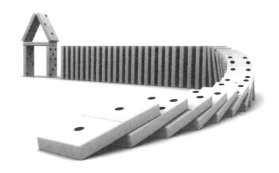

文化伟人代表作图释书系

An Illustrated Series of
Masterpieces of the Great
Minds

非凡的阅读

从影响每一代学人的知识名著开始

知识分子阅读，不仅是指其特有的阅读姿态和思考方式，更重要的还包括读物的选择。在众多当代出版物中，哪些读物的知识价值最具引领性，许多人都很难确切判定。

"文化伟人代表作图释书系"所选择的，正是对人类知识体系的构建有着重大影响的伟大人物的代表著作，这些著述不仅从各自不同的角度深刻影响着人类文明的发展进程，而且自面世之日起，便不断改变着我们对世界和自然的认知，不仅给了我们思考的勇气和力量，更让我们实现了对自身的一次次突破。

这些著述大都篇幅宏大，难以适应当代阅读的特有习惯。为此，对其中的一部分著述，我们在凝练编译的基础上，以插图的方式对书中的知识精要进行了必要补述，既突出了原著的伟大之处，又消除了更多人可能存在的阅读障碍。

我们相信，一切尖端的知识都能轻松理解，一切深奥的思想都可以真切领悟。

■ 文化伟人代表作图释书系

A Course
of Pure
Mathematics

胡 琳 / 译

纯数学教程

（全译插图本）

〔英〕戈弗雷·哈罗德·哈代 / 著

重庆出版集团 ⚙ 重庆出版社

图书在版编目（CIP）数据

纯数学教程/（英）戈弗雷·哈罗德·哈代著；胡
琳译. —重庆：重庆出版社，2024.4
ISBN 978-7-229-18629-6

Ⅰ.①纯…　Ⅱ.①戈…　②胡…　Ⅲ.①高等数学-教
材　Ⅳ.①O13

中国国家版本馆CIP数据核字（2024）第084317号

纯数学教程
CHUNSHUXUE JIAOCHENG
〔英〕戈弗雷·哈罗德·哈代 著　胡 琳 译

策 划 人：刘太亨
责任编辑：谢雨洁
责任校对：何建云
封面设计：日日新
版式设计：冯晨宇

重庆出版集团
重庆出版社　出 版

重庆市南岸区南滨路162号1幢　邮编：400061　http://www.cqph.com
重庆三达广告印务装璜有限公司印刷
重庆出版集团图书发行有限公司发行
全国新华书店经销

开本：720mm×1000mm　1/16　印张：35.75　字数：660千
2024年10月第1版　2024年10月第1次印刷
ISBN 978-7-229-18629-6

定价：78.00元

如有印装质量问题，请向本集团图书发行有限公司调换：023-61520678

译者序
PREFACE

从 1908 年初版至今，《纯数学教程》一共经历了 11 次重印或再版，不断被译成不同的语言文字，其在数学界的受欢迎程度不言而喻。在无数次不同语言之间的翻译过程中，看似是译者对本书言语的打磨，实则是数学思想与逻辑思维的碰撞；不断修订的过程，也是使本书不断吸收和纳入新时代的数学思想与分析方法的过程。这本数学著作之所以经典，除了本身的学术价值，作者哈代（Hardy）的人格魅力也为其增光添彩。

哈代先生既是著名的数学家，又是优秀的教育家。他在英国牛津大学、剑桥大学任教期间的数学成果斐然，在数论、不等式、级数、极限以及微积分计算等领域中做出了巨大的贡献，同时还挖掘了拉马努金、华罗庚先生等优秀的数学家。《纯数学教程》的再译、再版、再印并不仅是出于对哈代先生的尊重与崇敬，更是因为这是一本畅销书，具有普及思想的价值。能够由我承担本书的翻译工作，为广大读者传播哈代先生的数学知识与逻辑思维，与读者一同领略字里行间闪烁的汗漫灵光，何其荣幸！

数学，这门学科从远古的计数开始，不仅是工具，更是思想。译者在中国和美国都曾学习过"高等数学"，学习内容差不多，但老师的教学方法却略有不同。《纯数学教程》与国内高等院校数学教科书的区别在于——它更为详尽地描述了公式、定理的推导过程，对于边界或限制条件的来源、假设方式都进行了详细的考证。非常有意思的是，这本教科书中的很多问题并没有给出最终答案，而是留给读者自行思考，似乎读者得出的答案才是正确答案。这其实反映了东西方教育的不同理念——结果导向论 vs 思维导向论。

译者在美国参加博士生入学考试时，我们所有考生都有着相似的心得体会：

看着出题风格尤其是使用的动词，就能大致猜出它出自哪国老师的手笔——如果题目给定限制条件，通过代入公式得到最终结果的，十有八九是亚洲老师的杰作（题目中最常见的动词为 obtain）。这是因为在东方（如中、日、韩等国）的数学教育中，侧重于解决问题（problem-solving），也非常崇尚"打破砂锅璺到底"的追踪精神。而与之相对，欧美数学系教授的出题方式往往偏向论述，无限制条件（题目中最常见的动词为 describe）。这样一来，试题往往对于最后数值答案的分值设定不高。东方崇尚的结果导向论与西方追求的思维导向论，这两种不同的教育方式，塑造出来的学生思维风格也不尽相同。在此我想要强调的是，这两种教育方式并无高下之分，也无对错之别，只是对学生的大脑皮层刺激点以及思维路径的不同。我们既不可妄自菲薄，也不可骄傲自大。回头看来，《纯数学教程》这本书既是对数学思维的推广，又是对数学能力的培养，既具有思维导向性，也具有结果导向性，读之将受益无穷。

《纯数学教程》作为英国"第一本数学分析书"，对于数学分析的逻辑思路进行了统一，直接奠定了数学分析课程的基础。本书将直观与抽象结合起来进行数学分析，全面梳理了经典数学的相关概念，系统阐述了微积分的产生与应用，还囊括了剑桥大学"数学"课程的习题集以及解题技巧，适合学习数学以及数学爱好者阅读，下面简要介绍一下本书的内容结构：

全书一共分为十章，内容层层递进，逻辑清晰。第一章与第三章进行了数论扩充的讨论，从有理数到实数，再到复数，介绍了其分类关系、大小比较及相关定理，尤其是第一章中戴德金分割定理的分析尤为精彩。第二章介绍了函数的概念，着重以图像展示的方法来分析函数，读者也应吸收理解图像分析这一思想。第四章和第五章开始引入极限、级数、连续、振荡等相对晦涩难懂的概念，并且对于边界条件进行了分类讨论。从第六章到第八章开始详细介绍了微积分的概念、相关定理证明、特殊函数的积分讨论以及收敛的判别法。值得注意的是，此三章通过细致入微的讨论，为 19 世纪以来的欧洲数学界微积分辩论找到了答案，推荐读者多次阅读并熟练使用微积分工具。第九章与第十章针对常见且重要的对数函数、指数函数以及三角函数进行了多重角度分析。

本书的翻译是译者在不断翻阅相关数学资料的基础上反复推敲的过程，对于很多数学概念的分析、定理的推导过程及限制条件都进行了仔细的琢磨，译者也自行对部分习题进行了验算。在此，我向曾经请教过的同事表示衷心的感谢，也向在翻译过程中给予帮助和指导的编辑们表示感谢。作为一部 20 世纪的著作，原文的一些表达都已过时，因此译者尽量使用了最新的数学概念与表达方式进行翻译，便于读者理解。但由于水平有限，最终译文难免会有欠妥之处，恳请各位读者批评指正。

2022年2月于北京

前　言

我手头的这本《纯数学教程》是第八版，出版于 1941 年。这是我父亲购置的首批书籍之一，当时他还是个穷困潦倒的英格兰难民学生。书籍上密密麻麻的铅笔笔迹说明我父亲已经充分阅读了这些书。这也是我第一次尝试阅读数学书，虽然绝大多数内容都是入眼不入心，但时至今日我依然能感受到第一次阅读到戴德金构建实数时的快乐。初版一百年后的今天，剑桥大学出版社依然在重版这份世纪版，并不是出于仰慕，而是因为《纯数学教程》这本书依然是畅销书，不断地被每一代数学家们所购所读。

在 19 世纪的绝大多数时间内，剑桥的数学家们工作卓越，对于数学家们的绝对信任也是知识教育的一部分。最优秀的学生往往能够在检验速度、准确性和问题解决能力的数学考试（the Tripos）中战胜对手，到达顶峰。然而，也有一种针对本科生教育的系统。在德国这样的研究学校集中在柏林和哥廷根，在法国则是在巴黎。在英格兰，像亨利·史密斯和凯莱这样的大数学家虽然备受仰慕却独来独往。

能够培育出麦克斯韦、开尔文勋爵、瑞利男爵三世和斯托克斯这样杰出人才的教育系统不应该被忽略，但是任何过于关注教学和考试的数学学校都面临着过时的风险（看看我们现在的高等专科学校）。很可能，甚至在应用数学领域，剑桥的方法都落后于欧洲。显然，除了某些明显特例，纯数学的研究在英国并不存在。哈代总是乐于重复他的一位匿名欧洲同事对于英国数学的评价，"灵光乍现，成果单一，不足以展示真实的能力，大多时候只是业余、忽略、确实以及繁琐"。

当哈代来剑桥求学时，改革迫在眉睫。

"正如每一个未来的数学家那样，来到学校后我发现我有时会强于我的老师；甚至在剑桥我有时也发现自己会强于大学讲师。但是我终生所研究的内容会被忽略，甚至当我参加数学考试的时候也是如此；而我依然把数学视作一个竞争性强的科目。拉乌教授开拓了我的眼界，他为我授课了几个学期，也教会了我一些数学分析的概念。但是我依然深深地怀疑他终究只是一个应用数学家——正是他推荐我拜读若尔当著名的专著《分析教程》；我永远也不会忘掉我读到这本巨著时的满足感，同时代诸多数学家的灵感迸发，让我第一次领悟到数学家究竟意味着什么。"

哈代《一个数学家的辩白》

自牛顿之后，数学家们就致力于解决计算问题，就像欧几里得几何那样。但是计算的基本原理何处去寻？微分方程的概念如何定义？哪些定理很浅显，哪些很隐晦？为了回答这些问题，所有的计算学课本不得不将准确的描述混杂在一起。有时候作者知晓其中的隔阂，却不得不巧妙地描述为"坚持，终会找到真相"。更常见的情况是，作者与读者都糊弄难点——多数讲师也知道，教给读者可以自圆的错误理论虽容易理解却也更危险。

若尔当的第一版《分析教程》（1882—1887）属于这个旧版，但是第二版（1893—1896）添加了像魏尔施特拉斯（Weierstrass）这样严格的数学家的工作研究才得以完整地描述了计算这一学科，这份描述也是多方认可的。若尔当的工作及其"新大陆"般的分析反响巨大。杨和霍布森，这两位老师原本只打算从事本科生教育工作，突然投入到研究之中，甚至最后自己也成了伟大的数学家。

在阅读依然在版的前三本书时我们仍可以寻到这份影响力。我们现在读到的版本已经过多方审阅，但也是由一群致力于挑战百年传统的年轻人所书写的。第一本书是惠特克的《现代分析课程》（1902）（再版由惠特克和沃森共同创作）。这本书展示了以前"王冠上的珠宝"是如何用现代方法进行分析的。第二本书是霍布森的《实变量函数理论》（1907），这本书为专业数学家设立了新的分析方法。第三本便是于1908年首次出版的本书，它面向"能力达到或接近学者水平的第一年学生"。

本书的概念可能看起来很不着边际，类似于那些看待现代的大学系统和认为旧大学系统是由《故园风雨后》或《罪恶之街》所塑造的观念。然而，虽然剑桥的大多数学生来自于富裕家庭，但也有一些来自于贫穷家庭，需要区分。大多数的数学系学生来自于限定的学校，在那里这些学生受到了良好的数学教育。（例如，读过李特尔伍德在《一个数学家的集锦》中对其数学教育的描述。）

哈代预料中的读者群很小，剑桥大学出版社要加15欧元用于纠错也并不意外。然而，这批读者都完整经历过欧几里得几何的学习过程，更重要的是，建立了逻辑学的长链。这些都建立在出于解决问题的又快又准的代数和计算设计中。第一次分析课中的现代作者也面临着这样的读者：没有多少证明经验、很低的代数逻辑思维、没有将计算应用到有趣的机械和几何问题的经验。斯皮瓦克的《微积分》是一本卓著的书，但是哈代用更丰富的练习展示了这本书的内容。（读者应该注意到像例1.1这样的问题，看似是简单的陈述，其实是其他陈述的前提）。

剑桥和牛津都使用哈代的《纯数学教程》，而这两所大学在英国数学界都占有主导性地位。（在"二战"前，几乎每位英国数学教授都来自于剑桥或者牛津。）在接下来的70年里，哈代的书在英国都被视为第一本分析书籍。分析学课本甚至会起名为"哈代使分析学更简单""哈代简化"或者"哈代瘦身分析学"。伯基尔的《第一门分析课程》就是后者的典型例子。

在接下来的40年里，哈代的模型从两个方面承受着压力。大学系统的扩张带领更多学生进入数学的世界，但是新的学生并没有准备充分，也不太愿意学习数学。显然，对于这样的学生，"哈代简化"并不适合。另一方面，数学领域的前沿继续推进，对于未来学者的分析课使他们见识到了多重和无限维空间这样的问题。迪厄多内的《现代分析基础》以及柯尔莫哥洛夫和弗明的《实分析导论》都代表了两种完全不同但都激励人心的解决问题的答案。

随着新的课题进入了教学大纲，旧的课题必须被移除。现在最好的学生得到"哈代深入研究"，接下来便是度量空间和拓扑空间。关于它们的教育方式又快又有效，但是有部分缺失。就类似于"TGV（法国高速列车）带你很快逛遍法国，但是却遗漏了诸岛和法国人民"。我们声称给予我们的学生数学上的经验，但是却提供了大量"常规练习"，并将"更难的证明"安排到了附件中。或许接下来一代的数学家们会像哈代这代数学家批评剑桥大学教授一样批判我们的教育。

哈代的书籍始于对实数系统性质的介绍。在第一版中对这个是自然要介绍的，但是在第二版和之后的版本中，哈代从有理数开始构造实数。伯特兰和罗素曾说数学有两种表达方法，假设法和构造法。假设法的优势在于"投机取巧"，而现代课程中会把构造法置于很后的位置，或者就干脆忽略掉。哈代允许读者跳过构造法的学习过程，但是读者应该尝试做每章后面的练习题。现代的本科生应该先学习接下来两章的内容再学习分析课的内容。

从第四章和第五章开始，本课程开始引入极限的概念。本书的处理比起现代的引入来说要更不紧不慢，但是匆匆扫过的读者就很难体会到深入分析的美。在某一两处这个概念的定义很老旧（例如第 71 课时中，"分散"现在的定义就是"不收敛"）。但是也很容易转化至现在的概念中。更重要的是，读者应该注意到，第 101 至第 107 课时的定理比起推导过程要深入得多。全书中每处应用第 17 课时的 L 族和 R 族的概念时，哈代都是在用实数的基本性质，读者应该注意这点。

第六章介绍了微积分的概念。这里最重要的为第 122 课时的论断，从而引出第 126 课时的中值定理。直到第 161 课时，哈代都把积分看作微分的反操作（虽然他在第 148 课时中给出了面积计算的链接），但是在本节中他定义了定积分，完善了计算的基础。基础建立好后，他继续深入摸索了标准方法和计算定理，对于三角函数、指数函数和对数函数在实数和复数情形下都给出了详细的描述。

在他的《从古到今的数学思想》中，克莱恩忽略了 100 年间波尔查诺、柯西（Cauchy）、亚伯、狄利克雷、魏尔施特拉斯、康托尔、皮亚诺和其他人认真却痛苦的分析——"分析定理一定要更加仔细……所有的工作都是为了证明数学家已知的情形"。事实上，认真分析的过程反而说明了数学家们已知的某些事情其实是错误的。并不是每个数学问题都有一个答案，除了一些特定点外也并不是任意连续函数都可导，也并不是每一个区域的边界都是可忽略的，也并不是每一个足够平滑的函数都等于其泰勒级数。

甚至更重要的，认真分析的过程也反映了实线的潜在结构，也产生了新的工具（例如第106课时的海恩－博莱尔定理）来探索新的结构。在哈代创作的那个年代，康托尔、皮亚诺、若尔当和博莱尔对于面积的概念的研究在勒贝格的工作中视为典范。通过勒贝格积分的新工具和对于基础清晰的认识，分析学进入了黄金年代，哈代在此中贡献了哈代空间和哈代－李特尔伍德定理。

在1900至1910年期间，我写了很多文章，但是并不重要，我仅记得不超过四五篇文章还稍觉满意。对于我职业生涯的批评来自1911年，当时我开始了与李特尔伍德的长期合作，在1913年我发掘了拉马努金。

哈代《一个数学家的辩白》

对于作者和读者而言，《纯数学教程》不是结束而是开始。

哈代发表了大约350篇论文，包括大约100篇是和李特尔伍德一起完成的，但是他对于数学的贡献不止于此。他教育培养和激励了未来的数学家们。其中一个学生是这样描述哈代的课堂的："无论主题是什么，他都专心致志地追求着，这也让读者无法抗拒。这使我们感觉到这个世界上只有那些定理的证明才最重要。不会有比他更激励人心的导师了。他是由同事和学生组成的研究团队的领袖，而他的点子也是源源不断。"蒂奇马什补充道，别的学生也同意："他极度热心，保证每一个学生的研究成功。"

波利亚回忆道："哈代很看重逻辑思维，但是在数学中他最看重的不是逻辑思维，而是能量，当其他人绝望时能够克服困难的能量。"波利亚也回忆到哈代喜欢讲笑话，并讲述了一件轶事说明哈代的双面性格——在与哈代共事的时候，我曾经有了一个点子，他也同意了，但此后我工作并不努力，于是哈代就终止了这个项目。他并没有告诉我，但是在他与马克·里斯逛瑞典的动物园时，看到被锁在笼子里的熊，熊在锁前嗅探，并用爪子扒拉，然后一声呜咽，便转身走开了。哈代说："它就像波利亚，有着非凡的想法，但是却不去实现。"

1928 年，哈代在伦敦数学协会的演说中，他能够骄傲地说出，从 1917 年成为协会秘书以来发表的每篇文章、参加的每次会议、每次讲座中的每一句词。他督导了《伦敦数学协会杂志》的诞生，也在牛津重新创办了《季度杂志》。伦敦数学协会现在的充足资金是由哈代的大量遗产和版税得来的。

哈代撰写或合写了一些别的经典名著。或许最著名的就是和李特尔伍德、波利亚合写的《不等式》。在这本书中，作者通过深入的分析，将看似不可能组织的观点成功串联了起来。

哈代的《一位数学家的致歉书》既是数学名著，也是文学名著，在数学家们心中有着无与伦比的地位。当数学家们的地位与智慧被挑战时，也依然是理性与知识的武器。

然而，在我看来，哈代最引人注目的书是与爱德华·梅特兰·莱特合写的《数论》。如果我不幸落入无人岛中，如果我知道自己会有幸得救，我就会带赞格蒙的《三角级数》，如果我知道自己可能无法生还，我会带哈代和莱特（E. M. Wright）的《数论》。

读哈代就是在读一位能力超群的数学家，也是在读一位与您地位平等的数学家。这本书曾经带给我无数快乐，希望这份快乐同样赠予你。

托马斯·威廉·科尔纳

目 录 CONTENTS

第四章　正整数变量对应函数的极限 / 109

第五章　一个连续变量的函数极限、连续函数与不连续函数 / 179

第六章 导数与积分 / 221

第七章　微分和积分的其他定理　/ 303

第八章　无穷级数与无穷积分的收敛 / 365

第九章　实变量的对数、指数及三角函数 / 427

第十章 对数函数、指数函数和三角函数 的一般理论 / 483

第一章 实变量

（1）有理数

假设一个分数 $r=\dfrac{p}{q}$ ，其中 p 和 q 都是正整数或负整数，这样的分数我们称为有理数，我们可以假设（i） p 和 q 没有公约数，因为一旦有公约数，它们都可以被该公约数整除；（ii） q 是正数，因为

$$\frac{p}{-q}=\frac{-p}{q} \, , \quad \frac{-p}{-q}=\frac{p}{q}$$

若 $p=0$ ，该分数为 0。因此我们也可以把 0 加入有理数的定义。如下例子为有理数运算的基本代数规律：

例1

1. 若 r 和 s 为有理数，则 $r+s$ ， $r-s$ ， rs 和 $\dfrac{r}{s}$ 均为有理数。除非当 $s=0$ 时， $\dfrac{r}{s}$ 无意义。

2. 如果 λ ， m ， n 均为正有理数且 $m>n$ ，则 $\lambda(m^2-n^2)$ ， $2\lambda mn$ 和 $\lambda(m^2+n^2)$ 均为正有理数。因此直角三角形的三边长度都是有理数。

3. 任何有限十进制小数都代表了一个分母为 2 或 5 的有理数。相反，任何有理数都可以也仅能表达为一个有限十进制小数。（小数的一般理论在第四章阐述）

4. 正有理数可以如下的简单序列排列：

$$\frac{1}{1} \, , \quad \frac{2}{1} \, , \quad \frac{1}{2} \, , \quad \frac{3}{1} \, , \quad \frac{2}{2} \, , \quad \frac{1}{3} \, , \quad \frac{4}{1} \, , \quad \frac{3}{2} \, , \quad \frac{2}{3} \, , \quad \frac{1}{4} \, , \quad \cdots$$

这表明了 $\dfrac{p}{q}$ 是整个数列的第 $\left[\dfrac{1}{2}(p+q-1)(p+q-2)+q\right]$ 项。

在这个序列中的每一个有理数都无限重复。因此 1 可以作为 $\dfrac{1}{1}$ ， $\dfrac{2}{2}$ ， $\dfrac{3}{3}$ ，$\cdots$。

当然我们可以忽略已经重复出现过的数字，但如何精确抉择 $\frac{p}{q}$ 的位置将变得更为棘手。

（2）通过线上的点来代表有理数

在许多数学分析问题中，利用几何图示法是很直观方便的。

当然，几何图示法并不意味着问题的分析要依赖于几何图形，它仅仅是直观清楚的表达。我们并不需要把每一个基础几何的概念进行逻辑分析，因为这样反而有可能远离事实，我们只要知道其深层意义即可。

设一条直线，向两边无限延伸，在其中取任意长度的线段 A_0A_1。我们把 A_0 称为原点或点 0，A_1 称为点 1。我们用这两点代表数字 0 和 1。

为了得到一个能代表正有理数 $r = \frac{p}{q}$ 的点，我们选定点 A_r 并满足：

$$\frac{A_0A_r}{A_0A_1} = r$$

如图1所示，我们假设 A_0A_1 的方向是水平地从左到右，则 A_0A_r 也是沿着相同的方向。为了得到一个能代表负有理数 $r = -s$ 的点，我们自然会把线段的长短当作数值的大小，如果线段沿某一方向，如 A_0A_1 方向设定为正，则反方向设定为负，这样 $AB = -BA$；如此代表 r 的点 A_{-s} 为：

$$A_0A_{-s} = -A_{-s}A_0 = -A_0A_s$$

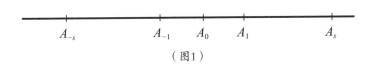

（图1）

因此针对任何一个有理数 r，无论正负，都可以找到线上相应的点 A_r，使得

$$A_0A_r = r \cdot A_0A_1$$

自然，我们把 A_0A_1 作为单位长度，写作 $A_0A_1 = 1$，因此

$$A_0A_r = r$$

我们把 A_r 点称为线上的有理点（rational points）。

（3）无理数

如果我们把直线上对应有理数的点划掉，我们发现可以用尽可能靠近的有理点覆盖整条线。更准确地说：如果任取直线 Λ 上的线段 BC，我们可以在线段 BC 上找到尽可能多的有理点。

例如，设线段 A_1A_2 中有线段 BC，这样我们可以取正数 k 使得

$$k \times BC > 1 \tag{1}$$

把线段 A_1A_2 均分为 k 份，那么至少有一个点 P 会落入线段 BC 内，且不与 B 点或 C 点重合。否则，线段 BC 就会被完全包括在线段 A_1A_2 中的某一均分段内，与论据（1）相悖。点 P 对应于一个分母是 k 的有理数，因此至少一个有理点 P 落在点 B 和点 C 之间。与此同时我们也可以找到一个点 Q 在点 B 与点 P 之间，还有一个点在点 B 与点 Q 之间，以此类推，我们总可以找到尽多的点。或者说，线段 BC 包括了无限多的有理点。

"线段 BC 包含了无限多点"或"有无限多的正整数"中"无限多"的说法会在第四章详细阐述。"有无限多的正整数"这种说法意味着对于任意正整数 n，无论多大，我们都可以找到更大的正整数，哪怕 $n = 100,000$ 或 $100,000,000$ 也不例外。这个论断也可以表达为：我们总可以找到尽可能多的正整数。

对于任意有理数 r 和任意正整数 n，我们总可以在 r 或大或小的一边找到另一个有理数，与 r 相差 $\frac{1}{n}$。这是我们总可以在 r 或大或小的一边找到另一个有理数，与 r 相差尽量小的另一种表达。同样，对于任意两个有理数 r 和 s，我们可以推论如果有一条有理数链的话，两个连续有理数相差也尽

□ 欧几里得

欧几里得（公元前325—前265年），古希腊著名数学家，被称为"几何学之父"，著有《几何原本》《图形的分割》《光学》《反射光学》《现象》等书。其中，《几何原本》具有划时代的意义，将零散的几何学知识梳理成逻辑严密的体系，成为欧洲数学的基础。

可能小。我们可以想象仅由有理点组成的直线而且忽略别的其他点，常识上直线的绝大多数性质仍旧保存，但是这种观点会引发很多问题。

让我们重新审视一下这条常识，考虑一下我们在基础几何中希望直线拥有的性质。

直线由点组成，直线上的线段有两个终端点。任何线段都有长度，长度是通过对比标准长度得出的。根据代数基本原则，长度可以相加或相乘，也可以找到对应其运算结果的线段。例如在某条直线上，若线段 PQ 的长度为 a，线段 QR 的长度为 b，则线段 PR 的长度为 $a+b$。此外，如果在一条线上线段 OP，OQ 的长度为 1 和 a，另一条线上的线段 OR 的长度为 b，我们可以通过欧几里得构造出。不需标出具体算法，只要记住如下的基本代数运算法则：

$$a+b=b+a, \ a+(b+c)=(a+b)+c$$

$$ab=ba, \ a(bc)=(ab)c, \ a(b+c)=ab+ac$$

线段长度也必须遵循等式与不等式的运算法则：如果直线 Λ 上有从左到右的三个点 A，B，C，则 $AB < AC$，以此类推。另外，也可以在直线 Λ 上找到点 P，使得 A_0P 的长度等于 Λ 上的任意一段或任何其他直线。所有这些直线的性质都在基础几何中涉及。

目前，一条直线由一系列有理数对应的点组成的论据已无法满足我们讨论的需求。例如，有各种各样的几何构造中会出现长度 x，且 $x^2 = 2$ 的情况。例如，我们可以构造一个等腰直角三角形 ABC，其两腰 $AB = AC = 1$。若 $BC = x$，则 $x^2 = 2$，如图 2 所示。或者用欧几里得构造求出 x 的值。因此，我们希望存在一个线段长度 x，以及直线 Λ 上的点 P，使得：

$$A_0P = x, \ x^2 = 2$$

但是没有平方等于 2 的有理数。更宽泛地说，没有有理数的平方等于 $\frac{m}{n}$，并且 $\frac{m}{n}$ 是正分数的最简形式，除非 m 和 n 都是完全平方数。

设

$$\frac{p^2}{q^2} = \frac{m}{n}$$

p 与 q 没有公约数，m 与 n 没有公约数。那么 $np^2 = mq^2$。q^2 的每个因数能

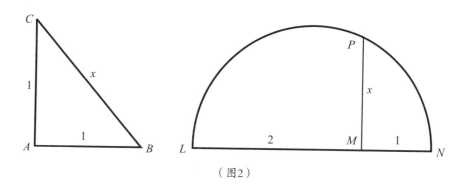

（图2）

被 np^2 整除，则 q^2 必定能被 n 整除。因而设 $n=\lambda q^2$，λ 是整数，同样也会有 $m=\lambda p^2$。既然 m 和 n 没有公约数，λ 必为单位元 1。则 $m=p^2$，$n=q^2$。特别地，若取 $n=1$，除非该有理数自身为整数，一个整数不可能是有理数的平方。

我们的要求为：存在一个数 x 和非有理点 P，使得 $A_0P=x$，$x^2=2$，我们写作 $x=\sqrt{2}$。

如下介绍另一种方式证明没有有理数的平方等于 2。如果 $\dfrac{p}{q}$ 是最简形式的正分数，使得 $\left(\dfrac{p}{q}\right)^2=2$ 或者 $p^2=2q^2$，从而 $(2q-p)^2=2(p-q)^2$，$\dfrac{2q-p}{p-q}$ 也具有相同的性质。显然，$q<p<2q$，故 $p-q<q$。因此会有另一个等于 $\dfrac{p}{q}$ 且有更小分母的分数，与之前的假设 $\dfrac{p}{q}$ 是最简形式相悖。

例2

1. 证明：没有有理数的立方等于 2。

2. 证明：一个最简分数 $\dfrac{p}{q}$ 不可能是任何有理数的立方，除非 p，q 均是完全立方数。

3. 一个带有整数系数的代数方程：

$$x^n+p_1x^{n-1}+p_2x^{n-2}+\cdots+p_n=0，$$

不可能有有理非整数根。

$\Big[$ 假设该方程有根 $\dfrac{a}{b}$，其中 a 和 b 均为正整数且无公约数。把 $\dfrac{a}{b}$ 代入 x，

且乘 b^{n-1} 得：

$$-\frac{a^n}{b} = p_1 a^{n-1} + p_2 a^{n-2} b + \cdots + p_n b^{n-1}$$

一个最简形式的分数等于一个整数，这是不可能的。因此 $b=1$，该根为 a，且 a 为 p_n 的除数。更宽泛地说，如果 $\dfrac{a}{b}$ 是 $p_0 x^n + p_1 x^{n-1} + p_2 x^{n-2} + \cdots + p_n = 0$ 的根，那么 a 是 p_n 的除数，b 是 p_0 的除数。]

4. 证明：如果 $p_n = 1$，

$$1 + p_1 + p_2 + p_3 + \cdots, \quad 1 - p_1 + p_2 - p_3 + \cdots$$

以上项中没有一项为 0，方程也没有有理根。

5. 求如下方程的有理根（若有）：

$$x^4 - 4x^3 - 8x^2 + 13x + 10 = 0$$

［根只能是整数，± 1，± 2，± 5，± 10 是仅有的可能性，无论这些根是否可以用尝试法确定出来。］

（4）无理数（续）

有理数的几何表达是为了通过引入新的数种类，从而扩大数的概念。

哪怕没有用几何语言，结论也是相同的。代数的核心问题之一是方程的解，例如

$$x^2 = 1, \quad x^2 = 2$$

第一个方程有两个有理数解 1 和 -1。但是，如果我们对于数的概念局限于有理数，第二个方程则无根；相同的情况也适用于这类方程：$x^3 = 2$，$x^4 = 7$。这些情况足够让我们对数的理解统一起来。

让我们仔细考虑这个方程 $x^2 = 2$。

我们可以明显看出该方程没有有理数解。没有一个有理数的平方是 2。因此我们可以把正有理数分为两类，一类数的平方小于 2，另一类则大于 2。我们把其中一类称为 L 类［代表下类（the lower class）或者左手类（the left-hand class）］，另一类称为 R 类［代表上类（the upper class）或者右手类（the right-hand class）］。显然 R 类的数大于 L 类。在 L 类里我们可以找到一个数的平方虽小于 2，却和 2 的差距尽可能小。同样的情况也发生在 R 类。其实，如果我们尝试用原始的代数方法求 $\sqrt{2}$，我们会得到一系列数：

　　1，1.4，1.41，1.414，1.4142，…

　　其平方为：

　　1，1.96，1.9881，1.999396，1.99996164，…

均小于 2，而且通过取足够的小数位数，我们可以尽可能接近 2。在上述的近似值中，如果给最后一位数字增加一单位，我们可以得到一系列有理数

　　2，1.5，1.42，1.415，1.4143，…

其平方为：

　　4，2.25，2.0164，2.002225，2.00024449，…

均大于 2，却越来越接近 2。

　　正式证明如下：起初，我们可以找到 L 类的一个数和 R 类的一个数，相差尽可能小。对于两个有理数 a 和 b，我们可以构建一个有理数链，a 和 b 分别在首尾，两个连续的数字尽可能差距小。我们取 L 类中的一个数 x，R 类中的一个数 y，设定 x 为首，y 为尾，两个连续有理数的差距为 δ。若用 $\frac{1}{4}\delta$ 代替 δ，可得 $y-x < \frac{1}{4}\delta$。设 x 和 y 均小于 2，则：

　　$y+x < 4,\ y^2-x^2 = (y-x)(y+x) < 4(y-x) < \delta$

　　如果 $x^2 < 2,\ y^2 > 2$，则 $2-x^2$ 和 y^2-2 均小于 δ。

　　因而 L 类没有最大数，R 类没有最小数。若一个数 x 在 L 类，则 $x^2 < 2$。因而设 $x^2 = 2-\delta$。我们也可以找到 L 类中的一个数 x_1，使得 x_1^2 与 2 的差小于 δ，以至于 $x_1^2 > x^2$ 或 $x_1 > x$。这样一来，就会有 L 类中的一个数比 x 大，而且既然 x 为任意值，也就意味着 L 类中没有一个数会比其余的大。既然 L 类没有最大数，相似地 R 类也没有最小数。

（5）无理数（再续）

　　根据上文，我们已经把正有理数分为 L 类和 R 类，其中（ⅰ）R 类的数均比 L

类大；（ii）总能找到 L 类和 R 类中的一个数，使它们的差距尽可能小；（iii）L 类没有最大数，R 类没有最小数。存在一个数 x，它大于 L 类中的所有数，小于 R 类中的所有数，其在直线上对应的点 P 可以把 L 类和 R 类区分开。如图 3 所示。

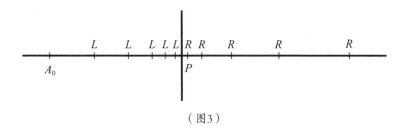

（图3）

假设存在这样的数 x，且 x^2 有确定意义，不可能同时大于或小于 2，例如可以设 x^2 小于 2。因而我们可以找到一个正有理数 ξ 使得 ξ^2 在 x^2 与 2 之间。换句话说，L 类的某个数大于 x，此假设与 x 区分 L 类和 R 类相悖。因此 x^2 不可能小于 2，相似地，也不可能大于 2。因而我们得出结论 $x^2 = 2$，几何上表达为 $\sqrt{2}$。$\sqrt{2}$ 并不是有理数，是最简单的无理数（irrational number）的例子。

以上例子还可以用于 $x^2 = 2$ 以外的方程，例如 $x^2 = N$，N 是一个非完全平方数，或者运用

$$x^3 = 3, \quad x^3 = 7, \quad x^4 = 23$$

这类方程，又或者以后会提及的 $x^3 = 3x + 8$。因此我们相信存在无理数 x 和点 P 满足如上方程，甚至还有某些长度代表的无理数无法通过基础几何方法构造。

在基础代数中，方程 $x^q = n$ 的根表达为 $\sqrt[q]{n}$ 或 $n^{\frac{1}{q}}$，其中，$n^{\frac{p}{q}}$，$n^{-\frac{p}{q}}$ 满足：

$$n^{\frac{p}{q}} = (n^{\frac{1}{q}})^p, \quad n^{\frac{p}{q}} n^{-\frac{p}{q}} = 1$$

还根据指数法则：

$$n^r \times n^s = n^{r+s}, \quad (n^r)^s = n^{rs}$$

这里 r，s 可以为任意有理数。

读者可以假设 $\sqrt{2}$，$\sqrt[3]{3}$ 等无理数存在且适用于各种几何法则。如果愿意，读者可以跳过接下来几课时的讨论直接翻到第 13 课时。否则，建议读者认真阅读接下来的几课时，从接下来的例题开始。

例3

1. 求解 2 与第四课时中接近 $\sqrt{2}$ 的小数平方的差。

2. 求解 2 与如下数字的平方的差：

$$\frac{1}{1}, \quad \frac{3}{2}, \quad \frac{7}{5}, \quad \frac{17}{12}, \quad \frac{41}{29}, \quad \frac{99}{70}$$

3. 证明：如果 $\frac{m}{n}$ 接近于 $\sqrt{2}$，那么 $\frac{m+2n}{m+n}$ 更接近于 $\sqrt{2}$，并且差距是反方向的。请把此结果应用到之前的例子中，继续给出近似值数列。

4. 证明：如果 x 和 y 均接近于 $\sqrt{2}$，且 $2-x^2 < \delta$，$y^2 - 2 < \delta$，则 $y - x < \delta$。

5. 方程 $x^2 = 4$ 的解之一为 $x = 2$，验证之前的讨论能否应用于此方程。（如果我们像之前讨论的那样定义 L 类和 R 类，不可能包括所有有理数。有理数 2 是个例外，因为 2^2 既不大于也不小于 4。）

（6）无理数（三续）

在第 4 课时中我们把一个正有理数 x 分为 2 类，其中 $x^2 < 2$ 的为一类，$x^2 > 2$ 的为另一类，这种分类被称为数的一个分割（section）。相似地，也可以用不等式 $x^3 < 2$ 和 $x^3 > 2$ 或者 $x^4 < 7$ 和 $x^4 > 7$ 进行构造。现在我们来说明如何分割。

假设 P 和 Q 代表着互相排斥的两种性质，且每一个有理数都带有 P 和 Q。另外假设带有 P 性质的每个数均比带有 Q 性质的数小。故 P 可以为 $x^2 < 2$，Q 可以为 $x^2 > 2$，我们就称拥有 P 性质的数为下类或者左手类 L 类，拥有 Q 性质的数为上类或者右手类 R 类。通俗来说两类都存在，也有特殊情况，即：一类不存在，所有数都在另一类。例如，性质 P 是有理数，或者正数。但现在我们规定，两类数都存在，同第 4 课时一样，L 类和 R 类中各有一个数，且其差距尽可能小。

回顾我们在第 4 课时中讨论的情况，L 类没有最大数，R 类没有最小数，但另一类可能有最大数或最小数。如果 l 是 L 类的最大数，r 是 R 类的最小数，则 $l < r$，$\frac{1}{2}(l+r)$ 是 l 与 r 之间的正有理数，不属于 L 类和 R 类中的任何一类。这与每一个数都属于 L 类和 R 类的论断相悖。也就是说，有三种互相独立的可能性：

（i）L 类有最大数 l，（ii）R 类有最小数 r，（iii）L 类无最大数，R 类无最小数。

第 4 课时的讨论列出了（iii）的一个例子。如果性质 P 是 $x^2 \leq 1$，Q 是 $x^2 > 1$，此时 $l=1$。如果性质 P 是 $x^2 < 1$，Q 是 $x^2 \geq 1$，此时 $r=1$。显然，我们不能取性质 P 是 $x^2 < 1$ 及 Q 是 $x^2 > 1$，因为此时数字 1 不存在于任何分类中。

（7）无理数（四续）

在之前的讨论中，我们谈到一个正有理数 a 可以把数分割为两部分，一种情况是 l，另一种是 r，反之，显然任意一个正有理数 a 都对应一部分。这样的 a 我们表达为 $a^{[1]}$。我们可以把性质 P 和 Q 表达为

$x \leq a$, $x > a$

或者 $x < a$ 及 $x \geq a$。在第一种情况下 a 是 L 类中的最大数，第二种情况下 a 是 R 类中的最小数。事实上任何一个正有理数都能把数分割为对应的两部分。为了避免混淆，我们选择其中之一，即我们选择属于上类的那部分。换句话说，我们只考虑没有最大数的部分。

这就是正有理数与其定义的部分之间的联系，因此可以用部分取代数字，来考虑公式中代表部分而不是数字的符号。例如，如果 α，α' 和 a，a' 一样对应于部分的话，$\alpha > \alpha'$ 等同于 $a > a'$。

但是当我们用有理数替代有理数分割时，我们就在扩大我们的数字系统，因为会有一些部分不对应于任何有理数。分割的集合要比正有理数集合大，它包括了所有的正有理数，以及更多。这便是我们把数字一般化扩大化的观念，在下一课时给出定义。

正有理数分割成的两部分均存在且下类中无最大数的，被称为正实数（positive real number）。

正实数剔除正有理数后的部分，被称为正无理数（positive irrational number）。

---

〔1〕用英文字母表示有理数，用希腊字母表示对应的部分是很方便的。

（8）实数

我们目前仅限于谈到正有理数的某些范畴，我们暂时称之为正实数。但在我们最终决定定义前，我们必须要稍微改变一下观点。我们必须要考虑两类，不仅仅是正有理数，而是所有有理数，包括 0。如此，我们就可以重复第 6、7 课时关于正有理数分割的叙述，只不过忽略"正"这个字眼就可以了。

定义

有理数分割成的两类均存在且下类无最大数的，被称为实数，或数。
实数由有理数和无理数组成。

如果某实数指的是有理数，我们也可以用"有理数"来指代实数。

在本次定义中，"有理数"的定义也是模糊的。它既可能指第 1 课时中讨论的有理数，也可能指对应的实数。如果我们说 $\frac{1}{2} > \frac{1}{3}$，我们可以断言如下两个命题，一是出于基础代数学的命题，二是关于有理数分割的命题。从 $\frac{1}{2} > \frac{1}{3}$ 和 $\frac{1}{3} > \frac{1}{4}$，我们可以推断出 $\frac{1}{2} > \frac{1}{4}$；这种推论与 $\frac{1}{2}$，$\frac{1}{3}$，$\frac{1}{4}$ 是分数还是实数形式无关。在第 9 课时我们说 $\frac{1}{2} < \sqrt{\frac{1}{3}}$，此时"$\frac{1}{2}$"指的是实数 $\frac{1}{2}$。

读者应该注意到，关于实数的定义并没有特定的逻辑重要性。我们把一个实数定义为一个分割，或者一对分类。同样的，我们之前将数分类为下类

□ **实数**

　　实数是有理数和无理数的总称，可直观地看作有限小数与无限小数，并与数轴上的点一一对应。理论上，任何实数都可以用无限小数的方式表示，小数点的右边是一个无穷的数列（可以是循环的，也可以是非循环的）。在实际运用中，实数经常被近似为一个有限小数（保留小数点后 n 位，n 为正整数）。图为实数与其他数之间的关系示意，其中 N 为自然数，Z 为整数，Q 为有理数，R 为实数，C 为复数。

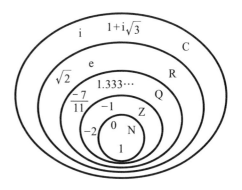

或上类，事实上可以无限地定义类别，每一个都拥有实数的一个性质。在数学上重要的是，数学符号应该有特定含义，一般来说，无论哪种形式都具有很多含义。伯特兰·罗素曾说："数学是这样的一门科学，我们并不知道我们在说什么，也不在乎我们说的是否正确。"这句话看似矛盾实则包含真理。如果仔细分析罗素的话其实需求过多，但深层次含义是，数学符号包含了很多解释，我们可以采用最合适的一种解释。

现在有三种情况要区分：（i）如果所有的负有理数都在下类，0 和所有的正有理数都在上类，此时我们称这部分为实数 0。（ii）如果下类也包括一些正数，此时我们称这部分为正实数。（iii）如果上类也包括一些负数，此时我们称这部分为负实数。

我们目前对于正实数 a 的定义与第 7 课时的不同点在于把 0 和所有的负有理数加入到下类里。例如，在第 6 课时中性质 P 为 $x+1<0$，性质 Q 为 $x+1 \geqslant 0$，该有理数分割对应于负有理数 1。如果性质 P 为 $x^3 < -2$，性质 Q 为 $x^3 > -2$，我们也可以得到一个无理负实数。

（9）实数之间的大小比较

目前我们已经扩展了对于数的概念，我们也应该相应地扩展对于相等、不等、相加、相乘等运算的看法。尽管我们扩展了这些概念，但第 1 课时的有理数运算的法则依然适用于所有的实数。接下来我们会进行系统性讨论。

我们用希腊字母 α，β，γ，$\cdots$ 来表示实数。用对应的英文字母 a，A；b，B；c，$C \cdots$ 表示有理数的上类和下类，并用 (a)，$(A) \cdots$ 来表示这种分类本身。

如果 α 和 β 是两个实数，那就有三种可能：

（i）每一个有理数 a 是有理数 b，且每一个有理数 A 是有理数 B，则 (a) 等同于 (b)，(A) 等同于 (B)。

（ii）每一个有理数 a 是有理数 b，但并不是每一个有理数 A 都是有理数 B，则 (a) 是 (b) 的一个真子集，(B) 是 (A) 的一个真子集。

（iii）每一个有理数 A 是有理数 B，但并不是每一个有理数 a 都是有理数 b。

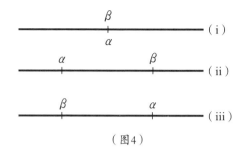

（图4）

这三种情况可在图 4 中表示出来。

在三类情况中：（i）$\alpha = \beta$，（ii）$\alpha < \beta$，（iii）$\alpha > \beta$。若 α，β 都是有理数，这些限定条件与有理数之间相等与不等的概念依旧符合，即正数大于负数。

现在我们定义正数 α 的负数是 $-\alpha$。首先我们假设 α 是无理数。如果数 α 包含 (a)、(A)，则我们可以把所有的 $-A$ 置于下类，$-a$ 置于上类。该实数因而被定义，表示为 $-\alpha$。若 α 是负数，则正数 $-\alpha$ 也可以这样被相似地定义，因为 $-(-\alpha) = \alpha$。α 和 $-\alpha$ 中总有一个正数。对于正数我们用 $|\alpha|$ 叫作 α 的绝对值。

如果 α 是有理数，则情况有些复杂。α 属于 (A) 类，但 $(-A)$，$(-\alpha)$ 并不能定义一个实数，因为 $-\alpha$ 属于下类而不是上类。因此我们必须调整一下 $-\alpha$ 的定义，当 α 为有理数时，$-\alpha$ 才会在上类中。

例4

1. 证明 $0 = -0$。

2. 根据 $\alpha = \beta$，$\alpha < \beta$ 或 $\alpha > \beta$，证明 $\beta = \alpha$，$\beta > \alpha$ 或 $\beta < \alpha$。

3. 如果 $\alpha = \beta$ 且 $\beta = \gamma$，则 $\alpha = \gamma$。

4. 如果 $\alpha \leqslant \beta$ 且 $\beta < \gamma$，则 $\alpha < \gamma$。

5. 证明：如果 $\alpha < \beta$，则 $-\beta < -\alpha$。

6. 证明：如果 α 是正数，则 $\alpha > 0$，如果 α 为负，则 $\alpha < 0$。

7. 证明 $\alpha \leqslant |\alpha|$。

8. 证明 $1 < \sqrt{2} < \sqrt{3} < 2$。

（所有这些结果都是我们的定义的直接推论。）

（10）实数的代数运算

我们现在来定义以加法为例的实数基础代数运算。

（i）加法。为了定义两个数 α 和 β 的和，我们会考虑两种情况：（1）由所有的 $c = a+b$ 组成的（c）类，（2）由所有的 $C = A+B$ 组成的（C）类，显然 $c < C$。

同样，不可能存在一个排除在（c）类和（C）类以外的有理数。反例证明假设有两个 r 和 s，设 s 更大。则 r 和 s 均大于每一个 c，小于每一个 C。故 $C-c$ 不可能小于 $s-r$，但

$$C-c = (A-a) + (B-b)$$

如果我们选择 a，b，A，B，使 $A-a$ 和 $B-b$ 都尽可能小，这与我们的假设相悖。

如果每个有理数属于（c）类或（C）类，而且（c）类或（C）类组成了有理数 γ 的一部分。如果有一个有理数既不属于（c）也不属于（C），我们就把它加到（C）类中，我们就可以得到一个实数 γ 或一个分割，它显然是有理数，因为它对应于（C）类中的最小数。如果设 γ 是 α 与 β 的和，写作

$$\gamma = \alpha + \beta$$

如果 α，β 是有理数，也都是（A）类或（B）类中的最小数。这样，$\alpha + \beta$ 也是（C）类中的最小数，与之前加法的定义相符。

（ii）减法。我们定义 $\alpha - \beta$ 为

$$\alpha - \beta = \alpha + (-\beta)$$

这样减法的思想不会产生任何新的困难。

例5

1. 证明 $\alpha + (-\alpha) = 0$。

2. 证明 $\alpha + 0 = 0 + \alpha = \alpha$。

3. 证明 $\alpha + \beta = \beta + \alpha$。［这可以由"（$a+b$）和（$b+a$）等同"，或"（$A+B$）和（$B+A$）等同"推出，因为若 a 和 b 都是有理数时，有 $a+b = b+a$］

4. 证明 $\alpha + (\beta + \gamma) = (\alpha + \beta) + \gamma$。

5. 证明 $\alpha - \alpha = 0$。

6. 证明 $\alpha - \beta = -(\beta - \alpha)$。

7. 从减法的定义，以及上面的第 4、1、2 题，可得

$$(\alpha - \beta) + \beta = \{\alpha + (-\beta)\} + \beta = \alpha + \{(-\beta) + \beta\} = \alpha + 0 = \alpha。$$

因此我们可以通过方程 $\gamma + \beta = \alpha$ 来定义 α 与 β 的差距 $\alpha - \beta = \gamma$。

8. 证明 $\alpha - (\beta - \gamma) = \alpha - \beta + \gamma$。

9. 请不依赖加法定义，给出一个减法定义。［为了定义 $\gamma = \alpha - \beta$，需要形成 (c) 类或 (C) 类，保证 $c = a - B$，$C = A - b$］

10. 证明 $||\alpha| - |\beta|| \leqslant |\alpha \pm \beta| \leqslant |\alpha| + |\beta|$。

（11）实数的代数运算（续）

（iii）乘法。当我们提及乘法时，最方便的是从正数开始，而且回头考虑一下第 4—7 课时学习过的正有理数的分割。我们可以模仿加法的定义过程，取 (c) 类为 (ab) 类，(C) 类为 (AB) 类。接下来的过程都是一样的，区别在于证明所有的有理数（最多只有一个例外）必属于 (c) 类或 (C) 类。我们可以选择 a，A，b 和 B，从而使 $C - c$ 尽可能小，从而：

$$C - c = AB - ab = (A - a)B + a(B - b)$$

在这份定义中，若 α 和 β 为正数，则

$$(-\alpha)\beta = -\alpha\beta，\quad \alpha(-\beta) = -\alpha\beta，\quad (-\alpha)(-\beta) = \alpha\beta$$

就可以将负数加入到我们定义的范围中。最后我们规定，所有的 α 都有 $0 \times \alpha = \alpha \times 0 = 0$。

（iv）除法。为了定义除法，我们首先定义一个数的倒数 $\dfrac{1}{\alpha}$，其中 α 不等于 0。假设我们定义了正数以及正有理数构成的节，我们可以通过下类 $\left(\dfrac{1}{A}\right)$ 和上类 $\left(\dfrac{1}{a}\right)$ 来定义正数 α 的倒数 $\dfrac{1}{\alpha}$。我们也可以通过公式 $\dfrac{1}{(-\alpha)} = -\dfrac{1}{(\alpha)}$ 来定义负数。

最后我们定义 $\dfrac{\alpha}{\beta}$ 为：

$$\frac{\alpha}{\beta} = \alpha \times \frac{1}{\beta}$$

至此我们已经得到了所有实数的运算法则。接下来我们开始关注一些特殊且重要的无理数。

例6

证明如下定理：

1. $\alpha \times 1 = 1 \times \alpha = \alpha$。

2. $\alpha \times \left(\dfrac{1}{\alpha}\right) = 1$。

3. $\alpha\beta = \beta\alpha$。

4. $\alpha(\beta\gamma) = (\alpha\beta)\gamma$。

5. $\alpha(\beta + \gamma) = \alpha\beta + \alpha\gamma$。

6. $(\alpha + \beta)\gamma = \alpha\gamma + \beta\gamma$。

7. $|\alpha\beta| = |\alpha||\beta|$。

（12） $\sqrt{2}$ 的研究

让我们回顾一下第4—5课时中讨论的特殊无理数，我们通过不等式 $x^2 < 2$，$x^2 > 2$ 构造了数的分割的概念。这仅仅是正有理数的分割的概念，但是通过第8课时的讨论，我们扩展到了所有有理数的分割的概念。我们因而用 $\sqrt{2}$ 来定义这样的概念。

（i）（aa'）定义了 $\sqrt{2}$ 及其乘积的类，其中 a 和 a' 是平方小于 2 的正有理数，（ii）（AA'）类中 A 和 A' 是平方大于 2 的正有理数。两类数穷尽了所有的正有理数，仅留下来一个，那就是 2。

因此，

$$\left(\sqrt{2}\right)^2 = \sqrt{2}\,\sqrt{2} = 2$$

同样，

$$(-\sqrt{2})^2 = (-\sqrt{2})(-\sqrt{2}) = \sqrt{2}\,\sqrt{2} = (\sqrt{2})^2 = 2$$

因此方程 $x^2 = 2$ 有两个根 $\sqrt{2}$ 和 $-\sqrt{2}$。相似地，我们也可以讨论方程 $x^2 = 3$，$x^3 = 7$，$\cdots$，以及对应的无理数 $\sqrt{3}$，$-\sqrt{3}$，$\sqrt[3]{7}$，$\cdots$

（13）二次方根

表达式 $\pm\sqrt{a}$ 被称为纯二次方根（pure quadratic surd），其中 a 是非完全平方数的正有理数。给出一个表达式 $a \pm \sqrt{b}$，其中 a 是有理数，$\sqrt{b}$ 是纯二次方根，被称为混二次方根（mixed quadratic surd）。

$a \pm \sqrt{b}$ 表达的两个数为如下方程的两个根：

$$x^2 - 2ax + a^2 - b = 0$$

与之相反，方程 $x^2 + 2px + q = 0$，其中 p 和 q 是有理数且 $p^2 - q > 0$，有两个二次方根 $-p \pm \sqrt{p^2 - q}$。

可以通过几何方式标识的无理数就是二次方根，无论是纯二次方根还是混二次方根都可以标出。更复杂的无理数可以通过二次根的重复提取来得到，例如

$$\sqrt{2 + \sqrt{2 + \sqrt{2}}} + \sqrt{2 + \sqrt{2 + \sqrt{2}}}$$

很容易通过几何方式构造一条线，其长度为这种形式的任何一个数字。这种无理数可以通过欧几里得方法（尺规作图法）构造得到，这是一个关键的结论，它的证明必须暂时延后。二次方根的这个性质使之变得非常有趣。

例7

1. 用几何构造如下表达式。

$$\sqrt{2}，\sqrt{2 + \sqrt{2}}，\sqrt{2 + \sqrt{2 + \sqrt{2}}}$$

2. 如果 $b^2 - ac > 0$，二次方程 $ax^2 + 2bx + c = 0$ 有两个实数根。假设 a，b，c 都是有理数，将这三个数都取整数也无妨，情况不变，因为我们可以取它们分母的最小公倍数来乘这些方程。

读者需要记住方程的根为 $\dfrac{-b \pm \sqrt{b^2 - ac}}{a}$。首先构造 $\sqrt{b^2 - ac}$，则很容易通

过几何方式构造此根的长度，构造方式如下：

如图 5 所示，先画一个单位圆，直径为 PQ，两条切线在直径处相切。

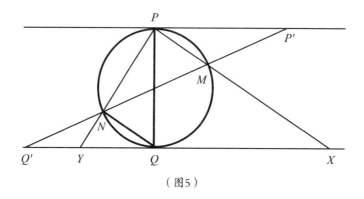

（图5）

取 $PP' = -\dfrac{2a}{b}$，$QQ' = -\dfrac{c}{2b}$，注意符号。连接 $P'Q'$，与圆相交于点 M 和点 N。连接 PM 和 PN，与 QQ' 相交于点 X 和点 Y，则 QX 和 QY 是该方程带有适当符号的两个根。

该问题的证明很简单，我们留给读者作为练习。

另一个更简单的构造方式如下：取直线上的单位长度 AB，取 $BC = -\dfrac{2b}{a}$ 垂直于 AB，取 $CD = \dfrac{c}{a}$ 垂直于 BC 且与 BA 同方向。以 AD 为直径做圆交 BC 于 X、Y 两点，则 BX、BY 为方程的根。

3. 如果 ac 为正，PP'、QQ' 在同一方向，证明若 $b^2 < ac$，则 $P'Q'$ 与圆不会相交，若 $b^2 = ac$，则 $P'Q'$ 与圆相切。同时证明若 $b^2 = ac$，在第二次构造中圆与 BC 相切。

4. 证明 $\sqrt{(pq)} = \sqrt{p} \times \sqrt{q}$，$\sqrt{(p^2q)} = p\sqrt{q}$。

（14）关于二次方根的一些定理

如果两个纯二次方根可以表示为相同根的有理数倍数，则被视为相似，否则被视为不相似。例如，由于

$$\sqrt{8} = 2\sqrt{2}, \quad \sqrt{\dfrac{25}{2}} = \dfrac{5}{2}\sqrt{2},$$

故 $\sqrt{8}$ ，$\sqrt{\dfrac{25}{2}}$ 为相似根。与此同时，如果 M 和 N 是没有公约数的整数，且都不是完全平方数，则 $\sqrt{M}$ ，$\sqrt{N}$ 为不相似根。

假设

$$\sqrt{M} = \frac{p}{q}\sqrt{\frac{t}{u}} \ , \quad \sqrt{N} = \frac{r}{s}\sqrt{\frac{t}{u}} \ ,$$

其中所有字母都表示整数，则 $\sqrt{(MN)}$ 是有理数。因此 $MN = P^2$，P 是整数。

假设 a，b，c，$\cdots$ 为 P 的质因数，使得

$$MN = a^{2\alpha} b^{2\beta} c^{2\gamma} \cdots$$

其中 α，β，γ，$\cdots$ 都为正整数。如果 MN 被整除，则有三种情况：（1）M 被 $a^{2\alpha}$ 整除；（2）N 被 $a^{2\alpha}$ 整除；（3）MN 都被 a 整除。其中第 3 种情况可以排除，因为 M 和 N 没有公约数。这个论断可以应用到每一个因数 $a^{2\alpha}$，$b^{2\beta}$，$c^{2\gamma}$，$\cdots$ 上，所以 M 可以被一些因数整除，N 可以被另外一些因数整除。因此

$$M = P_1^2 \ , \quad N = P_2^2$$

P_1^2 表示一些因数 $a^{2\alpha}$，$b^{2\beta}$，$c^{2\gamma}$，$\cdots$ 的乘积，P_2^2 表示剩下因数的乘积。因此 M 和 N 都是完全平方数，与我们的假设相悖。

定理

如果 A，B，C，D 都是有理数，且

$$A + \sqrt{B} = C + \sqrt{D}$$

则（ⅰ）$A = C$，$B = D$，或者（ⅱ）B 和 D 都是有理数的完全平方数。

若 $B - D$ 是有理数，并且

$$\sqrt{B} - \sqrt{D} = C - A$$

如果 B 与 D 不相等（显然 A 也不等于 C），则

$$\sqrt{B} + \sqrt{D} = \frac{B - D}{\sqrt{B} - \sqrt{D}}$$

也是有理数，从而 $\sqrt{B}$ ，$\sqrt{D}$ 都是有理数。

推论：如果 $A + \sqrt{B} = C + \sqrt{D}$，除非 $\sqrt{B}$ ，$\sqrt{D}$ 都是有理数，否则 $A - \sqrt{B} = C - \sqrt{D}$。

例8

1. 重新证明 $\sqrt{2}$，$\sqrt{3}$ 不是相似根。

2. 证明：若 a 是有理数，除非都是有理数，否则 $\sqrt{a}$，$\sqrt{\left(\dfrac{1}{a}\right)}$ 是相似根。

3. 如果 a 和 b 是有理数，除非 $\sqrt{a}$，$\sqrt{b}$ 是有理数，否则 $\sqrt{a}+\sqrt{b}$ 不能是有理数。$\sqrt{a}-\sqrt{b}$ 情况类似，除非 $a=b$。

4. 如果

$$\sqrt{A}+\sqrt{B}=\sqrt{C}+\sqrt{D}$$

则（a）$A=C$ 且 $B=D$，或（b）$A=D$ 且 $B=C$，或（c）$\sqrt{A}$，$\sqrt{B}$，$\sqrt{C}$，$\sqrt{D}$ 都是有理数或相似根。

5. $(a+\sqrt{b})^3$ 和 $(a-\sqrt{b})^3$ 都不可能是有理数，除非 $\sqrt{b}$ 是有理数。

6. 证明：如果 $x=p+\sqrt{q}$（其中 p 和 q 都是有理数），则 x^m 可以表达为 $P+Q\sqrt{q}$ 的形式（其中 m 为任意整数，P 和 Q 为有理数），例如：

$$(p+\sqrt{q})^2=p^2+q+2p\sqrt{q}，\quad (p+\sqrt{q})^3=p^3+3pq+(3p^2+q)\sqrt{q}$$

推论：任何带有理数系数的多项式都可以表达为 $P+Q\sqrt{q}$。

7. 如果 $a+\sqrt{b}$ 是一个代数方程的根，则 $a-\sqrt{b}$ 是该方程的另一个根，其中 b 不是完全平方数。

8. 把 $\dfrac{1}{p+\sqrt{q}}$ 表达为题6中指定的形式（分子分母用 $p-\sqrt{q}$ 来相乘）。

9. 通过题6和题8推断出任何 $\dfrac{G(x)}{H(x)}$ 都可以表达成 $P+Q\sqrt{q}$ 的形式，其中 G (x) 和 $H(x)$ 是带有有理数系数的多项式，P 和 Q 是有理数。

10. 如果 p，q 和 p^2-q 是为正，我们可以把 $\sqrt{p+\sqrt{q}}$ 表达成 $\sqrt{x}+\sqrt{y}$ 的形式，其中

$$x=\frac{1}{2}\left\{p+\sqrt{(p^2-q)}\right\}，\quad y=\frac{1}{2}\left\{p-\sqrt{(p^2-q)}\right\}$$

11. 证明：$\sqrt{p+\sqrt{q}}$ 可以表达成 $\sqrt{x}+\sqrt{y}$ 的形式。其中 x 和 y 是有理数。

12. 如果 a^2-b 是为正，则 $\sqrt{(a+\sqrt{b})}+\sqrt{(a-\sqrt{b})}$ 为有理数的一个必要充分条件是：a^2-b 和 $\dfrac{1}{2}\left\{a+\sqrt{(a^2-b)}\right\}$ 都是完全平方数。

（15）连续统

所有实数的集合，无论是有理数还是无理数，统称为算术连续统（arithmetical continuum）。

很容易规定直线上的点都对应于算术连续统，没有例外。这样的点被称为线性连续统（linear continuum），为我们直观地表达了算术连续统。

我们已经考虑了一些实数的主要性质，例如有理数和二次方根。我们接下来还要再考虑一些特例来理解连续统。

（i）首先考虑一个复杂的表达式

$$z = \sqrt[3]{4+\sqrt{15}} + \sqrt[3]{4-\sqrt{15}}$$

在第 12 课时中我们找到了这样的数 $y = \sqrt{15}$ 使得 $y^2 = 15$。在第 10 课时中我们找到了这样的数 $4+\sqrt{15}$，$4-\sqrt{15}$。现在考虑 z_1 的方程

$$z_1^3 = 4+\sqrt{15}$$

方程的右边不是有理数，但是相同的理由让我们假设，既然有实数 x 使得 $x^3 = 2$，那么也会有 z_1 使得 $z_1^3 = 4+\sqrt{15}$。我们因而定义 $z_1 = \sqrt[3]{4+\sqrt{15}}$，相似地，也定义 $z_2 = \sqrt[3]{4-\sqrt{15}}$。然后如第 10 课时中那般，定义 $z = z_1 + z_2$。

很容易验证

$$z^3 = 3z + 8$$

不难发现确实有一个独特的数满足这个方程 ξ。

首先，z 必为正数，因为设 $z = -\xi$，给出了 $\xi^3 - 3\xi + 8 = 0$ 或 $3 - \xi^2 = \dfrac{8}{\xi}$。但是如果 ξ 为正，这就不可能了，因为 $\xi^2 < 3$，$\xi < 2$ 且 $\dfrac{8}{\xi} > 4$，然而 $3 - \xi^2 < 3$。

□ 康托尔

格奥尔格·康托尔（1845—1918年），德国数学家。他创立了实数系以至整个微积分理论体系的基础——现代集合论，晚年致力于证明他自己提出的连续统假设（又称希尔伯特第一问题），即不存在大小在自然数集合与实数集合之间的集合，但没有成功。直到20世纪，美籍奥地利数学家库尔特·哥德尔和美国数学家保罗·寇恩分别证明了在策梅洛-弗兰克尔集合论带选择公理的框架下，连续统假设既不可证明也不可证伪。

其次，不可能有两个不同的数 z_1，z_2 同时满足此方程。假设

$z_1^3 = 3z_1 + 8$，$z_2^3 = 3z_2 + 8$

z_1，z_2 都是正数，且 $z_1^3 > 8$，$z_2^3 > 8$，即 $z_1 > 2$，$z_2 > 2$。这也是不可能的，因为如果我们将两式相减然后被 $z_1 - z_2$ 相除，我们得到

$z_1^2 + z_1 z_2 + z_2^2 = 3$

因此最多一个 z 满足 $z^3 = 3z + 8$，且不可能是有理数。该方程的任何有理数根必是正数且是 8 的因数，但 1，2，4，8 都不是根。

现在我们把正有理数 x 分为 L 类和 R 类，根据 $x^3 < 3x + 8$ 或者 $x^3 > 3x + 8$。如果 x 属于 R 类，且 $y > x$，则 y 也属于 R 类。因为 $y > x > 2$，且

$y^3 - 3y - (x^3 - 3x) = (y - x)(y^2 + xy + x^2 - 3) > 0$

相似地，如果 x 属于 L 类，且 $y < x$，则 y 也属于 L 类。

最后，L 类和 R 类都存在，它们定义了正有理数分割，或者正实数 z，满足该方程。

读者若了解卡丹（Cardan）的方法也可以直接解这个三次方程。

（ii）以上用于 $x^3 = 3x + 8$ 的解法也可以直接应用到方程

$x^5 = x + 16$

这将会引导我们得出结论：存在一个正实数满足该方程。然后目前这种情况下，不容易用根式的任何组合直接得到 x 的表达式。通俗来说，很难直接找到高于 4 次方的方程的根。因此，除了可以被表达为纯的或混合的二次根式，或用其他根式以及这些根式的组合来表示的无理数外，还存在另一些无理数，它们是代数方程的根，很难用这样的方式表达出来。只有在特殊情况下这种根的表达式才容易找得到。

（iii）但是即使我们在无理数列表中枚举不可能有明显的根式表达式的无理根（如 $x^5 = x + 16$ 这样的），我们也并没有将连续统所含的各种无理数都一一列出。如果我们画一个直径为 $A_0 A_1$（也即等于 1）的单位圆。自然会假设：这样的单位圆的周长可以用数来度量，周长表示为 π，而且之前的研究已经表明，π 不是任何整数系数的方程的根，例如

$\pi^2 = n$，$\pi^3 = n$，$\pi^5 = \pi + n$

其中 n 是整数。因而我们可以定义一个数既不是有理数，也不属于任何无理数群。π 并不是一个孤立的个例。只有特殊的无理数才是此类方程的根，而且也只有更加特殊的一类数才可以用根式表示。

（16） 连续实变量

"实数"可以从两个角度来考虑。我们可以像之前那样把它们定义为一个集合，就是"算数连续统"，也可以单独定义。如果我们单独考虑，我们会考虑到特定的数 $\left(\text{例如 } 1, -\dfrac{1}{2}, \sqrt{2} \text{ 或 } \pi\right)$ 或者任意数 x。当我们说 "x 是一个数" "x 是长度的度量" "x 可能是有理数或无理数" 时，我们采用的就是上面最后那种观点。这种 x 被称为连续实变量（the continuous real variable），每一个数被称为该变量的值（value）。

然而"变量"不一定会是连续的。我们可以不考虑所有实变量的集合，而考虑上面这个集合中的某部分变量的集合，比如有理数集合或正整数集合。如果考虑正整数集合，那么在任何关于正整数的命题中，如 "n 或奇或偶"，n 就是变量——正整数变量，则每个单个的正整数为其值。

自然，"x" 或 "n" 是变量的特例，变量的"变化范围"是由所有实数或所有正整数组成的。这些是最重要的例子，但有时我们也不得不考虑别的情形。例如在十进制小数的理论中，我们会把 x 视为十进制小数表示法中的任意数字。此时，x 即为一个变量，但却只有十个数值，即 0，1，2，3，4，5，6，7，8，9。我们可以说：我们考虑的变量是实数类和整数类的变量，以及变量的数值。

（17） 实数的分割

在第 4—7 课时，我们讨论了有理数的分割，也就是把有理数（或者只将正有理数）分为了 L 类和 R 类两类的一种模式，它们具有如下性质：

（i）所考虑类型中的每个数字都属于且只属于这两类中的一类里。

（ii）两类都存在。

□ **戴德金**

　　理查德·戴德金（1831—1916年），德国数学家，主要在数论、代数和实数理论领域做出了深远的贡献。他所提出的"戴德金分割"为实数提供了一个精确定义，确立了实数的完备性。在代数领域，他提出的戴德金定理揭示了有限域的代数闭包中不可约多项式的根的数量与其次数相等。其主要著作有《连续性与无理数》《整代数的理论》《数论讲义》《数是什么？数应当是什么？》和《数学论文集》等。

（iii）L 类中的每一个数都小于 R 类中的每一个数。

所有的实数集都符合以上特征。

假设 P 和 Q 是两个互相排斥的性质，每个实数都拥有其中一个性质。再假设具有性质 P 的任何一个数都比具有性质 Q 的任何一个数小。我们把满足性质 P 的数称为下类或左手类，满足性质 Q 的数称为上类或右手类。

例如 P 可以是 $x \leqslant \sqrt{2}$ ，而 Q 可以是 $x > \sqrt{2}$ 。足以定义有理数的分割的一对性质不一定能定义实数的分割。例如 "$x < \sqrt{2}$" 和 "$x > \sqrt{2}$"（如果我们仅讨论正数的话）"$x^2 < 2$" 和 "$x^2 > 2$" 就是这样一对性质的例子。每个有理数都具有这两对性质中的某一个性质，但并非每个实数也都如此，例如在每种情形 $\sqrt{2}$ 都不属于任何分类。

现在有两种可能性：L 类有最大数 l，或者 R 类有最大数 r。这两个事件不可能同时发生，因为一旦同时发生，数字 $\frac{1}{2}(l+r)$ 会大于 L 类所有数且小于 R 类所有数，因为它不属于任何一类。但另一方面，这两种情形中必有一种情形会出现。

这是因为，若设 L_1 和 R_1 为 L 类和 R 类中的有理数集，则 L_1 和 R_1 形成了有理数分割，便有如下两种情况要区分。

一种情形是，L_1 类有最大数 α，那么 α 也必定是 L 类中最大数。如若不然，我们就能找到一个更大数，如 β。总会有有理数在 α 与 β 之间，且那些小于 β 的数都属于 L 类，也属于 L_1 类，这与假设相悖。因此 α 是 L 类最大数。

另一种情况假如 L_1 类没有最大数，如此，由 L_1 类和 R_1 类形成的有理数分割便为实数 α。该数要么属于 L 类，要么属于 R 类。正如前面讨论的那样，实数 α 如果属于 L 类便为其最大数，如果属于 R 类便为其最小数。

因此在每种情况下都有 L 类有最大数或者 R 类有最小数。任何一个实数分割都"对应"于一个实数，在这个意义下，有理数的分割有时却不与一个有理数相对应。这个结论很重要，因为它表明了对于实数分割的讨论并不能广泛应用到所有关于数的讨论中。从有理数开始，我们发现了有理数分割的概念让我们认识到了一种新数概念——比有理数的概念更一般。我们自然会预想到实数分割的概念会扩展到更广泛的概念。但并非如此，实数集或者说连续统的概念缺乏完全性，这种完全性用数学的语言表达为闭合连续统。这就是戴德金（Dedekind）定理：

如果实数被分类两类 L 类和 R 类：

（i）每一个数必属于其中一类

（ii）每一类至少包含一个数

（iii）L 类中每一个数均小于 R 类中的每一个数。

那么就存在数 α，且所有小于 α 的数都在 L 类，所有大于的数都在 R 类。则 α 可以属于任何一类。

我们有时候不会考虑所有数，而是考虑一个区间（β,γ）内的数 x 使得 $\beta \leqslant x \leqslant \gamma$。这样的数当然满足性质（i）（ii）（iii）。这样的分割可以被转化成所有数的分割，通过所有小于 β 的数加到 L 类，所有大于 γ 的数加到 R 类。很明显，如果我们把区间（β,γ）换成所有实数，戴德金定理依旧成立，这样的数 α 满足 $\beta \leqslant \alpha \leqslant \gamma$。

（18）极限点

一系列实数，或者直线上与之对应的一系列点被定义为点集（aggregate），或称为数集（set）或集合。例如，这种点集可能包括所有的正整数，或所有有理点。

这里使用几何语言来进行阐述。假如有一个点集，定义为 S。再取任意点 ξ，可能属于也可能不属于点集 S。如此便有了两种可能。（i）选择一个正数使得区间（$\xi-\delta,\xi+\delta$）不含除了外点集 S 中任何一点，（ii）这不可能。

假设 S 中包含的点对应于所有的正整数的点。如果 ξ 是个正整数，我们可以

取 δ 小于 1，此时（ i ）为真，或者如果 ξ 是两个正整数的中值，我们可以取 δ 为小于 $\frac{1}{2}$ 的任何值。另外，如果 S 中包含所有的有理数点，任何区间都包含无限的有理数点，此时（ ii ）为真。

假设（ ii ）为真，则任何区间 $(\xi-\delta, \xi+\delta)$，无论它长度多小，都至少包含一个属于点集 S 且不与 ξ 重合的点 ξ_1，这个结论与是否在 S 内无关。在这种情况下我们称 ξ 为 S 内的极限点（point of accumulation）。区间 $(\xi-\delta, \xi+\delta)$ 一定包含不是一个而是无限多个点。因为，当我们确定了 ξ_1，我们可以取 $(\xi-\delta_1, \xi+\delta_1)$ 包裹着 ξ 但离 ξ_1 尽可能远。但这个区间也必须包含一点，比如 ξ_2，同样包含在 S 内且不与 ξ 重合。我们可以持续这种论述，如此我们便可定义任意多点：

$$\xi_1, \ \xi_2, \ \xi_3, \ \cdots$$

都属于点集 S，且都在区间 $(\xi-\delta, \xi+\delta)$ 内。

S 的极限点可能是也可能不是 S 中一个点。如下例子会展示多种可能性。

例9

1. 如果 S 包含的点对应于正整数，或所有的整数，便没有极限点。

2. 如果 S 包含了所有的有理点，那么直线上的每个点都是它的极限点。

3. 如果 S 包含了点 1，$\frac{1}{2}$，$\frac{1}{3}$，$\cdots$，仅有一个极限点，即原点。

4. 如果 S 包含了所有的正有理数点，那么它的极限点便是原点加线上的所有正点。

（19）魏尔施特拉斯定理

点集的理论在高等分析中占有举足轻重的地位，很难用短的篇幅进行概述。但它也是可以从戴德金定理中推导出一个定理：

定理

如果点集 S 包含了无限多的点，并且全部在区间 (α, β) 内，则该区间内至

少一个点是 S 的极限点。

我们把直线 Λ 上的点分为如下两类：如果有无限多的点在点 P 右边，则点 P 属于 L 类，反之则 P 属于 R 类。如此戴德金定理的（i）和（iii）便满足了。既然 α 属于 L 类，β 属于 R 类，（ii）也满足了。

因此有点 ξ，以及有 δ 无论多小都会有 $\xi-\delta$ 属于 L 类，$\xi+\delta$ 属于 R 类，以至于（$\xi-\delta$，$\xi+\delta$）包含了无限多的点 S。因此 ξ 是 S 的极限点。

该点当然有可能与 α，β 重合，例如 $\alpha=0$，$\beta=1$，S 包含了点 1，$\dfrac{1}{2}$，$\dfrac{1}{3}$，$\cdots$。在这种情况下，0 是唯一的极限点，证明将在第 71 课时给出。

例题集

1. 什么情况下 $ax+by+cz=0$，（1）x，y，z 所有的值，（2）x，y 所有的值，且 z 满足 $\alpha x+\beta y+\gamma z=0$，（3）$x$，$y$，$z$ 所有的值满足 $\alpha x+\beta y+\gamma z=0$ 且 $Ax+By+Cz=0$？

2. 任何正有理数都可以表达为有且只有的方式：
$$a_1+\frac{a_2}{1\times 2}+\frac{a_3}{1\times 2\times 3}+\cdots+\frac{a_k}{1\times 2\times 3\cdots k}$$
其中 a_1，a_2，$\cdots$，a_k 都是整数，且
$$0\leqslant a_1,\ 0\leqslant a_2<2,\ 0\leqslant a_3<3,\ \cdots,\ 0\leqslant a_k<k。$$

3. 任何正有理数都可以表达为有且只有的连分数方式：
$$a_1+\frac{1}{a_2}+\frac{1}{a_3}+\cdots+\frac{1}{a_n}$$
其中 a_1，a_2，$\cdots$，a_k 都是整数，且
$$a_1\geqslant 0,\ a_2>0,\ \cdots,\ a_{n-1}>0,\ a_n>1$$

［有关连分数的理论可以在代数教科书或哈代和莱特合著的《数论导论》（*An introduction to the theory of numbers*）第 10 章中找到］

4. 求解方程 $9x^3-6x^2+15x-10=0$ 的有理根（如果存在的话）。

5. 线段 AB 被点 C 黄金分割（《几何原本》第 II 卷第 11 节），即 $AB\cdot AC=BC^2$。证明 $\dfrac{AC}{AB}$ 是无理数。

［直观的几何证明在布罗米奇（Bromwich）的《无穷级数》（*Infinite series*），第2版，第136课时，第400页］

6. A 是无理数，a，b，c，d 是有理数，在何种情况下 $\dfrac{aA+b}{cA+d}$ 是有理数？

7. 一些基础不等式。接下来我们设 a_1，a_2，$\cdots$ 是正数（包括 0），和 p，q，$\cdots$ 是正整数。因为 $a_1^p - a_2^p$ 和 $a_1^q - a_2^q$ 有相同的符号，我们有 $(a_1^p - a_2^p)(a_1^q - a_2^q) \geqslant 0$，或者

$$a_1^{p+q} + a_2^{p+q} \geqslant a_1^p a_2^q + a_1^q a_2^p \tag{1}$$

该不等式也可写作

$$\frac{a_1^{p+q} + a_2^{p+q}}{2} \geqslant \left(\frac{a_1^p + a_2^p}{2}\right)\left(\frac{a_1^q + a_2^q}{2}\right) \tag{2}$$

重复利用该公式，我们可得

$$\frac{a_1^{p+q+r+\cdots} + a_2^{p+q+r+\cdots}}{2} \geqslant \left(\frac{a_1^p + a_2^p}{2}\right)\left(\frac{a_1^q + a_2^q}{2}\right)\left(\frac{a_1^r + a_2^r}{2}\right)\cdots \tag{3}$$

$$\frac{a_1^p + a_2^p}{2} \geqslant \left(\frac{a_1 + a_2}{2}\right)^p \tag{4}$$

特别是当公式（1）中 $p = q = 1$，或公式（4）中 $p = 2$ 时，该不等式与 $a_1^2 + a_1^2 \geqslant 2a_1a_2$，以不同的形式表明了两个正数的算术平均数不小于其几何平均数。

8. n 个数的推广。如果我们对于 n 个数 a_1，a_2，$\cdots a_n$ 写下 $\dfrac{1}{2}n(n-1)$ 个公式和形如（1）的不等式，将 n 个数相加，得到：

$$n\sum a^{p+q} \geqslant \sum a^p \sum a^q \tag{5}$$

也就是

$$\frac{1}{n}\sum a^{p+q} \geqslant \left(\frac{1}{n}\sum a^p\right)\left(\frac{1}{n}\sum a^q\right) \tag{6}$$

因此我们可以减少公式（3）的延展式，可得出

$$\frac{1}{n}\sum a^p \geqslant \left(\frac{1}{n}\sum a^p\right) \tag{7}$$

9. 算术平均值和几何平均值的广泛形式

重要不等式是如此论述的：a_1，a_2，$\cdots$，a_n 的算术平均值不小于其几何平均值。假如 a_r，a_s 是序列中的最大和最小值，G 为其几何平均值。我们可以假设 $G > 0$，

因为当 $G=0$ 时情况很明显。如果我们设：

$$a_r' = G, \quad a_s' = \frac{a_r a_s}{G}$$

则几何平均值并不会改变，因为

$$a_r' + a_s' - a_r - a_s = \frac{(a_r - G)(a_s - G)}{G} \leq 0$$

我们可以肯定算术平均值没有增加。

很明显我们可以重复此论断，直到我们用 G 取代了 a_1，a_2，$\cdots$，a_n；最多 n 次重复已经足够。既然最终的算术平均值是 G，那么起始值就不能更少了。

10. 柯西不等式。假设 a_1，a_2，$\cdots$，a_n 和 b_1，b_2，$\cdots$，b_n 是两组或正或负的数。因而

$$\left(\sum a_r b_r \right)^2 = \sum a_r^2 \sum b_s^2 - \sum (a_r b_s - a_s b_r)^2$$

其中 r 和 s 的值假设为 1，2，$\cdots$，n。

$$\left(\sum a_r b_r \right)^2 \leq \sum a_r^2 \sum b_r^2$$

11. 若 a_1，a_2，$\cdots$，a_n 为正，则

$$\sum a_r \sum \frac{1}{a_r} \geq n^2$$

12. 若 a，b，c 为正，且 $a+b+c=1$，则

$$\left(\frac{1}{a} - 1 \right)\left(\frac{1}{b} - 1 \right)\left(\frac{1}{c} - 1 \right) \geq 8 \quad (《数学之旅》，1932)$$

13. 若 a，b 为正，且 $a+b=1$，则

$$\left(a + \frac{1}{a} \right)^2 + \left(b + \frac{1}{b} \right)^2 \geq \frac{25}{2} \quad (《数学之旅》，1926)$$

14. 若 a_1，a_2，$\cdots$，a_n 为正，且 $s_n = a_1 + a_2 + \cdots + a_n$，则

$$(1 + a_1)(1 + a_2) \cdots (1 + a_n) \leq 1 + s_n + \frac{s_n^2}{2!} + \cdots + \frac{s_n^n}{n!} \quad (《数学之旅》，1909)$$

15. 若 a_1，a_2，$\cdots$，a_n 和 b_1，b_2，$\cdots$，b_n 是两组正数且以递减顺序排列，则

$$(a_1 + a_2 + \cdots + a_n)(b_1 + b_2 + \cdots + b_n) \leq n(a_1 b_1 + a_2 b_2 + \cdots + a_n b_n)$$

16. 如果 a，b，c，$\cdots$，k 和 A，B，C，$\cdots$，K 是两组数，所有的第一列都是正数，则

□ 柯西

奥古斯丁·路易斯·柯西（1789—1857年），法国数学家。他一生中最重要的贡献主要是在微积分学、复变函数和微分方程这三个领域。他在数学分析中的"流数"问题时得到了"柯西不等式"，该不等式由俄国数学家维克托·雅科夫列维奇·布尼亚科夫斯基和德国数学家赫尔曼·阿曼杜斯·施瓦茨彼此独立地在积分学中推而广之，故全称为"柯西-布尼亚科夫斯基-施瓦茨不等式"。它在多个数学领域中均有应用，例如线性代数的矢量、数学分析的无穷级数和乘积的积分、概率论的方差和协方差等。

$$\frac{aA+bB+\cdots+kK}{a+b+\cdots+k}$$

在 A，B，C，$\cdots$，K 的最大值与最小值之间。

17. 如果 $\sqrt{p}$，$\sqrt{q}$ 是非相似根，且 $a+b\sqrt{p}+c\sqrt{q}+d\sqrt{pq}=0$，其中 a, b, c, d 是有理数，则 $a=0$，$b=0$，$c=0$，$d=0$。

18. 证明：如果 $a\sqrt{2}+b\sqrt{3}+c\sqrt{5}=0$，其中 a, b, c 是有理数，则 $a=0$，$b=0$，$c=0$。

19. 任何带有 $\sqrt{p}$，$\sqrt{q}$ 的有理数系数的多项式 [即有限个形如 $A(\sqrt{p})^m \cdot (\sqrt{q})^n$]，m 和 n 为整数，A 是有理数，都可以表达为：

$$a+b\sqrt{p}+c\sqrt{q}+d\sqrt{pq}$$

的形式，其中 a, b, c, d 均为有理数。

20. $\dfrac{a+b\sqrt{p}+c\sqrt{q}}{d+e\sqrt{p}+f\sqrt{q}}$ 将表达成

$$A+B\sqrt{p}+C\sqrt{q}+D\sqrt{pq}$$

的形式，其中 $a, b, c, d, e, f, A, B, C, D$ 均为有理数。

[显然

$$\frac{a+b\sqrt{p}+c\sqrt{q}}{d+e\sqrt{p}+f\sqrt{q}}=\frac{(a+b\sqrt{p}+c\sqrt{q})(d+e\sqrt{p}-f\sqrt{q})}{(d+e\sqrt{p})^2-f^2q}$$

$$=\frac{\alpha+\beta\sqrt{p}+\gamma\sqrt{q}+\delta\sqrt{pq}}{\varepsilon+\zeta\sqrt{p}}$$

目前需要做的就是分子、分母同时乘以 $\varepsilon-\zeta\sqrt{p}$ 即可完成这个化简。例如，证明

$$\frac{1}{1+\sqrt{2}+\sqrt{3}}=\frac{1}{2}+\frac{1}{4}\sqrt{2}-\frac{1}{4}\sqrt{6}\quad]$$

21. 如果 a, b, x, y 都是有理数且满足

$$(ay-bx)^2+4(a-x)(b-y)=0$$

则要么（i）$x=a$，$y=b$，要么（ii）$1-ab$ 和 $1-xy$ 都是有理数的平方。（《数

学之旅》，1903）

22. 对于所有的 x 和 y，有

$$ax^2 + 2hxy + by^2 = 1, \quad a'x^2 + 2h'xy + b'y^2 = 1$$

其中 a，h，b，a'，h'，b' 都是有理数，则

$$(h-h')^2 - (a-a')(b-b'), \quad (ab'-a'b)^2 + 4(ah'-a'h)(bh'-b'h)$$ 都是有理数的平方。（《数学之旅》，1899）

23. 证明 $\sqrt{2}$ 与 $\sqrt{3}$ 都是 $\sqrt{2}+\sqrt{3}$ 的带有有理系数的立方函数，并且 $\sqrt{2}-\sqrt{6}+3$ 是 $\sqrt{2}+\sqrt{3}$ 的两个线性函数的比值。（《数学之旅》，1905）

24. 证明当 $2m^2 > a > m^2$ 时，

$$\sqrt{\{a + 2m\sqrt{(a-m^2)}\}} + \sqrt{\{a - 2m\sqrt{(a-m^2)}\}}$$

等于 $2m$；而当 $a > 2m^2$ 时，等于 $2\sqrt{(a-m^2)}$。

25. 证明任何 $\sqrt[3]{2}$ 的有理系数的多项式，都可以表达为

$$a + b\sqrt[3]{2} + c\sqrt[3]{4}$$

更通俗地讲，如果 p 是任意有理数，任何 $\sqrt[m]{p}$ 的有理系数多项式都可以表达为

$$a_0 + a_1\alpha + a_2\alpha^2 + \cdots + a_{m-1}\alpha^{m-1}$$

其中 a_0，a_1，$\cdots$ 都是有理数且 $\alpha = \sqrt[m]{p}$。因为对于任何多项式都有

$$b_0 + b_1\alpha + b_2\alpha^2 + \cdots + b_k\alpha^k$$

其中各 b 都是有理数。如果 $k \leq m-1$，这就是所要求的形式。如果 $k > m-1$，设 α^r 是 α 的任何一个高于第 $m-1$ 项的幂。则 $r = \lambda m + s$，其中 λ 是整数，且 $0 \leq s \leq m-1$；从而 $\alpha^r = \alpha^{\lambda m+s} = p^\lambda \alpha^s$，因此我们舍去了所有 α 高于第 $m-1$ 项的幂。

26. 把 $(\sqrt[3]{2}-1)^5$ 和 $\dfrac{\sqrt[3]{2}-1}{\sqrt[3]{2}+1}$ 写成

$$a + b\sqrt[3]{2} + c\sqrt[3]{4}$$

的形式，其中 a，b，c 是有理数。［在第二个式子中，分子、分母同乘以 $\sqrt[3]{4} - \sqrt[3]{2} + 1$］

27. 如果

$$a + b\sqrt[3]{2} + c\sqrt[3]{4} = 0$$

其中 a，b，c 是有理数，则 $a = 0$，$b = 0$，$c = 0$。

［设 $y = \sqrt[3]{2}$，则 $y^3 = 2$ 且

$$cy^2 + by + a = 0$$

因此 $2cy^2 + 2by + ay^3 = 0$，或

$$ay^2 + 2cy + 2b = 0$$

这两个二次方程乘以 a 和 c 再相减，我们得到 $(ab - 2c^2)y + a^2 - 2bc = 0$，也即

$y = -\dfrac{(a^2 - 2bc)}{(ab - 2c^2)}$，这是一个有理数，但这是不可能的。唯一的替换是 $ab - 2c^2 = 0$，

$a^2 - 2bc = 0$。

因此 $ab = 2c^2$，$a^4 = 4b^2c^2$。如果 a 和 b 都不是 0，我们用第一式除第二式

得到 $a^3 = 2b^3$。但这是不可能的，因为 $\sqrt[3]{2}$ 不可能等于有理数 $\dfrac{a}{b}$。因此 $ab = 0$，

$c = 0$，从原始方程可得 a，b，c 都等于 0。

因而我们推断，如果 $a + b\sqrt[3]{2} + c\sqrt[3]{4} = d + e\sqrt[3]{2} + f\sqrt[3]{4}$，则 $a = d$，$b = e$，

$c = f$。

更广泛地说，如果

$$a_0 + a_1 p^{\frac{1}{m}} + \cdots + a_{m-1} p^{\frac{(m-1)}{m}} = 0$$

p 不是完全 m 次幂，则 $a_0 = a_1 = \cdots = a_{m-1} = 0$，但它的证明并不简单。］

28. 如果 $A + \sqrt[3]{B} = C + \sqrt[3]{D}$，则要么 $A = C$，$B = D$，要么 B 和 D 都是有理数的立方。

29. 如果 $\sqrt[3]{A} + \sqrt[3]{B} + \sqrt[3]{C} = 0$，则要么 A，B，C 之一是 0，且其他两项刚好为相反数，要么 $\sqrt[3]{A}$，$\sqrt[3]{B}$，$\sqrt[3]{C}$ 都是相同根 $\sqrt[3]{X}$ 的有理倍数。

30. 求解有理数 α，β，使得

$$\sqrt[3]{(7 + 5\sqrt{2})} = \alpha + \beta\sqrt{2}$$

31. 如果 $(a - b^3)b > 0$，则

$$\sqrt[3]{\left\{ a + \frac{9b^3 + a}{3b}\sqrt{\left(\frac{a - b^3}{3b} \right)} \right\}} + \sqrt[3]{\left\{ a - \frac{9b^3 + a}{3b}\sqrt{\left(\frac{a - b^3}{3b} \right)} \right\}}$$

是有理数。〔立方根式中每一个数都有

$$\left(\alpha + \beta \sqrt{\dfrac{a - b^3}{3b}}\right)^3$$

的形式，其中 α，β 是有理数。〕

32. 证明：

$$\sqrt{(\sqrt[3]{5} - \sqrt[3]{4})} = \frac{1}{3}(\sqrt[3]{2} + \sqrt[3]{20} - \sqrt[3]{25})$$

$$\sqrt[3]{(\sqrt[3]{2} - 1)} = \sqrt[3]{\left(\frac{1}{9}\right)} - \sqrt[3]{\left(\frac{2}{9}\right)} + \sqrt[3]{\left(\frac{4}{9}\right)}$$

$$\sqrt[4]{\left(\frac{3 + 2\sqrt[4]{5}}{3 - 2\sqrt[4]{5}}\right)} = \frac{\sqrt[4]{5} + 1}{\sqrt[4]{5} - 1}$$

33. 如果 $\alpha = \sqrt[n]{p}$，则任何 α 的多项式都是具有有理系数的 n 次方程的根。

〔我们可以把多项式（比如 x）写成：

$$x = l_1 + m_1 \alpha + \cdots + r_1 \alpha^{n-1}$$

的形式。如 25 题中那样。其中 l_1，m_1，$\cdots$ 都是有理数。

相似地，

$$x^2 = l_2 + m_2 \alpha + \cdots + r_2 \alpha^{n-1}$$

$$\cdots\cdots$$

$$x^n = l_n + m_n \alpha + \cdots + r_n \alpha^{n-1}$$

因此

$$L_1 x + L_2 x^2 + \cdots + L_n x^n = \Delta$$

其中 Δ 为行列式

$$\begin{vmatrix} l_1 & m_1 & \cdots & r_1 \\ l_2 & m_2 & \cdots & r_2 \\ \cdots & \cdots & \cdots & \cdots \\ l_n & m_n & \cdots & r_n \end{vmatrix}$$

且 L_1，L_2，$\cdots$ 是 l_1，l_2，$\cdots$ 的代数余子式。〕

34. 把该过程应用到 $x = p + \sqrt{q}$，推导出第 14 课时的定理。

35. 证明 $y = a + bp^{\frac{1}{3}} + cp^{\frac{2}{3}}$ 满足方程

$$y^3 - 3ay^2 + 3y\left(a^2 - bcp\right) - a^3 - b^3 p - c^3 p^2 + 3abcp = 0$$

36. 代数数：我们已经找到了一些无理数（如 $\sqrt{2}$）满足方程

$$a_0 x^n + a_1 x^{n-1} + \cdots + a_n = 0$$

其中 a_0, a_1, $\cdots$, a_n 是整数。这种无理数被称为代数数（algebraic numbers）。所有的其他无理数（如 15 节中的 π），被称为超越数（transcendental numbers）。

37. 如果 x 和 y 是代数数，则 $x+y$, $x-y$, xy, $\dfrac{x}{y}$（$y \neq 0$）都是代数数。

$\Big[$ 我们必须使用如下定理：基础对称函数 $\sum \chi_r$, $\sum \chi_r \chi_s$, $\cdots$ 中，方程

（1）$x^m - p_1 x^{m-1} + p_2 x^{m-2} - \cdots \pm p_m = 0$

的根是 p_1, p_2, $\cdots$，任何对称的 x_1, x_2, $\cdots$ 的多项式也是 p_1, p_2, $\cdots$ 的多项式，写作

（2）$y^n - q_1 y^{n-1} + q_2 y^{n-2} - \cdots \pm q_n = 0$

p_1, p_2, $\cdots$ 和 q_1, q_2, $\cdots$ 都是有理数。我们假设（1）和（2）的根为 x_1, x_2, $\cdots$ 和 y_1, y_2, $\cdots$，如果相乘便可得到

$$P(z) = \prod_{h=1}^{m} \prod_{k=1}^{n} (z - x_h - y_k)$$

扩展了 mn 对 h 和 k 的值。则 $P(z)$ 是一个 z 的多项式，且 x_h 的系数与 y_k 的系数是对称的整数系数。由此推断，如果多项式 $P(z)$ 的系数是 p_1, p_2, $\cdots$ 和 q_1, q_2, $\cdots$ 且是整数系数。这样的话，$P(z)=0$ 就是一个 mn 为最高幂级的方程，其根之一是 $x+y$。

对于 $x-y$ 和 xy 的证明结果是相似的。如果 $y \neq 0$ 且我们假设 $q_n \neq 0$，则 $z = \dfrac{1}{y}$ 满足

$$z^n - r_1 z^{n-1} + r_2 z^{n-2} - \cdots \pm r_n = 0$$

其中 $r_1 = \dfrac{q_{n-1}}{q^n}$, $r_2 = \dfrac{q_{n-2}}{q^n}$, $\cdots$ 因此 z 是代数数，且 $\dfrac{x}{y} = xz$ 也是代数数。

特别是如果 k 是有理数，则 $x+k$ 和 kx 都是代数数。$\Big]$

38. 如果

$$x^m + \alpha_1 x^{m-1} + \alpha_2 x^{m-2} + \cdots + \alpha_m = 0$$

其中 α_1, α_2, $\cdots$, α_m 都是代数数，则 x 也是代数数。

［这个可以被相似地证明。每个 α_r 满足

$$\alpha_n^{n_r} - p_{r,1}\alpha_r^{n_r-1} + \cdots \pm p_{r,n_r} = 0$$

我们假设该方程的根为 $\alpha_{r,1}$，$\alpha_{r,2}$，$\cdots$，α_{r,n_r}（α_r 为 $\alpha_{r,1}$），并会形成乘积

$$P(x) = \prod (x^m + \alpha_{1,s_1}x^{m-1} + \alpha_{2,s_2}x^{m-2} + \cdots + \alpha_{m,s_m})$$

其中乘积经过下标 s_1，s_2，$\cdots$，s_m 的 $N = n_1 n_2 \cdots n_m$ 个组合，从而得到 x 的最高次级是 mN 的多项式，特别地，如果 x 是代数数，m 和 n 是整数，则 $x^{\frac{m}{n}}$ 是代数数。］

39. 如果

$$x^2 - 2x\sqrt{2} + \sqrt{3} = 0,$$

则

$$x^8 - 16x^6 + 58x^4 - 48x^2 + 9 = 0。$$

40. 请找带有有理数系数的方程满足

$$1 + \sqrt{2} + \sqrt{3}，\quad \frac{\sqrt{3} + \sqrt{2}}{\sqrt{3} - \sqrt{2}}，\quad \sqrt{\{\sqrt{3} + \sqrt{2}\}} + \sqrt{\{\sqrt{3} - \sqrt{2}\}}，\quad \sqrt[3]{2} + \sqrt[3]{3}$$

41. 如果 $x^3 = x + 1$，则 $x^{3n} = a_n x + b_n + c_n x^{-1}$，其中

$$a_{n+1} = a_n + b_n，\quad b_{n+1} = a_n + b_n + c_n，\quad c_{n+1} = a_n + c_n$$

42. 如果 $x^6 + x^5 - 2x^4 - x^3 + x^2 + 1 = 0$ 且 $y = x^4 - x^2 + x - 1$，则 y 满足有理数系数的二次方程（《数学之旅》，1903）。［可以求得 $y^2 + y + 1 = 0$］

第二章　实变量函数

（20）函数的定义

假设 x 和 y 是两个连续的实变量，或者用几何方式表达，在两条直线 Λ，M 上从定点 A_0，B_0 上分别截取线段 $A_0P = x$，$B_0Q = y$。假设 P 点和 Q 点的位置并不是相互独立的，而是通过 x 和 y 的关系而互相关联的。因此，当 P 和 x 已知时，Q 和 y 也可得出。例如，我们可以设 $y = x$，或 $2x$，或 $\frac{1}{2}x$，或 x^2+1。在所有这些例子中，x 的值均直接决定 y 的值。或者我们也可以设 x 和 y 之间的关系已知，或许并不是准确的 y 对于 x 的关系公式，而是由几何方法确定当点 P 已知时，点 Q 也可找到。

这样，我们称 y 为 x 的函数。整个高等数学中，这种一个变量与另一个变量的函数关系也许是最重要的。为了提高读者对于函数的认知，接下来用一些例子来阐述。

在此之前，我们还必须指出上述的简单例子都表明了函数的三个性质：

（1）每个 y 均有对应的 x 的值；

（2）对于每个 x 的值，有且只有一个 y 的值与之对应；

（3）x 与 y 之间的函数关系可以用分析公式表达，将 x 的值代带入这个公式，可以直接计算出 y 的值。

事实上，很多最重要的函数关系都具备这些特征。以下非函数的示例会让你更深刻地理解函数的本质。函数中最本质的是，x 和 y 的关系是确定的，故任何一个 x 的值都有一个对应的 y 的值。

例10

1. 设 $y=x$，$2x$，$\frac{1}{2}x$ 或 x^2+1，由上可得，不必赘述。

2. 设无论 x 取何值，$y=0$。此时，y 是 x 的函数，因为我们无论取 x 为何值，对应的 y 值始终确定是 0。在这种情况下，函数关系使得对于所有的 x 值，y 都有相同的取值。当 y 取 1，或 $-\frac{1}{2}$，或 $\sqrt{2}$ 时与之同理。这样的函数被称为常数（constant）函数。

3. 设 $y^2=x$。若 x 取正值，根据函数关系就会求出两个 y 值，即 $\pm\sqrt{x}$。若 $x=0$，则 $y=0$。因此，当 x 取特定值 0 时，对应的 y 值有且只有一个。但当 x 取负值时，没有 y 满足函数方程。即，当 x 取值为负时，函数不成立。因此这个函数仅满足性质（3），但不满足性质（1）和（2）。

4. 假如有一罐气体，恒温保存在气瓶里，由活塞密封。

设 A 为活塞的横截面面积，W 为活塞的质量。

活塞压缩的气体会反过来对活塞施加一个向上的压力，每单位面积的压力为 p_0，这个压力与活塞的重量平衡，因此

$W=Ap_0$

设整个系统平衡时气体体积为 v_0。假设额外重量放置在活塞上，活塞就会向下移动，气体体积（v）减小，气体向活塞施加的单位面积压强（p）增加。波义耳（Boyle）实验证明，p 与 v 的乘积非常接近为常数，可以表达为：

$$pv=a \tag{i}$$

这里 a 是一个可以由实验近似确定的常数。

然而，波义耳定理仅仅针对气体压缩不严重的情况下提出了合理的估计。当 v 降低，p 升高到某个特定点时，它们的关系就不再如公式（i）表达的那么准确了。更贴切地近似叫做"范德瓦尔（van der Waals）定理"，表达式是

$$\left(p+\frac{\alpha}{v^2}\right)(v-\beta)=\gamma \tag{ii}$$

其中 α，β，γ 都可以通过实验近似得到。

当然，这两个方程并不足够完整描述 p 与 v 之间的关系。因为现实中这个关系更加复杂，随着 v 的变化，p 与 v 之间的关系可以近似等同于（i），也可以近

似等同于（ii）。从数学的角度看，我们还是可以假设一个理想状态，对于所有的 v 值不小于特定的值 V，（i）成立；对于所有的 v 值小于特定的值 V，（ii）成立。因而我们可以将两个方程放在一起，把 p 定义为 v 的函数。这是一个分类函数的典型例子。

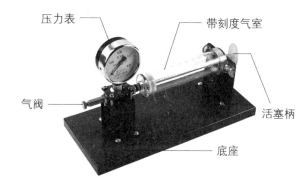

压力表　带刻度气室

气阀　活塞柄

底座

□ **波义耳实验**

　　1659年，爱尔兰化学家罗伯特·波义耳制成了"波义耳机器"和"风力发动机"，并用这一装置对气体性质进行了研究，于1660年发表对这一设备的研究成果，即著名的"波义耳定理"——在定量定温下，理想气体的体积与压力成反比。图为现代的波义耳定理演示装置。

此函数拥有特征（2）：对于每个 v 仅由一个 p 值对应，但不拥有特征（1）。当 v 的取值为负时，p 没有定义，因为"负数的体积"是没有意义的。

5. 假设一个具有完美弹性的球不旋转地掉落，从高度 $\dfrac{1}{2}g\tau^2$ 到一个固定的水平面，并且持续反弹。

基础动力学表明如果 $0 \leqslant t \leqslant \tau$，$h = \dfrac{1}{2}gt^2$；如果 $\tau \leqslant t \leqslant 3\tau$，$h = \dfrac{1}{2}g(2\tau - t)^2$，统一来讲，如果 $(2n-1)\tau \leqslant t \leqslant (2n+1)\tau$，则

$$h = \frac{1}{2}g(2n\tau - t)^2$$

这里 h 是 t 时间的球的高度，仅对 t 为正值时有用。

6. 假设 y 是 x 的最大因数，该定义仅适用于 x 为整数。讨论 $\dfrac{11}{3}$ 或 $\sqrt{2}$ 或 π 的最大因数是没有意义的。该函数不满足性质（1），但满足性质（2），不满足性质（3），因为无法找到 y 与 x 之间的表达式。

7. 假设 y 定义为 x 的分母，x 表达为最简形式。这个例子中只有当 x 是有理数时定义才成立。例如当 $x = -\dfrac{11}{7}$，$y = 7$，但是当 $x = \sqrt{2}$ 时，y 无定义。

（21）函数的图形表示法

假设变量 y 是变量 x 的函数，我们把 x 称为自变量（independent variable），y 称为因变量（dependent variable）。当函数关系形式不确定时，我们通常写作

$$y = f(x)$$

（也可以用 $F(x)$，$\phi(x)$，$\psi(x)$，… 来表示。）

函数的形式多种多样，如下展示简单好理解的例子，特定函数的特征如图 6 所示。画出互相垂直的两条直线 OX、OY 并且沿当前方向无限延伸。我们可以把从 O 开始的距离表示为 x 和 y 的值，沿箭头方向为正。

假设 a 为 x 的任意一个使 y 有意义的值，且 $x=a$ 时，$y=b$。设 $OA=a$，$OB=b$，形成矩形 $OAPB$，此时点 P 的位置表示当 $x=a$ 时 $y=b$。

如果当 x 的值为 a 时，y 的值不一定，为 b，b'，b''，我们就用若干点 P，P'，P''，… 来代替点 P。

我们把点 P 称为点 (a, b)；a 和 b 是 P 点的坐标，a 为横坐标，b 为纵坐标；OX，OY 为 x 轴，y 轴，统称为坐标轴，O 点为坐标原点，或简称原点。

我们假设对于所有 x 的值 a，y 均有对应的值 b 或对应点 P。我们把所有点的集合称为函数 y 的图象。

取一个简单例子，定义

$$Ax + By + C = 0 \qquad (1)$$

其中 A，B，C 均是常数，y 为第 20 课时中具有特征（1）（2）（3）的函数。很容易发现 y 的图象是一条直线，我们也可以说点 (x, y) 的图象轨迹是一条直线，方程（1）为函数的轨迹方程。

$Ax + By + C = 0$ 是最常见的 x 与 y 之间

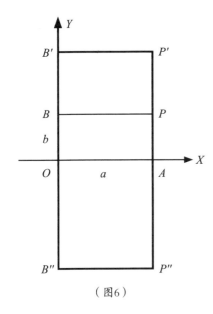

（图6）

的一次方程，因此一次方程的图象是一条直线，反过来说，任何直线对应的方程都是一次方程。

我们再来提几个有趣方程定义的几何轨迹图。一个形如

$$(x - \alpha)^2 + (y - \beta)^2 = \rho^2$$

或者

$$x^2 + y^2 + 2Gx + 2Fy + C = 0$$

的方程代表一个圆，其中 $G^2 + F^2 - C > 0$。方程

$$Ax^2 + 2Hxy + By^2 + 2Gx + 2Fy + C = 0$$

代表着一个椭圆、双曲线或抛物线。

（22）极坐标

在之前的讨论中，我们已经通过 $OM = x$，$MP = y$ 确定了点 P 的位置。如果 $OP = r$，$MOP = \theta$，θ 是取值在 0 与 2π 之间的一个角，如图 7 所示，则

$$x = r\cos\theta，\quad y = r\sin\theta$$

$$r = \sqrt{(x^2 + y^2)}，\quad \cos\theta : \sin\theta : 1 :: x : y : r$$

而点 P 的位置同样可以由 r 和决定。我们把 r 和 θ 称为 P 的极坐标（polar coordinates）。应注意，r 实际上是正的。

当 P 沿着某个轨迹移动时，r 和 θ 之间有函数关系，如 $r = f(\theta)$ 或 $\theta = F(r)$，我们称其为该轨迹的极方程（polar equation）。极方程可以由以上（x, y）之间的方程确定。

所以直线的极坐标方程为

$$r\cos(\theta - \alpha) = p$$

p 和 α 是常数。方程 $r = 2a\cos\theta$ 代表着通过了原点的一个圆，而圆的一般方程指的是

$$r^2 + c^2 - 2rc\cos(\theta - \alpha) = A^2$$

其中 A，c 和 α 都是常数。

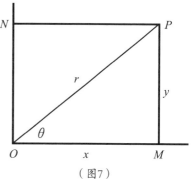

（图7）

（23）更多的函数以及图形表示的例子

A. 多项式

x 的多项式为

$$a_0x^m + a_1x^{m-1} + \cdots + a_m$$

其中 a_0，a_1，$\cdots$，a_m 都是常数。最简单的多项式是幂函数 $y=x$，x^2，x^3，$\cdots$，x^m，$\cdots$，根据 m 是奇还是偶，x^m 函数的图象有两种不同的形式。

首先假设 $m=2$。则（0,0），（1,1），（-1,1）三点在图象上。给予 x 的任意值都可以找到对应的 y 值，

$$x = \frac{1}{2}, \ 2, \ 3, \ -\frac{1}{2}, \ -2, \ -3$$

$$y = \frac{1}{4}, \ 4, \ 9, \ \frac{1}{4}, \ 4, \ 9$$

如果读者把所有的点汇集，则得到图 8 所示的图象，此条曲线当然是抛物线。

但是也有这样的基础性问题我们目前难以回答。读者肯定了解连续曲线，也就是没有断裂或者跳动的曲线，图 8 就是一条连续曲线。问题在于 $y=x^2$ 是否就是这条曲线。这个靠描述曲线上的点是不够的，尽管我们可以构造尽可能多的点。

这个问题直到第五章才会讨论。在第五章我们会详细讨论连续的定义并且证明此条曲线为连续曲线。

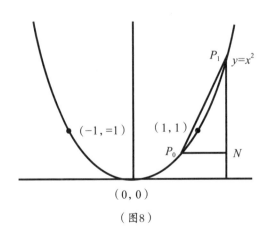

（图8）

很明显看出，曲线 $y=x^2$ 关于 x 轴凹陷。假设 P_0，P_1 点为 (x_0, x_0^2)，(x_1, x_1^2)。则弦 P_0P_1 上一点的坐标为 $x = \lambda x_0 + \mu x_1$，$y = \lambda x_0^2 + \mu x_1^2$，其中 λ 和 μ 是和为 1 的正数。并且

$$y - x^2 = (\lambda + \mu)(\lambda x_0^2 + \mu x_1^2) - (\lambda x_0 + \mu x_1)^2 = \lambda \mu (x_1 - x_0)^2 \geq 0$$

所以整个弦都在曲线之上。

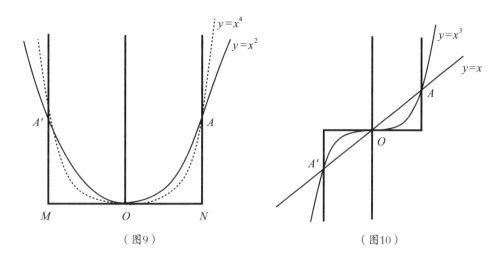

（图9）　　　　　　　　　　（图10）

曲线 $y=x^4$ 与 $y=x^2$ 曲线形状相似，但是在原点处更平坦，超过 A、A' 点处更陡峭，如图9。对于曲线 $y=x^m$，当 m 是偶数且大于4时，情况更甚。m 值越大，平坦和陡峭的趋势愈演愈烈，直到与图中粗线重合为止。

读者也应该考虑当 m 是奇数时，曲线 $y=x^m$ 的情况。两种情况的区别在于，当 m 是偶数时，$(-x)^m=x^m$，故曲线关于 OY 轴对称。但当 m 是奇数时，$(-x)^m=-x^m$，故当 x 取值为负时 y 的取值也为负。图10展示了 $y=x$，$y=x^3$ 以及 m 值更大时 $y=x^m$ 的图象。

现在来总结多项式图象的构筑。第一，从 $y=x^m$ 的图象我们得到 Cx^m 的图象，只要把每个点的坐标乘以 C。如果我们知道了 $f(x)$ 和 $F(x)$ 的图象，则通过把两个曲线上点的坐标相加便可得到 $f(x)+F(x)$ 的图象。

例11

1. 请画出曲线 $y=7x^4$，$y=3x^5$，$y=x^{10}$ 的图象。

［建议读者仔细作图，并将三条曲线画在一张图上，从而理解指数函数的增长速度。当 x 很大时，在多项式

$x^{10}+3x^5+7x^4$（或 $x^{10}+30x^5+700x^4$）

中，第一项才是起决定性作用的。例如，当 $x=4$ 时，$x^{10}>1000000$，然而 $30x^5<35000$，且 $700x^4<180000$；如果当 $x=10$ 时，情况更甚。］

2. 当 $x = 1$，10，100 等时，比较

$$x^{12}, \quad 1000000x^6, \quad 1000000000000x$$

的大小。

［读者也可以自行编造此类数据。x 的不同函数间的相对增长率这一概念，是我们在接下来的章节中要经常讨论的。］

3. 画出 $ax^2 + 2bx + c$ 的图象。

［ 其中

$$y - \frac{ac - b^2}{a} = a\left(x + \frac{b}{a}\right)^2$$

如果我们设定新的坐标轴与旧的坐标轴平行，且穿过点

$$x = -\frac{b}{a}, \quad y = \frac{(ac - b)^2}{a},$$

则新方程为 $y' = ax'^2$，图象为抛物线 ］

4. 画出曲线 $y = x^3 - 3x + 1$，$y = x^2(x - 1)$，$y = x(x - 1)^2$ 的图象。

（24）B. 有理函数

在简单性和重要性上仅次于多项式的一类函数，有理函数是两个多项式相除的商，假设 $P(x)$，$Q(x)$ 是多项式，则其一般形式为

$$R(x) = \frac{P(x)}{Q(x)}$$

若 $Q(x)$ 为常数，则 $R(x)$ 为多项式，因此多项式函数也包含在有理函数内。如下几点应该注意：

（1）设 $P(x)$，$Q(x)$ 没有公约数 $x + a$ 或 $x^p + ax^{p-1} + bx^{p-2} + \cdots + k$ 等。假如有公约数，则通过除法而移除。

（2）然而，这种约掉公约子的方法却改变了函数。考虑这个例子函数 $\frac{x}{x}$，这是个有理函数。一旦移除公约数 x，则 $\frac{1}{1} = 1$。但是原函数并不总是等于 1，只有当 x 不等于 0 时才等于 1。如果取 $x = 0$ 则该方程无意义。因而函数 $\frac{x}{x}$ 当 $x \neq 0$ 时等于 1，当 $x = 0$ 时函数无定义。因此两方程不同。

（3）函数

$$\frac{\dfrac{1}{x+1}+\dfrac{1}{x-1}}{\dfrac{1}{x}+\dfrac{1}{x-2}}$$

可以简化为

$$\frac{x^2(x-2)}{(x-1)^2(x+1)}$$

这是有理函数的标准形式。但是这种简化并不总是合理的。为了计算函数的值，我们要用固定值替换 x。在这个例子中 $x=-1$，1，0，2 时函数无意义，也就是说函数对这些点无定义。但是函数简化后只考虑 $x=-1$，1。但是 $x=0$ 和 2 时函数取值为 0，因而上述两种函数不同。

（4）正如问题（3）所讨论的那样，即使当所给的函数已经被化简成标准形式的有理函数，也会有某些 x 的值使得函数无意义，此时使得分母取值为 0 的 x 的值就使函数无意义。

（5）一般来说，我们同意在处理如（2）和（3）中考虑的表达式时，忽略 x 的那些例外的值（对于这些值，我们使用的简化过程是不合理的），并将我们的函数简化到标准形式的有理函数。据此读者可以验证，两个有理数函数的和、积或商可以被简化为标准形式的有理函数。通俗来说，有理函数的有理函数也是有理函数。例如，$z=\dfrac{P(y)}{Q(y)}$（P、Q 都是多项式），我们代入 $y=\dfrac{P_1(x)}{Q_1(x)}$，则 $z=\dfrac{P_2(x)}{Q_2(x)}$。

（6）我们提及的"有理"仅指自变量 x 的出现形式，例如

$$\frac{x^2+x+\sqrt{3}}{x\sqrt[3]{2}-\pi}$$

也是有理函数。

表述"有理"的定义也因此而来。有理函数 $\dfrac{P(x)}{Q(x)}$ 也可以通过针对 x 的有限次运算而来，这些运算包括乘以一个常数，加项，除以一个函数，等等。如果把每个有理数看作单位元，则函数可简化为

$$\frac{5}{3}=\frac{1+1+1+1+1}{1+1+1}$$

再次重申，任何函数都可以通过每一个过程函数而简化为有理函数的标准形式，因此复杂的函数也可以简化为有理函数的标准形式，如

$$\frac{\dfrac{x}{x^2+1}+\dfrac{2x+7}{x^2+\dfrac{11x-3\sqrt{2}}{9x+1}}}{17+\dfrac{2}{x^3}}$$

（25）有理函数（续）

研究有理函数的图象表示法比研究多项式的图象更依赖于微分计算，接下来我们列举几个例子来佐证：

例12

1. 画出 $y=\dfrac{1}{x}$ ， $y=\dfrac{1}{x^2}$ ， $y=\dfrac{1}{x^3}$ ，…的图象

［图 11 和图 12 已给出了前两个函数的图象。读者应该注意到当 $x=0$ 时函数无定义。］

2. 画出

$$y=x+\frac{1}{x} \ , \ x-\frac{1}{x} \ , \ x^2+\frac{1}{x^2} \ , \ x^2-\frac{1}{x^2} \ , \ ax+\frac{b}{x}$$

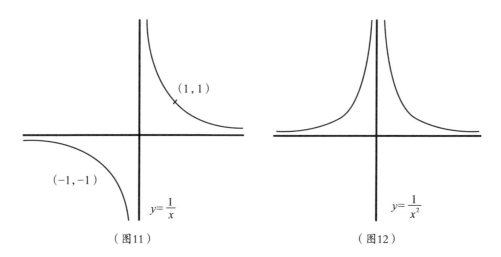

（图11）　　　　　　　　　　（图12）

的图象，对于 a 和 b，取不同的正负值。

3. 画出

$$y = \frac{x+1}{x-1}, \left(\frac{x+1}{x-1}\right)^2, \frac{1}{(x-1)^2}, \frac{x^2+1}{x^2-1}$$

的图象。

4. 画出

$$y = \frac{1}{(x-a)(x-b)}, \frac{1}{(x-a)(x-b)(x-c)}$$

的图象，其中 $a < b < c$。

5. 随着 m 逐渐增大，画出 $y = \dfrac{1}{x^m}$ 的形势图，请单独考虑 m 是奇或偶的情况。

（26）C. 显式代数函数

下一个重要的函数类别是显式代数函数（explicit algebraical function）。这种函数是由从 x 出发，将有限次地构造有理函数时所用到的那些运算，再加上有限多个去根运算得到的，因而

$$\frac{\sqrt{1+x} - \sqrt[3]{1-x}}{\sqrt{1+x} + \sqrt[3]{1-x}}, \sqrt{x + \sqrt{x + \sqrt{x}}}, \left(\frac{x^2 + x + \sqrt{3}}{x\sqrt[3]{2} - \pi}\right)^{\frac{2}{3}}$$

都是显式代数函数，而且 $x^{\frac{m}{n}}$ 也如是，其中 m 和 n 都是任意整数。

读者应该注意到也有一些表达含糊的情况，例如 $y = \sqrt{x}$。我们到目前为止用 $\sqrt{2}$ 表示 2 的平方根。因而同样地用 $\sqrt{x}$ 表示 x 的平方根，这种情形下，$y = \sqrt{x}$ 为 x 的单值函数。然后更普遍也更方便的是把 x 表示为双值函数，两个值分别为 x 的正负平方根。

读者应该意识到，$\sqrt{x}$ 有如下两个方面不是有理函数。其一，除了一些例外，有理函数的定义是针对所有的 x 的值。但 $\sqrt{x}$ 对于整个区域的定义无定义，例如 x 不能取值为负。第二，当 x 取使它有定义的值时，函数有两个符号相反的值。

与之相反，函数 $\sqrt[3]{x}$ 是单值的，且对于所有的 x 的取值都成立。

例13

1. $\sqrt{(x-a)(b-x)}$，其中 $a<b$，定义域为 $a \leqslant x \leqslant b$。如果 $a<x<b$，它有两个值；如果 $x=a$ 或 b，则只有一个值，即 0。

2. 相似地考虑

$$\sqrt{(x-a)(x-b)(x-c)} \ (a<b<c)$$

$$\sqrt{x(x^2-a^2)} \ , \ \sqrt[3]{(x-a)^2(b-x)} \ (a<b)$$

$$\frac{\sqrt{1+x} \ - \ \sqrt{1-x}}{\sqrt{1+x} \ + \ \sqrt{1-x}}, \ \sqrt{x+\sqrt{x}}$$

3. 画出曲线 $y^2=x$，$y^3=x$，$y^2=x^3$ 的图象。

4. 画出函数 $y=\sqrt{a^2-x^2}$，$y=b\sqrt{1-\dfrac{x^2}{a^2}}$ 的图象。

（27）D. 隐式代数函数

容易验证，如果

$$y=\frac{\sqrt{1+x} \ -\sqrt[3]{1-x}}{\sqrt{1+x}+\sqrt[3]{1-x}}$$

则

$$\left(\frac{1+y}{1-y}\right)^6=\frac{(1+x)^3}{(1-x)^2}$$

如果

$$y=\sqrt{x+\sqrt{x+\sqrt{x}}}$$

则

$$y^4-(4y^2+4y+1)x=0$$

每一个方程都可以表达为

$$y^m+R_1y^{m-1}+\cdots+R_m=0 \tag{1}$$

其中 R_1，R_2，$\cdots$，R_m 都是 x 的有理函数。读者可以轻易验证：如果 y 是上述例子中的任意一个函数，则 y 必满足此形式的方程。对于任何显式代数函数皆是如此。这实际上是正确的，而且确实不难证明，而且我们将在这里写一个正式的证明。

下面的例子应该让读者清楚地知道这种证明的方式。设

$$y = \frac{x + \sqrt{x} + \sqrt{x + \sqrt{x}} + \sqrt[3]{1+x}}{x - \sqrt{x} + \sqrt{x + \sqrt{x}} - \sqrt[3]{1+x}}$$

则

$$y = \frac{x + u + v + w}{x - u + v - w}$$

$$u^2 = x, \quad v^2 = x + u, \quad w^3 = 1 + x$$

我们仅需要求出 u，v，w，即可得到标准形式的方程。

因而我们给出如下的定义：如果关于 y 的方程幂次为 m，则 y 关于 x 的代数方程称为有理函数，幂次为 m。该定义并不失广泛性，因为第一个 x 的系数为单位元。

这类函数包含了第 26 课时讨论的所有显式代数函数，也同时包括了其他非显式函数。通俗来说，方程（1）中当 m 大于 4 时，y 不能显性地用 x 来表示，虽然当 $m=1$，2，3，4 或者特殊情况下才能进行。

这个定义应该与代数的定义相比较（例题集第 36 题）。

例14

1. 如果 $m=1$，则 y 是有理函数。

2. 如果 $m=2$，则方程为 $y^2 + R_1 y + R_2 = 0$，则

$$y = \frac{1}{2}\left(-R_1 \pm \sqrt{R_1^2 - 4R_2}\right)$$

若满足 $R_1^2 \geqslant 4R_2$，则函数 y 对于所有的 x 都有意义。若 $R_1^2 > 4R_2$，则 y 有两个值，如果 $R_1^2 = 4R_2$，则 y 仅有一个值。

如果 $m=3$ 或 4，我们可以使用立方方程和四次方程求解的办法。但是总而言之这个过程很复杂，结果也不易书写，我们可以用原始方程的方法来研究函数的特点。

3. 思考如下函数：

$$y^2 - 2y - x^2 = 0, \quad y^2 - 2y + x^2 = 0, \quad y^4 - 2y^2 + x^2 = 0$$

把 y 表达为 x 的显式函数并且陈述 x 的定义域。

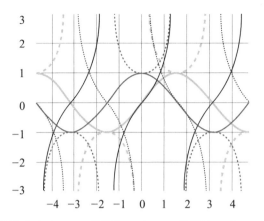

正弦（sin）——　余弦（cos）——　正切（tan）——
余割（csc）- - -　正割（sec）……　余切（cot）………

□ **三角函数**

三角函数，在数学分析上定义为无穷级数或特定微分方程的解，允许它们的取值扩展到任意实数值，甚至是复数值。其在研究三角形和圆形等几何形状的性质时起重要作用，亦是研究振动、波、天体运动和各种周期性现象的基础数学工具。常见的三角函数有正弦函数（sin）、余弦函数（cos）和正切函数（tan）。

4. 求系数为有理数的方程，它满足如下函数：

$$\sqrt{x} + \sqrt{\frac{1}{x}},\quad \sqrt[3]{x} + \sqrt[3]{\frac{1}{x}},$$

$$\sqrt{x + \sqrt{x}},\quad \sqrt{x + \sqrt{x + \sqrt{x}}}$$

5. 研究函数 $y^4 = x^2$。

［这里 $y^2 = \pm x$。如果 x 取正值，则 $y = \sqrt{x}$；如果 x 取负值，则 $y = \sqrt{-x}$。因此除了 $x = 0$ 外函数均有两个值。］

6. 关于 x 的代数函数的代数函数也是关于 x 的代数函数。

［这个定理可以从第34、35 页的练习题37，38 中证明，从方程

$$y^m + R_1(z)\, y^{m-1} + \cdots + R_m(z)$$

$$= 0,\quad z^n + S_1(x)\, z^{n-1} + \cdots + S_n(x) = 0$$

开始，设所有的系数为有理系数，且形成乘积

$$\prod \{ y^m + R_1(z_h)\, y^{m-1} + \cdots + R_m(z_h) \}$$

该乘积取遍第二个方程的 n 个根 z_h。］

7. 如下给出一个例子是代数函数不能用显形代数函数形式来表达的。这样的例子为

$$y^5 - y - x = 0$$

此时我们不能把 y 用 x 的形式表达出来。

（28）超越函数

所有的非代数函数被称为超越（transcendental）函数。这个定义是负面的。我

们不打算涉及任何超越函数的系统性分类，但是我们可以择出一至两个特别重要的次级分类。

E. 三角函数或反三角函数。

基础几何中有正弦函数（sin）和余弦函数（cos）、它们的反函数以及从它们导出的函数。读者需要提前熟悉这些函数的性质[1]。

例15

1. 画出

$\cos x$，$\sin x$，$a\cos x + b\sin x$ 的图象。$\Big[$ 由于 $a\cos x + b\sin x = \beta\cos(x-\alpha)$，

其中 $\beta = \sqrt{(a^2+b^2)}$ 的余弦和正弦值为 $\dfrac{a}{\sqrt{(a^2+b^2)}}$ 和 $\dfrac{b}{\sqrt{(a^2+b^2)}}$ ，故三个函数的图象是相似的。$\Big]$

2. 画出 $\cos^2 x$，$\sin^2 x$，$a\cos^2 x + b\sin^2 x$ 的图象。

3. 假设已画出 $f(x)$ 和 $F(x)$ 的图象。则函数

$f(x)\cos^2 x + F(x)\sin^2 x$

是一条在 $y=f(x)$，$y=F(x)$ 之间波动的波浪线。当 $f(x)=x$，$F(x)=x^2$ 时，画出它的图象。

4. 证明 $\cos px + \cos qx$ 在 $2\cos\frac{1}{2}(p-q)x$ 与 $-2\cos\frac{1}{2}(p+q)x$ 之间，并依次与每个图形相切。当 $\dfrac{p-q}{p+q}$ 很小时，大致画出它的草图。

5. 画出 $x+\sin x$，$\dfrac{1}{x}+\sin x$，$x\sin x$，$\dfrac{\sin x}{x}$ 的图象。

6. 画出 $\sin\dfrac{1}{x}$ 的图象。

$\Big[$ 如果 $y=\sin\dfrac{1}{x}$，则当 $x=\dfrac{1}{m\pi}$ 时，$y=0$，其中 m 为任意整数。相似地，

---

〔1〕初等三角学中给出的圆函数定义的前提是，圆的任何一个扇形都有一个确定的数，叫作它的面积。这一假设的合理性将在第七章和第九章阐述。

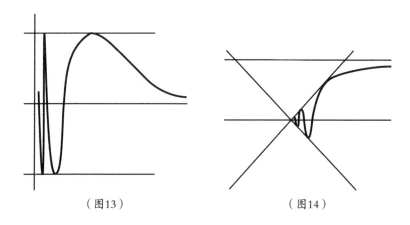

（图13）　　　　　　　　　　　（图14）

当 $x = \dfrac{1}{\pi\left(2m+\dfrac{1}{2}\right)}\pi$ 时，$y=1$；当 $x = \dfrac{1}{\pi\left(2m-\dfrac{1}{2}\right)}\pi$ 时，$y=-1$。这条曲线在 $y=1$

和 $y=-1$ 两条直线之间，如图 13 所示。它上下波动，而且当 x 趋近于 0 时，波动频率越大。尤其当 $x=0$ 时函数无定义，x 取值很大时 y 反而取值变小。左半边的曲线与右半边对称。 ］

7. 画出 $x\sin\dfrac{1}{x}$ 的图象。

［正如例 6 的图象包含在 $y=-1$ 和 $y=1$ 两条直线之间一样，该图象包含在 $y=x$ 和 $y=-x$ 两条直线之间，如图 14 所示。 ］

8. 画出 $x^2\sin\dfrac{1}{x}$，$\dfrac{1}{x}\sin\dfrac{1}{x}$，$\left(x\sin\dfrac{1}{x}\right)^2$，$\sin x + \sin\dfrac{1}{x}$，$\sin x\sin\dfrac{1}{x}$ 的图象。

9. 画出 $\cos x^2$，$\sin x^2$，$a\cos x^2 + b\sin x^2$ 的图象。

10. 画出 $\arccos x$ 以及 $\arcsin x$ 的图象。

［如果 $y = \arccos x$，$x = \cos y$。这使得我们可以作出 x 关于 y 的函数图象，这条图象也能表达出 y 关于 x 的函数。很明显 x 的定义域为 $-1 \leqslant x \leqslant 1$，$y$ 的取值是无限多的。读者应该记住当 $-1 < x < 1$ 时，y 的取值在 0 和 π 之间，比如 α，则 y 的其他取值由公式 $2n\pi \pm \alpha$ 给出，其中 n 为任意整数。 ］

11. 画出 $\tan x$，$\cot x$，$\sec x$，$\csc x$，$\tan^2 x$，$\cot^2 x$，$\sec^2 x$，$\csc^2 x$ 的图象。

12. 画出 $\arctan x$，$\operatorname{arccot} x$，$\operatorname{arcsec} x$，$\operatorname{arccsc} x$ 的图象。仿照例 10 的公式，通过给出特定取值来表达出函数的取值。

13. 画出图象 $\tan \dfrac{1}{x}$，$\cot \dfrac{1}{x}$，$\sec \dfrac{1}{x}$，$\csc \dfrac{1}{x}$ 的图象。

14. 证明 $\cos x$ 和 $\sin x$ 不是关于 x 的有理函数。

　［如果我们定义一个函数为周期函数，假设周期为 a，则 $f(x)=f(x+a)$。因此 $\cos x$ 和 $\sin x$ 的周期为 2π。很明显，周期函数不会是有理函数，除非是常数函数，因此我们设

$$f(x) = \frac{P(x)}{Q(x)}$$

其中 P 和 Q 均是多项式，并且 $f(x)=f(x+a)$，每个方程都囊括了所有的 x 的值。假设 $f(0)=k$，则方程 $P(x)-kQ(x)=0$ 由无限多的 x 的值都满足，x 的值可以为 0，a，$2a$，等等。因此 $f(x)=k$ 对于所有的 x 而言都满足，$f(x)$ 为常数函数。］

15. 证明：周期函数不可能是代数函数。

　［假设代数函数对应的方程为

$$y^m + R_1 y^{m-1} + \cdots + R_m = 0 \qquad\qquad (1)$$

其中 R_1，$\cdots$，R_m 是关于 x 的有理函数，因而可以代入如下形式：

$$P_0 y^m + P_1 y^{m-1} + \cdots + P_m = 0$$

其中 P_0，P_1，$\cdots$，P_m 是关于 x 的多项式。综上我们可得

$$P_0 k^m + P_1 k^{m-1} + \cdots + P_m = 0$$

对于所有的 x，$y=k$ 均满足方程（1）并且一系列的代数函数可以被简化为常数。

　现在把方程（1）除以 yk，并且重复操作可得结论：代数函数有相同的数集 k，k'，$\cdots$；由一系列常数组成。］

16. 证明反正弦和反余弦不是有理函数或代数函数。

　［对于任意 -1 和 $+1$ 之间的值，$\arcsin x$ 和 $\arccos x$ 有无限多的值。］

（29）F. 其他种类的超越函数

　与超越函数同样重要的是指数函数和对数函数，它们将在第九章和第十章中讨论。大多数其他种类的超越函数已经研究过了（诸如椭圆函数、贝塞尔函数和勒

让德函数、Γ函数等等）。也有一些基础函数，尽管它们作为函数关系的可能种类的例证也是特别建设性的。

例16

1. 假设 $y=[x]$，其中 $[x]$ 表示不大于 x 的最大整数。如图 15（a）所示，标厚线段的左端点，而不是右端点，是在图象范围内。

2. $y=x-[x]$ ［图象 15（b）］

3. $y=\sqrt{x-[x]}$ ［图象 15（c）］

4. $y=[x]+\sqrt{x-[x]}$ ［图象 15（d）］

5. $y=(x-[x])^2$，$[x]+(x-[x])^2$

6. $y=[\sqrt{x}]$，$[x^2]$，$\sqrt{x}-[\sqrt{x}]$，$x^2-[x^2]$，$[1-x^2]$

7. 假设 y 是 x 的最大素因子（largest prime factor），并且定义 y 仅在 x 为整数时才有定义，则如果

$x=1$，2，3，4，5，6，7，8，9，10，11，12，13，…

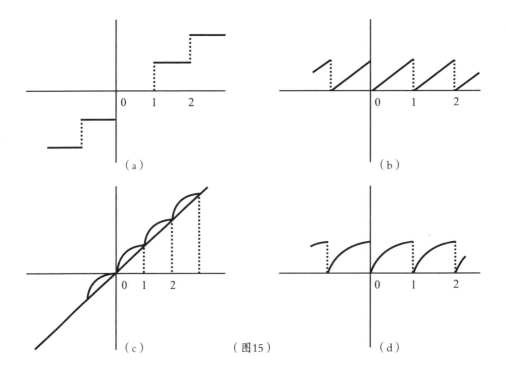

（a）　　　　　　　　　　（b）

（c）　　　　（图15）　　　　（d）

那么

$y = 1，2，3，2，5，3，7，2，3，5，11，3，13，\cdots$

它的图象包含着大量的独立点。

8. 假设 y 是 x 的分母，并且 y 仅对有理数的 x 有定义。我们可以在图上标出尽可能多的点，结果并不是一条曲线，因为没有点对应着无理数的值。

画出一条直线，穿过点 $(N-1，N)$，$(N，N)$，其中 N 是正整数。证明轨迹上点的个数等于小于等于 N 的质因数的个数。

9. 假设当 x 是整数时 $y = 0$，当 x 不是整数时 $y = x$。图象为：直线 $y = x$ 剔除点

$\cdots (-1，-1)，(0，0)，(1，1)，(2，2)，\cdots$

并且把点

$(-1，0)，(0，0)，(1，0)，(2，0)，\cdots$

加入了 x 轴。

10. 假设当 x 是有理数时 $y = 1$，当 x 不是有理数时 $y = 0$。它的图象由在直线 $y = 1$ 和 $y = 0$ 上的两类点组成。肉眼并不能区分这两条连续的直线，但事实上每条直线上都有无限多的点。

11. 假设当 x 是有理分数 $\dfrac{p}{q}$ 时，

$$y = \sqrt{\dfrac{1 + p^2}{1 + q^2}}$$

而当 x 不是有理数时 $y = x$。

x 的无理值对应在图象上是不连续的，但确实很难与直线 $y = x$ 分开。

接下来我们考虑 x 的有理值。首先让 x 取值为正，则

$$\sqrt{\dfrac{1 + p^2}{1 + q^2}}$$

不可能等于 $\dfrac{p}{q}$，除非 $p = q$ 或 $x = 1$。因此所有对应于有理数的点都不在直线上，除了点 $(1，1)$。另外，如果 $p < q$，则

$$\sqrt{\dfrac{1 + p^2}{1 + q^2}} > \dfrac{p}{q}$$

如果 $p > q$，则

$$\sqrt{\frac{1+p^2}{1+q^2}} < \frac{p}{q}$$

因此如果 $0 < x < 1$，则所有的点坐落于直线 $y = x$ 上方；如果 $x > 1$，则所有的点坐落于直线 $y = x$ 下方。如果 p 和 q 的值都很大，则

$$\sqrt{\frac{1+p^2}{1+q^2}}$$

无限接近于 $\frac{p}{q}$。在 x 的任何值附近，我们都可以找到分子和分母都很大的有理分数。因此该图象包含着大量攒聚在直线 $y = x$ 周围的点。通俗说法是，如果一条直线被无数的点攒聚着，则越接近直线，点也越来越密集。

对应于 x 的负值的图象包含着非连续线的剩余部分以及所有点在 y 轴的投射点。因此在 y 轴的左边，所有的点围绕着直线 $y = -x$ 而不是 $y = x$。

（30）包含着单一未知数的方程图象解法

很多方程可以表示为

$$f(x) = \phi(x)$$

其中 $f(x)$ 和 $\phi(x)$ 都是容易画出图形的函数。如果曲线

$$y = f(x)，\quad y = \phi(x)$$

相交于点 P，点 P 的横坐标是 ξ，则 ξ 为方程的根。

例17

1. 二次方程 $ax^2 + 2bx + c = 0$ 可以通过很多图象法来解决。例如，我们画出图象

$$y = ax + 2b，\quad y = -\frac{c}{x}$$

其焦点给出了方程的解。又或者我们取

$$y = x^2，\quad y = \frac{-(2bx + c)}{a}$$

同样的方法也可用于例 7 第 2 题。

2. 求解如下方程：

$$x^2+2x-3=0, \quad x^2-7x+4=0, \quad 3x^2+2x-2=0$$

3. 方程 $x^m+ax+b=0$ 可以通过构筑曲线 $y=x^m$，$y=-ax-b$ 来求解。验证以下内容来求解方程 $x^m+ax+b=0$ 的根的个数。

（a）m 为偶数：若 b 为正数，两个根或无根；

若 b 为负数，两个根。

（b）m 为奇数：若 a 为正数，一个根；

若 a 为负数，三个根或一个根。

请用一些具体数例来证明各种情况。

4. 证明方程：$\tan x = ax+b$ 总有无穷多根。

5. 求解以下方程根的个数：

$$\sin x = x, \quad \sin x = \frac{1}{3}x, \quad \sin x = \frac{1}{8}x, \quad \sin x = \frac{1}{120}x$$

6. 证明如果 a 是正数且数值很小，例如 $a=0.01$，方程

$$x-a=\frac{1}{2}\pi\sin^2 x$$

有三个根。同时也请考虑如果 a 是负数且数值很小的情况，说明随着 a 数值的变化，根的个数如何变化。

（31）二元函数以及它们的图象表示法

在第 20 课时我们考虑了双变量的情况，并且这两个变量有一个关系连接。我们也可以相似地考虑三变量的情况（变量 x，y，z），三变量之间也有一个关系连接，当 x 和 y 的值给出时，z 的值也可以得出。在这种情况下我们把 z 称为双变量 x 和 y 的函数；x 和 y 是自变量，z 是因变量；我们把这种关系写作

$$z=f(x,y)$$

现在面临着更复杂的情形，只要对第 20 课时的讨论稍作修改，它就依然有效。

双自变量的图象表示法，与单自变量的图象标识法原则上并没有什么不同。在三维空间中我们取三个轴 OX，OY，OZ，每个轴都与剩下二轴垂直。空间上一点（a，b，c）距离平面 YOZ，ZOX，XOY 的距离，平行于 OX，OY，OZ，为 a，

b，c。至于符号来说，考虑到字母代表的是距离，因此各距离赋值均为正。坐标、坐标轴、原点等的定义均与之前相同。

现在假设

$$z = f(x, y)$$

随着 x 和 y 的变化，点 (x, y, z) 也在空间内移动。所有点的位置的集合称为点 (x, y, z) 或者函数 $z = f(x, y)$ 的轨迹。当 x，y 与 z 的关系可以用分析性公式表达出来时，这个公式被称作轨迹方程。

例如，方程

$$Ax + By + Cz + D = 0$$

（幂次为 1 的方程）表示为一个平面，任何平面的方程也都是这个形式。方程

$$(x-\alpha)^2 + (y-\beta)^2 + (z-\gamma)^2 = \rho^2$$

或者

$$x^2 + y^2 + z^2 + 2Fx + 2Gy + 2Hz + C = 0$$

代表了一个球，其中 $F^2 + G^2 + H^2 - C > 0$，以此类推。

（32）平面曲线

迄今为止，我们用

$$y = f(x) \tag{1}$$

来表示 y 作为 x 的函数关系。很明显这种表达形式在 y 作为 x 的显性函数时才最合适。

但是我们时不时也会面对一些不能用这种形式表达的函数。比如说，$y^5 - y - x = 0$ 或者 $x^5 + y^5 - ay = 0$，这种形式下不可能把 y 表达为 x 的显性函数。

如果

$$x^2 + y^2 + 2Gx + 2Fy + C = 0$$

则

$$y = -F + \sqrt{(F^2 - x^2 - 2Gx - C)}$$

但是很明显用原来的 y 与 x 的函数关系就更简单一些。

所有的情况都可以用包含双变量 x 和 y 的函数关系等于 0 来表达，或

$$f(x, y) = 0 \qquad\qquad (2)$$

我们可以把这个方程用作表达函数关系的标准形式。它既包括了方程（1）这种特殊形式，把 $y - f(x)$ 作为 x 和 y 函数关系。我们也可以把点 (x, y) 的轨迹作为 $f(x, y) = 0$ 的图象。函数关系 $f(x, y) = 0$ 与点 (x, y) 的轨迹是相同的。

再介绍一种有用的表达函数关系的方法。假设 x 和 y 都是另一个变量 t 的函数，这个 t 可能有一些重要的几何意义。我们可以写作

$$x = f(t), \ y = F(t) \qquad\qquad (3)$$

当赋予 t 一个特殊的值时，相应的 x 和 y 的值也便可得出。每一对这样的值便可定义一个点 (x, y)。如果我们把所有对应不同 t 值的点画出来，我们便得到了方程（3）定义的轨迹。例如假设

$$x = a\cos t, \ y = a\sin t$$

t 的取值范围为 0 到 2π。因而可以看出点 (x, y) 描述了一个圆，其圆心为原点，半径为 a。如果 t 的取值超过了这个范围，则点 (x, y) 还是在描述一个圆。

通过代入合并，我们得到了 $x^2 + y^2 = a^2$，即圆的原始方程。

例18

1. 若 $f(x, y) = 0$ 和 $\phi(x, y) = 0$（其中 f 和 ϕ 是多项式）可作为 x 和 y 的一对联立方程求解，则它们的曲线的相交的点可以如此确定：把这两个方程联立。该方程组的解一定包含有限的 x 和 y 值。因此这两个方程组成的方程组代表着有限的独立点。

2. 画出曲线 $(x + y)^2 = 1$，$xy = 1$，$x^2 - y^2 = 1$ 的图象。

3. 曲线 $f(x, y) + \lambda\phi(x, y) = 0$ 代表着穿过了 $f = 0$，$\phi = 0$ 相交点的曲线。

4. 当 t 取遍所有实数值时，如下函数的轨迹如何？

（α）$x = at + b$，$y = ct + d$；

（β）$\dfrac{x}{a} = \dfrac{2t}{1 + t^2}$，$\dfrac{y}{b} = \dfrac{1 - t^2}{1 + t^2}$。

（33）空间中的轨迹

在三维空间中有两种不同种类的轨迹，最简单的例子是平面和直线。

一个粒子沿着一条直线行动时，仅由一个自由度（one degree of freedom）。运动的方向是固定的，它的位置可以完全通过对于位置的度量来确定，例如通过直线上到固定点的距离来度量。如果我们把直线定义为直线 Λ，那么任何一点的位置可以通过单一轴 x 来确定。一个颗粒沿着平面移动时，便有了两个自由度，要想准确定位便需要两个坐标轴。

由一个方程

$$z = f(x, y)$$

代表的轨迹属于上述的第二种情况，被称为一个曲面（surface）。它可能不满足我们常识中对曲面的定义。

在第 31 课时我们给出了三个变量的函数 $f(x, y, z)$。在第 32 课时我们把 $f(x, y) = 0$ 设置为平面的标准形式，故我们同意用

$$f(x, y, z) = 0$$

作为平面方程的标准形式。

方程 $z = f(x, y)$ 或 $f(x, y, z) = 0$ 属于第一种轨迹，称为平面曲线（curve）。直线代表的方程为 $Ax + By + Cz + D = 0$。一个圆可以被视作球和平面的相交；因而圆可以由方程组

$$(x-\alpha)^2 + (y-\beta)^2 + (z-\gamma)^2 = \rho^2, \ Ax + By + Cz + D = 0$$

来表示。

例19

1. 三个形如 $f(x, y, z) = 0$ 的方程组代表的是什么？

2. 三个线性方程表达的是一个点。有没有例外呢？

3. 平面 XOY 上的平面曲线 $f(x, y) = 0$ 被看作空间中的轨迹时，方程是什么？$[f(x, y) = 0, z = 0]$

4. 圆柱面（cylinders）。单一方程 $f(x, y)=0$ 在三维空间的轨迹是什么？

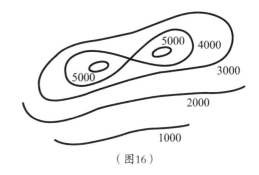

（图16）

［不管 z 取值如何，所有的点都满足 $f(x, y)=0$。曲线 $f(x, y)=0$，$z=0$ 是该曲线在平面 XOY 上的相交轨迹。轨迹是通过画一条平行于 OZ 的直线穿过曲线上的所有点形成的，这样的曲面叫做圆柱面。］

5. 在平面上用图象表示曲面。似乎很难通过在平面上勾画来表达出一个曲面；但是也有一些平面可以这样得到。假设曲面的方程为 $z=f(x, y)$。

如果我们给 z 赋予一个特殊值 a，则有方程 $f(x, y)=a$，我们将其视为平面上的曲线。我们把这条曲线称为曲线（a）。事实上曲线（a）是 $z=a$ 时 z 在平面 XOY 上的投影。我们对于所有的 a 值进行相同的操作。我们得到图象 16。我们可以联想到军械调查图。水平轮廓线 1000 是海平面以上 1000 英尺的投影。

6. 画出描绘 $2z=3xy$ 的一系列等高线。

7. 直角圆锥（right circular cone）。取圆锥的顶点于原点，取 z 轴为圆锥的轴；取为圆锥的半垂直角。该圆锥的方程为

$$x^2+y^2-z^2\tan^2\alpha=0$$

8. 一般的旋转曲面（surfaces of revolution in general）。题 7 的直角圆锥切 ZOX 面于两条线，对应的方程为 $x^2=z^2\tan^2\alpha$。也就是说，曲线 $y=0$，$x^2=z^2\tan^2\alpha$ 绕着 z 轴旋转得到的方程来自于第二个方程把 x^2 换成 x^2+y^2。一般地证明，曲线 $y=0$，$x=f(z)$ 绕着 z 轴旋转得到的平面方程为

$$\sqrt{(x^2+y^2)}=f(z)$$

9. 一般的圆锥（cones in general）。直线通过固定点形成的平面称为椎体，这个固定点称为顶点。一个特例就是题 7 中的直角圆锥。证明：顶点为原点的圆锥方程形式为 $f\left(\dfrac{z}{x}, \dfrac{z}{y}\right)=0$，并且任何该形式的方程都是一个圆锥。［如果点 (x, y, z) 位于圆锥上，则对任意值 $(\lambda x, \lambda y, \lambda z)$ 也如是。］

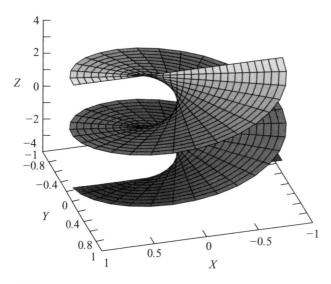

□ **直纹曲面**

在几何学中，如果一个曲面上的任意一点均有至少一条直线经过，则称该曲面为直纹曲面。直纹曲面中有一种叫螺旋曲面，可视为螺旋线的立体版本，欧仁·查尔斯·加泰兰在1842年证明了只有螺旋曲面和平面是同时为直纹曲面及极小曲面的曲面。上图为一个直纹螺旋曲面。

10. 直纹曲面。圆柱和圆锥都是由直线构成的平面的特殊情况，这种平面被称为直纹曲面（ruled surfaces）。

两个方程

$$x = az + b,$$

$$y = cz + d \qquad (1)$$

代表着两个平面的交线，也就是一条直线。现在假设 a，b，c，d 非常数，而是辅助变量 t 的函数。对于任何 t 的值，方程（1）定义了一条直线。随着 t 的变化，该直线不断移动从而产生了一个曲面，这个方程可以通过（1）的两方程消去 t 而得到。例如，在题7中，产生圆锥的直线方程为

$$x = z \tan \alpha \cos t, \quad y = z \tan \alpha \sin t$$

其中 t 是平面 XOZ 和穿过该直线和 z 轴的平面之间的夹角。

另一个简单的直纹曲面的构造如下所示。如图17（a）所示，取一个垂直于轴的圆锥曲线，相距为 l。我们可以想象圆柱的平面由一系列平行的长度为 l 的细棒构成，诸如 PQ，细棒的两端固定在两根半径为 a 的圆杆上。

现在让我们取相同半径的第三根棒，把它放在圆柱的表面，距离前两根棒中的一根的距离为 h。解开 PQ 棒的 Q 端，把 PQ 绕着 P 旋转，直到 Q 到了第三根棒的位置 Q' 点。夹角 $qOQ' = \alpha$ 可由如下公式得出

$$l^2 - h^2 = qQ'^2 = \left(2a \sin \frac{1}{2} \alpha\right)^2$$

假设所有的棒都按相同方式处理，我们便得到了规则曲面如图17（b）所示。

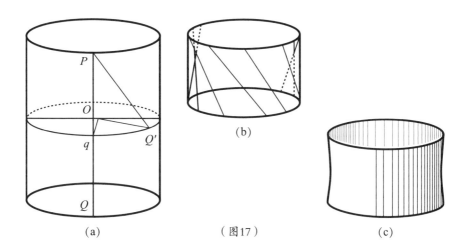

（图17）

这个规则曲面是完全由直线构成的，但是表面却是到处弯曲，并且形状上也像图 17（c）中的围脖圈似的。

例题集

1. 证明：假如 $y = f(-x) = \dfrac{ax+b}{cx-a}$，则 $x = f(y)$。

2. 假如 $f(x) = f(-x)$，则 $f(x)$ 被称为偶函数（even function）。假如 $f(x) = -f(-x)$，则 $f(x)$ 被称为奇函数（odd function）。证明任何函数都可以表达为一个奇函数和一个偶函数的和。

$$\left[\;\text{推荐使用如下公式：}\right.$$

$$\left. f(x) = \frac{1}{2}\{f(x)+f(-x)\} + \frac{1}{2}\{f(x)-f(-x)\}\;\right]$$

3. 画出如下函数的图象。

$3\sin x + 4\cos x$，$\sin\left(\dfrac{\pi}{\sqrt{2}}\sin x\right)$（《数学之旅》，1896）

4. 画出如下函数的图象。

$\sin x(a\cos^2 x + b\sin^2 x)$，$\dfrac{\sin x}{x}(a\cos^2 x + b\sin^2 x)$，$\left(\dfrac{\sin x}{x}\right)^2$

5. 画出如下函数的图象。

$x\left[\dfrac{1}{x}\right]$，$\dfrac{[x]}{x}$

6. 画出如下函数的图象。

（ i ）$\arccos\left(2x^2-1\right)-2\arccos x$,

（ ii ）$\arctan\dfrac{a+x}{1-ax}-\arctan a-\arctan x$

其中符号 $\arccos\alpha$ ，$\arctan\alpha$ 表示着最小的正（或零）角度，其余弦或正切值为 α。

7. 证明如下利用直线 $y=x$ 和图象 $f\left(x\right)$ 和 $\phi(x)$ 来构造 $f\{\phi(x)\}$ 图象的方法：沿着 OX 轴取 $OA=x$，画出 AB 平行于 OY 交 $y=\phi(x)$ 于点 B，画出 BC 平行于 OX 交 $y=x$ 于点 C，画出 CD 平行于 OY 交 $y=f\left(x\right)$ 于点 D，画出 DP 平行于 OX 交 AB 于点 P；则点 P 为图象中所需的点。

8. 证明：方程 $x^3+px+q=0$ 的根是抛物线 $y=x^2$ 与圆 $x^2+y^2+\left(p-1\right)y+qx=0$ 的交点的横坐标。

9. 证明：方程 $x^4+nx^3+px^2+qx+r=0$ 的根是抛物线 $x^2=y-\dfrac{1}{2}nx$ 与圆

$$x^2+y^2+\left(\frac{1}{8}n^2-\frac{1}{2}pn+\frac{1}{2}n+q\right)x+\left(p-1-\frac{1}{4}n^2\right)y+r=0$$

的交点的横坐标。

10. 请讨论如下方程

$$x^m+ax^2+bx+c=0$$

的图象解。请使用刻画曲线 $y=x^m$，$y=-ax^2-bx-c$ 的方法来进行。同时也请列出多种根的个数的表格。

11. 求解方程 $\sec\theta+\csc\theta=2\sqrt{2}$；并证明：若 $c^2<8$，方程 $\sec\theta+\csc\theta=c$ 在 0 和 2π 之间有两个根，假如 $c^2>8$ 的话，该方程有 4 个根。

12. 证明方程

$$2x=\left(2n+1\right)\pi\left(1-\cos x\right)$$

有且仅有 $2n+3$ 个根，其中 n 是正整数。（《数学之旅》，1596）

13. 证明方程 $\dfrac{2}{3}x\sin x=1$ 在 $-\pi$ 和 π 之间有四个根。

14. 讨论以下方程根的个数和取值

（ 1 ）$\cot x+x-\dfrac{3}{2}\pi=0$

（ 2 ）$x^2+\sin^2 x=1$

（3）$(1+x^2)\tan x = 2x$

（4）$\sin x - x + \dfrac{1}{6}x^3 = 0$

（5）$(1-\cos x)\tan \alpha - x + \sin x = 0$

15. 当 $x = a$，b，c 时，其值 α，β，γ 的二次多项式为

$$\alpha\frac{(x-b)(x-c)}{(a-b)(a-c)} + \beta\frac{(x-c)(x-a)}{(b-c)(b-a)} + \gamma\frac{(x-a)(x-b)}{(c-a)(c-b)}$$

请给出当 $x = a_1$，a_2，$\cdots$，a_n 时，其值为 α_1，α_2，$\cdots$，α_n 的 $n-1$ 次多项式的一个相似公式。

16. 请找到一个二次多项式，使得当 x 取值为 0，1，2 时，取值为 $\dfrac{1}{c}$，$\dfrac{1}{c+1}$，$\dfrac{1}{c+2}$；另外，证明当 $x = c+2$ 时，多项式的取值为 $\dfrac{1}{c+1}$。（《数学之旅》，1911）

17. 证明：如果 x 是 y 的有理函数，并且 y 也是 x 的有理函数，则

$Axy + Bx + Cy + D = 0$

18. 证明：假如 y 是 x 的代数函数，则 x 也是 y 的代数函数。

19. 证明当 x 取 0 到 1 之间的值时，方程

$$\cos\frac{1}{2}\pi x = 1 - \frac{x^2}{x + (1-x)\sqrt{\dfrac{2-x}{3}}}$$

是大致正确的。

$\Big[$ 取 $x = 0$，$\dfrac{1}{6}$，$\dfrac{1}{3}$，$\dfrac{1}{2}$，$\dfrac{2}{3}$，$\dfrac{5}{6}$，1 并且列出一个表格。观察哪些值对于该方程是完全正确的呢？ $\Big]$

20. 方程 $z = [x] + [y]$，$z = x + y - [x] - [y]$ 的图象是什么形式？

21. 方程 $z = \sin x + \sin y$，$z = \sin x \sin y$，$z = \sin xy$，$z = \sin(x^2 + y^2)$ 的图象是什么形式？

22. 无理数的几何构造。在第一章我们构造了一两个长度为 $\sqrt{2}$ 的几何构筑，建立在确定单位长度的基础上。我们也展示了如何构造一元二次方程 $ax^2 + 2bx + c = 0$ 的根，在这个过程中我们发现了我们可以构造任何长度等于系数 a，b，c 的比值的线段，只要系数 a，b，c 都是有理数。所有这些构造被称为欧几里

得构造，只需要确定长度和方向。

显然，我们也可以通过这些方法来构造任何平方根组成的无理数标识的长度，无论多复杂，例如：

$$\sqrt[4]{\sqrt{\frac{17+3\sqrt{11}}{17-3\sqrt{11}}} - \sqrt{\frac{17-3\sqrt{11}}{17+3\sqrt{11}}}}$$

上述表达式涵盖了一个四次方根，即平方根的平方根。我们从 1 和 11 出发，构造了 11，再其次构造出 $17+3\sqrt{11}$ 和 $17-3\sqrt{11}$，以此类推。或者这两根也可以直接通过构造方程 $x^2-34x+190=0$ 的解来完成。

相反，只有这种无理数才可以通过欧几里得方法来构造，从有理数的单位长度开始构造。因此如果 A,B,C 是有理数的话，直线 $Ax+By+C=0$ 可以被构造出来，同理也可以构造圆

$$(x-\alpha)^2+(y-\beta)^2=\rho^2$$

（或者 $x^2+y^2+2gx+2fy+c=0$），只要 α，β，ρ 是有理数，且这个条件蕴含 g，f，c 是有理数。

在任何欧几里得构造中，图中引入的每一个点都是两条线或圆的交点，或一条线和一个圆的交点。但如果系数是有理数，这样的一对方程，如

$$Ax+By+C=0, \quad x^2+y^2+2gx+2fy+c=0$$

给出 x 和 y 的值为 $m+n\sqrt{p}$ 的形式，其中 m，n，p 是有理数。如果我们用 y 替换 x，我们便得到了 y 的二次方程。因此所有点的坐标都可以表达为有理数和二次根的形式。同样任意两点之间的距离 $\sqrt{\{(x_1+x_2)^2+(y_1+y_2)\}^2}$ 也可得到。

随着目前我们构造了数值为无理数的距离，我们接下来便可以继续构造系数包括二次方根的直线和圆了。然而，很明显，所有的长度都只可以用平方根来表达，虽然平方根的形式有可能比较复杂。因此，欧几里得方法只能构造任何只包含二次方根的图象。

一个著名的问题就是立方根的构造，即通过欧几里得方法构造数值 $\sqrt[3]{2}$。很明显 $\sqrt[3]{2}$ 不能通过任何有理数和平方根的结合来表达。

23. 证明：唯一能通过确定单位长度和使用长度来确定的数值为有理数。

24. 圆的粗略正交。假设一个圆，圆心为 O，半径为 R。在 A 点的切线上取

$AP = \dfrac{11}{5} R$，$AQ = \dfrac{13}{5} R$，方向相同。在 AO 上取 $AN = OP$，并且画出 NM 平行于 OQ，切 AP 于点 M，证明：

$$\frac{AM}{R} = \frac{13}{25}\sqrt{146}$$

等于取 AM 等于圆的半径，取到第五位小数。如果 R 是地球的半径，则 AM 与圆的周长之间的误差会小于 11 码。

〔我们在第 15 课时说过，π 是超越函数，但我们不能证明其是无理数。直到 1761 年才被兰伯特（Lambert）通过使用连续分数证明这一点。

与最接近的近似为 $\dfrac{22}{7}$ 和 $\dfrac{355}{113}$，后者可以近似到 6 位小数。印度人使用 $\sqrt{10}$ 的近似（近似到第 2 位）。大量的近似可以在拉曼奴雅（Ramanujan）的《论文集》（*Collected papers*）第 23—39 页找到，最简单的近似为

$$\frac{19}{16}\sqrt{7}, \quad \frac{7}{3}\left(1 + \frac{\sqrt{3}}{5}\right), \quad \left(9^2 + \frac{19^2}{22}\right)^{\frac{1}{4}}, \quad \frac{63}{25} \cdot \frac{17 + 15\sqrt{5}}{7 + 15\sqrt{5}}$$

分别近似到小数点后 3，3，8 和 9 位。〕

25. $\sqrt[3]{2}$ 的构造。假设一条抛物线 $y^2 = 4x$，顶点为 O，焦点为 S，同时与抛物线 $x^2 = 2y$ 相交于点 P。证明 OP 与第一条抛物线的正焦弦相交于点 Q 使得 $SQ = \sqrt[3]{2}$。

26. 取一个单位直径的圆，其直径为 OA，切点为 A。画一条弦 OBC 交圆于点 B，切点为 C。在该直线上取 $OM = BC$。取 O 为原点，OA 为 x 轴，证明点 M 的轨迹为

$$(x^2 + y^2)x - y^2 = 0$$

〔蔓叶线（Cissoid of Diodes）〕。画出该曲线。在 y 轴上取 $OD = 2$。让 AD 交曲线于点 P，让点 P 与圆在 A 点的切线相交于点 Q。证明 $AQ = \sqrt[3]{2}$。

第三章 复 数

（34）直线与平面上的位移

在前两章中我们已经讨论过"实数"这个概念，它的理解可以有很多不同的角度。它既可以看作没有任何几何意义的纯数字，或者其几何意义至少有三种方式来描述。它可以被看作线段的长度，就如第一章中直线上的长度 A_0P。也可以被看作一个点的记号，点 P 离 A_0 的长度为 x。又或者，看作直线上的位移或者点位置的改变。接下来我们集中讨论最后一种观点。

想象一下，一个粒子被放置在直线 Λ 上的点 P，然后被移动到 Q。我们把这种颗粒位置的移动表示为位移 $\overline{PQ}$。一个位移的确定需要三个要素：大小、方向以及作用点，即粒子原来的位置点 P。但是当我们只考虑位移产生的位置移动时，很自然就会忽略作用点，只考虑大小和方向。然后位移就会表示为 $PQ = x$，位移的方向由 x 的符号来决定。因此当提及位移 $[x]$ 时，我们可以写作 $\overline{PQ} = [x]$。

我们使用方括号 $[\ ]$ 来区分位移 $[x]$ 和长度或数字 x。如果 P 的坐标是 a，Q 的坐标是 $a+x$，则位移 $[x]$ 表示颗粒从点 a 移动到了点 $a+x$。

我们接下来考虑平面上的位移。我们同之前一样定义位移 $\overline{PQ}$。但是需要更多信息：（i）位移的大小，即直线 PQ 的长度；（ii）位移的方向，需要通过测量与平面上某固定线的夹角来确定；（iii）位移的指向性；（iv）位移的作用点。与之前类似，在以上四个要素中，我们舍弃第（iv）条。因而如果两条位移的大小、方向、指向性完全一致，则我们称其为完全相同的两条位移。换句话说，如果 PQ 和 RS 相等且平行，从 P 到 Q 与从 R 到 S 的指向性也完全一致，我们视位移 $\overline{PQ}$ 与位移 $\overline{RS}$ 完全相等，写作

$$\overline{PQ} = \overline{RS}$$

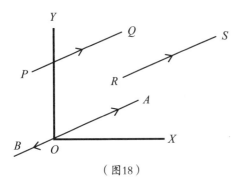

（图18）

现在让我们取平面上的任意一对坐标轴，如图 18 中的 OX，OY。画一条直线 OA 平行且相等于 PQ，从 O 到 A 与从 P 到 Q 的指向性也完全一致，则我们视位移 $\overline{PQ}$ 与位移 $\overline{OA}$ 完全相等。假设 A 的坐标为 x 和 y，则 $\overline{OA}$ 也可确定，我们把 $\overline{OA}$ 写作 $[x, y]$，即

$$\overline{OA} = \overline{PQ} = \overline{RS} = [x, y]$$

（35）位移的相同性、位移的数乘法

如果 P 的坐标为 ξ 和 η，Q 的坐标为 ξ' 和 η'。很明显

$$x = \xi' - \xi, \quad y = \eta' - \eta$$

从 $[\xi, \eta]$ 到 $[\xi', \eta']$ 的位移因此为：

$$[\xi' - \xi, \eta' - \eta]$$

显然，要想两个位移 $[x, y]$ 和 $[x', y']$ 相同，有且只有一种可能：

$$x = x', \quad y = y' \tag{1}$$

反位移 $\overline{QP}$ 为 $[\xi - \xi', \eta - \eta']$，很自然地

$$[\xi - \xi', \eta - \eta'] = -[\xi' - \xi, \eta' - \eta]$$

$$\overline{QP} = -\overline{PQ}$$

$$-[x, y] = [-x, -y]$$

以此类推

$$\alpha[x, y] = [\alpha x, \alpha y] \tag{2}$$

其中 α 是任意实数，可正可负。因此在图 18 中假如 $OB = -\dfrac{1}{2} OA$，则

$$\overline{OB} = -\frac{1}{2}\overline{OA} = -\frac{1}{2}[x, y] = \left[-\frac{1}{2}x, \ -\frac{1}{2}y\right]$$

方程（1）和（2）是位移相关的两个很重要的概念性方程，即位移的等价（equivalence）与位移的数乘（multiplication ofdisplace mentsby numbers）。

（36）位移的加法

直到目前为止，我们还没定义下面的表达式：

$$\overline{PQ} + \overline{P'Q'}, \quad [x, y] + [x', y']$$

常规来说，我们定义位移之和为两个位移相加。换句话说，如果 QQ_1 与 $P'Q'$ 相同且平行，则 $\overline{PQ}$ 和 $\overline{P'Q'}$ 连续位移的结果便为点 P 处的颗粒先移动到点 Q，再移动到点 Q_1，因而定义 $\overline{PQ}$ 和 $P'Q'$ 的和为位移 $\overline{PQ_1}$。如果我们画 OA 与 PQ 相同且平行，画 OB 与 $P'Q'$ 相同且平行，从而形成平行四边形 $OACB$，如图 19 所示，我们便得：

$$\overline{PQ} + \overline{P'Q'} = \overline{PQ_1} = \overline{OA} + \overline{OB} = \overline{OC}$$

我们接下来来考虑这个定义的应用顺序：如果 B 的坐标为 (x', y')，中点 AB 的坐标为 $\left[\frac{1}{2}(x+x'), \frac{1}{2}(y+y')\right]$，$C$ 的坐标为 $(x+x', y+y')$，因此

$$[x, y] + [x', y'] = [x+x', y+y'] \tag{3}$$

这个可以看做位移加法的符号定义，同时

$$[x', y'] + [x, y] = [x'+x, y'+y] = [x+x', y+y'] = [x, y] + [x', y']$$

换句话说，位移的加法也遵循交换律，就像代数加法中 $a+b = b+a$ 一样。交换律表达了这样的几何意义：如果我们从 P 先移动 PQ_2 的距离，这个距离相等且平行于 $P'Q'$，再经过一个相等且平行于 PQ 的距离，我们到达了点 Q_1。

特别地，

$$[x, y] = [x, 0] + [0, y] \tag{4}$$

在此，$[x, 0]$ 表示在平行于 OX 的方向上移动距离 x，按之前的说法表示为 $[x]$。我们把 $[x, 0]$ 和 $[0, y]$ 称为 $[x, y]$ 的分量（components），而 $[x, y]$ 为它们的合成（resultant）。

就这样，我们一旦定义了两个位移

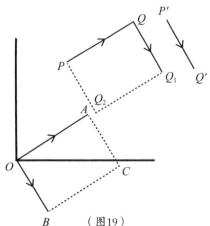

（图19）

的加法，多位移的加法也应运而生。因此，定义

$$[x, y] + [x', y'] + [x'', y''] = ([x, y] + [x', y']) + [x'', y'']$$
$$= [x+x', y+y'] + [x'', y''] = [x+x'+x'', y+y'+y'']$$

位移的减法为：

$$[x, y] - [x', y'] = [x, y] + (-[x', y']) \qquad (5)$$

此时，$[x, y] + (-[x', y'])$ 与 $[x-x', y-y']$ 有同样的意义。特别地，

$$[x, y] - [x, y] = [0, 0]$$

位移 $[0, 0]$ 表示粒子原地不动，即零位移（zero displacement）状态，我们也写作 $[0, 0] = 0$。

例20

1. 证明：

（i）$\alpha[\beta x, \beta y] = \beta[\alpha x, \alpha y] = [\alpha\beta x, \alpha\beta y]$

（ii）$([x, y] + [x', y']) + [x'', y''] = [x, y] + ([x', y'] + [x'', y''])$

（iii）$[x, y] + [x', y'] = [x', y'] + [x, y]$

（iv）$(\alpha + \beta)[x, y] = \alpha[x, y] + \beta[x, y]$

（v）$\alpha\{[x, y] + [x', y']\} = \alpha[x, y] + \alpha[x', y']$

[我们已经证明了（iii），剩下的公式都可以从定义中来，读者应该仿照（iii），考虑每个方程的几何含义。]

2. 如果 M 是 PQ 的中点，则 $\overline{OM} = \frac{1}{2}(\overline{OP} + \overline{OQ})$。更通俗地说，如果 M 以比率为 $\mu : \lambda$ 切割 PQ，则

$$\overline{OM} = \frac{\lambda}{\lambda + \mu} \overline{OP} + \frac{\mu}{\lambda + \mu} \overline{OQ}$$

3. 如果 G 位于一群数 $P_1, P_2, \cdots, P_n$ 的中点，则

$$\overline{OG} = \frac{1}{n}(\overline{OP_1} + \overline{OP_2} + \cdots + \overline{OP_n})$$

4. 如果 P, Q, R 是平面上的共线点，很容易找到实数 α, β, γ 不能同时为 0，满足：

$$\alpha \cdot \overline{OP} + \beta \cdot \overline{OQ} + \gamma \cdot \overline{OR} = 0$$

反之结论也成立。〔这是题 2 的另一种说法〕

5. 如果 $\overrightarrow{AB}$ 和 $\overrightarrow{AC}$ 是不在同一条直线上的两个位移，且

$$\alpha \cdot \overrightarrow{AB} + \beta \cdot \overrightarrow{AC} = \gamma \cdot \overrightarrow{AB} + \delta \cdot \overrightarrow{AC}$$

则 $\alpha = \gamma$，$\beta = \delta$

〔取 $\overrightarrow{AB_1} = \alpha \cdot \overrightarrow{AB}$，$\overrightarrow{AC_1} = \beta \cdot \overrightarrow{AC}$，完成平行四边形 $AB_1P_1C_1$，则 $\overrightarrow{AP_1} = \alpha \cdot \overrightarrow{AB} + \beta \cdot \overrightarrow{AC}$。显然，这是 $\overrightarrow{AP_1}$ 唯一的表达形式，因此理论正确。〕

6. 如图 20 所示，$ABCD$ 是一个平行四边形，点 Q 是平行四边形内一点，画出 RQS 和 TQU 平行于其四边，证明：RU，TS 与在 AC 上相交。

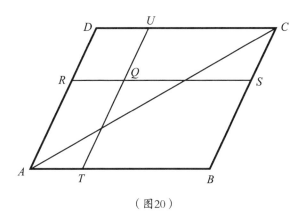

（图20）

〔假设 AT ： AB，AR ： AD 比值为 α，β，则

$$\overrightarrow{AT} = \alpha \cdot \overrightarrow{AB}，$$

$$\overrightarrow{AR} = \beta \cdot \overrightarrow{AD}，$$

$$\overrightarrow{AU} = \alpha \cdot \overrightarrow{AB} + \overrightarrow{AD}$$

$$\overrightarrow{AS} = \overrightarrow{AB} + \beta \cdot \overrightarrow{AD}$$

假设 RU 交 AC 于点 P，既然 R，U，P 共线，则

$$\overrightarrow{AP} = \frac{\lambda}{\lambda + \mu} \overrightarrow{AR} + \frac{\mu}{\lambda + \mu} \overrightarrow{AU}$$

其中 $\dfrac{\mu}{\lambda}$ 是点 P 划分 RU 的比例，即：

$$\overrightarrow{AP} = \frac{\alpha\mu}{\lambda + \mu} \overrightarrow{AB} + \frac{\beta\lambda + \mu}{\lambda + \mu} \overrightarrow{AD}$$

但是点 P 在线段 AC 上，则 $\overline{AP}$ 与 $\overline{AC}$ 必有数量关系，即：

$$\overline{AP} = k \cdot \overline{AC} = k \cdot \overline{AB} + k \cdot \overline{AD}$$

根据题 5，$\alpha\mu = \beta\lambda + \mu = (\lambda + \mu)k$，从而我们得出

$$k = \frac{\alpha\beta}{\alpha + \beta - 1}$$

与之对称的结果为

$$\overline{AP'} = \frac{\alpha\beta}{\alpha + \beta - 1} \, \overline{AC}$$

如果 P' 是 TS 与 AC 的交点，因而 P 和 P' 是相同点。]

7. $ABCD$ 是平行四边形，M 是 AB 的中点，证明：DM 与 AC[1]互相三切。

（37）位移的乘法

目前我们还涉及两位移的乘法运算。我们唯一考虑的乘法是位移乘以一个数字，表达式 $[x, y][x', y']$ 目前仍无意义，故我们可以随性为它定义。

我们的定义也应该有如下原则：

（1）两个位移的乘积应该还是一个位移，故我们可以定义 $\alpha[x, y]$，其中 α 可以作为一个实数，得到 $[\alpha x, \alpha y]$；α 也可以作为一个位移，例如 $[\alpha, 0]$。因此，哪怕改变记号，我们依然可以得到：

（2）$[x, 0][x', y'] = [xx', xy']$

（3）我们的定义应该依旧遵循着基础代数的交换律、分配率和结合律，使得：

$$[x, y][x', y'] = [x', y'][x, y]$$

$$([x, y] + [x', y'])[x'', y''] = [x', y'][x'', y''] + [x', y'][x'', y'']$$

$$[x, y]([x', y'] + [x'', y'']) = [x, y][x', y'] + [x, y][x'', y'']$$

---

［1］最后两个例题取自威拉德·吉布斯所著《向量分析》一书。

以及

$$[x, y]([x', y'][x'', y'']) = ([x, y][x', y'])[x'', y'']$$

因此

$$[x, y][x', y'] = [xx', yy']$$

并不是一个合适的定义，因为它会得出

$$[x, 0][x', y'] = [xx', 0]$$

这显然与（2）相悖。

（38）位移的乘法（续）

正确的定义如下所示：

如果 OAB，OCD 是两个相似三角形，夹角与写法相对应，则：

$$\frac{OB}{OA} = \frac{OD}{OC}$$

或者 $OB \cdot OC = OA \cdot OD$

这表明了在定义位移的乘除法时，我们应该遵循：

$$\frac{\overline{OB}}{\overline{OA}} = \frac{\overline{OD}}{\overline{OC}}, \quad \overline{OB} \cdot \overline{OC} = \overline{OA} \cdot \overline{OD}$$

现在设：

$$\overline{OB} = [x, y], \quad \overline{OC} = [x', y'], \quad \overline{OD} = [X, Y]$$

假设 A 点坐标为（1，0），故 $\overline{OA} = [1, 0]$，则

$$\overline{OA} \cdot \overline{OD} = [1, 0][X, Y] = [X, Y]$$

同理

$$[x, y][x', y'] = [X, Y]$$

$\overline{OB} \cdot \overline{OC}$ 便可定义为 $\overline{OD}$，D 点可通过在 OC 上构造一个与 OAB 相似的三角形而得到。为了使这一定义没有歧义，我们应该注意到在 OC 上可以作出两个三角形，OCD 和 OCD'。我们选择其中使夹角 COD 与 AOB 相等的那个三角形，如图 21 所示。故两个三角形在同样的指向下相似。

在极坐标系中，如果 B 和 C 的坐标为 (ρ, θ) 和 (σ, ϕ)，即：

$$x = \rho \cos \theta, \quad y = \rho \sin \theta, \quad x' = \sigma \cos \phi, \quad y' = \sigma \sin \phi$$

D 的极坐标为（$\rho\sigma$，$\theta+\phi$），因此

$$X = \rho\sigma\cos(\theta+\phi) = xx' - yy'$$

$$Y = \rho\sigma\sin(\theta+\phi) = xy' + yx'$$

需要的定义为

$$[x,\ y][x',\ y'] = [xx'-yy',\ xy'+yx'] \tag{6}$$

我们观察到如下现象：（1）如果 $y=0$，则 $X = xx'$，$Y = xy'$

（2）如果我们替换 x 和 x'，y 和 y'，右边也不会改变，即：

$$[x,\ y][x',\ y'] = [x',\ y'][x,\ y]$$

以及（3）

$$\{[x,\ y]+[x',\ y']\}[x'',\ y''] = [x+x',\ y+y'][x'',\ y'']$$

$$= [(x+x')x''-(y+y')y'',\ (x+x')y''+(y+y')x'']$$

$$= [xx''-yy'',\ xy''+yx''] + [x'x''-y'y'',\ x'y''+y'x'']$$

$$= [x,\ y][x'',\ y''] + [x',\ y'][x'',\ y'']$$

相似地，我们可以确认第 37 课时末的所有方程都是满足的。因此概念（6）满足所有在 37 课时列出的条件。

例由上面给出的几何定义直接证明：位移的乘积服从交换律和分配律。〔以交换律为例。乘积 $\overline{OB}\cdot\overline{OC}$ 为 $\overline{OD}$（图21），且 COD 与 AOB 相似。为构造出乘积 $\overline{OC}\cdot\overline{OB}$，我们在 OB 上作出一个与 AOC 相似的三角形 BOD_1。所以我们要证明：D 和 D_1 重合，或者证明 BOD 与 AOC 相似。这是一个简单的初等几何。〕

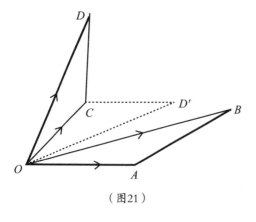

（图21）

（39）复数

正如位移 $[x]$ 沿着 OX 轴对应于点 (x) 与实数 x 那样，位移 $[x,\ y]$ 在平面上对应于点 $(x,\ y)$ 与一对实数 x，y。

我们赋予这对实数如下形式：

$$x + y\mathrm{i}$$

至于为什么要用这种表达形式，我们之后会详细解释。目前而言，$x+yi$ 只是 $[x, y]$ 的另一种写法，符号 $x+yi$ 被称为复数（complex number）。

我们之后可以定义复数的等效，加法与乘法，因为每一个复数对应于一个位移。如果对应的位移相同，则复数也相等。两个复数的加和乘积也就是对应的位移的加和乘积。因此

$$x + yi = x' + y'i \tag{1}$$

有且只有一个可能：$x = x',\ y = y'$

$$(x+yi) + (x'+y'i) = (x+x') + (y+y')i \tag{2}$$

$$(x+yi)(x'+y'i) = xx' - yy' + (xy'+yx')i \tag{3}$$

（2）和（3）有两个特例：

$$x+yi = (x+0i) + (0+yi)$$

$$(x+0i)(x'+y'i) = xx' + xy'i$$

这些方程表明，在处理复数时，如果我们把 x 写成 $x + 0i$，把 $0 + yi$ 写成 yi，就不会有混淆的危险。

读者可以很容易地自己验证，复数的加法和乘法符合方程

$$(x+yi) + (x'+y'i) = (x'+y'i) + (x+yi)$$

$$\{(x+yi) + (x'+y'i)\} + (x''+y''i) = (x+yi) + \{(x'+y'i) + (x''+y''i)\}$$

$$(x+yi)(x'+y'i) = (x'+y'i)(x+yi)$$

$$(x+yi)\{(x'+y'i) + (x''+y''i)\} = (x+yi)(x'+y'i) + (x+yi)(x''+y''i)$$

$$\{(x+yi) + (x'+y'i)\}(x''+y''i) = (x+yi)(x''+y''i) + (x'+y'i)(x''+y''i)$$

$$(x+yi)\{(x'+y'i)(x''+y''i)\} = \{(x+yi)(x'+y'i)\}(x''+y''i)$$

所表示的代数定律。这些等式的证明实际上与对应的位移的相应等式的证明相同。

复数的减法和除法与基础代数运算相同。因而我们定义 $(x+yi) - (x'+y'i)$ 为

$$(x+yi) + \{-(x'+y'i)\} = x+yi + (-x'-y'i) = (x-x') + (y-y')i$$

或者说，定义 $(x+yi) - (x'+y'i)$ 为 $\xi + \eta i$，它满足：

$$(x'+y'i) + (\xi + \eta i) = x+yi$$

定义 $\dfrac{x+yi}{x'+y'i}$ 为复数 $\xi+\eta i$，它满足：

$$(x'+y'i)(\xi+\eta i) = x+yi$$

或

$$x'\xi - y'\eta + (x'\eta+y'\xi)i = x+yi$$

或

$$x'\xi - y'\eta = x,\ x'\eta + y'\xi = y \tag{4}$$

从而我们求出了 ξ 和 η：

$$\xi = \frac{xx'+yy'}{x'^2+y'^2},\ \eta = \frac{yx'-xy'}{x'^2+y'^2}$$

如果 x' 和 y' 均为 0，即 $x'+y'i=0$，则这个解不成立，故减法总是成立的，但是除法只有当除数不为 0 时才成立。

我们现在也可以定义 $x+yi$ 的正整数幂，$x+yi$ 的多项式，$x+yi$ 的有理函数等，均与基础代数相同。

例（1）从几何的角度来看，$\overline{OD}$ 除 $\overline{OC}$ 的问题可以看做找到一点 B，使得三角形 COD，AOB 相似，这个是可以找到的，除非 C 与 O 重合或 $\overline{OC}=0$。

（2）$x+yi$ 与 $x-yi$ 被称为共轭（conjugate），证明：

$$(x+yi)(x-yi) = x^2+y^2$$

因此两个共轭实数的商也是实数

$$\frac{x+yi}{x'+y'i} = \frac{(x+yi)(x'-y'i)}{(x'+y'i)(x'-y'i)} = \frac{xx'+yy'+(x'y-xy')i}{x'^2+y'^2}$$

（40）复数（续）

复数最重要的性质之一就是因子定理（The factor theorem），i 即：两个复数的乘积不能是 0，除非有一个因数是 0。为了证明这一点，我们使方程（4）中的 $x=0$，$y=0$，则

$$x'\xi - y'\eta = 0,\ x'\eta + y'\xi = 0$$

故 $\xi=0$，$\eta=0$，即

$$\xi+\eta\mathrm{i}=0$$

除非 $x'=0$ 且 $y'=0$，或 $x'+y'\mathrm{i}=0$。因此 $x+y\mathrm{i}$ 不能为 0，除非 $x'+y'\mathrm{i}$ 或 $\xi+\eta\mathrm{i}$ 为 0。

（41）方程 $\mathrm{i}^2=-1$

我们进行如下简化：用 x 代替 $x+0\mathrm{i}$，用 $y\mathrm{i}$ 代替 $0+y\mathrm{i}$，用 i 代替 $1\mathrm{i}$，表示沿着 OY 的单位位移，同样：

$$\mathrm{i}^2=\mathrm{i}\cdot\mathrm{i}=(0+1\mathrm{i})(0+1\mathrm{i})=(0\times0-1\times1)+(0\times1-1\times0)\mathrm{i}=-1$$

相似地，$(-\mathrm{i})^2=-1$，例如，复数 i 和 $-\mathrm{i}$ 满足方程 $x^2=-1$。

读者将会轻松地满足于自己发现复数的加法和乘法法则就是如此，我们对复数的运算和对实数的相同，把符号 i 看做一个数，但其乘积 $\mathrm{i}^2=\mathrm{i}\cdot\mathrm{i}=-1$，因此

$$(x+y\mathrm{i})(x'+y'\mathrm{i})=xx'+xy'\mathrm{i}+yx'\mathrm{i}+yy'\mathrm{i}^2$$
$$=(xx'-yy')+(xy'+yx')\mathrm{i}$$

（42）与 i 相乘的几何解释

由于

$$(x+y\mathrm{i})\mathrm{i}=-y+x\mathrm{i}$$

可推出：如果 $x+y\mathrm{i}$ 对应于 $\overline{OP}$，且 OQ 等长于 OP 使得 POQ 是个直角，则 $(x+y\mathrm{i})\mathrm{i}$ 对应于 $\overline{OQ}$。换句话说，复数乘 i 就是通过一个直角得到了对应的位移。

至此，我们已经得到了复数的完整理论。起初，x 代表沿着 OX 上的位移，i 作为一个操作符相当于把 x 旋转一个直角，我们也可以把 $y\mathrm{i}$ 看着沿着 OY，长度为 y 的位移。我们已经在 36 课时和 39 课时定义了 $x+y\mathrm{i}$，而 $(x+y\mathrm{i})\mathrm{i}$ 也就是把 $x+y\mathrm{i}$ 旋转一个直角，得到 $-y+x\mathrm{i}$。最后，我们自然地将 $(x+y\mathrm{i})x'$ 定义为 $xx'+yx'\mathrm{i}$，将 $(x+y\mathrm{i})y'\mathrm{i}$ 定义为 $-yy'+xy'\mathrm{i}$，将 $(x+y\mathrm{i})(x'+y'\mathrm{i})$ 定义为这些位移的和，即 $xx'-yy'+(xy'+yx')\mathrm{i}$。

（43）方程 $z^2+1=0$, $az^2+2bz+c=0$

没有实数使得 $z^2+1=0$ 或者说该方程没有实数根，但是我们也看到了，复数 i 和 $-$i 满足该方程，我们可以如此表达：该方程有两个复数根 i 和 $-$i。既然 i 满足 $z^2=-1$，有时也写作 $\sqrt{-1}$。

复数有时也被称为虚数（imaginary number）。这个表达并不令人满意，但却由来已久且广泛认可。"虚数""实数"或者任何其他数学对象，并不是凭空想象中的，更多的是代表数学意义。

实数并不等于有理数，复数也并不等于实数。因此，我们用符号将一对数以符号化的方式联系在一起 (x, y) 为了方便以 $x+yi$ 形式表达，因此

i $=0+1$i

代表了数对 $(0, 1)$，图象可表达为一个点或位移 $[0, 1]$。当我们说 i 是方程 $z^2+1=0$ 的根时，我们定义了这样一个方法，把我们所谓的"乘法"的数对（或者位移）相结合。当我们用此方法把 $(0, 1)$ 同自身结合时，给出结果 $(-1, 0)$。

接下来我们再考虑更广泛的方程

$az^2+2bz+c=0$

其中 a, b, c 都是实数。如果 $b^2>ac$，则原始的解法给出两个实数根

$\dfrac{-b\pm\sqrt{b^2-ac}}{a}$。如果 $b^2<ac$，则方程无实数根。如果把方程变形，得

$$\left(z+\frac{b}{a}\right)^2=-\frac{ac-b^2}{a^2}$$

这样的话，$z+\dfrac{b}{a}$ 可以等于 $\pm$i$\sqrt{\dfrac{ac-b^2}{a}}$。因此我们说方程有两个复数根

$-\dfrac{b}{a}\pm\dfrac{\text{i}\sqrt{ac-b^2}}{a}$

如果我们按照惯例，约定当 $b^2=ac$ 时（此时该方程仅被 x 的一个值，也即 $-\dfrac{b}{a}$ 所满足），方程有两个相等的根，则我们称：一个实数系数的二次方程总是有两个根，要么是两个不同的实数根，要么是两个相同的实数根，要么是两个不同的复数根。

很明显，这是不可能的。我们可以用初等代数中证明 n 次方程不可能有 n 个以上的实数根的推理方法来证明。让我们用单个字母 z 来表示 $x+y\mathrm{i}$，可以用 $z = x+y\mathrm{i}$ 来表示这一约定。设 $f(x)$ 表示 z 中的任一多项式，系数为实数或复数。

（1）用 $f(z)$ 除以 $z-a$，余数是 a，则 a 是任意实数或复数，写作 $f(a)$；

（2）如果 a 是方程 $f(z)=0$ 的一个根，则 $f(z)$ 可被 $z-a$ 整除；

（3）如果 $f(z)$ 是一个幂级为 n 的方程，且 $f(z)=0$ 有 n 个根 a_1，a_2，…，a_n，则

$$f(z) = A(z-a_1)(z-a_2)\cdots(z-a_n)$$

其中 A 是常数，无论是实数还是虚数，都是 z^n 的系数。从以上结果以及第 40 课时的理论来说，$f(z)$ 不可能有多于 n 个的根。

我们从而得出结论，带有实数系数的二次方程刚好就只有两根。我们接下来会看到一个相似的理论：一个 n 次幂的方程准确的就有 n 个根。证明的唯一难点在于，首先要证明任何方程都会有至少一个根。对此，我们目前只能推迟对它的证明。但我们也可以关注一下这个理论的结果。从数的理论来看，我们从正整数开始研究了数的加法与乘法，把减法与除法看成了加法与乘法的反运算。我们发现这些运算并不总是可行的，除非我们承认了新的数种。如果我们承认了负数，则我们赋予了 3−7 以意义，如果我们承认了有理分数，则 $\dfrac{3}{7}$ 同样有意义。当我们扩展了代数运算以涵盖了根的运算以及方程的解法，我们发现了有些根不是完全平方根，甚至有一些计算是不存在的。除非我们扩展了数的概念，像在第一章一样接受了无理数。

另外，就比如求 −1 的平方根，也是不可能的，除非我们像这章一样承认复数的存在。很自然的，即使我们承认了更高次幂的方程，也会有一些方程是无解的，因此我们需要考虑更多种类的数。而事实并非如此：无论什么样的代数方程的根都是通常的复数。

目前所有的基础代数的理论都是从加法和乘法开始证明，无论这个数是实数还是复数。这个理论都成立，因为针对复数的所有法则对于实数同样正确。例如，如果 α 和 β 是方程

$$az^2 + 2bz + c = 0$$

的根，则

$$\alpha + \beta = \left(\frac{-2b}{a}\right), \quad \alpha\beta = \frac{c}{a}$$

相似地，如果 α，β，γ 是方程

$$az^3 + 3bz^2 + 3cz + d = 0$$

的根，则

$$\alpha + \beta + \gamma = -\left(\frac{3b}{a}\right), \quad \beta\gamma + \gamma\alpha + \alpha\beta = \left(\frac{3c}{a}\right), \quad \alpha\beta\gamma = -\left(\frac{d}{a}\right)$$

所有的这些理论都成立，无论 a，b，$\cdots$，α，$\beta\cdots$，是实数还是复数。

（44）阿尔干（Argand）图

在图 22 中，设点 P 的坐标为 (x, y)，OP 的长度为 r，夹角 XOP 为 θ，则

$x = r\cos\theta$，$y = r\sin\theta$，$r = \sqrt{(x^2 + y^2)}$

$\cos\theta : \sin\theta : 1 :: x : y : r$

正如在第43课时那样，我们用 $x+y\mathrm{i}$ 来表示 z，我们把 z 称之为复变量（complex variable）。我们把 P 称为点 z，或者对应于 z 的点；其中 z 为 P 的宗量（argument），x 为其实部（real part），y 为其虚部（imaginary part），r 为其模量（modulus），θ 为 z 的辐角（amplitude）；我们写作：

$x = R(z)$，$y = I(z)$，$r = |z|$，$\theta = am\, z$

当 $y = 0$ 时我们说 z 是实数，当 $x = 0$ 时我们说 z 是纯虚数。两个数 $x+y\mathrm{i}$，$x - y\mathrm{i}$ 仅仅是虚部的不同，我们称之为共轭的。两数之和 $2x$，乘积 $x^2 + y^2$ 均为实数，并且它们有相同的模量 $\sqrt{(x^2 + y^2)}$，它们的商也为模量的平方根。因此，一个实数系数的二次方程根如果不是实数，则一定是共轭的。

θ 或者 $am\, z$ 是 x 与 y 的多值函数，有无限多的值，各个值之间的区别在于是否乘以 2π。一条原来沿着 OX 的线段旋转这些角

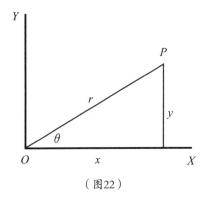

（图22）

度，变成沿着 OP。我们可以如此描述：z 的基础取值在 $-\pi$ 与 π 之间。这个定义是清楚的，唯一的模糊点在于如果一个值是 π 时，另一个值为 $-\pi$。通俗来说，当我们谈及 z 的大小时，除非特别强调，我们一般指的是基础取值。

图 22 就是我们通常所说的阿尔干图。

（45）棣莫弗定理

加法与乘法的定义可推出如下命题：

（1）两个复数之和的实部（或虚部）等于它们各自实部（或虚部）的和；

（2）两个复数乘积的模量等于它们各自模量的乘积；

（3）两个复数的乘积的大小要么等于它们各自模量的乘积，要么与之相差 2π。

显然，$am(zz')$ 的基础取值并不等于各自基础取值 $am\,z$ 和 $am\,z'$ 之和。例如，如果 $z = z' = -1+i$，则 z 和 z' 的取值都是 $\frac{3}{4}\pi$。但是 $zz' = -2i$，$am(zz')$ 取值为 $-\frac{1}{2}\pi$，并非 $\frac{3}{2}\pi$。

以上的理论可以表达为方程

$$r\,(\cos\theta + i\sin\theta) \times \rho\,(\cos\phi + i\sin\phi) = r\rho\{\cos(\theta+\phi) + i\sin(\theta+\phi)\}$$

这个可以通过乘法和基础三角函数的公式来证明。更一般地有：

$$r_1\,(\cos\theta_1 + i\sin\theta) \times r_2\,(\cos\theta_2 + i\sin\theta_2) \times \cdots \times r_n\,(\cos\theta_n + i\sin\theta_n)$$
$$= r_1 r_2 \cdots r_n\{\cos(\theta_1+\theta_2+\cdots+\theta_n) + i\sin(\theta_1+\theta_2+\cdots+\theta_n)\}$$

一个特别有趣的例子为：

$$r_1 = r_2 = \cdots = r_n = 1, \quad \theta_1 = \theta_2 = \cdots \ \theta_n = \theta$$

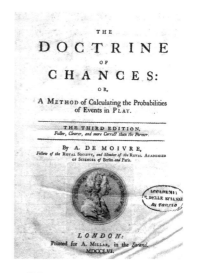

□ **棣莫弗**

亚伯拉罕·棣莫弗（1667—1754年），法国数学家。其贡献主要有：将复数和三角学联系起来，提出了棣莫弗定理，在正态分布和概率论上提出了斯特林公式，发现了中心极限定理的一个特例（后人称为"棣莫弗－拉普拉斯定理"）等。他通过拓展前辈们的工作，成为解析几何和概率论的先驱。同时他编写了概率论方面的第二本教科书《机会学说：计算游戏中事件概率的方法》。上图为这本书封面。

我们便得到了等式

$$(\cos\theta + i\sin\theta)^n = \cos n\theta + i\sin n\theta$$

其中 n 是任意正整数，该方程被称之为棣莫弗定理。

再次，如果

$$z = r(\cos\theta + i\sin\theta)$$

则

$$\frac{1}{z} = \frac{(\cos\theta - i\sin\theta)}{r}$$

因此 z 的倒数的模量是 z 的模量的倒数，并且倒数的辐角是 z 的辐角再加上一个负号。我们现在阐述对应于（2）和（3）的商的理论。

（4）两个复数的商的模量等于它们模量的商；

（5）两个复数的商的大小要么等于它们的辐角差异，要么等于与之相差 2π。

再次，

$$(\cos\theta + i\sin\theta)^{-n} = (\cos\theta - i\sin\theta)^n$$

$$= \{\cos(-\theta) + i\sin(-\theta)\}^n$$

$$= \cos(-n\theta) + i\sin(-n\theta)$$

因此，棣莫弗定理适应于所有的正整数 n，无论正负。

我们接下来向定理（1）-（5）添加同样重要的如下理论：

（6）任何数量的复数的和的模量不会大于它们模量之和。

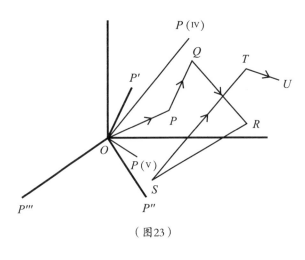

假设 $\overrightarrow{OP}$，$\overrightarrow{OP'}$，$\cdots$ 位移对应于各式的复数。画出 PQ 相等且平行于 OP'，QR 相等且平行于 OP''，以此类推。最终我们到达点 U，从而

$$\overline{OU} = \overline{OP} + \overline{OP'} + \overline{OP''} + \cdots$$

长度 OU 是复数之和的模量，然而各个复数的模量

（图23）

之和为每段线段 $OPQR \cdots U$ 的长度，不会小于 OU（见图 23）。

该理论的纯代数证明见于题 21.1。

（46）几个关于复数的有理函数定理

针对复数的有理函数我们来补充一些理论。复变量 z 的有理函数定义为实变量 x 的有理函数，即关于 z 的两个多项式之商。

定理1

任意有理函数 $R(z)$ 可以被简化为 $X+Yi$，其中 X 和 Y 是 x 和 y 的有理函数。

首先，任意多项式 $P(x+yi)$ 都可以被简化成 $A+Bi$ 的形式，其中 A 和 B 是 x 和 y 的多项式，相似地，$Q(x+yi)$ 可以被简化成 $C+Di$ 的形式。因此，

$$R(x+yi) = \frac{P(x+yi)}{Q(x+yi)}$$

可以被表达成

$$\frac{A+Bi}{C+Di} = \frac{(A+Bi)(C-Di)}{(C+Di)(C-Di)}$$

$$= \frac{AC+BD}{C^2+D^2} + \frac{BC-AD}{C^2+D^2}i$$

可以证明该定理。

定理2

如果 $R(x+yi) = X+Yi$，R 同以前一样表示实数系数的有理函数，则 $R(x-yi) = X-Yi$。

首先，这个通过 $(x+yi)^n$ 级数开展可以证明。因此，根据以前使用的表达

$$R(x-yi) = \frac{A-Bi}{C-Di} = \frac{AC+BD}{C^2+D^2} - \frac{BC-AD}{C^2+D^2}i$$

这次简化也与之前相同。显然这个结果与定理 1 和定理 2 的结果相似。

定理3

求解方程

$a_0 z^n + a_1 z^{n-1} + \cdots + a_n = 0$ 的根。若它的根不是实数，则可以归结为具有成对共轭的成对形式。

根据定理 2，如果 $x+yi$ 是方程的根，则 $x-yi$ 也是。第 43 课时举出的一个特例是二次方程的根要么是实数要么是共轭复数。

这个理论有时也会如此表述：一个实数系数的方程复数根必以共轭的形式出现。可以同例 8 的第 7 题比较，其表述为：一个有理数系数的方程无理数根必以共轭的形式出现。

例21

1. 不借助任何几何模型，直接从定义出来证明第 45 课时的理论（6）。

〔首先，为了证明 $|z+z'| \leqslant |z|+|z'|$，要先证明

$$\sqrt{\{(x+x')^2 + (y+y')^2\}} \leqslant \sqrt{x^2+y^2} + \sqrt{(x'^2+y'^2)}$$

这个理论很容易扩展，它是闵可夫斯基不等式的特例（参见，哈代、李特尔伍德、波利亚《不等式》）〕

2. 唯一的例子满足

$$|z|+|z'|+\cdots = |z+z'+\cdots|$$

是 z，z'，$\cdots$ 都有相同的大小。通过几何法和分析法给予证明。

3. 证明

$$|z-z'| \geqslant ||z|-|z'||$$

4. 证明如果两个复数的和及积都是实数，则这两个数要么是实数，要么共轭。

5. 证明如果：

$$a+b\sqrt{2} + (c+d\sqrt{2})i = A+B\sqrt{2} + (C+D\sqrt{2})i$$

其中 a，b，c，d，A，B，C，D 都是实有理数，则

$$a=A,\ b=B,\ c=C,\ d=D$$

6. 把下列数用 $A+Bi$ 的形式表达出来，其中 A 和 B 都是实数：

$$\left(1+i\right)^2,\ \left(\frac{1+i}{1-i}\right)^2,\ \left(\frac{1-i}{1+i}\right)^2,\ \frac{\lambda+\mu i}{\lambda-\mu i},\ \left(\frac{\lambda+\mu i}{\lambda-\mu i}\right)^2-\left(\frac{\lambda-\mu i}{\lambda+\mu i}\right)^2$$

其中 λ 和 μ 都是实数。

7. 把下列关于 $z=x+yi$ 的函数用 $X+Yi$ 的形式表达出来，其中 X 和 Y 是 x 和 y 的实数函数：

$$z^2,\ z^3,\ z^n,\ \frac{1}{z},\ z+\left(\frac{1}{z}\right),\ \frac{(\alpha+\beta z)}{(\gamma+\delta z)}\ ，\text{其中}\ \alpha,\ \beta,\ \gamma,\ \delta\ \text{都是实数。}$$

8. 求出以上两个例子中的数和函数的模量。

9. 两条直线相交于点 $z=a$，$z=b$ 以及 $z=c$，$z=d$，如果

$$am\left(\frac{a-b}{c-d}\right)=\pm\frac{1}{2}\pi$$

即如果 $\dfrac{(a-b)}{(c-d)}$ 是纯虚数，则由点 $z=a$，$z=b$ 以及 $z=c$，$z=d$ 决定的两条直线互相垂直。两条直线互相平行又需要哪些条件呢？

10. 一个三角形的三个角为：$z=\alpha$，$z=\beta$，$z=\gamma$，其中 α，β，γ 都是复数。证明如下命题：

（ⅰ）重心（centre of gravity）为 $z=\dfrac{1}{3}(\alpha+\beta+\gamma)$

（ⅱ）外心（circum centre）为 $|z-\alpha|=|z-\beta|=|z-\gamma|$

（ⅲ）由三个顶点向三条对边所作的三条垂线的焦点为

$$R\left(\frac{z-\alpha}{\beta-\gamma}\right)=R\left(\frac{z-\beta}{\gamma-\alpha}\right)=R\left(\frac{z-\gamma}{\alpha-\beta}\right)=0$$

（ⅳ）三角形内一点 P 使得

$$CBP=ACP=BAP=\omega$$

$$\cot\omega=\cot A+\cot B+\cot C$$

　　为了证明（ⅲ），我们发现如果 A，B，C 是顶点，P 为任意点 z，则 AP 垂直于 BC 的条件为 $\dfrac{z-\alpha}{\beta-\gamma}$ 应为纯虚数，或

$$R(z-\alpha)R(\beta-\gamma)+I(z-\alpha)I(\beta-\gamma)=0$$

这个方程以及将 α，β，γ 作循环置换排列所得到的另外两个相似方程被 z 的同样的值由如下事实看出：这三个方程的左边之和均为 0。为了证明（ⅳ），取 BC 平

行于 x 轴的正向，则[1]

$$\gamma - \beta = a, \quad \alpha - \gamma = -b\,\mathrm{Cis}\,(-C), \quad \beta - \alpha = -c\,\mathrm{Cis}\,B$$

我们因而要从如下方程

$$\frac{(z-\alpha)(\beta_0 - \alpha_0)}{(z_0 - \alpha_0)(\beta - \alpha)} = \frac{(z-\beta)(\gamma_0 - \beta_0)}{(z_0 - \beta_0)(\gamma - \beta)} = \frac{(z-\gamma)(\alpha_0 - \gamma_0)}{(z_0 - \gamma_0)(\alpha - \gamma)} = \mathrm{Cis}\,2\omega$$

中求出 z 和 ω，其中 z_0，α_0，β_0，γ_0 代表着 z，α，β，γ 的共轭函数。

将这三个相等的分式的三个分子和分母相加，并利用等式

$$\mathrm{i}\cot\omega = \frac{1 + \mathrm{Cis}\,2\omega}{1 - \mathrm{Cis}\,2\omega}$$

从而我们得出

$$\mathrm{i}\cot\omega = \frac{(\beta - \gamma)(\beta_0 - \gamma_0) + (\gamma - \alpha)(\gamma_0 - \alpha_0) + (\alpha - \beta)(\alpha_0 - \beta_0)}{\beta\gamma_0 - \beta_0\gamma + \gamma\alpha_0 - \gamma_0\alpha + \alpha\beta_0 - \alpha_0\beta}$$

从这我们可以推导出 $\cot\omega = \dfrac{(a^2 + b^2 + c^2)}{4\Delta}$，其中 Δ 是三角形的面积，且等于给出的结果。

为了解出 z，我们把分子分母同时乘以相同的分数 $\dfrac{\gamma_0 - \beta_0}{\beta - \alpha}$，$\dfrac{\alpha_0 - \gamma_0}{\gamma - \beta}$，

$\dfrac{\beta_0 - \alpha_0}{\alpha - \gamma}$，且相加得到新分数，从而

$$z = \frac{a\alpha\,\mathrm{Cis}\,A + b\beta\,\mathrm{Cis}\,B + c\gamma\,\mathrm{Cis}\,C}{a\,\mathrm{Cis}\,A + b\,\mathrm{Cis}\,B + c\,\mathrm{Cis}\,C} \Bigg]$$

11. 两个三角形的顶点分别为 a，b，c 和 x，y，z，两个三角形相似的条件为

$$\begin{vmatrix} 1 & 1 & 1 \\ a & b & c \\ x & y & z \end{vmatrix} = 0$$

$$\left[\text{必须满足的条件为 } \frac{\overline{AB}}{\overline{AC}} = \frac{\overline{XY}}{\overline{XZ}}, \text{ 或者 } \frac{b-a}{c-a} = \frac{y-x}{z-x}\right]$$

12. 从题 11 中推导出：如果点 x，y，z 三点共线，则我们可以找到实数 α，β，γ 满足 $\alpha + \beta + \gamma = 0$ 且 $\alpha x + \beta y + \gamma z = 0$，反例在题 20.4［在这个例子中 x，y，

---

[1] 我们假设，当沿着 ABC 方向绕三角形一周时，三角形在我们左侧。

z 形成的三角形相似于 OX 轴上的某个三角形，请应用这个结果进行证明。]

13. 一般的复数系数的线性方程。如果 $\alpha \neq 0$，则方程 $\alpha z + \beta = 0$ 仅有一个根 $z = \dfrac{-\beta}{\alpha}$。如果我们设定

$$\alpha = a + Ai, \ \beta = b + Bi, \ z = x + yi,$$

并且使实部和虚部分别相等，我们便得到了求得两个实数 x 和 y 的两个方程。$y = 0$ 时，方程 $ax + b = 0$，$Ax + B = 0$ 便只有一个根，从而 $aB - bA = 0$。

14. 一般的复数系数的二次方程。此方程为

$$(a + Ai)\,z^2 + 2(b + Bi)\,z + (c + Ci) = 0$$

除非 a 和 A 都是 0，否则我们把方程两边同除以 $a + Ai$，因此我们将

$$z^2 + 2(b + Bi)\,z + (c + Ci) = 0 \tag{1}$$

作为方程的标准形式来考虑。设 $z = x + yi$，取实部和虚部相同，从而我们得到一组关于 x 和 y 的方程，即：

$$x^2 - y^2 + 2(bx - By) + c = 0, \ 2xy + 2(by + Bx) + C = 0$$

如果我们令

$$x + b = \xi, \ y + B = \eta, \ b^2 - B^2 - c = h, \ 2bB - C = k$$

这些方程变成了

$$\xi^2 - \eta^2 = h, \ 2\xi\eta = k$$

通过求根和加和，我们得到：

$$\xi^2 + \eta^2 = \sqrt{(h^2 + k^2)}, \ \xi = \pm\sqrt{\tfrac{1}{2}\left(\sqrt{h^2 + k^2} + h\right)}, \ \eta = \pm\sqrt{\tfrac{1}{2}\left(\sqrt{h^2 + k^2} - h\right)}$$

我们需要选择符号来保证 $\xi\eta$ 和 k 的符号相同，即如果 k 是正数则取相同符号，如果 k 是负数则取相反符号。

有相同根的情况：如果两个平方根都为 0，则两根相同，即：$h = 0$，$k = 0$，或 $c = b^2 - B^2$，$C = 2bB$。这些条件相当于单一条件 $c + Ci = (b + Bi)^2$，这表明了方程（1）的左边是完全平方数。

有实数根的情况：如果 $x^2 + 2(b + Bi)x + (c + Ci) = 0$，其中 x 为实数，则

$$x^2 + 2bx + c = 0, \ 2Bx + C = 0$$

代替 x 后我们得到了需要的条件为

$$C^2 - 4bBC + 4cB^2 = 0$$

有纯虚根的情况：很容易得到

$$C^2 - 4bBC - 4b^2c = 0$$

有一对共轭复数的情况：由于两个共轭复数的和与乘积都是实数，$b+Bi$ 和 $c+Ci$ 一定要都是实数，即 $B=0$，$C=0$。因此方程（1）有一对共轭复数根的条件有且仅有一个：系数都是实数。读者可以通过根的显形表达式来确认这个结论。此外，如果 $b^2 \geqslant c$，则根便为实数。因此为了得到一对实数共轭根，必须满足 $B=0$，$C=0$，$b^2 < c$。

15. 立方方程。考虑立方方程

$$z^3 + 3Hz + G = 0,$$

其中 G 和 H 都是复数，设：该方程有（a）一个实数根，（b）一个纯虚数根，（c）一对共轭根。如果 $H = \lambda + \mu i$，$G = \rho + \sigma i$，我们便得出如下结论：

（a）一个实数根的情况。如果 μ 不等于 0，则实数根为 $\dfrac{-\sigma}{3\mu}$，且 $\sigma^3 + 27\lambda\mu^2\sigma - 27\mu^3\sigma = 0$。另一方面，如果 $\mu = 0$，则 $\sigma = 0$，故方程的系数都是实数。在这种情形下，可能会有三个实根。

（b）一个纯虚数根的情况。如果 μ 不等于 0，则虚数根为 $\dfrac{\rho i}{3\mu}$，且 $\rho^3 - 27\lambda\mu^2\rho - 27\mu^3\sigma = 0$。如果 $\mu = 0$，则 $\rho = 0$，方程的根为 yi，y 的值可由 $y^3 - 3\lambda y - \sigma = 0$ 来给出，此时方程有三个虚数根。

（c）一对共轭复数根的情况。假设这对共轭复数根为 $x+yi$ 和 $x-yi$，既然三根之和必为 0，则第三个根为 $-2x$，从根与系数的关系我们可以推导出：

$$y^2 - 3x^2 = 3H, \quad 2x(x^2+y^2) = G$$

此时 G 和 H 一定都是实数。

在每种情形下，我们要么可以找到一个根（用一个已知的因子相除，即可将该方程化成一个二次方程），要么可以把该方程的根简化为一个实系数的立方方程的根。

16. 立方方程 $x^3 + a_1x^2 + a_2x + a_3 = 0$（其中 $a_1 = A_1 + A_1'i \cdots$）有一对共轭复数根。证明余下的根为 $\dfrac{-A_1'a_3}{A_3'}$，除非 $A_3' = 0$。求解 $A_3' = 0$ 时的情况。

17. 证明：如果方程 $z^3 + 3Hz + G = 0$ 有两个共轭复数根，则方程

$$8\alpha^3 + 6\alpha H - G = 0$$

仅有一个实根，且这个根也是原方程复数根的
实数部分 α，并且 α 与 G 的符号相同。

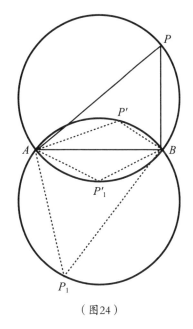

18. 通常来讲，任意幂级的复数方程既没有
实数根也没有一对共轭复数根。若方程有（a）
一个实数根，（b）一对共轭复数根，它的系数
应满足什么条件？

19. 共轴的圆。如图 24 所示，假设 a，b，z
是 A，B，P 的宗量，则我们设定

$$am\,\frac{z - b}{z - a} = APB$$

如果选取辐角主值，若图中所示的两圆相
等，z'，z_1，z_1' 是 P'，P_1，P_1' 的宗量，且 $APB =$
θ，则

$$am\,\frac{z' - b}{z' - a} = \pi - \theta\,,\ \ am\,\frac{z_1 - b}{z_1 - a} = -\theta$$

且

$$am\,\frac{z_1' - b}{z_1' - a} = -\pi + \theta$$

方程

$$am\,\frac{z - b}{z - a} = \theta$$

（图24）

所定义的轨迹就是弧 APB 也通过 $\pi - \theta$，$-\theta$，$-\pi + \theta$，我们便得到了图中所示的
另外三条弧。

假设 θ 为 $-\pi$ 到 π 之间的变量，则得到的方程组就代表着穿过点 A，B 的圆。
但是每个圆因而也被分成了两个部分，对应着不同的 θ 值。

20. 现在我们来探究方程

$$\left|\frac{z - b}{z - a}\right| = \lambda \tag{1}$$

其中 λ 为不等于 1 的常数。

假设 K 是一个点，在该点，圆 ABP 的切线与 AB 相交于点 P，则三角形

KPA，*KBP* 相似，且：

$$\frac{AP}{PB} = \frac{PK}{BK} = \frac{KA}{KP} = \frac{1}{\lambda}$$

因此 $\frac{KA}{KB} = \frac{1}{\lambda^2}$，无论 *P* 点如何变化，*K* 点都是满足方程（1）的固定点。而且 $KP^2 = KA \cdot KB$，是常数。因此 *P* 的轨迹是一个圆心为 *K* 的圆。

λ 变化时得到的方程代表着一组圆，而且每个圆与例 19 中的每个圆相切 90 度，当 $\lambda = 1$ 时，圆就变成了一条直线。

例 19 的系统被称为共点的共轴圆系统。例 20 的系统被称为极限点的共轴圆系统，*A* 和 *B* 便为极限点。如果特别大或特别小，则圆就会变成涵盖 *A* 或 *B* 的非常小圆。

21. 双线性变换。考虑方程

$$z = Z + a \tag{1}$$

其中 $z = x + y\mathrm{i}$ 和 $Z = X + Y\mathrm{i}$ 是两个复数变量，代表着两个平面 *xoy*，*XOY*。每个 *z* 都有一个 *Z* 的值与之对应，反之相同。如果 $a = \alpha + \beta\mathrm{i}$，则

$$x = X + \alpha，\quad y = Y + \beta，$$

点（*x*，*y*）对应着点（*X*，*Y*）。如果（*x*，*y*）描绘了平面上任意曲线，则（*X*，*Y*）也相同。平面上的图象对应也一样，从而平面 *xoy* 上的图象与平面 *XOY* 的对应关系和 *z* 与 *Z* 的对应关系相同，这种对应被称为转换（transformation）。在特定情形下，这种对应关系很容易确定。（*X*，*Y*）在平面上的图象与（*x*，*y*）在尺寸、形状、指向上一样，不过向左平移了一个距离，向下平移了一个距离。这种变换被称为平移（translation）。

现在考虑方程

$$z = \rho Z \tag{2}$$

其中 ρ 是正实数，且 $x = \rho X$，$y = \rho Y$。两图象相似且位置也相似，但是（*x*，*y*）的图象尺寸是（*X*，*Y*）的 ρ 倍。这种变换被称为放大（magnification）。

现在考虑方程

$$z = (\cos\phi + \mathrm{i}\sin\phi) Z \tag{3}$$

很明显 $|z| = |Z|$，且 *am z* 的一个值为 *am Z* $+ \phi$，（*x*，*y*）的图象与（*X*，*Y*）的差别在于向正方向旋转了 ϕ。这种变换被称为旋转（rotation）。

一般的线性变换

$$z = aZ + b \tag{4}$$

是（1）（2）（3）的三种变化的结合。因为如果 $|a| = \rho$ 且 $am\, a = \phi$，我们可以用以下三个方程来取代（4）。

$$z = z' + b,\ z' = \rho Z',\ Z' = (\cos\phi + i\sin\phi)\, Z$$

因此，一般的线性变换等于平移、放大和旋转的结合。接下来考虑变换

$$z = \frac{1}{Z} \tag{5}$$

如果 $|Z| = R$，且 $am\, Z = \Theta$，则 $|z| = \dfrac{1}{R}$ 且 $am\, z = -\Theta$。为了从 (x, y) 的图象转换成 (X, Y) 的图象，我们把前者关于 o 进行了反转，并且沿着新轴 ox 建立了新的图象。

最后考虑转换

$$z = \frac{aZ + b}{cZ + d} \tag{6}$$

这个等于如下转换的结合：

$$z = \left(\frac{a}{c}\right) + (bc - ad)\left(\frac{z'}{c}\right),\ z' = \frac{1}{Z'},\ Z' = cZ + d$$

也是已有转换的结合。

转换（6）被称为一般双线性转换（general bilinear transformation），关于 Z 求解，可得

$$Z = -\frac{dz - b}{cz - a}$$

一般双线性转换是最普遍的从 z 到 Z 的变换，对于每一个 Z 的值，有且仅有一个 z 的值与之对应，反之亦然。

22. 从圆到圆的一般双线性变换。这个理论可以从多种方法来佐证。我们可以假设在基础几何里，把圆转换成圆（在特殊情况下它是直线），抑或我们可以利用例 19 和例 20 的结论。例如，如果 (x, y) 平面上的圆是

$$\left|\frac{z - \sigma}{z - \rho}\right| = \lambda$$

当我们用 Z 来替换 z，可得

$$\left|\frac{Z - \sigma'}{Z - \rho'}\right| = \lambda'$$

其中

$$\sigma' = -\frac{b - \sigma d}{a - \sigma c}, \quad \rho' = -\frac{b - \rho d}{a - \rho c}, \quad \lambda' = \left| \frac{a - \rho c}{a - \sigma c} \right| \lambda$$

23. 考虑变换 $z = \dfrac{1}{Z}$，$z = \dfrac{1 + Z}{1 - Z}$，且画出 (X, Y) 上与下述各曲线对应的曲线：

（1）圆心为原点的圆；（2）穿过原点的直线。

24. 证明 $z = \dfrac{aZ + b}{cZ + d}$ 使得圆 $x^2 + y^2 = 1$ 对应于 (X, Y) 上的直线的条件为 $|a| = |c|$。

25. 交比（crossratios）。交比（z_1, z_2, z_3, z_4）定义为

$$\frac{(z_1 - z_3)(z_2 - z_4)}{(z_1 - z_4)(z_2 - z_3)}$$

如果四个点 z_1, z_2, z_3, z_4 在同一条直线上，则本定义与基础代数相符。从 z_1, z_2, z_3, z_4 中可以得到 24 个交比，其中包括了 6 组 4 个相等的交比。如果一个比值为 λ，则这 6 个不同的交比为 λ, $1 - \lambda$, $\dfrac{1}{\lambda}$, $\dfrac{1}{1 - \lambda}$, $\dfrac{\lambda - 1}{\lambda}$, $\dfrac{\lambda}{\lambda - 1}$。四个点若其中有一个是 -1 的话，则这四个点被称为调和的（harmonic），或调和相关的（harmonically related），此时 6 个交比为 -1, 2, -1, $\dfrac{1}{2}$, 2, $\dfrac{1}{2}$。

如果任何一个交比为实数，则这 6 个交比都为实数，且这 4 个点在同一个圆周上。因为此时

$$am \frac{(z_1 - z_3)(z_2 - z_4)}{(z_1 - z_4)(z_2 - z_3)}$$

必定取 $-\pi$, 0, π 三个值中的一个，则 $am \dfrac{z_1 - z_3}{z_1 - z_4}$ 和 $am \dfrac{z_2 - z_3}{z_2 - z_4}$ 要么相等，要么相差 π（参见第 19 题）。

如果（$z_1 z_2 z_3 z_4$）$= -1$，我们便得到两个方程

$$am \frac{z_1 - z_3}{z_1 - z_4} = \pm \pi + am \frac{z_2 - z_3}{z_2 - z_4}, \quad \left| \frac{z_1 - z_3}{z_1 - z_4} \right| = \left| \frac{z_2 - z_3}{z_2 - z_4} \right|$$

4 个点 A_1, A_2, A_3, A_4 在同一圆周上，且 A_1 和 A_2 被 A_3 和 A_4 分开，还有 $\dfrac{A_1 A_3}{A_1 A_4} = \dfrac{A_2 A_3}{A_2 A_4}$。设 O 为 $A_3 A_4$ 的中点，方程

$$\frac{(z_1 - z_3)(z_2 - z_4)}{(z_1 - z_4)(z_2 - z_3)} = -1$$

也可以修改为如下格式

$$(z_1 + z_2)(z_3 + z_4) = 2(z_1 z_2 + z_3 z_4)$$

或者，相同的

$$\left\{ z_1 - \frac{1}{2}(z_3 + z_4) \right\} \left\{ z_2 - \frac{1}{2}(z_3 + z_4) \right\} = \left\{ \frac{1}{2}(z_3 - z_4) \right\}^2$$

这也等同于 $\overline{OA_1} \cdot \overline{OA_2} = \overline{OA_3}^2 = \overline{OA_4}^2$。因此 OA_1 和 OA_2 与 $A_3 A_4$ 之间夹角相等，且 $OA_1 \cdot OA_2 = OA_3^2 = OA_4^2$。很明显，$A_1$，$A_2$ 和 A_3，A_4 之间的关系是对称的。因此，如果 O' 是 $A_1 A_2$ 的中点，则 $O'A_3$ 和 $O'A_4$ 与 $A_1 A_2$ 交角相等，且 $O'A_3 \cdot O'A_4 = O'A_1^2 = O'A_2^2$。

26. 如果点 A_1，A_2 可以通过方程 $az^2 + 2bz + c = 0$ 得到，点 A_3，A_4 可以通过方程 $a'z^2 + 2b'z + c' = 0$ 得到，O 是 $A_3 A_4$ 的中点，$ac' + a'c - 2bb' = 0$，则 OA_1 和 $A_3 A_4$ 形成的夹角与 OA_2 和 $A_3 A_4$ 形成的夹角相等，且 $OA_1 OA_2 = OA_3^2 = OA_4^2$

27. AB，CD 是阿尔干图上的两条相交线，P，Q 分别是其的中点。证明：如果 AB 平分角 CPD 且 $PA^2 = PB^2 = PC \cdot PD$，则 CD 平分角 AQB，且

$$QC^2 = QD^2 = QA \cdot QB$$

28. 四点共圆的条件

一个充分条件是其中一个交比是实数。这种条件也是必要的。这个条件的另一种形式是选择实数 α，β，γ 使得

$$\begin{vmatrix} 1 & 1 & 1 \\ \alpha & \beta & \gamma \\ z_1 z_4 + z_2 z_3 & z_2 z_4 + z_3 z_1 & z_3 z_4 + z_1 z_2 \end{vmatrix} = 0$$

$\Big[$ 为了证明这一点，我们发现变换 $Z = \dfrac{1}{z - z_4}$ 等同于相对于点 z_4 的反转加上某些反射（如例 21 所示）。如果 z_1，z_2，z_3 在一个穿过 z_4 的圆上，相对应的点 $Z_1 = \dfrac{1}{z_1 - z_4}$，$Z_2 = \dfrac{1}{z_2 - z_4}$，$Z_3 = \dfrac{1}{z_3 - z_4}$ 在同一直线上。因此根据题 12，我们可以找到实数 α'，β'，γ' 使得 $\alpha' + \beta' + \gamma' = 0$ 并且 $\dfrac{\alpha'}{z_1 - z_4} + \dfrac{\beta'}{z_2 - z_4} + \dfrac{\gamma'}{z_3 - z_4} = 0$，并且也容易证明此与给出条件相等。$\Big]$

29. 证明对于实数的棣莫弗定理类似的结论：如果 ϕ_1，ϕ_2，ϕ_3，$\cdots$，是一系列

的正锐角，使得

$$\tan \phi_{m+1} = \tan \phi_m \sec \phi_1 + \sec \phi_m \tan \phi_1$$

则

$$\tan \phi_{m+n} = \tan \phi_m \sec \phi_n + \sec \phi_m \tan \phi_n$$

$$\sec \phi_{m+n} = \sec \phi_m \sec \phi_n + \tan \phi_m \tan \phi_n$$

且

$$\tan \phi_m + \sec \phi_m = (\tan \phi_1 + \sec \phi_1)^m$$

［利用数学归纳法］

30. 转换 $z = Z^m$。

在这种情况下 $r = R^m$，并且 θ 和 $m\Theta$ 相差 2π 的一个倍数。如果 Z 描述的是以原点为圆心的单位圆，则 z 描述的就是 m 次幂的以原点为圆心的单位圆。

整个 (x, y) 平面对应着 (X, Y) 平面中的任意 m 个矢量中的一个，每一个角是 $\dfrac{2\pi}{m}$。(x, y) 平面中的每一个点对应着 (X, Y) 平面中的 m 个点。

31. 一个实变量的复数函数。如果 $f(t)$，$\phi(t)$ 是一个实变量 t 的两个实数函数，并且自变量 t 有一定的定义域，我们称

$$z = f(t) + i\phi(t) \qquad\qquad (1)$$

作为一个 t 的复数函数。我们画出曲线

$$x = f(t), \quad y = \phi(t)$$

如果 z 是 t 的一个多项式，或者 t 的复数系数的有理函数，我们都可以表达成为（1）的形式并且得出函数代表的曲线。

（i）设

$$z = a + (b - a)t$$

其中 a 和 b 是复数。如果 $a = \alpha + \alpha'i$，$b = \beta + \beta'i$，则

$$x = \alpha + (\beta - \alpha)t, \quad y = \alpha' + (\beta' - \alpha')t$$

该函数曲线是穿过点 $z = a$ 和 $z = b$ 的直线。两点之间的线段对应于 t 的取值为从 0 到 1。找出对应于直线上两条线段的点的 t 值。

（ii）如果

$$z = c + \rho \frac{1 + ti}{1 - ti}$$

其中 ρ 为正数，则曲线为中心为 c、半径为 ρ 的圆。随着 t 的变化，所有 z 值的变化也都对应着圆的变化。

（iii）一般来说，方程 $z = \dfrac{a+bt}{c+dt}$ 代表着一个圆。这个可以通过计算 x 和 y 并化解来证明，但是这个过程过于复杂。更简单的证明是使用题 22 的结果，设 $z = \dfrac{a+bZ}{c+dZ}$，$Z = t$。随着 t 的变化 Z 描述的是直线，即 X 轴。因此 z 描述的是一个圆。

（iv）方程

$$z = a + 2bt + ct^2$$

一般来说表示为一条抛物线，如果 b/c 是实数时则表示一条直线。

（v）方程

$$z = \frac{a+2bt+ct^2}{\alpha+2\beta t+\gamma t^2}$$

代表着一条圆锥曲线，其中 α，β，γ 是实数。

$$\left[\text{从 } x = \frac{A+2Bt+Ct^2}{\alpha+2\beta t+\gamma t^2}, \ y = \frac{A'+2B't+C't^2}{\alpha+2\beta t+\gamma t^2} \text{ 中消去 } t，其中 A+A'\mathrm{i}=a，B+B'\mathrm{i}=b，\ C+C'\mathrm{i}=c \right]$$

（47）复数的根

直到现在，我们还没有给 $\sqrt[n]{a}$，$a^{\frac{m}{n}}$ 等符号赋予任何意义，其中 a 是复数，m 和 n 是整数。然而，我们确实很自然地使用了基础代数中的定义。因此我们把 $\sqrt[n]{a}$，即 $a^{\frac{1}{n}}$ 定义为满足方程 $z^n = a$ 的一个数 z（其中 n 是一个正整数），把 $a^{\frac{m}{n}}$（其中 m 是整数）定义为 $\left(a^{\frac{1}{n}}\right)^m$。这些定义并不能预判方程的根的问题。

（48）方程 $z^n = a$ 的解

设

$$a = \rho(\cos\phi + i\sin\phi)$$

其中 ρ 是正数且 ϕ 是角度，其取值范围为 $-\pi < \phi \leqslant \pi$ 。如果我们设定 $z = r(\cos\theta + i\sin\theta)$ ，方程有形式

$$r^n(\cos n\theta + i\sin n\theta) = \rho(\cos\phi + i\sin\phi)$$

所以

$$r^n = \rho , \quad \cos n\theta = \cos\phi , \quad \sin n\theta = \sin\phi \qquad (1)$$

故 r 唯一可能的值为 $\sqrt[n]{\rho}$ ，它是 ρ 的 n 次根。最后两个方程满足的必要充分条件为 $n\theta = \phi + 2k\pi$ ，其中 k 是整数，或者

$$\theta = \frac{(\phi + 2k\pi)}{n}$$

如果 $k = pn + q$ ，其中 p 和 q 都是整数，且 $0 \leqslant q < n$ ，则 θ 的值为 $2p\pi + \dfrac{\phi + 2q\pi}{n}$ ，无论我们 p 值取值如何都无关紧要。因此方程

$$z^n = a = \rho(\cos\phi + i\sin\phi)$$

仅有 n 个根，由 $z = r(\cos\theta + i\sin\theta)$ 给出，其中

$$r = \sqrt[n]{\rho} , \quad \theta = \frac{\phi + 2q\pi}{n} , \quad (q = 0, 1, 2, \cdots, n-1)$$

很容易在阿尔干图上看出，这 n 个根是互不相同的。特别的一个根

$$\sqrt[n]{\rho}\left\{\cos\left(\frac{\phi}{n}\right) + i\sin\left(\frac{\phi}{n}\right)\right\}$$

被称为 $\sqrt[n]{a}$ 的基础值。

$a = 1$ ， $\rho = 1$ ， $\phi = 0$ 的情形特别引人注目。方程 $x^n = 1$ 的 n 个根为

$$\cos\left(\frac{2q\pi}{n}\right) + i\sin\left(\frac{2q\pi}{n}\right) , \quad (q = 0, 1, \cdots, n-1)$$

这些数字被称为 n 次单位根；主要的值就是单位 1 其本身。如果我们设 $\cos\left(\dfrac{2\pi}{n}\right) + i\sin\left(\dfrac{2\pi}{n}\right)$ 的值为 ω_n ，则我们得到 n 次单位根为

$$1, \ \omega_n, \ \omega_n^2, \ \cdots, \ \omega_n^{n-1}$$

例22

1. 1 的两个平方根为 1 和 −1；1 的三个立方根为 1, $\frac{1}{2}(-1+\mathrm{i}\sqrt{3})$, $\frac{1}{2}(-1-\mathrm{i}\sqrt{3})$；1 的四个四次根为 1, i, -1, $-\mathrm{i}$；1 的五个五次根为

$$1, \ \frac{1}{4}(\sqrt{5}-1+\mathrm{i}\sqrt{10+2\sqrt{5}}), \ \frac{1}{4}(-\sqrt{5}-1+\mathrm{i}\sqrt{10-2\sqrt{5}})$$

$$\frac{1}{4}(-\sqrt{5}-1-\mathrm{i}\sqrt{10-2\sqrt{5}}), \ \frac{1}{4}(\sqrt{5}-1-\mathrm{i}\sqrt{10+2\sqrt{5}})$$

2. 证明 $1+\omega_n+\omega_n^2+\cdots+\omega_n^{n-1}=0$。

3. 证明

$$(x+y\omega_3+z\omega_3^2)(x+y\omega_3^2+z\omega_3)=x^2+y^2+z^2-yz-zx-xy$$

4. a 的 n 次方根是单位根的 n 次方根与 $\sqrt[n]{a}$ 的基础值的乘积。

5. 从例 21 的第 14 题中可得出

$$z^2=\alpha+\beta\mathrm{i}$$

的根是

$$\pm\sqrt{\frac{1}{2}(\sqrt{\alpha^2+\beta^2}+\alpha)}\pm\mathrm{i}\sqrt{\frac{1}{2}(\sqrt{\alpha^2+\beta^2}-\alpha)}$$

其中符号相同与否取决于值的正负。证明：该结果与第 48 课时讨论的结果形同。

6. 证明：$\dfrac{x^{2m}-a^{2m}}{x^2-a^2}$ 等于

$$\left(x^2-2ax\cos\frac{\pi}{m}+a^2\right)\left(x^2-2ax\cos\frac{2\pi}{m}+a^2\right)\cdots\left(x^2-2ax\cos\frac{(m-1)\pi}{m}+a^2\right)$$

$\left[\begin{array}{l} x^{2m}-a^{2m} \ \text{的因子为}\end{array}\right.$

$$(x-a), \ (x-a\omega_{2m}), \ (x-a\omega_{2m}^2), \ \cdots, \ (x-a\omega_{2m}^{2m-1})$$

因子 $x-a\omega_{2m}^m$ 就是 $x+a$。因子 $(x-a\omega_{2m}^s)$, $(x-a\omega_{2m}^{2m-s})$ 合在一起给出一个因子即 $\left. x^2-2ax\cos\left(\dfrac{s\pi}{m}\right)+a^2\right]$

7. 用相似的方法，将 $x^{2m+1}-a^{2m+1}$, $x^{2m}+a^{2m}$ 和 $x^{2m+1}+a^{2m+1}$ 分解因式。

8. 证明 $x^{2n}-2x^na^n\cos\theta+a^{2n}$ 等于

$$\left(x^2 - 2xa\cos\frac{\theta}{n} + a^2 \right)\left(x^2 - 2xa\cos\frac{\theta+2\pi}{n} + a^2 \right)\cdots$$

$$\cdots\left(x^2 - 2xa\cos\frac{\theta+2(n-1)\pi}{n} + a^2 \right)$$

［利用公式 $x^{2n} - 2x^na^n\cos\theta + a^{2n} = \{x^n - a^n(\cos\theta + i\sin\theta)\}\{x^n - a^n(\cos\theta - i\sin\theta)\}$

并且将最后两个表达式分解成 n 个因子。］

9. 求解方程 $x^6 - 2x^3 + 2 = 0$ 的所有根。（《数学之旅》，1910）

10. 用仅为平方根的形式求 ω_n 的值的问题，正如方程 $\omega_3 = \frac{1}{2}(-1 + i\sqrt{3})$ 中那样，是与用欧几里得方法，在单位圆内画一个内接正 n 边形的几何问题等价的代数问题。当且仅当我们能构造出长度 $\cos\left(\frac{2\pi}{n}\right)$ 和 $\sin\left(\frac{2\pi}{n}\right)$ 时，这种构造才是成立的（第二章例题的第 22 题），当且仅当这些数字可以表达成仅含有平方根的形式时才是成立的。

欧几里得方法适用于构造 $n = 3$、4、5、6、8、10、12 和 15 的多边形。显然，这种作图仅对于可以由这些数字乘 2 的任意幂级得到的 n 值才成立。对于别的 n 值，欧几里得方法也是成立的，最有趣的就是 $n = 17$。

高斯（Gauss）证明了：当 n 是

$$2^{2^k} + 1$$

的质数时，欧几里得构造是成立的。与 $k = 0$，1，2，3，4 对应的数字 3，5，17，257，65537 也都是质数，这样的构造是可行的。但是 $k = 5$，6，7，8 对应的 n 值都是合数，目前还不知道是否会存在更多的质数值。

根据里士满，17 边形最简单的作图法可在 H.P. 赫德森（H.P.Hudson）的《标尺和比较》（*Ruler and comparsses*）第 34 页、弗兰克·莫利（Frank Morely）和莫利（F.V.Morely）的《逆几何》（*Znversive Gemoetry*）的第 167 页，以及本书第 17 页推荐的克莱恩的书中找到。

（49）棣莫弗定理的一般形式

从上一课时的讨论可以看出，如果 q 是正整数，则 $(\cos\theta+\mathrm{i}\sin\theta)^{\frac{1}{q}}$ 的一个值为

$$\cos\left(\frac{\theta}{q}\right)+\mathrm{i}\sin\left(\frac{\theta}{q}\right)$$

对于这些表达式中取 p 次幂（p 为任意一个正整数或负整数），我们便得到如下定理：$(\cos\theta+\mathrm{i}\sin\theta)^{\frac{p}{q}}$ 有一个值是 $\cos\left(\dfrac{p\theta}{q}\right)+\mathrm{i}\sin\left(\dfrac{p\theta}{q}\right)$，或者如果 α 是任意有理数，则 $(\cos\theta+\mathrm{i}\sin\theta)^{\alpha}$ 有一个值是

$$\cos(\alpha\theta)+\mathrm{i}\sin(\alpha\theta)$$

这就是棣莫弗定理（第 45 课时）的一般形式。

例题集

1. 一个三角形（xyz）是等边三角形的条件是

$$x^2+y^2+z^2-yz-zx-xy=0$$

[设三角形的三个角为 X，Y，Z。位移 $\overline{ZX}$ 是位移 $\overline{YZ}$ 沿着正方向或反方向移动角度 $\dfrac{2}{3}\pi$ 而得到的。既然 $\mathrm{Cis}\dfrac{2}{3}\pi=\omega_3$，$\mathrm{cis}\left(-\dfrac{2}{3}\pi\right)=\dfrac{1}{\omega_3}=\omega_3^2$，我们便得到 $x-z=(z-y)\,\omega_3$ 或 $x-z=(z-y)\,\omega_3^2$，因而 $x+y\omega_3+z\omega_3^2=0$ 或 $x+y\omega_3^2+z\omega_3=0$。该结果与例 22 的第 3 题一致。]

2. 如果 XYZ，$X'Y'Z'$ 是两个三角形，且

$$\overline{YZ}\cdot\overline{Y'Z'}=\overline{ZX}\cdot\overline{Z'X'}=\overline{XY}\cdot\overline{X'Y'}$$

则两个三角形都是等边三角形。[从方程

$$(y-z)(y'-z')=(z-x)(z'-x')=(x-y)(x'-y')=k^2$$

中，我们得出 $\sum\dfrac{1}{(y'-z')}=0$，或 $\sum x'^2-\sum y'z'=0$。现在将该结果应用于上个例题。]

3. 在三角形 ABC 的边上做出相似三角形 BCX，CAY，ABZ。证明三角形 ABC，XYZ 的中心是重合的。

$$\left[\,\text{我们有} \frac{x-c}{b-c} = \frac{y-a}{c-a} = \frac{z-b}{a-b} = \lambda \text{。用} a, b, c \text{ 来表达} \frac{1}{3}(x+y+z)\text{。}\,\right]$$

4. 如果 X，Y，Z 是三角形 ABC 边上的点，使得

$$\frac{BX}{XC} = \frac{CY}{YA} = \frac{AZ}{ZB} = r$$

如果三角形 ABC，XYZ 相似，则 $r = 1$，或两个三角形都是等边三角形。

5. 如果 A，B，C，D 是平面上的四点，则

$$AD \times BC \leqslant BD \times CA + CD \times AB$$

[设 z_1，z_2，z_3，z_4 为 A，B，C，D 对应的复数，则我们有恒等式

$$(z_1 - z_4)(z_2 - z_3) + (z_2 - z_4)(z_3 - z_1) + (z_3 - z_4)(z_1 - z_2) = 0$$

因此

$$|(z_1 - z_4)(z_2 - z_3)| = |(z_2 - z_4)(z_3 - z_1) + (z_3 - z_4)(z_1 - z_2)|$$
$$\leqslant |(z_2 - z_4)(z_3 - z_1)| + |(z_3 - z_4)(z_1 - z_2)|\,]$$

6. 根据以下说法推导出圆内接多边形的普托勒密（Ptolemy）定理：四点共圆的交比为实数。[使用上个例子中的恒等式]

7. 如果 $z^2 + z'^2 = 1$，则点 z，z' 是焦点为点 1，-1 的椭圆的共轭直径的端点。[如果 CP，CD 是椭圆的共轭半径，S，H 是其焦点，则 CD 平行于角 SPH 的外角平分线，则 $SP \times HP = CD^2$]

8. 证明 $|a+b|^2 + |a-b|^2 = 2(|a|^2 + |b|^2)$ [这是几何定理的一个等价命题：如果 M 是 PQ 的中点，则 $OP^2 + OQ^2 = 2OM^2 + 2MP^2$]

9. 从例 8 中推导出

$$|a + \sqrt{a^2 - b^2}| + |a - \sqrt{a^2 - b^2}| = |a+b| + |a-b|$$

[如果 $a + \sqrt{(a^2 - b^2)} = z_1$，$a - \sqrt{(a^2 - b^2)} = z_2$ 则

$$|z_1|^2 + |z_2|^2 = \frac{1}{2}|z_1 + z_2|^2 + \frac{1}{2}|z_1 - z_2|^2 = 2|a|^2 + 2|a^2 - b^2|$$

所以

$$(|z_1| + |z_2|)^2 = 2(|a|^2 + |a^2 - b^2| + |b|^2) = |a+b|^2 + |a-b|^2 + 2|a^2 - b^2|$$

另一种对于该结果的表述方法是：如果 z_1 和 z_2 是方程

$$\alpha z^2 + 2\beta z + \gamma = 0$$

的根，则

$$|\alpha| (|z_1| + |z_2|) = |\beta + \sqrt{(\alpha\gamma)}| + |\beta - \sqrt{(\alpha\gamma)}|]$$

10. 证明：方程

$$z^2 + az + b = 0$$

的两个根都是单位模量的充分必要条件是

$$|\alpha| \le 2, \ |b| = 1, \ am \ b = 2 \ am \ a。$$

［这里的辐角大小也不一定等于它们的基本值。］

11. 如果 $x^4 + 4a_1x^3 + 6a_2x^2 + 4a_3x + a_4 = 0$ 是一个实数系数的方程，并且有两个实数根和两个复数根，并且四点在阿尔干图上共圆，则

$$a_3^2 + a_1^2 a_4 + a_2^3 - a_2 a_4 - 2a_1 a_2 a_3 = 0$$

12. 证明：如果

$$a_0 a_3^2 + a_1^2 a_4 + a_2^3 - a_0 a_2 a_4 - 2a_1 a_2 a_3 = 0$$

则方程

$$a_0 x^4 + 4a_1 x^3 + 6a_2 x^2 + 4a_3 x + a_4 = 0$$

的四个根是调和关联的。

［请写出 $Z_{23,14} Z_{31,24} Z_{12,34}$ 的表达式，其中

$$Z_{23,14} = (z_1 - z_2)(z_3 - z_4) + (z_1 - z_3)(z_2 - z_4)$$

并且 z_1, z_2, z_3, z_4 是方程的根。］

13. 虚点和直线。假设方程 $ax + by + c = 0$ 是一个带有复数系数的方程。如果我们给以 x 任意特定实数或复数值，我们都能求得对应的 y 值。实数或复数 x 与对应的 y 组成的集合被称为一条虚直线（imaginary straight line），这一对 x 和 y 的值被称为虚点（imaginary point），虚点在虚直线上。x 和 y 的值被称为点 (x, y) 的坐标。当 x 和 y 都是实数时，该点被称为实点（real point）：当 a, b, c 都是实数时（或者通过共除公因数而都变成实数时），该直线被称之为实线（real line）。点 $x = \alpha + \beta i$, $y = \gamma + \delta i$ 与点 $x = \alpha - \beta i$, $y = \gamma - \delta i$ 被称为是共轭的；直线

$$(A + A'i)x + (B + B'i)y + C + C'i = 0$$

$$(A - A'\mathrm{i})x + (B - B'\mathrm{i})y + C - C'\mathrm{i} = 0$$

亦称为是共轭的。

验证如下的结论：每一条实线都包含着无限多对共轭的虚点；一条虚直线一般来说仅有一个实点；一条虚直线不可能包含一对共轭的虚点。求条件：（a）使得两个给定虚点之间的连接直线是实线；（b）使得两条虚直线之间的交点是实点。

14. 证明：

$$(x+y+z)(x+y\omega_3+z\omega_3^2)(x+y\omega_3^2+z\omega_3) = x^3+y^3+z^3-3xyz,$$

$$(x+y+z)(x+y\omega_5+z\omega_5^4)(x+y\omega_5^2+z\omega_5^3)(x+y\omega_5^3+z\omega_5^2)(x+y\omega_5^4+z\omega_5)$$
$$= x^5+y^5+z^5-5x^3yz+5xy^2z^2$$

15. 求解方程

$$x^3 - 3ax + (a^3+1) = 0, \quad x^5 - 5ax^3 + 5a^2x + (a^5+1) = 0$$

16. 如果函数 $f(x) = a_0 + a_1x + \cdots + a_kx^k$，则

$$\frac{1}{n}\{f(x) + f(\omega x) + \cdots + f(\omega^{n-1}x)\} = a_0 + a_nx^n + a_{2n}x^{2n} + \cdots + a_{\lambda_n}x^{\lambda_n}$$

其中 ω 是 $x^n = 1$（除去 $x = 1$ 以外）的任意根，λ_n 为 n 的包含在 k 中的最大倍数。当 $0 < \mu < n$ 时，找到一个相似于 $a_\mu + a_{\mu+n}x^n + a_{\mu+2n}x^{2n} + \cdots$ 的公式。

17. 如果 $(1+x)^n = p_0 + p_1x + p_2x^2 + \cdots$，此时 n 是正整数，则

$$p_0 - p_2 + p_4 - \cdots = 2^{\frac{1}{2}n}\cos\frac{1}{4}n\pi, \quad p_1 - p_3 + p_5 - \cdots = 2^{\frac{1}{2}n}\sin\frac{1}{4}n\pi$$

18. 对级数

$$\frac{x}{2!n-2!} + \frac{x^2}{5!n-5!} + \frac{x^3}{8!n-8!} + \cdots + \frac{x^{\frac{1}{3}n}}{n-1!}$$

求和，其中 n 是 3 的倍数。（《数学之旅》，1899）

19. 如果 t 是一个复数使得 $|t| = 1$，则随着 t 的变化，点 $x = \dfrac{at+b}{t-c}$ 描述的是一个圆（除非 $|c| = 1$ 时，它描述的是一条直线）。

20. 在上个例题中，如果随着 t 的变化，则点 $x = \dfrac{1}{2}\left(at + \dfrac{b}{t}\right)$ 一般形式上描述的是一个椭圆，其焦点为 $x^2 = ab$，其轴为 $|a|+|b|$ 和 $|a|-|b|$。但是如果 $|a| = |b|$，则 x 描绘的是 $-\sqrt{ab}$，$\sqrt{ab}$ 连接的直线。

21. 证明：如果 t 是实数，且 $z = t^2 - 1 + \sqrt{t^4 - t^2}$，则当 $t^2 < 1$ 时，z 可以用圆

$x^2 + y^2 + x = 0$ 上的点来表示。假设当 $t^2 > 1$ 时，$\sqrt{t^4 - t^2}$ 表示的是 $t^4 - t^2$ 的正平方根。当 t 从很大的正值减小到很大的负值时，讨论 z 所表示的点的运动模式。（《数学之旅》，1912）

22. 变换 $z = \dfrac{aZ + b}{cZ + d}$ 的系数满足条件 $ad - bc = 1$。证明：如果 $c \neq 0$，则有两个固定点（fixed points，即在变换下依然不动的点）α，β，除非 $(a+d)^2 = 4$，此时仅由一个不动点。在这两种情况下，该变换的表达形式为：

$$\frac{z - \alpha}{z - \beta} = K \frac{Z - \alpha}{Z - \beta} \ , \quad \frac{1}{z - \alpha} = \frac{1}{Z - \alpha} + K$$

进一步证明：如果 $c = 0$，则存在一个固定点，除非 $a = d$，且在这两种情况下，该变换可以表达为形式

$$z - \alpha = K(Z - \alpha) \ , \quad z = Z + K$$

最后，如果进一步限制 a，b，c，d 为正整数（包括零），证明：少于两个固定点的唯一变换是形式

$$\frac{1}{z} = \frac{1}{Z} + K \ , \quad z = Z + K$$

23. 证明：方程 $z = \dfrac{1 + Zi}{Z + i}$ 把 x 轴上介于点 $z = 1$ 和 $z = -1$ 之间的点变换为了穿过 $Z = 1$ 和 $Z = -1$ 的一个半圆。求从原先选取的 x 轴的这一部分经过所有类似变换的图形。

24. 证明：变换

$$z = (\cos\theta + i\sin\theta) \frac{Z - a}{1 - \bar{a}Z}$$

把 z 平面的单位圆内部转换为 Z 平面的单位圆的内部或外部，其中 a 是模量不等于 1 的任意复数，$\bar{a}$ 是 a 的共轭，θ 是实数。请区分这两种情况。

25. 如果 $z = 2Z + Z^2$，则圆 $|Z| = 1$ 与平面 z 上的心脏线（cardioid）相对应。

26. 讨论变换 $z = \dfrac{1}{2}\left(Z + \dfrac{1}{Z}\right)$，证明圆 $X^2 + Y^2 = \alpha^2$ 对应于共焦椭圆（confocal ellipses）：

$$\frac{x^2}{\left\{\frac{1}{2}\left(\alpha + \frac{1}{\alpha}\right)\right\}^2} + \frac{y^2}{\left\{\frac{1}{2}\left(\alpha - \frac{1}{\alpha}\right)\right\}^2} = 1$$

27. 如果 $(z+1)^2 = \dfrac{4}{Z}$，则 z 平面上的单位圆对应于 Z 平面上的抛物线 $R\cos^2 \dfrac{1}{2}\varTheta = 1$，并且圆的内部对应于抛物线的外部。

28. 证明：变换 $z = \dfrac{(Z+a)^2}{(Z-a)^2}$，将 z 平面上的上半部分转换成了 Z 平面的半圆内部，其中 a 是实数。

29. 如果 $z = Z^2 - 1$，则当 z 描述圆 $|z| = k$ 时，则 Z 的两个对应的位置描述出了卵形线（Cassinian oval）$\rho_1 \rho_2 = k$，其中 $\rho_1 \rho_2$ 是 Z 与点 -1，1 之间的距离。对于 k 的不同值画出不同的卵形线。

30. 考虑方程 $az^2 + 2hzZ + bZ^2 + 2gz + 2fZ + c = 0$。证明：存在 Z 的两个值，对应的 z 值是相同的，反之亦然。我们将其称之为 Z 和 z 平面上的分支点（branch points）。证明：如果 z 描述的是焦点在分支点的椭圆，那么 Z 亦然。

［我们不失一般性地给出如下形式：

$$z^2 + 2zZ\cos\omega + Z^2 = 1$$

此时每个平面上的分支点为 $\csc\omega$ 和 $-\csc\omega$。这样的椭圆为

$$|z + \csc\ \omega| + |z - \csc\omega| = C，$$

其中 C 为常数。这个等同于第 9 题

$$\left| z + \sqrt{(z^2 - \csc^2\omega)} \right| + \left| z - \sqrt{(z^2 - \csc^2\omega)} \right| = C$$

将它用 Z 表示出来。］

31. 如果 $z = aZ^m + bZ^n$，其中 m，n 是正整数，a，b 是实数，则当 Z 描述单位圆时，z 描述的是一条内摆线（hypocycloid）或者外摆线（epicycloid）。

32. 证明：变换

$$z = \dfrac{(a+d\mathrm{i})\overline{Z} + b}{c\overline{Z} - (a - d\mathrm{i})}$$

等同于对于圆 $c(x^2 + y^2) - 2ax - 2dy - b = 0$ 的反演，其中 a，b，c，d 都是实数且 $a^2 + d^2 + bc > 0$，而且 $\overline{Z}$ 表示 Z 的共轭。

那么变换 $a^2 + d^2 + bc < 0$ 的几何解释是什么？

33. 变换

$$\dfrac{1-z}{1+z} = \left(\dfrac{1-Z}{1+Z}\right)^c$$

其中 c 是有理数且 $0 < c < 1$，把圆 $|z| = 1$ 变化为 $\dfrac{\pi}{c}$ 角的边界。

34. 证明：变换

$$\frac{z(z - \alpha)}{\alpha z - 1} = Z$$

把 z 平面上单位圆的内部变换为了 Z 平面上单位圆的内部（取两次），其中 α 是实数，且 $0 < \alpha < 1$。（《数学之旅》，1933）

第四章　正整数变量对应函数的极限

（50）正整数变量的函数

在第二章中我们讨论了实数变量 x 的函数概念，通过大量的函数典型案例来阐述。读者应该记得，对于无数的函数来说只有一个特别重要的特例。一些的定义域为 x 的所有值，一些的定义域只是有理数，还有一些只针对整数，等等。

例如，我们来考虑如下函数：（i）x，（ii）$\sqrt{x}$，（iii）x 的分母，（iv）x 的分子与分母乘积的平方根，（v）x 的最大公因数，（vi）x 的最大公因数与 $\sqrt{x}$ 的乘积，（vii）第 x 个质数，（viii）达特摩尔监狱中用英寸测量的犯人 x 的身高。

在这些函数中 x 的取值的集合被称为函数的定义域，即：（i）所有 x 的取值，（ii）x 的所有正值，（iii）x 的所有有理数值，（iv）x 的所有正有理数值，（v）x 的所有整数值，（vi）与（vii）x 的所有正整数值，（viii）x 的某些正整数值，即：1，2，$\cdots$，N，其中 N 是既定时间内达特摩尔监狱中犯人的总数[1]。

现在我们考虑函数，诸如函数（vii），定义域为 x 的所有正整数，别无其他。此函数可以从两个略微不同的角度来考虑。我们可以将其考虑为一个实变量 x 的函数，定义域为 x 的正整数值，别的 x 值均都不成立。或者我们也可以说，我们剔除了非正整数的 x 值，把函数视作为正整变量 n 的函数，其值为正整数

1，2，3，4，$\cdots$

在这种情况下我们可以写作

$y = \phi(n)$

---

〔1〕在最后这个例子中，N 与时间有关，而罪犯 x，其中 x 是有确定的值，在不同的时刻是不同的个体。因此，如果我们取不同的时刻，我们便会得到 $y = F(x, t)$ 双变量的函数，t 的取值也有一定的范围，即从达特摩尔监狱建立之时到其废弃之时有定义。对于一定数量的 x 的正整数值，该数量随 t 的变化而变化。

把 y 视为 n 的函数，n 的取值为所有 n 值。

显然，x 的所有取值定义的函数赋予了 n 的所有取值定义的函数。因此从函数 $y = x^2$ 出发，通过考虑所有非正整数 x 的值及其对应的 y 值，我们可以推导出函数 $y = n^2$。另一方面，从 n 的任意函数出发，我们也可以推导出 x 的任意函数值，通过给 y 赋值即可得出 x 的非正整数值。

（51）函数插值

在高等数学中，确定一个关于 x 的函数的问题有重要的意义，该问题假定对于所有的 x 的正整数值，其值与一个给定的 n 的函数的值一致。这个问题被称为函数插值问题（problem of functional interpolation）。

如果这个问题仅仅是找出满足如上陈述的 x 的函数，当然就不那么难了。我们可以轻松填出缺失的值。我们可以把 n 的函数值看作 x 的函数所有值，并且陈述到后一个函数对于别的 x 值不成立。但是这种解法不是通常需求的，通常希望得到的解答是包含 x 的公式，对于 x 的取值 1，2，$\cdots$，都有对应的值。

在某些情况下，特别是当 n 的函数自身定义就是一个公式时，便有一个明显的解。例如，如果 $y = \phi(n)$，其中 $\phi(n)$ 是 n 的函数，诸如 n^2 或者 $\cos n\pi$，这个函数即使 n 不是正整数也有意义，自然地，我们便会取 x 的函数 $y = \phi(x)$。但是就在这个简单例子里我们也可以写出别的解。例如

$y = \phi(x) + \sin n\pi$

假设 $\phi(n)$ 的值满足 $x = n$，因为 $\sin n\pi = 0$。

在其他情况下，$\phi(n)$ 可以通过一个公式来定义，例如 $(-1)^n$，这个对于 x 的某些值不再有意义［在这一例子中，x 取分数值且分母为偶数，或者 x 取无理数，$\phi(n)$ 就没有定义］。但是也有可能在转换的过程中定义域有所变化，如果 n 是一个整数，则有

$(-1)^n = \cos n\pi$，

我们可以通过函数 $\cos x\pi$ 来解决函数插值的问题。

在别的案例里，也有 $\phi(x)$ 对于某些非正整数的值有定义，但不是全部。因此

从 $y=n^n$ 我们可以得出 $y=x^x$。这个表达式仅对剩余的 x 值有意义。如果我们仅考虑 x 的正值，则 x^x 对所有有理数 x 均有意义，类似于基础代数中分数幂函数的定义。但是当 x 是无理数时，x^x 就变得毫无意义。我们因此来扩展我们的定义，x^x 当 x 是无理数时也有定义。我们接下来看看这次扩展有什么影响。

我们再来考虑这种情形：

$$Y=1\times2\times\cdots\times n=n!$$

在这种条件下，并没有 x 的公式当 $x=n$ 时缩减到 $n!$，因为 $x!$ 除了正整数外其余取值并无意义。此种解插值的问题引起了数学上的重要进步。数学家已经成功地发现了伽玛（Gamma）函数，它既有他们需要的性质也有其他重要而有趣的特性。

（52）有限集和无限集

我们现在需要标记一下在基础数学中固定出现的一些概念。

首先，读者应该已经熟悉了集合的概念。并不需要讨论集合定义中的逻辑难题：粗略地说，一个集合是拥有某一特性的所有实体的聚集。因此我们有英国人集合，议员集合，正整数集合或者实数集合等。

此外，读者应该初步了解了有限集和无限集的概念。因此英国人集合就是一个有限集：即所有的英国人的集合，不论过去，现在还是将来，都有一个有限数字 n，虽然我们目前没法给出 n 的确切数值。换句话说，现在的英国人集合有一个数值可以通过计数来确定。

另一方面，正整数集合是无限集。更准确的表达方法如下：如果 n 是任意正整数，诸如 1000 或 1000000 或任意我们可以想到的数，则会有多余 n 个正整数。因此，如果我们想到的是 1000000，显然至少会有 1000001 个正整数。相似地，有理数集，实数集均是无限集合。更方便的表达方式为，正整数集，有理数集，实数集有无限个数。但是读者也应该记住，以上例子只是为了简化，并不代表着有限集合就会有 1000 或 1000000 个数。

（53）对于大数值 n 的函数性质

我们现在回到第 50—51 课时讨论的 "n 的函数"。可能与第二章中讨论的 x 的函数有很多点不同，但是有一点却是共通的：函数的定义域均是无限集合。这是接下来讨论的基础，而且也适用于下章对于 x 的函数细节上作必要的修改。

假设 $\phi(n)$ 是关于 n 的任意函数，P 是 $\phi(n)$ 可能有或没有的任意性能，比如是正整数或大于 1。考虑每一个 n 的值 $n = 1，2，3，\cdots$，无论 $\phi(n)$ 是否拥有性质 P。则有三种可能性：

（a）$\phi(n)$ 可能对于 n 的所有值都具有性质 P，或对于除某些 N 个值组成的集合外 n 的所有值都具有性质 P；

（b）对所有的 n 的值，$\phi(n)$ 可能都不具有性质 P，或仅对于除某些 N 个值组成的集合具有性质 P；

（c）（a）和（b）均不成立。

如果（b）成立，则使得 $\phi(n)$ 拥有某性质的所有 n 值组成了一个有限集合。如果（a）成立，则使得 $\phi(n)$ 不拥有某性质的所有 n 值组成了一个有限集合。在第三种情况下，没有一个集合是有限的。接下来我们考虑一些特殊情况。

（1）设 $\phi(n) = n$，性质 P 为正整数，则 $\phi(n)$ 对于所有 n 的值均拥有性质 P。

另一方面，如果性质 P 表示的是大于等于 1000 的正整数，则 $\phi(n)$ 对于所有 n 的值都满足，除了有限数目的 n 值，即 1，2，3，$\cdots$，999。任意情况，（a）均成立。

（2）如果 $\phi(n) = n$，且性质 P 是小于 1000，则（b）成立。

（3）如果 $\phi(n) = n$，且性质 P 是成为奇数，则（c）成立。如果设定 $\phi(n)$ 为奇数，则无论 n 是奇数还是偶数，n 的奇数或者偶数均形成了一个无限集。

例

考虑以下每种情形，（a）（b）或者（c）哪项成立？

（i）$\phi(n) = n$，P 是成为完全平方数，

（ⅱ）$\phi(n) = p_n$，其中 p_n 表示第 n 个质数，P 是成为奇数，

（ⅲ）$\phi(n) = p_n$，P 是成为偶数，

（ⅳ）$\phi(n) = p_n$，P 为 $\phi(n) > n$，

（ⅴ）$\phi(n) = 1 - (-1)^n \dfrac{1}{n}$，$P$ 为 $\phi(n) < 1$，

（ⅵ）$\phi(n) = 1 - (-1)^n \dfrac{1}{n}$，$P$ 为 $\phi(n) < 2$，

（ⅶ）$\phi(n) = 1000 \dfrac{1 + (-1)^n}{n}$，$P$ 为 $\phi(n) < 1$，

（ⅷ）$\phi(n) = \dfrac{1}{n}$，P 为 $\phi(n) < 0.001$，

（ⅸ）$\phi(n) = \dfrac{(-1)^n}{n}$，$P$ 为 $|\phi(n)| < 0.001$，

（ⅹ）$\phi(n) = \dfrac{10000}{n}$ 或 $\dfrac{(-1)^n 10000}{n}$，P 要么为 $\phi(n) < 0.001$ 或者 $|\phi(n)| < 0.001$，

（ⅺ）$\phi(n) = \dfrac{(n-1)}{(n+1)}$，$P$ 为 $1 - \phi(n) < 0.0001$。

（54）对于大数值 n 的函数性质（续）

我们假设论断（a）是成立的，性质 P 是存在疑问的，即：$\phi(n)$ 拥有性质 P，不是针对所有的 n 值，而是除了特定的 N 个值外的所有值。我们可以把例外的值表示为：

n_1，n_2，$\cdots$，n_N

当然并没有原因说明这 N 个数是从 1 开始的 1，2，$\cdots$，N，但是根据之前的案例，这种情形是很常见的。但是无论如何，我们都知道当 $n > n_N$ 时，$\phi(n)$ 具有性质 P。因此 $n > 2$ 时的第 n 个质数是奇数，$n = 2$ 便成了唯一的例外。如果 $n > 1000$，则 $\dfrac{1}{n} < 0.001$，n 的前 1000 个值便成了例外；且当 $n > 2000$ 时，

$$1000 \frac{1 + (-1)^n}{n} < 1$$

例外的数值便为 2，4，6，$\cdots$，2000。也就是说，在每一种情形下，该性质都是由有限值的 n 来确定的。

我们也可以说，$\phi(n)$ 拥有的性质适用于非常大或所有足够大的 n 值。因此当

我们说 $\phi(n)$ 对于大数值 n 有性质 P 时，我们指的是我们可以确定一些有限数，比如 n_0，使得对于所有大于等于 n_0 的 n 值，$\phi(n)$ 均具有该性质。在之前考虑的例子里，数字 n_0 可以为任意大于 n_N 的数，最大的例外数就可以取 $n_N + 1$。

因此我们可以说："所有大的质数是奇数"或"对于大的 n，$\frac{1}{n} < 0.001$"。读者应该也要熟悉此类"大"的应用。"大"这个词在不像在日常生活中，在数学中并没有绝对的意义。众所周知，生活中数字是可以描述一件事为"大"的，例如一场足球比赛中的进 6 球属于大比分，但是在板球运动中 6 次冲刺并不惊奇；400 次跑步是大事，但是 £400 并不是大收入；当然了，数学中的"大"通俗上也指的是足够大，这个足够大可能也并不适用于另一种情况。

截至目前我们已经了解了论断"$\phi(n)$ 对于大数值 n 拥有性质 P"的真实含义。本章将会贯通此条论断。

（55）"n 趋向于无穷"的表述

有很多不同的角度和方法来看待一些很自然的问题。假设 n 取连续值 1，2，3，…。"连续"这个词通常指时间上的连续，或者我们都可以直接假设 n 为连续的时间（比如，开始的那一秒）。随着秒数增加，n 变得越来越大，但是并没有增长的极限。不论我们想到的数有多大，n 总会超过这个数。

现在有一种方式来表达 n 的这种无停止的增长，我们说"n 趋向于无穷"，或表示为 $n \to \infty$，最后的这个符号代表着"无穷"。描述"趋向于"就像"连续"一样也指的是时间的改变，有时候也可以把变量 n 看作随时间而变化。但是这只是为了表达方便，变量 n 实际上与时间无关。

读者不要留下这样的刻板印象，当我们说"n 趋向于无穷"，我们仅仅指 n 可以一系列增加到超越极限，"无穷"并不特指某一个数，方程

$$n = \infty$$

是无意义的：一个数 n 是不可能等于 ∞ 的，因为"等于 ∞"无意义。所以符号 ∞ 只意味着趋向于无穷，也就是我们上面解释过的含义。之后我们也会学习到如何赋予包含符号 ∞ 的其他表述以含义，但是读者应该谨记：

（1）∞并无意义，但是某些包含∞的表述是有意义的；

（2）在每一个包含∞的情形下符号∞都只有一个意义，因为我们通过一个特殊的定义给这个符号赋予了特殊的含义。

现在，如果 $\phi(n)$ 对于大数值 n 拥有性质 P，且如果 n 趋向于 ∞，则最终 n 会变得足够大，来确保 $\phi(n)$ 具有性质 P。故"对于足够大的 n 值，$\phi(n)$ 会拥有什么性质"的另一种提法是"当 n 趋向于 ∞ 时 $\phi(n)$ 会拥有什么表现"。

（56）当 n 趋向于无穷时 n 的函数表现

根据之前的讨论，我们接下来考虑一些高等数学中常见的表述。例如：（a）对于大数值的 n 值，$\frac{1}{n}$ 是很小的，（b）对于大数值的 n，$1-\frac{1}{n}$ 接近于 1。我们先来思考更为简单的（a）。

我们已经思考过了命题"对于大数值的 n，$\frac{1}{n}$ 小于 0.001"。这意味着 $\frac{1}{n} < 0.001$ 对于大于某个值（实际上 > 1000 即可）的 n 值都满足。相似地，"对于大数值的 n，$\frac{1}{n} < 0.0001$"为真：事实上，若 $n > 10000$，则 $1/n < 0.0001$。除了 0.001 或 0.0001，我们也可能取 0.00001 或 0.000001，甚至任意正数。

显然，用某种方法来表示这样的事实是很方便的。我们用更小的数来替代 0.001，诸如 0.0001 或 0.00001 或任意别的数时，任意像"对于大数值的 n，$\frac{1}{n}$ 小于 0.001"。这样的命题都为真。我们可以说：不论 δ 有多么小（当然假设 δ 为正数），则对于大数值的 n，都有 $\frac{1}{n} < \delta$。这个论断是显然正确的。如果 $n > \frac{1}{\delta}$，则 $\frac{1}{n} < \delta$，此时我们所说的"足够大的" n 值只需大于 $\frac{1}{\delta}$。这个论断很复杂，复杂点在于：它代表了通过赋予 δ 特殊值而得到的所有论断的集合。当然 δ 越小，$\frac{1}{\delta}$ 就越大，最小的"足够大的" n 值也就越大，以至于 δ 取一个值时，n 的那些足够大的值在 δ 取值不再适用，因为总有更小值。

以上命题其实也就对应着命题（a），即 n 值很大时，$\frac{1}{n}$ 很小。相似地，（b）

其实意味着"如果 $\phi(n) = 1 - \dfrac{1}{n}$，则命题 $1 - \phi(n) < \delta$ 对于所有大数值的 n 都满足"。

既然 $1 - \phi(n) = \dfrac{1}{n}$，则命题（b）正确。

另一种表达（a）和（b）的方法是："当 n 趋向于 ∞ 时，$\dfrac{1}{n}$ 趋向于 0" "当 n 趋向于 ∞ 时，$1 - \dfrac{1}{n}$ 趋向于 1"，这两个论断严格等价于（a）和（b）。因此：

"当 n 很大时，$\dfrac{1}{n}$ 很小"

"当 n 趋向于 ∞ 时，$\dfrac{1}{n}$ 趋向于 0"

是相互等同的，更等同于如下更广泛的命题。

"如果 δ 为任意正数，无论多小，我们都可以找到一个数 n_0 使得对于所有 $\geqslant n_0$ 的 n 满足 $\dfrac{1}{n} < \delta$"。

这个数 n_0 当然是 δ 的函数，故我们有时也写作 $n_0(\delta)$ 以强调这一点。

读者可以想象面对着一个质疑该理论的人，他可以说出一系列的数越来越小，比如从 0.001 开始。读者便可以反驳道：只要 $n > 1000$，则 $\dfrac{1}{n} < 0.001$。对方承认，但也会提出更小的数，比如 0.0000001。读者便可以继续反驳道：若 $n > 10000000$，则 $\dfrac{1}{n} < 0.0000001$，等等。在这个简单的例子中，读者总可以提出更好的论据。

我们现在可以介绍另一种表达函数 $\dfrac{1}{n}$ 的性质的方式。我们可以说："当 n 趋向于 ∞ 时，$\dfrac{1}{n}$ 的极限为 0"，符号表示为：

$$\lim_{n \to \infty} \frac{1}{n} = 0$$

或简写为 $\lim \left(\dfrac{1}{n} \right) = 0$，我们有时候也写作

"当 $n \to \infty$ 时，$\dfrac{1}{n} \to 0$"

读作"当 n 趋向于 ∞ 时，$\dfrac{1}{n}$ 趋向于 0"，或简化为"$\dfrac{1}{n} \to 0$"。相似地，我们也可以写作

$$\lim_{n \to \infty} \left(1 - \frac{1}{n} \right) = 1, \quad \lim \left(1 - \frac{1}{n} \right) = 1$$

或者 $1-\dfrac{1}{n}\to 1$。

（57）当 n 趋向于无穷时 n 的函数表现（续）

现在我们来考虑一个不同的例子。假设 $\phi(n)=n^2$，即：当 n 很大时，n_2 也很大。这个命题等同于如下的一个更普遍的命题。

"如果是任意正数，无论多大，则对于足够大的 n 值，都会有 $n^2>\Delta$。"

"我们可以找到一个数 $n_0(\Delta)$，使得对于所有大于等于 $n_0(\Delta)$ 的 n 值，都有 $n^2>\Delta$。"

很自然地，在这个例子中我们说"当 n 趋向于 ∞ 时，n^2 也趋向于 ∞"或者"n^2 随着 n 而趋向于 ∞"，写作

$$n^2\to\infty$$

最后再来考虑函数 $\phi(n)=-n^2$。在这种情形下，当 n 很大时，$\phi(n)$ 的绝对值也很大，但本身却是负数。我们便可以自然地说，"当 n 趋向于 ∞ 时 $-n^2$ 趋向于 $-\infty$"，写作：

$$-n^2\to-\infty$$

此时符号 $-\infty$ 的使用表明了，为了确保符号标识的统一，有时候把 $n^2\to+\infty$ 写作 $n^2\to\infty$，并且用 ∞ 来替代 $+\infty$。

但是我们还是要再次强调，符号 ∞，$+\infty$，$-\infty$ 本身没有意义，仅仅当它们出现在上述特殊说明处，才具有意义。

（58）极限的定义

在以上的讨论后，读者现在应该初步了解了极限的定义。粗略地说，若当 n 很大时 $\phi(n)$ 接近等于 l，则当 n 趋向于 ∞ 时，$\phi(n)$ 趋向于极限 l。虽然这个陈述在以上的讨论后足够清楚了，但是作为严格的数学定义还并不精确。事实上，这个表达等于一整套命题："对于足够大数值的 n，$\phi(n)$ 与 1 的差距 $<\delta$。"这

个命题对于 $\delta = 0.01$，0.0001 或任意正数都成立；对于任意的 δ 和 n，对于一个确定值 $n_0(\delta)$，这个命题都成立，不论 δ 有多小，$n_0(\delta)$ 有多大。

因此我们塑造出了接下来的定义：

定义1

当 n 趋向于 ∞ 时，无论正数 δ 有多小，对于大数值的 n，总会有 $\phi(n)$ 与 l 的差距 $< \delta$，此时我们称函数 $\phi(n)$ 趋向于极限。换句话说，无论正数 δ 有多么小，我们总是可以找到一个与之对应的数 $n_0(\delta)$，使得对于所有 $\geqslant n_0(\delta)$ 的 n 值，$\phi(n)$ 与 l 的差距 $< \delta$。

我们可以用 $|\phi(n) - l|$（取正值）来表示 $\phi(n)$ 与 l 的差，它可以等于 $\phi(n) - l$ 或者 $l - \phi(n)$ 中任何一个，无论正负，与第三章给出的 $\phi(n) - l$ 的模量的定义一致，尽管现在我们只考虑实数值。

更简短的定义为：如果对于任意小的正数 δ，我们都可以找到 $n_0(\delta)$ 使得当 $n \geqslant n_0(\delta)$ 时，$|\phi(n) - l| < \delta$，则我们可以说当 n 趋向于 ∞ 时 $\phi(n)$ 趋向于极限 l，写作

$$\lim_{n \to \infty} \phi(n) = l'$$

有时候我们会忽略"$n \to \infty$"，有时候为了方便，也可以简写为 $\phi(n) \to l$。

读者会发现，在几个简单的情况下，以 n_0 作为 δ 的函数是很有启发性的。读者可以练习几个简单的例子：如果 $\phi(x) = \dfrac{1}{n}$，则 $l = 0$，应用条件也转化为：对于 $n \geqslant n_0$ 时，$\dfrac{1}{n} < \delta$。如果 $n_0 = 1 + \left[\dfrac{1}{\delta}\right]$ 时该条件被满足 [1]。有且只有一种情形是对于所有的 δ 值和相同的 n_0。如果对于 n 有固定的值 N，$\phi(n)$ 是常数，比如等于 C，则对于 $n \geqslant N$ 时 $\phi(n) - C = 0$，故不等式 $|\phi(n) - C| < \delta$ 对于所有的 n 和所有正值 δ 都满足。对于所有的 $n \geqslant N$ 和所有的正数 δ，如果有 $|\phi(n) - l| < \delta$，则很明显 $n \geqslant N$ 时 $\phi(n) = l$，从而 $\phi(n)$ 对于所有的 n 值都是固定常数。

---

[1] 在这里及以后我们都在第二章中的意义下使用符号 $[x]$，$[x]$ 表示不大于 x 的最大整数。

（59）极限的定义（续）

极限的定义可以用图象法表示如下。$\phi(n)$ 的图象包含着一系列的点，$n=1$，2，3，…

画出直线 $y=l$，以及平行线 $y=l-\delta$，$y=l+\delta$ 相差距离为 δ，则

$$\lim_{n\to\infty}\phi(n)=l$$

成立的条件是：无论线多么近，我们总能画出线 $x=n_0$，我们总能找到点坐落于线 $x=n_0$ 左右，如图 25 所示。画出一条直线 $x=n_0$ 使该图形的位于这条直线上的以及位于它右边的所有点都夹在平行直线 $y=l-\delta$ 与 $y=l+\delta$ 之间。用图象法表达定义是特别有用的，我们会面对实变量的所有值而不仅仅是正整数。

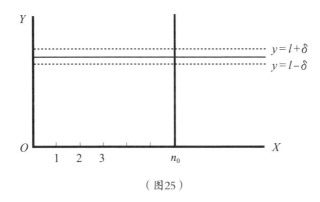

（图25）

（60）极限的定义（再续）

当 n 趋向于 ∞ 时，有很多 n 的函数都有极限。我们现在也需要塑造别的函数，诸如 n^2 或 $-n^2$，会趋向于正极限或负极限。读者应该可以理解如下定义：

定义2

对于任意数 Δ，无论多大，我们都可以找到 $n_0(\Delta)$，使得当 $n\geq n_0(\Delta)$ 时，$\phi(n)>\Delta$，则函数 (n) 被称为趋向于 $+\infty$；或者说，无论 Δ 多大，对于足够大的 n 都会有 $\phi(n)>\Delta$。

另一种不那么精确的表述是："随着 n 的不断增大，我们可以使得 $\phi(n)$ 尽可能地大。"这个表述是可以反驳的，因为它掩盖了这样的基本点：对于 $n \geq n_0(\varDelta)$ 的所有 n 值，而不仅仅是某些值，$\phi(n)$ 都要大于 $\varDelta$。但是这种表述无伤大雅。

当 $\phi(n)$ 趋向于时 $+\infty$，我们写作

$$\phi(n) \to +\infty$$

我们将构造趋向于负无穷的极限定义留给读者来完成。

（61）关于定义的几个基础要点

读者应该注意以下要点：

（1）对于任意有限的数值 n，我们可以随意改变 $\phi(n)$ 的值，但并不会影响随着 n 趋向于时 $\phi(n)$ 的增减。例如，当 n 趋向于 ∞ 时 $\frac{1}{n}$ 趋向于 0。我们可以通过变化有些值来得到新的函数。例如当 $n=1$，2，7，11，101，107，109，237 时，$\phi(n)$ 等于 3，对于别的 n 值时 $\phi(n)$ 等于 $\frac{1}{n}$。对于此类函数，就像起初的函数 $\frac{1}{n}$ 那样，$\lim \phi(n) = 0$。相似地，如果当 $n=1$，2，7，11，101，107，109，237 时，$\phi(n)$ 等于 3，对于别的 n 值时 $\phi(n)$ 等于 n^2，显然 $\phi(n) \to +\infty$。

（2）另一方面，我们在改变无限数目的 (n) 值时也会影响其随着 n 趋近于 $+\infty$ 的增减。例如，当 n 是 100 的倍数时，我们把 $\frac{1}{n}$ 的值改成了 1，则 $\lim \phi(n) = 0$ 就不再成立了。故只要有限数目的 n 值被影响，我们总可以找到定义中的数目 n_0 为了使其大于 n 的最大值，从而使 $\phi(n)$ 被影响。例如在上述例子中，取 $n_0 > 237$，现在无论 n_0 多大，总会有 n 的更大值使得 $\phi(n)$ 被影响。

（3）在验证定义 1 时，关键在于 $|\phi(n) - l| < \delta$ 被满足的条件不仅是 $n = n_0$，还要满足 $n \geq n_0$，即对于所有大数值的 n。例如，如果 $\phi(n)$ 是上面最后一个考虑的函数，则对于给出的 δ 我们可以选择 n_0 使得当 $n = n_0$ 时 $|\phi(n)| < \delta$；我们仅需要找到非 100 倍数的大数值 n。但是当选定 n_0 后，当 $n \geq n_0$ 时 $|\phi(n)| < \delta$ 并不总是成立：当 $\delta \leq 1$ 时所有大于 n_0 的 100 的倍数均不满足此命题。

（4）如果 $\phi(n)$ 总是大于 l，则我们可以用 $\phi(n) - l$ 来替代 $|\phi(n) - l|$。因此当

n 趋近于 ∞ 时，是否 $\dfrac{1}{n}$ 趋向于 0 的测试就变成了当 $n \geq n_0$ 时，$\dfrac{1}{n} < \delta$ 是否成立。

然而如果 $\phi(n) = \dfrac{(-1)^n}{n}$，则 l 再次等于 0，但是 $\phi(n) - l$ 就变得时正时负。在这种情况下我们必须要澄清 $|\phi(n) - l| < \delta$ 或者特殊情形下 $|\phi(n)| < \delta$ 的情形。

（5）极限 l 是 $\phi(n)$ 的一个值。如果对于所有的 n 值 $\phi(n) = 0$，则显然 $\lim \phi(n) = 0$。再次说明，就像以上（2）（3）所强调的那样，当 n 是 100 的倍数时函数的值从 0 变到了 1，我们便得到了函数的值：当 n 是 100 的倍数时函数 $\phi(n) = 0$，否则函数等于 $\dfrac{1}{n}$。当 n 趋向于 ∞ 时此函数的极限依然是 0。对于无限数目的 n，就类似于所有 100 的倍数时，极限自身就是函数的值。

另一方面，极限自身并不需要（总体上来说并不会）等于函数的值。对于函数 $\phi(n) = \dfrac{1}{n}$ 时尤其明显。该函数极限为 0，但是函数对于任何 n 值都不可能等于 0。

但是读者也别留下刻板的印象。极限不是函数的值，这条视情况酌情而定。对于函数

$$\phi(n) = 0,\ 1$$

其极限等于 $\phi(n)$ 的所有值；对于

$$\phi(n) = \frac{1}{n},\ \frac{(-1)^n}{n},\ 1+\frac{1}{n},\ 1+\frac{(-1)^n}{n}$$

这时极限并不等于任何函数的值，对于

$$\phi(n) = \frac{\sin\frac{1}{2}n\pi}{n},\ 1+\frac{\sin\frac{1}{2}n\pi}{n}$$

$\left(\text{当 } n \text{ 趋向于 } \infty \text{ 时，其极限显然是 0 和 1，因为 } \sin\frac{1}{2}n\pi \text{ 不可能大于 } 1\right)$，极限会等于所有偶数 n 值对应的函数值，但是对于奇数 n 的值极限便不同了。

（6）当 n 很大时函数的数值可以很大，但又不趋向于 $+\infty$ 或 $-\infty$。一个典型的例子就是 $\phi(n) = \dfrac{(-1)^n}{n}$。如果在某个特定值后，函数的正负号不变了，才有可能趋向于 $+\infty$ 或 $-\infty$。

例23

请思考随着 n 趋向于后如下函数的变化趋势：

1. $\phi(n) = n^k$，其中 k 是正整数或负整数或有理分数。如果 k 是正数，则 n^k 趋向于 $+\infty$，如果 k 是负数，则 $\lim n^k = 0$。如果 $k = 0$，则 $n^k = 1$。因此 $\lim n^k = 1$。

读者会发现这个例子很具有代表性。如果取 k 为正数的例子，假设 $\varDelta$ 为任意指定的正数。我们会选 n_0 使得当 $n \geqslant n_0$ 时 $n^k > \varDelta$。事实上我们可以取 n_0 为任意大于 $\sqrt[k]{\varDelta}$ 的数字。例如，如果 $k = 4$，则当 $n \geqslant 11$ 时，$n^4 > 10000$，则当 $n \geqslant 101$ 时，$n^4 > 100000000$，以此类推。

2. $\phi(n) = p_n$，其中 p_n 是第 n 个质数。如果仅由有限数目的质数，则 $\phi(n)$ 仅对有限数目的 n 值有定义。但是正如欧几里得方法那样，也会有无限多的质数。欧几里得方法证明如下：设 $2，3，5，\cdots，p_N$ 是一直到 p 的质数，并且设 $P = (2 \times 3 \times 5 \times \cdots \times p_N) + 1$。则 P 不被 $2，3，5，\cdots，p_N$ 等整除。不论是哪种情况，都会有大于 p_N 的质数，也会有无穷多的质数。

由于 $\phi(n) > n$，所以 $\phi(n) \to \infty$。

3. 假设 $\phi(n)$ 为小于 n 的质数的个数，因而 $\phi(n) \to +\infty$。

4. $\phi(n) = [\alpha n]$，其中 α 为任意正数，此时

$$\phi(n) = 0 \left(0 \leqslant n < \frac{1}{\alpha} \right)，\phi(n) = 1 \left(\frac{1}{\alpha} \leqslant n < \frac{2}{\alpha} \right)$$

以此类推，且 $\phi(n) \to +\infty$。

5. 如果 $\phi(n) = \dfrac{1000000}{n}$，则 $\lim \phi(n) = 0$；如果 $\psi(n) = \dfrac{n}{1000000}$，则 $\psi(n) \to \infty$。即使开始时 $\phi(n)$ 比 $\psi(n)$ 大得多，直到 $n = 1000000$，$\phi(n)$ 也比 $\psi(n)$ 大，也不影响这些关于极限的结论。

6. $\phi(n) = \dfrac{1}{n - (-1)^n}$，$n - (-1)^n$，$n\{1 - (-1)^n\}$。第一个函数趋向于 0，第二个趋向于 $+\infty$，第三个既不趋向于某极限也不趋向于 $+\infty$。

7. $\phi(n) = \dfrac{(\sin n\theta \pi)}{n}$，其中 θ 为任意实数。既然 $|\phi(n)| < \dfrac{1}{n}$，$|\sin n\theta\pi| \leqslant 1$，故 $\lim \phi(n) = 0$。

8. $\phi(n) = \dfrac{(\sin n\theta \pi)}{\sqrt{n}}$，$\dfrac{(a\cos^2 n\theta + b\sin^2 n\theta)}{n}$，其中 a 和 b 为任意实数。

9. $\phi(n) = \sin n\theta \pi$。如果为任意整数，则对于所有的 n 值 $\phi(n) = 0$，因而

$\lim \phi(n) = 0$ 。

接下来假设 θ 为有理数，比如 $\theta = \dfrac{p}{q}$，其中 p 和 q 都是正整数。假设 $n = aq + b$，其中 a 和 b 分别是 n 整除 q 的商和余数。则 $\sin \dfrac{np\pi}{q} = (-1)^{ap} \sin \dfrac{bp\pi}{q}$。例如，$p$ 是偶数，则随着 n 从 0 增长到 $q-1$，$\phi(n)$ 可以取值

$$0,\ \sin \frac{p\pi}{q},\ \sin \frac{2p\pi}{q},\ \cdots,\ \sin \frac{(q-1)p\pi}{q}$$

当 n 从 q 增加到 $2q-1$ 时，这些值都会重复出现；并且随着 n 从 $2q$ 增加到 $3q-1$，$3q$ 增加到 $4q-1$ 等等，循环往复依旧如此。因此 $\phi(n)$ 是一个循环往复的取值，因而 n 也不可能趋向于任何一个极限。

当 θ 是无理数时的情形就更加复杂了，我们会在以后的例子中进行阐述。

（62）振荡函数

定义

当 n 趋向于 $\phi(n)$ 并不趋向于某个极限，既不趋向 $+\infty$，也不趋向 $-\infty$，我们便称随着 n 趋向于 ∞ 时，$\phi(n)$ 是振荡（oscillate）的。

正如上一个例子那样，函数的值频繁地重复，该函数就是振荡函数。振荡的定义是负面的：当函数不发生某种行为时称其为振荡。

振荡函数最简单的例子为：

$\phi(n) = (-1)^n$

当 n 为偶数时，函数等于 +1，当 n 为奇数时，函数等于 -1，循环往复。但是再考虑这个函数

$\phi(n) = (-1)^n + n^{-1}$，

其取值为

$$-1+1,\ 1+\frac{1}{2},\ -1+\frac{1}{3},\ 1+\frac{1}{4},\ -1+\frac{1}{5},\ \cdots$$

当 n 取值很大时函数的每个值都近似等于 +1 或 -1，并且显然函数 $\phi(n)$ 不

趋向于某个极限或 $+\infty$ 或 $-\infty$，因而这个函数为振荡函数，但是这个值却又不会重复。在每种条件下，$\phi(n)$ 都小于或等于 $\frac{3}{2}$，相似地

$$\phi(n) = (-1)^n 100 + 1000n^{-1}$$

也是振荡函数。当 n 很大时，函数的每个值都近似等于 100 或 -100。函数最大的数值为 900（此时 $n=1$）。但是考虑 $\phi(n) = (-1)^n n$，取值为 -1，2，-3，4，-5，$\cdots$，此函数振荡，因为其趋向于某个极限，或 $+\infty$，或 $-\infty$；在这种情形下我们不能指定任何极限。两个例子的区别从而引出了更宽泛的定义。

定义

  如果 $\phi(n)$ 随着 n 增大振荡，则 $\phi(n)$ 被称为有限振荡或无限振荡，区别在于是否可以指定一个数 K 使得 $\phi(n)$ 的所有值都小于 K，即 $|\phi(n)| < K$。

第 58 和第 60 课时的定义将在接下来的例子中进行阐述。

例24

  请思考随着 n 趋向于 ∞ 后如下函数的变化趋势：

1. $(-1)^n$，$5+3(-1)^n$，$1000000n^{-1}+(-1)^n$，$1000000(-1)^n+n^{-1}$

2. $(-1)^n n$，$1000000+(-1)^n n$

3. $1000000-n$，$(-1)^n(1000000-n)$

4. $n\{1+(-1)^n\}$，在这种情形下，$\phi(n)$ 的值为

0，4，0，8，0，12，0，16，$\cdots$

奇数项为 0，偶数项趋向于 $+\infty$ 时 $\phi(n)$ 无限振荡。

  5. $n^2+(-1)^n 2n$。第二项无限振荡，但是当 n 很大时第一项会比第二项大得多。事实上 $\phi(n) \geq n^2-2n$ 且如果 $n > 1+\sqrt{(\Delta+1)}$ 时 $n^2-2n = (n-1)^2-1$ 会大于任意指定的值。因此 $\phi(n) \to +\infty$。因此在这种情形下，$\phi(2k+1)$ 总是小于 $\phi(2k)$，故随着一系列步骤的反反复复，函数会走向无穷。然而根据我们给出的定义，该函数并不振荡。

  6. $n^2\{1+(-1)^n\}$，$(-1)^n n^2+n$，$n^3+(-1)^n n^2$

7. $\sin n\theta\pi$，我们已经在例 23 的第 9 题中看到了当 θ 是有理数时，$\phi(n)$ 有限振荡，除非是整数，否则当 $\phi(n) = 0$ 时，$\phi(n) \to 0$。

θ 是无理数时的情况略微有点复杂，但是我们依然可以证明 $\phi(n)$ 有限振荡。我们可以设 $0 < \theta < 1$。

首先，既然 $|\phi(n)| < 1$，$\phi(n)$ 要么有限振荡，要么趋向于某个极限。

如果 $\sin n\theta\pi \to l$，则

$$2\cos\left(n+\frac{1}{2}\right)\theta\pi \sin\frac{1}{2}\theta\pi = \sin(n+1)\theta\pi - \sin n\theta\pi \to 0，$$

因此 $\cos\left(n+\frac{1}{2}\right)\theta\pi \to 0$。因此

$$\left(n+\frac{1}{2}\right)\theta = k_n + \frac{1}{2} + \epsilon_n$$

其中 k_n 是整数且 $\epsilon_n \to 0$；因此

$$\theta = k_n - k_{n-1} + \epsilon_n - \epsilon_{n-1} = l_n + \eta_n$$

其中 l_n 是整数且 $\eta_n \to 0$。这是不可能的，因为 θ 是常数，并且取值范围在 0 和 1 之间。

相似地，证明 $\cos n\theta\pi$ 有限振荡，除非 θ 是偶数。

8. 除非 θ 是整数，否则 $\sin n\theta\pi$ 或者 $\cos n\theta\pi$ 应该是近似相等的，对于大数值 n，应该等于 a 或 b 的其中之一。

9. $\sin n\theta\pi + n$，$\sin n\theta\pi + n^{-1}$，$(-1)^n \sin n\theta\pi$。

10. $a\cos n\theta\pi + b\sin n\theta\pi$，$\sin^2 n\theta\pi$，$a\cos^2 n\theta\pi + b\sin^2 n\theta\pi$。

11. $n\sin n\theta\pi$，如果 n 是整数，则 $\phi(n) = 0$，所以 $\phi(n) \to 0$。如果 θ 是非整数的有理数，或直接是无理数，则 $\phi(n)$ 无限振荡。

12. $n(a\cos^2 n\theta\pi + b\sin^2 n\theta\pi)$，在这种情形下如果 a 和 b 都是正数，则 $\phi(n) \to +\infty$，但是都是负数的话，则 $\phi(n) \to \infty$。也可以考虑 $a=0$，$b>0$，或者 $a>0$，$b=0$，或者 $a=0$，$b=0$ 的情况。如果 a 和 b 符号相反，则 $\phi(n)$ 无限振荡。请思考任何例外的例子。

13. $\sin n!\theta\pi$。如果 θ 有有理数值 $\frac{p}{q}$，则 $n!\theta$ 对于所有大于等于 q 的 n 值都是整数。因此 $\phi(n) \to 0$。θ 是无理数的情形更为复杂。

14. $an - [bn]$，$(-1)^n(an - [bn])$。

15. n 的最小质因数。当 n 是质数时，$\phi(n) = n$。当 n 是偶数时，$\phi(n) = 2$。

因此 $\phi(n)$ 无限振荡。

16. n 的最大质因数。

17. 公元 n 年的天数。

例25

1. 如果 $\phi(n) \to +\infty$ 且 $\psi(n) \geqslant \phi(n)$ 对于所有的 n 值都成立，则 $\psi(n) \to +\infty$。

2. 如果 $\phi(n) \to 0$，且 $|\psi(n)| \leqslant |\phi(n)|$ 对于所有的 n 值都成立，则 $\psi(n) \to 0$。

3. 如果 $\lim \phi(n) = 0$，则 $\lim \phi(n) = 0$。

4. 如果 $\phi(n)$ 趋向于某极限，或者有限振荡，且当 $n \geqslant n_0$ 时，$|\psi(n)| \leqslant |\phi(n)|$，则 $\psi(n)$ 趋向于某极限或有限振荡。

5. 如果 $\phi(n)$ 趋向于 $+\infty$ 或 $-\infty$ 或无限振荡，且当 $n \geqslant n_0$ 时

$$|\psi(n)| \geqslant |\phi(n)|$$

则 $\psi(n)$ 趋向于 $+\infty$ 或 $-\infty$ 或无限振荡。

6. "如果 $\phi(n)$ 振荡，则无论 n_0 值有多大，我们都能找一个 n 值大于 n_0 使得 $\psi(n) > \phi(n)$；也能找到一个 n 值大于 n_0 使得 $\psi(n) < \phi(n)$，此时 $\psi(n)$ 振荡。" 此论断正确吗？如果不对的话，请给出反例。

7. 如果当 $n \to \infty$ 时 $\phi(n) \to l$，则 $\phi(n+p) \to l$，p 为任意固定整数。

〔此论断来自于定义。相似地，我们可以看到，如果 $\phi(n)$ 趋向于 $+\infty$ 或 $-\infty$ 或振荡，则 $\phi(n+p)$ 也类似。〕

8. 如果 p 随着 n 的变化而变化，但是数值上也总是小于固定正整数 N，该结论依旧成立；或者如果 p 随着 n 变化，只要其一直为正，则结论一直成立。

9. 请选出最小的 n_0 值使得：

（i）$n^2 + 2n > 999999$（$n \geqslant n_0$），（ii）$n^2 + 2n > 1000000$（$n \geqslant n_0$）。

10. 请选出最小的 n_0 值使得：

（i）$n + (-1)^n > 1000$（$n \geqslant n_0$），（ii）$n + (-1)^n > 1000000$（$n \geqslant n_0$）。

11. 请选出最小的 n_0 值使得：

（i）$n^2 + 2n > \Delta$（$n \geqslant n_0$）（ii）$n + (-1)^n > \Delta$（$n \geqslant n_0$）。

Δ 为任意正数。

$\left[\ (a)\ n_0=\left[\ \sqrt{\varDelta+1}\ \right]\ ;\ （b）\ n_0=1+\left[\ \varDelta\ \right]\ 或\ 2+\left[\ \varDelta\ \right]，取决于\ \left[\ \varDelta\ \right]\ 是奇\right.$

数还是偶数，即：$n_0=1+\left[\ \varDelta\ \right]+\dfrac{1}{2}\{1+(-1)^{\lceil\varDelta\rceil}\}\ ]$

12. 请选出最小的 n_0 值使得当 $n\geqslant n_0$ 时，使下列各式成立的最小 n_0 值

（i）$\dfrac{n}{n^2+1}<0.0001$，（ii）$\dfrac{1}{n}+\dfrac{(-1)^n}{n^2}<0.000001$，

［假设我们取后一种情况来考虑，首先

$$\frac{1}{n}+\frac{(-1)^n}{n^2}\leqslant\frac{n+1}{n^2}$$

很容易看出当 $n\geqslant n_0$ 时，使得 $\dfrac{n+1}{n^2}<0.000001$ 最小的 n_0 值为 1000002。但

是该不等式在当 $n=1000001$ 时也满足，这就是所需的 n_0 值。］

（63）关于极限的一些定理

A. 两个性状已知函数的和的增减趋势。

定理1

　　如果 $\phi(n)$ 和 $\psi(n)$ 趋向于极限 a，b，则 $\phi(n)+\psi(n)$ 趋向于极限 $a+b$。

　　这几乎是显然的。读者脑海里的印象可能是这样的："当 n 很大时，$\phi(n)$ 几乎等于 a，$\psi(n)$ 几乎等于 b，因此它们的和就近似等于 $a+b$。"但是我们接下来需要正式证明一下。

　　假设 δ 为任意设定的正值（比如 0.001，0.0000001，…）。我们需要找到一个数 n_0，使得当 $n\geqslant n_0$ 时

$$|\phi(n)+\psi(n)-a-b|<\delta \tag{1}$$

　　现在根据之前在第三章证明的论据，两数之和的模量小于或等于各自模量之和。因此：

$$|\phi(n)+\psi(n)-a-b|\leqslant|\phi(n)-a|+|\psi(n)-b|$$

　　此条件被满足的条件为，我们可以选择的 n_0，使得当 $n\geqslant n_0$ 时，

$$|\phi(n)-a|+|\psi(n)-b|<\delta \qquad (2)$$

对于任意正数 δ'，我们可以找到 n_1，使得当 $n \geqslant n_1$ 时 $|\phi(n)-a|<\delta'$。我们取 $\delta'=\dfrac{1}{2}\delta$，使得当 $n \geqslant n_1$ 时 $|\phi(n)-a|<\dfrac{1}{2}\delta$。相似地，我们也可以找到 n_2，使得当 $n \geqslant n_2$ 时 $|\psi(n)-b|<\dfrac{1}{2}\delta$。现在取 n_0 大于 n_1 和 n_2。则当 $n \geqslant n_0$ 时 $|\phi(n)-a|<\dfrac{1}{2}\delta$，$|\psi(n)-b|<\dfrac{1}{2}\delta$，因此（2）被满足，该定理也得以证明。

该论断的准确说法为，由于 $\lim \phi(n)=a$，$\lim \psi(n)=b$，我们可以选出 n_1，n_2 使得

$$|\phi(n)-a|<\frac{1}{2}\delta \ (n \geqslant n_1) \ , \ |\psi(n)-b|<\frac{1}{2}\delta \ (n \geqslant n_2)$$

则，如果 n 既不小于 n_1，也不小于 n_2，便可得到

$$|\phi(n)+\psi(n)-a-b| \leqslant |\phi(n)-a|+|\psi(n)-b|<\delta$$

因此

$$\lim\{\phi(n)+\psi(n)\} \to a+b$$

（64）定理 1 的附属结果

读者应该可以验证如下的附属结果了：

1. 如果 $\phi(n)$ 趋向于某个极限，但是 $\psi(n)$ 趋向于 $+\infty$ 或 $-\infty$ 有限振荡，则 $\phi(n)+\psi(n)$ 与 $\psi(n)$ 的增减趋势相同。

2. 如果 $\phi(n) \to +\infty$ 且 $\psi(n) \to +\infty$ 或有限振荡，则 $\phi(n)+\psi(n)$ 趋向于 $+\infty$。在这个论断中我们可以完全将 $+\infty$ 换为 $-\infty$。

3. 如果 $\phi(n) \to +\infty$ 且 $\psi(n) \to -\infty$，则 $\phi(n)+\psi(n)$ 趋向于某个极限，或 $+\infty$ 或 $-\infty$ 或无限振荡、有限振荡。

这五种可能性的说明顺序：（i）$\phi(n)=n$，$\psi(n)=-n$，（ii）$\phi(n)=n^2$，$\psi(n)=-n$，（iii）$\phi(n)=n$，$\psi(n)=-n^2$，（iv）$\phi(n)=n+(-1)^n$，$\psi(n)=-n$，（v）$\phi(n)=n^2+(-1)^n n$，$\psi(n)=-n^2$。

4. 如果 $\phi(n) \to +\infty$ 且 $\psi(n)$ 无限振荡，则 $\phi(n)+\psi(n)$ 趋向于 $+\infty$，或无限振

荡，但是不可能趋向于某个极限或 $-\infty$ ，或有限振荡。

因为 $\psi(n) = \{\phi(n) + \psi(n)\} - \phi(n)$ ；且如果 $\phi(n) + \psi(n)$ 的表现形式如以上三种，从之前的结果中，我们便可得出 $\psi(n) \to -\infty$ ，但这是不存在的。也有两种可能的例子：考虑一下：（i）$\phi(n) = n^2$ ，$\psi(n) = (-1)^n n$ ，（ii）$\phi(n) = n$ ，$\psi(n) = (-1)^n n^2$ 。再次强调，$+\infty$ 和 $-\infty$ 完全可以调换。

5. 如果 $\phi(n)$ 和 $\psi(n)$ 都无限振荡，则 $\phi(n) + \psi(n)$ 一定会趋向于某个极限或有限振荡。

例如：

（i）$\phi(n) = (-1)^n$ ，$\psi(n) = (-1)^{n+1}$ ，（ii）$\phi(n) = \psi(n) = (-1)^n$

6. 如果 $\phi(n)$ 无限振荡，$\psi(n)$ 有限振荡，则 $\phi(n) + \psi(n)$ 无限振荡。

因为 $\phi(n)$ 的绝对值总会小于某个常数 K 。另一方面，既然 $\psi(n)$ 无限振荡，我们可以假设 $\psi(n)$ 大于任何指定的数字，比如说 $10K$ ，$100K$ ，$\cdots$ 。因此 $\phi(n) + \psi(n)$ 一定大于任何指定的数字，比如说 $9K$ ，$99K$ ，$\cdots$ 。因此 $\phi(n) + \psi(n)$ 要么趋向于 $+\infty$ ，要么是 $-\infty$ ，要么无限振荡。但是一旦趋向于 $+\infty$ ，则

$$\psi(n) = \{\phi(n) + \psi(n)\} - \phi(n)$$

将也会趋向于 $+\infty$ ，与之前结果相同。因此 $\phi(n) + \psi(n)$ 不可能趋向于 $+\infty$ ，或 $-\infty$ ，因而是无限振荡。

7. 如果 $\phi(n)$ 和 $\psi(n)$ 均无限振荡，则 $\phi(n) + \psi(n)$ 要么趋向于某个极限，要么 $+\infty$ ，要么 $-\infty$ ，要么是无限振荡，要么是有限振荡。

例如，假设 $\phi(n) = (-1)^n n$ ，$\psi(n)$ 可以取函数 $(-1)^{n+1} n$ ，$\{1 + (-1)^{n+1}\}n$ ，$-\{1 + (-1)^n\}n$ ，$(-1)^{n+1}(n+1)$ ，$(-1)^n n$ ，我们便可得到五种可能性的例子。

结果 1 至 7 涵盖了所有可能的情况。在考虑两函数乘积之前，我们必须指出，定理 1 的结果可以马上扩展到三个或更多的极限趋向于某值的函数。

（65）B. **两个增减趋势已知的函数乘积的增减趋势**

我们现在来证明关于两个函数乘积的定理。主要结果如下：

定理2

如果 $\lim \phi(n) = a$ 且 $\lim \psi(n) = b$，则

$$\lim \phi(n)\psi(n) = ab$$

设

$$\phi(n) = a + \phi_1(n), \quad \psi(n) = b + \psi_1(n)$$

使得 $\lim \phi_1(n) = 0$ 且 $\lim \psi_1(n) = 0$，则

$$\phi(n)\psi(n) = ab + a\psi_1(n) + b\phi_1(n) + \phi_1(n)\psi_1(n)$$

因此 $\phi(n)\psi(n) - ab$ 的值不会大于 $a\psi_1(n)$，$b\phi_1(n)$ 与 $\phi_1(n)\psi_1(n)$ 的绝对值之和。由此推出

$$\lim \{\phi(n)\psi(n) - ab\} = 0$$

该定理得证。

接下来的是严格的证明，我们有

$$|\phi(n)\psi(n) - ab| \leq |a\psi_1(n)| + |b\phi_1(n)| + |\phi_1(n)||\psi_1(n)|$$

假设 a 和 b 都不是 0，我们也同时假设 $\delta < 3|a\|b|$，同时选取 n_0 使得当 $n \geq n_0$ 时有

$$|\phi_1(n)| < \frac{\frac{1}{3}\delta}{|b|}, \quad |\psi_1(n)| < \frac{\frac{1}{3}\delta}{|a|}$$

则

$$|\phi(n)\psi(n) - ab| < \frac{1}{3}\delta + \frac{1}{3}\delta + \frac{\frac{1}{9}\delta^2}{|a\|b|} < \delta$$

因此我们可以选取 n_0 使得当 $n \geq n_0$ 时 $|\phi(n)\psi(n) - ab| < \delta$，此时该定理得证。读者也可以尝试证明至少 a 和 b 为 0 时的情形。

就像定理1，我们并不需要指出该定理可以立即扩展到任意多个函数的乘积。正如第 64 课时所说的那样，也会有一系列辅助定理。我们必须要对当 n 趋向于 ∞ 时 $\phi(n)$ 的 6 种不同的表达形式有所区分：（1）趋向于一个非 0 的极限值，（2）趋向于 0，（3a）趋向于 $+\infty$，（3b）趋向于 $-\infty$，（4）有限振荡，（5）无限振荡。通常不需要区分（3a）和（3b），因为往往一个变换符号就能由一种情形变换至

另一种情形。

详细的描述可能会占用太多篇幅。我们典型的选择是两个例子，剩下的留给读者自行思考。

（i）如果 $\phi(n) \to +\infty$ 且 $\psi(n)$ 有限振荡，且 $\phi(n)\psi(n)$ 一定趋向于 $+\infty$ 或 $-\infty$ 或无限振荡。

通过把 $\phi(n)$ 取为 n 便可得到三种可能性，其中 $\psi(n)$ 为三种函数之一：

$2+(-1)^n$，$-2-(-1)^n$，$(-1)^n$

（ii）如果函数 $\phi(n)$ 和 $\psi(n)$ 有限振荡，则 $\phi(n)\psi(n)$ 必定趋向于某极限值（也有可能是 0）或有限振荡。

例如，取

（a）$\phi(n) = \psi(n) = (-1)^n$

（b）$\phi(n) = 1+(-1)^n$，$\psi(n) = 1-(-1)^n$

（c）$\phi(n) = \cos\dfrac{1}{3}n\pi$，$\psi(n) = \cos\dfrac{1}{3}n\pi$

定理 2 的一个重要的特例是常数函数。此时定理断言：如果 $\lim \phi(n) = a$，则有 $\lim k\phi(n) = ka$。如此我们可以补充辅助定理：如果 $\phi(n) \to +\infty$，则 $k\phi(n) \to +\infty$ 或 $k\phi(n) \to -\infty$，取决于 k 是正是负，除非 $k=0$，当然 $k\phi(n)=0$ 对于所有的 n 值都成立，且 $\lim k\phi(n)=0$。如果 $\phi(n)$ 有限振荡或无限振荡，$k\phi(n)$ 也同样，除非 $k=0$。

（66）C. 两个增减趋势已知的函数的差或商的增减趋势

当然，对于两个给定的函数的差也有一组相似的定理，这显然是前面结果的推论。为了处理商

$$\frac{\phi(n)}{\psi(n)}$$

我们从以下定理开始。

定理3

如果 $\lim \phi(n) = a$ 且 a 非零，则

$$\lim \frac{1}{\phi(n)} = \frac{1}{a}$$

设

$$\phi(n) = a + \phi_1(n)$$

所以 $\lim \phi_1(n) = 0$，则

$$\left| \frac{1}{\phi(n)} - \frac{1}{a} \right| = \frac{|\phi_1(n)|}{|a||a + \phi_1(n)|}$$

由于 $\lim \phi_1(n) = 0$，我们便可以选择 n_0，使得当 $n \geqslant n_0$ 时其小于任意一个指定的数。

从定理 2 和定理 3，我们可以推导出关于商的主要定理，即：

定理4

如果 $\lim \phi(n) = a$ 且 $\lim \psi(n) = b$，而且 b 不等于 0，则

$$\lim = \frac{\phi(n)}{\psi(n)} = \frac{a}{b}$$

读者会再次发现，通过例子来表述、证明和说明一些与定理 3 和 4 相对应的"辅助定理"是很有启发性的。

（67）定理 5

如果 $R\{\phi(n), \psi(n), \chi(n), \cdots\}$ 为 $\phi(n)$，$\psi(n)$，$\chi(n)$，$\cdots$ 的任意有理函数，即：任意函数形如

$$\frac{P\{\phi(n), \psi(n), \chi(n), \cdots\}}{Q\{\phi(n), \psi(n), \chi(n), \cdots\}}$$

其中 P 和 Q 表示 $\phi(n)$，$\psi(n)$，$\chi(n)$，$\cdots$ 的多项式：并且如果

$$\lim \phi(n) = a, \quad \lim \psi(n) = b, \quad \lim \chi(n) = c, \quad \cdots$$

且

$$Q\left(a,\ b,\ c,\ \cdots\right)\neq 0$$

则

$$\lim R\left\{\phi(n),\ \psi(n),\ \chi(n),\ \cdots\right\}=R\left(a,\ b,\ c,\ \cdots\right)$$

如果 P 是有限个数的形如

$$A\left\{\phi(n)\right\}^{p}\left\{\psi(n)\right\}^{q}\cdots$$

的项之和，其中 A 是常数，p，q，$\cdots$ 是正整数。根据定理 2（或任意数目的函数乘积的扩展），此项趋向于极限 $Aa^{p}b^{q}\cdots$。根据定理 1 及相似的扩展，P 也趋向于极限 $P\left(a,\ b,\ c,\ \cdots\right)$，$Q$ 也趋向于极限 $Q\left(a,\ b,\ c,\ \cdots\right)$ 从而得出定理 4。

（68）定理 5（续）

之前的一般定理可以应用于如下非常重要的特例中去：当 n 趋向于 ∞ 时[1]，n 的最一般的有理函数

$$S\left(n\right)=\frac{a_{0}n^{p}+a_{1}n^{p-1}+\cdots+a_{p}}{b_{0}n^{q}+b_{1}n^{q-1}+\cdots+b_{q}}$$

的增减趋势如何？为了应用该定理，我们把 $S\left(n\right)$ 写作

$$n^{p-q}\frac{\left(a_{0}+\dfrac{a_{1}}{n}+\cdots+\dfrac{a_{p}}{n^{p}}\right)}{\left(b_{0}+\dfrac{b_{1}}{n}+\cdots+\dfrac{b_{q}}{n^{q}}\right)}$$

括号里的函数包含了 $R\{\phi(n)\}$，其中 $\phi(n)=\dfrac{1}{n}$。因此当 n 趋向于 ∞ 时，$R\{\phi(n)\}$ 趋向于极限 $R\left(0\right)=\dfrac{a_{0}}{b_{0}}$。现在如果 $p<q$，则 $n^{p-q}\to 0$；如果 $p=q$ 时，$n^{p-q}=1$ 且 $n^{p-q}\to 1$，如果 $p>q$ 时 $n^{p-q}\to +\infty$。因此，根据定理 2，

$$\lim S\left(n\right)=0\left(p<q\right)$$

---

[1] 自然，我们假设 a_0 和 b_0 都不为0。

$$\lim S(n) = \frac{a_0}{b_0} \ (p=q)$$

$$S(n) \to +\infty \left(p > q, \ \frac{a_0}{b_0} \ \text{为正} \right)$$

$$S(n) \to -\infty \left(p > q, \ \frac{a_0}{b_0} \ \text{为负} \right)$$

例26

1. 当 n 趋向于 ∞ 时，以下函数的增减趋势如何？

$$\left(\frac{n-1}{n+1} \right)^2, \ (-1)^n \left(\frac{n-1}{n+1} \right)^2, \ \frac{n^2+1}{n}, \ (-1)^n \frac{n^2+1}{n}$$

2. 当 n 趋向于 ∞ 时，以下函数是否会趋向于某个极限值？

$$\frac{1}{\cos^2 \frac{1}{2} n\pi + n\sin^2 \frac{1}{2} n\pi}, \ \frac{1}{\left\{ n \left(\cos^2 \frac{1}{2} n\pi + n\sin^2 \frac{1}{2} n\pi \right) \right\}}$$

$$\frac{n\cos^2 \frac{1}{2} n\pi + n\sin^2 \frac{1}{2} n\pi}{\left\{ n \left(\cos^2 \frac{1}{2} n\pi + n\sin^2 \frac{1}{2} n\pi \right) \right\}}$$

3. 用 $S(n)$ 表示以上考虑过的 n 的一般有理函数，证明：在所有情形下，都有

$$\lim \frac{S(n+1)}{S(n)} = 1, \ \lim \frac{S\left(n + \frac{1}{n} \right)}{S(n)} = 1$$

（69）以 n 为变量且与 n 一起递增的函数

一类特殊而且非常重要的 n 的函数是当 n 趋向于时，始终沿着同一方向变化，即：随着 n 的增加始终增加或者始终减少的函数。如果递减时递增，也并不需要分开考虑成两种函数，因为其中一类定理可以延伸到另外一类。

定义

如果对于所有的 n 值都有 $\phi(n+1) \geqslant \phi(n)$，则函数 $\phi(n)$ 被称之为随着 n 递增，或者 n 的增加函数。

我们并没有排除掉对于一些 n 值 $\phi(n)$ 取值相同的情形，我们排除的只可能是减少。因此函数

$$\phi(n) = 2n + (-1)^n$$

（它对于 $n = 0$，1，2，3，4，… 时取值为 1，1，5，5，9，9，…）也被称为随着 n 而递增。我们给出的定义甚至包括了一些从某个 n 值往后函数取值相同的情形，因此函数 $\phi(n) = 1$ 也是递增的。

如果对于所有的 n，都有 $\phi(n+1) > \phi(n)$，则我们称 $\phi(n)$ 是 n 的严格增加函数。

这里对这类函数有一个非常重要的定理。

定理

如果函数 $\phi(n)$ 随着 n 而递增，则要么（ⅰ）$\phi(n)$ 趋向于某个极限，要么（ⅱ）$\phi(n) \to +\infty$。

这就是说，一般的函数的增减趋势有 5 种可能性，而对这种特殊的函数却只有 2 种。

这个定理是第 17 课时戴德金定理的简单延伸。我们把实数 ξ 分为 L 类和 R 类两类，对 n 的某个值（当然对所有更大的值也是如此），取决于 $\phi(n) \geqslant \xi$ 对于某些 n 值存在，还是 $\phi(n) < \xi$ 对于所有的 n 值都归入 L 类和 R 类。

L 类显然存在；R 类却不一定。如果不存在，则对于给定数字 $\varDelta$，对于足够大的 n 值都有 $\phi(n) > \varDelta$，所以：

$$\phi(n) \to +\infty$$

另一方面，如果 R 类存在，L 类和 R 类形成了第 17 课时所说的分割。设 a 是该分割对应的数，为任意正数。则对于 n 的所有值都有 $\phi(n) \geqslant a + \delta$，由于是任意选定的，故 $\phi(n) \leqslant a$。另一方面，对于某些 n 值有 $\phi(n) > a - \delta$，对于所有足够大的 n 值也是如此。因此，对于所有足够大的值都有

$$a - \delta < \phi(n) \leqslant a$$

即：

$$\phi(n) \to a$$

我们应该注意到对于所有的 n 值，一般意义上都有 $\phi(n) < a$，因为如果对于任意的 n 值都有 $\phi(n) = a$，对于更大的 n 值它也有 $\phi(n) = a$。因此 $\phi(n)$ 除了最终完全相等这一情形，不可能等于 a。如果这样，a 就是 L 类中的最大数，否则 L 类没有最大数。

推论1

如果 $\phi(n)$ 随着 n 递增，则它会趋向于某个极限值或 $+\infty$，取决于是否能找到一个数 K 使得对于所有的 n 值都有 $\phi(n) < K$。

我们以后会发现这个推论非常有用。

推论2

如果 $\phi(n)$ 随着 n 递增，并且 $\phi(n) < K$ 对于所有的 n 值都存在，则 $\phi(n)$ 趋向于某个极限值，该极限值小于等于 K。

读者需要注意到，该极限也可能等于 K。例如当 $\phi(n) = 3 - \dfrac{1}{n}$ 时，$\phi(n)$ 的每一个值都小于 3，但是极限却等于 3。

推论3

如果 $\phi(n)$ 随着 n 递增，并且也趋向于某个极限，则对于所有的 n 值都有

$$\phi(n) \leqslant \lim \phi(n)$$

读者应当可以自行写出 $\phi(n)$ 随着 n 递减时对应的定理和推论。

（70）对定理的说明

这些定理的重要性在于，它给了我们一种方法来判断一个函数是否会趋向于一个极限值，并不需要我们去猜或者推论极限值。如果我们已经知晓了极限值，

我们可以用

$$|\phi(n) - l| < \delta \ (n \geqslant n_0)$$

来检验。例如，$\phi(n) = \dfrac{1}{n}$ 极限只

能是 0。但是假设我们必须确定

$$\phi(n) = \left(1 + \frac{1}{n}\right)^n$$

是否趋向于某个极限。此时并不
明确极限是否存在，此时如上的
检验方法包含也并不适用，不能
确定 l 是否存在。

当然，该检验方法有时候也
可以间接使用，用归谬法来证明
不可能存在。例如：如果 $\phi(n) = (-1)^n$，显然 l 等于 1，也等于 -1，
而这是不可能的。

□ **魏尔施特拉斯**

卡尔·魏尔施特拉斯（1815—1897年），德国数学家，被誉为"现代分析之父"。他的很多定理和方法都为现代数学分析的教学和研究奠定了基石。魏尔施特拉斯定理最早由伯纳德·波尔查诺证明，但他的证明已经散佚，后由魏尔施特拉斯独自发现并证明了这个定理，它描述了有界序列的性质：对于每个有界的无穷实数序列，都存在一个收敛的子序列。

（71）魏尔施特拉斯定理的另一种证明

第 69 课时的结果给了我们对于魏尔施特拉斯定理的另一种证明方式。

如果我们将 PQ 平均分为两端，至少一段会包含 S 中无穷多的点。我们选择
其中一段，如果两段都有的话，我们选择左半边；并且左半边定为 P_1Q_1，如
图 26 所示。如果 P_1Q_1 是左半边，则 P_1 与点 P 重合。

相似地，如果我们将 P_1Q_1 分为两半，其中至少一半一定包含 S 中无限多的点。
我们选取 P_2Q_2 那一半，如果两段都有，就选左半边。仿照以前的方法，我们可
以确定一列区间

$$PQ, \ P_1Q_1, \ P_2Q_2, \ P_3Q_3, \ \cdots$$

每一个区间都是前一个区间的一半，并且每个区间里都包含着 S 中的无限多的点。

点 P，P_1，P_2，$\cdots$ 持续地从左向右，所以 P_n 趋向于某个极限位置 T。相似
地，Q_n 也趋向于某个极限位置 T'。但是无论 n 取何值，TT' 一定小于 P_nQ_n；并

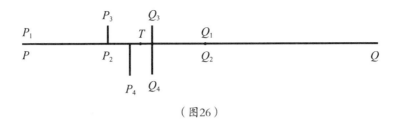

（图26）

且 $P_n Q_n$ 等于 $\dfrac{PQ}{2^n}$ ，趋向于 0 。因此 T' 与 T 重合，且 P_n 和 Q_n 都趋向于 T 。

则 T 为 S 中点的集合。假设 ξ 为其坐标，考虑此类型（$\xi-\delta$，$\xi+\delta$）的任意一个区间。如果 n 足够大，$P_n Q_n$ 就完全坐落于这个区间[1]。因此（$\xi-\delta$，$\xi+\delta$）包含 S 中的无限多点。

（72）当 n 趋向于 ∞ 时 x^n 随着 n 变化的极限

让我们用第 69 课时的结果来讨论 $\phi(n)=x^n$ 这一特别重要的情形。如果 $x=1$，则 $\phi(n)=1$，$\lim \phi(n)=1$，并且如果 $x=0$ 则 $\phi(n)=0$，$\lim \phi(n)=0$，这些特殊的情形不会误导我们。

首先，假设 x 为正。则 $\phi(n+1)=x\phi(n)$，因为当 $x>1$ 时，$\phi(n)$ 随着 n 而增加，如果 $x<1$ 时，$\phi(n)$ 随着 n 的增加而减小。

如果 $x>1$，则 x^n 要么趋向于某个极限（显然大于 1）或者 $+\infty$。假设它趋向于某个极限值。则通过例 25.7，$\lim \phi(n+1)=\lim \phi(n)=l$。但是

$\lim \phi(n+1)=\lim x\,\phi(n)\ =x\lim \phi(n)=xl$

因此，$l=xl$；而这是不可能的，因为 x 和 l 都大于 1，因此

$x^n \to +\infty \quad (x>1)$

例

读者也可以给出另一种证明。证明如果是正数且 $x=1+\delta$，则 $x^n>1+n\delta$，

---

[1] 当 $\dfrac{PQ}{2^n}<\delta$ 时，就会有这样的情况。

使得

$$x^n \to +\infty$$

另一方面如果 $x < 1$，函数 x^n 递减，也一定会趋向于某极限或 $-\infty$。因为 x^n 是正数，第二种证明也可以被忽略。因此 $\lim x^n = l$，假如有 $l = xl$，同上就有，从而必定为 0。因此

$$\lim x^n = 0 \ (\, 0 < x < 1 \,)$$

例

正如上一个例子证明的那样，如果 $0 < x < 1$ 时，$\left(\dfrac{1}{x}\right)^n$ 趋向于 $+\infty$，推导出 x^n 趋向于 0。

最后我们也来考虑 x 取负值的情形。如果 $-1 < x < 0$ 且 $x = -y$，使得 $0 < y < 1$，则由上可得 $\lim y^n = 0$，因此 $\lim x^n = 0$。如果 $x = -1$，显然 x^n 振荡，交替取值 -1，1。最后如果 $x < -1$，且 $x = -y$，则 $y > 1$，则 y^n 趋向于 $+\infty$，因此 x^n 取值可以为正也可以为负，并且数值上也可以大于任意指定的数。因此 x^n 无限振荡。总而言之：

$$\phi(n) = x^n \to +\infty \ (\, x > 1 \,)$$

$$\lim \phi(n) = 1 \ (\, x = 1 \,)$$

$$\lim \phi(n) = 0 \ (\, -1 < x < 1 \,)$$

$$\phi(n) \ 有限振荡 \ (\, x = -1 \,)$$

$$\phi(n) \ 无限振荡 \ (\, x < -1 \,)$$

例27[1]

1. 如果 $\phi(n)$ 对于所有的 n 值都有为正，且 $\phi(n+1) \geqslant K\phi(n)$，其中 $K > 1$，则 $\phi(n) \to +\infty$

［因为

$$\phi(n) \geqslant K\phi(\, n-1 \,) \geqslant K^2\phi(\, n-2 \,) \geqslant \cdots \geqslant K^{n-1}\phi(1)$$

既然 $K^n \to +\infty$，我们便可以得出这些结论。］

2. 如果条件仅当 $n \geqslant n_0$ 时才能满足，同样的结果也成立。

3. 如果 $\phi(n)$ 是正数且 $\phi(n+1) \leqslant K\phi(n)$，其中 $0 < K < 1$，则 $\lim \phi(n) = 0$。如果条件仅当 $n \geqslant n_0$ 时才能满足，同样的结果也成立。

4. 如果当 $n \geqslant n_0$ 时 $|\phi(n+1)| < K|\phi(n)|$，其中 $0 < K < 1$，则 $\lim \phi(n) = 0$。

5. 如果 $\phi(n)$ 为正，且 $\lim \dfrac{\phi(n+1)}{\phi(n)} = l > 1$，则 $\phi(n) \to +\infty$。

$\Big[$ 因为我们可以这样来确定 n_0，使得当 $n \geqslant n_0$ 时有 $\dfrac{\phi(n+1)}{\phi(n)} > K > 1$。例如，我们也可以说，$K$ 是 1 与 l 之间的中值。现在应用到题 1 中。$\Big]$

6. 如果

$$\lim \frac{\phi(n+1)}{\phi(n)} = l, \quad -1 < l < 1$$

则 $\lim \phi(n) = 0$ [如同题 5 可以从题 1 推导出一样，本题也可以从题 4 中推出。]

7. 请思考随着 $n \to \infty$ 时，$\phi(n) = n^r x^n$ 的增减趋势，其中 r 为任意正整数。

[如果 $x = 0$ 则对于所有的 n 值都有 $\phi(n) = 0$，并且 $\phi(n) \to 0$。在所有别的情形下，

$$\frac{\phi(n+1)}{\phi(n)} = \left(\frac{n+1}{n}\right)^r x \to x$$

首先假设 x 为正。则如果 $x > 1$ 时 $\phi(n) \to +\infty$，如果 $x < 1$ 时 $\phi(n) \to 0$。如果 $x = 1$，则 $\phi(n) = n^r \to +\infty$。再次假设 x 为负，那么如果 $|x| \geqslant 1$，则有 $|\phi(n)| = n^r |x|^n$，它趋向于 $+\infty$，如果 $|x| < 1$ 时，趋向于 0。因此如果 $x \leqslant -1$，则 $\phi(n)$ 是无限振荡，如果 $-1 < x < 0$，则 $\phi(n) \to 0$。]

8. 用相同的方法来讨论 $n^{-r} x^n$ [除了当 $x = 1$ 或 -1 时，$\phi(n) \to 0$ 结果是相同的。]

9. 列出表格来证明 $n^k x^n$ 对于所有的 x 实数值，所有的正整数和负整数 k，当 $n \to \infty$ 时如何表现。

[读者也应该注意到，除了 $x = 1$ 或 -1 的特殊情形下，k 的数值并不重要。

---

〔1〕这些例子特别重要，某些特例还有会在课本之后出现，请仔细思考。

既然 $\lim\left\{\dfrac{n+1}{1}\right\}^k=1$，无论 k 取正取负都无所谓，比值 $\dfrac{\phi(n+1)}{\phi(n)}$ 的极限仅由 x 决定，函数 $\phi(n)$ 的表现仅由因子 x^n 来决定。因子只有当 x 数值上等于 1 时 n^k 才有用。$\Big]$

10. 证明：如果 x 取值为正，则当 $n\to\infty$ 时，有 $\sqrt[n]{x}\to1$。$\big[$ 例如，假设 $x>1$ 时，则 x，$\sqrt{x}$，$\sqrt[3]{x}$，$\cdots$ 是递减序列，且对于所有的 n 值，都有 $\sqrt[n]{x}>1$。因此 $\sqrt[n]{x}\to1$，其中 $l\geqslant1$。但是如果 $l>1$，我们就可以求得 n 的任意大的值，使得 $\sqrt[n]{x}>l$ 或者 $x>l^n$；并且，当 $n\to\infty$ 时，因为 $l^n\to+\infty$，这是不可能的。$\big]$

11. $\sqrt[n]{n}\to1$。$\big[$ 因为如果 $(n+1)^n<n^{n+1}$，也即 $(1+n^{-1})^n<n$，$(\sqrt[n+1]{n+1}<\sqrt[n]{n}$ 对于 $n\geqslant3$ 肯定是满足的，第 73 课时可作为证据），因此从 n 从 3 开始增加，$\sqrt[n]{n}$ 递减。又考虑到它总是大于 1，它总是趋向于某个大于或等于 1 的极限。但是如果 $\sqrt[n]{n}\to l$，其中 $l>1$，则 $n>l^n$，因为 $\dfrac{l^n}{n}\to+\infty$，对于足够大的 n 值都是不满足的（参见例 7、8）。$\big]$

12. 对于 x 所有的实数值都有 $\dfrac{x^n}{n!}\to0$。$\Big[$ 设 $u_n=\dfrac{x^n}{n!}$，则 $\dfrac{u_{n+1}}{u_n}=\dfrac{x}{n+1}$，当 $n\to\infty$ 时趋向于 0，使得 u_n 趋向于 0 $\Big]$

13. $\sqrt[n]{n!}\to\infty$ $\big[$ 无论 x 有多大，对于足够大的 n 值，都有 $n!>x^n$。$\big]$

14. 证明：如果 $-1<x<1$，则当 $n\to\infty$ 时

$$u_n=\frac{m(m-1)\cdots(m-n+1)}{n!}x^n=\binom{m}{n}x^n$$

趋向于 0。

$\Big[$ 如果 m 是正整数，对于 $n>m$ 时均有 $u_n=0$。否则

$$\frac{u_{n+1}}{u_n}=\frac{m-n}{n+1}\,x\to-x$$

除非 $x=0$。$\Big]$

（73）$\left(1+\dfrac{1}{n}\right)^n$ 的极限

当 $\phi(n)=(1+n^{-1})^n$ 时，面对如下更复杂问题，可借助第 69 课时的讨论来

解决。

从二项式定理得出：

$$\left(1+\frac{1}{n}\right)^n = 1 + n\cdot\frac{1}{n} + \frac{n(n-1)}{1\times 2}\cdot\frac{1}{n^2} + \cdots + \frac{n(n-1)\cdots(n-n+1)}{1\times 2\times\cdots\times n}\cdot\frac{1}{n^n}$$

$$= 1+1+\frac{1}{1\times 2}\left(1-\frac{1}{n}\right) + \frac{1}{1\times 2\times 3}\left(1-\frac{1}{n}\right)\left(1-\frac{2}{n}\right) + \cdots$$

$$+ \frac{1}{1\times 2\times\cdots\times n}\left(1-\frac{1}{n}\right)\left(1-\frac{2}{n}\right)\cdots\left(1-\frac{n-1}{n}\right)$$

第 $p+1$ 项也即：

$$\frac{1}{1\times 2\times\cdots\times p}\left(1-\frac{1}{n}\right)\left(1-\frac{2}{n}\right)\cdots\left(1-\frac{p-1}{n}\right)$$

是正的，它也是 n 的递增函数，项数也随着 n 而递增。因此 $\left(1+\frac{1}{n}\right)^n$ 随着 n 而递增，

且当 $n\to\infty$ 时，趋向于某极限值或 $+\infty$。

但是

$$\left(1+\frac{1}{n}\right)^n < 1+1+\frac{1}{1\times 2}+\frac{1}{1\times 2\times 3}+\cdots+\frac{1}{1\times 2\times 3\times\cdots\times n}$$

$$< 1+1+\frac{1}{2}+\frac{1}{2^2}+\cdots+\frac{1}{2^{n-1}} < 3$$

因此 $\left(1+\frac{1}{n}\right)^n$ 不可能趋向于 $+\infty$，故

$$\lim_{n\to\infty}\left(1+\frac{1}{n}\right)^n = e$$

其中 e 是一个满足 $2 < e \le 3$ 的数。

例

求解如下式子的极限。

$n^{-n-1}(n+1)^n$ （《数学之旅》，1934）

（74）一些代数引理

此时我们来证明一些对我们后面学习有用的基础不等式。

（i）如果 $\alpha > 1$，且 r 是正整数，则

$$r\alpha^r > \alpha^{r-1} + \alpha^{r-2} + \cdots + 1$$

不等式两边同时乘以 $\alpha-1$，我们得到

$$r\alpha^r(\alpha-1) > \alpha^r - 1$$

两边同加 $r(\alpha^r-1)$，再同除 $r(r+1)$，我们得到

$$\frac{\alpha^{r+1}-1}{r+1} > \frac{\alpha^r-1}{r} \quad (\alpha>1) \tag{1}$$

相似地，我们也可以证明

$$\frac{1-\beta^{r+1}}{r+1} < \frac{1-\beta^r}{r} \quad (0<\beta<1) \tag{2}$$

因而，如果 r 和 s 是正整数，且 $r>s$，则

$$\frac{\alpha^r-1}{r} > \frac{\alpha^s-1}{s}, \quad \frac{1-\beta^r}{r} < \frac{1-\beta^s}{s} \tag{3}$$

此时 $0<\beta<1<\alpha$。特别地，当 $s=1$ 时有

$$\alpha^r-1 > r(\alpha-1), \quad 1-\beta^r < r(1-\beta) \tag{4}$$

（ii）当 r 和 s 都是正整数时，不等式（3）和（4）都已得到了证明。但是容易看出，这两个不等式对于更一般的假设"r 和 s 是任意正有理数"都成立。例如，我们来讨论一下不等式（3）中的第一个式子。假设 $r=\dfrac{a}{b}$，$s=\dfrac{c}{d}$，其中 a，b，c，d 都是正整数，使得 $ad>bc$。如果我们设 $\alpha=\gamma^{bd}$，不等式取如下形式：

$$\frac{\gamma^{ad}-1}{ad} > \frac{\gamma^{bc}-1}{bc}$$

对此我们早已证明过。同样的论证也可以应用于剩下的不等式。显然，我们也可以证明，如果 s 为小于 1 的正有理数，则：

$$\alpha^s-1 < s(\alpha-1), \quad 1-\beta^s > s(1-\beta) \tag{5}$$

（iii）以下：所有的字母都表示正数，r 和 s 都是有理数，并且 α 和 r 都大于 1，β 和 s 小于 1，用 $\dfrac{1}{\beta}$ 来替代 α，用 $\dfrac{1}{\alpha}$ 来替代 β，在（4）中，我们便得到：

$$\alpha^r-1 < r\alpha^{r-1}(\alpha-1), \quad 1-\beta^r > r\beta^{r-1}(1-\beta) \tag{6}$$

相似地，从（5）我们推导出

$$\alpha^s-1 < s\alpha^{s-1}(\alpha-1), \quad 1-\beta^s > s\beta^{s-1}(1-\beta) \tag{7}$$

结合（4）和（6），我们可得出

$$r\alpha^{r-1}(\alpha-1) > \alpha^r-1 > r(\alpha-1) \tag{8}$$

用 $\frac{x}{y}$ 代替 α，我们便可得到：如果 $x > y > 0$，则

$$rx^{r-1}(x-y) > x^r - y^r > ry^{r-1}(x-y) \tag{9}$$

相同的方法应用于（5）和（7），我们便可得到

$$sx^{s-1}(x-y) < x^s - y^s < sy^{s-1}(x-y) \tag{10}$$

例28

1. 对于 $r = 2$，3，验证（9）；对于 $s = \frac{1}{2}$，$\frac{1}{3}$ 时，验证（10）。

2. 证明：如果 $y > x > 0$ 时，（9）和（10）也成立。

3. 证明（9）对于 $r < 0$ 也成立。

4. 当 $n \to \infty$，有 $\phi(n) \to l$，其中 $l > 0$，并且 k 为有理数，则 $\phi^k \to l^k$。

［我们可以根据第 66 课时的定理 3，假设 $k > 0$，并且 $\frac{1}{2}l < \phi < 2l$，从 n 的某个值之后此式都能成立。如果 $k > 1$，则根据 $\phi > l$ 或 $\phi < l$，有

$$k\phi^{k-1}(\phi - l) > \phi^k - l^k > kl^{k-1}(\phi - l)$$

或

$$kl^{k-1}(l - \phi) > l^k - \phi^k > k\phi^{k-1}(l - \phi)$$

由此，$|\phi^k - l^k|$ 与 $|\phi - l|$ 的比值介于 $k\left(\frac{1}{2}l\right)^{k-1}$ 和 $k(2l)^{k-1}$ 之间。当 $0 < k < 1$ 时证明也是类似的。如果 $k > 0$，则当 $l = 0$ 时该结果仍然成立。］

5. 将例 27.7、27.8、27.9 的结果扩展到 r 或 k 为任意有理数的情况。

（75）$n(\sqrt[n]{x} - 1)$ 的极限

如果在第 74 课时不等式（3）中第一个式子中，我们设定 $r = \frac{1}{n-1}$，$s = \frac{1}{n}$，当时 $\alpha > 1$，就有

$$(n-1)\left(\sqrt[n-1]{\alpha} - 1\right) > n\left(\sqrt[n]{\alpha} - 1\right)$$

因此，如果 $\phi(n) = n\left(\sqrt[n]{\alpha} - 1\right)$，则随着 n 的增加而 $\phi(n)$ 递减。并且 $\phi(n)$ 总是正数。因此当 $n \to \infty$ 时，$\phi(n)$ 趋向于极限 l，且有 $l \geq 0$。

再次，在第 74 课时的第一个不等式（7）中，我们设定 $s = \dfrac{1}{n}$，我们得到

$$n\left(\sqrt[n]{\alpha} - 1\right) > \sqrt[n]{\alpha}\left(1 - \dfrac{1}{\alpha}\right) > 1 - \dfrac{1}{\alpha}$$

因此 $l \geqslant 1 - \dfrac{1}{\alpha} > 0$。因此如果 $\alpha > 1$，我们便有

$$\lim_{n \to \infty} n\left(\sqrt[n]{\alpha} - 1\right) = f(\alpha)$$

其中 $f(\alpha) > 0$。

接下来假设 $\beta < 1$，且设 $\beta = \dfrac{1}{\alpha}$；则 $n\left(\sqrt[n]{\beta} - 1\right) = \dfrac{-n\left(\sqrt[n]{\alpha} - 1\right)}{\sqrt[n]{\alpha}}$。现在 n $\left(\sqrt[n]{\alpha} - 1\right) \to f(\alpha)$，且

$$\sqrt[n]{\alpha} \to 1$$

因此，如果 $\beta = \dfrac{1}{\alpha} < 1$，我们有

$$n\left(\sqrt[n]{\beta} - 1\right) \to -f(\alpha)$$

最后，如果 $x = 1$，则对于所有的 n 值都有 $n\left(\sqrt[n]{x} - 1\right) = 0$
因此，我们得出如下的结果：

极限

$$\lim n\left(\sqrt[n]{x} - 1\right)$$

对于所有的 x 的正值都定义了一个 x 的函数。函数 $f(x)$ 具有性质

$$f\left(\dfrac{1}{x}\right) = -f(x), \quad f(1) = 0$$

根据 $x > 1$ 或 $x < 1$ 而取值正或负。以后我们也会将该函数与 x 的自然函数
（napierian logarithm）对应起来。

例

证明：

$$f(xy) = f(x) + f(y)$$

　［使用公式 $f(xy) = \lim n\left(\sqrt[n]{xy} - 1\right) = \lim\left\{n\left(\sqrt[n]{x} - 1\right)\sqrt[n]{y} + n\left(\sqrt[n]{y} - 1\right)\right\}$ ］

（76）无穷级数

假设 $u(n)$ 是对于所有 n 值都有定义的任意函数。如果将 $u(v)$ 所有的值加起来，我们也得到另一个 n 的函数，即：

$$s(n) = u(1) + u(2) + \cdots + u(n)$$

对于所有的 n 值都有定义。一般来说，将符号改变后，将等式写成如下形式

$$s_n = u_1 + u_2 + \cdots + u_n$$

或简写为

$$s_n = \sum_{v=1}^{\infty} u_v$$

如果现在我们假设当 n 趋向于 ∞ 时，s_n 也会趋向于某极限 s，我们有

$$\lim_{n \to \infty} \sum_{v=1}^{\infty} u_v = s$$

此公式也会写作下列形式之一：

$$\sum_{v=1}^{\infty} u_v = s, \quad u_1 + u_2 + u_3 + \cdots + u_n = s$$

该式中的省略号表示级数中 u 的无穷持续性。

粗略地讲，上述方程的意义在于：我们将越来越多的 u 相加，就越来越接近于极限 s。更准确地说，如果我们选定任意小的正数 δ，我们总可以选择 $n_0(\delta)$ 的值，使得该级数的前 $n_0(\delta)$ 项之和，或者任意更多项数之和都介于 $s+\delta$ 与 $s-\delta$ 之间；或用符号记为：如果 $n \geq n_0(\delta)$，则

$$s - \delta < s_n < s + \delta$$

在这种情况下我们称级数

$$u_1 + u_2 + \cdots$$

为收敛无穷级数（convergent infinite series），并且我们称 s 为级数之和，或者级数所有项之和。

因此我们说：级数 $u_1 + u_2 + \cdots$ 收敛且和为 s，或者收敛到和 s 或者简写为收敛到 s。这仅仅是另一种方法来表述" $s_n = u_1 + u_2 + \cdots + u_n$ 的前 n 项趋向于极限 s"。这种无穷级数的思考并没有引入新的概念来超过本章前面的讨论。事实上，s_n 仅

仅是个函数 $\phi(n)$，只是表达形式特殊而已。任意函数 $\phi(n)$ 都可以写成这种形式，通过书写

$$\phi(n) = \phi(1) + \{ \phi(2) - \phi(1) \} + \cdots + \{ \phi(n) - \phi(n-1) \}$$

有时候也可以方便地说：当 $n \to \infty$ 时，$\phi(n)$ 收敛于（而不是趋向于）极限 l。

如果 $s_n \to +\infty$ 或者 $s_n \to -\infty$，我们可以说：级数 $u_1 + u_2 + \cdots$ 是发散的（divergent），或者发散于 $+\infty$，或 $-\infty$，视情况而定。这些术语也可以应用到任意函数 $\phi(n)$ 中。例如：如果 $\phi(n) \to +\infty$，我们可以说 $\phi(n)$ 发散到 $+\infty$。如果 s_n 并不趋向于某个极限，或 $+\infty$，或 $-\infty$，则它有限振荡或无限振荡。此时我们称级数 $u_1 + u_2 + \cdots$ 有限振荡或无限振荡。[1]

（77）关于无穷级数的一般定理

当我们处理无穷级数时，我们便可以使用如下某个一般性定理：

（1）如果 $u_1 + u_2 + \cdots$ 是收敛的，并且求和为 s，则 $a + u_1 + u_2 + \cdots$ 也是收敛的，且求和为 $a + s$。相似地，$a + b + c + \cdots + k + u_1 + u_2 + \cdots$ 也是收敛的，且求和为 $a + b + c + \cdots + k + s$。

（2）如果 $u_1 + u_2 + \cdots$ 是收敛的，并且求和为 s，则 $u_{m+1} + u_{m+2} + \cdots$ 也是收敛的，且求和为 $s - u_1 - u_2 - \cdots - u_m$。

（3）如果（1）或（2）中任意级数发散或振荡，则其他级数也是。

（4）如果 $u_1 + u_2 + \cdots$ 是收敛的，并且求和为 s，则 $ku_1 + ku_2 + \cdots$ 是收敛的，求和为 ks。

（5）如果（4）中第一个级数发散或振荡，则第二个级数也如是，除非 $k = 0$。

（6）如果 $u_1 + u_2 + \cdots$ 和 $v_1 + v_2 + \cdots$ 都收敛，则级数 $(u_1 + v_1) + (u_2 + v_2)$

---

〔1〕读者应该清楚：表达"发散"和"振荡"是不同作者的不同用法。这些词的使用都与布罗米奇的无穷级数相符合。在霍布森的实变量的函数理论中，只有当有限振荡才会被称为振荡，无限振荡则被直接称之为"发散"。很多国外的作者也把"发散"仅当作"不收敛"来使用。

+⋯也收敛，其和为前两个级数之和。

所有这些定理都几乎都是显然的，也可以用第 63—66 课时得出的结果来证明 $s_n = u_1 + u_2 + \cdots + u_n$。但是接下来的定理就不同了。

（7）如果 $u_1 + u_2 + \cdots$ 收敛，则 $\lim u_n = 0$。

因为 $u_n = s_n - s_{n-1}$，且 s_n 和 s_{n-1} 都有相同的极限 s。因此 $\lim u_n = s - s = 0$。

读者可能会认为该定理的逆命题也成立，并且认为如果 $\lim u_n = 0$，则级数 $\sum u_n$ 必定收敛。这种情形并不总是成立的，从如下例子便可看出。假设级数为

$$1 + \frac{1}{2} + \frac{1}{3} + \frac{1}{4} + \cdots$$

使得 $u_n = \frac{1}{n}$。前四项之和为

$$1 + \frac{1}{2} + \frac{1}{3} + \frac{1}{4} > 1 + \frac{1}{2} + \frac{2}{4} = 1 + \frac{1}{2} + \frac{1}{2}$$

下面四项之和为 $\frac{1}{5} + \frac{1}{6} + \frac{1}{7} + \frac{1}{8} > \frac{4}{8} = \frac{1}{2}$。接下来八项之和大于 $\frac{8}{16} = \frac{1}{2}$，以此类推。前

$$4 + 4 + 8 + 16 + \cdots + 2^n = 2^{n+1}$$

项之和会大于

$$2 + \frac{1}{2} + \frac{1}{2} + \frac{1}{2} + \cdots + \frac{1}{2} = \frac{1}{2}(n + 3)$$

它将随着 n 一直增加从而超越任何极限：因此级数发散至 $+\infty$。

（8）如果 $u_1 + u_2 + u_3 + \cdots$ 收敛，则通过加括号分组而形成的任意级数也是收敛的，且两级数之和也相同。

读者应该可以自行证明本定理。再次申明，逆命题依然不成立。因此 $1 - 1 + 1 - 1 + \cdots$ 振荡，但是

$$(1-1) + (1-1) + \cdots$$

也即 $0 + 0 + 0 + 0 + \cdots$ 收敛于 0。

（9）如果 u_n 的每一项都是正数（或 0），则级数 $\sum u_n$ 必定要么收敛，要么发散至 $+\infty$。如果它收敛，其和也必定为正（除非每项都是 0，此时和当然也为 0）。

因为，根据第 69 课时的定义，s_n 是 n 的递增函数，我们可以将这个结果应用于 s_n。

（10）如果 u_n 的每一项都是正数或 0，则级数 $\sum u_n$ 收敛的必要充分条件为：我们可以找到一个数 K 使得任意数目的项之和都小于 K，如果我们可以找到这样的 K，则该级数的和不会大于 K。

或者并不需要指出：如果每一个 u_n 都是正数的条件不能满足的话，该定理也不成立。例如

$$1 - 1 + 1 - 1 + \cdots$$

显然振荡，s_n 交替地取值 1 和 0。

（11）如果 $u_1 + u_2 + \cdots$ 和 $v_1 + v_2 + \cdots$ 是两列正的（或为 0 的）项组成的级数，并且第二个级数收敛，如果对所有的 n 值都有 $u_n \leqslant K v_n$，其中 K 是常数，则对于所有的 n 值，第一个级数也是收敛的，其和不会超过第二个级数的和的 K 倍。

因为如果 $v_1 + v_2 + \cdots = t$，则对于所有的 n 值，$v_1 + v_2 + \cdots + v_n \leqslant t$ 都成立，所以 $u_1 + u_2 + \cdots u_n \leqslant Kt$。定理得证。

相反的，如果 $\sum u_n$ 发散，并且 $v_n \geqslant K u_n$，其中 $K > 0$，则 $\sum v_n$ 也发散。

（78）无穷几何级数

我们现在来研究几何级数，其一般形式为 $u_n = r^{n-1}$。

在这种条件下（除了 $r = 1$ 这一特殊情况）

$$s_n = 1 + r + r^2 + \cdots + r^{n-1} = \frac{1 - r^n}{1 - r}$$

而当 $r = 1$ 时，

$$s_n = 1 + 1 + \cdots + 1 = n$$

此时 $s_n \to +\infty$。一般情况下，当且仅当 r^n 趋向于一个极限，s_n 同样趋向于一个极限。根据第 72 课时的结果，我们得到：当且仅当 $-1 < r < 1$，级数 $1 + r + r^2 + \cdots$ 收敛并且和为 $\dfrac{1}{1 - r}$。

如果 $r \geqslant 1$，则 $s_n \geqslant n$，所以 $s_n \to +\infty$；即该级数发散于 $+\infty$。如果 $r = -1$，则 $s_n = 1$ 或 $s_n = 0$ 取决于 n 是奇数还是偶数，也即 s_n 有限振荡。如果 $r < -1$，则 s_n 无限振荡。总之，如果 $r \geqslant 1$，则级数 $1 + r + r^2 + \cdots$ 发散于 $+\infty$，如果 $-1 < r$

< 1，则收敛于 $\dfrac{1}{1-r}$，如果 $r=-1$，则 s_n 有限振荡，如果 $r<-1$，则 s_n 无限振荡。

例29

1. 循环小数。无穷几何级数最常见的例子为无限循环小数。例如，考虑小数 $0.217\dot{1}\dot{3}$。根据基础运算法则，这个数是

$$\frac{2}{10}+\frac{1}{10^2}+\frac{7}{10^3}+\frac{1}{10^4}+\frac{3}{10^5}+\frac{1}{10^6}+\frac{3}{10^7}+\cdots=\frac{217}{1000}+\frac{\dfrac{13}{10^5}}{1-\dfrac{1}{10^2}}=\frac{2687}{12375}$$

读者应该考虑：在简化过程中，在何处以及怎样应用了第 77 课时的一般性定理。

2. 证明：一般来说有

$$0.a_1 a_2\cdots a_m\dot{\alpha}_1\alpha_2\cdots\dot{\alpha}_n=\frac{a_1 a_2\cdots a_m\alpha_1\alpha_2\cdots\alpha_n-a_1 a_2\cdots a_m}{99\cdots 900\cdots 0}$$

分母包含着 n 个 9 和 m 个 0。

3. 证明：一个纯循环小数总是等于一个分母因数不含 2 或 5 的真分数。

4. 一个带有 m 个非循环和 n 个循环小数的小数等于这样一个真分数：它的分母可以被 2^m 或 5^m 整除，但是不能被更高幂级整除。

5. 题 3 和题 4 的逆命题仍成立。设 $r=\dfrac{p}{q}$，并且首先假设 q 是 10 的质数。如果我们用 q 来除 10 的所有幂级，我们便可以得到至多 q 个不同的余数。于是有可能求得两个数 n_1 和 n_2，其中 $n_1>n_2$，使得 10^{n_1} 和 10^{n_2} 有相同的余数。于是 $10^{n_1}-10^{n_2}=10^{n_2}(10^{n_1-n_2}-1)$ 可以被 q 整除，10^n-1 也同样能被 q 整除，其中 $n=n_1-n_2$。因此 r 可以表达为

$$\frac{P}{10^n-1}，\quad 或者\quad \frac{P}{10^n}+\frac{P}{10^{2n}}+\cdots$$

即一个带有 n 位数字的纯循环小数。另一方面，如果 $q=2^{\alpha}5^{\beta}Q$，其中 Q 是 10 的质数，m 也大于 α 和 β，则 $10^m r$ 的分母是 10 的质数，因此可以表达成一个整数和纯循环小数之和。但是这个结论对于 $10^{\mu}r$ 不成立，因为任意 μ 的值都小于 m；

因此 r 的小数准确的有 m 位不循环数字。

6. 我们把例 1 第 3 题的结果加到这里的第 2-5 题中。最后，如果我们观察到

$$0.\dot{9} = \frac{9}{10} + \frac{9}{10^2} + \frac{9}{10^3} + \cdots = 1$$

我们可以看出：每一个有限小数也可以表达成混合循环小数，其循环部分全部为 9。例如，$0.217 = 0.216\dot{9}$。因此每一个真分数都可以表达成为一个循环小数，反之亦然。

7. 一般形式的小数（无理数的非循环小数表达法）：

任何小数，无论循环与否，都对应着一个 0 和 1 之前的一个确定数字。如小数 $0.a_1a_2a_3a_4\cdots$ 数就代表了级数

$$\frac{a_1}{10} + \frac{a_2}{10^2} + \frac{a_3}{10^3}\cdots$$

由于所有的数字 a_r 都是正数，这个级数的前 n 项之和 s_n 随着 n 一起增加，并且不会大于 $0.\dot{9}$ 或 1。因此 s_n 趋向于 0 和 1 之间的某个极限。

另外，不会有两个小数对应于同一个数字（除非是第 6 题中的特殊情况）。假设 $0.a_1a_2a_3\cdots$，$0.b_1b_2b_3\cdots$ 是两个不同的小数，直到 a_{r-1}，b_{r-1} 为止的数字都相等，其中 $a_r > b_r$。则 $a_r \geq b_r+1 > b_r b_{r+1} b_{r+2}\cdots$（除非 b_{r+1}，$b_{r+2}\cdots$ 都是 9），所以

$$0.a_1a_2\cdots a_r a_{r+1}\cdots > 0.b_1b_2\cdots b_r b_{r+1}\cdots$$

由此推出一个有理分数的循环小数表达式（第 2—6 题）是唯一的。并且还可以推出，每个非有限不循环小数都对应着 0 和 1 之间的某个无理数。相反地，任意一个这样的数都可以表达为这样一个小数。因为它一定落在以下区间中某一个之中。

$$0，\frac{1}{10}；\frac{1}{10}，\frac{2}{10}；\cdots；\frac{9}{10}，1$$

如果它在 $\frac{1}{10}r$ 与 $\frac{1}{10}(r+1)$ 之间，则第一个数字为 r。继续将此区间 10 等分，我们便可得到第二个数字，以此类推。但是（第 3、4 题）小数不会循环。因此，例如求解 $\sqrt{2}$ 得到的小数，就不可能循环。

8. 小数 $0.1010010001000010\cdots$ 和 $0.2020020002000020\cdots$，都代表着无理数，其中数字 1 或 2 之间的 0 的个数依次增加 1 个。

9. 小数 $0.011010100001010\cdots$ 表示一个无理数，其中如果 n 是质数，第 n 个数

字为 1，否则为 0。［由于质数的数目是无穷的，则该小数也不会穷尽。但它也不会循环：因为如果它循环的话，我们也便能确定 m 和 p，使得 m，$m+p$，$m+2p$，$m+3p$，…都是质数；而这不可能，因为级数中包括着 $m+mp$。[1]］

例30

1. 如果 $-1 < r < 1$，则级数 $r^m + r^{m+1} + \cdots$ 收敛，其和为

$$\frac{1}{1-r} - 1 - r - \cdots - r^{m-1}（第 77 课时的第 2 题）$$

2. 如果 $-1 < r < 1$，则级数 $r^m + r^{m+1} + \cdots$ 收敛，其和为 $\frac{r^m}{1-r}$（第 77 课时的第 4 题），证明：第 1 题和第 2 题的结论一致。

3. 证明：级数 $1 + 2r + 2r^2 + \cdots$ 收敛，其和为 $\frac{1+r}{1-r}$，（α）记作形式 $-1 + 2$ $(1 + r + r^2 + \cdots)$，（β）将该级数记为 $1 + 2(r + r^2 + \cdots)$，（γ）将 $1 + r + r^2 + \cdots$ 和 $r + r^2 + \cdots$ 两个级数相加。在每一种情况中说明你的证明应用了第 77 课时中的哪些定理。

4. 证明：算术级数

$$a + (a+b) + (a+2b) + \cdots$$

总是发散的，除非 a 和 b 都为 0。证明：如果 b 不为 0，则级数发散于 $+\infty$ 还是 $-\infty$，取决于 b 的符号，但是如果 b 为 0，它发散于 $+\infty$ 还是 $-\infty$，取决于 a 的符号。

5. 如果级数

$$(1-r) + (r - r^2) + (r^2 - r^3) + \cdots$$

收敛，则它的和为多少？［只有当 $-1 < r \leq 1$ 时，该级数才收敛。$r = 1$ 时，其和为 0，否则其和为 1。］

6. 求和级数

$$r^2 + \frac{r^2}{1+r^2} + \frac{r^2}{(1+r^2)^2} + \cdots$$

---

〔1〕例29中的结果都可以通过合适的调整后延伸到任意尺度的小数。更全的讨论见于布罗米奇的《无穷级数》附录1。

［此级数总是收敛的。当 $r=0$ 时，其和为 0，否则其和为 $1+r^2$。］

7. 如果我们假设级数 $1+r+r^2+\cdots$ 收敛，则我们可以通过第 77 课时第 1 题和第 4 题的方法来证明其和为 $\dfrac{1}{1-r}$。因为如果 $1+r+r^2+\cdots=s$，则

$$s=1+r\left(1+r+r^2+\cdots\right)=1+rs$$

8. 当级数

$$r+\frac{r}{1+r}+\frac{r}{(1+r)^2}+\cdots$$

收敛时，求该级数的和。 $\left[\right.$ 如果 $-1<\dfrac{1}{1+r}<1$，即 $r<-2$ 或 $r>0$ 时，该级数收敛，其为 $1+r$。当 $r=0$ 时它也收敛，其和为 0。 $\left.\right]$

9. 对下述级数回答相同的问题。

$$r-\frac{r}{1+r}+\frac{r}{(1+r)^2}-\cdots,\quad r+\frac{r}{1-r}+\frac{r}{(1-r)^2}+\cdots$$

$$1-\frac{r}{1+r}+\left(\frac{r}{1+r}\right)^2-\cdots,\quad 1+\frac{r}{1-r}+\left(\frac{r}{1-r}\right)^2+\cdots$$

10. 考虑级数

$$\left(1+r\right)+\left(r^2+r^3\right)+\cdots,\quad\left(1+r+r^2\right)+\left(r^3+r^4+r^5\right)+\cdots$$

$$1-2r+r^2+r^3-2r^4+r^5+\cdots,\quad\left(1-2r+r^2\right)+\left(r^3-2r^4+r^5\right)+\cdots$$

的收敛性，并在其收敛时找到它们的和。

11. 如果 $0\leqslant a_n\leqslant 1$，则当 $0\leqslant r<1$ 时，级数 $a_0+a_1r+a_2r^2+\cdots$ 收敛，其和不大于 $\dfrac{1}{1-r}$。

12. 如果级数 $a_0+a_1+a_2+\cdots$ 收敛，则级数 $a_0+a_1r+a_2r^2+\cdots$ 对于 $0\leqslant r\leqslant 1$ 也收敛，其和不会大于 $a_0+a_1+a_2+\cdots$ 和 $\dfrac{1}{1-r}$ 的较小者。

13. 证明级数

$$1+\frac{1}{1}+\frac{1}{1\times 2}+\frac{1}{1\times 2\times 3}\cdots$$

收敛。 $\left[\right.$ 因为 $\dfrac{1}{1\times 2\times\cdots\times n}\leqslant\dfrac{1}{2^{n-1}}$。 $\left.\right]$

14. 证明级数

$$1+\frac{1}{1\times 2}+\frac{1}{1\times 2\times 3\times 4}+\cdots,\quad \frac{1}{1}+\frac{1}{1\times 2\times 3}+\frac{1}{1\times 2\times 3\times 4\times 5}+\cdots$$

收敛。

15. 一般的和谐级数

$$\frac{1}{a} + \frac{1}{a+b} + \frac{1}{a+2b} + \cdots$$

发散至 $+\infty$，其中 a 和 b 都是正数。$\left[\ \text{因为}\ u_n = \dfrac{1}{a+nb} > \dfrac{1}{n(a+b)}\ \text{。现在与}\right.$

$1 + \dfrac{1}{2} + \dfrac{1}{3} + \cdots$ 进行比较。$\Big]$

16. 证明级数

$$(u_0 - u_1) + (u_1 - u_2) + (u_2 - u_3) + \cdots$$

收敛，当且仅当 $n \to \infty$ 时 u_n 趋向于某极限。

17. 如果 $u_1 + u_2 + u_3 + \cdots$ 发散，则用括号分组形成的任何级数也都发散。

18. 从一个正项收敛级数中选择的任意级数也都是收敛的。

（79）用极限方法来表示连续实变量

在前面的讨论中，我们多次论及极限

$$\lim_{n \to \infty} \phi_n(x)$$

和极限

$$u_1(x) + u_2(x) + \cdots = \lim_{n \to \infty} \{u_1(x) + u_2(x) + \cdots + u_n(x)\}$$

在寻求 n 的函数的极限时，我们也会寻找另一个变量 x。这时，其极限当然也是 x 的函数。因此在第 75 课时，我们遇到了函数

$$f(x) = \lim_{n \to \infty} n(\sqrt[n]{x} - 1)$$

并且几何级数 $1 + x + x^2 + \cdots$ 的和也是 x 的函数，即当 $-1 < x < 1$ 时，函数等于 $\dfrac{1}{1-x}$，而对于所有别的 n 值，函数无定义。

第二章中很多明显"任意"或"不自然"的函数也能有这样的简单表达式。

例31

1. $\phi_n(x)=x$。这里 n 并没有出现在函数 $\phi_n(x)$ 的表达式里，并且对于所有的 x 值都有 $\phi(x)=\lim\phi_n(x)=x$。

2. $\phi_n(x)=\dfrac{x}{n}$。这里对于所有的 x 值都有 $\phi(x)=\lim\phi_n(x)=0$。

3. $\phi_n(x)=nx$。如果 $x>0$，则 $\phi_n(x)\to+\infty$；如果 $x<0$，则 $\phi_n(x)\to-\infty$：仅当 $x=0$ 时，$\phi_n(x)$ 有极限（即为 0）。因此当 $x=0$ 时，$\phi_n(x)=0$ 并且对于其他的 x 值无定义。

4. $\phi_n(x)=\dfrac{1}{nx}$，$\dfrac{nx}{nx+1}$。

5. $\phi_n(x)=x^n$。这里 $\phi(x)=0$（$-1<x<1$）；$\phi(x)=1$（$x=1$）；并且 $\phi(x)$ 对于其他的 x 值无定义。

6. $\phi_n(x)=x^n(1-x)$。这里 $\phi(x)$ 与第 5 题中 $\phi(x)$ 的不同点在于，当 $x=1$ 时取值为 0。

7. $\phi_n(x)=\dfrac{x^n}{n}$。这里 $\phi(x)$ 与第 6 题中的 $\phi(x)$ 不同点在于，当 $x=1$ 和 -1 时取值为 0。

8. $\phi_n(x)=\dfrac{x^n}{x^n+1}$。[$\phi(x)=0$（$-1<x<1$）；$\phi(x)=\dfrac{1}{2}$（$x=1$）；$\phi(x)=1$（$x<-1$ 或 $x>1$）；并且当 $x=-1$ 时，无定义。]

9. $\phi_n(x)=\dfrac{x^n}{x^n-1}$，$\dfrac{1}{x^n+1}$，$\dfrac{1}{x^n-1}$，$\dfrac{1}{x^n+x^{-n}}$，$\dfrac{1}{x^n-x^{-n}}$。

10. 证明：如果 $x>0$，则当 $n\to\infty$ 时函数 $\dfrac{x^n-1}{x^n+1}$ 趋向于某个极限值，且函数的极限在 $x<1$，$x=1$ 和 $x>1$ 这三种不同情形下有三个不同的值。（《数学之旅》，1935）

同样讨论函数

$$\frac{nx^n-1}{nx^n+1}，\frac{x^n-n}{x^n+n}$$

11. 构造一个例子，满足：当 $|x|>1$ 时，$\phi(x)=1$；当 $|x|<1$ 时，$\phi(x)=-1$；当 $x=1$ 或 $x=-1$ 时 $\phi(x)=0$。

12. $\phi_n(x) = x\left(\dfrac{x^{2n}-1}{x^{2n}+1}\right)^2$, $\dfrac{n}{x^n+x^{-n}+n}$

13. $\phi_n(x) = \dfrac{x^n f(x) + g(x)}{x^n + 1}$

$\Big[$ 当 $|x|>1$ 时，$\phi(x)=f(x)$；当 $|x|<1$ 时，$\phi(x)=g(x)$；当 $x=1$ 时，$\phi(x)$ $=\dfrac{1}{2}\{f(x)+g(x)\}$；当 $x=-1$ 时函数 $\phi(x)$ 无定义。$\Big]$

14. $\phi_n(x) = \dfrac{2}{\pi}\arctan(nx)$。

$\Big[$ 当 $x>0$ 时，$\phi(x)=1$；当 $x=0$ 时，$\phi(x)=0$；当 $x<0$ 时，$\phi(x)=-1$，此函数在数论中非常重要，通常用符号表示为 $\operatorname{sgn}x$。$\Big]$

15. $\phi_n(x) = \sin nx\pi$ $\Big[$ 当 x 是整数时，$\phi(x)=0$；其余 $\phi(x)$ 则不被定义（例 24 中第 7 题）。$\Big]$

16. 如果 $\phi_n(x) = \sin n!x\pi$，则对于所有 x 的有理数值都有 $\phi(x)=0$（例 24 中第 13 题）。$\Big[$ 考虑无理数值难度会更大。$\Big]$

17. $\phi_n(x) = (\cos^2 x\pi)^n$ $\Big[$ 当 x 为整数时，$\phi(x)=1$，当 x 不是整数时，$\phi(x)$ $=0$。$\Big]$

18. 如果 $N \geq 1752$，那么公元 N 年中的天数是：

$$\lim\left\{365 + \left(\cos^2\frac{1}{4}N\pi\right)^n - \left(\cos^2\frac{1}{100}N\pi\right)^n + \left(\cos^2\frac{1}{400}N\pi\right)^n\right\}$$

（80）有界集合的边界

设 S 为实数 s 组成的任意系统或集合。如果存在一个数 K，使得对于 S 中的每一个 s 都有 $s \leq K$，我们就称 S 有上边界。如果有一个数 k，使得对于 S 中每一个 s 都有 $s \geq k$，则我们说 S 有下边界。如果 S 既有上边界也有下边界，我们可以称为 S 有界。

首先假设 S 有上边界（但不一定有下边界）。则有无穷个数拥有数 K 所拥有的性质，例如每一个大于 K 的数字都有此性质。我们将证明，这些数中有一个最小数[1]，我们称之为 M。数字 M 不小于 S 中任何数，但是每一个小于 M 的数都会小于 S 中的至少一个数。

我们把实数 ξ 分为 L 和 R 两类，到底放在 L 类还是 R 类，取决于 ξ 是否小于 S 中的数。这样一来，每一个都属于且仅属于 L 或 R 类。每一类都存在，因为任何小于 S 中的任意数的任意数都属于 L 类，而 K 则属于 R 类。最后，L 类的每一个数会小于 S 中的某些数，因此也会小于 R 类中的每一个数。从而第 17 课时的戴德金定理的三种情形都已满足，于是存在这样的一个数 M 来区分这些类。

我们必须要来证明 M 这个数的存在。首先，M 不会小于 S 中的任意一个数。因为一旦 S 中有了这样的一个数 s，我们就可以记 $s = M + \eta$，其中是正数。则数 $M + \frac{1}{2}\eta$ 便属于 L 类，因为它小于 s，又属于 R 类，这是因为它大于 M，然而这是不可能的。另一方面，任何小于 M 的数都属于 L，并且小于 S 中的至少一个数。因此 M 具有所要求的所有性质。

这样的数 M 我们称之为 S 的上边界，并且我们可以得出如下定理：任何有上边界的数集 S 都有上边界 M。S 中不会有任何一个数大于 M，但是任何小于 M 的数都小于 S 中的至少一个数。

用完全相同的方法，我们可以证明有下边界（但不一定有上边界）的数集对应的定理：任何有下边界的数集 S 都有下边界 m。S 中没有一个数小于 m，但是 S 中至少会有一个数小于 m 的任意值。

综上所述，当 S 有上边界时 $M \leqslant K$，当 S 有下边界时 $m \geqslant k$。当 S 同时有上下边界时，$k \leqslant m \leqslant M \leqslant K$。

（81）一个有边界函数的边界

假设函数 $\phi(n)$ 是正整数变量 n 的函数。函数 $\phi(n)$ 的所有值形成数集 S，对此集合，我们可以利用第 80 课时的论证方法。如果 S 有上边界，或有下边界，

---

[1] 一个数的无穷集合不一定有最小数。例如：$1, \frac{1}{2}, \frac{1}{3}, \cdots, \frac{1}{n}, \cdots$，就没有最小数。

或有边界，我们称函数 $\phi(n)$ 有上边界，有下边界，或有边界。如果有上边界，也就是说，如果有一个数 K 使得对于所有的 n 值都有 $\phi(n) \leqslant K$，则也会有一个数 M 使得

（i）对于所有的 n 值都有 $\phi(n) \leqslant M$；

（ii）如果是任意正数，则对于至少一个 n 值都满足 $\phi(n) > M - \delta$。

这样的数 M 我们称之为 $\phi(n)$ 的上边界。相似地，如果 $\phi(n)$ 有下边界，这就是说，有这样的一个数 k，使得对于所有的 n 值都有 $\phi(n) \geqslant k$，则有这样的一个数 m 使得

（i）对于所有的 n 值都有 $\phi(n) \geqslant m$；

（ii）如果是任意正数，则对于至少一个 n 值都有 $\phi(n) < m + \delta$。我们称这样的数 m 为 $\phi(n)$ 的下边界。

如果 K 存在，则 $M \leqslant K$；如果 k 存在，则 $m \geqslant k$；如果 k 和 K 都存在，则

$$k \leqslant m \leqslant M \leqslant K$$

（82）一个有边界函数的不确定的极限

假设 $\phi(n)$ 是有边界函数，并且 M 和 m 是其上边界和下边界。我们取任意实数 ξ，并且来考虑 ξ 与大数值 n 对应的 $\phi(n)$ 之间的不等式关系。如此便有三种互相独立的可能性：

（1）对于所有足够大数值的 n，都有 $\xi \geqslant \phi(n)$

（2）对于所有足够大数值的 n，都有 $\xi \leqslant \phi(n)$

（3）对于无穷的 n 值都有 $\xi < \phi(n)$，并且对于无穷多的 n 值也有 $\xi > \phi(n)$

在情形（1）中，它是一个优数（superior number），在情形（2）中，它是一个劣数（inferior number），在情形（3）中，它是一个中数（intermediate number）。很明显，优数不可能会小于 m，劣数也不可能大于 M。

我们来考虑所有优数的集合。它有下边界，因为它其中的数没有一个数小于 m，因此有下边界，我们表示为 Λ。相似地，劣数的集合也有上边界，表示为 λ。

我们分别将 Λ 和 λ 称为当 n 趋向于无穷时的 $\phi(n)$ 的不定元的上下极限，并写作：

$\Lambda = \overline{\lim}\, \phi(n)$，$\lambda = \underline{\lim}\, \phi(n)$

这些数有如下性质：

（1）$m \leqslant \lambda \leqslant \Lambda \leqslant M$。

（2）如果有中数存在的话，Λ 和 λ 是中数集合的上边界和下边界。

（3）如果 δ 是任意正数，则对于所有足够大的 n 值都满足 $\phi(n) < \Lambda + \delta$，并且对于无穷多的 n 值也满足 $\phi(n) > \Lambda - \delta$。

（4）相似地，对于足够大的 n 值都满足 $\phi(n) > \lambda - \delta$，并且对于无穷多的 n 值也满足 $\phi(n) < \lambda + \delta$。

（5）$\phi(n)$ 趋向于极限的必要充分条件为 $\Lambda = \lambda$，在这种条件下极限为 l，l 为 Λ 和 λ 的共同值。

在这些性质中，（1）是由定义直接推导的结果。我们接下来证明（2）。如果 $\Lambda = \lambda = l$，则最多只有一个中数，即 l，也无需证明。然后假设 $\Lambda > \lambda$，任意一个中数 ξ 都小于任意一个优数，也小于任意一个劣数，则 $\lambda \leqslant \xi \leqslant \Lambda$。但是如果 $\lambda < \xi < \Lambda$，则 ξ 必定为中数，因为它既不可能是优数也不可能是劣数。因此我们可以选择 Λ 与 λ 或任意接近的中数。

为了证明（3），我们注意到：$\Lambda + \delta$ 是优数，$\Lambda - \delta$ 是中数或者劣数。该结果是定义的直接推导结果。（4）与（3）的证明过程相同。

最后，（5）的证明过程如下。如果 $\Lambda = \lambda = l$，则

$l - \delta < \phi(n) < l + \delta$

对于每一个正数 δ 和所有足够大的 n 值都成立，从而 $\phi(n) \to l$。相反的如果 $\phi(n) \to l$，则上述不等式对于所有足够大值的 n 都满足。因此 $l - \delta$ 为劣数，$l + \delta$ 为优数，使得

$\lambda \geqslant l - \delta$，$\Lambda \leqslant l + \delta$

因此 $\Lambda - \lambda \leqslant 2\delta$。由于 $\Lambda - \lambda \geqslant 0$，所以这只在 $\Lambda = \lambda$ 时才成立。

A Mathematician's Apology

With a Foreword by C. P. Snow

G. H. HARDY

□ **哈代**

戈弗雷·哈罗德·哈代（1877—1947年），英国数学家。曾任教于剑桥大学、牛津大学，与另一位英国数学家约翰·伊登斯尔·李特尔伍德（1885—1977年）进行了长达35年的合作，发表了百余篇论文，主要涉及数论中的丢番图逼近、素数分布理论与黎曼函数、调和分析中的三角级数理论、发散级数求和与陶伯型定理等方面，对分析学和数论的发展有深刻的影响。图为哈代著作《一个数学家的辩白》的封面。

例32

1. Λ 和 λ 都不会被函数 $\phi(n)$ 的任意有限多的数值改变所影响。

2. 如果对于所有的 n 值都有 $\phi(n) = a$，则 $m = \Lambda = \lambda = M = a$。

3. 如果 $\phi(n) = n^{-1}$，则 $m = \Lambda = \lambda = 0$ 且 $M = 1$。

4. 如果 $\phi(n) = (-1)^n$，则 $m = \lambda = -1$ 且 $\Lambda = M = 1$。

5. 如果 $\phi(n) = (-1)^n n^{-1}$，则 $m = -1$，$\Lambda = \lambda = 0$ 且 $M = \frac{1}{2}$。

6. 如果 $\phi(n) = (-1)^n (1 + n^{-1})$，则 $m = -2$，$\lambda = -1$，$\Lambda = 1$ 且 $M = \frac{3}{2}$。

7. 假设 $\phi(n) = \sin n\theta\pi$，其中 $\theta > 0$。如果是整数，则

$$m = \Lambda = \lambda = M = 0$$

如果 θ 是有理数，但在很多情况下不是整数。例如，假设 $\theta = \frac{p}{q}$，p 和 q 都是正数、奇数，并且相互都是质数，且 $q > 1$。则 $\phi(n)$ 循环取值如下：

$$\sin\frac{p\pi}{q}, \quad \sin\frac{2p\pi}{q}, \quad \cdots, \quad \sin\frac{(2q-1)p\pi}{q}, \quad \sin\frac{2qp\pi}{q}, \quad \cdots$$

很容易验证：$\phi(n)$ 的数值最大值 $\cos\frac{\pi}{2q}$ 和最小值为 $-\cos\frac{\pi}{2q}$，使得

$$m = \lambda = -\cos\frac{\pi}{2q}, \quad \Lambda = M = \cos\frac{\pi}{2q}$$

类似地，读者可以讨论当 p 和 q 都不是奇数时的情形。

当 θ 为无理数时，情形就更加复杂了，此时有 $m = \lambda = -1$，$\Lambda = M = 1$。也可以证明 $\phi(n)$ 的值散布在区间 $(-1, 1)$ 中：如果 ξ 是区间中的任意一个数，则存

在数列 n_1，n_2，$\cdots$，使得当 $k \to \infty$ 时，$\phi(n_k) \to \xi$。[1]

当 $\phi(n)$ 是 $n\theta$ 的小数部分时，结果也是非常相似的。

（83）有边界函数的一般收敛性原则

前几课时的讨论使我们了解到一个非常重要的必要充分条件：有边界函数应该会趋向于某个极限，此条件就是函数收敛于某个极限的一般收敛原则（general principle of convergence）。

定理1

有边界函数 $\phi(n)$ 收敛于某个极限的充分必要条件为：如果给定任意正数 δ，可以找到一个数 $n_0(\delta)$，使得对所有满足 $n_2 > n_1 \geq n_0(\delta)$ 的值 n_1 和 n_2 都有

$|\phi(n_2) - \phi(n_1)| < \delta$

首先，该条件是必要条件，因为如果 $\phi(n) \to l$，则我们可以找到 n_0，使得当 $n \geq n_0$ 时

$$l - \frac{1}{2}\delta < \phi(n) < l + \frac{1}{2}\delta$$

所以当 $n_1 \geq n_0$，$n_2 \geq n_0$ 时有

$$|\phi(n_2) - \phi(n_1)| < \delta \tag{1}$$

其次，该条件是充分条件。为了证明这一点，我们就要证明它包含了 $\lambda = \Lambda$。但是如果 $\lambda < \Lambda$，则 δ 无论多小，都会有无限多的 n 值使得 $\phi(n) < \lambda + \delta$，又有无限多的 n 值使得 $\phi(n) > \Lambda - \delta$；因此我们总可以找到 n_1 和 n_2，都大于指定的数 n_0，使得

$$\phi(n_2) - \phi(n_1) > \Lambda - \lambda - 2\delta$$

---

〔1〕此结果的简单证明见于作者哈代和李特尔伍德的论文 "SomeproblemsofDiophantineapproximation"，*Actamathematica*，第27卷。

如果足够小的话，该式大于 $\frac{1}{2}(\Lambda - \lambda)$。这显然与不等式（1）相悖。因此 $\lambda = \Lambda$，所以 $\phi(n)$ 趋向于某个极限值。

（84）无边界函数

到目前为止，我们已经讨论过了有边界函数；但是"一般收敛原则"也同样只适用于无边界函数，即将定理 1 中的"有边界"三个字删去。

首先，如果 $\phi(n)$ 趋向于极限则该函数为有边界的；对于所有但除去有限数目的函数来说，其值小于 $l+\delta$，大于 $l-\delta$。

其次，如果定理 1 的条件满足，则只要 $n_1 \geqslant n_0$，$n_2 \geqslant n_0$，就有

$$|\phi(n_2) - \phi(n_1)| < \delta$$

我们可以选择一个大于 n_0 的特殊值 n_1，则当 $n_2 \geqslant n_0$ 时有

$$\phi(n_1) - \delta < \phi(n_2) < \phi(n_1) + \delta$$

因此 $\phi(n)$ 是有边界的，因此上一课时的证明过程依然适用。

"一般收敛原则"的重要性无须赘述。就像第 69 课时的定理那样，它给予了我们一种方法来确定函数是否会趋向于一个极限，并不需要我们提前说明极限是什么。并且这个原则也不像第 69 课时的包含特殊符号的定理那样有限制。但是在基础研究中，我们总可以从这些特殊的定理中得到想要的结果。尽管这个原则有其重要性，但我们也会发现，在接下来几章中实际上并没有用上它。[1]我们仅指出，如果我们假设

$$\phi(n) = s_n = u_1 + u_2 + \cdots + u_n$$

我们就能得到无穷级数收敛的充分必要条件，也即如下定理。

定理2

级数 $u_1 + u_2 + \cdots$ 收敛的充分必要条件为：给定任意正数 δ，都可以找到 n_0，

---

〔1〕第八章的一些证明可以利用这个原则来简化。

使得满足 $n_2 > n_1 \geqslant n_0$ 的所有 n_1 和 n_2 都满足

$$|u_{n1+1} + u_{n_1+2} + \cdots + u_{n2}| < \delta$$

（85）复数函数的极限及复数项的级数

在本章中，我们只考虑了 n 的实数函数以及实数项的级数。不过，延伸到复数函数和复数项的级数也不难。

假设 $\phi(n)$ 是复数函数，并且等于

$$\rho(n) + i\sigma(n)$$

其中 $\rho(n)$，$\sigma(n)$ 都是 n 的实数函数。则如果当 $n \to \infty$ 时，分别收敛于极限 r 和 s，我们则称收敛于极限 $l = r + is$，并记

$$\lim \phi(n) = l$$

相似地，当 u_n 是复数，并且等于 $v_n + iw_n$，我们可以说级数

$$u_1 + u_2 + u_3 + \cdots$$

是收敛的，其和为 $l = r + is$，如果级数

$$v_1 + v_2 + v_3 + \cdots , \quad w_1 + w_2 + w_3 + \cdots$$

都是收敛的，其和分别为 r 和 s。那么我们就说

$$u_1 + u_2 + u_3 + \cdots$$

是收敛的，其和为 l，等同于说：当 $n \to \infty$ 时，和式

$$s_n = u_1 + u_2 + \cdots + u_n = (v_1 + v_2 + \cdots + v_n) + i(w_1 + w_2 + \cdots + w_n)$$

收敛于极限 l。

在考虑实数函数和实数级数时，我们给出了分散、有限振荡和无限振荡的定义。但是在考虑复数函数和复数级数时，我们必须要考虑 $\rho(n)$ 和 $\sigma(n)$ 的增减趋势有很多种可能性，以至于在这里并不值得。当需要时，我们可以分别处理其实部和虚部，来进一步区分。

（86）定理的延伸

读者会很容易证明如下定理，这些定理都是对于实数函数和实数级数的定理的延伸。

（1）如果 $\lim = \phi(n) = l$，则对于任意固定值 p 都满足 $\lim \phi(n+p) = l$。

（2）如果 $u_1 + u_2 + \cdots$ 收敛，其为 l，则 $a + b + c + \cdots + k + u_1 + u_2 + \cdots$ 也收敛，其和为 $a + b + c + \cdots + k + l$，$u_{p+1} + u_{p+2} + \cdots$ 也收敛，其和为 $l - u_1 - u_2 - \cdots - u_p$。

（3）如果 $\lim \phi(n) = l$ 和 $\lim \psi(n) = m$，则 $\lim \{\phi(n) + \psi(n)\} = l + m$。

（4）如果 $\lim \phi(n) = l$，则 $\lim k\phi(n) = kl$。

（5）如果 $\lim \phi(n) = l$ 和 $\lim \psi(n) = m$，则 $\lim \phi(n)\psi(n) = lm$。

（6）如果 $u_1 + u_2 + \cdots$ 收敛于和 l，并 $v_1 + v_2 + \cdots$ 收敛于和 m，则（$u_1 + v_1$）+（$u_2 + v_2$）+ $\cdots$ 收敛于和 $l + m$。

（7）如果 $u_1 + u_2 + \cdots$ 收敛于和 l，则 $ku_1 + ku_2 + \cdots$ 收敛于和 kl。

（8）如果 $u_1 + u_2 + u_3 + \cdots$ 是收敛的，则 $\lim u_n = 0$。

（9）如果 $u_1 + u_2 + u_3 + \cdots$ 是收敛的，则将其中的项加括号所得的任意级数也都是收敛的，且两个级数的和也是相等的。

例如，我们来证明定理（5）。假设

$$\phi(n) = \rho(n) + i\sigma(n)，\psi(n) = \rho'(n) + i\sigma'(n)，l = r + is，m = r' + is'$$

则

$$\rho(n) \to r，\sigma(n) \to s，\rho'(n) \to r'，\sigma'(n) \to s'$$

但是

$$\phi(n)\psi(n) = \rho\rho' - \sigma\sigma' + i(\rho\sigma' + \rho'\sigma)$$

且

$$\rho\rho' - \sigma\sigma' \to rr' - ss'，\rho\sigma' + \rho'\sigma \to rs' + r's$$

所以

$$\phi(n)\psi(n) \to rr' - ss' + i(rs' + r's)$$

也就是

$$\phi(n)\psi(n) \to (r + is)(r' + is') = lm$$

接下来的定理也有不同的特点。

（10）当 $n \to \infty$ 时，为了使 $\phi(n) = \rho(n) + i\sigma(n)$ 收敛于 0，则

$$|\phi(n)| = \sqrt{[\{\rho(n)\}^2 + \{\sigma(n)\}^2]}$$

收敛于 0 是必要充分条件。

如果 $\rho(n)$，$\sigma(n)$ 都收敛于 0，则 $\sqrt{(\rho^2 + \sigma^2)}$ 也是如此。其逆命题可以由如下推出：ρ 或 σ 的绝对值不可能大于 $\sqrt{(\rho^2 + \sigma^2)}$。

（11）更一般地说，为了使 $\phi(n)$ 收敛于极限 l，则

$$|\phi(n) - l|$$

收敛于 0 是必要充分条件。

因为 $\phi(n) - l$ 收敛于 0，我们可以应用（10）的结论。

（12）当 $\phi(n)$ 和 u_n 是复数时，第 83—84 课时的定理 1 和定理 2 依然成立。

我们需要证明：$\phi(n)$ 趋向于极限 l 的充分必要条件为：当 $n_2 > n_1 \geqslant n_0$ 时

$$|\phi(n_2) - \phi(n_1)| < \delta \tag{1}$$

如果 $\phi(n) \to l$，则 $\rho(n) \to r$，$\sigma(n) \to s$，所以我们可以求得与 δ 相关的数 n_0' 和 n_0'' 使得

$$|\rho(n_2) - \rho(n_1)| < \frac{1}{2}\delta \ , \ |\sigma(n_2) - \sigma(n_1)| < \frac{1}{2}\delta$$

第一个不等式当 $n_2 > n_1 \geqslant n_0'$ 时成立，第二个不等式当 $n_2 > n_1 \geqslant n_0''$ 时成立。因此当 $n_2 > n_1 \geqslant n_0$ 时，

$$|\phi(n_2) - \phi(n_1)| \leqslant |\rho(n_2) - \rho(n_1)| + |\sigma(n_2) - \sigma(n_1)| < \delta$$

其中 n_0 是 n_0' 和 n_0'' 中较大者。因此条件（1）是必要条件。为了证明其充分性，我们需要证明当 $n_2 > n_1 \geqslant n_0$ 时

$$|\rho(n_2) - \rho(n_1)| \leqslant |\phi(n_2) - \phi(n_1)| < \delta$$

因此 $\rho(n)$ 趋向于极限 r。用相同的方式我们也可以证明 $\sigma(n)$ 趋向于极限 s。

（87）当 $n \to \infty$ 时，z^n 的极限（z 是复数）

我们接下来讨论 $\phi(n) = z^n$ 时的情形。这个问题已经在第 72 课时探究 z 的实

数值时讨论过了。

如果 $z^n \to l$，则根据第 86 课时的第 1 题就有 $z^{n+1} \to l$。但是，通过第 86 课时的（4）又有

$$z^{n+1} = zz^n \to zl$$

因此 $l = zl$，这仅当（a）$l = 0$ 或（b）$z = 1$ 时才是可能的。如果 $z = 1$ 则 $\lim z^n = 1$。除了这种特殊情况它的极限除非存在，也只能等于零。

令 $z = r(\cos\theta + i\sin\theta)$，其中 r 是正数，则

$$z^n = r^n(\cos n\theta + i\sin n\theta)$$

使得 $|z^n| = r^n$。因此 $|z^n|$ 当且仅当 $r < 1$ 时趋向于 0；从第 86 课时的第 10 题可得：当且仅当 $r = 1$ 时，

$$\lim z^n = 0$$

除此之外，z^n 不会收敛于一个极限，除非当 $z = 1$，此时有 $z^n \to 1$。

（88）当 z 是复数时的几何级数 $1 + z + z^2 + \cdots$

既然

$$s_n = 1 + z + z^2 + \cdots + z^{n-1} = \frac{1 - z^n}{1 - z}$$

除非 $z = 1$，此时 s_n 的值为 n，由此可得，级数 $1 + z + z^2 + \cdots$ 的当且仅当 $r = |z| < 1$ 是收敛的。并且当其收敛时和为 $\frac{1}{1 - z}$。

因此如果 $z = r(\cos\theta + i\sin\theta) = r\operatorname{Cis}\theta$，且 $r < 1$，我们就有

$$1 + z + z^2 + \cdots = \frac{1}{1 - r\operatorname{Cis}\theta}$$

或者

$$1 + r\operatorname{Cis} + r^2\operatorname{Cis}2\theta + \cdots = \frac{1}{1 - r\operatorname{Cis}\theta} = \frac{1 - r\cos\theta + ir\sin\theta}{1 - 2r\cos\theta + r^2}$$

将实部和虚部分开，我们得到：只要 $r < 1$，就有

$$1 + r\cos\theta + r^2\cos2\theta + \cdots = \frac{1 - r\cos\theta}{1 - 2r\cos\theta + r^2}$$

$$r\sin\theta + r^2\sin2\theta + \cdots = \frac{r\sin\theta}{1 - 2r\cos\theta + r^2}$$

如果我们将 θ 变为 $\theta+\pi$，我们就能发现，这些结果对于绝对值小于 1 的负的 r 值仍然成立。因此当 $-1 < r < 1$ 时依然成立。

例33

1. 直接证明：当 $r < 1$ 时，$\phi(n) = r^n \cos n\theta$ 收敛于 0，当 $r = 1$ 且 θ 是 2π 的倍数时收敛于 1。进一步证明：如果 $r = 1$ 且 θ 不是 2π 的倍数时，$\phi(n)$ 有限振荡；如果 $r > 1$ 且 θ 是 2π 的倍数时，则 $\phi(n) \to +\infty$；如果 $r > 1$，且 θ 不是 2π 的倍数，则 $\phi(n)$ 无限振荡。

2. 对于 $\phi(n) = r^n \sin n\theta$ 建立一组相似的结果。

3. 证明：当且仅当 $|z| < 1$ 时，

$$z^m + z^{m+1} + \cdots = \frac{z^m}{1-z}$$

$$z^m + 2z^{m+1} + 2z^{m+2} + \cdots = \frac{z^m(1+z)}{1-z}$$

成立。你使用了第 86 课时的哪条定理？

4. 证明：如果 $-1 < r < 1$，则

$$1 + 2r\cos\theta + 2r^2\cos 2\theta + \cdots = \frac{1-r^2}{1-2r\cos\theta+r^2}$$

5. 如果 $\left|\dfrac{z}{1+z}\right| < 1$，则级数

$$1 + \frac{z}{1+z} + \left(\frac{z}{1+z}\right)^2 + \cdots$$

收敛于和 $\dfrac{1}{1-\dfrac{z}{1+z}} = 1+z$。证明：此条件等价于 z 的实部大于 $-\dfrac{1}{2}$。

（89）符号 O，o，$\sim$

我们用一些定义来总结本章的内容。这些定义以后可能不会用到，但在这里它们是合乎逻辑的。

假设 $f(n)$ 和 $\phi(n)$ 是对于充分大的 n 值（比如对于 $n \geq n_0$）定义的两个函数；且 $\phi(n)$ 取值为正，随着 n 的增加而递增或递减，使得当 $n \to \infty$ 时，$\phi(n)$ 趋向于 0，

或趋向一个正极限，或无穷。实际上 $\phi(n)$ 是简单函数，就像 $\dfrac{1}{n}$，1 或 n 一样。由此我们得出如下定义：

（ⅰ）如果有常数 K，使得对于 $n \geqslant n_0$ 有

$$|f| \leqslant K\phi$$

我们记为 $f = O(\phi)$。

（ⅱ）如果当 $n \to \infty$ 时，有

$$\frac{f}{\phi} \to 0$$

我们就记为 $f = o(\phi)$。

（ⅲ）如果

$$\frac{f}{\phi} \to l$$

其中 $l \neq 0$，我们就记为 $f \sim l\phi$。

特别地，

$$f = O(1)$$

意味着 f 是有边界的（所以它要么趋向于某个极限，要么有限振荡），并且

$$f = o(1)$$

意味着 $f \to 0$

因此我们有

$$n = O(n^2), \quad 100n^2 + 1000n = O(n^2), \quad \sin n\theta\pi = O(1)$$

$$n = o(n^2), \quad 100n^2 + 1000n = o(n^3), \quad \sin n\theta\pi = o(n)$$

$$n+1 \sim n, \quad 100n^2 + 1000n \sim 100n^2, \quad n + \sin n\theta\pi \sim n$$

以及如果 $a_0 \neq 0$，$b_0 \neq 0$ 的话，

$$\frac{a_0 n^p + a_1 n^{p-1} + \cdots + a_p}{b_0 n^q + b_1 n^{q-1} + \cdots + b_q} \sim \frac{a_0}{b_0} n^{p-q}$$

我们要在此添加说明以免引起可能的误解。我们所说的"$f = O(\phi)$"意味着"f 并不比 ϕ 更高阶"，并不会排除 f 比 ϕ 更低阶的情况。（正如上述的第一个方程式）。

目前我们已经定义了（例如）"$f(n) = O(1)$"或者"$f(n) = o(n)$"，

但是并没有单独定义过"$O(1)$"或"$o(n)$"。然而我们也可以使得我们的定义更加灵活。我们约定 $O(\phi)$ 或 $o(\phi)$ 表示一个不特定的 f，使得 $f=O(\phi)$ 或 $f=o(\phi)$；例如，我们可以记：

$$O(1)+O(1)=O(1)=o(n)$$

它意味着"如果 $f=O(1)$ 且 $g=O(1)$，则 $f+g=O(1)$ 和 $f+g=o(n)$"，或者我们又可以记

$$\sum_{r=1}^{n} O(1)=O(n)$$

这意味着 n 项（其中每项的绝对值都小于一个常数）之和都会小于常数的 n 倍。

显然，我们包含 O 和 o 的公式通常是不可逆的。例如，"$o(1)=O(1)$"也就是"如果 $f=o(1)$ 则 $f=O(1)$"成立，而"$O(1)=o(1)$"却不成立。

我们很容易塑造一些关于这些符号的一般性性质，诸如：

（1）$O(\phi)+O(\psi)=O(\phi+\psi)$

（2）$O(\phi)O(\psi)=O(\phi\psi)$

（3）$O(\phi)o(\psi)=o(\phi\psi)$

（4）如果 $f\sim\phi$ 则 $f+o(\phi)\sim\phi$

这些定理都是定义的直接推论。

这些定义的用途和对应的连续变量的函数定义，在接下来的章节里会解释得更加清楚。

例题集

1. 当 n 取值 0，1，2，…时，函数 $\phi(n)$ 取值为 1，0，0，0，1，0，0，0，1，…。请用一个不包含三角函数的公式将 $\phi(n)$ 表示为 n 的函数。$\left[\phi(n)=\dfrac{1}{4}\{1+(-1)^n+\mathrm{i}^n+(-\mathrm{i})^n\}\right]$

2. 如果当 n 趋向于 ∞ 时，函数 $\phi(n)$ 递增，$\psi(n)$ 递减，并且如果对于所有的 n 值都有 $\psi(n)>\phi(n)$，则 $\phi(n)$ 和 $\psi(n)$ 都趋向于某极限，且 $\lim\phi(n)\leqslant\lim\psi(n)$。[这是第 69 课时的讨论的直接推论。]

3. 证明：如果

$$\phi(n) = \left(1 + \frac{1}{n}\right)^n, \quad \psi(n) = \left(1 - \frac{1}{n}\right)^{-n}$$

则 $\phi(n+1) > \phi(n)$ 且 $\psi(n+1) < \psi(n)$。[第一个结果已经在第 73 课时被证明过了。]

4. 证明：对于所有的 n 值有 $\psi(n) > \phi(n)$：推导（通过之前例题的方法）当 n 趋向于 ∞ 时 $\psi(n)$ 和 $\phi(n)$ 都趋向于某极限值。[1]

5. 和为 n 的所有正整数对的乘积的算术平均表示为 S_n。证明 $\lim \dfrac{S_n}{n^2} = \dfrac{1}{6}$。（《数学之旅》，1903）

6. 如果 x_1，x_2，$\cdots$，x_n 是正数，$\sum x_r = n$，x_r 不全等于 1，并且 m 是大于 1 的有理数，则 $\sum x_r^m > n$。（《数学之旅》，1934）

[使用不等式 $x^m - 1 > m(x-1)$，该式对于除了 1 之外的所有正 x 都成立。（第 74 课时）]

7. 如果 $\phi(n)$ 对于所有的 n 值都是正整数，并且与 n 一起趋向于 ∞，那么，如果 $0 < x < 1$，则 $x^{\phi(n)}$ 趋向于 0，如果 $x > 1$，则 $x^{\phi(n)}$ 趋向于 $+\infty$。对于其余 x 值，讨论当 $n \to \infty$，$x^{\phi(n)}$ 的增减趋势。

8. 如果 a_n 随着 n 的增加递增或递减，则 $\dfrac{a_1 + a_2 + \cdots + a_n}{n}$ 也一样。[2]

9. 对于所有的 x 值，函数 $f(x)$ 递增且连续（见于第五章），并且数列 x_1，x_2，x_3，$\cdots$ 由方程 $x_{n+1} = f(x_n)$ 定义。基于一般性的图象，讨论 x_n 是否会趋向于方程 $x = f(x)$ 的一个根？请思考特殊情况：该方程仅有一个根，分别讨论曲线 $y = f(x)$ 与直线 $y = x$ 从上往下和由下而上相交的情况。

10. 如果 $x_{n+1} = \dfrac{k}{1+x_n}$，而 k 和 x_1 都是正数，则数列 x_1，x_3，x_5，$\cdots$ 和 x_2，x_4，x_6，$\cdots$ 一个递增，一个递减，且都趋向于极限 α，α 是方程 $x^2 + x = k$ 的正根。

11. 如果 $x_{n+1} = \sqrt{k + x_n}$，而 k 和 x_1 是正数，则数列 x_1，x_2，x_3，$\cdots$ 递增还是

---

[1] 我们将会在第九章中证明 $\lim\{\psi(n) - \phi(n)\} = 0$，这样一来，每个函数都趋向于极限 e。

[2] 第8—11题和第15题都取自于作者布罗米奇的《无穷级数》一书。

递减取决于 x_1 小于或大于 α，α 是方程 $x^2 = x + k$ 的正根；且无论是哪种情形，当 $n \to \infty$ 时都有 $x_n \to \alpha$。

12. 一个数列 x_n 由

$$x_1 = h，\quad x_{n+1} = x_n^2 + k$$

定义，其中 $0 < k < \dfrac{1}{4}$，并且介于方程

$$x^2 - x + k = 0$$

的两根 a 和 b 之间。证明

$$a < x_{n+1} < x_n < b，$$

并确定 x_n 的极限。（《数学之旅》，1931）

13. 证明：如果 $x_1 = \dfrac{1}{2} \left\{ x + \left(\dfrac{A}{x} \right) \right\}$，$x_2 = \dfrac{1}{2} \left\{ x_1 + \left(\dfrac{A}{x_1} \right) \right\}$，以此类推，$x$ 和 A 都是正数，则 $\lim x_n = \sqrt{A}$。

$$\left[\text{也可以证明} \frac{x_n - \sqrt{A}}{x_n + \sqrt{A}} = \left(\frac{x - \sqrt{A}}{x + \sqrt{A}} \right)^{2^n} \right]$$

14. 数列 u_n 可以由关系式

$$u_1 = \alpha + \beta，\quad u_n = \alpha + \beta - \frac{\alpha \beta}{u_{n-1}} \quad (n > 1)$$

来定义，其中 $\alpha > \beta > 0$。证明

$$u_n = \frac{\alpha^{n+1} - \beta^{n+1}}{\alpha^n - \beta^n}$$

并且确定当 $n \to \infty$ 时 u_n 的极限。

讨论 $\alpha = \beta > 0$ 时的情形。（《数学之旅》，1933）

15. 如果 x_1，x_2 是正数，且 $x_{n+1} = \dfrac{1}{2} (x_n + x_{n-1})$，则数列 x_1，x_3，x_5，$\cdots$ 与 x_2，x_4，x_6，$\cdots$ 一个递增，一个递减，并且它们有共同的极限 $\dfrac{1}{3} (x_1 + 2x_2)$。

16. 如果 $\lim\limits_{n \to \infty} s_n = l$，则

$$\lim_{n \to \infty} \frac{s_1 + s_2 + \cdots + s_n}{n} = l$$

$$\left[\text{设} s_n = l + t_n。\text{则我们需要证明：如果} t_n \text{趋向于} 0，\text{则} \frac{t_1 + t_2 + \cdots + t_n}{n} \text{也趋} \right.$$

向于 0。]

我们把数列 t_1，t_2，$\cdots$，t_n 分为 t_1，t_2，$\cdots$，t_p 和 t_{p+1}，t_{p+2}，$\cdots$，t_n 两列。这里我们假设 p 是 n 的函数，当 $n \to \infty$ 时，$p \to \infty$ 但是速率要低于 n，使得 $p \to \infty$ 和 $\frac{p}{n} \to 0$：例如，我们可以假设 p 为 $\sqrt{n}$ 的整数部分。

设 δ 为任意正数。无论 δ 多小，我们总可以找到 n_0，使得当 $n \geq n_0$ 时，t_{p+1}，t_{p+2}，$\cdots$，t_n 的绝对值都小于 $\frac{1}{2}\delta$。所以

$$\left| \frac{t_{p+1} + t_{p+2} + \cdots + t_n}{n} \right| < \frac{\frac{1}{2}\delta\,(n-p)}{n} < \frac{1}{2}\delta$$

但是，如果 A 是数列 t_1，t_2，$\cdots$ 中模量的最大值，我们就有

$$\left| \frac{t_1 + t_2 + \cdots + t_n}{n} \right| < \frac{pA}{n}$$

如果 n_0 足够大，当 $n \geq n_0$ 时，它也小于 $\frac{1}{2}\delta$，这是因为当 $n \to \infty$ 时，$\frac{p}{n} \to 0$。因此，当 $n \geq n_0$ 时

$$\left| \frac{t_1 + t_2 + \cdots + t_n}{n} \right| \leq \left| \frac{t_1 + t_2 + \cdots + t_p}{n} \right| + \left| \frac{t_{p+1} + t_{p+2} + \cdots + t_n}{n} \right| < \delta$$

定理得证。

如果读者想要成为处理极限问题的专家，就应该仔细研究以上的论断。在证明某个表达式的极限趋向于 0 时，经常需要将其一分为二，然后用稍微不同的方法来证明每一部分都有极限 0。当然了，这个证明也并不容易。

证明的关键在于：我们需要证明，当 n 很大时，$\dfrac{t_1 + t_2 + \cdots + t_n}{n}$ 很小。我们用括号将其分为两组。第一组的各项并非都很小，但是数目比起 n 很少。第二组的数目与 n 相比并不少，但每项都很小，所以它们的和与 n 相比也很小。因此当 n 很大时，$\dfrac{t_1 + t_2 + \cdots + t_n}{n}$ 分成的每一部分都很小。

17. 如果当 $n \to \infty$ 时，$\phi(n) - \phi(n-1) \to l$，则 $\dfrac{\phi(n)}{n} \to l$。

[如果 $\phi(n) = s_1 + s_2 + \cdots + s_n$，那么 $\phi(n) - \phi(n-1) = s_n$，于是定理简化成为上例中已经证明的结论了。]

18. 如果 $s_n = \frac{1}{2}\{1-(-1)^n\}$，使得 s_n 等于 1 或 0 取决于 n 为奇还是偶，那么当

$n \to \infty$ 时，有 $\dfrac{s_1 + s_2 + \cdots + s_n}{n} \to \dfrac{1}{2}$。

［此题证明了例 16 的逆命题不成立：因为当 $n \to \infty$ 时 s_n 振荡。］

19. 如果用 c_n，s_n 表示级数

$$\frac{1}{2} + \cos\theta + \cos 2\theta + \cdots, \quad \sin\theta + \sin 2\theta + \cdots$$

的前 n 项之和，且 θ 不是 2π 的倍数，则

$$\lim \frac{c_1 + c_2 + \cdots + c_n}{n} = 0, \quad \lim \frac{s_1 + s_2 + \cdots + s_n}{n} = \frac{1}{2}\cot\frac{1}{2}\theta$$

20. 数列 y_n 是由数列 x_n 由关系式

$$y_0 = x_0, \quad y_n = x_n - \alpha x_{n-1} \ (n > 0)$$

来定义的，其中 $|\alpha| < 1$。用 y_n 来表达 x_n，并证明：如果 $y_n \to l$，则 $x_n \to \dfrac{l}{1-\alpha}$。
（《数学之旅》，1932）

21. 画出由方程

$$y = \lim_{n\to\infty} \frac{x^{2n}\sin\frac{1}{2}\pi x + x^2}{x^{2n} + 1}$$

所定义的函数 y 的图象。（《数学之旅》，1901）

22. 函数

$$y = \lim_{n\to\infty} \frac{1}{1 + n\sin^2\pi x}$$

取值为 0，除非当 x 为整数，此时函数等于 1。函数

$$y = \lim_{n\to\infty} \frac{\psi(x) + n\phi(x)\sin^2\pi x}{1 + n\sin^2\pi x}$$

当 x 为整数时等于 $\phi(x)$，除此之外等于 $\psi(x)$。

23. 证明：函数

$$y = \lim_{n\to\infty} \frac{x^n\phi(x) + x^{-n}\psi(x)}{x^n + x^{-n}}$$

的图象由 $\phi(x)$ 和 $\psi(x)$ 的部分图象以及（通常还有）两个独立点组成。当（a）$x = 1$， （b）$x=-1$，（c）$x=0$ 时 y 是否有定义？

24. 证明：当 x 是有理数时等于 0，当 x 是无理数时等于 1 的函数 y，可以表示为如下形式

$$y = \lim_{m \to \infty} \text{sgn} \, \{\sin^2(m!\pi x)\}$$

其中

$$\text{sgn} \, x = \lim_{n \to \infty} \frac{2}{\pi} \arctan(nx)$$

如例 31 第 14 题所示。[如果 x 是有理数，则 $\sin^2(m!\pi x)$，从而 $\text{sgn}\,\{\sin^2(m!\pi x)\}$ 从某个 m 值过后便等于 0；如果 x 是无理数，则 $\sin^2(m!\pi x)$ 总是正数，从而 $\text{sgn}\,\{\sin^2(m!\pi x)\}$ 也总是等于 1。]

证明：y 也可以表达为

$$1 - \lim_{m \to \infty} \, [\lim_{n \to \infty} \{\cos(m!\pi x)\}^{2n}]$$

25. 求和级数

$$\sum_1^\infty \frac{1}{v(v+1)} \, , \quad \sum_1^\infty \frac{1}{v(v+1)\cdots(v+k)}$$

[由于

$$\frac{1}{v(v+1)\cdots(v+k)} = \frac{1}{k}\left\{\frac{1}{v(v+1)\cdots(v+k-1)} - \frac{1}{(v+1)(v+2)\cdots(v+k)}\right\}$$

我们有

$$\sum_1^n \frac{1}{v(v+1)\cdots(v+k)} = \frac{1}{k}\left\{\frac{1}{1\times2\times\cdots\times k} - \frac{1}{(n+1)(n+2)\cdots(n+k)}\right\}$$

从而

$$\sum_1^\infty \frac{1}{v(v+1)\cdots(v+k)} = \frac{1}{k(k!)}\,]$$

26. 如果 $|z| < |\alpha|$，则

$$\frac{L}{z-\alpha} = -\frac{L}{\alpha}\left(1 + \frac{z}{\alpha} + \frac{z^2}{\alpha^2} + \cdots\right)$$

如果 $|z| > |\alpha|$，则

$$\frac{L}{z-\alpha} = \frac{L}{z}\left(1 + \frac{\alpha}{z} + \frac{\alpha^2}{z^2} + \cdots\right)$$

27. 将 $\dfrac{Az+B}{az^2+2bz+c}$ 以 z 的幂级形式展开。设 α、β 为 $az^2+2bz+c=0$ 的根，使得 $az^2+2bz+c=a(z-\alpha)(z-\beta)$。我们便可以假设 A，B，a，b，c 都是实数，且和不相等。则不难验证

$$\frac{Az+B}{az^2+2bz+c} = \frac{1}{a(\alpha-\beta)}\left(\frac{A\alpha+B}{z-\alpha} - \frac{A\beta+B}{z-\beta}\right)$$

根据 $b^2 > ac$ 或 $b^2 < ac$，这里有两种情况。

（1）如果 $b^2 > ac$，则两根都是实数且不相等。如果 $|z|$ 小于 $|\alpha|$ 或 $|\beta|$，我们就可以把 $\dfrac{1}{z-\alpha}$ 和 $\dfrac{1}{z-\beta}$ 都展开成 z 的升幂的形式（第 26 题）。如果 $|z|$ 大于 $|\alpha|$ 或 $|\beta|$，我们就必须把它们都展开成降幂的形式。而如果 $|z|$ 在 $|\alpha|$ 和 $|\beta|$ 之间，则展开式一个为升幂，另一个为降幂。读者可以自行写出实际的结果。如果 $|z|$ 等于 $|\alpha|$ 或 $|\beta|$，则不存在这样的展开式。

（2）如果 $b^2 > ac$，则两根为共轭复数（第三章，第 43 课时），我们可以记

$$\alpha = \rho\mathrm{Cis}\phi, \quad \beta = \rho\mathrm{Cis}(-\phi)$$

其中 $\rho^2 = \alpha\beta = \dfrac{c}{a}$，$\rho\cos\phi = \dfrac{1}{2}(\alpha+\beta) = -\dfrac{b}{a}$，使得 $\cos\phi = -\sqrt{\dfrac{b^2}{ac}}$，$\sin\phi = \sqrt{1 - \dfrac{b^2}{ac}}$。

如果 $|z| < \rho$，则每一个分式都可以展开成 z 的升幂的形式。可以求得 Z^n 的系数为

$$\frac{A\rho\sin n\phi + B\sin\{(n+1)\phi\}}{a\rho^{n+1}\sin\phi}$$

如果 $|z| > \rho$，我们得到了一个类似的降幂展开式，而如果 $|z| = \rho$，则这种展开式便不存在了。

28. 证明如果 $|z| < 1$，则

$$1 + 2z + 3z^2 + \cdots + (n+1)z^n + \cdots = \frac{1}{(1-z)^2}$$

$$\left[\; 它的前\; n\; 项之和为\; \frac{1-z^n}{(1-z)^2} - \frac{nz^n}{1-z}\; 。\; \right]$$

29. 以 z 的幂级形式展开 $\dfrac{L}{(z-\alpha)^2}$，并根据 $|z|<|\alpha|$ 或者 $|z|>|\alpha|$，按照升幂或降幂展开。

30. 证明：如果 $b^2=ac$ 且 $|az|<|b|$，则

$$\frac{Az+B}{az^2+2bz+c} = \sum_0^\infty p_n z^n 。$$

其中 $p_n = (-a)^n b^{-n-2} \{(n+1)aB-nbA\}$；如果 $|az|>|b|$，求出相应的以 z 的降幂形式排列的展开式。

31. 如果 $\dfrac{a}{a+bz+cz^2} = 1+p_1 z+p_2 z^2+\cdots$，则

$$1+p_1^2 z+p_2^2 z^2+\cdots = \frac{a+cz}{a-cz}\; \frac{a^2}{a^2-(b^2-2ac)z+c^2 z^2}\quad（《数学之旅》，1900）$$

32. 如果当 $n\to\infty$ 时 $\sin 2^n\theta\pi\to l$，则 $l=0$ 且是分母为 2 的幂的有理数。

　　〔显然

$$2^n\theta = p_n+c+\eta_n，$$

其中 p_n 是整数，c 是常数，并且 $\eta_n\to 0$；因此

$$p_{n+1}-2p_n-c+\eta_{n+1}-2\eta_n = 0 。$$

由于 $p_{n+1}-2p_n$ 是一个整数，因此这只有当（i）$c=0$（所以 $l=0$），并且（ii）从某个 n 的值开始，比如对 $n\geq n_0$，有 $p_{n+1}=2p_n$ 且 $\eta_{n+1}=2\eta_n$ 时才有可能。但是那样就开始有：当 $v\to\infty$ 时，

$$2^v\eta_{n_0} = \eta_{n_0+v}\to 0$$

而这仅当 $\eta_{n0}=0$ 时才有可能，所以 $2^{n_0}\theta=p_{n_0}$。

　　考虑 $\sin a^n\theta\pi$ 是很有启发意义的，其中 a 是大于 2 的整数。此时很可能 $l=0$，因此当 $\theta=\dfrac{1}{2}$ 时 $\sin 9^n\theta\pi\to 1$。〕

33. 如果 $P(n)$ 是 n 的 m 次幂整数系数多项式，并且 $\sin\{P(n)\theta\pi\}\to 0$，则 θ 是有理数。

［最好证明得更多[1]，即证明：如果

$$P(n)\theta = k_n + a_n + \epsilon_n \tag{1}$$

其中 k_n 是整数，a_n 取某任意有限多个值中的某个值，并且 $\epsilon_n \to 0$，则 θ 是有理数。

首先，如果我们在（1）中用 $n+1$ 来替代 n，再相减，就能观察到（i）是 $P(n+1)-P(n)$ 是 $m-1$ 次幂的多项式，（ii）$a_{n+1}-a_n$ 仅有有限多个可能的数值，我们就得到从 $m-1$ 到 m 归纳法。于是问题从而简化为讨论 $m=1$ 时的情形，此时 $P(n) = An + B$。（1）给出：

$$A\theta = (k_{n+1} - k_n) + (a_{n+1} - a_n) + (\epsilon_{n+1} - \epsilon_n)。$$

仅当 $\epsilon_{n+1} - \epsilon_n = 0$ 并且 $n \geqslant n_0$ 时才成立；则有

$$a_n = a_{n_0} + l_n + (n - n_0)A\theta，$$

其中当 $n \geqslant n_0$ 时，l_n 是整数。由于 a_n 仅有有限多的数值，则 $l_n + nA\theta$ 也仅有有限多的数值，从而是 θ 有理数。］

---

[1] 此方法取自于伊恩谷（Ingham）先生。

第五章　一个连续变量的函数极限、连续函数与不连续函数

（90）当 x 趋向于 ∞ 时的极限

我们现在转过头来研究一个连续实变量的函数。我们将完全讨论单值（one-valued）函数[1] $\phi(x)$。设 x 为基础直线上的连续点，方向从左向右延伸。此时我们说 x 趋向于无穷，或，记为 $x \to \infty$。与上一章讨论的"n 趋向 ∞"的区别在于：当 x 趋向于时，x 取所有的值。即：与 x 对应的点 P 依次与直线上从起始点向右的每一点都重合，但是 n 趋向于 ∞ 时，则 n 是通过一系列跳动从而趋向于 ∞。我们可以说"x 连续地趋向于 ∞"来表示这种区别。

如同在上一章开头所阐述的那样，关于 x 的函数与关于 n 的函数之间有十分紧密的对应关系。每一个关于 n 的函数都可以看作是从关于 x 的函数值中选取出来的。在上一章中我们讨论了可以用来描述当 n 趋向于 ∞ 时函数 $\phi(x)$ 的特性。在上一章中我们还讨论了一些定义和定理，对应于第 58 课时的定义 1，我们可得：

定义1

如果对于任意无论多小的一个正数 δ，都能找到一个数 $x_0(\delta)$，使得对于所有大于等于 $x_0(\delta)$ 的 x 值都有 $\phi(x)$ 与 l 的差小于 δ，即当 $x \geqslant x_0(\delta)$ 时有：

$$|\phi(x) - l| < \delta$$

则我们称当 x 趋向于 ∞ 时函数 $\delta(x)$ 趋向于极限 l，写作：

---

[1] 因此 $\sqrt{x}$ 在本章中代表单值函数，而不是如第 26 课时中的代表值为 $+\sqrt{x}$ 和 $-\sqrt{x}$ 的二值函数。

$$\lim_{x \to \infty} \phi(x) = l$$

或者不会出现概念模糊的情形时，就简写作 $\lim \phi(x) = l$，或 $\phi(x) \to l$。相似地，我们可得定义 2。

定义2

如果对于无论多大的一个指定数字，我们总可以找到一个数字 $x_0(\varDelta)$ 使得当 $x \geqslant x_0(\varDelta)$ 时有：

$$\phi(x) > \varDelta$$

则 $\phi(x)$ 被称为随着 x 趋向于 ∞，写作：

$$\phi(x) \to \infty$$

相似地，我们也可以定义 $\phi(x) \to -\infty$[1]。最终，我们可得定义 3。

定义3

如果以上两种定义中的条件都不能够被满足，则称 $\phi(x)$ 当 x 趋向 ∞ 时振荡。如果当 $x \geqslant x_0(\varDelta)$ 时，$|\phi(x)|$ 小于某常数 K[2]，则被称为有限振荡，否则被称之为无限振荡。

读者应该记住：在上一章中我们非常仔细地思考过了表达 $\phi(x) \to l$，$\phi(x) \to \infty$ 的非正式方法。相似的表达方法也可以用在现在的情形下，因此我们可以说当 x 很大时，$\phi(x)$ "很小" "接近于" "很大" 这些词都与第四章的应用相似。

例24

1. 请思考如下函数随着 $x \to \infty$ 时的表现形式：

---

[1] 我们有时候发现用 $+\infty$，$x \to \infty$，$\phi(x) \to +\infty$，而不是 ∞，$x \to -\infty$，$\phi(x) \to -\infty$ 更方便。

[2] 在第 62 课时的相应定义中，我们假设对于所有的 n 值，而不仅仅是 $n \geqslant n_0$，都有 $|\phi(x)| < K$ 但是两个假设也就等同了，当 $n \geqslant n_0$ 如果 $|\phi(n)| < K$，则对于所有的 n 值都有 $|\phi(n)| \leqslant K'$，其中 K' 是 $|\phi(1)|$，$|\phi(2)|$，$\cdots$，$|\phi(n_0-1)|$ 和 K 的最大值。这里的问题并不简单，因为有无穷多的 x 值都小于 x_0。

$$\frac{1}{x} , \quad 1+\frac{1}{x} , \quad x^2, \quad x^k, \quad [x], \quad x-[x], \quad [x]+\sqrt{\{x-[x]\}}$$

这前四个函数与第四章讨论过的 n 的函数完全对应。后三个函数在第二章中已经构建，读者也能看出：$[x]\rightarrow\infty$，$x-[x]$ 有限振荡，且 $[x]+\sqrt{\{x-[x]\}}\rightarrow\infty$。

在此插入一个简单的说明：函数 $\phi(x)=x-[x]$ 在 0 和 1 之间振荡，从其图象便可得知。当 x 为整数时，该函数等于 0，所以函数 $\phi(n)$ 的取值总是 0，并且也趋向于极限 0。如果

$$\phi(x)=\sin x\pi , \quad \phi(n)=\sin n\pi =0$$

该情况也成立。显然，$\phi(x)\rightarrow l$，或 $\phi(x)\rightarrow\infty$，或 $\phi(n)\rightarrow-\infty$ 包含着 $\phi(n)$ 的对应性质，但是其逆命题通常不成立。

2. 请用同样的方法思考以下函数，用函数图形来描述你的见解。

$$\frac{\sin x\pi}{x} , \quad x\sin x\pi , \quad (x\ \sin\ x\pi)^2, \quad \tan x\pi , \quad \frac{\tan x\pi}{x} , \quad a\cos^2 x\pi+b\sin^2 x\pi$$

3. 对于定义 1，给出一个与第四章第 59 课时那样的图形说明。

4. 如果 $\phi(x)\rightarrow l$，且 l 不等于 0，则 $\phi(x)\cos x\pi$ 和 $\phi(x)\sin x\pi$ 有限振荡。如果 $\phi(n)\rightarrow\infty$ 或者 $\phi(n)\rightarrow-\infty$，则无限振荡。每个函数的图象都是在 $y=\phi(x)$ 和 $y=-\phi(x)$ 之间振荡的波浪形曲线。

5. 讨论函数

$$y=f(x)\cos^2 x\pi +F(x)\sin^2 x\pi$$

在 $x\rightarrow\infty$ 时的增减趋势，其中 $f(x)$ 和 $F(x)$ 是一对简单函数（例如 x 和 x^2）。

$$\left[\ y\ 的图象是在\ y=f(x)\ 和\ y=F(x)\ 之间振荡的曲线。\ \right]$$

（91）当 x 趋向于 $-\infty$ 时的极限

读者现在应该可以理解论断"x 趋向于 $-\infty$"或"$x\rightarrow-\infty$"以及

$$\lim_{x\rightarrow-\infty}\phi(x)=l , \quad \phi(x)\rightarrow\infty , \quad \phi(x)\rightarrow-\infty$$

事实上，如果 $x=-y$ 且 $\phi(x)=\phi(-y)=\psi(y)$，则当 x 趋向于 $-\infty$ 时 y 趋向于 ∞，于是研究当 x 趋向于 $-\infty$ 时函数的表现趋势与 y 趋向于 ∞ 时函数的表现趋势就是相同的问题。

（92）第四章第63—69课时的结论对应的定理

在第四章里关于函数的和、积、商的定义对于连续变量 x 的函数都成立。定理的表述和证明也都是成立的。

与第四章第69课时对应的函数定义如下：如果只要 $x_2 > x_1$，就有 $\phi(x_2)$ $\geqslant \phi(x_1)$，则函数 $\phi(x)$ 被称为函数递增。当然，在很多情形下，此条件也是仅从某个确定值 x 往后才确定的，即：$x_2 > x_1 \geqslant x_0$。第69课时接下来的定理不需要改动，只需要把 n 改成 x，除了表述上有明显的改变，证明也是相同的。

如果只要 $x_2 > x_1$，就有 $\phi(x_2) > \phi(x_1)$，相等的可能性也被排除，这被称之为稳定且严格递增，简称为严格递增。我们会在第109、110课时发现这个区分往往是很重要的。

读者也应该考虑如下函数是否会随着 x 递增（或者从 x 的某值开始往后稳定递增）：$x^2 - x$, $x + \sin x$, $x + 2\sin x$, $x^2 + 2\sin x$, $[x]$, $[x] + \sin x$, $[x] + \sqrt{\{x - [x]\}}$。当 $x \to \infty$ 时，所有的这些函数都趋向于 ∞。

（93）当 x 趋向于 0 时的极限

设 $\phi(x)$ 为 x 的函数，使得 $\lim\limits_{x \to \infty} \phi(x) = l$，令 $y = \dfrac{1}{x}$，则有

$$\phi(x) = \phi\left(\frac{1}{y}\right) = \psi(y)$$

当 x 趋向于 ∞，y 趋向于极限 0，$\psi(y)$ 趋向于极限 l。

我们忽略 x 而直接考虑 $\psi(y)$ 作为 y 的函数。我们现在只考虑大正数值对应的 x 值，即小正数值对应的 y 值。并且 $\psi(y)$ 使得 y 值足够小，所以我们可以取 $\psi(y)$ 与 l 的差值足够足够小。更精确地讲，$\lim \phi(x) = l$ 表达式意味着：无论指定的正数 δ 有多么小，我们总可以选择 x_0 使得对于所有大于等于 x_0 的 x 都满足 $|\psi(x) - l| < \delta$。但是与此相同的是，我们也可以选择 $y_0 = \dfrac{1}{x_0}$ 使得所有小于等于 y_0 的 y 值都有 $|\psi(y) - l| < \delta$。

于是我们有了如下的定义：

A. 如果对于指定的无论多小的正数 δ，我们都可以选取 $y_0(\delta)$，使得当 $0 < y \leqslant y_0(\delta)$ 时

$$|\phi(y) - l| < \delta$$

则我们说当 y 正向趋向于 0 时，趋向于极限 l，写作

$$\lim_{y \to +0} \phi(y) = l$$

B. 如果对于任意无论多大的指定数字 Δ，我们都可以选取 $y_0(\Delta)$，使得当 $0 < y \leqslant y_0(\Delta)$ 时

$$\phi(y) > \Delta$$

则我们说：当 y 取正直且趋向于 0 时，$\phi(y)$ 正向趋向于 ∞，写作

$$\phi(y) \to \infty$$

我们可以用相似的方法来定义"当 y 负向趋向于 0 时 $\phi(y)$ 趋向于极限 l"，或"当 $y \to -0$ 时，$\lim \phi(y) = l$"。我们只需要改变定义 A 中的 $0 < y \leqslant y_0(\delta)$ 为 $-y_0(\delta) \leqslant y \leqslant 0$。对于定义 B 也同理。相似的定义当 $y \to +0$ 或 $y \to -0$ 时，有

$$\phi(y) \to -\infty$$

如果

$$\lim_{y \to +0} \phi(y) = l$$

且

$$\lim_{y \to -0} \phi(y) = l$$

我们就简写作

$$\lim_{y \to 0} \phi(y) = l$$

这种情况非常重要，因而需要给出一个正式定义。

如果对于任意无论多小的正数 δ，我们总能找到 $y_0(\delta)$，使得对于所有非零但是小于或者等于 $y_0(\delta)$ 的 y 值，$\phi(y)$ 与 l 的差距都小于 δ，则我们就称当 y 趋向于 0 时，$\phi(y)$ 趋向于极限，写作

$$\lim_{y \to 0} \phi(y) = l$$

同样地，如果当时 $y \to +0$ 或 -0 时 $\phi(y) \to -\infty$，那么我们称 $y \to 0$ 时，

$\phi(y)\to\infty$。相似地，我们也可以定义论断"当时 $y\to0$，$\phi(y)\to-\infty$"。

最后，如果当 $y\to+0$ 时，$\phi(y)$ 既不趋向于某极限，也不趋向于 ∞，也不趋向于 $-\infty$，我们就称当 $y\to+0$ 时 $\phi(y)$ 振荡，它是有限振荡还是无限振荡则视情况而定；相似地，我们也可以定义 $y\to-0$ 时的情况。

以上的定义是基于变量为 y 而陈述的。使用哪个字母并不重要，我们也可以用 x 来全程代替 y。

（94）当 x 趋向于 a 时的极限

接下来我们假设当 $y\to0$ 时有 $\phi(y)\to l$，并记

$y=x-a$，$\phi(y)=\phi(x-a)=\psi(x)$

如果 $y\to0$，则 $x\to a$ 且 $\psi(x)\to l$，我们可以自然地推导出

$$\lim_{x\to a}\psi(x)=l$$

或简写作 $\lim\psi(x)=l$ 或者 $\psi(x)\to l$，并说当 x 趋向于 a 时，$\psi(x)$ 趋向于极限 l。这个方程正式且直接地定义如下：如果对于给定的 δ，我们总是可以定义 $\epsilon(\delta)$，使得当 $0<|x-a|\leqslant\epsilon(\delta)$ 时有

$|\phi(x)-l|<\delta$

则

$$\lim_{x\to a}\phi(x)=l$$

限制 x 为大于 a 的数，也就是用 $a<x\leqslant a+\epsilon(\delta)$ 替代 $0<|x-a|\leqslant\epsilon(\delta)$，我们就给出定义"当 x 从右接近于 a 时，$\phi(x)$ 趋向于 l"，我们可以把它们写作

$$\lim_{x\to a+0}\phi(x)=l$$

相同地，我们可以定义

$$\lim_{x\to a-0}\phi(x)=l$$

因此

$$\lim_{x\to a}\phi(x)=l$$

等同于两个结论：

$$\lim_{x\to a+0}\phi(x)=l\text{ ，}\lim_{x\to a-0}\phi(x)=l$$

我们可以给出与下列情形相对应的定义：当 $x \to a$ 时，无论 x 大于还是小于 a，$\phi(x) \to \infty$ 或 $\phi(x) \to -\infty$；但是也不需要完全依赖于这些定义，因为这些定义与上述的当 $a = 0$ 时的情形相似，我们也总是可以通过令 $x - a = y$ 且 $y \to 0$ 来讨论 $x \to a$ 时 $\phi(x)$ 的增减趋势。

（95）递增或递减函数

如果有一个数 ϵ，使得只要 $a - \epsilon < x' < x'' < a + \epsilon$，就有 $\phi(x') \leqslant \phi(x'')$，则我们称在 $x = a$ 邻域内递增。

首先假设 $x < a$，并令 $y = \dfrac{1}{a - x}$。则当 $x \to a - 0$ 时 $y \to \infty$，并且 $\phi(x) = \psi(y)$ 是 y 的递增函数，但也不会大于 $\phi(a)$。从第 92 课时的讨论中得出，$\phi(x)$ 趋向于某个不大于 $\phi(a)$ 的极限。我们写作

$$\lim_{x \to a-0} \phi(x) = \phi(a - 0)^{[1]}$$

我们可以用相似的方法定义 $\phi(a + 0)$；很明显

$$\phi(a - 0) \leqslant \phi(a) \leqslant \phi(a + 0)$$

相似的考虑也可以应用到递减函数中去。

如果只要 $a - \epsilon < x' < x'' < a + \epsilon$，就有 $\phi(x') < \phi(x'')$ 则等式出现的可能性被排除，我们就称 $\phi(x)$ 为更严格意义上递增。

（96）不定元的极限以及收敛原则

所有第 80—84 课时的讨论都可以被应用到连续变量 x（趋向于极限 a）的函数中去。特别地，如果函数 $\phi(x)$ 在包含 a 的区间内有边界（也就是说，如果我们可以找到 ϵ、H 和 K 使得只要 $a - \epsilon \leqslant x \leqslant a + \epsilon$，就有 $H < \phi(x) < K$）$^{[2]}$，则我们

---

[1] 我们可以这样理解：$\phi(a-0)$ 除了表示一个传统意义上的左极限外，没有任何别的意义。无论何时，只要 $\phi(a+0)$ 和 $\phi(a-0)$ 所定义的极限存在，我们便可以使用这样的符号；但是通常不满足本教程中的不等式。

[2] 见第 103 课时。

可以定义 λ 和 Λ，即当 $x \to a$ 时，$\phi(x)$ 的不定元的上下限。并证明 $\lambda = \Lambda = l$ 是 $\phi(x)$ 趋向于 l 的充分必要条件。我们也可以建立相似的收敛原则，即证明：$\phi(x)$ 趋向于某极限的充分必要条件为：当给出 δ，我们总可以选取 $\epsilon(\delta)$，使得当 $0 < |x_2 - a| < |x_1 - a| \leq \epsilon(\delta)$ 时有 $|\phi(x_2) - \phi(x_1)| < \delta$。相似地，当 $x \to \infty$ 时，$\phi(x)$ 趋向于某极限的充分必要条件为：当 $x_2 > x_1 \geq X(\delta)$ 时有 $|\phi(x_2) - \phi(x_1)| < \delta$。

例35

1. 当 $x \to a$ 时，$\phi(x) \to l$，$\psi(x) \to l'$，则

$$\phi(x) + \psi(x) \to l + l', \quad \phi(x)\psi(x) \to ll', \quad \frac{\phi(x)}{\psi(x)} \to \frac{l}{l'}$$

除非在最后一种情况下 $l' = 0$。

[在第 92 课时，第四章第 63 课时及以后几节的定理在当 $x \to \infty$ 或 $x \to -\infty$ 时也成立。令 $x = \dfrac{1}{y}$，我们也可以扩展到 y 的函数在当 $y \to 0$ 时的情形，又令 $y = z - a$，则可扩展到 z 的函数在当 $z \to a$ 时的情形。

读者也可以用以上给出的正式定义来直接证明。例如，为了第一个结果的直接证明，仅需要取第 63 课时的定理 1 的证明，并始终用 x 来替代 n，用 a 来替代 ∞，用 $0 < |x - a| \leq \epsilon$ 代替 $n \geq n_0$ 即可。]

2. 如果 m 是正整数，则当 $x \to 0$ 时 $x^m \to 0$。

3. 如果 m 是负整数，则当 $x \to +\infty$ 时 $x^m \to +\infty$，而当 $x \to -0$ 时 $x^m \to -0$ 或者 $x^m \to +\infty$，这具体取决于 m 是奇还是偶。如果 $m = 0$，则 $x^m = 1$ 且 $x^m \to 1$。

4. $\lim\limits_{x \to 0} (a + bx + cx^2 + \cdots + kx^m) = a$

5. $\lim\limits_{x \to 0} \dfrac{a + bx + \cdots + kx^m}{\alpha + \beta x + \cdots + kx^\mu} = \dfrac{a}{\alpha}$

除非 $\alpha = 0$。如果 $\alpha = 0$ 且 $a \neq 0$，$\beta \neq 0$，则当 $x \to +0$ 时，函数趋向于 $+\infty$ 还是 $-\infty$，取决于 a 和 β 的符号是否相同。如果 $x \to -0$，则情况完全相反。α 和 a 都为 0 的情形将在例题 36 的第 5 题中讨论。讨论当 $a \neq 0$ 且分母的前几个系数中有多于一个为 0 时的情形。

6. 如果 m 是任意正整数，或负整数，则有

$$\lim_{x \to a} x^m = a^m$$

除非 $a=0$ 且 m 是负数。[如果 $m>0$，令 $x=y+a$，且应用第 4 题中的结果。当 $m<0$ 时，可以从上面第 1 题中得出结论。从而推出，如果 $P(x)$ 为任意多项式，则 $\lim P(x) = P(a)$。]

7. 如果 R 表示任意有理函数，且 a 不是它的分母的根，则

$$\lim_{x \to a} R(x) = R(a)$$

8. 证明：对于所有的 m 的有理数值，有

$$\lim_{x \to a} x^m = a^m$$

除非 $a=0$ 且 m 是负数。[当 a 是正数时，可以从第 74 课时的不等式（9）或（10）得出。因为对于 $|x^m - a^m| < H|x-a|$，其中 H 是 mx^{m-1} 和 ma^{m-1} 的绝对值较大值（见例 28 第 4 题）。如果 a 是负数，我们写作 $x=-y$ 和 $a=-b$，则

$$\lim x^m = \lim (-1)^m y^m = (-1)^m b^m = a^m。]$$

（97）不定元的极限以及收敛原则（续）

一开始读者或许很难看出，上面第 4，5，6，7，8 题的证明结果是必要的。他可能会问："为什么不直接令 $x=0$，或 $x=a$ 呢？如此，我们便得到 a，$\dfrac{a}{a}$，a^m，$P(a)$，$R(a)$ 了。"他应看到，这里恰恰是他出错的地方。我们应该仔细考虑这一点：

命题 $\displaystyle\lim_{x \to 0} \phi(x) = l$

是当 x 取任何不同于 0 且与 0 相差很小的值时关于 $\phi(x)$ 的命题[1]。并没有考虑当 $x=0$ 时 $\phi(x)$ 的取值。我们在给出这个命题时，我们断言：当 x 近似等于 0 时，$\phi(x)$ 近似等于 l。我们并没有讨论当 x 等于 0 时会发生什么。截至目前，$\phi(x)$ 可

---

[1] 例如在第 93 课时的定义 A 中，我们给出了满足 $0 < y \leqslant y_0$ 的 y 的一个命题。第一个不等式显然是为了排除 $y=0$ 的情况。

能对于所有的 $x = 0$ 都没有定义；或者也可能在该点取非 1 的值。例如，考虑对于所有 x 值方程 $\phi(x) = 0$ 给出的函数，显然

$$\lim \phi(x) = 0 \qquad\qquad (1)$$

现在考虑函数 $\psi(x)$，它与 $\phi(x)$ 的区别仅仅在于当 $x = 0$ 时，则

$$\lim \psi(x) = 0 \qquad\qquad (2)$$

当 x 近似等于 0 时，$\psi(x)$ 不仅仅近似，而且确实等于 0。但是 $\psi(x) = 1$。此函数的图象包含 x 轴，但是去除了 $x = 0$ 的点，并添加一个独立点，即（0，1）。方程（2）意味着：如果我们向着 y 轴移动，无论从哪边，则曲线的坐标总等于 0，趋向于极限 0。这个结果不会受独立点（0，1）的影响。

读者可能出于这个例子过于人为刻意，而否认这个例子。但是我们很容易写下简单的函数，其增减趋势接近于 $x = 0$。其中一个是

$$\psi(x) = [\, 1 - x^2 \,]$$

其中 $[\, 1 - x^2 \,]$ 表示通常不大于 $1 - x^2$ 的最大整数。如果 $x = 0$，则 $\psi(x) = [1] = 1$；但是如果 $0 < x < 1$，或 $-1 < x < 0$，则 $\psi(x) = [\, 1 - x^2 \,] = 0$。

我们再来考虑在第二章第 24 课时已经讨论过的函数

$$y = \frac{x}{x}$$

除了所有 $x = 0$ 以外的情况，此函数都等于 1。当 $x = 0$ 时它不等于 1，因为它对 $x = 0$ 并无定义。因为当我们称 $\phi(x)$ 对于 $x = 0$ 有定义时（正如我们在第二章解释过的那样），我们指的是我们总可以在定义 $\phi(x)$ 的公式中令 $x = 0$ 来求出其值。而在上述情况下我们并不能。当我们在 $\phi(x)$ 中令 $x = 0$ 时，我们得到 $\frac{0}{0}$，这是无意义的。读者或许会反驳道："分子、分母可以同时除以 x"，但这当 $x = 0$ 时是不可能的。因此 $y = \frac{x}{x}$ 与 $y = 1$ 的不同点仅仅在于其当 $x = 0$ 时无定义。尽管如此，仍有

$$\lim \frac{x}{x} = 1$$

因为只要 x 值不为 0，无论与 0 的差距有多小，都有 $\frac{x}{x}$ 等于 1。

相似地，只要 x 不等于 0，都有 $\phi(x) = \dfrac{\{(x+1)^2 - 1\}}{x} = x + 2$，但是当 $x = 0$ 时

无定义。尽管如此，仍有 $\lim \phi(x) = 2$。

另一方面，当然没有任何东西可以阻止当 x 趋向于 0 时，$\phi(x)$ 的极限等于 $\phi(x)$ 在 $x=0$ 时的取值 $\phi(0)$ 的情况发生。因此如果 $\phi(x) = x$，则 $\phi(0) = 0$ 并且 $\lim \phi(x) = 0$。

例36

1. $\lim\limits_{x \to a} \dfrac{x^2 - a^2}{x - a} = 2a$

2. 如果 m 为任意整数（0 也包含在内），则 $\lim\limits_{x \to a} \dfrac{x^m - a^m}{x - a} = m a^{m-1}$

3. 证明：只要 a 是正数，对于所有 m 的有理数值，第 2 题的结果仍然成立。〔这可以从第 74 课时的不等式（9）和（10）得出。〕

4. $\lim\limits_{x \to a} \dfrac{x^7 - 2x^5 + 1}{x^3 - 3x^2 + 2} = 1$ 〔$x-1$ 同时是分子与分母的公因数。〕

5. 讨论当 x 从正值或负值趋向于 0 时

$$\phi(x) = \frac{a_0 x^m + a_1 x^{m+1} + \cdots + a_k x^{m+k}}{b_0 x^n + b_1 x^{n+1} + \cdots + b_l x^{n+l}}$$

的增减趋势，其中 $a_0 \neq 0$，$b_0 \neq 0$，x 趋向于 0。

〔如果 $m > n$，则 $\lim \phi(x) = 0$。如果 $m = n$，则 $\lim \phi(x) = \dfrac{a_0}{b_0}$。如果 $m < n$ 且 $n - m$ 是偶数，则 $\phi(x) \to +\infty$ 还是 $-\infty$，取决于 $\dfrac{a_0}{b_0} > 0$ 还是 $\dfrac{a_0}{b_0} < 0$。如果 $m < n$ 且 $n - m$ 是奇数，则当 $x \to +0$ 时，$\phi(x) \to +\infty$，当 $x \to -0$ 时，$\phi(x) \to -\infty$，或当 $x \to +0$ 时，$\phi(x) \to -\infty$，当 $x \to -0$ 时，$\phi(x) \to +\infty$，取决于 $\dfrac{a_0}{b_0} > 0$ 还是 $\dfrac{a_0}{b_0} < 0$。〕

6. 如果 a 和 b 都是正数，则

$$\lim\limits_{x \to +0} \frac{x}{a}\left[\frac{b}{x}\right] = \frac{b}{a}, \quad \lim\limits_{x \to +0} \frac{b}{x}\left[\frac{x}{a}\right] = 0$$

当 x 从负值趋向于 0 时函数的增减趋势如何？

7. $\lim \sqrt{1+x} = \lim \sqrt{1-x} = 1$。〔令 $1+x = y$ 或 $1-x = y$，使用例 35 第 8 题

的例子。〕[1]

8. $\lim \dfrac{\left\{\sqrt{1+x}-\sqrt{1-x}\right\}}{x}=1$。〔用分子、分母同乘以 $\sqrt{1+x}+\sqrt{1-x}$。〕

9. 若 m 和 n 都是正整数，考虑当 $x \to 0$ 时 $\dfrac{\sqrt{1+x^m}-\sqrt{1-x^m}}{x^n}$ 的增减趋势。

10. $\lim \dfrac{1}{x}\left(\sqrt{1+x+x^2}-1\right)=\dfrac{1}{2}$

11. $\lim \dfrac{\sqrt{1+x}-\sqrt{1+x^2}}{\sqrt{1-x^2}-\sqrt{1-x}}=1$

12. 画出函数

$$y=\dfrac{\dfrac{1}{x-1}+\dfrac{1}{x-\dfrac{1}{2}}+\dfrac{1}{x-\dfrac{1}{3}}+\dfrac{1}{x-\dfrac{1}{4}}}{\dfrac{1}{x-1}+\dfrac{1}{x-\dfrac{1}{2}}+\dfrac{1}{x-\dfrac{1}{3}}+\dfrac{1}{x-\dfrac{1}{4}}}$$

的图象。当 $x \to 0$ 时函数是否有极限？〔除了 $x=1$，$\dfrac{1}{2}$，$\dfrac{1}{3}$，$\dfrac{1}{4}$ 之外，均有 $y=1$，当 $x=1$，$\dfrac{1}{2}$，$\dfrac{1}{3}$，$\dfrac{1}{4}$ 时，y 没有定义，且 $x \to 0$ 时 $y \to 1$。〕

13. $\lim \dfrac{\sin x}{x}=1$。〔这可以从三角函数比的定义中推出[2]，如果 x 是正数且小于 $\dfrac{1}{2}\pi$，则

$$\sin x < x < \tan x$$

或者

$$\cos x < \dfrac{\sin x}{x} < 1$$

或者

$$0 < 1-\dfrac{\sin x}{x} < 1-\cos x = 2\sin^2 \dfrac{1}{2}x。$$

---

〔1〕在接下来的例子中假设，除非（例如第 19、22 题）相反情形被特地说明。

〔2〕这里使用的不等式的证明依赖于扇形的面积的某些性质，例如，扇形的面积要大于其内接三角形的面积，这些假设的证明推后到第七章。

但是 $2\sin^2 \frac{1}{2}x < 2\left(\frac{1}{2}x\right)^2 < \frac{1}{2}x^2$。因此

$$\lim_{x \to +0}\left(1 - \frac{\sin x}{x}\right) = 0, \ \lim_{x \to +0}\frac{\sin x}{x} = 1$$

既然 $\frac{\sin x}{x}$ 是偶函数，该结果得证。〕

14. $\lim \dfrac{1 - \cos x}{x^2} = \dfrac{1}{2}$

15. 如果 $\alpha = 0$，$\dfrac{\sin \alpha x}{x} = \alpha$ 是否成立？

16. $\lim \dfrac{\arcsin x}{x} = 1$

17. $\lim \dfrac{\tan \alpha x}{x} = \alpha$，$\lim \dfrac{\arctan \alpha x}{x} = \alpha$

18. $\lim \dfrac{\csc x - \cot x}{x} = \dfrac{1}{2}$

19. $\lim\limits_{x \to 1} \dfrac{1 + \cos \pi x}{\tan^2 \pi x} = \dfrac{1}{2}$

20. 当 $x \to 0$ 时，函数 $\sin \dfrac{1}{x}$，$\dfrac{1}{x}\sin \dfrac{1}{x}$，$x\sin \dfrac{1}{x}$ 的增减趋势如何？〔第一个有限振荡，第二个无限振荡，第三个趋向于极限 0。当 $x=0$ 时无定义。见于例 24 第 6，7，8 题。〕

21. 当 $x \to 0$ 时，函数

$$y = \dfrac{\sin \dfrac{1}{x}}{\sin \dfrac{1}{x}}$$

是否会趋向于某个极限？〔不会。除非当 $\sin \dfrac{1}{x} = 0$，该函数的值都等于 1，即 $x = \dfrac{1}{\pi}$，$\dfrac{1}{2\pi}$，$\cdots$，$-\dfrac{1}{\pi}$，$-\dfrac{1}{2\pi}$，$\cdots$。对于这些公式的值，y 取无意义形式 $\dfrac{0}{0}$。所以对于无穷多的接近于 0 的 x 值，y 都无定义。〕

22. 证明：如果 m 是任意正数，则当 $x \to m+0$ 时 $[x] \to m$，$x - [x] \to 0$，并且当 $x \to m-0$ 时，$[x] \to m-1$ 以及 $x - [x] \to 1$。

（98）符号 O，o，$\sim$：大、小的级别对比

第 89 课时的定义可以延伸到连续变量的函数，该变量趋向于无穷或某个极限值。因此当 $x \to \infty$ 时 $f = O(\phi)$，意味着对于 $x \geqslant x_0$ 有 $|f| < K\phi$；$f = o(\phi)$ 意味着 $\dfrac{f}{\phi} \to 0$；$f \sim l\phi$（其中 $l \neq 0$）意味着 $\dfrac{f}{\phi} \to l$。相似地，当 $x \to a$，$f = O(\phi)$ 意味着对于所有不同于但是足够接近于 a 的 x，都有 $|f| < K\phi$。

因此当 $x \to \infty$ 时，有

$$x + x^2 = O(x^2),\ x = o(x^2),\ x + x^2 \sim x^2,\ \sin x = O(1),\ x^{\frac{1}{2}} = o(1)。$$

而当 $x \to 0$ 时，有

$$x + x^2 = O(x),\ x^2 = o(x),\ x + x^2 \sim x,\ \sin \frac{1}{x} = O(1),\ x^{\frac{1}{2}} = o(1)。$$

设 $x \to 0$，则函数

$$x,\ x^2,\ x^3,\ \cdots$$

构成一个尺度，其中每一个数都比前一个数更快地趋向于 0，因为对于每一个正整数 m 都有

$$x^m = o(x^{m-1}),\ x^{m+1} = o(x^m)$$

所以很自然地就可以用它们来衡量任意趋向于 0 的函数"小的级别"。如果当时有

$$\phi(x) \sim lx^m$$

其中 $l \neq 0$，我们可以说当 x 很小时，是第 m 级的小量[1]。

这个尺度当然不是完全的。因此 $\phi(x) = x^{\frac{7}{5}}$ 比 x 更快地趋向 0，但是比 x^2 趋向 0 更慢。我们可以通过添加分数级的更小量来使其变得完全。例如，我们可以说，$x^{\frac{7}{5}}$ 是 $\dfrac{7}{5}$ 第级的小量。然而在第九章中我们也会看到，哪怕这样做，用于度量小

---

〔1〕一般，我们可以说：如果存在正常数 A，B 使得 $A|x|^m \leqslant |\phi(x)| \leqslant B|x|^m$，则我们称 $\phi(x)$ 是第 m 级小量。课本中的定义对于我们来说足够一般化使用了。

量的级的尺度依然是不完全的。

相似地，我们也可以定义大量的级。例如，如果当 $x \to 0$ 时，$\dfrac{\phi(x)}{x^{-m}} = x^m \phi(x)$ 趋向于一个不等于 0 的极限 l，我们就说 $\phi(x)$ 是第 m 级的大量。

这些定义指的是 $x \to 0$ 时的情形。自然的当 $x \to \infty$ 或 $x \to a$ 时也有对应的定义。例如，如果当 $x \to \infty$ 时，$x^m \phi(x)$ 趋向于某不等于 0 的极限值，我们就说对于大数值的 x，$\phi(x)$ 是一个第 m 级的小量。如果当 $x \to a$ 时，$(x-a)^m \phi(x)$ 趋向于某不等于 0 的极限，我们就说对于接近 a 的 x，$\phi(x)$ 是一个第 m 级的大量。

最后一组例题的很多结果可以用本课时的语言来重新表述。如

$$\sin \alpha x \sim \alpha x \,,\ 1 - \cos x \sim \frac{1}{2} x^2 \,,\ \csc x - \cot x \sim \frac{1}{2} x$$

第二个函数是一个 2 级小量，其余的是 1 级小量。

（99）一个实变量的连续函数

读者应该已经了解了连续曲线（continuous curve）了。因此他会称图 27 的曲线 C 为连续，曲线 C' 总体上连续，但是对于 $x = \xi'$ 和 $x = \xi''$ 不连续。

这些曲线中的每一条都可以看做函数 $\phi(x)$ 的图象。如果函数的图象是连续的曲线，则称函数为连续函数，否则为不连续函数。我们可以将其看做一个暂时性定义来精确地区分涉及的某些性质。

首先，以曲线 C 为图象的函数 $y = \phi(x)$ 的性质可以被分解为该曲线在它的每一点所具有的性质。为了定义对于 x 的所有值的连续性，我们必须要首先定义对于任意特定值 x 的连续性。因此我们先确定一个特殊值 x，比如 $x = \xi$，它对应于图象上的 P 点。与这个 x 值对应的函数 $\phi(x)$ 的特征性质是什么呢？

第一，$\phi(x)$ 对于 $x = \xi$ 有定义。显然这是必要的。如果 $\phi(\xi)$ 在该点无定义，则曲线上会少一点。

第二，$\phi(x)$ 对于所有接近 $x = \xi$ 的 x 值都有定义，即：我们可以找到一个包含 $x = \xi$ 在内的区间，对于所有 $\phi(x)$ 有定义的点都有定义。

第三，如果 x 从哪一边接近于 ξ，$\phi(x)$ 都会接近于极限 $\phi(\xi)$。

这些定义的性质也不能涵盖常识上的曲线图象，这些图象是从特殊曲线诸如

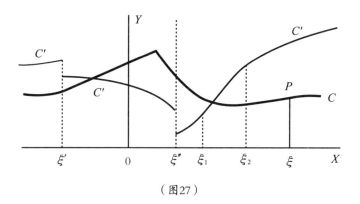

（图27）

直线和圆得来的。但是这是最简单和最基础的性质：任何具有这些性质的函数的图象，正如实际上可能作画的那样，都能满足我们对于连续曲线的几何感受。因此我们选择它们作为连续性的数学解释。这样我们就得到如下定义：

定义

　　如果当 x 从任意一边趋向于 ξ ，函数都趋向于某极限值，则我们说函数 $\phi(x)$ 在 $x=\xi$ 处是连续的。每一个极限等于 $\phi(\xi)$ 。

　　因此，如果 $\phi(x)$ ， $\phi(\xi-0)$ ， $\phi(\xi+0)$ 都存在且相等，则称 $\phi(x)$ 在 $x=\xi$ 处是连续的。

　　我们现在来定义整个区间上的连续性。如果函数 $\phi(x)$ 对于某个区间上的所有 x 函数都是连续的，则我们说函数在该区间上是连续的。如果对于每一个 x 值都是连续的，则我们说函数在该区间上处处连续。因此 $[x]$ 在区间（ ϵ ， $1-\epsilon$ ）内是连续的，其中 ϵ 是小于 $\frac{1}{2}$ 的正数，但是在 $x=0$ 或 $x=1$ 或包含这两点中任意一点的任意区间是不连续的，而 1 和 x 是处处连续的。

　　如果我们回顾对于极限的定义，可以看出我们的定义等于"如果给定 δ ，我们就可以选取 $\epsilon(\delta)$ ，使得当 $0 \leqslant |x-\xi| \leqslant \epsilon(\delta)$ 时，有 $|\phi(x)-\phi(\xi)| < \delta$ ，则称 $\phi(x)$ 在 $x=\xi$ 处连续"。

　　我们还需考虑到仅在某区间（ a ， b ）上有定义的函数。这种情形下，我们可以在特殊点 a 和 b 对连续性的定义进行一个轻微而自然的调整。我们可以说，如

果 $\phi(a+0)$ 存在且等于 $\phi(a)$，我们说 $\phi(x)$ 在 $x=a$ 是连续的。如果 $\phi(b-0)$ 存在且等于 $\phi(b)$，则我们说 $\phi(x)$ 在 $x=b$ 是连续的。

（100）一个实变量的连续函数（续）

在上一课时给出的连续性的定义如下图所示。画出两条水平线 $y=\phi(\xi)-\delta$ 和 $y=\phi(\xi)+\delta$，如图 28 所示。则 $|\phi(x)-\phi(\xi)|<\delta$ 表示这样的事实：曲线上与 x 对应的点落在两条直线内。相似地，$|x-\xi|\leqslant\epsilon$ 表示这样的事实：x 落在区间 $(\xi-\epsilon,\xi+\epsilon)$。因此我们由定义断言：如果我们画两条这样的水平线，无论它们多接近，我们总可以切出一个竖直的平面使得曲线局限在两条水平线之间的竖直区域内，无论 ξ 取何值。这对于图 27 中的曲线 C 完全成立。

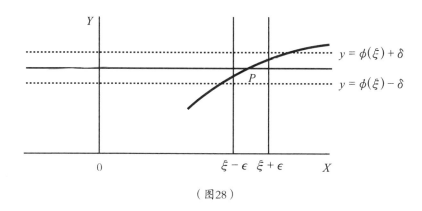

（图28）

我们现在来讨论某些特殊函数的连续性。一些结果在第二章中（正如我们当时指出的）当时被认为是理所应当的。

例37

1. 在一点的两个连续函数的和以及乘积在这点是连续的，其商也是连续的，除非分母在这点取值为 0。［这也可以从例 35 第 1 题得出。］

2. 任意多项式对于所有的 x 值都是连续的。任意有理函数都是连续的，除了使得分母取值为 0 的 x 之外都是连续的。［这也可以从例 35 第 6、7 题得出。］

3. $\sqrt{x}$ 对于所有 x 的正值都是连续的（例 35 第 8 题）。当 $x<0$ 时无定义，但是根据第 99 课时末尾的讨论，对于 $x=0$ 是连续的。$x^{\frac{m}{n}}$ 也同样，其中 m 和 n 是任意正整数，n 是偶数。

4. 如果 n 是奇数，函数 $x^{\frac{m}{n}}$ 对于所有的 x 值都是连续的。

5. $\frac{1}{x}$ 对于 $x=0$ 不连续。它在 $x=0$ 没有函数值，当 $x\to0$ 时也没有极限。事实上，$\frac{1}{x}\to+\infty$ 或 $\frac{1}{x}\to-\infty$ 要取决于取正值趋向 0 还是取负值趋向 0。

6. 讨论 $x^{-\frac{m}{n}}$ 在 $x=0$ 时的连续性，其中 m 和 n 是正整数。

7. 标准有理函数 $R(x)=\dfrac{P(x)}{Q(x)}$ 对于 $x=a$ 时是不连续的，其中 a 是 $Q(x)=0$ 的任意根。因此 $\dfrac{x^2+1}{x^2-3x+2}$ 在 $x=1$ 时是不连续的。有理函数的不连续性往往与以下事实相关：（a）对于特定的 x 值函数无定义，（b）当 x 无论从哪边接近该值，函数趋向于 $+\infty$ 或 $-\infty$。这样的一个特殊的不连续点被称为函数的无穷大点（infinity）。"无穷大点"是最常见的不连续点。

8. 讨论

$$\sqrt{(x-a)(b-x)}\,,\quad \sqrt[3]{(x-a)(b-x)}\,,\quad \sqrt{\frac{x-a}{b-x}}\,,\quad \sqrt[3]{\frac{x-a}{b-x}}$$

的连续性。

9. $\sin x$ 和 $\cos x$ 对于所有的 x 值都连续。

> 因此我们有
>
> $$\sin(x+h)-\sin x=2\sin\frac{1}{2}h\cos\left(x+\frac{1}{2}h\right),$$
>
> 它在绝对值上小于 h 的数值。

10. 对于 x 的什么值，$\tan x$，$\cot x$，$\sec x$ 和 $\csc x$ 是连续的或不连续的？

11. 如果 $f(y)$ 在 $y=\eta$ 时是连续的，$\phi(x)$ 是 x 的连续函数，当 $x=\xi$ 时，取值为 η，则 $f\{\phi(x)\}$ 在 $x=\xi$ 时是连续的。

12. 如果 $\phi(x)$ 在任意 x 的特定值处是连续的，则任意 $\phi(x)$ 的多项式（例如 $a\{\phi(x)\}^m+\cdots$），也是连续的。

13. 讨论如下函数

$$(a \cos^2 x + b \sin^2 x)^{-1}, \quad \sqrt{2 + \cos x}, \quad \sqrt{1 + \sin x}, \quad (1 + \sin x)^{-\frac{1}{2}}$$

的连续性。

14. $\sin\dfrac{1}{x}$，$x \sin\dfrac{1}{x}$ 和 $x^2 \sin\dfrac{1}{x}$ 除了 $x=0$ 外都是连续的。

15. 当 x 函数等于 $x \sin\dfrac{1}{x}$，除非 $x=0$，当 $x=0$ 时，函数等于 0，对于所有的 x 值都是连续的。

16. $[x]$ 和 $x-[x]$ 对于所有 x 的整数值均不连续。

17. 对于怎样的 x 值，函数

$$[x^2], \quad [\sqrt{x}], \quad \sqrt{(x-[x])}, \quad [x] + \sqrt{(x-[x])}, \quad [2x], \quad [x]+[-x]$$

不连续？

18. 不连续性的分类。以上一些例子表明了不同的不连续性的种类分类：

（1）假设当 x 无论从小于还是大于 a 的值有 $x \to a$，$\phi(x)$ 都趋向于某个极限。像第 95 课时那样，分别用 $\phi(a-0)$ 和 $\phi(a+0)$ 来表示这些极限。则对于 $x=a$ 的充分必要条件为：在 $x=a$ 有定义，且

$$\phi(a-0) = \phi(a) = \phi(a+0)$$

的不连续可能以任何一种方式发生。

（α）$\phi(a-0)$ 可能等于 $\phi(a+0)$，但是 $\phi(a)$ 可能无定义，或者 $\phi(a)$ 不同于 $\phi(a-0)$ 和 $\phi(a+0)$。例如，$\phi(x) = x \sin\dfrac{1}{x}$ 和 $a=0$ 就是这种情形，$\phi(0-0) = \phi(0+0) = 0$ 但是 $\phi(x)$ 在 $x=0$ 时无定义。或者如果 $\phi(x) = [1-x^2]$ 和 $a=0$，则 $\phi(0-0) = \phi(0+0) = 0$，然而 $\phi(0) = 1$。

（β）$\phi(a-0)$ 和 $\phi(a+0)$ 可能是不相等的。此时 $\phi(a)$ 可能等于其中之一，或都不等于，更有甚至无定义。第一种由 $\phi(x) = [x]$ 给出例证，对此函数有 $\phi(0-0) = -1$，$\phi(0+0) = \phi(0) = 0$；第二种由 $\phi(x) = [x]-[-x]$ 给出例证，对此函数有 $\phi(0-0) = -1$，$\phi(0+0) = 1$，$\phi(0) = 0$；第三种由 $\phi(x) = [x] + x \sin\dfrac{1}{x}$ 给出例证，对此函数有 $\phi(0-0) = -1$，$\phi(0+0) = 0$，$\phi(0)$ 无定义。

无论是哪种情况，我们都可以说，$\phi(x)$ 在 $x=a$ 是简单不连续点。我们也可

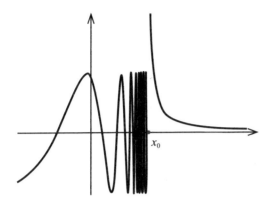

□ **不连续**

　　不连续函数是在其定义域内某些点上不满足连续性条件的函数。不连续点是函数在该点上不连续的点，进一步可分类为可去不连续点、跳跃不连续点和振荡不连续点。可去不连续点指函数的左右极限存在且相等，可通过重新定义来消除不连续；跳跃不连续点指函数的左右极限存在但不相等；而振荡不连续点则是函数在该点附近无法稳定到一个特定值。上图 x_0 即振荡不连续点。

以添加这些情形：$\phi(x)$ 仅在 $x=a$ 的一边有定义，并且 $\phi(a-0)$ 或 $\phi(a+0)$ 存在（取决于 $\phi(x)$ 在哪一边有定义）。但是 $\phi(x)$ 要么当 $x=a$ 时没定义，要么在此点处函数取值不同于 $\phi(a-0)$ 或 $\phi(a+0)$。

　　从第 95 课时我们可见，在 $x=a$ 的邻域内递增或递减的函数在 $x=a$ 处至多有一个简单不连续点。

　　（2）有可能发生这种情形：当 x 从任意一边趋向于 a，$\phi(x)$ 趋向于某极限值，或趋向于 $+\infty$，或趋向于 $-\infty$，并且至少当 x 从一边趋向于 a 时，$\phi(x)$ 趋向于 $+\infty$，或趋向于 $-\infty$。例如，如果 $\phi(x)$ 是 $\dfrac{1}{x}$ 或 $\dfrac{1}{x^2}$ 时，或对于正的 x 值，$\phi(x)$ 为 $\dfrac{1}{x}$，对于负的 x 值，$\phi(x)$ 为 0。这种情形下我们就可以说，$x=a$ 是 $\phi(x)$ 的一个无穷不连续点。我们也可以讲下面这些情形归入到无穷不连续点中：$\phi(x)$ 从 a 的一边趋向于 $+\infty$，或 $-\infty$，从另一边起无定义。

　　（3）任何一个非简单不连续点或非无穷不连续点被称为振荡不连续点。因此 $x=0$ 就是 $\sin\dfrac{1}{x}$ 的一个振荡不连续点。

　　19. 如下函数在 $x=0$ 时不连续的特征如何？

$$\frac{\sin x}{x}, \quad [x]+[-x], \quad \csc x, \quad \sqrt{\frac{1}{x}}, \quad \sqrt[3]{\frac{1}{x}}, \quad \csc\frac{1}{x}, \quad \frac{\sin\dfrac{1}{x}}{\sin\dfrac{1}{x}}$$

　　20. 当 x 是有理数函数等于 1，当 x 是无理数函数等于 0（第二章例 16 第 10 题）对于所有的 x 值均不连续。任何仅对 x 的有理数值或无理数值有定义的函数也有此性质。

21. 当 x 是无理数时函数等于 x，当 x 是有理分数 $\dfrac{p}{q}$ 时函数等于 $\sqrt{\dfrac{1+p^2}{1+q^2}}$（第二章例 16 第 11 题）对于所有 x 的负值和正有理数的 x 值均不连续，但是对于正无理数的 x 值均连续。

22. 第四章例 31 中的函数在哪一点是不连续的？该不连续具有何种性质？

［例如，函数 $y = \lim x^n$（第 5 题）。这里 y 仅当 $-1 < x \leqslant 1$ 时有定义：当 $-1 < x < 1$ 时它等于 0，当 $x = 1$ 时它等于 1。点 $x = 1$ 和 $x = -1$ 都是简单不连续点。］

（101）连续函数的基本性质

通常意义下的"连续曲线"具有另一些特征性质。设 A 和 B 是函数 $\phi(x)$ 图象上的两点，其坐标为 x_0，$\phi(x_0)$ 和 x_1，$\phi(x_1)$，设 λ 为穿过 A 和 B 中间的直线，那么，如果函数图象连续，必与 λ 相交。

显然，如果我们把该性质看作连续曲线的内在几何性质，则假设平行于 x 轴也并不会失去一般性。这样的话，A 和 B 的纵坐标不可能相等：假设 $\phi(x_1) > \phi(x_0)$，λ 为直线 $y = \eta$，其中 $\phi(x_0) < \eta < \phi(x_1)$。那么，$\phi(x)$ "必定与 λ 相交"的说法等同于说"在 x_0 和 x_1 之间有 x 使得 $\phi(x) = \eta$ "。

从而我们得出结论：连续函数 $\phi(x)$ 应该具有如下性质：如果

$$\phi(x_0) = y_0, \quad \phi(x_1) = y_1$$

其中 $y_0 < \eta < y_1$，则在 x_0 和 x_1 之间存在一个 x 值，使得 $\phi(x) = \eta$。换句话说，随着 x 从 x_0 变到 x_1，y 必定取遍 y_0 和 y_1 之间的每个值至少一次。

我们现在来证明：按照第 99 课时的讨论，如果是 x 的连续函数，则其必拥有此性质。在 x_0 的右侧有一个 x 的取值范围使得 $\phi(x) < \eta$。因此，如果 $\phi(x) - \phi(x_0)$ 的绝对值小于 $\eta - \phi(x_0)$，则 $\phi(x)$ 也一定小于 η。但是由于 $\phi(x)$ 对于 $x = x_0$ 是连续的，所以该条件只可能在 x 足够接近 x_0 时才能满足。相似地，x_1 的左侧也有一定的取值范围，使得 $\phi(x) > \eta$。

让我们把 x_0 和 x_1 之间的值分为 L 类，R 类两类：

（1）在 L 类里我们设置所有 x 的值 ξ，使得对于 $x = \xi$ 以及所有介于 x_0 和 ξ 之间的所有 x 值，都有 $\phi(x) < \eta$；

（2）在 R 类里我们设置了其余的 x 值，即所有的值"使得 $\phi(\xi) \geqslant \eta$，或者对于 $x = \xi$ 以及所有介于 x_0 和 ξ 之间的所有 x 值，都有 $\phi(x) \geqslant \eta$"。

则显然，如上两类都满足第 17 课时讨论的情形，构成了对实数的分割。设数字 ξ_0 对应于该分割。

首先设 $\phi(\xi_0) > \eta$，使得 ξ_0 属于上类：例如，可设 $\phi(\xi_0) = \eta + k$，其中 $k > 0$。则对所有小于 ξ_0 的 ξ' 值，就有 $\phi(\xi') < \eta$，从而

$$\phi(\xi_0) - \phi(\xi') > k$$

而这与 $x = \xi_0$ 时连续的条件相悖。

其次假设 $\phi(\xi_0) = \eta - k < \eta$。那么，如果 ξ' 为任意大于 ξ_0 的数，则要么 $\phi(\xi') \geqslant \eta$，要么可以找到 ξ_0 和 ξ' 之间的一个数 ξ'' 使得 $\phi(\xi'') \geqslant \eta$。无论哪种情况，我们都可以找到一个尽可能接近于 ξ_0 的数，使得 $\phi(x)$ 对应的值相差大于 k。这再次与 $\phi(x)$ 在 $x = \xi_0$ 时连续当时的假设相悖。

因此 $\phi(\xi_0) = \eta$，该定理得证。我们应该注意到，我们所证明的要比定理中给出的结论更多；事实上我们也证明了：ξ_0 是使得 $\phi(x) = \eta$ 成立的最小 x 值。还有一个并不显然，但一般来说成立的结论是：在 x 的所有取值中，总有一个最小数使得函数等于某给定值，尽管这个定理对于连续函数来说成立。

很容易看出，该定理的逆命题不成立。因此如图 29 表示的函数显然取到介于 $\phi(x_0)$ 和 $\phi(x_1)$ 之间的每个值至少一次，而 $\phi(x)$ 却是不连续的。的确，"当函数取值有且仅有一次则函数必定连续"的结论也不成立。例如，设 $\phi(x)$ 从 $x = 0$ 到 $x = 1$ 有定义：如果 $x = 0$，令 $\phi(x) = 0$；如果 $0 < x < 1$，令 $\phi(x) = 1 - x$；如果 $x = 1$，令 $\phi(x) = 1$。函数图象如图 30 所示；图象包括了点 O，C，但不包括点 A，B。显然，随着 x 取值从 0 到 1，在 $\phi(0) = 0$ 和 $\phi(1) = 1$ 之间取值有且仅有一次；但是对于 $x = 0$ 和 $x = 1$ 是不连续的。

在基础数学上的曲线通常由有限多个曲线段组成，并且 y 总是顺着这一曲线沿相同方向变化。很容易证明：如果 $y = \phi(x)$ 总是沿相同方向变化，即随着 x 从 x_0 变化到 x_1，函数持续递增或递减，则两种连续性的定义其实相等，也就是说，如果 $\phi(x)$ 取 $\phi(x_0)$ 和 $\phi(x_1)$ 之间的每一个值，则根据第 99 课时的讨论，必定是连续函数。假设 ξ 是 x_0 和 x_1 之间的任意值，当 x 取小于 ξ 的值有 $x \to \xi$，$\phi(x)$ 趋向

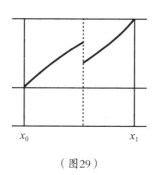

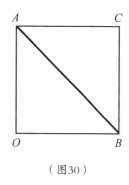

（图29）　　　　　　　（图30）

于极限 $\phi(\xi-0)$（第 95 课时）。相似地，当 x 取大于 ξ 的值有 $x \to \xi$，$\phi(x)$ 趋向于极限 $\phi(\xi+0)$。因此，当且仅当

$$\phi(\xi-0) = \phi(\xi) = \phi(\xi+0)$$

时，函数 $x = \xi$ 才是连续的。但是如果其中一个方程不成立，比如说第一个方程不成立，则显然取值不会在 $\phi(\xi-0)$ 和 $\phi(\xi)$ 之间，与假设相悖。所以 $\phi(x)$ 必定连续。

（102）连续函数的其余性质

在本课时与下面的课时我们将会证明一系列重要的一般性定理。

定理1

如果 $\phi(x)$ 在 $x = \xi$ 连续，且 $\phi(x)$ 为正。则我们可以找到一个正数 ϵ，使得在区间 $(\xi - \epsilon, \xi + \epsilon)$ 上取值都为正。

因为，在第 99 课时的基础不等式中取 $\delta = \dfrac{1}{2}\phi(\xi)$，我们便可以取 ϵ，使得在区间 $(\xi - \epsilon, \xi + \epsilon)$ 中有

$$\left|\phi(x) - \phi(\xi)\right| < \frac{1}{2}\phi(\xi)$$

则

$$\phi(x) \geqslant \phi(\xi) - \left|\phi(x) - \phi(\xi)\right| > \frac{1}{2}\phi(\xi) > 0$$

使得 $\phi(x)$ 取值为正。则对于 $\phi(x)$ 的负值也显然有一个相应的定理。

定理2

如果 $\phi(x)$ 在 $x = \xi$ 连续，并且对于任意接近 x 的值 $\phi(x)$ 取值为 0，或者对任意接近 ξ 的 x 的值 $\phi(x)$，取值有正有负，则 $\phi(\xi) = 0$。

这是定理 1 的明显推论。如果 $\phi(\xi)$ 取值不为 0，则它必定是正的或负的；假设它是正的， $\phi(x)$ 就会在充分接近的 x 所有值取值为正，与该定理的假设相悖。

（103）连续函数的取值范围

接下来我们考虑函数 $\phi(x)$，现在我们仅仅假设其对于区间 (a, b) 上的每一个 x 值都有定义。

在区间 (a, b) 中的 x 值，对应的函数 $\phi(x)$ 的值组成了一个集合 S，对此集合，我们便可以应用第 80 课时提到的方法，正如第 81 课时那样，将这些方法应用到 n 的函数值的集合。如果存在一个数 K，使得对问题中的所有 x 值都有 $\phi(x) \leqslant K$，我们就称 $\phi(x)$ 有上边界。此时 $\phi(x)$ 有一个上边界 M：没有一个 $\phi(x)$ 值大于 M，但是任意小于 M 的数都会小于至少一个 $\phi(x)$ 的值。相似地，我们也可以定义"下边界""低边界""有边界"等概念，正如对于持续变量 x 的函数那样。

定理1

如果在整个区间 (a, b) 是连续的，则在 (a, b) 中有边界。

我们当然可以找到一个区间 (a, ξ)，它从 a 向右延伸，此时 $\phi(x)$ 有边界。既然 $\phi(x)$ 在 $x = a$ 连续，对于任何正数 δ，我们都可以确定一个区间 (a, ξ)，使得 $\phi(x)$ 的值介于 $\phi(a) - \delta$ 与 $\phi(a) + \delta$ 之间；显然，在该区间有边界。

现在把区间 (a, b) 中的点 ξ 分成 L 类，R 类两类，如果 $\phi(x)$ 在 (a, ξ) 中有边界，则将 ξ 放入 L 类中，否则就将其放入 R 类中。由此可得：L 类一定存在，

我们需要证明的是 R 类不存在。假设 R 类存在，设 β 是与下类以及上类分别为 L 类和 R 类的分割所对应的数。既然 $\phi(x)$ 在 $x = \beta$ 连续，无论 δ 多小，我们总可以找到一个区间 $(\beta - \eta, \beta + \eta)$ [1]，使得在整个这一区间中都有

$$\phi(\beta) - \delta < \phi(x) < \phi(\beta) + \delta$$

因此 $\phi(x)$ 在 $(\beta - \eta, \beta + \eta)$ 中是有边界的。现在 $\beta - \eta$ 属于 L 类。于是 $\phi(x)$ 在 $(a, \beta - \eta)$ 中也是有边界的；因此在整个区间 $(a, \beta + \eta)$ 中也是有边界的。但是 $\beta + \eta$ 属于 R 类，所以 $\phi(x)$ 在 $(a, \beta + \eta)$ 中没有边界。这个悖论表明了 R 类并不存在，故 $\phi(x)$ 在整个区间 (a, b) 中都是有边界的。

定理2

如果 $\phi(x)$ 在整个区间 (a, b) 中连续，并且 M 和 m 是它的上、下边界，则 $\phi(x)$ 在该区间中取 M 和 m 中的每一个值至少一次。

因为，对于任意给定正数 δ，我们总可以找到 x 的值，使得 $M - \phi(x) < \delta$，从而有 $\dfrac{1}{M - \phi(x)} > \dfrac{1}{\delta}$。因此 $\dfrac{1}{M - \phi(x)}$ 没有边界，根据定理1，它也不连续。但是 $M - \phi(x)$ 是连续函数，所以 $\dfrac{1}{M - \phi(x)}$ 在分母不为 0 的任意点也是连续的（例37 第 1 题）。于是一定会有一点使得分母为 0，在这一点 $\phi(x) = M$。相似地，可以证明，存在一点使得 $\phi(x) = m$。

该证据也是间接的，出于该定理的重要性考虑，在此最好也提出另一条证明。但是目前还是延后一下这些内容更为方便。[2]

例38

1. 如果除了 $x = 0$ 之外，都有 $\phi(x) = \dfrac{1}{x}$，而当 $x = 0$ 时 $\phi(x) = 0$，则在任意包

---

〔1〕如果 $\beta = b$，我们必须在之后的讨论中用 $(\beta - \eta, \beta)$ 来替代这个区间，用 β 替代 $\beta + \eta$。

〔2〕见第 105 课时。

含 $x=0$ 的区间中既没有上边界，也没有下边界，例如在区间 $(-1, +1)$ 中。

2. 如果除了 $x=0$ 之外，都有 $\phi(x) = \dfrac{1}{x^2}$，而当 $x=0$ 时 $\phi(x) = 0$，则在区间 $(-1, +1)$ 中有下边界 0，但是没有上边界。

3. 如果除了 $x=0$ 之外，都有 $\phi(x) = \sin\dfrac{1}{x}$，而当 $x=0$ 时 $\phi(x) = 0$，则 $\phi(x)$ 在 $x=0$ 不连续。在任意区间 $(-\delta, +\delta)$ 中下边界都是 -1，上边界都是 $+1$，并且 $\phi(x)$ 取这两个值都是无穷多次。

4. 设 $\phi(x) = x - [x]$，本函数对于所有 x 的整数值都是不连续的。在区间 $(0, 1)$ 中，它的下边界是 0，上边界是 1。当 $x=0$ 或 $x=1$ 时它等于 0，但是永不等于 1。因此 $\phi(x)$ 永远不取与其上边界相等的值。

5. 设当 x 是无理数时，$\phi(x) = 0$，当 x 取有理分数 $\dfrac{p}{q}$ 时，$\phi(x) = q$。则 $\phi(x)$ 在任意区间 (a, b) 中有下边界 0，但却没有上边界。但是当 $x = \dfrac{p}{q}$ 时，$\phi(x) = (-1)^p q$，则在任意区间中既没有上边界也没有下边界。

（104）函数在区间内的振荡

设 $\phi(x)$ 为区间 (a, b) 内有边界的函数，且 M 和 m 分别是其上边界和下边界。我们可以用 $M(a, b)$，$m(a, b)$ 来展示 M 与 m 对于 a 与 b 之间的依赖关系，写作

$$O(a, b) = M(a, b) - m(a, b)$$

这个数 $O(a, b)$ 表示函数 $\phi(x)$ 在 (a, b) 中的上边界和下边界，称之为 $\phi(x)$ 在 (a, b) 中的振荡。函数 $M(a, b)$，$m(a, b)$，$O(a, b)$ 最简单的性质如下：

（1）如果 $a \leqslant c \leqslant b$，则 $M(a, b)$ 等于 $M(a, c)$ 和 $M(c, b)$ 之间的较大者，$m(a, b)$ 等于 $m(a, c)$ 和 $m(c, b)$ 之间的较小者。

（2）$M(a, b)$ 是 b 的递增函数，$m(a, b)$ 是 b 的递减函数，$O(a, b)$ 是 b 的递增函数。

（3）$O(a, b) \leqslant O(a, c) + O(c, b)$。

前两个定理几乎是定义的直接推论。设 μ 为 $M(a, c)$ 和 $M(c, b)$ 之间的

较大者，令 δ 为任意正数。则在 (a, c) 和 (c, b) 中，都有 $\phi(x) \leqslant \mu$，从而在整个区间 (a, b) 中都有此不等式成立；而在 (a, c) 或 (c, b) 上的某处有 $\phi(x) > \mu - \delta$，于是在 (a, b) 上的某处同样如此。从而 $M(a, b) = \mu$。关于 m 的命题也可以相似地加以证明。因此（1）得证，而（2）是一个明显的推论。

现在假设 M_1 为 $M(a, c)$ 和 $M(c, b)$ 中的较大者，M_2 为二者中的较小者，又设 m_1 为 $m(a, c)$ 和 $m(c, b)$ 中较小者，m_2 为二者中的较大者。那么，由于 c 属于每个区间，所以 $\phi(c)$ 不会大于 M_2，也不会小于 m_2。从而 $M_2 \geqslant m_2$，无论这些数是否对应着区间 (a, c) 和 (c, b) 中的相同区间，都有

$$O(a, b) = M_1 - m_1 \leqslant M_1 + M_2 - m_1 - m_2$$

但是

$$O(a, c) + O(c, b) = M_1 + M_2 - m_1 - m_2$$

定理（3）得证。

（105）第 103 课时定理 2 的另一种证明

第 103 课时定理 2 最直接的证明如下：设 ξ 为区间 (a, b) 中的任意一个数。函数 $M(a, \xi)$ 随着 ξ 而增加，但是不会超过 M。因此我们可以构造 ξ 的一个分割：依据 $M(a, \xi) < M$ 或 $M(a, \xi) = M$ 来将 ξ 放入 L 类或 R 类中。设 β 为对应于这个分割的数。如果 $a < \beta < b$，那么对于所有的正值 η，我们有

$$M(a, \beta - \eta) < M, \ M(a, \beta + \eta) = M$$

因此根据第 104 课时的第（1）题可得：

$$M(\beta - \eta, \beta + \eta) = M$$

因此，对于任意接近的 x 值，$\phi(x)$ 取任意接近于 M 的值，因此，既然 $\phi(x)$ 是连续的，$\phi(\beta)$ 就必定等于 M。

如果 $\beta = a$，则 $M(a, a + \eta) = M$。并且如果 $\beta = b$，则 $M(a, b - \eta) < M$，所以 $M(b - \eta, b) = M$。无论哪种情形，该论断都可以像以前那样完成。

该定理也可以用第 71 课时用到的重复二等分方法来加以证明。如果 M 是在区间 PQ 中的上边界，且 PQ 被均分为两部分，则可以找到一半 P_1Q_1，使得 $\phi(x)$

在其中的上边界仍是 M。正如第 71 课时那样，我们可以构造一系列区间 PQ，P_1Q_1，P_2Q_2，$\cdots$，每一个区间的上边界都是 M。正如第 71 课时那样，这些区间收敛于点 T，很容易证明 $\phi(x)$ 在这点的值为 M。

（106）直线上的区间集，海恩－博莱尔（Heine-Borel）定理

现在我们要证明一些关于振荡的定理。这些定理在积分理论中特别重要，且依赖于直线上区间的一个一般性定理。

假设我们给出直线上的一组区间，即给定一个集合，其中每一个成员都是一个区间 (α, β)。我们并不限制这些区间的性质；在数量上，它们可以有限，也可以无限；它们互相可以重叠（overlap），也可以不重叠[1]；任意多个区间也可以包含在其他区间中。

值得给出一系列例子来证明：

（i）如果区间 $(0, 1)$ 被均分为 n 和相等的部分，则这 n 个区间定义了一系列的不重叠区间，从而覆盖住整个直线。

（ii）取区间 $(0, 1)$ 中的每一个点 ξ（0 和 1 除外），并且把 ξ 与区间 $(\xi - \epsilon, \xi + \epsilon)$ 相关联，其中 ϵ 是小于 1 的正数，对于例外的点 0 赋予区间 $(0, \epsilon)$，对于点 1 赋予区间 $(1 - \epsilon, 1)$，一般意义上我们要去掉区间 $(0, 1)$ 之外的部分。因此我们定义了一个无限的区间集合，显然，很多区间都互相重叠。

（iii）取区间 $(0, 1)$ 中的有理点 $\dfrac{p}{q}$，对点 $\dfrac{p}{q}$ 赋予区间

$$\left(\frac{p}{q} - \frac{\epsilon}{q^3}, \ \frac{p}{q} + \frac{\epsilon}{q^3} \right)$$

其中 ϵ 是小于 1 的正数。我们把 0 看作 $\dfrac{0}{1}$，把 1 看作 $\dfrac{1}{1}$，在这两种情况下，我们都去掉区间 $(0, 1)$ 之外的部分。因此我们得到了无穷区间集合，它们显然互相

---

[1] "重叠"这个词的意义显而易见：如果两个区间有非端点的共同点，则称两个区间重叠。例如，$\left(0, \dfrac{2}{3} \right)$ 和 $\left(\dfrac{1}{3}, 1 \right)$ 重叠。而一对如 $\left(0, \dfrac{1}{2} \right)$ 和 $\left(\dfrac{1}{2}, 1 \right)$ 的区间被称为"邻接的（abut）"。

重叠，这是因为在赋予 $\frac{p}{q}$ 的区间中除了 $\frac{p}{q}$ 之外还有无穷多个有理点。

海恩–博莱尔定理

假设给定一个区间（a，b），和一系列区间 I，I 中每个区间都包括在（a，b）内。再假设 I 有如下性质：

（ⅰ）除了 a 和 b，（a，b）中的每一个点，都落在 I 中至少一个区间的内部[1]；

（ⅱ）a 是 I 中至少一个区间的左端点，b 是 I 中至少一个区间的右端点。

那么就能从 I 中选择有限多个区间，组成拥有性质（ⅰ）和（ⅱ）的区间集合。

□ 博莱尔

埃米尔·博莱尔（1871—1956年），法国数学家，他一生中对数学分析、函数论、数论、代数、几何、数学物理、概率论等数学的诸多分支都有杰出贡献。他清楚地认识到从一个闭区间的所有开覆盖中选择有限个开集来形成覆盖的重要性，为此完善了爱德华·海恩率先提出的开覆盖定理，最终形成了现在的"海恩–博莱尔定理"或"有限覆盖定理"。

可以证明存在一个整数 l 使得任何一个长度为 l 的子区间（a，b）是 I 中的至少一个子区间。我们就只需要（a，b）中的有限多个长 l 为且具有性质（ⅰ）和（ⅱ）的子区间。这些子区间中的每一个都包含在 I 中的至少一个区间中，结果如下：

我们给出两个数存在的证明，第一个是间接的[2]。

（a）假设这样的数存在。则就有一系列的（a，b）的子区间

$$(c_n,\ c_n + 2^{-n})$$

并不是 I 的任意区间的子区间。根据魏尔施特拉斯定理（第 19 课时），点 c_n 的集合有至少一个点 c 在（a，b）内，并且根据（ⅱ），c 不与 a 和 b 重合。c 是 I 中至少一个区间（x'，x''）内的一点，而对于足够大的 n 值，区间（c_n，$c_n + 2^{-n}$）也是（x'，

---

〔1〕这是说"在区间内部而不是在区间端点"。——译者注
〔2〕两个证明取自伯西柯维奇先生。

x''）的子区间。因此我们得到了一个矛盾，故数 l 必定存在。

（b）假设 a' 是 I 中一个区间的中点，a 为左端点，b' 是 I 中一个区间的中点，b 为右端点。我们可以假设这两个区间不重叠（否则也就别无可证）。对于 (a', b') 中的给定一点 x，假设 $\rho(x)$ 为数的上边界 λ，使得区间 $(x-\lambda, x+\lambda)$ 为 I 中至少一员的子区间。$\rho(x)$ 在 (a', b') 中显然是正的[1]；我们来证明 $\rho(x)$ 在（闭）区间 (a', b') 上是连续的。假设 $(x-\lambda, x+\lambda)$ 是 I 的子区间中的一员，在接近 x 处取 x'。则显然区间 $(x'-\lambda, x'+\lambda)$ 包含在区间 $(x-\lambda, x+\lambda)$ 内，也就包含在 I 中，其中 $\lambda' = \lambda - |x-x'|$。因此

$$\rho(x') \geq \lambda' = \lambda - |x-x'|$$

既然与 $\rho(x)$ 尽可能地接近，因此我们也有

$$\rho(x') \geq \rho(x) - |x-x'|$$

相似地

$$\rho(x) \geq \rho(x') - |x-x'|$$

因此

$$|\rho(x) - \rho(x')| \leq |x-x'|$$

所以 $\rho(x)$ 是连续的。

于是 $\rho(x)$ 在 (a', b') 中达到了下边界，比方说 m，$m>0$，我们也可以取为（i）$2(a'-a)$，（ii）$2(b-b')$ 和（iii）某些（或任意）小于 $2m$ 的数中的最小值。[2]

我们可以利用此定理来考虑本节开头的例题。

（i）这里定理的条件不满足；点 $\dfrac{1}{n}$，$\dfrac{2}{n}$，$\dfrac{3}{n}$ … 不在 I 中的任意区间内。

（ii）这里定理的条件满足。区间集

$$(0, 2\epsilon), (\epsilon, 3\epsilon), (2\epsilon, 4\epsilon), \cdots (1-2\epsilon, 1)$$

与 ϵ，2ϵ，3ϵ，$\cdots$，$1-\epsilon$ 相联系，并且拥有所要求的性质。

---

[1] 包含端点 a'，b'。在整个区间 (a, b) 上不再成立。

[2] 不是 $2m$，对于任意给定 x，$\rho(x)$ 不一定是数达到的边界。

（iii）通过使用这个定理，我们可以证明：如果 ϵ 足够小，则区间（0，1）中有不位于 I 中的任意区间内。

如果（0，1）中的每个点都在 I 中的一个区间内（排除端点），则我们可以找到 I 中拥有相同性质的有限个区间，且总长度大于1。现在有两个总长度为 2ϵ 的区间，则有 $q=1$，以及有 $q-1$ 个区间总长度为 $\dfrac{2\epsilon(q-1)}{q^3}$，与任意别的 q 值相联系。因此 I 中任意有限数目的区间的和不会大于级数

$$1+\frac{1}{2^3}+\frac{2}{3^3}+\frac{3}{4^3}+\cdots$$

之和的 2ϵ 倍。在第八章中该级数会被证明是收敛的。因此得出，如果 ϵ 足够小，那么（0，1）中每一个点都落在 I 中的一个区间内就会产生矛盾。

读者可能会认为该证明不需要如此缜密，不在 I 中任意区间的点的存在可以由"所有这些区间之和都小于1"这一事实得出。但是"当区间集是无穷时"这个定理并不是显然的，它只能如同在正文中那样，从海恩－博莱尔定理中得出。

（107）连续函数的振幅

现在我们可以用海恩－博莱尔定理来证明两个关于连续函数振幅的重要定理。

定理1

如果 $\phi(x)$ 在区间（a，b）上连续，则我们就可以把（a，b）分为有限多个子区间（a，x_1），（x_1，x_2），$\cdots$，（x_n，b），在每个区间内 $\phi(x)$ 的振荡都小于一个指定正数。

假设 ξ 是介于 a 和 b 之间的任意数。既然 $\phi(x)$ 对于 $x=\xi$ 连续，则我们可以确定区间（$\xi-\epsilon$，$\xi+\epsilon$），使得 $\phi(x)$ 在这个区间上的振幅小于 δ。显然，对于每一个 ξ 和每一个 δ 都有无穷多个这样的区间与之对应，因为如果该条件对于任意特定值 ϵ 条件都满足的话，则对于任意更小的值也满足。ϵ 的取值取决于 ξ；现在我们并没有理由来假设 ϵ 的一个值对于 ξ 的一个值都是允许的。我们因此称

与 ξ 相关联的区间为 ξ 的一个 δ 区间。

如果 $\xi = a$，则我们可以找到一个区间（$a, a+\epsilon$），如此下去可以确定无穷多的这样的区间，它们都具有相同的性质。我们称这些区间为 a 的 δ 区间，相似地，我们也可以定义 b 的 δ 区间。

现在考虑（a, b）中所有点的区间构成的区间集合 I。很明显，它满足了海恩 – 博莱尔定理的条件；区间内的每一个点也都是 I 中至少一个区间内的点，且 a 和 b 是至少一个这样区间的端点。因而我们就可以确定一个集合 I'，它由 I 中有限多个区间所构成，且与 I 本身拥有着相同的性质。

组成集合 I' 的区间一般来说会重叠，如图 31 所示。但是端点将（a, b）分为了有限的区间集合 I''，每一个都包含在 I' 内，其中 $\phi(x)$ 每一个的振荡都小于 δ。定理 1 得证。

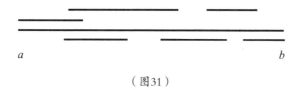

（图31）

定理2

给定任意正数 δ，我们可以找到一个数 η，使得：如果以任意方式将区间（a, b）分成长度小于 η 的子区间，则 $\phi(x)$ 在每一个子区间的振幅都将小于 δ。

取 $\delta_1 < \frac{1}{2}\delta$，并像在定理 1 中那样构建出一个由子区间 j 组成的有限集合，在每一个子区间中 $\phi(x)$ 的振荡都小于 δ_1。设 η 为这些子区间 j 中的最小长度。如果我们将（a, b）分为长度都小于 η 的若干个部分，则任意部分都完全位于至多两个相连接的子区间 j 中。因此，根据第 104 课时的性质（3），$\phi(x)$ 在每一个长度小于 η 的部分的振幅，不可能超过在子区间 j 中最大振幅的两倍，因此它小于 $2\delta_1$，也就小于 δ。

这个定理在定积分（第七章）中非常重要。如果不使用此定理或相似定理，就不可能证明在一个区间内连续函数的积分。

（108）多元的连续函数

关于连续和不连续的概念可以延伸到多元函数中去（第二章第 31 课时及以后各章节）。然而，这些应用到函数中也会引起更复杂更难的问题。我们不可能在此详细讨论，但是我们需要了解二元连续函数意味着什么，所以我们给出了下面的定义。这是对第 99 课时的定义的最后一种形式的一个扩展。

两个变量 x 和 y 的函数 $\phi(x, y)$ 在 $x=\xi$，$y=\eta$ 被称之为是连续的，如果给定一个任意的无论多小的正数 δ，我们都可以选取 $\epsilon(\delta)$，使得当 $0 \leqslant |x-\xi| \leqslant \epsilon(\delta)$ 以及 $0 \leqslant |y-\eta| \leqslant \epsilon(\delta)$ 时，

$$|\phi(x, y)-\phi(\xi, \eta)| < \delta$$

也就是说，如果我们可以画出一个正方形，其边平行于坐标轴，边长为 $2\epsilon(\delta)$，中心在点 (ξ, η)，则在内部或边界任意点的值 $\phi(x, y)$ 与 $\phi(\xi, \eta)$ 的差值都小于 δ[1]。

此定义提前假设了 $\phi(x, y)$ 在正方形中所有的点都有定义，尤其是在点 (ξ, η) 有定义。另一种陈述是：当以任意方式 $\phi(x, y) \to \phi(\xi, \eta)$ $x \to \xi$，$y \to \eta$ 都有，我们就说 $\phi(x, y)$ 在 $x=\xi$，$y=\eta$ 连续。这个陈述显然更简单一点，但是它也包含了一些尚未解释的术语，只能依靠在原始陈述中的不等式来解释。

很容易证明，两个变量的连续函数 $\phi(x, y)$ 的和、乘积和一般意义上的商各自也是连续的。双变量的多项式对于变量来说也是连续的；在通常分析中的 x 和 y 的函数也都是连续的，即除了特殊关系连接的 x, y 的数值对以外，这样的函数也都是连续的。

读者应该观察到：考虑函数 $\phi(x, y)$ 关于双变量 x 和 y 的连续性，要比分别考虑每一个变量的连续性要复杂得多。显然，如果 $\phi(x, y)$ 关于 x 和 y 连续，则当指定 y（或 x）的固定值时，对于 x（或 y）的函数也是连续的。但是它的逆命题

---

[1] 读者应该画图来阐述这个定义。

并不成立。例如，设 x 和 y 都不为 0，那么就有

$$\phi(x, y) = \frac{2xy}{x^2 + y^2}$$

而当 x 或 y 为 0 时，$\phi(x, y) = 0$。则如果 y 取任意固定值，不管是否为 0，$\phi(x, y)$ 都是 x 的连续函数。特别地，它在 $x = 0$ 也是连续的，因为当 $x = 0$ 时其值也为 0，当 $x \to 0$ 时也趋向于极限 0。相同的方法可以证明：$\phi(x, y)$ 是 y 的连续函数。但是在 $x = 0$，$y = 0$ 时，$\phi(x, y)$ 也不是 x 和 y 的连续函数。当 $x = 0$，$y = 0$ 时，$\phi(x, y)$ 的值为 0；但是如果 x 和 y 沿着直线 $y = \alpha x$ 都趋向于 0，则

$$\phi(x, y) = \frac{2\alpha}{1 + \alpha^2}, \quad \lim \phi(x, y) = \frac{2\alpha}{1 + \alpha^2}$$

其取值为 -1 与 1 之间的任意值。

（109）隐函数

在第二章中，我们已经接触到了隐函数（implicit function）的概念。因此，如果 x 和 y 由关系式

$$y^5 - xy - y - x = 0 \tag{1}$$

相连，则 y 是 x 的隐函数。

但是，用这样的一个方程来定义 y 作为 x 的函数远远不够。在第二章中我们满足于将此视作理所当然的结论。现在我们有能力来考虑当时所做的假设是否合理。

我们会发现如下的术语是有用的。假设就像第 108 课时那样，用一个正方形来包围一点 (a, b)，使得在整个正方形上满足某种条件。我们称这样的正方形为 (a, b) 的一个邻域，并说成所讨论的条件在 (a, b) 的领域或附近时是满足的，这个说法意味着可以找到某个正方形，使得条件得以在整个正方形上满足。显然，当处理单一变量时，也可以使用相似的语言，不过此时需要用直线上的一个区间来代替这里的正方形。

定理

如果

（ⅰ）$f(x, y)$ 在 (a, b) 的邻域内是 x 和 y 的连续函数；

（ⅱ）$f(a, b) = 0$；

（ⅲ）对于 a 邻域内的所有 x 值，按照第 95 课时的严格定义，$f(x, y)$ 是 y 的递增函数，则（1）存在一个独特函数 $y = \phi(x)$，将它代入方程 $f(x, y) = 0$ 时，$f(x, \phi(x)) = 0$ 对于 a 邻域内所有 x 值都同样满足条件。

（2）$\phi(x)$ 对于 a 邻域内所有 x 值是连续的。

在图 32 中，正方形代表着 (a, b) 的一个邻域，使得条件（ⅰ）和（ⅱ）在正方形中都被满足，P 在点 (a, b) 处。如果我们像图中那样取 Q 和 R，则由（ⅲ）可推出 $f(x, y)$ 在 Q 处为正，在 R 处为负。这样的话，由于 $f(x, y)$ 在 Q 和 R 处都是连续的，我们可以画出 QQ' 和 RR' 平行于 OX，使得 $R'Q'$ 平行于 OY，而 $f(x, y)$ 在 QQ' 上所有点都是正的，在 RR' 上所有点都是负的。特别地，$f(x, y)$ 在 Q' 为正，在 R' 为负，因此，鉴于（ⅲ）和第 101 课时的讨论，$f(x, y)$ 当且仅当点 P' 在 $R'Q'$ 上时取值为 0。同样的构造给了我们唯一一点，使得在 RQ 和 $R'Q'$ 上每一个坐标都有 $f(x, y) = 0$。此外显然，相同的构造也可以移动到 RQ 的左边。像 P' 这样的点的集合就给出了我们需要的函数 $y = \phi(x)$ 的图象。

接下来证明 $\phi(x)$ 是连续的。利用当 $x \to \alpha$ 时 $\phi(x)$ 的"不定元的极限"（第 96 课时），设 $x \to \alpha$，并设 λ 和 Λ 是当 $x \to \alpha$ 时 $\phi(x)$ 的不定元极限。显然，点 (a, λ) 和点 (a, Λ) 在直线 QB 上。此外，我们也可以找到一系列 x 值，使得当 $x \to \alpha$ 时，$\phi(x) \to \lambda$；由于 $f\{x, \phi(x)\} = 0$，且 $f(x, y)$ 是 x 和 y 的连续函数，我们就有

$$f(a, \lambda) = 0。$$

因此 $\lambda = b$；相似地，$\Lambda = b$。因此当时 $x \to \alpha$，$\phi(x)$ 趋向于极限 b，所以 $\phi(x)$ 在 $x = a$ 时连续。

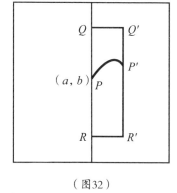

（图32）

我们可以用完全相同的方法来证明，$\phi(x)$ 在 a 邻域内的任意 x 值都是连续的。

显然如果把条件（iii）中的"增加"改为"减少"，则定理的正确性也不会受影响。

例如，我们来考虑方程（1），取 $a=0$，$b=0$。显然满足条件（i）和（ii）。另外，当 x，y 和 y' 足够小时，

$$f(x,y)-f(x,y') = (y-y')\ (y^4+y^3y'+y^2y'^2+yy'^3+y'^4-x-1)$$

有与 $y-y'$ 相反的符号。因此条件（iii）（用"减少"代替"增加"）被满足。从而推出：有且只有一个连续函数 y，总是满足方程（1）且与 x 同时取值为 0。

如果方程是

$$y^2-xy-y-x=0$$

则也可以得出相同的结论。在这种情形下，所讨论的函数为：

$$y=\frac{1}{2}(1+x-\sqrt{1+6x+x^2})$$

其中平方根取值为正。平方根的符号改变所得到的第二个根就不满足"与 x 同时取值为 0"这一条件了。

在证明中，有一点读者应该注意：我们假设了定理满足"在 (a,b) 的邻域"这一前提条件，即在某个正方形 $\xi-\epsilon \leqslant x \leqslant \xi+\epsilon$，$\eta-\epsilon \leqslant y \leqslant \eta+\epsilon$ 中定理是满足条件的。结论对于"在 $x=a$ 邻域内"成立，就是说结论在某个区间 $\xi-\epsilon_1 \leqslant x \leqslant \xi+\epsilon_1$ 中成立。而并不需要证明结论中的 ϵ_1 是假设中的 ϵ，的确，事实上此结论并不成立。

（110）反函数

特别地，假设 $f(x,y)$ 形如 $F(y)-x$，我们就得到如下定理：

如果 $F(y)$ 是 y 的函数，根据第 95 课时的定义，在 $y=b$ 的邻域内连续而严格递增（或递减），且 $F(b)=a$，则存在唯一一个连续函数 $y=\phi(x)$，当 $x=a$ 时它的值等于 b，在 $x=a$ 的邻域内总是满足方程 $F(y)=x$。

这样的函数便定义为 $F(y)$ 的反函数（inverse function）。

例如，假设 $y^3=x$，$a=0$，$b=0$。则定理的所有条件都被满足。其反函数为

$x = \sqrt[3]{y}$ 。

如果我们已经假设了 $y^2 = x$，则定理的条件并未满足，因为 y^2 在包括 $y = 0$ 的任意区间内都不是 y 的递增函数。当 y 为负时它递减，当 y 为正时它递增。在这种情形下，定理的结论并不成立，因为 $y^2 = x$ 定义了两个 x 的函数，即：$y = \sqrt{x}$ 和 $y = -\sqrt{x}$，这两者当 $x = 0$ 时都取值为 0，且每一个函数都仅对 x 的正值有定义，使得方程有时有两个解，有时又没有解。读者可以用相同的方法考虑更一般的方程：

$y^{2n} = x$，$y^{2n} + 1 = x$

另一个有趣的例子由如下方程

$y^5 - y - x = 0$

给出，此方程已经在例 14 第 7 题中讨论过。

相似地，方程 $\sin y = x$ 也恰有一个解与 x 一起取值为 0，即：$\arcsin x$ 的值与 x 一起取值为 0。此方程当然有无穷个解，这些解由 $\arcsin x$ 的其他值给出（例 15 第 10 题），这些解并不满足条件。

到目前为止，我们仅仅考虑了在 x 的一个特殊值的邻域内会发生什么。现在我们假设 $F(y)$ 在区间 (a, b) 中取值为正且递增（或递减）。给出 (a, b) 中任意一个点，我们能找到一个包含 ξ 的区间 i，以及一个在 i 中有定义的唯一而连续的反函数 $\phi_i(x)$。

根据海恩－博莱尔定理，从区间 i 组成的集合 I 中，我们可以选出一个覆盖住整个区间 (a, b) 的有限的子集合；显然函数的有限集合 $\phi_i(x)$，对应于区间 i 的子集合，一起定义了 (a, b) 上的独特反函数 $\phi(x)$。

我们因此得到了如下定理：如果 $x = F(y)$，其中 $F(y)$ 连续且随着 y 从 a 增加到 b 时，严格地从 A 递增到 B，则存在一个唯一的反函数 $y = \phi(x)$，它是连续且递增的，且随着 x 从 A 增加到 B，也严格从 a 增加到 b。

需要指出，不借助更复杂的第 109 课时的讨论，这个定理可以怎样直接得出。假设 $A < \xi < B$，并考虑 y 值组成的类，使得（ⅰ）$a < y < b$，（ⅱ）$F(y) \leqslant \xi$。这个类有上边界，且显然 $F(\eta) \leqslant \xi$。如果 $F(\eta)$ 小于 ξ，我们便可以求得一个 y 值使得 $y > \eta$ 以及 $F(y) < \xi$，所以就不会是我们考虑的这个类的上边界。因此

$F(\eta)=\xi$。这样一来，方程 $F(y)=\xi$ 就有一个唯一解 $y=\eta=\phi(\xi)$，显然 η 随着 ξ 连续递增，定理得证。

例题集

1. 证明：一般来说，有

$$\frac{ax^n+bx^{n-1}+\cdots+k}{Ax^n+Bx^{n-1}+\cdots+K}=\alpha+\frac{\beta}{x}(1+\eta)$$

其中 $\alpha=\dfrac{a}{A}$，$\beta=\dfrac{(bA-aB)}{A^2}$，$\eta$ 是当 x 很大时的一级小量。请指出任意例外情形。

2. 求出 α，β 和 γ，使得

$$\frac{ax^2+bx+c}{Ax^2+Bx+C}=\alpha+\frac{\beta}{x}+\frac{\gamma}{x^2}(1+\eta)$$

其中 η 是当 x 很大时的一级小量。请指出任意例外情形。

3. 证明：如果 $P(x)$ 是多项式 $ax^n+bx^{n-1}+\cdots+k$，其第一项系数 a 是正数，则 $P(x+h)-P(x)$ 和 $P(x+2h)-2P(x+h)+P(x)$ 从 x 的某一特定值开始往后都是递增的。

4. 证明：当 $x\to\infty$ 时

$$P(x+h)-P(x)\sim nhax^{n-1},\ P(x+2h)-2P(x+h)+P(x)\sim n(n-1)$$

h^2ax^{n-2}。

5. 证明：

$$\lim_{x\to\infty}\sqrt{x}(\sqrt{x+a}-\sqrt{x})=\frac{1}{2}a。$$

$$\left[\ \text{使用公式}\ \sqrt{x+a}-\sqrt{x}=\frac{a}{\sqrt{x+a}+\sqrt{x}}。\ \right]$$

6. 证明：

$$\sqrt{x+a}-\sqrt{x}=\frac{1}{2}ax^{-\frac{1}{2}}(1+\eta)$$

其中 η 是当 x 很大时的一级小量。

7. 求出 α 和 β 的值，使得当 $x\to\infty$ 时 $\sqrt{ax^2+2bx+c}-\alpha x-\beta$ 有极限 0；并

证明：

$$\lim x \left(\sqrt{ax^2 + 2bx + c} - \alpha x - \beta \right) = \frac{(ac - b^2)}{2a\sqrt{\alpha}}$$

8. 求值：$\lim\limits_{x \to \infty} {}^3 \left(\sqrt{x^2 + \sqrt{x^4 + 1}} - x\sqrt{2} \right)$。

9. 证明：当 $x \to \dfrac{1}{2}\pi$ 时，$\sec x - \tan x \to 0$。

10. 证明：当 x 很小时，$\phi(x) = 1 - \cos(1 - \cos x)$ 是 4 级小量；并求出当 $x \to 0$ 时 $\dfrac{\phi(x)}{x^4}$ 的极限。

11. 证明：当 x 很小时，$\phi(x) = x\sin(\sin x) - \sin^2 x$ 是 6 级小量；并求出当 $x \to 0$ 时 $\dfrac{\phi(x)}{x^6}$ 的极限。

12. 从圆的一条半径 OA 上位于该圆外部的一点 P 作出圆的切线 PT，与圆的切点为 T，作 TN 垂直于 OA。证明：当 P 向 A 移动时，有 $\dfrac{NA}{AP} \to 1$。

13. 从圆弧的中点以及端点作圆的切线；$\varDelta$ 是该圆弧的弦与经过弧两端点的切线构成的三角形的面积，$\varDelta'$ 是由这三条切线构成的三角形的面积。证明：当圆弧的长度趋向于 0 时，$\dfrac{\varDelta}{\varDelta'} \to 4$。

14. 当 a 取何值时，当 $x \to 0$ 时 $\left\{ \dfrac{a + \sin\frac{1}{x}}{x} \right\}$ 趋向于（1）∞，（2）$-\infty$？［如果 $a > 1$，则趋向于 ∞；如果 $a < -1$，则趋向于 $-\infty$：否则函数振荡。］

15. 如果当 $x = \dfrac{p}{q}$ 时有 $\phi(x) = \dfrac{1}{q}$，当 x 是无理数时有 $\phi(x) = 0$，则 $\phi(x)$ 对于所有的无理数 x 都是连续的，对于所有的有理数 x 都是不连续的。

16. 证明：图 30 中的图象所代表的函数 可以用如下公式来表示：

$1 - x + [x] - [1 - x]$，$1 - x - \lim\limits_{n \to \infty} \left(\cos^{2n+1} \pi x \right)$

17. 证明：当 $x = 0$ 时函数 $\phi(x)$ 等于 0，当 $0 < x < \dfrac{1}{2}$ 时等于 $\dfrac{1}{2} - x$，当 $x = \dfrac{1}{2}$ 时等于 $\dfrac{1}{2}$，当 $\dfrac{1}{2} < x < 1$ 时等于 $\dfrac{2}{3} - x$，当 $x = 1$ 时等于 1，当 x 从 0 增加到 1 时函数取 0 和 1 之间的每一个值都是一次且仅一次，但是在 $x = 0$，$x = \dfrac{1}{2}$ 和 $x = 1$ 都是不连续的。证明：函数也可以用以下公式来表示。

$$\frac{1}{2} - x + \frac{1}{2}[2x] - \frac{1}{2}[1-2x]$$

18. 当 x 是有理数时 $\phi(x)=x$，当 x 是无理数时 $\phi(x)=1-x$。证明：当 x 从 0 增加到 1 时，$\phi(x)$ 取 0 与 1 之间的值一次且仅一次，但是它除了 $x=\frac{1}{2}$ 以外，对其他每一个 x 值都不连续。

19. 证明：一个函数在 (a, b) 中的每一点都递增则在 (a, b) 上递增。

证明：一个在 (a, b) 中每一点"右边递增"的函数不一定在 (a, b) 中也都是递增的，但是如果它是连续函数，则此结论正确。

［当（i）对于 x 右边的某个区间中的所有点 x' 都有 $\phi(x') \geqslant \phi(x)$，且（ii）对于 x 左边的某个区间中的所有点 x' 都有 $\phi(x') \leqslant \phi(x)$ 成立时，我们就称 $\phi(x)$ "在 x 处递增"。当（i）单独给出时，我们就称 $\phi(x)$ "在右边递增"。

我们必须证明：如果 $a \leqslant x_1 < x_2 \leqslant b$，则 $\phi(x_2) \geqslant \phi(x_1)$。我们把 (x_1, b) 中的点 ξ 分为 L 类和 R 类两类，如果对于 (x_1, ξ) 上的所有 x' 都有 $\phi(x') \geqslant \phi(x_1)$，则就属于 L 类，而在相反的情形中，ξ 就属于 R 类，并用来表示与这个分割对应的数。如果 $\beta = b$（也就是 R 类不存在），结论依然成立。

如果 $\beta < b$ 且 $\phi(\beta) \geqslant \phi(x_1)$，则根据（i），我们可以找到右边的一个区间，使得在该区间中 $\phi(x) \geqslant \phi(\beta) \geqslant \phi(x_1)$，而这与 β 的定义相悖。因此，如果 $\beta < b$，就有 $\phi(\beta) < \phi(x_1)$。目前为止我们仅使用了（i）。

如果（ii）也成立，则在 β 的左边存在点，使得 $\phi(x) \leqslant \phi(\beta) \leqslant \phi(x_1)$ 成立，这再次与 β 的定义相悖。因此正如所要求的那样有 $\beta = b$。如果只给出条件（i），但是 $\phi(x)$ 连续，则结论相同；因为对于 β 左边足够接近于 β 的 x 值也有 $\phi(x) < \phi(x_1)$。

例子 $a=0$，$b=2$，对于 $0 \leqslant x < 1$，有 $f(x)=x$，对于 $1 \leqslant x \leqslant 2$，有 $f(x)=x-1$，证明结论无法只从（i）中得出。］

20. 随着 x 从 $-\frac{1}{2}\pi$ 增加到 $\frac{1}{2}\pi$，$y = \sin x$ 连续，且从 -1 严格递增到 1。证明存在一个函数 $x = \arcsin y$，当 y 从 -1 递增到 1 时，它是 y 的连续函数，并且是增函数。

21. 证明：$\arctan y$ 的值对 y 所有的值都是连续的，并且随着 y 遍取所有实数值时，它从 $-\dfrac{1}{2}\pi$ 增加到 $\dfrac{1}{2}\pi$。

22. 检验方程

$$x + y + P(x, y) = 0$$

是否定义了唯一一个函数，当 $x=0$ 时取值为 0，且在 $x=0$ 邻域内连续。其中 $P(x, y)$ 是其中没有一项的级数小于 2 的多项式。（《数学之旅》，1936）

23. 按照第 109—110 课时的思路，讨论如下方程

$$y^2 - y - x = 0, \quad y^4 - y^2 - x^2 = 0, \quad y^4 - y^2 + x^2 = 0$$

在 $x=0$，$y=0$ 邻域内的解。

24. 如果 $ax^2 + 2bxy + cy^2 + 2dx + 2ey = 0$ 且 $\varDelta = 2bde - ae^2 - cd^2$，则 y 的一个值由 $y = \alpha x + \beta x^2 + \gamma x^3 + O(x^4)$ 给出，其中

$$\alpha = -\dfrac{d}{e}, \quad \beta = \dfrac{\varDelta}{2e^3}, \quad \gamma = \dfrac{(cd - be)\varDelta}{2e^5}$$

$\Big[$ 如果 $y - \alpha x = \eta$，则有

$$-2e\eta = ax^2 + 2bx(\eta + \alpha x) + c(\eta + \alpha x)^2 = Ax^2 + 2Bx\eta + C\eta^2,$$

这里最后一步是我们的定义。显然，η 是第 2 级小量，$x\eta$ 是第 3 级小量，η^2 是第 4 级小量；且 $-2e\eta = Ax^2 - \left(\dfrac{AB}{e}\right)x^3$，误差也是第 4 级小量。$\Big]$

25. 如果 $x = ay + by^2 + cy^3$，则 y 的一个值由

$$y = \alpha x + \beta x^2 + \gamma x^3 + O(x^4)$$

给出，其中 $\alpha = \dfrac{1}{a}$，$\beta = \dfrac{-b}{a^3}$，$\gamma = \dfrac{(2b^2 - ac)}{a^5}$。

26. 如果 $x = ay + by^n$，其中 n 是大于 1 的整数，则 y 的一个值由

$$y = \alpha x + \beta x^n + \gamma x^{2n-1} + O(x^{3n-2})$$

给出，其中 $\alpha = \dfrac{1}{a}$，$\beta = \dfrac{-b}{a^{n+1}}$，$\gamma = \dfrac{nb^2}{a^{2n+1}}$。

27. 证明：方程 $xy = \sin x$ 的最小正根是 y 在整个区间（0，1）上 y 的连续函数，并且随着 y 从 0 增加到 1，该函数从降低到 0。$\Big[$ 用第 110 课时的讨论，函数是 $\dfrac{\sin x}{x}$ 的反函数。$\Big]$

28. $xy = \tan x$ 的最小正根是 y 在区间（1，∞）上的连续函数，并且随着 y 从 1

增加到 ∞，该函数从 0 增加到 $\frac{1}{2}\pi$。

29. 一个函数 $\phi(x)$ 被说成为 x 的上半连续（upper semi-continuous），如果对于每个正 δ 以及包围 x 的区间（它依赖于 x 和 δ）中的所有 x' 都有

$$\phi(x') < \phi(x) + \delta$$

证明：函数在（a, b）上所有点都是上半连续的有上边界，此上界可以在（a, b）内得到。（《数学之旅》，1924）

　　［为了证明上边界 M 的存在，在第 103 课时定理 1 的证明过程中，用"有上边界"来取代"有边界的"。为了证明 $\phi(x)$ 能够取值到 M，在第 105 课时的讨论中做出相应的改变。我们发现，$\phi(x)$ 在接近附近 β 处，可以取到尽可能接近 M 的值，而如果 $\phi(\beta) < M$ 且足够小 δ，这将与不等式 $\phi(x) < \phi(\beta) + \delta$ 产生矛盾。

　　相似地，我们通过不等式

$$\phi(x') > \phi(x) - \delta$$

来定义下半连续性（lower semi-continuity）。下半连续函数有一个可以取到下边界。一个既是上半连续又是下半连续的函数被称为连续函数。］

第六章 导数与积分

（111）导数或微分系数

我们转过头来研究与考虑曲线的概念相关的一些性质。正如上一章讨论的那样，第一个且最明显的性质就是连通性，也就是蕴含在连续函数定义中的那些性质。

在基础几何中的曲线，例如直线、圆和圆锥曲线等，比起单独连续性有更复杂的"规律性"。特别地，它们在每一点都有确定的方向，那就是曲线每一点的切线（tangent）。在基础几何中，曲线在点 P 的切线被定义为"当 Q 移动朝着趋向与 P' 重合移动时，弦 PQ 的极限位置"。让我们来考虑一下假设这样一种极限位置的存在到底意味着什么。

在图 33 中，P 是曲线上 $y = \phi(x)$ 上的一个固定点，而 Q 是一个移动的点；PM，QN 平行于 OY，PR 平行于 OX。我们设定 P 的坐标为 x，y，Q 的坐标为 $x+h$，$y+k$：h 取值是正是负取决于 N 在 M 的右边还是左边。

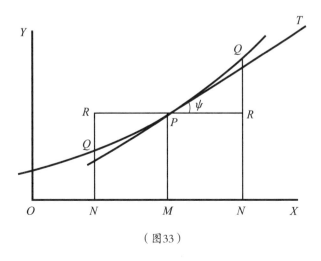

（图33）

　　我们已经假设了曲线在点 P 点有一条切线，或者说弦 PQ 有一个确定的极限位置。假设在 P 点的切线 PT，与 OX 成角度的交角为 ψ。则说"PT 是 PQ 的极限位置"等同于说"当 Q 沿着弧线接近 P 时，角度 QPR 的极限是 ψ"。现在我们来区别分两种情况：一般情况和特例。

　　一般的情况是 ψ 不等于 $\frac{1}{2}\pi$，使得 PT 不平行于 OY。在这种情况下，RPQ 趋向于极限 ψ，且

$$\frac{RQ}{PR} = \tan RPQ$$

趋向于极限 $\tan\psi$。现在有

$$\frac{RQ}{PR} = \frac{NQ - MP}{MN} = \frac{\phi(x+h) - \phi(x)}{h}$$

所以

$$\lim_{h \to 0} \frac{\phi(x+h) - \phi(x)}{h} = \tan\psi \tag{1}$$

　　读者应该注意到，在所有这些方程中，所有的长度都与受到本身符号的影响相关，例如，使得当 Q 在 P 左边时，RQ 为负；且极限的收敛不受 h 的符号所影响。

　　于是，假设"$\phi(x)$ 的图象在 P 处有切线，且不垂直于 x 轴"，意味着"当 h 趋向于 0 时，$\frac{\phi(x+h) - \phi(x)}{h}$ 趋向于某极限值"。

　　当然这也意味着当 h 取正值且 $h \to 0$ 时，

$$\frac{\phi(x+h) - \phi(x)}{h} , \quad \frac{\phi(x-h) - \phi(x)}{-h}$$

二者都趋向于某极限，并且两个极限相等。如果这些极限存在但是并不相等，则如图 34 所示，曲线在某个特定点有一个角度。

　　现在我们假设曲线（就像圆或椭圆）在它的每一点都有切线，或者至少在曲线上与 x 的某个变化范围对应的部分是如此。此外我们再假设切线永远不会垂直于 x 轴，当曲线是一个圆时，会将我们限制在一个小于半圆周的弧上。此时，（1）对于落在这个范围内的所有的 x 值都成立。每一个 x 值都对应于一个 $\tan\psi$ 的值；$\tan\psi$ 是对应于所有 x 值有定义的 x 的函数。我们把这样的函数称为 $\phi(x)$ 的导数（derivative），记作：

$\phi'(x)$

$\phi(x)$ 的导数的另一个名字是 $\phi(x)$ 的微分系数（differential coefficient）；通常称从 $\phi(x)$ 计算 $\phi'(x)$ 的操作为微分法（differentiation）。这些术语是在由于历史的原因建立起来的，见第 116 课时。

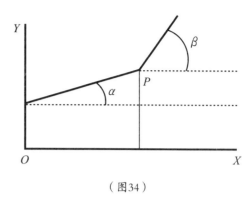

（图34）

在我们进一步继续考虑上述特例 $\psi = \dfrac{1}{2}\pi$ 前，我们也可以用一些一般性的注解和特殊的例子来阐述我们的定义。

（112）一些一般性的注解

（1）对于区间 $a \leqslant x \leqslant b$ 上所有的 x 值，导数 $\phi'(x)$ 的存在意味着 $\phi(x)$ 在这个区间上的每一点都是连续的。因为很明显，除非 $\lim \phi(x+h) = \phi(x)$，否则 $\dfrac{\phi(x+h) - \phi(x)}{h}$ 不可能趋向于某个极限，而这也正是连续性所代表的性质。

（2）读者自然会问：其逆命题是否也是成立的？即：是否每一条连续曲线在每一个点都有确定切线？是否每一个函数在使其连续的 x 值都有微分系数[1]？答案显然是否：如图 34 所示，只考虑由相交形成一个角度的两条直线就足够了。读者可以看出，在这种情形下，当 h 取正值且 $h \to 0$ 时，$\dfrac{\phi(x+h) - \phi(x)}{h}$ 有极限 $\tan\beta$，而当 h 取负值且 $h \to 0$ 时，$\dfrac{\phi(x+h) - \phi(x)}{h}$ 有极限 $\tan\alpha$。

当然这种情形下我们可以合理地说曲线在一个点有两个方向。但是接下来的例子（虽然有点难）证明了有这样的情形存在：一条连续曲线在它的一个点处不可能有一个或几个方向。画出函数 $x \sin\dfrac{1}{x}$ 的图象（图 14）。该函数在 $x = 0$ 处没

---

〔1〕我们不去考虑曲线有垂直于 OX 的切线这一特例（这亟待检验）：除了这种可能性，两个问题都是等价的。

有定义，所以在 $x=0$ 为不连续的。另一方面，由方程

$$\phi(x) = x \sin\frac{1}{x} \ (x \neq 0), \quad \phi(x) = 0 (x = 0)$$

定义的函数在 $x=0$ 连续（例 37 第 14、15 题），且这个函数的图象是一条连续曲线。

但是 $\phi(x)$ 在 $x=0$ 处并没有导数。因为根据定义，导数应该是

$$\frac{\lim\{\phi(h) - \phi(0)\}}{h}$$

或者 $\lim \sin\frac{1}{h}$ ，而这样的极限不存在。

已经有人证明：一个 x 的连续函数可能在任意 x 值都没有导数，但是此结论的证明要复杂得多。感兴趣的读者可以参考布罗米奇的《无穷级数》（第 1 版），第 490—491 页，或者霍布森的《实变量的函数理论》（第 2 版），第 2 卷第 411—412 页。

（3）导数或者微分系数的概念是由我们对几何问题的思考受到启发而得出的。但是在定义本身并没有任何几何的内涵。如果不借助任何几何表示法，函数 $\phi(x)$ 的导数 $\phi'(x)$ 可以由方程

$$\phi'(x) = \lim_{h \to 0} \frac{\phi(x + h) - \phi(x)}{h}$$

来定义；对于任意特定的 x 值，$\phi(x)$ 有没有导数取决于该极限是否存在。曲线的几何性仅仅是导数应用在数学中的一个分支。

另一个重要的应用是在动力学中。假设一个粒子沿着一条直线移动，在时刻 t 处距离上一个固定点的距离为 $\phi(t)$。那么根据定义，"该粒子在时刻 t 的速度"就由当 $h \to 0$ 时的极限

$$\frac{\phi(t + h) - \phi(t)}{h}$$

来定义。"速度"的概念仅仅是函数导数的一个特例。

例39

1. 如果 $\phi(x)$ 是常数，则 $\phi'(x) = 0$。用几何方法来解释这个结果。

2. 如果 $\phi(x) = ax + b$，则 $\phi'(x) = a$。（i）用正式的定义证明这个结论，（ii）用几何的方法来证明这个结论。

3. 如果 $\phi(x) = x^m$，其中 m 是正整数，则 $\phi'(x) = mx^{m-1}$

〔因为

$$\phi'(x) = \lim \frac{(x+h)^m - x^m}{h}$$

$$= \lim \left\{ mx^{m-1} + \frac{m(m-1)}{1 \times 2} x^{m-2}h + \cdots + h^{m-1} \right\}$$

读者应该注意到，这种方法不能应用到 $x^{\frac{p}{q}}$ 的情形中去，其中 $\frac{p}{q}$ 是一个有理分数，因为 $(x+h)^{\frac{p}{q}}$ 不能表示成 h 的有限幂级的形式。之后（第 119 课时）我们也将证明这个结果对于 m 的所有有理数值都成立。同时读者也将发现，当 m 有某些特殊分数值（比如 $\frac{1}{2}$）时，通过某种特殊方法来求也很有益。〕

4. 如果 $\phi(x) = \sin x$，则 $\phi'(x) = \cos x$；如果 $\phi(x) = \cos x$，则 $\phi'(x) = -\sin x$。

〔例如，如果 $\phi(x) = \sin x$，我们有

$$\frac{\phi(x+h) - \phi(x)}{h} = \frac{2 \sin \frac{1}{2}h}{h} \cos\left(x + \frac{1}{2}h\right)$$

当 $h \to 0$ 时，其极限为 $\cos x$，这是因为 $\lim \cos\left(x + \frac{1}{2}h\right) = \cos x$（余弦函数为连续函数），且 $\lim \dfrac{\left(\sin \frac{1}{2}h\right)}{\frac{1}{2}h} = 1$（例 36 第 13 题）。〕

5. 曲线 $y = \phi(x)$ 的切线与法线方程

曲线 $y = \phi(x)$ 在点 (x_0, y_0) 处的切线为穿过 (x_0, y_0) 的直线，与 OX 夹角为 ψ，其中 $\tan\psi = \phi(x_0)$。因此其方程为：

$$y - y_0 = (x - x_0) \phi'(x_0)$$

法线（在切点处与切线垂直的直线）方程为

$$(y - y_0) \phi'(x_0) + x - x_0 = 0$$

我们已经假设了切线不会平行于 y 轴。在这种特殊情形下，切线与法线分别为 $x = x_0$ 和 $y = y_0$。

6. 写出抛物线 $x^2 = 4ay$ 在任意点处的切线和法线方程。证明：如果 $x_0 = \dfrac{2a}{m}$，$y_0 = \dfrac{a}{m^2}$，则它在 (x_0, y_0) 处的切线为 $x = my + \left(\dfrac{a}{m}\right)$。

（113）一些一般性的注解（续）

我们已经看到，如果 $\phi(x)$ 在 x 的一个值不连续，则它在该 x 值不可能有导数。诸如 $\frac{1}{x}$ 或 $\sin\frac{1}{x}$ 这样的函数（它们在 $x=0$ 处无定义，在 $x=0$ 处也是不连续的），在 $x=0$ 也不可能有导数。又或者再看函数 $[x]$，它在 x 的每一个整数值都是不连续的，从而它对于任意这样的 x 值都没有导数。

例

由于 $[x]$ 在 x 的每两个整数值之间是常数，其导数无论是否存在其值都为 0。因此 $[x]$ 的导数（也可以表示为 $[x]'$），在所有非整数值之外的所有值都取值 0，而在整数值无定义。读者也应该注意到函数 $1-\frac{\sin \pi x}{\sin \pi x}$ 恰好也有完全相同的性质。

在例 37 第 7 题中我们也看到，当我们处理最简单的函数，例如多项式或有理函数或三角函数时，最常见的不连续类型与

$$\phi(x) \to +\infty$$

或者 $\phi(x) \to -\infty$ 这种类型相关。在所有这些情形下，对于某些 x 的特殊值都不存在导数。

因此，一个函数 $\phi(x)$ 的所有不连续点也是其导函数 $\phi'(x)$ 的不连续点。但它的逆命题就不一定成立了。如果我们回溯到第 111 课时中的特殊情形：$\phi(x)$ 的图象有一条平行于 OY 的切线。这一类可以被细分为几种情况，最典型的如图 35 所示。在（c）和（d）中，函数在点 P 的一边取两个值，另一边则无定义。这样的话，我们可以将两组 $\phi(x)$ 值（它们出现在点 P 的一边或另一边）定义为不同的函数 $\phi_1(x)$ 和 $\phi_2(x)$，该曲线的上半部分对应于 $\phi_1(x)$。

读者可以发现：在（a）中当时 $h \to 0$，有

$$\frac{\phi(x+h) - \phi(x)}{h} \to +\infty$$

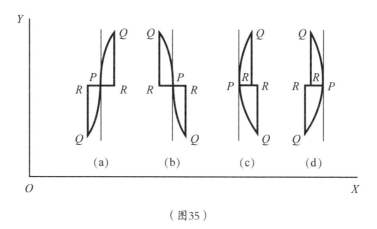

（图35）

在（b）中有

$$\frac{\phi(x+h)-\phi(x)}{h} \to -\infty$$

在（c）中有

$$\frac{\phi_1(x+h)-\phi_1(x)}{h} \to +\infty, \quad \frac{\phi_2(x+h)-\phi_2(x)}{h} \to -\infty$$

在（d）中有

$$\frac{\phi_1(x+h)-\phi_1(x)}{h} \to -\infty, \quad \frac{\phi_2(x+h)-\phi_2(x)}{h} \to +\infty$$

当然，尽管（c）中只取正值，而在（d）中只取负值，但根据这个事实也就能排除导数的存在。

我们可以通过考虑方程

（a）$y^3=x$，（b）$y^3=-x$，（c）$y^2=x$，（d）$y^2=-x$

所定义的函数来得到这四种情形的例子。其中所考虑的 x 的特殊值为 $x=0$。

（114）微分法的一些一般法则

在接下来的定理中，我们假设函数 $f(x)$ 和 $F(x)$ 在所考虑的 x 值都有导数 $f'(x)$ 和 $F'(x)$

（1）如果 $\phi(x)=f(x)+F(x)$，则 $\phi(x)$ 有导数

$$\phi'(x) = f'(x) + F'(x)$$

（2）如果 $\phi(x) = kf(x)$，其中 k 是常数，则 $\phi(x)$ 的导数为

$$\phi'(x) = kf'(x)$$

我们把这些留给读者作为练习来推导例 35 第 1 题的一般定理。

（3）如果 $\phi(x) = f(x)F(x)$，则 $\phi(x)$ 有导数

$$\phi'(x) = f(x)F'(x) + f'(x)F(x)$$

因为

$$\phi'(x) = \lim \frac{f(x+h)F(x+h) - f(x)F(x)}{h}$$

$$= \lim \left\{ f(x+h)\frac{F(x+h) - F(x)}{h} + F(x)\frac{f(x+h) - f(x)}{h} \right\}$$

$$= f(x)F'(x) + F(x)f'(x)$$

（4）如果 $\phi(x) = \dfrac{1}{f(x)}$ 且 $f(x) \neq 0$，则 $\phi(x)$ 有导数

$$\phi'(x) = -\frac{f'(x)}{\{f(x)\}^2}$$

因为

$$\phi'(x) = \lim \frac{1}{h}\left\{ \frac{f(x) - f(x+h)}{f(x+h)f(x)} \right\} = -\frac{f'(x)}{\{f(x)\}^2}$$

（5）如果 $\phi(x) = \dfrac{f(x)}{F(x)}$ 且 $F(x) \neq 0$，则 $\phi(x)$ 有导数

$$\phi'(x) = \frac{f'(x)F(x) - f(x)F'(x)}{\{F(x)\}^2}$$

这可以从（3）和（4）中得出。

（6）如果 $\phi(x) = F\{f(x)\}$，则 $\phi(x)$ 有导数

$$\phi'(x) = F'\{f(x)\}f'(x)$$

这个定理的证明需要注意。[1]

---

[1] 在很多课本（包括本书的前三版）中证明都是不准确的。详情见于 H. S. Carslaw 在 *the Bulletin of American Mathematical Society* 的第 29 卷中所作的注记。

我们记 $f(x)=y$，$f(x+h)=y+k$，使得当 $h\to 0$ 时有 $k\to 0$，且

$$\frac{k}{h}\to f'(x) \tag{1}$$

我们现在必须区分两种情形。

（a）假设 $f'(x)\neq 0$，h 很小但不等于 0。则 $k\neq 0$，根据（1），

$$\frac{\phi(x+h)-\phi(x)}{h}=\frac{F(y+k)-F(y)}{k}\frac{k}{h}\to F'(y)f'(x)$$

（b）假设 $f'(x)=0$，h 很小但不等于 0。则有两种可能性。如果 $k=0^{[1]}$，则

$$\frac{\phi(x+h)-\phi(x)}{h}=0$$

如果 $k\neq 0$，则

$$\frac{\phi(x+h)-\phi(x)}{h}=\frac{F(y+k)-F(y)}{k}\frac{k}{h}$$

第一个因子接近于 $F'(y)$，而由于 $\frac{k}{h}\to 0$，第二个因子很小，因此在任何情形下 $\frac{\{\phi(x+y)-\phi x\}}{h}$ 都很小，从而我们有

$$\frac{\phi(x+h)-\phi(x)}{h}\to 0=F'(y)f'(x)$$

我们的最后一个定理需要提前作一些说明。假设 $x=\psi(y)$，其中 $\psi(y)$ 在 y 的某个区间内连续且按照第 95 课时严格递增。则我们可以写作 $y=\phi(x)$，其中 ϕ 是 ψ 的"反函数"（第 110 课时）。

（7）如果 $y=\phi(x)$，其中 ϕ 是 ψ 的反函数，所以 $x=\psi(y)$，且 $\psi(y)$ 有导函数 $\psi'(y)$ 不等于 0，则 $\phi(x)$ 有导数

$$\phi'(x)=\frac{1}{\psi'(y)}$$

因为，如果 $\phi(x+h)=y+k$，则当 $h\to 0$ 时有 $k\to 0$，且

$$\phi'(x)=\lim_{h\to 0}\frac{\phi(x+h)-\phi(x)}{(x+h)-x}=\lim_{k\to 0}\frac{(y+k)-y}{\psi(y+k)-\psi(y)}=\frac{1}{\psi'(y)}$$

---

〔1〕这些不准确的证明中的错误之处在于忽视了这种可能性。

（115）复函数的导数

截至目前我们都假设 $y = \phi(x)$ 是 x 的实数函数。如果 y 是复函数 $\phi(x) + i\psi(x)$，则我们可以定义 y 的导数为 $\phi'(x) + i\psi'(x)$。读者不难看出，当 $\phi(x)$ 是复函数时，定理（1）—（5）依旧成立。定理（6）和（7）对于复函数也有类似的结论，但是这些结果依赖于"复数变量的函数"的一般性概念，目前我们也仅仅在一些特例中遇到了这个概念。

（116）微分学的记号

我们已经说明了，导数常被称作微分系数。这里经常用到的不仅仅是一个不同的名称，更是一个不同的概念；函数 $y = \phi(x)$ 的导数也有别的表达式

$$D_x y, \quad \frac{\mathrm{d}y}{\mathrm{d}x}$$

当然，这些记号最后一种最常用也最方便。但是读者也必须记住，$\frac{\mathrm{d}y}{\mathrm{d}x}$ 并不意味着"一个特定数 $\mathrm{d}y$ 被另一个数 $\mathrm{d}x$ 整除"：它指的是"一个特定的运算 D_x 或 $\frac{\mathrm{d}}{\mathrm{d}x}$ 应用到 $y = \phi(x)$ 上所得到的结果"，该操作得到了商 $\frac{\phi(x+h) - \phi(x)}{h}$，并且使 $h \to 0$。

当然，这个符号乍看之下如此特殊，因而不可能被无理由使用。使用它的理由如下：分式 $\frac{\phi(x+h) - \phi(x)}{h}$ 的分母 h 是自变量 $x+h$ 与 x 的差；相似地，分子是因变量 y 对应的值 $\phi(x+h)$，$\phi(x)$ 的差。这些差值分别被称之为 x 和 y 的增量（increments），表示为 δx 和 δy。把这个分式的极限〔此极限与 $\phi'(x)$ 是同一个东西〕记为 $\frac{\delta x}{\delta y}$ 是很方便的，但是这个符号目前必须被看作是纯粹象征意义的。其中的 $\mathrm{d}y$ 和 $\mathrm{d}x$ 不能被分开，它们自己本身并没有任何意义：特别地，$\mathrm{d}y$ 和 $\mathrm{d}x$ 并不表示 $\lim \delta y$ 和 $\lim \delta x$，这两个极限都等于 0。读者要对这个概念符号很熟悉，如果感到困惑时，你可以将微分系数写作 $D_z y$ 的形式，或者使用 $\phi(x)$，$\phi'(x)$ 来避免这一

困难，就像本章前几课时那样。

然而，在第七章我们要说明如何定义符号 dx 和 dy，使得它们具有独立的意义，而且实际上使得导数 $\dfrac{\mathrm{d}x}{\mathrm{d}y}$ 就是它们的商。

第 114 课时的定理自然也可以用这种符号的语言加以翻译，表述如下：

（1）如果 $y = y_1 + y_2$，则 $\dfrac{\mathrm{d}y}{\mathrm{d}x} = \dfrac{\mathrm{d}y_1}{\mathrm{d}x} + \dfrac{\mathrm{d}y_2}{\mathrm{d}x}$

（2）如果 $y = ky_1$，则 $\dfrac{\mathrm{d}y}{\mathrm{d}x} = k\dfrac{\mathrm{d}y_1}{\mathrm{d}x}$

（3）如果 $y = y_1 y_2$，则 $\dfrac{\mathrm{d}y}{\mathrm{d}x} = y_1 \dfrac{\mathrm{d}y_2}{\mathrm{d}x} + y_2 \dfrac{\mathrm{d}y_1}{\mathrm{d}x}$

（4）如果 $y = \dfrac{1}{y_1}$，则 $\dfrac{\mathrm{d}y}{\mathrm{d}x} = -\dfrac{1}{y_1^2}\dfrac{\mathrm{d}y_1}{\mathrm{d}x}$

（5）如果 $y = \dfrac{y_1}{y_2}$，则 $\dfrac{\mathrm{d}y}{\mathrm{d}x} = \dfrac{\left(y_2 \dfrac{\mathrm{d}y_1}{\mathrm{d}x} - y_1 \dfrac{\mathrm{d}y_2}{\mathrm{d}x}\right)}{y_2^2}$

（6）如果 y 是 x 的函数，并且 z 是 y 的函数，则

$$\frac{\mathrm{d}z}{\mathrm{d}x} = \frac{\mathrm{d}z}{\mathrm{d}y}\frac{\mathrm{d}y}{\mathrm{d}x}$$

（7）$\dfrac{\mathrm{d}y}{\mathrm{d}x} = \dfrac{1}{\left(\dfrac{\mathrm{d}x}{\mathrm{d}y}\right)}$

例40

1. 如果 $y = y_1 y_2 y_3$，则

$$\frac{\mathrm{d}y}{\mathrm{d}x} = y_2 y_3 \frac{\mathrm{d}y_1}{\mathrm{d}x} + y_3 y_1 \frac{\mathrm{d}y_2}{\mathrm{d}x} + y_1 y_2 \frac{\mathrm{d}y_3}{\mathrm{d}x}$$

而且如果 $y = y_1 y_2 \cdots y_n$，则

$$\frac{\mathrm{d}y}{\mathrm{d}x} = \sum_{r=1}^{n} y_1 y_2 \cdots y_{r-1}\, y_{r+1} \cdots y_n \frac{\mathrm{d}y_r}{\mathrm{d}x}$$

特别地，如果 $y = z^n$，则 $\dfrac{\mathrm{d}y}{\mathrm{d}x} = nz^{n-1}\left(\dfrac{dz}{dx}\right)$；且如果 $y = x^n$，则 $\dfrac{\mathrm{d}y}{\mathrm{d}x} = nx^{n-1}$；正如例 29 第 3 题中所证明的那样。

2. 如果 $y = y_1 y_2 \cdots y_n$，则

$$\frac{1}{y}\frac{\mathrm{d}y}{\mathrm{d}x} = \frac{1}{y_1}\frac{\mathrm{d}y_1}{\mathrm{d}x} + \frac{1}{y_2}\frac{\mathrm{d}y_2}{\mathrm{d}x} + \cdots + \frac{1}{y_n}\frac{\mathrm{d}y_n}{\mathrm{d}x}$$

特别地，如果 $y = z^n$，则 $\dfrac{1}{y}\dfrac{\mathrm{d}y}{\mathrm{d}x} = \dfrac{n}{z}\dfrac{\mathrm{d}z}{\mathrm{d}x}$

（117）标准形式

现在我们来更系统地研究一些最简单的函数的导数形式。

A. 多项式

如果 $\phi(x) = a_0 x^n + a_1 x^{n-1} + \cdots + a_n$，则

$$\phi'(x) = na_0 x^{n-1} + (n-1)a_1 x^{n-2} + \cdots + a_{n-1}$$

有时候，利用一个 x 的 n 次多项式的标准形式更方便，即二项式形式（binomial form）：

$$a_0 x^n + \binom{n}{1}a_1 x^{n-1} + \binom{n}{2}a_2 x^{n-2} + \cdots + a_n$$

这时有

$$\phi'(x) = n\left\{ a_0 x^{n-1} + \binom{n-1}{1}a_1 x^{n-2} + \binom{n-1}{2}a_2 x^{n-3} + \cdots + a_{n-1} \right\}$$

$\phi(x)$ 的二项式形式通常系统地用符号写作

$$(a_0,\ a_1,\ \cdots a_n \,\S\, x,\ 1)^n$$

此时有

$$\phi'(x) = n(a_0,\ a_1,\ \cdots,\ a_{n-1} \,\S\, x,\ 1)^{n-1}$$

接下来我们也会看到，$\phi(x)$ 总可以表达为 n 个因子的乘积形式

$$\phi(x) = a_0(x - \alpha_1)(x - \alpha_2)\cdots(x - \alpha_n)$$

其中 α 是实数或复数形式。则

$$\phi'(x) = a_0 \sum (x - \alpha_2)(x - \alpha_3)\cdots(x - \alpha_n)$$

这个符号表示：我们得到了 $n-1$ 项因数的所有乘积，并且将它们加起来。此结论的这种形式甚至对于其中有若干个数 α 相等结果依然成立；但是右边的很多项是重复的。读者将会轻松验证，如果

$$\phi(x) = a_0(x - \alpha_1)^{m_1}(x - \alpha_2)^{m_2}\cdots(x - \alpha_\nu)^{m_\nu}$$

则

$$\phi'(x) = a_0 \sum m_1 (x-\alpha_1)^{m_1-1} (x-\alpha_2)^{m_2} \cdots (x-\alpha_v)^{m_v}$$

例41

1. 证明：如果 $\phi(x)$ 是一个多项式，则 $\phi'(x)$ 就是 $\phi(x+h)$ 按照 h 的幂级的展开式中 h 的系数。

2. 如果 $\phi(x)$ 可以被 $(x-\alpha)^2$ 整除，则 $\phi'(x)$ 可以被 $x-\alpha$ 整除。一般地，如果 $\phi(x)$ 可以被 $(x-\alpha)^m$ 整除，则 $\phi'(x)$ 可以被 $(x-\alpha)^{m-1}$ 整除。

3. 反过来，如果 $\phi(x)$ 和 $\phi'(x)$ 都能被 $x-\alpha$ 整除，则 $\phi(x)$ 可以被 $(x-\alpha)^2$ 整除；如果 $\phi(x)$ 可以被 $x-\alpha$ 整除，$\phi'(x)$ 可以被 $(x-\alpha)^{m-1}$ 整除，则 $\phi(x)$ 可以被 $(x-\alpha)^m$ 整除。

4. 指出怎样尽可能完整地用基础代数法确定 $P(x)=0$ 的多重根以及多重根的级，其中 $P(x)$ 是一个多项式。

　　[如果 H_1 是 P 和 P' 的最高公因子，H_2 是 H_1 和 P'' 的最高公因式，H_3 是 H_2 和 P''' 的最高公因子，以此类推，则 $\dfrac{H_1 H_3}{H_2^2}=0$ 的根就是 $P=0$ 的二重根，$\dfrac{H_2 H_4}{H_3^2}=0$ 的根是 $P=0$ 的三重根，以此类推。但是有可能无法求解 $\dfrac{H_1 H_3}{H_2^2}=0$，$\dfrac{H_2 H_4}{H_3^2}=0$，$\cdots$例如，如果 $P(x)=(x-1)^3(x^5-x-7)^2$，则 $\dfrac{H_1 H_3}{H_2^2}=x^5-x-7$；而 $\dfrac{H_2 H_4}{H_3^2}=x-1$，我们无法求解第一个方程。]

5. 求解

$$x^4 + 3x^3 - 3x^2 - 11x - 6 = 0,\ x^6 + 2x^5 - 8x^4 - 14x^3 + 11x^2 + 28x + 12 = 0$$

所有的根及其重根的级。

6. 如果 $ax^2 + 2bx + c$ 有一个二重根，即 $a(x-\alpha)^2$ 的形式，则 $2(ax+b)$ 一定可以被 $x-\alpha$ 整除，使得 $\alpha = \dfrac{-b}{a}$。x 的值必定满足 $ax^2 + 2bx + c = 0$。验证这样得到的条件为 $ac - b^2 = 0$。

7. 方程 $\dfrac{1}{(x-a)} + \dfrac{1}{x-b} + \dfrac{1}{x-c} = 0$ 仅当 $a=b=c$ 时有一对相等的根。（《数学

之旅》，1905）

8. 证明：

$$ax^3 + 3bx^2 + 3cx + d = 0$$

当 $G^2 + 4H^3 = 0$ 时有一个二重根，其中 $H = ac - b^2$，$G = a^2d - 3abc + 2b^3$

［设 $ax + b = y$，此时方程简化为 $y^3 + 3Hy + G = 0$。它必定与方程 $y^2 + H = 0$ 有一个共同根。］

9. 读者可以验证，如果 α，β，γ，δ 是方程

$$ax^4 + 4bx^3 + 6cx^2 + 4dx + e = 0$$

的根，则方程

$$\frac{1}{12} a\{(\alpha - \beta)(\gamma - \delta) - (\gamma - \alpha)(\beta - \delta)\}$$

以及通过 α，β，γ 循环得到的两个相似表达式为

$$4y^3 - g_2 y - g_3 = 0$$

其中

$$g_2 = ae - 4bd + 3c^2, \quad g_3 = ace + 2bcd - ad^2 - eb^2 - c^3$$

显然，如果 α，β，γ，δ 中的两个是相等的，则这个三次方程的根中将会有两根是相等的。使用例 8 中的结果，我们推导出 $g_2^3 - 27g_3^2 = 0$。

10. 多项式的罗列（Rolle）定理。如果 $\phi(x)$ 为任意一个多项式，则在 $\phi(x) = 0$ 的任意一对根中必有 $\phi'(x) = 0$ 的一个根。

这个定理的证明要应用到更一般的函数，这会在之后的讨论中给出。以下仅为对多项式适用的一个代数证明。我们假设是它的两个连续根，分别重复了 m 和 n 次，使得

$$\phi(x) = (x - \alpha)^m (x - \beta)^n \theta(x)$$

其中 $\theta(x)$ 是一个在 $\alpha \leqslant x \leqslant \beta$ 中有相同符号（比如恒取正号）的多项式，则有

$$\phi'(x) = (x - \alpha)^m (x - \beta)^n \theta'(x)$$
$$+ \{m(x - \alpha)^{m-1}(x - \beta)^n + n(x - \alpha)^m (x - \beta)^{n-1}\}\theta(x)$$
$$= (x - \alpha)^{m-1}(x - \beta)^{n-1}[(x - \alpha)(x - \beta)\theta'(x) + \{m(x - \beta) + n(x - \alpha)\}\theta(x)]$$
$$= (x - \alpha)^{m-1}(x - \beta)^{n-1} F(x)$$

现在令 $F(\alpha) = m(\alpha - \beta)\theta(\alpha)$ 以及 $F(\beta) = n(\beta - \alpha)\theta(\beta)$，它们符号相反。因

此 $F(x)$ 和 $\phi'(x)$，对于 α 和 β 之间的某个 x 值处取值为 0。

（118）B. **有理函数**

如果

$$R(x) = \frac{P(x)}{Q(x)}$$

其中 P 和 Q 都是多项式，从第 114 课时的第 5 题中可得

$$R'(X) = \frac{P'(x)Q(x) - P(x)Q'(x)}{\{Q(x)\}^2}$$

这个公式使得我们能够给出任意有理函数的导数。然而，我们得到的公式的形式却不一定是最简单的。如果 $Q(x)$ 和 $Q'(x)$ 没有公因子，即如果 $Q(x)$ 没有重复因子，那么该公式就是最简单的。但是如果 $Q(x)$ 有重复因子，则我们对 $R'(x)$ 得到的表达式就可以继续化简。

在对有理函数求导时，应用部分分式的方法常常是很方便的。正如第 117 课时中那样，我们将假设 $Q(x)$ 表达为

$$a_0(x - \alpha_1)^{m_1}(x - \alpha_2)^{m_2} \cdots (x - \alpha_v)^{m_v}$$

那么，在代数学的专著[1]中证明了：$R(x)$ 可以表达为

$$\prod(x) + \frac{A_{1,1}}{x - \alpha_1} + \frac{A_{1,2}}{(x - \alpha_1)^2} + \cdots + \frac{A_{1,m_1}}{(x - \alpha_1)^{m_1}} + \frac{A_{2,1}}{x - \alpha_2} + \frac{A_{2,2}}{(x - \alpha_2)^2} + \cdots$$

$$+ \frac{A_{2,m_2}}{(x - \alpha_2)^{m_2}} + \cdots$$

其中 $\prod(x)$ 是一个多项式；即表示为一个多项式与若干个形如

$$\frac{A}{(x - \alpha)^p}$$

的项之和，其中 α 是 $Q(x) = 0$ 的一个根。我们已经知道了如何求出多项式的导数，根据第 114 课时的定理（4），或者如果 α 是复数，则根据第 115 课时的扩展式，就可以得出：上面最后所写的那个有理函数的导数是

---

[1] 见于克里斯特尔所著的《代数》，第 2 版，第 1 卷，第 151 页。

$$-\frac{pA(x-\alpha)^{p-1}}{(x-\alpha)^{2p}} = -\frac{pA}{(x-\alpha)^{p+1}}$$

现在我们可以将一般的有理函数 $R(x)$ 的导数写作形式

$$\prod{}'(x) - \frac{A_{1,1}}{(x-\alpha_1)^2} - \frac{2A_{1,2}}{(x-\alpha_1)^3} - \cdots - \frac{A_{2,1}}{(x-\alpha_2)^2} - \frac{2A_{2,2}}{(x-\alpha_2)^3} - \cdots$$

另外我们还证明了：对于 m 所有的整数值，无论正负（除非 m 是负数，且 $x=0$ ）， x^m 的导数为 mx^{m-1} 。

本课时讨论的方法在对有理函数多次求导时特别有用（见例 45 ）。

例42

1. 证明：

$$\frac{\mathrm{d}}{\mathrm{d}x}\left(\frac{x}{1+x^2}\right) = \frac{1-x^2}{(1+x^2)^2} , \quad \frac{\mathrm{d}}{\mathrm{d}x}\left(\frac{1-x^2}{1+x^2}\right) = -\frac{4x}{(1+x^2)^2}$$

2. 证明：

$$\frac{\mathrm{d}}{\mathrm{d}x}\left(\frac{ax^2+2bx+c}{Ax^2+2Bx+C}\right) = 2\,\frac{(ax+b)(Bx+C)-(bx+c)(Ax+B)}{(Ax^2+2Bx+C)^2}$$

3. 如果 Q 有一个因子 $(x-\alpha)^m$ ，则 R' 的分母（当 R' 化为最简分式后）可以被 $(x-\alpha)^{m+1}$ 整除，但是不能被 $x-\alpha$ 的最高幂级项整除。

4. 无论哪种情形， R' 的分母都不可能有单因子 $x-\alpha$ 。因此，分母含有单因子的有理函数不可能是有理函数的导数。例如， $\frac{1}{x}$ 不可能是有理函数的导数。

（119）C. 代数函数

上一节的结果与第 114 课时的定理（6）合在一起，使我们能够求出任意显式代数函数的导数。

最重要的函数为 x^m ，其中 m 是有理数。在第 118 课时中我们已经看到，当 m 为无论正负的整数时，这个函数的导数为 mx^{m-1} 。现在我们证明：这个结果对于 m 的所有有理值都成立（条件为 $x \neq 0$ ）。假设 $y = x^m = x^{\frac{p}{q}}$ ，其中 p 和 q 都为整数，且 q 为正数；又令 $z = x^{\frac{1}{q}}$ ，所以有 $x = z^q$ 和 $y = z^p$ 。则

$$\frac{\mathrm{d}y}{\mathrm{d}x} = \frac{\left(\dfrac{\mathrm{d}y}{\mathrm{d}z}\right)}{\left(\dfrac{\mathrm{d}x}{\mathrm{d}z}\right)} = \frac{p}{q}z^{p-q} = mx^{m-1}$$

这个结果也可以从例 26 第 3 题的一个推论中推导得出。因为如果 $\phi(x) = x^m$，我们有

$$\phi'(x) = \lim_{h \to 0} \frac{(x+h)^m - x^m}{h} = \lim_{\xi \to x} \frac{\xi^m - x^m}{\xi - x}$$
$$= mx^{m-1}$$

更一般的公式

$$\frac{\mathrm{d}}{\mathrm{d}x}(ax+b)^m = ma(ax+b)^{m-1}$$

对于 m 所有的有理值都成立。

隐函数（implicit algebraical functions）的求导涵盖了某些理论难题，我们会在第七章中重新回到这个难题。但是在这种函数的导数的实际计算中并没有实际难度：所要采用的方法只要用一个例子来证明就够了。假设 y 由方程

$$x^3 + y^3 - 3axy = 0$$

给定。对 x 求导，我们得到

$$x^2 + y^2 \frac{\mathrm{d}y}{\mathrm{d}x} - a\left(y + x\frac{\mathrm{d}y}{\mathrm{d}x}\right) = 0$$

所以

$$\frac{\mathrm{d}y}{\mathrm{d}x} = -\frac{x^2 - ay}{y^2 - ax}$$

□ **代数学**

作为算术发展成果之一的代数学，是研究数、数量、关系、结构与代数方程的数学分支，也是数学中最重要的基础分支之一，它分为初等代数学和抽象代数学两部分。其思路可概括为：通过引进未知数，根据问题条件列出方程，再由方程求解未知数。图为波斯数学家阿尔·花剌子模的《代数学》书页。

例43

1. 求导：

$$\sqrt{\frac{1+x}{1-x}}, \quad \sqrt{\frac{ax+b}{cx+d}}, \quad \sqrt{\frac{ax^2+2bx+c}{Ax^2+2Bx+C}}, \quad (ax+b)^m(cx+d)^n$$

2. 证明：

$$\frac{\mathrm{d}}{\mathrm{d}x}\left(\frac{x}{\sqrt{a^2+x^2}}\right)=\frac{a^2}{(a^2+x^2)^{\frac{3}{2}}}, \quad \frac{\mathrm{d}}{\mathrm{d}x}\left(\frac{x}{\sqrt{a^2-x^2}}\right)=\frac{a^2}{(a^2-x^2)^{\frac{3}{2}}}$$

3. 求出以下情形 y 的微分系数。

（ⅰ） $ax^2+2hxy+by^2+2gx+2fy+c=0$

（ⅱ） $x^5+y^5-5ax^2y^2=0$

（120）D. 超越函数

在例 29 第 4 题中我们已经证明了

$D_x \sin x = \cos x,\ D_x \cos x = -\sin x$

利用第 114 课时的定理（4）和（5），读者不难验证

$D_x \tan x = \sec^2 x,\ D_x \cot x = -\csc^2 x$

$D_x \sec x = \tan x \sec x,\ D_x \csc x = -\cot x \csc x$

利用定理（7）我们可以求出反三角函数的导数。请读者验证如下公式：

$$D_x \arcsin x = \pm\frac{1}{\sqrt{1-x^2}},\quad D_x \arccos x = \mp\frac{1}{\sqrt{1-x^2}}$$

$$D_x \arctan x = \frac{1}{1+x^2},\quad D_x \operatorname{arccot} x = -\frac{1}{1+x^2}$$

$$D_x \operatorname{arcsec} x = \pm\frac{1}{x\sqrt{x^2-1}},\quad D_x \operatorname{arccsc} x = \mp\frac{1}{x\sqrt{x^2-1}}$$

在反 sine 和反 secant 的情形下，其中不确定的符号与 $\cos(\arcsin x)$ 的符号相同，在反 cosine 和反 cosecant 的符号与 $\sin(\arccos x)$ 的符号相同。

更一般的公式

$$D_x \arcsin\left(\frac{x}{a}\right) = \pm\frac{1}{\sqrt{a^2-x^2}},\quad D_x \arctan\left(\frac{x}{a}\right) = \frac{a}{x^2+a^2}$$

可以从第 114 课时的定理（6）和定理（7）得出，也非常重要。在第一个结论中，不确定的符号与 $a\cos\left(\arcsin\dfrac{x}{a}\right)$ 的符号相同，因为根据 a 是正是负，我们有

$$a\sqrt{1-\left(\frac{x^2}{a^2}\right)}=\pm\sqrt{a^2-x^2}$$

最后，利用第 114 课时的定理（6），我们可以对既包括代数函数类，也包括三角函数类的复合函数求导，请在下列任意函数中写出任何这种函数的导数。

例44[1]

1. 求出下列函数的导数

$\cos^m x$，$\sin^m x$，$\cos x^m$，$\sin x^m$，$\cos(\sin x)$，$\sin(\cos x)$

$\sqrt{a^2 \cos^2 x + b^2 \sin^2 x}$，$\dfrac{\cos x \, \sin x}{\sqrt{a^2 \cos^2 x + b^2 \sin^2 x}}$

$x \arcsin x + \sqrt{1 - x^2}$，$(1+x) \arctan \sqrt{x} - \sqrt{x}$

2. 求出下列函数的导数

$\arcsin (1 - x^2)^{\frac{1}{2}}$，$\tan \arcsin x$，$\arctan \dfrac{\cos x}{1 + \sin x}$，$\arctan \dfrac{a + b \cos x}{b + a \cos x}$ （《数学之旅》，1930）

3. 求出下列函数的导数并对结果的简单性进行解释。

$\arcsin x + \arccos x$，$\arctan x + \operatorname{arccot} x$，$\arctan \left(\dfrac{a + x}{1 - ax} \right)$

4. 求出如下函数的导数

$\dfrac{1}{\sqrt{ac - b^2}} \arctan \dfrac{ax + b}{\sqrt{ac - b^2}}$，$-\dfrac{1}{\sqrt{-a}} \arcsin \dfrac{ax + b}{\sqrt{b^2 - ac}}$

5. 证明：函数

$2 \arcsin \sqrt{\dfrac{x - \beta}{\alpha - \beta}}$，$2 \arctan \sqrt{\dfrac{x - \beta}{\alpha - x}}$，$\arcsin \dfrac{2 \sqrt{(\alpha - x)(x - \beta)}}{\alpha - \beta}$

都有相同的导数

$\dfrac{1}{\sqrt{(\alpha - x)(x - \beta)}}$

6. 证明：

$\dfrac{\mathrm{d}}{\mathrm{d}\theta} \left(\arccos \sqrt{\dfrac{\cos 3\theta}{\cos^3 \theta}} \right) = \sqrt{\dfrac{3}{\cos \theta \cos 3\theta}}$ （《数学之旅》，1904）

---

[1] 在这些例子中 m 是有理数，而 a，b，…，α，β，…的取值使得函数取实数值。其中不确定的符号有时予以省略。

7. 证明：

$$\frac{1}{\sqrt{C(Ac - aC)}} \frac{d}{dx} \left\{ \arccos \sqrt{\frac{C(ax^2 + c)}{c(Ax^2 + C)}} \right\} = \frac{1}{(Ax^2 + C)\sqrt{ax^2 + c}}$$

8. 函数

$$\frac{1}{\sqrt{a^2 - b^2}} \arccos \left(\frac{a \cos x + b}{a + b \cos x} \right), \quad \frac{2}{\sqrt{a^2 - b^2}} \arctan \left(\sqrt{\frac{a - b}{a + b}} \tan \frac{1}{2} x \right)$$

都有导数

$$\frac{1}{a + b \cos x}$$

9. 如果 $X = a + b \cos x + c \sin x$，且

$$y = \frac{1}{\sqrt{a^2 - b^2 - c^2}} \arccos \frac{aX - a^2 + b^2 + c^2}{X\sqrt{b^2 + c^2}}$$

则

$$\frac{dy}{dx} = \frac{1}{X}$$

10. 证明：$F[f\{\phi(x)\}]$ 的导数为

$$F'[f\{\phi(x)\}] f'\{\phi(x)\}\phi'(x)$$

把此结果扩展到更复杂的情形中去。

11. 如果 u 和 v 是 x 的函数，则

$$D_x \arctan \frac{u}{v} = \frac{vD_x u - uD_x v}{u^2 + v^2}$$

12. $y = (\tan x + \sec x)^m$ 的导数为 $my \sec x$。

13. $y = \cos x + i \sin x$ 的导数为 iy。

14. 求 $x \cos x$，$\frac{\sin x}{x}$ 的导数。证明：使得曲线 $y = x \cos x$，$y = \frac{\sin x}{x}$ 的切线平行于 x 轴的 x 值分别为 $\cot x = x$，$\tan x = x$ 的根。

15. 容易看出（例 17 第 5 题），a 为正数，如果 $a \geq 1$，则除了 $x = 0$ 外，方程 $\sin x = ax$ 没有实数根；如果 $0 < a < 1$，则有无限个根，且这些根的个数随着 a 减小而不断增加。证明：使得根的个数改变的 a 值其实是 $\cos \xi$ 的值，其中 ξ 是方程 $\tan \xi = \xi$ 的一个正数根。〔所要求的值是使得 $y = ax$ 与 $y = \sin x$ 相切的 a 值。〕

16. 如果当 $x \neq 0$ 时，有 $\phi(x) = x^2 \sin \frac{1}{x}$，而 $\phi(0) = 0$，则当 $x \neq 0$ 时，有

$$\phi'(x) = 2x \sin \frac{1}{x} - \cos \frac{1}{x}$$

而 $\phi'(0) = 0$。且 $\phi'(x)$ 在 $x = 0$ 时不连续（见第 112 课时第 2 题）。

17. 求出圆 $x^2 + y^2 = a^2$ 在点（x_0，y_0）处的切线方程和法线方程，并将它们化简为 $xx_0 + yy_0 = a^2$ 和 $xy_0 - yx_0 = 0$ 的形式。

18. 求椭圆 $\left(\dfrac{x}{a}\right)^2 + \left(\dfrac{y}{b}\right)^2 = 1$ 和双曲线 $\left(\dfrac{x}{a}\right)^2 - \left(\dfrac{y}{b}\right)^2 = 1$ 在任意点（x_0，y_0）的切线和法线方程。

19. 曲线 $x = \phi(t)$，$y = \psi(t)$ 在参数值为 t 的点的切线与法线方程为

$$\frac{x - \phi(t)}{\phi'(t)} = \frac{y - \psi(t)}{\psi'(t)}, \ \{x - \phi(t)\}\phi'(t) + \{y - \psi(t)\}\psi'(t) = 0$$

（121）高阶导数

恰如我们从 $\phi(x)$ 得出 $\phi'(x)$ 一样，我们也可以从 $\phi'(x)$ 得出 $\phi''(x)$。这样的函数称为 $\phi(x)$ 的二次导数（second derivative）或二次微分系数（second differential coefficient）。$y = \phi(x)$ 的二次导数也可以写作下列任意形式：

$$D_x^2 y, \ \left(\frac{\mathrm{d}}{\mathrm{d}x}\right)^2 y, \ \frac{\mathrm{d}^2 y}{\mathrm{d}x^2}$$

用同样的方式，我们也可以定义 $y = \phi(x)$ 的 n 阶导数或 n 阶微分系数，它可以写作下列任意形式：

$$\phi^{(n)}(x), \ D_x^n y, \ \left(\frac{\mathrm{d}}{\mathrm{d}x}\right)^n y, \ \frac{\mathrm{d}^n y}{\mathrm{d}x^n}$$

但是只有在少数情况下，我们才容易写出一个给定函数的 n 阶导数的一般公式，其中有些情形可以在下面例子中找到。

例45

1. 如果 $\phi(x) = x^m$，则

$$\phi^{(n)}(x) = m(m-1)\cdots(m-n+1)x^{m-n}$$

这个结果使我们能够写出任意多项式的 n 阶导数。

2. 如果 $\phi(x) = (ax+b)^m$，则

$$\phi^{(n)}(x) = m(m-1)\cdots(m-n+1)a^n(ax+b)^{m-n}$$

在这两个例子中，m 可以为任意有理数。如果 m 为正整数，且 $n > m$，则有 $\phi^{(n)}(x) = 0$。

3. 公式

$$\left(\frac{\mathrm{d}}{\mathrm{d}x}\right)^n \frac{A}{(x-\alpha)^p} = (-1)^n \frac{p(p+1)\cdots(p+n-1)A}{(x-\alpha)^{p+n}}$$

使我们能够写出：用部分分式之和的标准形式来表示的任意有理函数的 n 阶导数。

4. 证明：$\dfrac{1}{1-x^2}$ 的 n 阶导数为

$$\frac{1}{2}(n!)\left\{(1-x)^{-n-1} + (-1)^n(1+x)^{-n-1}\right\}$$

5. 求

$$\frac{x+1}{x^2-4}, \quad \frac{x^4}{(x-1)(x-2)}, \quad \frac{4x}{(x-1)^2(x+2)}$$

的 n 阶导数。（《数学之旅》，1930，1933，1934）

6. 证明：

如果 n 是偶数，则 $\left(\dfrac{\mathrm{d}}{\mathrm{d}x}\right)^n \dfrac{x^3}{x^2-1}$ 在 $x=0$ 的值为 0，如果 n 是奇数且大于 1，则其相应的值为 $-n!$。

7. 莱布尼茨定理。如果 y 是 uv 乘积，且我们也可以找到 u 和 v 的前 n 阶导数，则我们可以通过莱布尼茨定理来求 y 的 n 阶导数，该定理给出的法则为：

$$(uv)_n = u_n v + \binom{n}{1}u_{n-1}v_1 + \binom{n}{2}u_{n-2}v_2 + \cdots + \binom{n}{r}u_{n-r}v_r + \cdots + uv_n$$

下标表示导数，例如 u_n 表示 u 的 n 阶导数。为了证明该定理，我们要观察到

$$(uv)_1 = u_1 v + uv_1$$

$$(uv)_2 = u_2 v + 2u_1 v_1 + uv_2$$

等等。显然，通过重复此进程，我们得到了如下公式：

$$(uv)_n = u_n v + a_{n,1}u_{n-1}v_1 + a_{n,2}u_{n-2}v_2 + \cdots + a_{n,r}u_{n-r}v_r + \cdots + uv_n$$

假设 $r=1, 2, \cdots, n-1$，$a_{n,r} = \dbinom{n}{r}$，证明：如果假设成立，则对于 $r=1, 2, \cdots, n$，

也有 $a_{n+1,r} = \dbinom{n+1}{r}$。根据数学归纳法的原则，对于所有的 n 值和考虑的 r 值，

$$a_{n,r} = \begin{pmatrix} n \\ r \end{pmatrix}$$ 都成立。

当我们对 $(uv)_n$ 求导出 $(uv)_{n+1}$ 时，显然 $u_{n+1-r}v_r$ 的系数为

$$a_{n,r} + a_{n,r-1} = \begin{pmatrix} n \\ r \end{pmatrix} + \begin{pmatrix} n \\ r-1 \end{pmatrix} = \begin{pmatrix} n+1 \\ r \end{pmatrix}$$

定理得证。

8. $x^m f(x)$ 的 n 阶导数为

$$\frac{m!}{(m-n)!} x^{m-n} f(x) + n \frac{m!}{(m-n+1)!} x^{m-n+1} f'(x)$$

$$+ \frac{n(n-1)}{1 \times 2} \frac{m!}{(m-n+2)!} x^{m-n+2} f''(x) + \cdots$$

此级数对于 $n+1$ 项连续，或者直到其终止。

9. 证明：$D_x^n \cos x = \cos\left(x + \frac{1}{2} n\pi\right)$，$D_x^n \sin x = \sin\left(x + \frac{1}{2} n\pi\right)$

10. 求

$$\cos^2 x \sin x, \quad \cos x \cos 2x \cos 3x, \quad x^3 \cos x$$

的 n 阶导数。

11. 如果 $y = A\cos mx + B\sin mx$，则 $D_x^2 y + m^2 y = 0$。如果

$$y = A\cos mx + B\sin mx + P_n(x)$$

其中 $P_n(x)$ 是 n 级多项式，则 $D_x^{n+3}y + m^2 D_x^{n+1}y = 0$

12. 如果 $x^2 D_x^2 y + x D_x y + y = 0$，则

$$x^2 D_x^{n+2}y + (2n+1)x D_x^{n+1}y + (n^2+1)D_x^n y = 0$$

〔用莱布尼茨公式求导 n 次。〕

13. 如果 U_n 表示 $\dfrac{Lx + M}{x^2 - 2Bx + C}$ 的 n 阶导数，则

$$\frac{x^2 - 2Bx + C}{(n+1)(n+2)} U_{n+2} + \frac{2(x-B)}{n+1} U_{n+1} + U_n = 0$$

〔首先在 $n = 0$ 时得到方程；则根据莱布尼茨公式求导 n 次〕

14. 证明如果 $u = \arctan x$，则

$$(1 + x^2)\frac{d^2 u}{dx^2} + 2x\frac{du}{dx} = 0$$

由此确定在 $x = 0$ 时所有的 u 的导数的值。（《数学之旅》，1931）

15. $\dfrac{a}{(a^2+x^2)}$ 和 $\dfrac{x}{(a^2+x^2)}$ 的 n 阶导数。因为

$$\frac{a}{(a^2+x^2)} = \frac{1}{2\mathrm{i}}\left(\frac{1}{x-a\mathrm{i}} - \frac{1}{x+a\mathrm{i}}\right), \quad \frac{x}{a^2+x^2} = \frac{1}{2}\left(\frac{1}{x-a\mathrm{i}} + \frac{1}{x+a\mathrm{i}}\right)$$

我们便有

$$D_x^n\left(\frac{a}{a^2+x^2}\right) = \frac{(-1)^n n!}{2\mathrm{i}}\left\{\frac{1}{(x-a\mathrm{i})^{n+1}} - \frac{1}{(x+a\mathrm{i})^{n+1}}\right\}$$

对于 $D_x^n\left\{\dfrac{x}{(a^2+x^2)}\right\}$ 也有相似的公式。如果 $\rho = \sqrt{x^2+a^2}$，其中 θ 是数值最小的角，

使得正弦和余弦值为 $\dfrac{x}{\rho}$ 和 $\dfrac{a}{\rho}$，则有 $x+a\mathrm{i} = \rho\,\mathrm{Cis}\theta$，$x-a\mathrm{i} = \rho\,\mathrm{Cis}(-\theta)$，所以

$$D_x^n\frac{a}{a^2+x^2} = \frac{1}{2}(-1)^{n-1}n!\,\mathrm{i}\rho^{-n-1}\left[\mathrm{Cis}\{(n+1)\theta\} - \mathrm{Cis}\{-(n+1)\theta\}\right]$$

$$= (-1)^n n!\,(x^2+a^2)^{-\frac{1}{2}(n+1)}\sin\left\{(n+1)\arctan\left(\frac{a}{x}\right)\right\}$$

类似地，有

$$D_x^n\frac{x}{a^2+x^2} = (-1)^n n!\,(x^2+a^2)^{-\frac{1}{2}(n+1)}\cos\left\{(n+1)\arctan\frac{a}{x}\right\}$$

16. 证明：

$$D_x^n\frac{\cos x}{x} = \left\{P_n\cos\left(x+\frac{1}{2}n\pi\right) + Q_n\sin\left(x+\frac{1}{2}n\pi\right)\right\}x^{-n-1}$$

$$D_x^n\frac{\sin x}{x} = \left\{P_n\sin\left(x+\frac{1}{2}n\pi\right) - Q_n\sin\left(x+\frac{1}{2}n\pi\right)\right\}x^{-n-1}$$

其中 P_n 和 Q_n 是 x 的 n 级和 $n-1$ 级多项式。

17. 证明公式

$$\frac{\mathrm{d}x}{\mathrm{d}y} = \frac{1}{\dfrac{\mathrm{d}y}{\mathrm{d}x}}, \quad \frac{\mathrm{d}^2x}{\mathrm{d}y^2} = -\frac{\dfrac{\mathrm{d}^2y}{\mathrm{d}x^2}}{\left(\dfrac{\mathrm{d}y}{\mathrm{d}x}\right)^3}$$

$$\frac{\mathrm{d}^3x}{\mathrm{d}y^3} = -\frac{\dfrac{\mathrm{d}^3y}{\mathrm{d}x^3}\dfrac{\mathrm{d}y}{\mathrm{d}x} - 3\left(\dfrac{\mathrm{d}^2y}{\mathrm{d}x^2}\right)^2}{\left(\dfrac{\mathrm{d}y}{\mathrm{d}x}\right)^5}$$

（122）关于导函数的一些一般性定理

接下来，区分"闭区间"和"开区间"是十分重要的。闭区间（a，b）满足 $a \leqslant x \leqslant b$，开区间满足 $a < x < b$（即从闭区间中去掉端点）[1]。

我们关注的是闭区间（a，b）上的连续函数和开区间（a，b）上可导的函数。换句话说，我们假设函数 $\phi(x)$ 满足如下条件：

（1）当 $a \leqslant x \leqslant b$ 时，$\phi(x)$ 连续，在区间端点的连续性按照第 99 课时末尾处的讨论来理解；

（2）当 $a < x < b$ 时，每一个 x 都存在 $\phi'(x)$。

在一个条件下使用闭区间，在另一条件下使用开区间，这是很奇怪的。但是我们会发现这一区分是很重要的。显然，如果我们并不知道处在（a，b）外的 $\phi(x)$ 的情况，那我们就不能延伸条件（2）来覆盖端点。

我们首先对 x 的一个特殊值给出定理。

定理A

如果 $\phi'(x) > 0$，则对于所有小于 x_0 但足够接近 x_0 的 x 值，都有 $\phi(x) < \phi(x_0)$，对于所有大于 x_0 但是足够接近 x_0 的 x 值，也有 $\phi(x) > \phi(x_0)$。

当 $h \to 0$ 时，$\dfrac{\phi(x_0 + h) - \phi(x_0)}{h}$ 收敛于一个正极限 $\phi'(x_0)$。不过这仅当对于足够小的 h 值，$\phi(x_0 + h) - \phi(x_0)$ 和 h 有相同的符号时才成立，这也是定理所陈述的结论。当然从几何角度看，这一结果是显然的，不等式 $\phi'(x_0) > 0$ 表示：曲线 $y = \phi(x)$ 的切线与 x 轴成正的锐角。读者也可以针对 $\phi'(x) < 0$ 提出相应的定理。

我们也可以这样表达定理 A：在 $x = x_0$ 处，$\phi(x)$ 严格递增[2]。

---

〔1〕我们也可以用不等式 $a < x \leqslant b$ 或 $a \leqslant x < b$ 来定义半闭区间，但我们在本课本中不使用该表达。

〔2〕同第 215 页的例 19 作比较。

该定理被称为罗列（Roll）定理，十分重要。

定理B

如果 $\phi(x)$ 在闭区间连续，在开区间可导，在端点 a，b 处的值又相等，则在开区间上有一点使得 $\phi'(x) = 0$。

我们可以假设

$$\phi(a) = 0 , \quad \phi(b) = 0$$

如果 $\phi(a) = \phi(b) = k$，且 $k \neq 0$，我们就可以考虑用 $\phi(x) - k$ 来代替 $\phi(x)$。

这里有两种可能性。如果在整个区间 (a, b) 上，都有 $\phi(x) = 0$，则对于 $a < x < b$，都有 $\phi'(x) = 0$，这就无须证明了。

另一方面，如果 $\phi(x)$ 不总是为 0，那么就存在 x 的值使 $\phi(x)$ 的值可正可负。例如，假设 $\phi(x)$ 的值为正，则 $\phi(x)$ 在 (a, b) 中有上边界 M，根据第 103 课时的定理 2 可知，对于 (a, b) 中某个 ξ，有 $\phi(\xi) = M$；显然，ξ 非 a 也非 b。如果 $\phi'(\xi)$ 取值是正的或负的，根据定理 A，就有接近 ξ 的 x 值（它位于 ξ 的一侧或另一侧）使得 $\phi(x) > M$，这与 M 的定义相悖，因此 $\phi'(\xi) = 0$。

推论1

如果 $\phi(x)$ 在闭区间连续，在开区间可导，对于开区间内的每一个 x 值都有 $\phi'(x) > 0$，则在整个区间内 $\phi(x)$ 是递增函数（按照第 95 课时的严格意义）。

我们必须要证明：对于 $a \leqslant x_1 \leqslant x_2 \leqslant b$，有 $\phi(x_1) < \phi(x_2)$。我们首先假设 $a < x_1 < x_2 < b$。

如果 $\phi(x_1) = \phi(x_2)$，则根据定理 B，存在一个 x 在 x_1 和 x_2 之间，使得 $\phi'(x) = 0$，这与我们的假设相悖。

如果 $\phi(x_1) > \phi(x_2)$，则根据定理 A，存在一个接近且大于 x_1 的 x_3，使得 $\phi(x_3) > \phi(x_1) > \phi(x_2)$；因此，根据第 101 课时，存在一关在 x_2 和 x_3 之间的 x_4，使得 $\phi(x_4) = \phi(x_1)$；因此根据定理 B，存在一关在 x_1 和 x_4 之间的 x，使得 $\phi'(x) = 0$，这再次与我们的假设相悖。

因此推出 $\phi(x_1) < \phi(x_2)$。

接下来把不等式的情形推广到 $x_1=a$ 和 $x_2=b$ 的情形中去。如果 $a < x < x' < b$，那么

$$\phi(x) < \phi(x')$$

使得当 x 从右边接近于 a 时，$\phi(x)$ 严格递减。因此

$$\phi(a) = \lim_{x \to a+0} \phi(x) < \phi(x')$$

相似地，有

$$\phi(x') < \phi(b)$$

推论2

在整个区间 (a, b) 中，如果总是有 $\phi'(x) > 0$，且 $\phi(a) \geqslant 0$，则在区间 (a, b) 中，$\phi(x)$ 取值为正。

读者应该仔细比较推论 1 和定理 A。如果我们像在定理 A 中一样，仅假设 $\phi'(x)$ 在单点 $x=x_0$ 处为正，则我们可以证明：当 x_1 和 x_2 足够接近于 x_0 且 $x_1 < x_0 < x_2$ 时有 $\phi(x_1) < \phi(x_2)$。根据定理 A，有 $\phi(x_1) < \phi(x_0)$、$\phi(x_2) > \phi(x_0)$。但是这也并不能证明存在任何包含 x_0 的区间，使得在这个区间中 $\phi(x)$ 递增，因为"x_1 和 x_2 在 x_0 的两边"的假设，对于我们的结论是至关重要的。我们将回到这一点（随后在第 125 课时中），用实际例子来证明。

（123）最大值与最小值

如果在 $x= \xi$ 附近，$\phi(\xi)$ 都大于别的 $\phi(x)$ 值，则我们称 $\phi(\xi)$ 是在 $x= \xi$ 时的最大值（maximum），即如果我们能找到 x 的一个区间 $(\xi - \varepsilon, \xi + \varepsilon)$，使得不管是 $\xi - \varepsilon < x < \xi$，还是 $\xi < x < \xi + \varepsilon$ 时，都有 $\phi(\xi) > \phi(x)$；相似地，我们也可以定义最小值（minimum）。因此在图象中点 A 对应于最大值，点 B 对应于最小值。A_3 对应于最大值，B_1 对应于最小值与函数在 B_1 处的值大于 A_3 并不相违背。

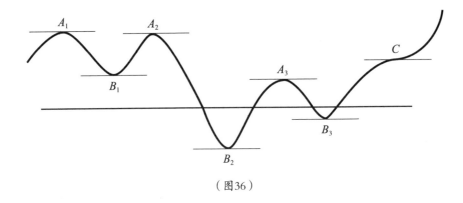

（图36）

定理C

导函数 $\phi(x)$ 在 $x= \xi$ 处有最大值和最小值的必要条件为 $\phi'(\xi) = 0$。

这可以从定理 A 中得出。由图中点 C 可见，该条件是不充足的。因此如果 $y = x^3$，则有 $\phi'(x) = 3x^2$，当 $x = 0$ 时，$\phi'(x)$ 取值为 0。但是 $x=0$ 既没有给出 x^3 的最大值，也没有最小值，可以从 x^3 的图象中看出。

但是如果 $\phi'(\xi) = 0$，在 $x=\xi$ 处也会有最大值，对于所有小于但接近于 ξ 的 x 值都有 $\phi'(x) > 0$，对于所有大于但接近于 ξ 的 x 值都有 $\phi'(x) < 0$；如果这两个不等式反过来也会有最小值。从此（根据第 122 课时的推论 1）我们可以找到区间 $(\xi - \varepsilon, \xi)$，使得 $\phi(x)$ 随 x 而递增，还可以找到区间 $(\xi, \xi + \varepsilon)$，使得它随着 x 而递减。

这个结果也可以这样陈述。如果 $\phi'(x)$ 的符号在 $x= \xi$ 处由正转负，则 $x= \xi$ 给出 $\phi(x)$ 的一个最大值；如果 $\phi'(x)$ 的符号改变相反，则 $x= \xi$ 给出 $\phi(x)$ 的一个最小值。

正如我们定义的那样，最大值就是严格的最大值；对于接近 ξ 的所有 x，都有 $\phi(\xi) > \phi(x)$。我们也可以放宽定义，只要对于接近 ξ 的所有 x，都有 $\phi(\xi) \geq \phi(x)$。例如，根据这个定义，对于每一个变量常数都有最大值（和最小值）。定理 C 依然成立。

最大值或最小值有时也被称为"极值"或"拐点"。

（124）最大值与最小值（续）

还有一种方式来陈述最大值和最小值。假设 $\phi(x)$ 有二阶导数 $\phi''(x)$；这当然不能由 $\phi'(x)$ 存在与否得出，正如 $\phi'(x)$ 的存在不能从 $\phi(x)$ 中得出；但是目前的条件一般是满足的。

定理D

如果 $\phi'(\xi)=0$ 且 $\phi''(\xi)\neq 0$，则在 $x=\xi$ 处有最大值或最小值，如果 $\phi''(\xi)<0$ 则为最大值，如果 $\phi''(\xi)>0$ 则为最小值。

例如，假设 $\phi''(\xi)<0$。则根据定理 A，当 x 小于 ξ 但足够接近于 ξ 时，$\phi'(x)$ 为正，当 x 大于 ξ 但足够接近于 ξ 时，$\phi'(x)$ 为负。因此 $x=\xi$ 给定一个最大值。

（125）最大值与最小值（再续）

之前的部分我们已经讨论了 $\phi(x)$ 对于区间内所有的 x 值都有导数。如果该条件不能被满足，则定理不再成立。因此定理 B 对于方程

$$y=1-\sqrt{x^2}$$

不成立，其中平方根取正值。此函数的图象见图 37，此时 $\phi(-1)=\phi(1)=0$，但是正如图象所示，如果 x 为负，则 $\phi'(x)$ 等于 1，如果 x 为正，则 $\phi'(x)$ 等于 -1，并且 $\phi'(x)$ 不会为 0。对于 $x=0$ 不存在导数，图象在 P 点也没有切线。此时 $x=0$ 显然给出 $\phi(x)$ 的最大值，但是对于最大值的判别不成立。

然而，仅有的导数 $\phi'(x)$ 的存在性是我们所假设的内容。特别地，我们还有一个未曾涉及的假设：$\phi'(x)$ 自身是连续函数。这引起一个很有意思的思考。是否存在一个函数 $\phi(x)$，对于所有 x 值都有导数但是自身却不连续呢？换句话说，是否存在一条曲线在每个点都有切线，但是切线的方向不是连续变化的呢？常识起初会告诉我们：不存在！但是不难证明这个回答是错的。

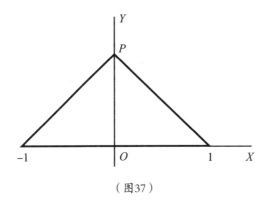

（图37）

考虑函数 $\phi(x)$ 当 $x \neq 0$ 时，由方程

$$\phi(x) = x^2 \sin \frac{1}{x}$$

定义的函数 $\phi(0)$，并且假设 $\phi(0) = 0$。则对于所有的 x 值，$\phi(x)$ 都是连续的。

如果 $x \neq 0$，则

$$\phi'(x) = 2x \sin \frac{1}{x} - \cos \frac{1}{x}$$

而

$$\phi'(0) = \lim_{h \to 0} \frac{h^2 \sin \dfrac{1}{h}}{h} = 0$$

因此对于所有的 x 值，$\phi'(x)$ 都存在。但是 $\phi'(x)$ 对于 $x = 0$ 不连续；因为当 $x \to 0$ 时，$2x \sin \frac{1}{x}$ 趋向于 0，$\cos \frac{1}{x}$ 在极限 -1 和 1 之间振荡，使得 $\phi'(x)$ 也在相同的范围内振荡。

相同的例子也能使我们理解第 122 课时最后提到的知识点。假设 $x \neq 0$ 时，有

$$\phi(x) = x^2 \sin \frac{1}{x} + \alpha x$$

其中 $0 < \alpha < 1$，$\phi(0) = 0$。则 $\phi'(0) = \alpha > 0$。因此第 122 课时中定理 A 的条件就满足了。但是如果 $x \neq 0$，则

$$\phi'(x) = 2x \sin \frac{1}{x} - \cos \frac{1}{x} + \alpha$$

当 $x \to 0$ 时，在极限 $\alpha - 1$ 和 $\alpha + 1$ 之间振荡。既然 $\alpha - 1 < 0$，我们就可以找到接近

于 0 的 x 值，使得该处有 $\phi'(x) < 0$；因此不可能找到任何一个包括 $x=0$ 的区间，使得 $\phi(x)$ 是 x 的递增函数。

然而，让 $\phi'(x)$ 拥有第五章(例 37 第 18 题)中的"简单"不连续性也是不可能的。当 $x \to +0$，$\phi'(x) \to a$，当 $x \to -0$，$\phi'(x) \to b$，且 $\phi'(0) = c$，则 $a=b=c$，且对于 $x=0$，$\phi'(x)$ 是连续的。证明请见第 126 课时，例 47 第 5 题。

例46

1. 当 $\phi(x) = (x-a)^m (x-b)^n$ 或者 $\phi(x) = (x-a)^m (x-b)^n (x-c)^p$ 时，证明定理 B，其中 m，n，p 都是正整数，且 $a < b < c$。

[第一个函数当 $x=a$ 和 $x=b$ 时取值为 0。并且

$$\phi(x) = (x-a)^{m-1} (x-b)^{n-1} \{ (m+n) x - mb - na \}$$

当 $x = \dfrac{mb+na}{m+n}$ 时取值为 0，其值介于 a 与 b 之间。在第二种条件下我们须要验证二次方程

$$(m+n+p) x^2 - \{ m(b+c) + n(c+a) + p(a+b) \} x + mbc + nca + pab = 0$$

的根介于 a 与 b 和 b 与 c 之间。]

2. 证明：$x - \sin x$ 在 x 的任意区间都是递增函数，随着 x 从 $-\dfrac{1}{2}\pi$ 增加到 $\dfrac{1}{2}\pi$，$\tan x - x$ 也在增加。a 取何值，才能使 $ax - \sin x$ 递增或递减？

3. 证明：$\dfrac{x}{\sin x}$ 从 $x=0$ 到 $x = \dfrac{1}{2}\pi$ 递增。（《数学之旅》，1927）

4. 证明：从 $x = \dfrac{1}{2}\pi$ 到 $x = \dfrac{3}{2}\pi$，从 $x = \dfrac{3}{2}\pi$ 到 $x = \dfrac{5}{2}\pi \cdots$，$\tan x - x$ 都在递增，推导出在这些区间中 $\tan x = x$ 有且仅有一个根。

5. 从第 2 题中推导出：如果 $x > 0$ 则 $\sin x - x < 0$，从而 $\cos x - 1 + \dfrac{1}{2}x^2 > 0$，再进而 $\sin x - x + \dfrac{1}{6}x^3 > 0$。一般地，证明：如果

$$C_{2m} = \cos x - 1 + \frac{x^2}{2!} - \cdots - (-1)^m \frac{x^{2m}}{(2m)!}$$

$$S_{2m+1} = \sin x - x + \frac{x^3}{3!} - \cdots - (-1)^m \frac{x^{2m+1}}{(2m+1)!}$$

且 $x > 0$，则 C_{2m} 和 S_{2m+1} 是正还是负，取决于 m 是奇还是偶。

6. 如果 $f(x)$ 和 $f''(x)$ 是连续的，在区间 (a, b) 上的每一点符号都相同，则这个区间至多包括 $f(x)=0$ 和 $f'(x)=0$ 的一个根。

7. 在 x 的某个区间内，u，v 及其导数 u'，v' 也是连续的，并且 $uv'-u'v$ 在该区间任意一点都不为 0。证明：$u=0$ 的任意两个根之间都有 $v=0$ 的一个根，且反命题也成立。证明当 $u=\cos x$，$v=\sin x$ 的定理成立。

$\Big[$ 如果 v 在 $u=0$ 的两个根（设为 α 和 β），取值不会为 0，则函数 $\dfrac{u}{v}$ 在整个区间 (α, β) 中连续，在端点取值为 0。因此 $\left(\dfrac{u}{v}\right)' = \dfrac{u'v-uv'}{v^2}$ 一定在 α 和 β 之间取值为 0，这与我们的假设相悖。 $\Big]$

8. 求出 x^3-18x^2+96x 在区间 $(0, 9)$ 上的最大值与最小值。（《数学之旅》，1931）

9. 讨论函数 $(x-a)^m(x-b)^n$ 的最大值与最小值，其中 m 和 n 为任意正整数，考虑 m 和 n 取值奇偶的不同情况，并大致画出该函数的草图。

10. 证明：当 $x=1$ 时，函数 $(x+5)^2(x^3-10)$ 有最小值，并讨论它的其他拐点。

11. 证明：

$$\left(\alpha - \frac{1}{\alpha} - x\right)(4-3x^2)$$

恰好有一个最大值与最小值，它们之间的差值为

$$\frac{4}{9}\left(\alpha + \frac{1}{\alpha}\right)^3$$

对于不同的 α 值，这个差值的最小值是多少？（《数学之旅》，1933）

12. 证明：无论 a，b，c，d 取值如何，$\dfrac{ax+b}{cx+d}$ 都没有最大值或最小值。画出该函数的草图。

13. 讨论当函数

$$y = \frac{ax^2+2bx+c}{Ax^2+2Bx+C}$$

的分母有复数根时，该函数的最大值与最小值。

$\Big[$ 我们可以假设 a 和 A 为正。如果

$$(ax+b)(Bx+C)-(Ax+B)(bx+c)=0 \tag{1}$$

则其导数为 0。此方程必有实根。因为如果导数不总有相同的符号，这是不可能的，因为 y 对于所有的 x 值都是连续的，当 $x \to +\infty$ 或 $x \to -\infty$ 是 $y \to \dfrac{a}{A}$。容易证明曲线切 $y \to \dfrac{a}{A}$ 于一点且仅为一点，对于大的 x 正值，点位于直线上方，对于大的 x 负值，点位于直线下方，反之同理，取决于 $\dfrac{b}{a} > \dfrac{B}{A}$ 或者 $\dfrac{b}{a} < \dfrac{B}{A}$。因此如果 $\dfrac{b}{a} > \dfrac{B}{A}$，（1）的较大数值根给出了最大值，最小值由相反情形给出。〕

14. 最大值和最小值本身是 $\dfrac{ax^2 + 2bx + c - \lambda}{(Ax^2 + 2Bx + C)}$ 为完全平方数的 λ 的值。〔这是 $y = \lambda$ 与曲线相切的条件。〕

15. 如果 $Ax^2 + 2Bx + C = 0$ 有实数根，则我们有

$$y - \frac{a}{A} = \frac{2\lambda x + \mu}{A(Ax^2 + 2Bx + C)}$$

其中 $\lambda = bA - aB$，$\mu = cA - aC$。再记 $2\lambda x + \mu$ 为 ξ，记 $\left(\dfrac{A}{4\lambda^2}\right)(Ay - a)$ 为 η，我们得到方程

$$\eta = \frac{\xi}{(\xi - p)(\xi - q)}$$

y 的最小值（被视为 x 的函数），对应于 η 的最小值（被视为 ξ 的函数），反之亦然，类似地对于最大值也有此结论。

如果

$$(\xi - p)(\xi - q) - \xi(\xi - p) - \xi(\xi - q) = 0$$

或如果 $\xi^2 = pq$，则 η 对于 ξ 的导数为 0。因此，如果 p 和 q 有相同的符号，则导数有两根，如果 p 和 q 符号相反，则导数 η 没有根。后者的图象如图 38a 所示。

当 p 和 q 是正数时，图象的一般形式如图 38b 所示，很容易看出：$\xi = \sqrt{pq}$ 给出最大值，$\xi = -\sqrt{pq}$ 给出最小值。

如果 $\lambda = 0$，即如果 $\dfrac{a}{A} = \dfrac{b}{B}$，则上述的讨论不再成立。但是在这种情况下我们有

$$y - \frac{a}{A} = \frac{\mu}{A(Ax^2 + 2Bx + C)} = \frac{\mu}{A^2(x - x_1)(x - x_2)}$$

即：$\dfrac{dy}{dx} = 0$ 给出了一个单值 $x = \dfrac{1}{2}(x_1 + x_2)$。画出图象即可清楚地看到，这个

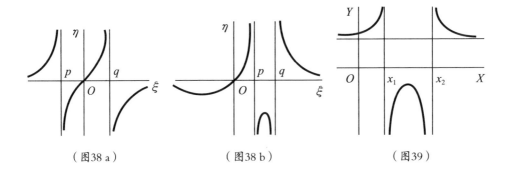

（图38 a） （图38 b） （图39）

值给出最大值还是最小值，取决于 μ 是正是负。前者的图象如图 39 所示。

16. 证明：如果 γ 在 α 与 β 之间，当 x 变化时，$\dfrac{(x-\alpha)(x-\beta)}{x-\gamma}$ 可取所有实数

值，而在相反情况下，它取除了在长度为 $4\sqrt{|\alpha-\gamma\|\beta-\gamma|}$ 的一个区间内的所有值。

17. 证明：如果 $0 < c < 1$，则

$$y = \frac{x^2 + 2x + c}{x^2 + 4x + 3c}$$

可以取任意实数值，并画出该函数的草图。

18. $y = \dfrac{ax + b}{(x-1)(x-4)}$

的图象有拐点（2，-1）。求出 a 和 b，并证明拐点为最大值。画出此曲线的草图。

19. 求出形式为 $\dfrac{ax^2 + 2bx + c}{Ax^2 + 2Bx + C}$ 的函数，使其当 $x=1$ 和 $x=-1$ 时，有拐点 2 和 3，

且当 $x=0$ 时，取值为 2.5。（《数学之旅》，1908）

20. $\dfrac{(x+a)(x+b)}{(x-a)(x-b)}$ 的最大值和最小值为：

$$-\left(\frac{\sqrt{a}+\sqrt{b}}{\sqrt{a}-\sqrt{b}}\right)^2,\quad -\left(\frac{\sqrt{a}-\sqrt{b}}{\sqrt{a}+\sqrt{b}}\right)^2$$

其中 a 和 b 为正数。

21. $\dfrac{(x-1)^2}{(x+1)^3}$ 的最大值为 $\dfrac{2}{27}$。

22. 讨论

$$\frac{x(x-1)}{x^2+3x+3},\quad \frac{x^4}{(x-1)(x-3)^3},\quad \frac{(x-1)^2(3x^2-2x-37)}{(x+5)^2(3x^2-14x-1)}$$

的最大值与最小值。

> 如果最后一个函数记为 $\dfrac{P(x)}{Q(x)}$，则
>
> $P'Q - PQ' = 72(x-7)(x-3)(x-1)(x+1)(x+2)(x+5)$

23. 求出 $a\cos x + b\sin x$ 的最大值与最小值。通过将函数表达为 $A\cos(x-\alpha)$ 的形式来验算。

24. 证明：$\dfrac{\sin(x+a)}{\sin(x+b)}$ 没有最大值或最小值。画出该函数的图象。

25. 证明：函数

$$\frac{\sin^2 x}{\sin(x+a)\sin(x+b)} \quad (0 < a < b < \pi)$$

有无穷多个等于 0 的最小值，且有无穷多个等于

$$-4\frac{\sin a \sin b}{\sin^2(a-b)}$$

的最大值。（《数学之旅》，1909）

26. 当 $ab \geqslant 0$ 时，$a^2\sec^2 x + b^2\csc^2 x$ 的最小值为 $(a+b)^2$。

27. 证明：$\tan 3x \cot 2x$ 不可能介于 $\dfrac{1}{9}$ 和 $\dfrac{3}{2}$ 之间。

28. 证明：$\sin mx \csc x$ 的最大值与最小值由 $\tan mx = m\tan x$ 给出，其中 m 为整数，推导出

$$\sin^2 mx \leqslant m^2\sin^2 x$$

> 我们观察到，在
>
> $$\frac{\sin^2 mx}{\sin^2 x} = m^2\frac{\cos^2 mx}{\cos^2 x} = m^2\frac{1+\tan^2 x}{1+\tan^2 mx} = m^2\frac{1+\tan^2 x}{1+m^2\tan^2 x}$$
>
> 处，有最大值或最小值。

29. 如果定义 y 为

$$\frac{ay+b}{cy+d} = \sin^2 x + 2\cos x + 1$$

求出最大值和最小值，其中 $ad \neq bc$。（《数学之旅》，1928）

30. 证明：如果一个直角三角形的斜边与另一边长度之和确定，则该三角形的面积在夹角为 $60°$ 时达到最大。（《数学之旅》，1909）

31. 通过定点 (a, b) 的直线与 OX，OY 轴交于点 P 和 Q。证明：PQ，$OP + OQ$ 和 $OP \cdot OQ$ 的最小值分别为 $\left(a^{\frac{2}{3}} + b^{\frac{2}{3}}\right)^{\frac{3}{2}}$，$\left(\sqrt{a} + \sqrt{b}\right)^2$ 和 $4ab$。

32. 椭圆的一条切线与坐标轴交于点 P，Q。证明：PQ 的最小值等于椭圆的各半轴之和。

33. 一条小巷与一条 18 英尺的道路成直角相交。问小巷须要设计得多宽，才能使一根 45 英寸的直杆能从道路进入小巷，且始终保持水平？

34. 点 A、B 位于直线的两边，并且与直线上定点 O 的距离相等；P 是不在该直线上的一个定点。证明 $AP+BP$ 随着 AB 递增。

35. 求出圆锥曲线

$$ax^2 + 2hxy + by^2 = 1$$

的轴的长度和方向。

> [与 x 轴成角度 θ 的半径的长度 r 为
>
> $$\frac{1}{r^2} = a\cos^2\theta + 2h\cos\theta\sin\theta + b\sin^2\theta$$
>
> r 的最大值或最小值为 $\tan 2\theta = \dfrac{2h}{a - b}$。用这两个方程消去 θ，我们可得
>
> $$\left(a - \frac{1}{r^2}\right)\left(b - \frac{1}{r^2}\right) = h^2 \quad]$$

36. $ax + by$ 的最大值为

$$2k\sqrt{a^2 - ab + b^2}$$

其中 x 和 y 是正数，且 $x^2 + xy + y^2 = 3k^2$。

> [如果 $ax+by$ 是最大值，则 $a + b\left(\dfrac{dy}{dx}\right) = 0$。$x$ 与 y 之间的关系给出 $(2x + y) + (x+2y)\left(\dfrac{dy}{dx}\right) = 0$。令 $\dfrac{dy}{dx}$ 的两个值相等。]

37. $x^m y^n$ 的最大值为

$$\frac{m^m n^n k^{m+n}}{(m + n)^{m+n}}$$

其中 x，y 为正数，且 $x+y=k$。

38. 如果 θ 和 ϕ 是满足

$$a \sec\theta + b \sec\phi = c$$

的锐角，其中 a, b, c 是正数，则当 $\theta = \phi$ 时，最小值为 $a \cos\theta + b \cos\phi$ 。

（126）中值定理

现在我们来证明一个非常重要的一般性定理，我们通常称这个定理为"中值定理"（the mean value theorem）或"均值定理"（the theorem of the mean）。

定理

如果 $\phi(x)$ 在闭区间（a, b）上连续，在开区间可导，则在 a 和 b 之间存在一个数值 ξ，使得

$$\phi(b) - \phi(a) = (b - a)\phi'(\xi)$$

在我们给出严格证明之前（这是微分计算中最重要的定理之一），须要先指出其几何意义。如果曲线 APB（见图40）在所有点都有切线，则必定存在一点 P，其切线平行于 AB。因为 $\phi'(\xi)$ 是 P 点的切线与 OX 夹角的正切，$\dfrac{\phi(b) - \phi(a)}{b - a}$ 是 AB 与 OX 夹角的正切。

很容易给出一个严格的证明。考虑函数

$$\phi(b) - \phi(x) - \frac{b - x}{b - a}\{\phi(b) - \phi(a)\}$$

在 $x = a$ 和 $x = b$ 处取值为 0。从第 122 课时的定理 B 中可推知，存在一点 ξ 使得其导数取值为 0。但是它的导数为

$$\frac{\phi(b) - \phi(a)}{b - a} - \phi'(x)$$

定理得证。我们应该再次注意到并没

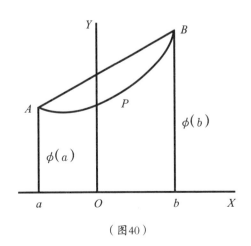

（图40）

有假设 $\phi'(x)$ 是连续的。

将中值定理表达为

$$\phi(b) = \phi(a) + (b-a)\phi'\{a + \theta(b-a)\}$$

是很方便的。其中 θ 是介于 0 和 1 之间的数。当然，$a+\theta(b-a)$ 仅仅是在用另一种方式说明"介于 a 和 b 之间的某个数 ξ"。如果我们设 $b = a + h$，我们得到

$$\phi(a + h) = \phi(a) + h\phi'\{a + \theta h\}$$

这是该定理的最常用的形式。

例47

1. 证明：

$$\phi(b) - \phi(x) - \frac{b-x}{b-a}\{\phi(b) - \phi(a)\}$$

是曲线上一个点的坐标与弦上的对应点的纵坐标之差。

2. 验证当 $\phi(x) = x^2$ 和 $\phi(x) = x^3$ 时的定理。

$\Big[$ 在后一种情况下我们须要证明 $\dfrac{b^3 - a^3}{b - a} = 3\xi^2$，其中 $a < \xi < b$；也即证明：如果 $\dfrac{1}{3}(b^2 + ab + a^2) = \xi^2$，则 ξ 在 a 与 b 之间。$\Big]$

3. 当 $f(x) = x(x-1)(x-2)$，$a = 0$，$b = \dfrac{1}{2}$

时，求出中值定理中的 ξ。

4. 用中值定理来证明第 122 课时的推论 1。也请证明：如果 $\phi'(x) \geq 0$，则 $\phi(x)$ 是较弱意义下的递增函数。

5. 用中值定理来证明第 125 课时末尾的定理。

$\Big[$ 由于 $\phi'(0) = c$，我们可以找到一个小的正值 x，使得 $\dfrac{\phi(x) - \phi(0)}{x}$ 近似等于 c；因此根据定理，存在一个小的正数 ξ，使得 $\phi'(\xi)$ 近似等于 c，这与 $\lim\limits_{x \to +0} \phi'(x) = a$ 相矛盾，除非 $a = c$。相似地，$b = c$。$\Big]$

6. 使用中值定理来证明第 114 课时的定理（6），假设导函数是连续的。

$\big[$ 我们有

$$F\{f(x+h)\} - F\{f(x)\} = F\{f(x) + hf'(\xi)\} - F\{f(x)\} = hf'(\xi)F'(\eta)$$

其中 ξ 位于 x 与 $x+h$ 之间，η 位于 $f(x)$ 与 $hf'(\xi)$ 之间。]

7. 证明：如果

$$\frac{a_0}{n+1} + \frac{a_1}{n} + \cdots + \frac{a_{n-1}}{2} + a_n = 0$$

则方程 $a_0 x^n + a_1 x^{n-1} + \cdots + a_{n-1} x + a_n = 0$ 有至少一个根在 0 与 1 之间。

（127）中值定理（续）

中值定理证明了积分理论中的一个基本定理：如果对于区间中的所有 x 值都有 $\phi'(x) = 0$，则在该区间中 $\phi(x)$ 是常数。

因为，如果 a 和 b 是 x 在区间中的任意两值，则

$$\phi(b) - \phi(a) = (b-a)\phi'\{a + \theta(b-a)\} = 0$$

一个直接推论为：如果在一个区间内有 $\phi'(x) = \psi'(x)$，则在这个区间内函数 $\phi(x)$ 和 $\psi(x)$ 的差值为一个常数。

（128）柯西中值定理

有一个由柯西得出的关于中值定理的一般性推广，它在应用中非常重要[1]。

如果（ⅰ）在闭区间 (a, b) 中，$\phi(x)$ 和 $\psi(x)$ 是连续的，在开区间可导；（ⅱ）$\psi(b) \neq \psi(a)$；且（ⅲ）$\phi'(x) \neq \psi'(x)$ 和对于同一个 x 值不会同时为 0，则在 a 与 b 之间存在一个 ξ，使得

$$\frac{\phi(b) - \phi(a)}{\psi(b) - \psi(a)} = \frac{\phi'(\xi)}{\psi'(\xi)}$$

当 $\psi(x) = x$ 时简化为中值定理，此时附加的条件也自动满足。

其证明是第 126 课时中所证明定理的推广。当 $x=a$ 和 $x=b$ 时，函数

$$\phi(b) - \phi(x) - \frac{\phi(b) - \phi(a)}{\psi(b) - \psi(a)}\{\psi(b) - \psi(x)\}$$

[1] 见第 154 课时。

□ 达布

让·加斯东·达布（1842—1917年），法国数学家。他对数学分析（积分，偏微分方程）和微分几何（曲线和曲面的研究）做出了重要贡献。实分析中的达布定理就得名于这位数学家，该定理说明了所有的实导函数（某个实值函数的导数）对任意区间的值域仍是区间，也就是说，若*f*为可导函数，则对任意区间*I*，*f'*(*I*)仍为区间。

取值为 0。因此其导数对于 a 和 b 之间的某个 ξ 处取值为 0；即：

$$\phi'(\xi) = \frac{\phi(b) - \phi(a)}{\psi(b) - \psi(a)} \, \psi'(\xi)$$

对于某些值 ξ，如果 $\psi'(\xi)$ 为 0，则 $\phi'(\xi)$ 也会为 0，与我们的假设相悖。因此 $\psi'(\xi) \neq 0$，用 $\psi'(\xi)$ 来除就得到了定理。

"ϕ' 和 ψ' 对于同一个 x 不会取值为 0"的假设是必要的。例如，假设

$$a = -1, \quad b = 1, \quad \phi = x^2, \quad \psi = x^3$$

则 $\phi(b) - \phi(a) = 0$，$\psi(b) - \psi(a) = 2$，该结果只有当 $\phi'(\xi) = 0$ 时才成立，即：如果 $\xi = 0$，此时 $\psi'(\xi)$ 取值为 0，公式也变得无意义。

（129）达布（Darboux）定理

在 101 课时中我们证明了：如果 $\phi(x)$ 在 (a, b) 中是连续的，则在 (a, b) 中的某处，它会取到 $\phi(a)$ 和 $\phi(b)$ 之间的每一个值。还有别的类型的函数也拥有此种性质，特别是这类导数。如果 $\phi'(x)$ 是函数 $\phi(x)$ 的导数，则（无论连续与否）它都有所陈述的性质。

如果对于 $a \leq x \leq b$，$\phi(x)$ 是可导的，$\phi'(a) = \alpha$，$\phi'(b) = \beta$，且 γ 在 α 和 β 之间，则在 a 和 b 之间存在一个 ξ，使得

$$\phi'(\xi) = \gamma$$

例如，假设 $\alpha < \gamma < \beta$，并令

$$\psi(x) = \phi(x) - \gamma(x - a)$$

则 $\psi(x)$ 连续，因此在 (a, b) 上的某点处可达到其下边界。该点 ξ 不可能是 a 或 b，因为

$$\psi'(a) = \alpha - \gamma < 0, \quad \psi'(b) = \beta - \gamma > 0$$

因此 $\psi(x)$ 在 a 和 b 之间的一个点 ξ 处有最小值[1]，且 $\psi'(\xi)=0$，即 $\phi'(\xi)=\gamma$。

（130）积分

目前我们已经学会了如何在多种情形下求出给定函数 $\phi(x)$ 的导数，包括那些最常见的情形。很自然地要考虑相反的问题：求出一个函数，使其导数为给定函数。

假设 $\psi(x)$ 是给定的函数。则我们须要决定一个函数，使得 $\phi'(x)=\psi(x)$。指出我们稍加思考即可指出，这个问题可以被拆分为三个部分。

（1）首先，我们要知道这样的函数 $\phi(x)$ 是否存在。这个问题要与"我们是否能找到一个简单公式来表示这个函数（如果这个函数存在的话）"区分开来。

（2）我们需要知道是否有多于一个这样的函数存在，即：是否我们问题的解是唯一的；如果不是，则是否存在不同的解之间的关系，使我们能够利用一个特殊解来表达所有解。

（3）如果存在一个解，我们想要知道怎样找到实际的表达式。

如果我们把这三个问题与函数的求导对应的问题作比较，我们便能得出新的解读思路。

（1）函数 $\phi(x)$ 可能对所有的 x 值都有导数，就如 x^m，其中 m 是正整数，或者如 $\sin x$。也可能对某个特殊 x 值作为例外，就如 $\tan x$ 或 $\sec x$。或者从没有导数，就像例 37 的第 20 题中的函数那样，甚至不是任何 x 的连续函数。

最后一个函数对于每一个 x 都是不连续的，$\tan x$ 和 $\sec x$ 除了不连续点外都有导数。$\sqrt[3]{x}$ 的例子表明，一个连续函数可能对特殊的 x 值没有导数，例如 $x=0$。是否存在从来就没有导数的连续函数，或从来就没有切线的连续曲线？我们现在还不能回答。常识给出了否定的答案。但是正如第 112 课时所说的那样，这是一个在高等数学中判定常识为误的例子。

---

[1] 不一定是严格的最小值；但是请见第 123 课时的倒数第二段。

但是问题"$\phi(x)$有导数$\phi'(x)$吗？"在不同情形下的答案也不同。我们可以期待相反的问题"是否存在函数$\phi(x)$，使得$\psi(x)$是其导数？"也有不同的答案。我们已经看到了很多时候答案是不：因此如果$\psi(x)$取值为a，b或者c取决于x小于0，等于0，或者大于0，则答案就是不存在这样的函数（例47第5题），除非$a=b=c$。

这是给定函数不连续的情况。然而一般我们也会假设$\psi(x)$连续。此时的答案就是：如果$\psi(x)$连续，则总有函数$\phi(x)$使得$\phi'(x)=\psi(x)$。这个证明在将第七章给出。

（2）第二个问题没有难度。在求导时我们有对于导数的直接定义，从一开始就不可能有多于一个解答。对于反命题，答案几乎是同样简单的。如果$\phi(x)$是$\phi(x)+C$的一个解，则对于任意常数C，$\phi(x)+C$都是另一个解，而且所有可能的解答都包含在形如$\phi(x)+C$的表达式中。这可以从第127课时推出。

（3）当$\phi(x)$是某些原始函数符号的有限结合所定义的函数时，寻找$\phi'(x)$的实际问题就相当简单了。反命题就复杂得多。这种难题之后会变得清晰。

定义

如果$\psi(x)$是$\phi(x)$的导数，则我们称$\phi(x)$为$\psi(x)$的积分（integral）或积分函数（integralfunction）。从$\psi(x)$构造出$\phi(x)$的运算我们称之为积分法（integration）。

我们使用符号

$$\phi(x) = \int \psi(x)\mathrm{d}x$$

表示积分函数。并不需要指出，现在必须像对待$\dfrac{\mathrm{d}}{\mathrm{d}x}$一样，简单地视$\int \cdots \mathrm{d}x$为一个运算符号：$\int$和$\mathrm{d}x$自身的含义并不比另一个运算符中$\mathrm{d}$和$\mathrm{d}x$的含义更多。

（131）实际的积分问题

本章前面部分的结果使我们能够写下最常见的函数的积分。从而

$$\int x^m \mathrm{d}x = \frac{x^{m+1}}{m+1} \ , \quad \int \cos x \, \mathrm{d}x = \sin x \ , \quad \int \sin x \, \mathrm{d}x = -\cos x \tag{1}$$

这些公式应该如此理解：右边的函数是积分符号下的一个积分。最一般的积分可以通过在右边函数上添加常数 C 来得到，这个常数称为积分的任意常数。

然而对于第一个公式也有一种例外情况，即：$m = -1$。此时公式无意义，因为我们已经看到（例 42 第 4 题），$\frac{1}{x}$ 不可能是任意多项式或有理分式函数的导数。

在下一章中要证明，存在函数 $F(x)$，使得 $D_x F(x) = \frac{1}{x}$。现在我们先假设它存在。函数 $F(x)$ 一定不是多项式或有理函数；也可以证明它也不是代数函数。可以证明，$F(x)$ 是一个新的函数，与我们已经考虑过的任意种函数都无关，这就是说，它不能用任何对应的函数符号的组合来表示。对此的证明过于琐细，因此没有放进本书，但是关于这个问题的额外讨论可参见第九章，在那里对 $F(x)$ 的性质作了系统性的讨论。

首先假设 x 为正。我们记

$$\int \frac{\mathrm{d}x}{x} = \log x \tag{2}$$

我们也可以称此方程右边的函数为对数函数（logarithmic function），目前为止对 x 的正值有定义。

再假设 x 为负，则 $-x$ 为正，$\log(-x)$ 也有定义。同样有

$$\frac{\mathrm{d}}{\mathrm{d}x} \log(-x) = \frac{-1}{-x} = \frac{1}{x}$$

所以当 x 为负数时，有

$$\int \frac{\mathrm{d}x}{x} = \log(-x) \tag{3}$$

公式（2）和（3）可以合成一个公式

$$\int \frac{\mathrm{d}x}{x} = \log(\pm x) = \log|x| \tag{4}$$

其中不确定符号是为了使得 $\pm x$ 为正：这些公式对于除 $x=0$ 以外的 x 所有实数值都成立。

在第九章中将证明 $\log x$ 最基本的性质可以表达为：

$$\log 1 = 0, \quad \log\left(\frac{1}{x}\right) = -\log x, \quad \log xy = \log x + \log y$$

其中第二个公式是第一和第三个公式的明显推论。对于本章的目的来说，并不需要假设这些公式任意一个成立；但是它们有时也能使我们写出公式更紧凑的

形式。

从上面最后一个公式得出：如果 $x > 0$，则 $\log x^2$ 等于 $2\log x$，如果 $x < 0$，则它等于 $2\log(-x)$，无论如何都等于 $2\log|x|$。因此公式（4）等同于

$$\int \frac{\mathrm{d}x}{x} = \frac{1}{2}\log x^2 \tag{5}$$

（1）—（3）中的五个公式是积分计算的五个最基本标准公式。现在应该再添加两个，即：

$$\int \frac{\mathrm{d}x}{1+x^2} = \arctan x, \quad \int \frac{\mathrm{d}x}{\sqrt{(1-x^2)}} = \pm\arcsin x^{[1]} \tag{6}$$

（132）多项式

第 114 课时的所有一般定理也可以表述成积分学的定理。例如，我们首先有公式

$$\int \{f(x) + F(x)\}\,\mathrm{d}x = \int f(x)\,\mathrm{d}x + \int F(x)\,\mathrm{d}x \tag{1}$$

$$\int kf(x)\,\mathrm{d}x = k\int f(x)\,\mathrm{d}x \tag{2}$$

当然，这里我们假设了应该适当地调整任意常数。因此公式（1）说明了：$f(x)$ 的任意积分与 $F(x)$ 的任意积分之和都等于 $f(x) + F(x)$ 的一个积分。

这些定理使我们能够很快写下任意形式为 $\sum A_\nu f_\nu(x)$ 的函数的积分，该函数是积分已知的、有限数目的函数的常数倍之和。特别地，我们可以写下任意多项式的积分，如

$$\int (a_0 x^n + a_1 x^{n-1} + \cdots + a_n)\,\mathrm{d}x = \frac{a_0 x^{n+1}}{n+1} + \frac{a_1 x^n}{n} + \cdots + a_n x$$

---

〔1〕确定正负号的原则见于第 120 课时。

（133）有理函数

很自然地，下面我们来关注有理函数。让我们假设 $R(x)$ 为第118课时的标准形式表达的任意一个有理函数，即多项式 $\prod(x)$ 和若干形如 $\dfrac{A}{(x-\alpha)^p}$ 的项之和。

我们也能写出多项式的积分，以及除了 $p=1$ 以外的所有其他项的积分，因为无论 α 为实数还是复数，都有（第118课时）

$$\int \frac{A}{(x-\alpha)^p}\,\mathrm{d}x = -\frac{A}{p-1}\frac{1}{(x-\alpha)^{p-1}}$$

$p=1$ 这一项的积分有更多困难。从第114课时的定理（6）可得出：

$$\int F'\{f(x)\}\,f'(x)\,\mathrm{d}x = F\{f(x)\} \tag{3}$$

特别地，如果 $f(x)=ax+b$，其中 a 和 b 为实数，并将 $F(x)$ 写作 $\phi(x)$，将 $F'(x)$ 写作 $\psi(x)$，使得 $\phi(x)$ 是 $\psi(x)$ 的积分，我们得到：

$$\int \psi(ax+b)\,\mathrm{d}x = \frac{1}{a}\phi(ax+b) \tag{4}$$

因此，我们有

$$\int \frac{\mathrm{d}x}{ax+b} = \frac{1}{a}\log|ax+b|$$

特别地，如果 α 为实数，则

$$\int \frac{\mathrm{d}x}{x-\alpha} = \log|x-\alpha|$$

因此我们可以写下当 $p=1$ 且 α 是实数的情形下，$R(x)$ 中所有的项的积分。剩下的就是 $p=1$ 且 α 是复数的项。

为了处理这些项，我们引入了一个限制性的假设，即：$R(x)$ 中的所有系数都是实数。则如果 $\alpha = \gamma + \delta\mathrm{i}$ 是 $Q(x)=0$ 的一个重数为 m 的根，则它的共轭复数 $\overline{\alpha} = \gamma - \delta\mathrm{i}$ 也是如此；如果一个部分分式 $\dfrac{A_p}{(x-\alpha)^p}$ 出现在 $R(x)$ 的一个表达式内；则 $\dfrac{\overline{A_p}}{(x-\overline{\alpha})^p}$ 也是如此，其中 $\overline{A_p}$ 是 A_p 的共轭复数。从部分代数的相关专著中

有详细的解释。[1]

因此，如果 $\dfrac{\lambda + \mu i}{x - \gamma - \delta i}$ 出现在了 $R(x)$ 的部分分式中，那么 $\dfrac{\lambda - \mu i}{x - \gamma + \delta i}$ 也同样会出现；这两项之和为

$$\frac{2\{\lambda(x - \gamma) - \mu \delta\}}{(x - \gamma)^2 + \delta^2}$$

事实上，这个分数的最常见形式为

$$\frac{Ax + B}{ax^2 + 2bx + c}$$

其中 $b^2 < ac$。读者不难证明这两项的等价性，用 A，B，a，b，c 来表达 λ，μ，γ，δ 的公式为

$$\lambda = \frac{A}{2a}, \quad \mu = -\frac{D}{2a\sqrt{\Delta}}, \quad \gamma = -\frac{b}{a}, \quad \delta = \frac{\sqrt{\Delta}}{a}$$

其中 $\Delta = ax - b^2$，且 $D = aB - bA$

如果在（3）中，我们假设 $F\{f(x)\}$ 就是 $\log|f(x)|$，我们可得到

$$\int \frac{f'(x)}{f(x)}\, \mathrm{d}x = \log|f(x)| \tag{5}$$

如果我们再假设 $f(x) = (x - \lambda)^2 + \mu^2$，便得到

$$\int \frac{2(x - \lambda)}{(x - \lambda)^2 + \mu^2}\, \mathrm{d}x = \log\{(x - \lambda)^2 + \mu^2\}$$

再根据第 131 课时的公式（6）和上面的（4），可得

$$\int \frac{-2\delta\mu}{(x - \lambda)^2 + \mu^2}\, \mathrm{d}x = -2\delta \arctan\left(\frac{x - \lambda}{\mu}\right)$$

这两个公式使我们能够对 $R(x)$ 的表达式中所考虑的两项之和进行积分；这样我们便可以写下任意实有理函数的积分，如果分母中的所有因数都可以确定。任意这样一个函数的积分都是由一个多项式和若干形如

$$-\frac{A}{p - 1} \frac{1}{(x - \alpha)^{p-1}}$$

的有理函数、若干对数函数，若干反正切函数之和所构成。

---

[1] 例如，参见克里斯特尔所著的《代数》（*Algebra*），第二版，第一卷，第 151—159 页。

还需要添加说明：如果 α 是复数，则刚刚写出的有理函数总是与另一个 A 和 α 的复数共轭替代的有理函数一起出现，这两个函数之和为实有理函数。

例48

1. 证明：若 $\Delta < 0$，则有

$$\int \frac{Ax + B}{ax^2 + 2bx + c}\, \mathrm{d}x = \frac{A}{2a}\log|X| + \frac{D}{2a\sqrt{-\Delta}}\log\left|\frac{ax + b - \sqrt{-\Delta}}{ax + b + \sqrt{-\Delta}}\right|$$

其中 $X = ax^2 + 2bx + c$；若 $\Delta > 0$，则有

$$\int \frac{Ax + B}{ax^2 + 2bx + c}\, \mathrm{d}x = \frac{A}{2a}\log|X| + \frac{D}{a\sqrt{\Delta}}\arctan\left(\frac{ax + b}{\sqrt{\Delta}}\right)$$

其中 Δ 和 D 的意义与第 133 课时中给出的相同。

2. 在 $ac = b^2$ 的特别情况下，积分为

$$-\frac{D}{a(ax + b)} + \frac{A}{a}\log|ax + b|$$

3. 证明：如果 $Q(x) = 0$ 的根都是各不相同的实数，$P(x)$ 的幂级比 $Q(x)$ 低，则

$$\int R(x)\, \mathrm{d}x = \sum \frac{p(\alpha)}{Q'(\alpha)}\log|x - \alpha|$$

求和取遍 $Q(x) = 0$ 的所有根 α。

对应于 α 中的部分分数的形式可以简化为：

$$\frac{Q(x)}{x - \alpha} \to Q'(\alpha),\quad (x - \alpha)R(x) \to \frac{P(\alpha)}{Q'(\alpha)}$$

4. 如果 $Q(x)$ 的所有根都是实数，且 α 是双重根，其他根都是简单根，$P(x)$ 的幂级低于 $Q(x)$，则其积分为

$$\frac{A}{x - \alpha} + A'\log|x - \alpha| + \sum B\log|x - \beta|$$

其中

$$A = -\frac{2P(\alpha)}{Q''(\alpha)},\quad A' = \frac{2\{3P'(\alpha)Q''(\alpha) - P(\alpha)Q'''(\alpha)\}}{3\{Q''(\alpha)\}^2},\quad B = \frac{P(\beta)}{Q'(\beta)}$$

求和取遍 $Q(x) = 0$ 的除了 α 的所有根 β。

5. 计算

$$\int \frac{\mathrm{d}x}{\{(x-1)(x^2+1)\}^2}$$

〔部分分式的表达式为

$$\frac{1}{4(x-1)^2} - \frac{1}{2(x-1)} - \frac{\mathrm{i}}{8(x-\mathrm{i})^2} + \frac{2-\mathrm{i}}{8(x-\mathrm{i})} + \frac{\mathrm{i}}{8(x+\mathrm{i})^2} + \frac{2+\mathrm{i}}{8(x+\mathrm{i})}$$

它的积分为

$$-\frac{1}{4(x-1)} - \frac{1}{4(x^2+1)} - \frac{1}{2}\log|x-1| + \frac{1}{4}\log(x^2+1) + \frac{1}{4}\arctan x$$

6. 求下列函数的积分。

$$\frac{x}{(x-a)(x-b)(x-c)}, \quad \frac{x}{(x-a)^2(x-b)}, \quad \frac{x}{(x-a)^2(x-b)^2}, \quad \frac{x}{(x-a)^3}$$

$$\frac{x}{(x^2+a^2)(x^2+b^2)}, \quad \frac{x^2}{(x^2+a^2)(x^2+b^2)}, \quad \frac{x^2-a^2}{x^2(x^2+a^2)}, \quad \frac{x^2-a^2}{x(x^2+a^2)^2}$$

7. 求下列函数的积分。

$$\frac{x}{(x-1)(x^2+1)}, \quad \frac{x}{1+x^3}, \quad \frac{x^3}{(x-1)^2(x^3+1)} \quad (《数学之旅》, 1924, 1926, 1934)$$

8. 证明公式

$$\int \frac{\mathrm{d}x}{1+x^4} = \frac{1}{4\sqrt{2}} \left\{ \log\left(\frac{1+x\sqrt{2}+x^2}{1-x\sqrt{2}+x^2}\right) + 2\arctan\left(\frac{x\sqrt{2}}{1-x^2}\right) \right\}$$

$$\int \frac{x^2\mathrm{d}x}{1+x^4} = \frac{1}{4\sqrt{2}} \left\{ -\log\left(\frac{1+x\sqrt{2}+x^2}{1-x\sqrt{2}+x^2}\right) + 2\arctan\left(\frac{x\sqrt{2}}{1-x^2}\right) \right\}$$

$$\int \frac{\mathrm{d}x}{1+x^2+x^4} = \frac{1}{4\sqrt{3}} \left\{ \sqrt{3}\log\left(\frac{1+x+x^2}{1-x+x^2}\right) + 2\arctan\left(\frac{x\sqrt{3}}{1-x^2}\right) \right\}$$

（134）有理函数的实际积分

第 133 课时的分析给了我们一个一般的方法，从而只要我们能够解方程 $Q(x)=0$，就能找到任意实有理函数 $R(x)$ 的积分。比如上面第 5 题中的简单例子，应用该方法就非常简单。在更复杂的情形下，涉及的劳动力有时过于复杂，其他装备需要使用。详细的讨论积分的实际问题并不是本书的目的。读者有兴趣的可以参见古尔萨所著的《课程分析》一书第 3 版，第 1 卷，第 246 页；伯特兰所著的《计算积分》一书，和布罗米奇所著的《初等积分》一书。

如果方程 $Q(x)=0$ 不能用代数方法求解，则部分分式的方法自然也不成立，我们便寻求其他方法。[1]

（135）代数函数

接下来我们来讨论代数函数的积分问题。我们不得不考虑 y 的积分问题，其中 y 是 x 的代数函数。然而考虑外表上更一般的积分会更方便，即研究

$$\int R(x,y)\,\mathrm{d}x$$

很方便。其中 $R(x,y)$ 是 x 和 y 的任意有理函数。这种形式的更大一般性仅仅是表面上的，因为函数 $R(x,y)$ 本就是 x 的代数函数。选择这种形式就是为了方便，如

$$\frac{px+q+\sqrt{ax^2+2bx+c}}{px+q-\sqrt{ax^2+2bx+c}}$$

这样的函数可以看作 x 和简单代数函数 $\sqrt{ax^2+2bx+c}$ 的一个有理函数，这比直接地将它看作 x 的代数函数要方便。

（136）换元积分法和有理化积分法

从第 133 课时的方程（3）可得出：如果 $\int \psi(x)\mathrm{d}x=\phi(x)$，则

$$\int \psi\{f(t)\}\,f'(t)\mathrm{d}t=\phi\{f(t)\} \tag{1}$$

此方程提供给我们一个方法来确定 $\psi(x)$ 的积分。此方法可以陈述为：令 $x=f(t)$，其中 $f(t)$ 为新变量 t 的任意函数，使得选择更加方便了；乘以 $f'(t)$，（如果可以的话）求出 $\psi\{f(t)\}f'(t)$ 的积分；以 x 来表达这个结果。用这个法则得到的 t 的函数的积分很容易求得。例如，如果它是有理函数，也可以选

---

[1] 参见作者的专著《单变量的函数的积分》（第 2 版，1916）。在实际问题中，这种情况并不常发生。

择 x 和 t 之间的关系使得这种情况发生。例如 $R(\sqrt{x})$ 的积分可以由 $x=t^2$ 代入到 $2tR(t^2)$ 的积分中来简化，即简化为 t 的有理函数的积分。这种积分方法被称之为有理化积分法（integration by rationalisation）。

应用到这个问题中是显然的。如果我们可以找到一个变量 t，使得 x 和 y 都是 t 的有理函数，比如 $x=R_1(t)$，$y=R_2(t)$，则

$$\int R(x, y)\,\mathrm{d}x = \int R\{R_1(t),\ R_2(t)\} R_1'(t)\,dt$$

后面的积分(也是 t 的一个有理函数的积分)，也可以用第133课时的方法计算得来。

重要的是要知道：何时能够求得一个连接 x 和 y 的辅助变量 t，但是我们目前还不能够讨论一般性问题[1]。我们只能限于研究一些简单特例。

（137）由圆锥曲线相连的积分

我们假设 x 和 y 由形如

$$ax^2 + 2hxy + by^2 + 2gx + 2fy + c = 0$$

的方程联系在一起的，换句话说，y 作为 x 的函数，图象是一条圆锥曲线。假设 (ξ, η) 是这条圆锥曲线上的任意点，并令 $x-\xi=X$ 且 $y-\eta=Y$。如果 x 和 y 之间的关系以 X 和 Y 来表示，形式为

$$aX^2 + 2hXY + bY^2 + 2GX + 2FY = 0$$

其中 $F=h\xi+b\eta+f$，$G=a\xi+h\eta+g$。在这个方程中，$Y=tX$。此时 X 和 Y，x 和 y 都是 t 的有理函数。实际的公式为

$$x-\xi = -\frac{2(G+Ft)}{a+2ht+bt^2},\quad y-\eta = -\frac{2t(G+Ft)}{a+2ht+bt^2}$$

因此可以采用上一节描述的有理化积分方法。

读者可以验证

$$hx + by + f = -\frac{1}{2}(a+2ht+bt^2)\frac{\mathrm{d}x}{\mathrm{d}t}$$

[1] 见本书第134课时所引用的著作。

所以

$$\int \frac{\mathrm{d}x}{hx + by + f} = -2 \int \frac{\mathrm{d}t}{a + 2ht + bt^2}$$

当 $h^2 > ab$ 时，按如下方式进行是有益的。圆锥曲线是双曲线，渐近线平行于直线

$$ax^2 + 2hxy + by^2 = 0$$

或者

$$b(y - \mu x)(y - \mu' x) = 0$$

如果我们令 $y - \mu x = t$，可得到

$$y - \mu x = t, \quad y - \mu' x = -\frac{2gx + 2fy + c}{bt}$$

显然，x 和 y 可以作为 t 的有理函数从这些公式中计算出来。我们将通过一个重要的特例来描述这个过程。

（138）积分 $\int \dfrac{\mathrm{d}x}{\sqrt{ax^2 + 2bx + c}}$

特别地，假设 $y^2 = ax^2 + 2bx + c$，其中 $a > 0$。我们可以发现，如果令 $y + x\sqrt{a} = t$，可得

$$2\frac{\mathrm{d}x}{\mathrm{d}t} = \frac{(t^2 + c)\sqrt{a} + 2bt}{(t\sqrt{a} + b)^2}, \quad 2y = \frac{(t^2 + c)\sqrt{a} + 2bt}{t\sqrt{a} + b}$$

所以，

$$\int \frac{\mathrm{d}x}{y} = \int \frac{\mathrm{d}t}{t\sqrt{a} + b} = \frac{1}{\sqrt{a}} \log \left| x\sqrt{a} + y + \frac{b}{\sqrt{a}} \right| \tag{1}$$

特别地，如果 $a=1$，$b=0$，$c=\alpha^2$，或者 $a=1$，$b=0$，$c=-\alpha^2$，我们可得

$$\int \frac{\mathrm{d}x}{\sqrt{x^2 + \alpha^2}} = \log\left\{ x + \sqrt{x^2 + \alpha^2} \right\}, \quad \int \frac{\mathrm{d}x}{\sqrt{x^2 - \alpha^2}} = \log\left| x + \sqrt{x^2 - \alpha^2} \right| \tag{2}$$

可以由微分方法来证明这些等式的正确性。这些公式与第三个公式

$$\int \frac{\mathrm{d}x}{\sqrt{\alpha^2 - x^2}} = \arcsin\frac{x}{\alpha} \tag{3}$$

相关联，对应于 $a < 0$ 时的一般积分的例子。在（3）中假设了 $\alpha > 0$，如果 $\alpha < 0$，

则该积分为 $\arcsin\dfrac{x}{|\alpha|}$（参见第 120 课时）。实际上我们应该将一般性的积分简化到标准形式来计算。

公式（3）与公式（2）在形式上完全不同：在读者读到第十章之前，是很难去评估它们的联系的。

（139）积分 $\int \dfrac{\lambda x + \mu}{\sqrt{ax^2 + 2bx + c}}\, \mathrm{d}x$

这个积分的结果可以用之前课时的讨论求得。最方便的求解方法如下：因为

$$\lambda x + \mu = \frac{\lambda}{a}(ax + b) + \mu - \frac{\lambda b}{a}$$

$$\int \frac{ax + b}{\sqrt{ax^2 + 2bx + c}}\, \mathrm{d}x = \sqrt{ax^2 + 2bx + c}$$

我们有

$$\int \frac{(\lambda x + \mu)\mathrm{d}x}{\sqrt{ax^2 + 2bx + c}} = \frac{\lambda}{a}\sqrt{ax^2 + 2bx + c} + \left(\mu - \frac{\lambda b}{a}\right)\int \frac{\mathrm{d}x}{\sqrt{ax^2 + 2bx + c}}$$

在最后这个积分中，a 可正可负。如果 a 是正数，就设 $xa^{\frac{1}{2}} + ba^{-\frac{1}{2}} = t$，便有

$$\frac{1}{\sqrt{a}}\int \frac{\mathrm{d}t}{\sqrt{t^2 + k}}$$

其中 $k = \dfrac{(ac - b^2)}{a}$。如果 a 是负数，我们就用 A 代替 $-a$，设 $xA^{\frac{1}{2}} - bA^{-\frac{1}{2}} = t$，便有

$$\frac{1}{\sqrt{-a}}\int \frac{\mathrm{d}t}{\sqrt{-t^2 - k}}$$

如此看来，无论哪种情形下，积分的计算都依赖于第 138 课时的讨论，而且这种积分可以简化为以下三种形式之一：

$$\int \frac{\mathrm{d}t}{\sqrt{t^2 + \alpha^2}}, \quad \int \frac{\mathrm{d}t}{\sqrt{t^2 - \alpha^2}}, \quad \int \frac{\mathrm{d}t}{\sqrt{\alpha^2 - t^2}}$$

（140）积分 $\int (\lambda x + \mu) \sqrt{ax^2 + 2bx + c}\,\mathrm{d}x$

相同地，我们可得

$$\int (\lambda x + \mu) \sqrt{ax^2 + 2bx + c}\,\mathrm{d}x$$

$$= \frac{\lambda}{3a}(ax^2 + 2bx + c)^{\frac{3}{2}} + \left(\mu - \frac{\lambda b}{a}\right) \int \sqrt{ax^2 + 2bx + c}\,\mathrm{d}x$$

最后这个积分可以简化为以下三种形式之一：

$$\int \sqrt{t^2 + \alpha^2}\,\mathrm{d}t, \quad \int \sqrt{t^2 - \alpha^2}\,\mathrm{d}t, \quad \int \sqrt{\alpha^2 - t^2}\,\mathrm{d}t$$

为了得到这些积分，此时引入积分学的另一个一般性定理是很方便的。

（141）分部积分法

分部积分法的定理仅仅是另一种方式来陈述第 114 课时的微分结果。从第 114 课时的定理（3）可得：

$$\int f'(x)F(x)\,\mathrm{d}x = f(x)F(x) - \int f(x)F'(x)\,\mathrm{d}x$$

有可能存在这种情况：我们想求积分的函数表达为形式 $f'(x)F(x)$，而 $f(x)F'(x)$ 可以被积分。例如，假设 $\phi(x) = x\psi(x)$，其中 $\psi(x)$ 是已知函数 $\chi(x)$ 的二阶导数。则

$$\int \phi(x)\,\mathrm{d}x = \int x\chi''(x)\,\mathrm{d}x = x\chi'(x) - \int \chi'(x)\,\mathrm{d}x = x\chi'(x) - \chi(x)$$

我们将这种积分方法应用到上一课时的积分讨论中，来证明此方法的有效性。取

$$f(x) = ax + b, \quad F(x) = \sqrt{ax^2 + 2bx + c} = y$$

我们得到

$$a\int y\,\mathrm{d}x = (ax + b)y - \int \frac{(ax + b)^2}{y}\,\mathrm{d}x = (ax + b)y - a\int y\,\mathrm{d}x + (ac - b^2)\int \frac{\mathrm{d}x}{y}$$

使得

$$\int y\,\mathrm{d}x = \frac{(ax + b)y}{2a} + \frac{ac - b^2}{2a}\int \frac{\mathrm{d}x}{y}$$

在第 138 课时，我们已经知道了如何求最后这个积分。

例49

1. 证明：如果 $\alpha > 0$，则

$$\int \sqrt{x^2 + \alpha^2}\, \mathrm{d}x = \frac{1}{2}x\sqrt{x^2 + \alpha^2} + \frac{1}{2}\alpha^2 \log\left(x + \sqrt{x^2 + \alpha^2}\right)$$

$$\int \sqrt{x^2 - \alpha^2}\, \mathrm{d}x = \frac{1}{2}x\sqrt{x^2 - \alpha^2} - \frac{1}{2}\alpha^2 \log\left(x + \sqrt{x^2 - \alpha^2}\right)$$

$$\int \sqrt{\alpha^2 - x^2}\, \mathrm{d}x = \frac{1}{2}x\sqrt{\alpha^2 - x^2} + \frac{1}{2}\alpha^2 \arcsin\frac{x}{\alpha}$$

2. 用替换 $x = \alpha \sin\theta$ 的方法，来计算积分 $\int \dfrac{\mathrm{d}x}{\sqrt{\alpha^2 - x^2}}$，$\int \sqrt{\alpha^2 - x^2}\, \mathrm{d}x$ 并验证此结果是否与第 138 课时以及本节第 1 题的结果一致。

3. 用替换 $ax + b = \dfrac{1}{t}$ 和 $\dfrac{1}{u}$ 的方法，证明（使用第 133 课时和第 141 课时的记号）：

$$\int \frac{\mathrm{d}x}{y^3} = \frac{ax + b}{\Delta y}\,, \quad \int \frac{x\mathrm{d}x}{y^3} = -\frac{bx + c}{\Delta y}$$

4. 用三种方法计算 $\int \dfrac{\mathrm{d}x}{\sqrt{(x - a)(b - x)}}$，其中 $b > a$。（i）用之前讨论的方法。（ii）用替换 $\dfrac{(b - x)}{(x - a)} = t^2$ 的方法。（iii）用替换 $x = a\cos^2\theta + b\sin^2\theta$ 的方法，并互相验证各种结果。

5. 用替换

（a）$x = \tan\theta$，（b）$u = x^2 + 1$

的方法，求 $\dfrac{x^3}{(x^2 + 1)^3}$ 的积分，验证两种方法结果一致。

6. 求

$$\frac{1}{x(1 + x^5)}\,, \quad \frac{1}{(a + x)\sqrt{c + x}}\,, \quad \frac{x^2 + 1}{x\sqrt{4x^2 + 1}}\,, \quad \frac{x}{\sqrt{x^2 + x + 1}}\,, \quad \frac{1}{x^6\sqrt{x^2 + a^2}}$$

的积分。（《数学之旅》，1923，1925，1927，1929）

7. 用替换或者通过分子、分母同乘以 $\sqrt{x + a} - \sqrt{x + b}$ 的方法，证明：$2x + a + b = \dfrac{1}{2}(a - b)(t^2 + t^{-2})$，如果 $a > b$，则

$$\int \frac{\mathrm{d}x}{\sqrt{x + a} + \sqrt{x + b}} = \frac{1}{2}\sqrt{a - b}\left(t + \frac{1}{3t^3}\right)$$

8. 找到一个替换方法，将 $\displaystyle\int \frac{\mathrm{d}x}{(x+a)^{\frac{3}{2}}+(x-a)^{\frac{3}{2}}}$ 简化为有理函数的积分形式。（《数学之旅》，1929）

9. 证明：用替换 $ax+b=y^n$ 的方法，将 $\displaystyle\int R\left(x,\sqrt[n]{ax+b}\right)\mathrm{d}x$ 简化为有理函数的积分形式。

10. 证明：

$$\int f''(x)F(x)\,\mathrm{d}x = f'(x)F(x) - f(x)F'(x) + \int f(x)F''(x)\,\mathrm{d}x$$

一般地，有

$$\int f^{(n)}(x)F(x)\,\mathrm{d}x = f^{(n-1)}(x)F(x) - f^{(n-2)}(x)F'(x) + \cdots + (-1)^n \int f(x)F^{(n)}(x)\,\mathrm{d}x$$

11. 积分 $\displaystyle\int (1+x)^p x^q\,\mathrm{d}x$（其中 p 和 q 是有理数），可以在三种情形下求出，即：（i）如果 p 是整数，（ii）如果 q 是整数，（iii）如果 $p+q$ 是整数。〔在（i）中，设 $x=u^s$，其中 s 是 q 的分母；在（ii）中，设 $1+x=t^s$，其中 s 是 p 的分母；在（iii）中，设 $1+x=xt^s$，其中 s 是 p 的分母。〕

12. 可以用替换 $ax^n=bt$ 的方法，将积分 $\displaystyle\int x^m(ax^n+b)^q\,\mathrm{d}x$ 简化到上一题积分的形式。〔实际上，用一个"简化公式"来计算这种特殊积分也是最方便的。（参见第六章例题集第 55 题）〕

13. 积分 $\displaystyle\int R\left(x,\sqrt{ax+b}\right)$，$\sqrt{cx+d}\,\mathrm{d}x$ 可以用如下等式替换简化为有理函数形式：

$$4x = -\frac{b}{a}\left(t+\frac{1}{t}\right)^2 - \frac{d}{c}\left(t-\frac{1}{t}\right)^2$$

14. 将 $\displaystyle\int R(x,y)\,\mathrm{d}x$ 简化为有理函数的积分，其中 $y^2(x-y)=x^2$。〔设 $y=tx$，我们得到 $x=\dfrac{1}{t^2(1-t)}$，$y=\dfrac{1}{t(1-t)}$〕

15. 当（a）$y(x-y)^2=x$，（b）$(x^2+y^2)^2=a^2(x^2-y^2)$ 时，用相同的方式来简化积分。〔在情形（a）中令 $x-y=t$，在情形（b）中令 $x^2+y^2=t(x-y)$，此时我们得到

$$x = a^2 t\frac{(t^2+a^2)}{(t^4+a^4)},\quad y = a^2 t\frac{(t^2-a^2)}{(t^4+a^4)}\Big]$$

16. 如果 $y(x-y)^2 = x$，则 $\int \dfrac{\mathrm{d}x}{x-3y} = \dfrac{1}{2}\log\{(x-y)^2 - 1\}$

17. 如果 $(x^2+y^2)^2 = 2c^2(x^2-y^2)$，则 $\int \dfrac{\mathrm{d}x}{y(x^2+y^2+c^2)} = -\dfrac{1}{c^2}\log\left(\dfrac{x^2+y^2}{x-y}\right)$

（142）一般的积分 $\int R(x,y)\mathrm{d}x$，其中 $y^2 = ax^2 + 2bx + c$

按照第 137 课时介绍的方法，与特殊的圆锥曲线 $y^2 = ax^2 + 2bx + c$ 相关的最一般积分为：

$$\int R(x, \sqrt{X})\,\mathrm{d}x \tag{1}$$

其中 $X = y^2 = ax^2 + 2bx + c$。我们假设 R 是实数函数。

被积分的函数形如 $\dfrac{P}{Q}$，其中 P 和 Q 是关于 x 和 $\sqrt{X}$ 的多项式。因此被积分的函数可以简化为

$$\frac{A + B\sqrt{X}}{C + D\sqrt{X}} = \frac{(A + B\sqrt{X})(C - D\sqrt{X})}{C^2 - D^2 X} = E + F\sqrt{X}$$

其中 A，B，$\cdots$ 都是 x 的有理函数。此处出现的唯一新问题是：形如 $F\sqrt{X}$ 的函数的积分，（或者形如 $\dfrac{G}{\sqrt{X}}$ 的函数的积分），其中 G 是 x 的有理函数。总可以通过将 G 分为部分分数来计算积分

$$\int \frac{G}{\sqrt{X}}\,\mathrm{d}x \tag{2}$$

当我们这样做时，可以出现三种不同的积分。

（ⅰ）首先，可能出现积分

$$\int \frac{x^m}{\sqrt{X}}\,\mathrm{d}x \tag{3}$$

其中 m 为正整数。当 $m=0$ 或 $m=1$ 时的情形已经在第 139 课时讨论过了。为了计算与更大的 m 值对应的积分，我们观察到

$$\frac{\mathrm{d}}{\mathrm{d}x}(x^{m-1}\sqrt{X}) = (m-1)x^{m-2}\sqrt{X} + \frac{(ax+b)x^{m-1}}{\sqrt{X}} = \frac{\alpha x^m + \beta x^{m-1} + \gamma x^{m-2}}{\sqrt{X}}$$

其中 α，β，γ 是常数，其值可以轻易计算出来。显然，当我们对此方程积分时，

我们得到了类型（3）的三个连续积分的关系。既然我们已经知道了 $m=0$ 和 $m=1$ 时积分的值，我们就可以转过来计算别的 m 值的积分值。

（ii）第二，也会出现积分

$$\int \frac{\mathrm{d}x}{(x-p)^m \sqrt{X}} \tag{4}$$

其中 p 是实数。如果我们替换 $x-p=\dfrac{1}{t}$，则这个积分可以简化为 t 的一个类型（3）的积分。

（iii）最后，也会出现对应于 G 的分母的复数根的积分。我们将限于考虑最简单的情况，即所有的根为简单根。在这种情形下（参见第133课时），G 的一对共轭复数根给出积分

$$\int \frac{Lx+M}{(Ax^2+2Bx+C)\sqrt{ax^2+2bx+c}} \mathrm{d}x \tag{5}$$

为了计算这个积分，我们令

$$x = \frac{\mu t + v}{t+1}$$

其中 μ 和 v 满足

$$a\mu v + b(\mu+v) + c = 0 , \quad A\mu v + B(\mu+v) + C = 0$$

使得 μ 和 v 是方程

$$(aB-bA)\xi^2 - (cA-aC)\xi + (bC-cB) = 0$$

的根。这个方程当然有实数根，因为它与例46第13题的方程（1）相同；所以可以找到 μ 和 v 满足我们要求的实数值。

在进行替换时，我们也会发现，积分（5）的假设形式为

$$H \int \frac{t\mathrm{d}t}{(\alpha t^2+\beta)\sqrt{\gamma t^2+\delta}} + K \frac{\mathrm{d}t}{(\alpha t^2+\beta)\sqrt{\gamma t^2+\delta}} \tag{6}$$

第二个积分可以通过替换

$$\frac{t}{\sqrt{\gamma t^2+\delta}} = u$$

来有理化（6）中的第二个积分，给出了

$$\int \frac{\mathrm{d}t}{(\alpha t^2+\beta)\sqrt{\gamma t^2+\delta}} = \int \frac{\mathrm{d}u}{\beta + (\alpha\delta - \beta\gamma)u^2}$$

最后，如果我们在积分（6）中的第一个积分中令 $t = \dfrac{1}{u}$，它便转化为了一个第二种类型的积分，从而可以通过刚刚说明的方式来计算，也就是令 $\dfrac{u}{\sqrt{\gamma + \delta u^2}} = v$，即 $\dfrac{1}{\sqrt{\gamma t^2 + \delta}} = v$ [1] 来计算。

例50

1. 求值：$\displaystyle\int \frac{dx}{x\sqrt{x^2 + 2x + 3}}$，$\displaystyle\int \frac{dx}{(x-1)\sqrt{x^2 + 1}}$，$\displaystyle\int \frac{dx}{(x+1)\sqrt{1 + 2x - x^2}}$

2. 证明：$\displaystyle\int \frac{dx}{(x-p)\sqrt{(x-p)(x-q)}} = \frac{2}{q-p}\sqrt{\frac{x-q}{x-p}}$

3. 如果 $ag^2 + ch^2 = -v < 0$，则

$$\int \frac{dx}{(hx+g)\sqrt{ax^2 + c}} = -\frac{1}{\sqrt{v}}\arctan\left\{\frac{\sqrt{v(ax^2+c)}}{ch - agx}\right\}$$

4. 证明：按照 $ax_0^2 + 2bx_0 + c$ 是正数且等于 y_0^2 或者它是负数且等于 $-z_0^2$，

$\displaystyle\int \frac{dx}{(x-x_0)y}$ 可以表达为一种或其他形式：

$$-\frac{1}{y_0}\log\left|\frac{axx_0 + b(x+x_0) + c + yy_0}{x - x_0}\right|, \quad \frac{1}{z_0}\arctan\left\{\frac{axx_0 + b(x+x_0) + c}{yz_0}\right\}$$

其中 $y^2 = ax^2 + 2bx + c$。

5. 证明：通过替换 $y = \dfrac{\sqrt{ax^2 + 2bx + c}}{x - p}$ 使得

$$\int \frac{dx}{(x-p)\sqrt{ax^2 + 2bx + c}} = \int \frac{dy}{\sqrt{\lambda y^2 - \mu}}$$

其中 $\lambda = ap^2 + 2bp + c$，$\mu = ac - b^2$。

〔这种简化方法很好，但是比起第 142 课时不够简单直白。〕

---

[1] 如果 $\dfrac{a}{A} = \dfrac{b}{B}$，则这里解释的积分法不再适用；但是可以通过替换 $ax+b=t$ 积分简化。关于代数函数积分的更多知识，请见斯托尔茨所著的《微分和积分计算的基本原理》，第 1 卷，第 331 页，或者第 134 节所引的布罗米奇的专著第 253 页。简化的另一种方法由格林希尔给出：参见他的《积分学中的一章》第 12 页以及其后各页。

6. 证明：积分

$$\int \frac{\mathrm{d}x}{x\sqrt{3x^2+2x+1}}$$

可以通过替换 $x=\dfrac{(1+y^2)}{(3-y^2)}$ 来有理化。（《数学之旅》，1911）

7. 计算

$$\int \frac{(x+1)\mathrm{d}x}{(x^2+4)\sqrt{x^2+9}}$$

8. 计算

$$\int \frac{\mathrm{d}x}{(5x^2+12x+8)\sqrt{5x^2+2x-7}}$$

$\Big[$ 应用本课时的方法。μ 和 v 满足的方程为 $\xi^2+3\xi+2=0$，所以 $\mu=-2$，$v=-1$，使用替换 $x=-\dfrac{2t+1}{t+1}$。可将积分简化为

$$-\int \frac{\mathrm{d}t}{(4t^2+1)\sqrt{9t^2-4}} -\int \frac{t\mathrm{d}t}{(4t^2+1)\sqrt{9t^2-4}}$$

第一个积分可 以通过替换 $\dfrac{t}{\sqrt{9t^2-4}}=u$ 有理化，第二个积分可以通过替换 $\dfrac{1}{\sqrt{9t^2-4}}=v$ 有理化。$\Big]$

9. 计算

$$\int \frac{(x+1)\mathrm{d}x}{(2x^2-2x+1)\sqrt{3x^2-2x+1}} \ , \ \int \frac{(x-1)\mathrm{d}x}{(2x^2-6x+5)\sqrt{7x^2-22x+19}}$$ （《数学之旅》，1911）

10. 证明：积分 $\int R(x,y)\mathrm{d}x$ 可以通过替换 $t=\dfrac{(x-p)}{(y+q)}$ 来有理化，其中 $y^2=ax^2+2bx+c$，且 (p,q) 为圆锥曲线 $y^2=ax^2+2bx+c$ 上任意一点。$\Big[$ 该积分当然也可以通过替换 $t=\dfrac{x-p}{y-q}$ 来有理化，参见第 137 课时。$\Big]$

（143）超越函数

存在不同种类的超越函数，它们的积分理论比起有理函数或代数函数的积分，更缺乏系统性。我们将考虑一些种类的超越函数，其积分可求。

（144）以 x 的倍数的正弦与余弦为变量的多项式

对于有限多个形如：

$$A \cos^m ax \sin^{m'} ax \cos^n bx \sin^{n'} bx \cdots$$

的项之和形成的函数，我们总可以求其积分。其中 m，m'，n，n'，$\cdots$是正整数，a，b，$\cdots$为任意实数。因为这样一项可以表达为有限多个如下形式的项之和：

$$\alpha \cos \{(pa + qb + \cdots)x\}, \quad \beta \sin\{(pa + qb + \cdots)x\}$$

可以马上写出这些项的积分来。

例51

1. 求 $\sin^3 x \cos^2 2x$ 的积分。此时我们使用公式

$$\sin^3 x = \frac{1}{4}(3\sin x - \sin 3x), \quad \cos^2 2x = \frac{1}{2}(1 + \cos 4x)$$

将这两个表达式相乘，并且用 $\frac{1}{2}(\sin 5x - \sin 3x)$ 替换 $\sin x \cos 4x$，可得

$$\frac{1}{16} \int (7\sin x - 5\sin 3x + 3\sin 5x - \sin 7x)\mathrm{d}x$$

$$= -\frac{7}{16}\cos x + \frac{5}{48}\cos 3x - \frac{3}{80}\cos 5x + \frac{1}{112}\cos 7x$$

当然，这一积分可以通过不同方法的不同形式来得到。例如

$$\int \sin^3 x \cos^2 2x \mathrm{d}x = \int (4\cos^4 x - 4\cos^2 x + 1)(1 - \cos^2 x)\sin x \mathrm{d}x$$

通过替换 $\cos x = t$，则可简化为

$$\int (4t^6 - 8t^4 + 5t^2 - 1)\mathrm{d}t = \frac{4}{7}\cos^7 x - \frac{8}{5}\cos^5 x + \frac{5}{3}\cos^3 x - \cos x$$

可以得到此表达式与以上所得结果相差仅仅一个常数。

2. 用任意方法来求 $\cos ax \cos bx$，$\sin ax \sin bx$，$\cos ax \sin bx$，$\cos^2 x$，$\sin^3 x$，$\cos^4 x$，$\cos x \cos 2x \cos 3x$，$\cos^3 2x \sin^2 3x$，$\cos^5 x \sin^7 x$ 的积分。［这种情形下利用简化公式来简化有时是方便的（本章例题集第 55 题）。］

（145）积分 $\int x^n \cos x \, dx$，及相关的积分 $\int x^n \sin x \, dx$

区分部分的积分方法使我们能够将之前的结果推广至一般化。因为

$$\int x^n \cos x \, dx = x^n \sin x - n \int x^{n-1} \sin x \, dx$$

$$\int x^n \sin x \, dx = -x^n \cos x + n \int x^{n-1} \cos x \, dx$$

当 n 为正整数时，可以通过此类重复来完整计算出这些积分。如果 n 是正整数，我们总可以计算出 $\int x^n \cos ax \, dx$ 和 $\int x^n \sin ax \, dx$；从而，通过与之前段落相似的方法，我们可以计算出

$$\int P\,(\,x,\cos ax,\ \sin ax,\ \cos bx,\ \sin bx,\ \cdots\,)$$

其中 P 是任意多项式。

例52

1. 求 $x \sin x$，$x^2 \cos x$，$x^2 \cos^2 x$，$x^2 \sin^2 x \sin^2 2x$，$x \sin^2 x \cos^4 x$，$x^3 \sin^3 \frac{1}{3} x$ 的积分。

2. 求出多项式 P 和 Q 使得

$$\int \{(3x-1)\cos x + (1-2x)\sin x\} \, dx = P \cos x + Q \sin x$$

3. 证明：$\int x^n \cos x \, dx = P_n \cos x + Q_n \sin x$，其中

$$P_n = n x^{n-1} - n\,(n-1)\,(n-2)\,x^{n-3} + \cdots,\quad Q_n = x^n - n\,(n-1)\,x^{n-2} + \cdots$$

（146）$\cos x$ 和 $\sin x$ 的有理函数

$\cos x$ 和 $\sin x$ 的任意有理函数的积分都可以用替换 $\tan \frac{1}{2} x = t$ 的方法来计算。因为

$$\cos x = \frac{1-t^2}{1+t^2}, \quad \sin x = \frac{2t}{1+t^2}, \quad \frac{\mathrm{d}x}{\mathrm{d}t} = \frac{2}{1+t^2}$$

使得该积分可以简化为一个 t 的有理函数的积分。但是其他替换方法有时也更方便。

例53

1. 证明：

$$\int \sec x \, \mathrm{d}x = \log |\sec x + \tan x|, \quad \int \csc x \, \mathrm{d}x = \log \left| \tan \frac{1}{2}x \right|$$

[第一个积分的另一种形式为 $\log \left| \tan\left(\frac{1}{4}\pi + \frac{1}{2}x\right) \right|$；第三种形式为

$\frac{1}{2}\log \left| \frac{(1+\sin x)}{(1-\sin x)} \right|$。]

2. $\displaystyle\int \tan x \, \mathrm{d}x = -\log|\cos x|, \quad \int \cot x \, \mathrm{d}x = \log|\sin x|, \quad \int \sec^2 x \, \mathrm{d}x = \tan x$

$\displaystyle\int \csc^2 x \, \mathrm{d}x = -\cot x, \quad \int \tan x \sec x \, \mathrm{d}x = \sec x$

$\displaystyle\int \cot x \csc x \, \mathrm{d}x = -\csc x$

[这些积分包含在一般形式中，但是不需要使用替换法；因为这些结果可以从第 120 课时和第 133 课时的公式（5）推导出。]

3. 证明：积分 $\dfrac{1}{a+b\cos x}$ 可以表达为下列形式之一：

$$\frac{2}{\sqrt{a^2-b^2}} \arctan \frac{1}{\sqrt{b^2-a^2}} \log \left| \frac{\sqrt{b+a}+t\sqrt{b-a}}{\sqrt{b+a}-t\sqrt{b-a}} \right|$$

其中 $a+b$ 是正数，$t=\tan\frac{1}{2}x$，取决于 $a^2>b^2$ 或者 $a^2<b^2$。如果 $a^2=b^2$，则积分简化为 $\sec^2 \frac{1}{2}x$ 或 $\csc^2 \frac{1}{2}x$ 的积分的常数倍，其值就可以立刻写出。当 $a+b$ 是负数时推导出积分的形式。

4. 证明：如果 y 的定义为

$$(a+b\cos x)(a-b\cos y) = a^2-b^2$$

其中 a 是正数，且 $a^2>b^2$，则随着 x 从 0 增长到 π，y 的一个值也从 0 增长到 π。同时证明：

$$\sin x = \frac{\sqrt{a^2 - b^2} \sin y}{a - b \cos y} , \quad \frac{\sin x}{a + b \cos x} \frac{\mathrm{d}x}{\mathrm{d}y} = \frac{\sin y}{a - b \cos y}$$

并推导出如果 $0 < x < \pi$，则

$$\int \frac{\mathrm{d}x}{a + b \cos x} = \frac{1}{\sqrt{a^2 - b^2}} \arccos \left(\frac{a \cos x + b}{a + b \cos x} \right)$$

证明此结果与第 3 题中的结果相一致。

5. 证明如何求 $\dfrac{1}{(a + b \cos x + c \sin x)}$ 的积分。

［将 $b \cos x + c \sin x$ 表示为 $\sqrt{b^2 + c^2} \cos(x - \alpha)$ 的形式。］

6. 求 $\dfrac{a + b \cos x + c \sin x}{\alpha + \beta \cos x + \gamma \sin x}$ 的积分。［求出 λ，μ，ν，使得

$$a + b \cos x + c \sin x = \lambda + \mu (\alpha + \beta \cos x + \gamma \sin x) + \nu(-\beta \sin x + \gamma \cos x)$$

则该积分为 $\mu x + \nu \log |\alpha + \beta \cos x + \gamma \sin x| + \lambda \int \dfrac{\mathrm{d}x}{\alpha + \beta \cos x + \gamma \sin x}$。］

7. 求 $\dfrac{1}{(a \cos^2 x + 2b \cos x \sin x + c \sin^2 x)}$ 的积分。

［被积分的函数可以用 $\dfrac{1}{(A + B \cos 2x + C \sin 2x)}$ 来表示，其中 $A = \dfrac{1}{2}(a + c)$，$B = \dfrac{1}{2}(a - c)$，$C = b$；但是该积分可以通过更简单地令 $\tan x = t$ 来计算，此时我们得到

$$\int \frac{\sec^2 x \mathrm{d}x}{a + 2b \tan x + c \tan^2 x} = \int \frac{\mathrm{d}t}{a + 2bt + ct^2}$$ ］。

（147）包含 $\arcsin x$，$\arctan x$ 和 $\log x$ 的积分

反正弦、反正切和对数函数的积分可以通过部分积分来计算。例如

$$\int \arcsin x \, \mathrm{d}x = x \arcsin x - \int \frac{x \mathrm{d}x}{\sqrt{1 - x^2}} = x \arcsin x + \sqrt{1 - x^2}$$

$$\int \arctan x \, \mathrm{d}x = x \arctan x - \int \frac{x \mathrm{d}x}{\sqrt{1 + x^2}} = x \arctan x - \frac{1}{2} \log(1 + x^2)$$

$$\int \log x \, \mathrm{d}x = x \log x - \int \mathrm{d}x = x(\log x - 1)$$

一般地，我们可以求 $f(x)$ 的积分，就可以求 $f(x)$ 的反函数 $\phi(x)$ 的积分；

因为替换 $y=f(x)$ 给出

$$\int \phi(y)\mathrm{d}y = \int xf'(x)\mathrm{d}x = xf(x) - \int f(x)\mathrm{d}x$$

积分

$$\int P(x, \arcsin x)\,\mathrm{d}x, \quad \int P(x, \log x)\,\mathrm{d}x$$

总是可以求出来的。其中 P 是多项式。例如，在第一种情况下，我们必须要计算出若干形如 $\int x^m (\arcsin x)^n \mathrm{d}x$ 的积分。替换 $x=\sin y$，我们得到 $\int y^n \sin^m y \cdot \cos y\, \mathrm{d}y$，可以通过第 145 课时的讨论求得。在第二种情况下我们必须计算出一系列形如 $\int x^m (\log x)^n \mathrm{d}x$ 的积分。通过部分积分我们得到

$$\int x^m (\log x)^n \mathrm{d}x = \frac{x^{m+1}(\log x)^n}{m+1} - \frac{n}{m+1}\int x^m (\log x)^{n-1}\,\mathrm{d}x$$

重复这种方法即可完成运算。

例

计算 $x^n \log x$，$x^n \log(1+x)$，$x^8 \arctan x^3$ 和 $x^{-n}\log x$ 的积分。

（148）平面曲线的面积

之前的讨论的积分法中最重要的一个应用就是平面曲线面积的计算。假设 $P_0 PP'$（图 41）是连续曲线 $y=\phi(x)$ 的图象，它整体位于 x 轴上方，P 点为 (x, y)，P' 点为 $(x+h, y+k)$，h 或正或负（图中为正数）。问题在于计算面积 $ONPP_0$。

"面积"的概念需要加以非常仔细的数学分析，我们将在第七章中回到这个讨论。现在我们先视为理所当然。我们假设，像 $ONPP_0$ 这样的区域都与正数（$ONPP_0$）相联系，我们称之为面积，这些面积显然拥有常识所赋予的定义，例如

$$(PRP') + (NN'RP) = (NN'P'P), \quad (N_1 NPP_1) < (ONPP_0), \quad \text{等等。}$$

显然，如果我们将此都视为理所当然成立，则面积 $ONPP_0$ 是 x 的函数；我们

将其记为 $\Phi(x)$。$\Phi(x)$ 也是连续函数。因为

$$\Phi(x+h) - \Phi(x)$$

$$= (NN'P'P) = (NN'RP)$$

$$+(PRP') = h\phi(x)+(PRP')$$

根据上图，面积 PRP' 小于 hk。一般来说，这并不一定成立，因为弧 PP'（如图 41）不一定会持续地从 P 到 P' 增加或减少。但是面积 PRP' 总

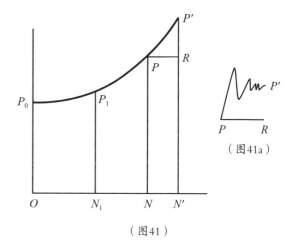

（图41）

（图41a）

是小于 $|h|\lambda(h)$，其中 $\lambda(h)$ 是弧线 PP' 与 PR 之间任意一点的最大距离。另外，由于 $\phi(x)$ 是连续函数，所以当 $h \to 0$，就有 $\lambda(h) \to 0$。因此

$$\Phi(x+h) - \Phi(x) = h\{\phi(x)+\mu(h)\}$$

其中 $|\mu(h)| \leqslant \lambda(h)$，且当 $h \to 0$，$\lambda(h) \to 0$。由此可推出，$\Phi(x)$ 是连续的。另外

$$\Phi'(x) = \lim_{h \to 0} \frac{\Phi(x+h) - \Phi(x)}{h} = \lim_{h \to 0} \{\phi(x)+\mu(h)\} = \phi(x)$$

因此曲线的坐标是面积的导数，面积也是坐标的积分。

因此我们可以总结确定面积 $ONPP_0$ 的法则。计算 $\Phi(x)$，它是 $\phi(x)$ 的积分。这包含了一个任意常数，我们假设使得 $\Phi(0) = 0$。则所求的面积就是 $\Phi(x)$。

如果 N_1NPP_1 为所求的面积，我们也可以决定常数，使得 $\Phi(x_1) = 0$，其中 x_1 是 P_1 的横坐标。如果曲线坐落于 x 轴下方，$\Phi(x)$ 将会是负的，面积为 $\Phi(x)$ 的绝对值。

（149）平面曲线的长度

长度的概念也需要非常仔细地分析，比起面积的概念也更加复杂。事实上，假设 P_0P（图 41）有确定的长度，我们记为 $S(x)$，但这并不足够。我们甚至都不能证明 $S(x)$ 是连续的，也就是不能证明 $\lim \{S(P') - S(P)\} = 0$。这在图 41 的

大图上也足够明显，但是在小图上就不那么明显了。除非仔细地分析曲线的长度，就不可能将研究继续进行下去。

然而也很容易看出公式是怎样的。假设该曲线有切线，且切线的方向持续变化，使得 $\phi'(x)$ 连续。则假设曲线有长度就可引出公式

$$\frac{S(x+h)-S(x)}{h} = \frac{\{PP'\}}{h} = \frac{PP'}{h} \cdot \frac{\{PP'\}}{PP'}$$

其中 $\{PP'\}$ 是以 PP' 为弦的弧。现在有

$$PP' = \sqrt{PR^2 + RP'^2} = h\sqrt{1+\frac{k^2}{h^2}}$$

$$k = \phi(x+h) - \phi(x) = h\phi'(\xi)$$

其中 ξ 位于 x 和 $x+h$ 之间。因此

$$\lim\left(\frac{PP'}{h}\right) = \lim\sqrt{1+[\phi'(\xi)]^2} = \sqrt{1+[\phi'(x)]^2}$$

如果我们再假设

$$\lim\frac{\{PP'\}}{PP'} = 1$$

则我们得到结果

$$S'(x) = \lim\frac{S(x+h)-S(x)}{h}$$

$$= \sqrt{1+[\phi'(x)]^2}$$

故

$$S(x) = \int\sqrt{1+[\phi'(x)]^2}\,dx$$

例54

1. 计算抛物线 $y = \frac{x^2}{4a}$ 被纵坐标 $x=\xi$ 所切的那部分的面积，以及对应的弧长。

2. 证明：椭圆 $\left(\frac{x^2}{a^2}\right)+\left(\frac{y^2}{b^2}\right)=1$ 的面积为 πab。

3. 曲线 $x=y^2(1-x)$ 和直线 $x=1$ 之间所包围的面积为 π。（《数学之旅》，1926）

4. 画出曲线 $(1+x^2)y^2 = x^2(1-x^2)$ 的草图，证明其一环所围的面积为 $\frac{1}{2}(\pi-2)$。（《数学之旅》，1934）

5. 画出曲线 $a^4 y^2 = x^5 (2a-x)$ 的草图，证明其面积为 $\frac{5}{4}\pi a^2$。(《数学之旅》，1923)

6. 证明：曲线

$$\left(\frac{x}{a}\right)^{\frac{2}{3}} + \frac{y}{b} = 1$$

与 x 轴上的线段 $(-a, a)$ 之间的面积为 $\frac{4}{5}ab$。(《数学之旅》，1930)

7. 求由曲线 $y = \sin x$ 和 x 轴上从 $x = 0$ 到 $x = 2\pi$ 的部分所围成的面积。

[此时 $\Phi(x) = -\cos x$，而 $x = 0$ 和 $x = 2\pi$ 的 $-\cos x$ 的值之差为 0。对于这个结果的解释自然是：在 $x = \pi$ 和 $x = 2\pi$ 之间，该曲线位于 x 轴以下，所以对应的面积用以上方法算出来也是负数。从 $x = 0$ 到 $x = \pi$ 的面积为 $-\cos\pi + \cos 0 = 2$；当每一部分面积都以正数计算时，所求的整个面积就是它的 2 倍，也就是 4。]

□ 笛卡尔

勒内·笛卡尔（1596—1650年），法国哲学家、数学家和科学家，被广泛认为是近代哲学和解析几何的创始人之一。他引入了坐标系以及线段的运算概念，不仅奠定了现代数学的基石，也为后人在微积分方面的工作提供了坚实的基础。1632—1654年期间，瑞典女王克里斯蒂娜还曾邀请笛卡尔到瑞典的王宫图书馆讨论哲学。

8. 假设曲线上的任意一点的坐标用形如 $x = \phi(t)$，$y = \psi(t)$ 的方程表达为参数 t 的函数，ϕ 和 ψ 是 t 的有连续导数的函数。证明：如果随着 t 从 t_0 到 t_1，x 递增，则曲线相应部分、x 轴以及从 t_1 到 t_0 的两坐标之间所围成的面积是 $A(t_1) - A(t_0)$，其中

$$A(t) = \int \psi(t)\phi'(t)\mathrm{d}t = \int y\frac{\mathrm{d}x}{\mathrm{d}t}\mathrm{d}t$$

9. 假设 C 是单一环形成的封闭曲线，且与任何平行于任一坐标轴的直线相交不多于两点。再假设曲线上任意点 P 的坐标都可以像第 8 题一样表达为 t 的函数，随着 t 从 t_0 变化到 t_1，P 沿着相同的方向沿着曲线移动，并且在一周后回到原点。证明：该圆环的面积等于以下任意积分：

$$-\int y\frac{\mathrm{d}x}{\mathrm{d}t}\mathrm{d}t,\ \int x\frac{\mathrm{d}y}{\mathrm{d}t}\mathrm{d}t,\ \frac{1}{2}\int\left(x\frac{\mathrm{d}y}{\mathrm{d}t} - y\frac{\mathrm{d}x}{\mathrm{d}t}\right)\mathrm{d}t$$

的起始值和最终值的差值，且这个差值取正。

10. 应用第 9 题的结果来确定由

（ i ） $\dfrac{x}{a} = \dfrac{1-t^2}{1+t^2}$ ，$\dfrac{y}{a} = \dfrac{2t}{1+t^2}$ （ ii ）$x = a\cos^3 t$，$y = b\sin^3 t$

所给出的各曲线所围成的面积。

11. 求曲线 $x^3 + y^3 = 3axy$ 所围成的面积。 $\Bigg[$ 令 $y = tx$，我们得到 $x = \dfrac{3at}{1+t^3}$，

$y = \dfrac{3at^2}{1+t^3}$。随着 t 从 0 变到 ∞，该圈又被描绘了一遍。同样

$$\frac{1}{2}\int\left(y\frac{\mathrm{d}x}{\mathrm{d}t} - x\frac{\mathrm{d}y}{\mathrm{d}t}\right)\mathrm{d}t = -\frac{1}{2}\int x^2\,\frac{\mathrm{d}}{\mathrm{d}t}\left(\frac{y}{x}\right)\mathrm{d}t = -\frac{1}{2}\int\frac{9a^2t^2}{(1+t^3)^2}\,\mathrm{d}t = \frac{3a^2}{2(1+t^3)}$$

当 $t \to \infty$ 时它趋向于 0。因此这个圈所围成的面积为 $\dfrac{3}{2}a^2$。 $\Bigg]$

12. 求出曲线 $x^5 + y^5 = 5ax^2y^2$ 的圈围成的面积。

13. 曲线

$$x = a\cos t + b\sin t + c, \quad y = a'\cos t + b'\sin t + c'$$

所围成的面积为 $\pi(ab' - a'b)$，其中 $ab' - a'b > 0$。（《数学之旅》，1927）

14. 证明：曲线 $x = a\sin 2t$，$y = a\sin t$ 的圈的面积为 $\dfrac{4}{3}a^2$。（《数学之旅》，1908）

15. 画出曲线 $x = \cos 2t$，$y = \sin 3t$ 的图形，并求出其一圈所围成的面积。求出曲线的笛卡尔方程，并且解释为什么根据此方程画出的图象不同于其他图象。（《数学之旅》，1928）

$\Bigg[$ 在通常的参数方程定义的曲线中，假设 $x'(t)$ 和 $y'(t)$ 不会同时为 0；它们同时为 0 时，对应的 t 值为奇点。在这种情况下，$x'(t)$ 和 $y'(t)$ 在 $t = \pm\dfrac{1}{2}\pi$ 时都为 0，此时 $x = -1$，$y = \mp 1$。例如，如果 t 从 0 增加到 $\dfrac{1}{2}\pi$，(x, y) 就沿着第一个图象从（1，0）移动到（−1，−1），但是这之后便掉头重新沿着轨迹移动。

从方程 $x = 1 - 2\tau^2$，$y = 3\tau - 4\tau^3$ 中消去 $\tau = \sin t$，可得到它的笛卡尔方程；第二个图象中只有 $|\tau| \leqslant 1$ 的部分属于第一个图象。 $\Bigg]$

16. 由 $x = a\sin t$，$y = b\cos t$ 所给出的椭圆，夹在点 $t = t_1$ 和 $t = t_2$ 之间的弧长为 $F(t_2) - F(t_1)$，其中

$$F(t) = a\int\sqrt{1 - e^2\sin^2 t}\,\mathrm{d}t,$$

e 为离心率（eccentricity）。［这个积分不可能用我们现在的讨论来计算得到。］

17. 圆摆线上点的坐标为

$$x=a\left(t+\sin t\right)，y=a\left(1+\cos t\right)$$

对应于 $t=-\frac{1}{2}\pi$ 和 $t=\frac{1}{2}\pi$ 的点为 P 和 Q。计算出弧线 PQ 以及直线 OP，OQ 之间的面积。

18. 极坐标。证明：曲线 $r=f\left(\theta\right)$［其中 $f\left(\theta\right)$ 是 θ 的单值函数］，以及射线 $\theta=\theta_1$，$\theta=\theta_2$ 之间围成的面积为 $F\left(\theta_2\right)-F\left(\theta_1\right)$，其中 $F(\theta)=\frac{1}{2}\int r^2\mathrm{d}\theta$。对应的弧长为 $\varPhi(\theta_2)-\varPhi(\theta_1)$，其中

$$\varPhi(\theta)=\int\sqrt{r^2+\left(\frac{\mathrm{d}r}{\mathrm{d}\theta}\right)^2}\ \mathrm{d}\theta$$

因此，确定（i）圆 $r=2a\sin\theta$ 的周长；（ii）抛物线 $r=\frac{1}{2}l\sec^2\frac{1}{2}\theta$ 与其正焦弦（latusrectum）之间所围成的面积，以及抛物线对应的弧长；（iii）蚌线（limacon）$r=a+b\cos\theta$ 所围成的面积，区分 $a>b$，$a=b$，$a<b$ 的情形；（iv）椭圆 $\frac{1}{r^2}=a\cos^2\theta+2h\cos\theta\sin\theta+b\sin^2\theta$ 与 $\frac{l}{r}=1+e\cos\theta$ 所截的面积。［在最后这种情况下，我们求得积分 $\int\dfrac{\mathrm{d}\theta}{(1+e\cos\theta)^2}$，它可以通过替换 $(1+e\cos\theta)\,(1-e\cdot\cos\phi)=1-e^2$ 来得到。（参见例 53 的第 4 题。）］

19. 画出曲线 $2\theta=\dfrac{a}{r}+\dfrac{r}{a}$ 的图象，并证明半径向量 $\theta=\beta$，以及在点 $r=a$，$\theta=1$ 相切的两部分所截的面积为

$$\frac{2}{3}a^2\left(\beta^2-1\right)^{\frac{3}{2}}。$$

20. 画出曲线

$$r^2\left(a^2+b^2\tan^2\frac{1}{2}\theta\right)=a^4$$

其中 $a>b>0$，并证明其面积为 $\dfrac{\pi a^3}{a+b}$。

21. 一条曲线由方程 $p=f\left(r\right)$ 给出，r 为半径向量，p 为从原点向切线作的垂线。证明：曲线的一段弧线与两条半径向量所围成的面积取决于积分

$$\frac{1}{2}\int\frac{pr\mathrm{d}r}{\sqrt{r^2-p^2}}$$

例题集

1. 函数 $f(x)$ 定义为：当 $x \leq 0$ 时等于 $1+x$，当 $0 < x < 1$ 时等于 x，当 $1 \leq x \leq 2$ 时等于 $2-x$，当 $x > 2$ 时等于 $3x-x^2$。讨论 $f(x)$ 的连续性，以及 $f'(x)$ 在 $x=0$，$x=1$ 和 $x=2$ 时的存在性和连续性。（《数学之旅》，1908）

2. 将 a，$ax+b$，$ax^2+2bx+c$，$\cdots$ 记为 u_0，u_1，u_2，$\cdots$，证明：$u_0^2 u_3 - 3u_0 u_1 u_2 + 2u_1^3$ 和 $u_0 u_4 - 4u_1 u_3 + 3u_2^2$ 均与 x 无关。

3. 如果 a_0，a_1，$\cdots$，a_{2n} 是常数，且 $U_r = (a_0, a_1, \cdots, a_r \, \backslash \, x, 1)^r$，则

$$U_0 U_{2n} - 2n U_1 U_{2n-1} + \frac{2n(2n-1)}{1 \times 2} U_2 U_{2n-2} - \cdots + U_{2n} U_0$$

与 x 无关。（《数学之旅》，1896）

［求导并使用关系式 $U_r' = r U_{r-1}$］

4. 当 $0 \leq x \leq \frac{1}{2}\pi$ 时，函数 $\arcsin(\mu \sin x) - x$ 的前三阶导数都是正值，其中 $\mu \geq 1$。

5. 行列式中的每一项都是 x 的函数。证明：其微分系数为仅对它的一行元素求导，而保持其余各行不变所得到的各行列之和。

6. 如果 f_1，f_2，f_3，f_4 是幂级不大于 4 的多项式，则

$$\begin{vmatrix} f_1 & f_2 & f_3 & f_4 \\ f_1' & f_2' & f_3' & f_4' \\ f_1'' & f_2'' & f_3'' & f_4'' \\ f_1''' & f_2''' & f_3''' & f_4''' \end{vmatrix}$$

也是幂级不大于 4 的多项式。［利用第 5 题的结果来对其求导五次，并且去掉变为 0 的行列式。］

7. 如果 $y_z = 1$ 且 $y_r = \left(\frac{1}{r!}\right) D_x^r y$，$z_s = \left(\frac{1}{s!}\right) D_x^s z$，则

$$\frac{1}{z^3} \begin{vmatrix} z & z_1 & z_2 \\ z_1 & z_2 & z_3 \\ z_2 & z_3 & z_4 \end{vmatrix} = \frac{1}{y^2} \begin{vmatrix} y_2 & y_3 \\ y_3 & y_4 \end{vmatrix}$$
（《数学之旅》，1905）

8. 如果 $W(y, z, u) = \begin{vmatrix} y & z & u \\ y' & z' & u' \\ y'' & z'' & u'' \end{vmatrix}$，撇号表示对 x 求导，则

$$W(y, z, u) = y^3 W\left(1, \frac{z}{y}, \frac{u}{y}\right)$$

9. 如果

$$ax^2 + 2hxy + by^2 + 2gx + 2fy + c = 0$$

则

$$\frac{\mathrm{d}y}{\mathrm{d}x} = -\frac{ax + hy + g}{hx + by + f} \ , \quad \frac{\mathrm{d}^2 y}{\mathrm{d}x^2} = \frac{abc + 2fgh - af^2 - bg^2 - ch^2}{(hx + by + f)^3}$$

10. 如果 $y^3 + 3yx + 2x^3 = 0$，则 $x^2(1+x^3)y'' - \frac{3}{2}xy' + y = 0$（《数学之旅》，1903）

11. 证明：$y = \phi(c) + \phi(x - c)$ 或 $y = 2\phi\left(\frac{1}{2}x\right)$ 满足积分方程 $y = \phi\{\psi(y_1)\} + \phi\{x - \psi(y_1)\}$，其中 y_1 是 y 的导数，ψ 是 ϕ' 的反函数。

12. 证明：微分方程 $y = \left\{\dfrac{x}{\psi(y_1)}\right\}\phi\{\psi(y_1)\}$（这里的记号与第 11 题的记号意义相同），被方程 $y = c\phi\left(\dfrac{x}{c}\right)$ 或 $y = \beta x$ 满足，其中 $\beta = \dfrac{\phi(\alpha)}{\alpha}$，$\alpha$ 是方程

$$\phi(\alpha) - \alpha\phi'(\alpha) = 0$$

的任意根。

13. 如果 $ax + by + c = 0$，则 $y_2 = 0$（下标表示对于 x 求导的次数）。我们可以将这个结论表达为：所有直线的一般的积分方程为 $y_2 = 0$。求出如下曲线的一般积分方程：（ⅰ）所有圆心在 x 轴上的圆；（ⅱ）所有以 x 轴为对称轴的抛物线；（ⅲ）所有对称轴平行于 y 轴的抛物线；（ⅳ）所有圆；（ⅴ）所有抛物线；（ⅵ）所有的圆锥曲线。

［方程为（ⅰ）$1 + y_1^2 + yy_2 = 0$；（ⅱ）$y_1^2 + yy_2 = 0$；（ⅲ）$y_3 = 0$；（ⅳ）$(1 + y_1^2)y_3 = 3y_1 y_2^2$；（ⅴ）$5y_3^2 = 3y_2 y_4$；（ⅵ）$9y_2^2 y_5 - 45 y_2 y_3 y_4 + 40 y_3^3 = 0$。在每一种情形下，我们只需要写下曲线的一般方程，然后求导，直到得到足够的方程来消去所有的任意常数。］

14. 证明：所有抛物线和圆锥曲线的一般积分方程分别为：

$$D_x^2\left(y_2^{-\frac{2}{3}}\right) = 0 \ , \quad D_x^3\left(y_2^{-\frac{2}{3}}\right) = 0$$

［圆锥曲线的方程为：

$$y = ax + b \pm \sqrt{px^2 + 2qx + r}$$

由此我们推出

$$y_2 = \pm\left(pr - q^2\right)\left(px^2 + 2qx + r\right)^{-\frac{3}{2}}$$

如果该圆锥曲线为抛物线，则 $p=0$。]

15. 将 $\dfrac{dy}{dx}$，$\dfrac{1}{2!}\dfrac{d^2y}{dx^2}$，$\dfrac{1}{3!}\dfrac{d^3y}{dx^3}$，$\dfrac{1}{4!}\dfrac{d^4y}{dx^4}$，$\cdots$ 记为 t，a，b，c，$\cdots$；将 $\dfrac{dx}{dy}$，

$\dfrac{1}{2!}\dfrac{d^2y}{dy^2}$，$\dfrac{1}{3!}\dfrac{d^3x}{dy^3}$，$\dfrac{1}{4!}\dfrac{d^4x}{dy^4}$，$\cdots$ 记为 τ，α，β，$\gamma\cdots$，证明：

$$4ac - 5b^2 = \frac{(4\alpha\gamma - 5\beta^2)}{\tau^8}，\quad bt - a^2 = \frac{-(\beta\tau - \alpha^2)}{\tau^6}$$

对于函数 $a^2d - 3abc - 2b^3$，$(1+t^2)\,b - 2a^2t$，$2ct - 5ab$ 建立相似的公式。

16. 如果 $y = \cos\left(m\arcsin x\right)$，$y_n$ 为 y 的第 n 级导数，则

$$\left(1 - x^2\right)y_{n+2} - \left(2n+1\right)xy_{n+1} + \left(m^2 - n^2\right)y_n = 0$$

[首先证明当 $n=0$ 时，利用莱布尼茨公式求导 n 次。]

17. 证明公式

$$vD_x^n u = D_x^n(uv) - nD_x^{n-1}(uD_xv) + \frac{n(n-1)}{1\times 2}D_x^{n-2}\left(uD_x^2v\right) - \cdots$$

其中 n 为任意正整数。[使用推导归纳法。]

18. 证明：

$$\left(\frac{d}{dx}\right)^{2n}\frac{\sin x}{x} = \frac{2n!}{x^{2n+1}}\left\{S_{2n-1}(x)\cos x - C_{2n}(x)\sin x\right\}$$

其中 $C_{2n}(x)$ 和 $S_{2n-1}(x)$ 如同例 46 题 5 中那样定义。(《数学之旅》，1936)

19. 证明：

$$\left(\frac{d}{dx}\right)^{2n}\cos^{2v}x = \frac{(-1)^n}{2^{2v-1}}\sum_{r=0}^{v-1}\binom{2v}{r}(2v-2r)^{2n}\cos 2(v-r)x \quad (《数学之旅》，1928)$$

20. 如果 $y = (1-x^2)^{-\frac{1}{2}}\arcsin x$，其中 $-1 < x < 1$ 且 $-\dfrac{1}{2}\pi < \arcsin x < \dfrac{1}{2}\pi$，则

$$\left(1 - x^2\right)y_{n+1} - \left(2n+1\right)xy_n - n^2y_{n-1} = 0$$

下标表示对于 x 的求导的次数。(《数学之旅》，1933)

21. 如果 $y = \left(\arcsin x\right)^2$，则

$$\left(1 - x^2\right)y_{n+1} - \left(2n-1\right)xy_n - \left(n-1\right)^2 y_{n-1} = 0$$

求出 y 在 $x=0$ 时的所有导数值。(《数学之旅》，1930)

22. 一条曲线由

$$x = a\,(\,2\cos t + \cos 2t\,)\,, \quad y = a\,(\,2\sin t - \sin 2t\,)$$

给出。证明（i）在点 P 处，参数为 t 的切线和法线方程为

$$x\sin\tfrac{1}{2}t + y\cos\tfrac{1}{2}t = a\sin\tfrac{3}{2}t, \quad x\cos\tfrac{1}{2}t - y\sin\tfrac{1}{2}t = 3a\cos\tfrac{3}{2}t$$

（ii）在点 P 的切线与曲线相交于点 Q，R，这两点的参数为 $-\tfrac{1}{2}t$，$\pi - \tfrac{1}{2}t$；

（iii）$QR = 4a$；（iv）在点 Q 和 R 的切线互相垂直，且在圆 $x^2 + y^2 = a^2$ 上相交；

（v）在点 P，Q 和 R 的法线相交于共同一点，且在圆 $x^2 + y^2 = 9a^2$ 上相交；（vi）曲线的方程为

$$(\,x^2 + y^2 + 12ax + 9a^2\,)^2 = 4a\,(\,2x + 3a\,)^3$$

画出该图象。

23. 证明：第 22 题定义的曲线方程可以替换为 $\dfrac{\xi}{a} = 2u + u^{-2}$，$\dfrac{\eta}{a} = 2u^{-1} + u^2$，其中 $\xi = x + yi$，$\eta = x - yi$，$u = \mathrm{Cis}\,t$。证明：在由 u 定义的点处的切线与法线为

$$u^2\xi - u\eta = a(u^3 - 1), \quad u^2\xi + u\eta = 3a(u^3 + 1)$$

并推导出第 22 题中的性质（ii）-（v）。

24. 证明：$x^4 + 4px^3 - 4qx - 1 = 0$ 有相等根的条件可以表达成 $(p+q)^{\frac{2}{3}} - (p-q)^{\frac{2}{3}} = 1$ 的形式。（《数学之旅》，1898）

25. 三次方程 $f(x) = 0$ 的根以大小递增顺序排列为 α，β，γ。证明：如果 (α, β) 和 (β, γ) 中的每一个区间都被均分为 6 个相等的子区间，则 $f'(x) = 0$ 的一个根将会落在从 β 开始在每一边的第四个区间中。当 $f'(x) = 0$ 有一个根落在一个分点处这两种条件下时，该三次方程有何种特性？（《数学之旅》，1907）

26. 如果 $\phi(x)$ 是一个多项式，λ 是实数，则

$$\phi'(x) + \lambda\phi(x) = 0$$

的一个根会落在 $\phi(x) = 0$ 的一对根之间。[如同在例 41 的第 10 题中那样讨论的。]

27. 如果 α 和 β 是 $\phi = 0$ 的两个相邻的根，则在 α 和 β 之间的根的个数（根据重复性计算个数）为奇数。

如果 $\phi = 0$ 的根都是实数，则 $\phi' + \lambda\phi = 0$ 的根也都是实数；并且如果前者都是简单根，则后者也是简单根。（《数学之旅》，1933）

28. 从第 27 题中推导出

$$\left(\frac{\mathrm{d}}{\mathrm{d}x}\right)^n (x^2-1)^n$$

在 −1 与 1 之间有 n 个实数简单根。（《数学之旅》，1933）

29. 研究 $f(x)$ 的最大值与最小值，以及 $f(x)=0$ 的实数根。其中 $f(x)$ 是各函数

$$x-\sin x-\tan\alpha\,(1-\cos x), \quad x-\sin x-(\alpha-\sin\alpha)-\tan\frac{1}{2}\alpha\,(\cos\alpha-\cos x)$$

中的一个，其中 α 是 0 和 π 之间的角度。证明在第一种情形下，双根的条件是：$\tan\alpha-\alpha$ 是 π 的倍数。

30. 证明：通过选择比例 $\lambda:\mu$，可以使得 $\lambda(ax^2+bx+c)+\mu(a'x^2+b'x+c')=0$ 的根是实数，且根的差值为任意的，除非这两个二次根都是实数且交织在一起；例外情形的根都是实数根，但是差值的大小有最小极限。

$\Big[$ 考虑函数

$$\frac{ax^2+bx+c}{a'x^2+b'x+c'}$$

的图象形式，参见例 46 的第 13 题以及其后的各题。$\Big]$

31. 证明：当 $0<x<1$ 时，有

$$\pi<\frac{\sin\pi x}{x(1-x)}\leqslant 4$$

并画出该函数的图象。

32. 画出函数

$$\pi\cot\pi x-\frac{1}{x}-\frac{1}{x-1}$$

的图象。

33. 画出 y 由图象

$$\frac{\mathrm{d}y}{\mathrm{d}x}=\frac{(6x^2+x-1)(x-1)^2(x+1)^3}{x^2}$$

所给出的一般形式。（《数学之旅》，1908）

34. 将一张纸叠起来，使得一角刚好碰到对边。请指出如何折纸才能创造出折痕长度的最大值。

35. 证明：椭圆 $\left(\dfrac{x^2}{a^2}\right)+\left(\dfrac{y^2}{b^2}\right)=1$ 被同心圆切出的最大锐角为 $\arctan\dfrac{(a^2-b^2)}{2ab}$。（《数学之旅》，1900）

36. 在一个三角形中，面积 $\varDelta$ 和半周长 s 是固定的。证明：其边之一的任意最大或最小值都是方程 $s(x-s)x^2+4\varDelta^2=0$ 的一个根。讨论这个方程的根是实是虚，且它们是否对应于最大值或最小值。

〔方程 $a+b+c=2s$，$s(s-a)(s-b)(s-c)=\varDelta^2$ 决定了 a 和 b 是 c 的函数。对 c 求导，并假设 $\dfrac{\mathrm{d}a}{\mathrm{d}c}=0$。即可求得 $b=c$，$s-b=s$，$c=\dfrac{1}{2}a$，由此我们可以推导出 $s(a-s)a^2+4\varDelta^2=0$。

如果 $s^4>27\varDelta^2$，则该方程有三个实根，如果 $s^4<27\varDelta^2$，则有一个实根。在一个等边三角形（对于给定面积的最小周长）有 $s^4=27\varDelta^2$；因此不可能有 $s^4<27\varDelta^2$。因此关于 a 的方程有三个实根，而且由于其和为正，其乘积为负，两个根为正，第三根为负。两个正根中一个对应于最大值，一个对应于最小值。〕

37. 穿过三个给定点 A，B，C，可以画出的最大的等边三角形的面积为：

$$2\varDelta+\frac{a^2+b^2+c^2}{2\sqrt{3}}$$

其中 a，b，c 为边长，$\varDelta$ 为三角形 ABC 的面积。（《数学之旅》，1890）

38. 如果 $\varDelta$，$\varDelta'$ 是顶点在原点底角在心脏线 $r=a(1+\cos\theta)$ 上的两个最大的两个等腰三角形的面积，则 $256\varDelta'\varDelta=25a^4\sqrt{5}$。（《数学之旅》，1907）

39. 随着曲线 $x^2y-4x^2-4xy+y^2+16x-2y-7=0$ 上的点 (x,y) 接近点 $(2,3)$ 时，求出 $\dfrac{x^2-4y+8}{y^2-6x+3}$ 接近的极限值。（《数学之旅》，1903）

〔如果 $(2,3)$ 作为新的起点，则该曲线的方程变为 $\xi^2\eta-\xi^2+\eta^2=0$，且给定的函数变为

$$\frac{(\xi^2+4\xi-4\eta)}{(\eta^2+6\eta-6\xi)}$$

如果我们令 $\eta=t\xi$，可得到 $\xi=\dfrac{1-t^2}{t}$，$\eta=1-t^2$。该曲线在原点分叉为两环，原点对应于 $t=-1$ 和 $t=1$ 两值。用 t 来表达给定的函数，使得 t 趋向于 -1 或 1，则我们得到了极限值 $-\dfrac{3}{2}$，$-\dfrac{2}{3}$。〕

40. 如果

$$f(x) = \frac{1}{\sin x - \sin a} - \frac{1}{(x-a)\cos a}$$

则

$$\frac{d}{da}\left\{\lim_{x \to a} f(x)\right\} - \lim_{x \to a} f'(x) = \frac{3}{4}\sec^3 a - \frac{5}{12}\sec a$$

41. 证明：如果 $\phi(x) = \dfrac{1}{1+x^2}$，则 $\phi^{(n)}(x) = \dfrac{Q_n(x)}{(1+x^2)^{n+1}}$，其中 $Q_n(x)$ 为级数为 n 的多项式。并证明：

（i）$Q_{n+1} = (1+x^2)Q'_n - 2(n+1)xQ_n$

（ii）$Q_{n+2} + 2(n+2)xQ_{n+1} + (n+2)(n+1)(1+x^2)Q_n = 0$

（iii）$(1+x^2)Q''_n - 2nxQ'_n + n(n+1)Q_n = 0$

（iv）$Q_n = (-1)^n n!\left\{(n+1)x^n \dfrac{(n+1)n(n-1)}{3!}x^{n-2} + \cdots\right\}$

（v）$Q_n = 0$ 的所有根都是实根，且被 $Q_{n-1} = 0$ 的根互相区分开。

42. 如果 $f(x)$，$\phi(x)$ 和 $\psi(x)$ 满足第 126–128 课时关于连续性以及可导性的条件，则存在 a 与 b 之间的值 ξ，使得

$$\begin{vmatrix} f(a) & \phi(a) & \psi(a) \\ f(b) & \phi(b) & \psi(b) \\ f'(\xi) & \phi'(\xi) & \psi'(\xi) \end{vmatrix} = 0$$

［考虑用 $f(x)$，$\phi(x)$ 和 $\psi(x)$ 来替代该行列式第三行各元素所得的函数。当 $\phi(x) = x$ 和 $\psi(x) = 1$ 时，这个定理简化为中值定理（第 126 课时）。］

43. 从例题 42 中推导出第 128 课时的定理。［取 $\psi(x) = x$。］

44. 如果 $\phi(x)$ 和 $\psi(x)$ 满足第 128 课时的条件，且 $\phi'(x)$ 取值不为 0，则对于 (a, b) 中的某个值 ξ，有

$$\frac{\phi(\xi) - \phi(a)}{\psi(b) - \psi(\xi)} = \frac{\phi'(\xi)}{\psi'(\xi)} \quad (《数学之旅》，1928)$$

［将罗列定理应用到 $\{\phi(x) - \phi(a)\}\{\psi(b) - \psi(x)\}$ 中。］

45. 如果 $\phi(x)$ 在 $a \leqslant x < b$ 时是连续的，$\phi''(x)$ 存在，且在 $a < x < b$ 时，有 $\phi''(x) > 0$，则

$$\frac{\phi(x) - \phi(a)}{x - a}$$

在 $a < x < b$ 时严格递增。（《数学之旅》，1933）

46. 函数 $f(x)$ 和 $g(x)$ 在 $0 \leqslant x \leqslant a$ 时是连续的，且在 $0 < x < a$ 时可导；$f(0) = 0$，$g(0) = 0$；$f'(x)$ 和 $g'(x)$ 都是正数。证明：

（ⅰ）如果 $f'(x)$ 随着 x 递增，则 $\dfrac{f(x)}{x}$ 也随着 x 递增；

（ⅱ）如果 $\dfrac{f'(x)}{g'(x)}$ 随着 x 而递增，则 $\dfrac{f(x)}{g(x)}$ 也随着 x 递增。

证明：函数

$$\frac{x}{\sin x} ,\quad \frac{\frac{1}{2}x^2}{1 - \cos x} ,\quad \frac{\frac{1}{6}x^3}{x - \sin x} ,\quad \cdots$$

在区间 $0 < x < \dfrac{1}{2}\pi$ 中递增。

［参见哈代、李特尔伍德和波利亚所著的《不等式》第 106 页。］

47. 函数 $f(x)$ 在 $x = \xi$ 处有微分系数 $f'(\xi)$。证明：如果 h 和 k 同时取正值趋向于 0，则

$$\phi(h, k) = \frac{f(\xi + h) - f(\xi - k)}{h + k} - f'(\xi)$$

也趋向于 0。（《数学之旅》，1934）

同时证明：如果 $f'(x)$ 在包含的一个区间是连续的，则我们可以忽略"正"这个字眼，仅仅假设 $h + k \neq 0$。

最后考虑函数

$$f(0) = 0, \quad f(x) = \frac{1}{\frac{1}{x^2}} \quad (x \neq 0)$$

以此证明：在一般情况下我们不可能移除这些限制。（《数学之旅》，1923）

［对于第一部分，利用等式

$$\phi(h, k) = \frac{h}{h + k}\left\{ \frac{f(\xi + h) - f(\xi)}{h} - f'(\xi) \right\} + \frac{k}{h + k}\left\{ \frac{f(\xi - k) - f(\xi)}{-k} - f'(\xi) \right\}$$

以及不等式

$$h < h + k, \ k < h + k$$

对于第二部分，使用中值定理。

对于第三部分，取

$$\xi = 0，h = \left(n - \frac{1}{n}\right)^{-\frac{1}{2}}，k = -n^{-\frac{1}{2}}$$

其中 n 为正整数。 ］

48. 如果当 $x \to \infty$，$\phi'(x) \to a$，且 $a \neq 0$，则 $\phi(x) \sim ax$。如果 $a=0$，则 $\phi(x) = o(x)$。如果 $\phi'(x) \to \infty$，则 $\phi(x) \to \infty$。〔使用中值定理。〕

49. 如果当 $x \to \infty$ 时，有 $\phi(x) \to a$，则 $\phi'(x)$ 不可能趋向于任何非零的极限。

50. 如果当 $x \to \infty$ 时，有 $\phi(x) + \phi'(x) \to a$，则 $\phi(x) \to a$ 且 $\phi'(x) \to 0$。

〔设 $\phi(x) = a + \psi(x)$，使得 $\psi(x) + \psi'(x) \to 0$。如果对于所有足够大的 x 值，$\psi'(x)$ 符号恒定，比如为正，则 $\psi(x)$ 递增，且会趋向于某个极限值 l 或 ∞。如果 $\psi(x) \to \infty$ 则 $\psi'(x) \to -\infty$，与我们的假设相悖。如果 $\psi(x) \to l$ 则 $\psi'(x) \to -l$，这是不可能的（第 49 题）除非 $l=0$。相似地，我们也可以处理 $\psi'(x)$ 最终为负值的情形。如果 $\psi'(x)$ 对于所有超过某极限值的 x 值都会改变符号，则存在 $\psi(x)$ 的最大值与最小值。如果 x 有很大值对应于 $\psi(x)$ 的最大值或最小值，则 $\psi(x) + \psi'(x)$ 很小且 $\psi'(x) = 0$，使得 $\psi(x)$ 很小。当 x 很大时别的 $\psi(x)$ 值也很小。〕

51. 如何简化 $\int R\left(x, \sqrt{\dfrac{ax+b}{mx+n}}, \sqrt{\dfrac{cx+d}{mx+n}}\right)\mathrm{d}x$ 至一个有理函数的积分形式?

〔令 $mx+n = \dfrac{1}{t}$ 且使用例 49 的第 13 题中的结果。〕

52. 计算积分:

$$\int \sqrt{\frac{x-1}{x+1}}\,\frac{\mathrm{d}x}{x}，\quad \int \frac{x\mathrm{d}x}{\sqrt{1+x} - \sqrt[3]{1+x}}，\quad \int \sqrt{a^2 + \sqrt{b^2 + \frac{c}{x}}}\ \mathrm{d}x$$

$$\int \frac{5\cos x + 6}{2\cos x + \sin x + 3}\,\mathrm{d}x，\quad \int \frac{\mathrm{d}x}{(2 - \sin^2 x)(2 + \sin x - \sin^2 x)}，\quad \int \csc x\sqrt{\sec 2x}\,\mathrm{d}x$$

$$\int \frac{\mathrm{d}x}{(2 - \sin^2 x)(2 + \sin x - \sin^2 x)}，\quad \int \frac{x + \sin x}{1 + \cos x}\ \mathrm{d}x，\quad \int \operatorname{arcsec} x\ \mathrm{d}x，\quad \int (\arcsin x)^2 \mathrm{d}x$$

$$\int x\arcsin x\mathrm{d}x，\quad \int \frac{x\arcsin x}{\sqrt{1 - x^2}}\ \mathrm{d}x，\quad \int \frac{\arctan x}{(1 + x^2)^{\frac{3}{2}}}\ \mathrm{d}x，\quad \int \frac{\log(\alpha^2 + \beta^2 x^2)}{x^2}\ \mathrm{d}x$$

53. 通过替换 $u^2 = x + 1 + x^{-1}$，计算

$$\int \frac{x-1}{x+1}\ \frac{\mathrm{d}x}{\sqrt{x(x^2 + x + 1)}}$$

的积分。

54. 证明：

$$\int \frac{dx}{x^{2n+1}\sqrt{1-x^2}} = \frac{1\times 3\times\cdots\times(2n-1)}{2\times 4\times\cdots\times 2n}\left[\log\frac{1-\sqrt{1-x^2}}{x} - \left\{\frac{1}{x^2} + \frac{2}{3}\frac{1}{x^4} + \cdots + \right.\right.$$

$$\left.\left.\frac{2\times 4\times\cdots\times(2n-2)}{3\times 5\times\cdots\times(2n-1)}\frac{1}{x^{2n}}\right\}\sqrt{1-x^2}\right] \qquad \int \frac{dx}{x^{2n+2}\sqrt{1-x^2}} = -\frac{2\times 4\cdots 2n}{3\times 5\times\cdots\times(2n+1)}$$

$$\times\left\{\frac{1}{x} + \frac{1}{2}\frac{1}{x^3} + \cdots + \frac{1\times 3\times\cdots\times(2n-1)}{2\times 4\times\cdots\times 2n}\frac{1}{x^{2n+1}}\right\}\sqrt{1-x^2}$$

其中 n 为正整数。（《数学之旅》，1931）

55. 简化的公式

（ⅰ）证明：

$$2(n-1)\left(q - \frac{1}{4}p^2\right)\int\frac{dx}{(x^2+px+q)^n}$$

$$= \frac{x+\frac{1}{2}p}{(x^2+px+q)^{n-1}} + (2n-3)\int\frac{dx}{(x^2+px+q)^{n-1}}$$

$$\left[\text{令 } x + \frac{1}{2}p = t\, , \ q - \frac{1}{4}p^2 = \lambda\, , \text{ 则我们得到}\right.$$

$$\int\frac{dt}{(t^2+\lambda)^n} = \frac{1}{\lambda}\int\frac{dt}{(t^2+\lambda)^{n-1}} - \frac{1}{\lambda}\int\frac{t^2\,dt}{(t^2+\lambda)^n}$$

$$= \frac{1}{\lambda}\int\frac{dt}{(t^2+\lambda)^{n-1}} + \frac{1}{2\lambda(n-1)}\int t\frac{d}{dt}\left\{\frac{1}{(t^2+\lambda)^{n-1}}\right\}dt$$

利用分部积分法来得到结果。

这样的公式被称为简化公式（formula of reduction）。当 n 是正整数时最有用。

我们也可以用 $\int\dfrac{dx}{(x^2+px+q)^{n-1}}$ 来表示 $\int\dfrac{dx}{(x^2+px+q)^n}$，从而反过来对每一个 n 值

$\left.\text{都计算积分值。}\ \right]$

（ⅱ）证明：如果 $I_{p,q} = \int x^p(1+x)^q\,dx$，则

$(p+1)I_{p,q} = x^{p+1}(1+x)^q - qI_{p+1,q-1}$

并得到一个相似的连接着 $I_{p,q}$ 和 $I_{p-1,q+1}$ 的公式。同时通过替换 $x = \dfrac{-y}{1+y}$ 来证明：

$$I_{p,q} = (-1)^{p+1}\int y^p(1+y)^{-p-q-2}dy$$

（ⅲ）如果 $u_n = \int\dfrac{dx}{(x^2+1)^n}$，则

$(2n-2) u_n - (2n-3) u_{n-1} = x (x^2+1)^{-(n-1)}$（《数学之旅》，1935）

（iv）如果 $I_{m,n} = \int \dfrac{x^m \mathrm{d}x}{(x^2+1)^n}$，则

$2(n-1) I_{m,n} = -x^{m-1} (x^2+1)^{-(n-1)} + (m-1) I_{m-2,n-1}$

（v）如果 $I_n = \int x^n \cos\beta x \mathrm{d}x$ 且 $J_n = \int x^n \sin\beta x \mathrm{d}x$，则

$\beta I_n = x^n \sin\beta x - n J_{n-1}$, $\quad \beta J_n = -x^n \cos\beta x + n I_{n-1}$

（vi）如果 $I_n = \int \cos^n x \mathrm{d}x$ 和 $J_n = \int \sin^n x \mathrm{d}x$，则

$n I_n = \sin x \cos^{n-1} x + (n-1) I_{n-2}$, $\quad n J_n = -\cos x \sin^{n-1} x + (n-1) J_{n-2}$

（vii）如果 $I_n = \int \tan^n x \mathrm{d}x$，则 $(n-1)(I_n + I_{n-2}) = \tan^{n-1} x$

（viii）如果 $I_{m,n} = \int \cos^m x \sin^n x \mathrm{d}x$，则

$(m+n) I_{m,n} = -\cos^{m+1} x \sin^{n-1} x + (n-1) I_{m,n-2}$

$= \cos^{m-1} x \sin^{n+1} x + (m-1) I_{m-2,n}$

［我们有

$(m+1) I_{m,n} = -\int \sin^{n-1} x \dfrac{\mathrm{d}}{\mathrm{d}x}(\cos^{m+1} x)\, \mathrm{d}x$

$= -\cos^{m+1} x \sin^{n-1} x + (n-1) \int \cos^{m+2} x \sin^{n-2} x \mathrm{d}x$

$= -\cos^{m+1} x \sin^{n-1} x + (n-1)(I_{m,n-2} - I_{m,n})$

这将导出第一个简化公式。］

（ix）将 $I_{m,n} \int \sin^m x \sin n x \mathrm{d}x =$ 和 $I_{m-2,n}$ 连接起来。

（x）如果 $I_{m,n} = \int x^m \csc^n x \mathrm{d}x$，则

$(n-1)(n-2) I_{m,n} = (n-2)^2 I_{m,n-2} + m(m-1) I_{m-2,n-2}$

$= -x^{m-1} \csc^{n-1} x \{ m\sin + (n-2) x \cos x\}$

（xi）如果 $I_n = \int (a + b\cos x)^{-n}\, \mathrm{d}x$，则

$(n-1)(a^2-b^2) I_n = -b\sin x (a+b\cos x)^{-(n-1)} + (2n-3) a I_{n-1} - (n-2) I_{n-2}$。

（xii）如果 $I_n = \int (a\cos^2 x + 2h\cos x \sin x + b\sin^2 x)^{-n}\, \mathrm{d}x$，则

$4n(n+1)(ab-h^2) I_{n+2} - 2n(2n+1)(a+b) I_{n+1} + 4n^2 I_n = -\dfrac{\mathrm{d}^2 I_n}{\mathrm{d}x^2}$

（xiii）如果 $I_{m,n} = \int x^m (\log x)^n \mathrm{d}x$，则

$(m+1) I_{m,n} = x^{m+1} (\log x)^n - n I_{m,n-1}$

56. 如果 n 为正整数，则 $\int x^m (\log x)^n \mathrm{d}x$ 的值为

$$x^{m+1} \left\{ \frac{(\log x)^n}{m+1} - \frac{n(\log x)^{n-1}}{(m+1)^2} + \frac{n(n-1)(\log x)^{n-2}}{(m+1)^3} - \cdots + \frac{(-1)^n n!}{(m+1)^{n+1}} \right\}$$

57. 曲线

$$x = \cos\phi + \frac{\sin\alpha \sin\phi}{1 - \cos^2\alpha \sin^2\phi} \ , \ \ y = \sin\phi - \frac{\sin\alpha \sin\phi}{1 - \cos^2\alpha \sin^2\phi}$$

其中 α 是一个正的锐角，面积为 $\dfrac{\frac{1}{2}\pi(1+\sin\alpha)^2}{\sin\alpha}$

58. 一个半径为 a 的圆的一条弦在一条直径上的投影有固定长度 $2a\cos\beta$；证明该弦的中点的轨迹由两个环组成，每一个环的面积都为 $a^2 (\beta - \cos\beta \sin\beta)$。

59. 证明：曲线 $\left(\dfrac{x}{a}\right)^{\frac{2}{3}} + \left(\dfrac{y}{b}\right)^{\frac{2}{3}} = 1$ 在一个象限内的长度为 $\dfrac{a^2 + ab + b^2}{a+b}$。

60. 点 A 在一个半径为 a 的圆内，离圆心距离为 b。证明：从 A 点向圆的一条切线所作垂线的垂足的轨迹包裹的面积为 $\pi \left(a^2 + \dfrac{1}{2}b^2\right)$。

61. 证明：如果 $(a, b, c, f, g, h \ \emptyset \ x, y, 1)^2 = 0$ 是一条圆锥曲线的方程，则

$$\int \frac{\mathrm{d}x}{(lx + my + n)(hx + by + f)} = \alpha \log \frac{PT}{PT'} + \beta$$

其中 PT，PT' 为圆锥上坐标为 x 和 y 的一点 P 在弦 $lx + my + n = 0$ 上端点的切线的法线，且 α，β 是常数。

62. 证明：

$$\int \frac{ax^2 + 2bx + c}{(Ax^2 + 2Bx + C)^2} \mathrm{d}x$$

当且仅当 $AC - B^2$ 和 $aC + cA - 2bB$ 是 0 时为有理函数[1]。

---

〔1〕参见在第 134 课时中所引的作者专著。

63. 证明：

$$\int \frac{f(x)}{\{F(x)\}^2} \mathrm{d}x$$

为 x 的有理函数的充分必要条件为：$f'F' - fF''$ 可以被 F 整除，其中 f 和 F 都是多项式，且后者没有重复的因子。

64. 证明：

$$\int \frac{\alpha \cos x + \beta \sin x + \gamma}{(1 - e \cos x)^2} \mathrm{d}x$$

当且仅当 $\alpha e + \gamma = 0$ 时为 $\cos x$ 和 $\sin x$ 的有理函数；当此条件满足时计算这个积分。

第七章　微分和积分的其他定理

（150）更高阶的中值定理

在第 126 课时中我们证明了：如果 $f(x)$ 在 $a \leqslant x \leqslant b$ 中是连续的，且在 $a < x < b$ 中 $f'(x)$ 有导数，则

$$f(b) - f(a) = (b-a)f'(\xi)$$

其中 $a < \xi < b$；或者

$$f(a+h) - f(a) = hf'(a + \theta_1 h) \tag{1}$$

其中 $0 < \theta_1 < 1$

我们现在对 $f(x)$ 增加更多限制。我们假设 $f'(x)$ 在 $a \leqslant x \leqslant b$ 是连续的，对于 $a < x < b$，$f'(x)$ 存在；我们考虑函数。

$$f(b) - f(x) - (b-x)f'(x) - \left(\frac{b-x}{b-a} \right)^2 \{f(b) - f(a) - (b-a)f'(a)\}$$

此函数在 $x = a$ 和 $x = b$ 时不存在，其导数为

$$\frac{2(b-x)}{(b-a)^2} \left\{ f(b) - f(a) - (b-a)f'(a) - \frac{1}{2}(b-a)^2 f''(x) \right\}$$

那么此导数必定在 a 和 b 之间的某个 x 值处变为 0。这样就存在处于 a 和 b 之间的某个 x 的值 ξ，因此可以表达成 $a + \theta_2(b-a)$，其中 $0 < \theta_2 < 1$，从而有

$$f(b) = f(a) + (b-a)f'(a) + \frac{1}{2}(b-a)^2 f''(\xi)$$

如果我们令 $b = a+h$，我们就得到方程

$$f(a+h) = f(a) + hf'(a) + \frac{1}{2}h^2 f''(a + \theta_2 h) \tag{2}$$

这就是二阶中值定理（the mean value theorem of the second order）的标准形式。

我们对 $f'(x)$ 架设了在第 126 课时中对 $\phi(x)$ 所假设的条件，也就是在闭区间

□ 泰勒

　　布鲁克·泰勒（1685—1731年），英国数学家，以其提出的泰勒公式和泰勒级数而闻名，微积分基本定理之一的泰勒中值定理也是因他得名。他提出泰勒公式，以描述函数在某一点的值与其在该点的各阶导数之间的关系。当这个公式被扩展为无穷项时，我们得到了所谓的泰勒级数，它是以多项式的形式表示函数，试图在某区间内或全域上逼近原函数，在近似计算中有重要作用。

中的连续性以及开区间中的可导性。我们还假设了 $f'(a)$ 和 $f'(b)$ 的存在。这个假设涉及了 x 在 (a, b) 区间外（a 在左边，b 在右边）时的 $f(x)$ 的值。也有可能 $f(x)$ 在 (a, b) 外没有定义。比如说，以左端点为例，此时我们必须把 $f'(a)$ 理解为仅对 (a, b) 内的 x 值有定义，即：

$$f'(a) = \lim_{h \to +0} \frac{f(a+h) - f(a)}{h}$$

此论断等同于我们在第99课时末尾关于连续性的讨论。

　　对于更高阶的导数，相同的要点在下一定理中讨论。

　　由（1）和（2）中的相似性引出了接下来的定理。

　　泰勒中值定理或一般的中值定理。如果在 $a \leqslant x \leqslant b$ 时，$f^{(n-1)}(x)$ 是连续地在 $a < x < b$ 时，$f^{(n)}(x)$ 存在，则

$$f(b) = f(a) + (b-a)f'(a) + \frac{(b-a)^2}{2!} \cdot$$

$$f''(a) + \cdots + \frac{(b-a)^{n-1}}{(n-1)!} f^{(n-1)}(a) + \frac{(b-a)^n}{n!} f^{(n)}(\xi)$$

其中 $a < \xi < b$；并且如果 $b = a + h$，则

$$f(a+h) = f(a) + hf'(a) + \frac{1}{2}h^2 f''(a) + \cdots + \frac{h^{n-1}}{(n-1)!} f^{(n-1)}(a) + \frac{h^n}{n!} f^{(n)}(a + \theta_n h)$$

其中 $0 < \theta_n < 1$。

　　$f^{(n-1)}(x)$ 的连续性自然也包括了 $f(x), f'(x), \cdots, f^{(n-2)}(x)$ 的连续性。

　　以上证明与 $n=1$ 和 $n=2$ 时的特殊情形相同。我们考虑函数

$$F_n(x) - \left(\frac{b-x}{b-a}\right)^n F_n(a)$$

其中

$$F_n(x) = f(b) - f(x) - (b-x)f'(x) - \cdots - \frac{(b-x)^{n-1}}{(n-1)!} f^{(n-1)}(x)$$

此函数在 $x=a$ 和 $x=b$ 时取值为 0；其导数为

$$\frac{n(b-x)^{n-1}}{(b-a)^n} \left\{ F_n(a) - \frac{(b-a)^n}{n!} f^{(n)}(x) \right\}$$

则一定存在 a 和 b 之间的某个 x 值，使得导数在该点处等于 0。从而得出结果。

例55

1. 假设 $f(x)$ 是幂级为 r 的多项式。则当 $n > r$ 时 $f^{(n)}(x)$ 恒等于 0，且该定理引出代数恒等式

$$f(a+h) = f(a) + hf'(a) + \frac{h^2}{2!} f''(a) + \cdots + \frac{h^r}{r!} f^{(r)}(a)$$

2. 将定理应用到 $f(x) = \frac{1}{x}$，并假设 x 和 $x+h$ 为正，从而得到结果

$$\frac{1}{x+h} = \frac{1}{x} - \frac{h}{x^2} + \frac{h^2}{x^3} - \cdots + \frac{(-1)^{n-1}h^{n-1}}{x^n} + \frac{(-1)^n h^n}{(x+\theta_n h)^{n+1}}$$

$$\left[\text{既然} \ \frac{1}{x+h} = \frac{1}{x} - \frac{h}{x^2} + \frac{h^2}{x^3} - \cdots + \frac{(-1)^{n-1}h^{n-1}}{x^n} + \frac{(-1)^n h^n}{x^n(x+h)} \right.$$

通过证明 $x^n(x+h)$ 可写作 $(x+\theta_n h)^{n+1}$ 的形式，或者通过证明 $x^n(x+h)$ 坐落于 x^{n+1} 和 $(x+h)^{n+1}$ 之间，我们便可以确认结果。 $\Big]$

3. 导出公式

$$\sin(x+h) = \sin x + h \cos x - \frac{h^2}{2!} \sin x - \frac{h^3}{3!} \cos x + \cdots$$

$$+ (-1)^{n-1} \frac{h^{2n-1}}{(2n-1)!} \cos x + (-1)^n \frac{h^{2n}}{2n!} \sin(x + \theta_{2n} h)$$

求出 $\cos(x+h)$ 对应的公式，当幂级从 h 升到 h^{2n+1} 时求出相似的公式。

4. 证明：如果 m 为正整数，n 为不大于 m 的正整数，则

$$(x+h)^m = x^m + \binom{m}{1} x^{m-1}h + \cdots + \binom{m}{n-1} x^{m-n+1}h^{n-1} + \binom{m}{n}(x+\theta_n h)^{m-n}h^n$$

同时证明，如果区间 $(x, x+h)$ 不包括 $x=0$，则此公式对于 m 的所有有理数值和 n 的所有正整数值都成立；并证明：即使 $x < 0 < x+h$ 或者 $x+h < 0 < x$，如果 $m-n$ 为正，该公式仍然成立。

5. 如果 $f(x) = \dfrac{1}{x}$ 且 $x < 0 < x+h$，则公式 $f(x+h) = f(x) + hf'(x+\theta_1 h)$ 不成立。

$\Bigl[$ 因为 $f(x+h) - f(x) > 0$，且 $hf'(x+\theta_1 h) = \dfrac{-h}{(x+\theta_1 h)^2} < 0$；显然，不满足中值定理成立的条件。$\Bigr]$

6. 如果 $x = -a$，$h = 2a$，$f(x) = x^{\frac{1}{3}}$，则方程

$$f(x+h) = f(x) + hf'(x+\theta_1 h)$$

对 $\theta_1 = \dfrac{1}{2} \pm \dfrac{1}{18}\sqrt{3}$ 是满足的。$\bigl[$ 该例子表明：即使使得定理成立的条件不被满足，该定理的结果也可能成立。$\bigr]$

7. 牛顿法求方程的根的近似值。假设 ξ 为代数方程 $f(x) = 0$ 的一个根的近似值，事实上的根为 $\xi + h$。则

$$0 = f(\xi + h) = f(\xi) + hf'(\xi) + \frac{1}{2}h^2 f''(\xi + \theta_2 h)$$

使得

$$h = -\frac{f(\xi)}{f'(\xi)} - \frac{1}{2}h^2 \frac{f''(\xi + \theta_2 h)}{f'(\xi)}$$

只要 $f'(\xi) \neq 0$。

如果根是一个简单根，h 也足够小，则存在正数 K，使得对于所有的 x 值都有 $|f'(x)| > K$；其根为

$$\xi + h = \xi - \frac{f(\xi)}{f'(\xi)} + O(h^2) = \xi_1 + O(h^2)$$

从而 ξ_1 是比 ξ 更好的根的近似值。

我们可以重复这个论证过程，取 ξ_1 代替 ξ，就得到一系列更好的近似值 ξ_2，ξ_3，$\cdots$，相应的误差为 $O(h^4)$，$O(h^8)$，$\cdots$

8. 将此方法应用到方程 $x^2 = 2$ 中，取 $\xi = \dfrac{3}{2}$ 作为第一个近似值。$\bigl[$ 我们求得 $\xi_1 = \dfrac{17}{12} = 1.417\cdots$，尽管第一个近似值不太精确，但 ξ_1 也是一个相当好的近似值。如果现在重复这个过程，我们得到 $\xi_2 = \dfrac{577}{408} = 1.414215\cdots$，已经精确到 5 位小数了。$\bigr]$

9. 用这种方法来思考方程 $x^2 - 1 - y = 0$，其中 y 数值很小，证明

$$\sqrt{1+y} = 1 + \frac{1}{2}y - \frac{y^2}{4(2+y)} + O(y^4)$$

10. 证明：第 7 题中方程的根为：

$$\xi - \frac{f}{f'} - \frac{f^2 f''}{2f'^3} + O(|h|^3)$$

（每一个函数的自变量都是 ξ）。

11. 方程 $\sin x = \alpha x$（其中 α 很小），有一个根近似等于 π。证明：$(1-\alpha)\pi$ 是更好的近似值，甚至 $(1-\alpha+\alpha^2)\pi$ 是一个还要更好的近似值。〔第 7–10 题中的方法并不取决于 $f(x)=0$ 是否为代数函数，只要 f' 与 f'' 连续，且 $f'(\xi)\neq 0$ 即可。〕

12. 证明：如果 $f^{(n+1)}(x)$ 连续，则根据一般性中值定理，当 $h \to 0$ 时，数字 θ_n 的极限值为 $\frac{1}{(n+1)}$。

〔因为 $f(x+h)$ 与

$$f(x) + \cdots + \frac{h^n}{n!}f^{(n)}(x+\theta_n h)$$

$$f(x) + \cdots + \frac{h^n}{n!}f^{(n)}(x) + \frac{h^{n+1}}{(n+1)!}f^{(n+1)}(x+\theta_{n+1}h)$$

都相等，其中 θ_n 和 θ_{n+1} 都在 0 与 1 之间。因此

$$f^{(n)}(x+\theta_n h)\, f^{(n)}(x) + \frac{hf^{(n+1)}(x+\theta_{n+1}h)}{n+1}$$

但是如果我们将起初的中值定理应用到函数 $f^{(n)}(x)$ 中，并用 $\theta_n h$ 替代 h，我们可得

$$f^{(n)}(x+\theta_n h) = f^{(n)}(x) + \theta_n h f^{(n+1)}(x+\theta\theta_n h)$$

其中 θ 也位于 0 和 1 之间。因此

$$\theta_n f^{(n+1)}(x+\theta\theta_n h) = \frac{f^{(n+1)}(x+\theta_{n+1}h)}{n+1}$$

从此结果得出，当 $h \to 0$ 时，$f^{(n+1)}(x+\theta\theta_n h)$ 和 $f^{(n+1)}(x+\theta_{n+1}h)$ 都趋向于相同的极限 $f^{(n+1)}(x)$〕

（151）泰勒定理的另一种形式

泰勒定理有另一种形式，此时假设的条件要少于第 150 课时的讨论。

假设 $f(x)$ 在 $x=a$ 处有 n 阶导数 $f'(a)$，$\cdots$，$f^{(n)}(a)$。在任意一点处 $f^{(v)}(x)$ 的存在也包含了 $f^{(v-1)}(x)$ 在含有该点的某个区间中的存在性以及其连续性；所以在包含 $x=a$ 的一个区间中，前 $n-2$ 阶导数和第 $n-1$ 阶导数也都是连续的。但是我们不能假设在除了 $x=a$ 以外的任意一点 n 阶导数存在。

首先假设 $h \geqslant 0$，写作

$$F_n(h) = f(a+h) - f(a) - hf'(a) - \cdots - \frac{h^{n-1}}{(n-1)!} f^{(n-1)}(a)$$

则 $F_n(h)$ 及前 $n-1$ 阶导数对于 $h=0$ 取值为 0，且 $F_n^{(n)}(0) = f^{(n)}(a)$。因此，如果我们记

$$G(h) = F_n(h) - \frac{h^n}{n!}\{f^{(n)}(a) - \delta\}$$

其中 δ 是正数，我们有

$$G(0) = 0, \ G'(0) = 0, \ \cdots, \ G^{(n-1)}(0) = 0, \ G^{(n)}(0) = \delta > 0$$

从最后两个方程以及第 122 课时的定理 A 得出：$G^{(n-1)}(h)$ 在 $h=0$ 处递增，且对于小的正值 h 取正值。

接下来，$G^{(n-2)}(0) = 0$，对于小的正值 h 有 $G^{(n-1)}(h) > 0$；因此，根据第 122 课时的推论 1，$G^{(n-2)}(h) > 0$ 对于小的正值 h 也成立[1]。重复此论证，我们相继发现了 $G^{(n-3)}(h)$，$G^{(n-4)}(h)$，$\cdots$，乃至最后的 $G(h)$ 都是正数，即对于小的正数 h，

$$F_n(h) > \frac{h^n}{n!}\{f^{(n)}(a) - \delta\}$$

相似地[2]，我们可以证明：对于小的正值 h，有

---

[1] 根据中值定理得出，$G^{(n-2)}(h) = G^{(n-2)}(h) - G^{(n-2)}(0) = hG^{(n-2)}(\theta h) > 0$

[2] 在 $G(h)$ 的定义中改变 δ 前面的符号。

$$F_n(h) < \frac{h^n}{n!}\{f^{(n)}(a) + \delta\}$$

在这些不等式中，δ 是任意正数，当其中 $\eta \to 0$，正值 $h \to 0$ 时，有

$$F_n(h) = \frac{h^n}{n!}\{f^{(n)}(a) + \eta\}$$

相似地，我们可以以取 h 的负值，从而得到如下定理。

如果 $f(x)$ 在 $x = a$ 处有 n 阶导数，则

$$(1)\ f(a+h) = f(a) + hf'(a) + \cdots + \frac{h^{n-1}}{(n-1)!}f^{(n-1)}(a) + \frac{h^n}{n!}\{f^{(n)}(a) + \eta\}$$

其中 $\eta \to 0(h \to 0)$。

根据第 98 课时的概念，我们也将（1）写作

$$(2)\ f(a+h) = f(a) + hf'(a) + \cdots + \frac{h^{n-1}}{(n-1)!}f^{(n-1)}(a) + o(h^n)$$

我们也可以从第 150 课时的定理中推导出此结论，但是仅仅需要假设 $f^{(n)}(x)$ 在 $x = a$ 处的连续性。

例57

1. 证明：如果当 $x \to 0$ 时，

$$a_0 + a_1 x + \cdots + a_n x^n + o(x^n) = b_0 + b_1 x + \cdots + b_n x^n + o(x^n)$$

则 $a_0 = b_0$，$a_1 = b_1$，$\cdots$，$a_n = b_n$。

[令 $x \to 0$，我们看到 $a_0 = b_0$。现在用 x 来除，再令 $x \to 0$ 根据需要重复此过程。

从而如果 $f(x)$ 在 $x = a$ 处有 n 阶导数，且

$$f(a+h) = c_0 + c_1 h + \cdots + c_n h^n + o(h^n)$$

则 c_0，c_1，$\cdots$就有（2）中的值。]

2. 证明：

$$\frac{f(a+h) - f(a-h)}{2h} \to f'(a)$$

如果右边的导数存在。

3. 证明：

$$\frac{f(a+h) - 2f(a) + f(a-h)}{h^2} \to f''(a)$$

如果右边存在。（《数学之旅》，1925）

4. 证明：对于很小的 θ 有

$$\frac{3\sin 2\theta}{2(2+\cos 2\theta)} = \theta + \frac{4}{45}\theta^5 + o(\theta^5)$$（《数学之旅》，1935）

5. 证明：如果 $\sin x = xy^2$，且 x 和 $y-1$ 都很小，则

$$y = 1 - \frac{1}{12}x^2 + \frac{1}{1440}x^4 + o(x^4) ，$$

$$x^2 = -12(y-1) + \frac{6}{5}(y-1)^2 + o\{(y-1)^2\}$$（《数学之旅》，1934）

（152）泰勒级数

假设函数 $f(x)$ 在包含点 $x=a$ 的区间 $(a-\eta, a+\eta)$ 中有任意阶的微分系数。则如果 h 的绝对值小于 η，对于所有的 n 值，有

$$f(a+h) = f(a) + hf'(a) + \cdots + \frac{h^{n-1}}{(n-1)!}f^{(n-1)}(a) + \frac{h^n}{n!}f^{(n)}(a+\theta_n h)$$

其中 $0 < \theta_n < 1$ 或者如果

$$S_n = \sum_0^{n-1} \frac{h^v}{v!}f^{(v)}(a) ，\quad R_n = \frac{h^n}{n!}f^{(n)}(a+\theta_n h)$$

则有

$$f(a+h) - S_n = R_n$$

现在我们进一步假设，当 $n \to \infty$，$R_n \to 0$，则

$$f(a+h) = \lim_{n \to \infty} S_n = f(a) + hf'(a) + \frac{h^2}{2!}f''(a) + \cdots$$

$f(a+h)$ 的展开式被称为泰勒级数。当 $a=0$ 时，公式简化为

$$f(h) = f(0) + hf'(0) + \frac{h^2}{2!}f''(0) + \cdots$$

被称为麦克劳林级数。函数 R_n 被称为拉格朗日形式的余项。

读者应该十分注意，"$f(x)$ 的各阶导数都存在"是泰勒级数成立的充分条件。对于 R_n 的直接讨论是必要的。

（1）余弦和正弦级数。令 $f(x) = \sin x$。则对于所有的 x 值，$f(x)$ 有任意阶导数。并且对于所有 x 和 n 的值也都有 $|f^{(n)}(x)| \leqslant 1$。因此在这种情况下，有

$|R_n| \leqslant \dfrac{h^n}{n!}$，当 $n \to \infty$ 时趋向于 0（例 27 的第 12 题），无论 h 取值如何。从而对于所有的 x 和 h 值都有

$$\sin(x+h) = \sin x + h \cos x - \frac{h^2}{2!} \sin x - \frac{h^3}{3!} \cos x + \frac{h^4}{4!} \sin x + \cdots$$

特别地，对于所有的 h 值都有

$$\sin h = h - \frac{h^3}{3!} + \frac{h^5}{5!} - \cdots$$

相似地，我们也可以证明

$$\cos(x+h) = \cos x - h \sin x - \frac{h^2}{2!} \cos x + \frac{h^3}{3!} \sin x + \cdots,$$

$$\cos h = 1 - \frac{h^2}{2!} + \frac{h^4}{4!} - \cdots$$

（2）二项式级数。令 $f(x) = (1+x)^m$，其中 m 为任意有理数，无论正负。则

$$f^{(n)}(x) = m(m-1) \cdots (m-n+1)(1+x)^{m-n}$$

其麦克劳林级数（用 x 代替 h）取如下形式：

$$(1+x)^m = 1 + \binom{m}{1} x + \binom{m}{2} x^2 + \cdots$$

当 m 为正整数时阶数只有有限项，我们便得到了带有正整数次幂的二项式定理对应的原始定理，在一般情形上，有

$$R_n = \frac{x^n}{n!} f^{(n)}(\theta_n x) = \binom{m}{n} x^n (1+\theta_n x)^{m-n}$$

为了证明当 m 不是正整数时，对于任意范围的 x 值，麦克劳林级数都代表着 $(1+x)^m$ 形式，我们必须证明对于此范围内的每一个 x 值都有 $R_n \to 0$，如果 $-1 < x < 1$，则事实上这是成立的，如果 $0 \leqslant x < 1$ 通过给出的 R_n 的表达式加以证明，因为如果 $n > m$，则有 $(1+\theta_n x)^{m-n} < 1$，当 $n \to \infty$ 时，有 $\binom{m}{n} x^n \to 0$（例 27 的第 13 题）。但是如果 $-1 < x < 0$，证明便出现了困难，因为如果 $n > m$ 时有 $1 + \theta_n x < 1$ 以及 $(1+\theta_n x)^{m-n} > 1$；如果我们仅知道 $0 < \theta_n < 1$，便不能确定 $1 + \theta_n x$ 是否相当小，$(1+\theta_n x)^{m-n}$ 是否相当大。

事实上，为了用泰勒定理来证明二项式定理，我们需要 R_n 的不同形式，我们将在之后给出（第 167 课时）。

（153）泰勒定理的应用 A.求最值

对于第六章第 123、124 课时的讨论，泰勒定理可以给出更高的理论完备化结果，尽管这些结果实际上也并不很重要。但我们须要记住，假设 $\phi(x)$ 存在前两阶导数，我们说明过 $\phi(x)$ 对于在 $x = \xi$ 处的最大值或最小值存在如下充分条件：有最大值的充分条件是 $\phi'(\xi) = 0$，$\phi''(\xi) < 0$；有最小值的充分条件是 $\phi'(\xi) = 0$，$\phi''(\xi) > 0$。显然如果 $\phi'(\xi)$ 和 $\phi''(\xi)$ 同时取值为 0，则这些检验方法也不成立。

假设 $\phi(x)$ 有 n 阶导数

$$\phi'(x)，\phi''(x)，\cdots，\phi^{(n)}(x)$$

除了最后一项，所有其他导数当 $x = \xi$ 时都等于 0。则根据第 151 课时的（2），

$$\phi(\xi + h) - \phi(\xi) = \frac{h^n}{n!} \phi^{(n)}(\xi) + o(h^n)$$

对于所有的小的 h 符号都是固定的（或正或负）。这显然需要 n 为偶数；并且如果 n 为偶数，则根据 $\phi^{(n)}(\xi)$ 取值的正负来决定存在的是最大值还是最小值。

因此我们得到了这样的判别方法：如果存在最大值或最小值，则不为 0 的第一阶导数一定是偶数导数，如果为负数则为最大值，如果为正数则为最小值。

例57

（1）当 $\phi(x) = (x - a)^m$ 时验证结果，其中 m 是正整数，且 $\xi = a$。

（2）验证函数 $(x - a)^m (x - b)^n$ 在点 $x = a$，$x = b$ 处的最大值和最小值，其中 m 和 n 都是正整数。画出曲线 $y = (x - a)^m (x - b)^n$ 不同形式的图象。

（3）验证函数 $\sin x - x$，$\sin x - x + \frac{x^3}{3!}$，$\sin x - x + \frac{x^3}{3!} - \frac{x^5}{5!}$，$\cdots$，$\cos x - 1$，$\cos x - 1 + \frac{x^2}{2!}$，$\cos x - 1 + \frac{x^2}{2!} - \frac{x^4}{4!}$，$\cdots$在 $x = 0$ 处的最大值或最小值。

（154）B.某些极限的计算

有些时候我们也需要计算出当代入一个变量的特殊值时得到"$\frac{0}{0}$"这种形式的极限值。我们首先假设所考虑的点为 $x = 0$。有多种方法来计算。

（a）假设 $f(x)$ 和 $\phi(x)$ 在 $x=0$ 处可导，并且 $f(0)=\phi(0)=0$，$\phi'(0)\neq 0$。

则

$$f(x)=xf'(0)+o(x), \quad \phi(x)=x\phi'(0)+o(x)$$

因此，

$$\frac{f(x)}{\phi(x)}\to\frac{f'(0)}{\phi'(0)}$$

更一般地，如果函数在 $x=0$ 处有 n 阶导数，且每个函数的前 $n-1$ 阶导数均为 0，而 $\phi^{(n)}(0)\neq 0$，则根据第 151 课时的定理，就有

$$f(x)=\frac{x^n}{n!}f^{(n)}(0)+o(x^n), \quad \phi(x)=\frac{x^n}{n!}\phi^{(n)}(0)+o(x^n)$$

所以有

$$\frac{f(x)}{\phi(x)}\to\frac{f^{(n)}(0)}{\phi^{(n)}(0)}$$

（b）通常使用第 128 课时的定理会更好一些。如果 $f(x)$ 和 $\phi(x)$ 在 $0\leqslant x\leqslant h$ 中连续，且在 $0<x\leqslant h$ 中可导，$f(0)=0$，且 $\phi(0)=0$，$\phi(h)\neq 0$，又对于相同的 x 值，$f'(x)$ 和 $\phi'(x)$ 不会为 0，则对于 0 和 h 之间的某个 ξ 有

$$(1)\quad \frac{f(h)}{\phi(h)}=\frac{f'(\xi)}{\phi'(\xi)}$$

现在假设当 x 取正值且 $x\to 0$，有

$$(2)\quad \frac{f'(x)}{\phi'(x)}\to l$$

则存在一个区间 $(0,k)$，使得在这个区间内 $\phi'(x)$ 不会为 0。[1] 由此根据第 129 课时的定理，对于 $0<x<k$，$\phi'(x)$ 符号恒定；因此根据第 122 课时的推论 2，对于 $0<x<k$，$\phi(x)$ 也是符号恒定。因此对于每一个小于 k 的正值 h，（1）总成立，所以

$$\frac{f(h)}{\phi(h)}\to l$$

也就是说，只要下式中的第二个极限存在，就有

---

[1] 否则（2）的左边对于无穷个小的正值 x 都是无意义的。

（3） $\lim\limits_{x \to +0}\dfrac{f(x)}{\phi(x)} = \lim\limits_{x \to +0}\dfrac{f'(x)}{\phi'(x)}$

当 "$x \to +0$" 被 "$x \to -0$" 或 "$x \to 0$" 替代时，自会有相似的定理成立；证明过程也可以重复刚才的方法。因此对于任意 n 值，只要对 $0 \leqslant v < n$ 有 $f^{(v)}(x)$ = 0 以及 $\phi^{(v)}(x) = 0$，且下式右边的极限存在，则有

$$\lim\limits_{x \to 0}\dfrac{f(x)}{\phi(x)} = \lim\limits_{x \to 0}\dfrac{f^{(n)}(x)}{\phi^{(n)}(x)}$$

当 $\dfrac{f'}{\phi'} \to +\infty$ 时，相同的过程也可以证明 $\dfrac{f}{\phi} \to +\infty$。

如果我们希望从第 126 课时的中值定理来推导出（3），我们就必须要假设在 $x = 0$ 处，$f'(x)$ 和 $\phi'(x)$ 是连续的。因此就有

$$f(x) = xf'(\theta_1 x), \quad \phi(x) = x\phi'(\theta_2 x)$$

其中 θ_1 和 θ_2 落在 0 和 1 之间。因为 $f'(\theta_1 x) \to f'(0)$ 和 $\phi'(\theta_2 x) \to \phi'(0)$，由此就得出结论。

步骤（2）的优势可由下面例 58 的第 3 题指出，这里

$$f(x) = \tan x - x, \quad \phi(x) = x - \sin x$$

$f(0) = f'(0) = f''(0) = 0$，$\phi(0) = \phi'(0) = \phi''(0) = 0$，$f'''(0) = 2$，$\phi'''(0) = 1$，而（a）给出了极限 2。这个证明需要每个函数有三次求导。但是

$$\dfrac{f'(x)}{\phi'(x)} = \dfrac{\sec^2 x - 1}{1 - \cos x} = \sec^2 x (1 - \cos x) \to 2$$

我们可以用方法（b）更快得到结果。

本课时的定理有很多变形。例如，x 可以趋向于 a 或无穷，而不是 0；而且 $\dfrac{f}{\phi}$ 的无意义形式可以为 "$\dfrac{\infty}{\infty}$" 而不是 "$\dfrac{0}{0}$"。通常可以通过一些简单的替换把这些变形简化为标准形式。

例58

1. 如果 $f = x^2 \sin\dfrac{1}{x}$，$\phi = x$，则 $\dfrac{f}{\phi} \to 0$。这里

$$\dfrac{f'}{\phi'} = 2x\sin\dfrac{1}{x} - \cos\dfrac{1}{x}$$

当 $x \to 0$，它振荡。因此 $\dfrac{f}{\phi}$ 可能趋向于一个极限，而 $\dfrac{f'}{\phi'}$ 不趋向任何极限；所以

只是充分的，但不是必要的。

2. 求

$$\frac{x - (n + 1)x^{n+1} + nx^{n+2}}{(1-x)^2}$$

在 $x \to 1$ 时的极限。

3. 求

$$\frac{\tan x - x}{x - \sin x}, \quad \frac{\tan nx - n\tan x}{n\sin x - \sin nx}$$

在 $x \to 0$ 时的极限。

4. 当 $x \to 1$ 时，有 $\dfrac{1 - 4\sin^2 \frac{1}{6}\pi x}{1 - x^2} \to \dfrac{1}{6}\pi\sqrt{3}$ （《数学之旅》，1932）

5. 求 $x\left\{\sqrt{x^2 + a^2} - x\right\}$ 在 $x \to \infty$ 时的极限。 $\left[\text{令 } x = \dfrac{1}{y}\right]$

6. 证明：

$$\lim_{x \to n}(x - n)\csc x\pi = \frac{(-1)^n}{\pi}, \quad \lim_{x \to n}\frac{1}{x - n}\left\{\csc x\pi - \frac{(-1)^n}{(x - n)\pi}\right\} = \frac{(-1)^n\pi}{6}$$

n 为任意整数，并求出包含 $\cot x\pi$ 的对应极限。

7. 求出

$$\frac{1}{x^3}\left(\csc x - \frac{1}{x} - \frac{x}{6}\right), \quad \frac{1}{x^3}\left(\cot x - \frac{1}{x} + \frac{x}{3}\right)$$

在 $x \to 0$ 时的极限。

8. 当 $x \to 0$ 时，有

$$\frac{(\sin x \arcsin x - x^2)}{x^6} \to \frac{1}{18}, \quad \frac{(\tan x \arctan x - x^2)}{x^6} \to \frac{2}{9}$$

（155）C. 平面曲线的相切

如果该点在每一条曲线上，两条曲线被称之为相交于一点。如果在该点有相同的切线，它们被称之为在该点相切。

现在我们假设 $f(x)$，是两个函数，其在 $x = \xi$ 处拥有任意阶的导数，首先我们来考虑曲线 $y = f(x)$，$y = \phi(x)$。一般来说，$f(\xi)$ 与 $\phi(\xi)$ 不相等。在这种情形下横坐标 $x = \xi$ 并不对应于曲线中的交点。然而如果 $f(\xi) = \phi(\xi)$，则曲线相

交于点 $x = \xi$，$y = f(\xi) = \phi(\xi)$。为了使曲线在这一点相切，必要且充分条件为：在 $x = \xi$ 处的一阶导数 $f'(\xi)$，$\phi'(\xi)$ 也有相同值。

在这种情形下，可以从不同的角度来看待曲线的切线。在图 42 中，两条曲线在点 P 相切，且 QR 等于 $\phi(\xi+h) - f(\xi+h)$，由于

$$\phi(\xi) = f(\xi)，\phi'(\xi) = f'(\xi)$$

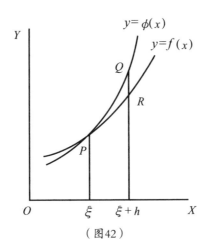

（图42）

所以 QR 也等于

$$\frac{1}{2} h^2 \{\phi''(\xi + \theta h) - f''(\xi + \theta h)\}$$

其中 θ 在 0 与 1 之间。因此当 $h \to 0$ 时，有

$$\lim \frac{QR}{h^2} = \frac{1}{2} \{\phi''(\xi) - f''(\xi)\}$$

换句话说，当曲线在横坐标为 ξ 的点处相切，它们在横坐标为 $\xi + h$ 的点处的纵坐标之差至少为 h 的二阶小量。

显然，QR 的小量的阶可以看作曲线相切接近程度的衡量。由此可以启发我们：如果 f 和 ϕ 在 $x = \xi$ 处的前 $n-1$ 阶导数有相等的值，则 QR 将会是 n 阶小量；读者也可以轻松证明这一结论为真，及

$$\lim \frac{QR}{h^n} = \frac{1}{n!} \{\phi^{(n)}(\xi) - f^{(n)}(\xi)\}$$

因此我们可以引出如下定义：

n 阶相切：如果 $f(\xi) = \phi(\xi)$，$f'(\xi) = \phi'(\xi)$，$\cdots$，$f^{(n)}(\xi) = \phi^{(n)}(\xi)$，但是

$f^{(n+1)}(\xi) \neq \phi^{(n+1)}(\xi)$，则曲线 $y = f(x)$，$y = \phi(x)$ 就被称为在横坐标为 ξ 的点有 n 阶相切。

之前的讨论使得 n 阶相切的概念取决于坐标轴的选取，且当曲线的切线平行于 y 轴时完全失去意义。我们可以取 y 为自变量，x 为因变量来处理这种情况。不过，更好的方式是将 x 和 y 都看作参数 t 的函数。这个理论可以在福勒的专著《平面曲线的基础积分几何》一书中找到，或参见瓦莱·普森的《课程分析》一书第 6 版，第 2 卷，第 372 页。

例59

1. 令 $\phi(x) = ax + b$，所以 $y = \phi(x)$ 是一条直线。在点 $x = \xi$ 相切的条件为 $f(\xi) = a\xi + b$ 以及 $f'(\xi) = a$。如果我们确定了 a 和 b 来满足这些方程，我们就可以得到 $a = f'(\xi)$，$b = f(\xi) - \xi f'(\xi)$，而 $y = f(x)$ 在点 $x = \xi$ 处切线的方程为

$$y = xf'(\xi) + \{f(\xi) - \xi f'(\xi)\}$$

也即

$$y - f(\xi) = (x - \xi)f'(\xi)$$

参见例 39 的第 5 题。

2. 直线与曲线简单相切的事实可以完全确定直线。为了使切线与直线有二阶相切，我们必须有 $f''(\xi) = \phi''(\xi)$，也即有 $f''(\xi) = 0$。在一个点曲线与其切线有二阶相切，则该点被称为拐点（point of inflection）。

3. 求出函数

$$3x^4 - 6x^3 + 1, \quad \frac{2x}{1+x^2}, \quad \sin x, \quad a\cos^2 x + b\sin^2 x, \quad \tan x, \quad \arctan x$$

图象中的拐点。

4. 证明：圆锥曲线 $ax^2 + 2hxy + by^2 + 2gx + 2fy + c = 0$ 不可能有拐点，除非它逐渐退化。〔这里

$$ax + hy + g + (hx + by + f)y_1 = 0$$

且

$$a + 2hy_1 + by_1^2 + (hx + by + f)y_2 = 0$$

下标表示求导阶数。因此在拐点有

$$a + 2hy_1 + by_1^2 = 0$$

或者说，有

$$a(hx + by + f)^2 - 2h(ax + hy + g)(hx + by + f) + b(ax + hy + g)^2 = 0$$

再或者说

$$(ab - h^2)\{ax^2 + 2hxy + by^2 + 2gx + 2fy\} + af^2 - 2fgh + bg^2 = 0$$

但是这与圆锥曲线的方程不一致，除非

$$af^2 - 2fgh + bg^2 = c(ab - h^2)$$

也就是 $abc + 2fgh - af^2 - bg^2 - ch^2 = 0$；而这正是圆锥曲线退化成两条直线的条件。〕

5. 曲线

$$y = \frac{ax^2 + 2bx + c}{\alpha x^2 + 2\beta x + \gamma}$$

有一个还是三个拐点，取决于方程

$$\alpha x^2 + 2\beta x + \gamma = 0$$

的根是实数还是复数。

〔通过改变原点（参见例 46 的第 15 题），该曲线的方程可以被简化为

$$\eta = \frac{\xi}{A\xi^2 + 2B\xi + C} = \frac{\xi}{A(\xi - p)(\xi - q)}$$

的形式，其中 p, q 是实数或共轭复数。拐点存在的条件为 $\xi^3 - 3pq\xi + pq(p + q) = 0$，而它有一个还是三个实数根，取决于 $\{pq(p - q)\}^2$ 是正是负，即取决于 p 和 q 是实数还是共轭复数。〕

6. 证明：当第 5 题中的曲线有三个拐点时，它们落在一条直线上。〔方程 $\xi^3 - 3pq\xi + pq(p + q) = 0$ 可以写成 $(\xi - p)(\xi - q)(\xi + p + q) + (p - q)^2\xi = 0$ 的形式，所以拐点落在直线 $\xi + A(p - q)^2\eta + p + q = 0$ 上，也就是

$$A\xi - 4(AC - B^2)\eta = 2B$$

上。〕

7. 求出曲线

$$54y = (x + 5)^2(x^3 - 10)$$

的拐点，并画出曲线在 $-6 < x < 3$ 内的草图。（《数学之旅》，1936）〔见例 46

的第 10 题。]

8. 曲线与圆相切，曲率[1]。圆

$$(x-a)^2 + (y-b)^2 = r^2 \tag{1}$$

与曲线 $y=f(x)$ 在点（ξ, η）处有二阶相切的条件为：y，y_1 和 y_2 在 $x=\xi$ 处有相同的值。

对于（1）求导两次，并令 $x=\xi$，我们得到

$$(\xi-a)^2 + (\eta-b)^2 = r^2, \ (\xi-a)+(\eta-b)\eta_1 = 0, \ 1+\eta_1^2+(\eta-b)\eta_2 = 0,$$

其中 η，η_1，η_2 指的是 $f(\xi)$，$f'(\xi)$，$f''(\xi)$。这些方程给出了

$$a = \xi - \frac{\eta_1(1+\eta_1^2)}{\eta_2}, \ b = \eta + \frac{1+\eta_1^2}{\eta_2}, \ r = \frac{(1+\eta_1^2)^{\frac{3}{2}}}{\eta_2}$$

在点（ξ, η）处，圆与曲线有而阶相切的圆称为曲率圆（circle of curvature），其半径为曲率半径（radius of curvature）。曲率的测量（measure of curvature），或者简称为曲率（curvature），为半径的倒数：因此曲率的测量为 $\eta_2(1+\eta_1^2)^{-\frac{3}{2}}$。

9. 证明：圆的曲率是常数，且等于其半径的倒数；并证明：圆是唯一的曲率恒定的曲线。

10. 求出圆锥曲线 $y^2=4ax$，$\left(\dfrac{x}{a}\right)^2 + \left(\dfrac{y}{b}\right)^2 = 1$ 在任意点的曲率中心和曲率半径。

11. 证明：一般意义上，一条圆锥曲线与曲线 $y=f(x)$ 在点 P 有四阶相切。

12. 有无穷多的圆锥曲线与曲线在点 P 有三阶相切。证明其中心都在一条直线上。

[取切线和法线作为轴。则该圆锥方程有形式 $2y=ax^2+2hxy+by^2$，当 x 很小时，y 的一个值（第五章，例题集第 24 题）可以表达为

$$y = \frac{1}{2}ax^2 + \frac{1}{2}ahx^3 + o(x^3)$$

此表达式等同于

$$y = \frac{1}{2}f''(0)\,x^2 + \frac{1}{6}f'''(0)x^3 + o(x^3)$$

---

[1] 关于曲率理论的更完整讨论可以在第155课时末尾引用福勒的专著中找到。

所以 $a = f''(0)$，$h = \dfrac{f'''(0)}{3f''(0)}$（例 51 的第 1 题）。中点也在直线 $ax + hy = 0$ 上。]

13. 圆锥曲线与椭圆 $\left(\dfrac{x}{a}\right)^2 + \left(\dfrac{y}{b}\right)^2 = 1$ 在点（$a\cos\alpha$，$b\sin\alpha$）处有三阶相切，

其中心的轨迹为 $\dfrac{x}{a\cos\alpha} = \dfrac{y}{b\sin\alpha}$。[因为该椭圆自身也是这样的一条圆锥曲线。]

（156）多变量函数的导数

到目前为止，我们只考虑了单一变量 x 的函数，但是我们也可以把求导的概念推广到多变量 x，y，…的函数中去。

假设 $f(x, y)$ 是两个实变量 x 和 y 的函数[1]，极限

$$\lim_{h \to 0} \frac{f(x+h, y) - f(x, y)}{h}, \quad \lim_{k \to 0} \frac{f(x, y+k) - f(x, y)}{k}$$

对于所有的 x 和 y 值都存在，即函数 $f(x, y)$ 对于 x 有导数 $\dfrac{\mathrm{d}f}{\mathrm{d}x}$ 或 $D_x f(x, y)$，

对于 y 有导数 $\dfrac{\mathrm{d}f}{\mathrm{d}x}$ 或者 $D_y f(x, y)$。通常称这些导数为 f 的偏微分系数（partial

differential coefficients），记为

$$\frac{\partial f}{\partial x}, \quad \frac{\partial f}{\partial y}$$

或者

$$f'_x(x, y), \quad f'_y(x, y)$$

或简记为 f'_x，f'_y 或 f_x，f_y。然而，读者切忌擅自假设这些新的概念中含有全新的想法：对于 x 的"偏微分"完全等同于原来的求导，在 f 中唯一的创新点在于：第二个变量 y 与 x 无关。

我们的定义提前假设了 x 和 y 相互独立。如果 x 和 y 相关，y 是 x 的一个函数

---

[1] 当我们考虑多变量函数时，只考虑双变量的情形就已足够。我们自然而然地将定理一般化到三个或多个变量中去。

$\phi(x)$，那么

$$f(x,y)=f\{x,\phi(x)\}$$

就是单一变量 x 的函数。并且如果 $x=\phi(t)$，$y=\psi(t)$，则 $f(x,y)$ 就是 t 的函数。

例60

1. 证明：如果 $x=r\cos\theta$，$y=r\sin\theta$，使得 $r=\sqrt{x^2+y^2}$，$\theta=\arctan\left(\dfrac{y}{x}\right)$ 则

$$\frac{\partial r}{\partial x}=\frac{x}{\sqrt{x^2+y^2}}，\quad \frac{\partial r}{\partial y}=-\frac{x}{\sqrt{x^2+y^2}}，\quad \frac{\partial\theta}{\partial x}=-\frac{y}{x^2+y^2}，\quad \frac{\partial\theta}{\partial y}=\frac{x}{x^2+y^2}$$

$$\frac{\partial x}{\partial r}=\cos\theta，\quad \frac{\partial y}{\partial r}=\sin\theta，\quad \frac{\partial x}{\partial\theta}=-r\sin\theta，\quad \frac{\partial y}{\partial\theta}=r\cos\theta$$

2. 请说明 $\dfrac{\partial r}{\partial x}\neq\dfrac{1}{\dfrac{\partial x}{\partial r}}$ 以及 $\dfrac{\partial\theta}{\partial x}\neq\dfrac{1}{\dfrac{\partial x}{\partial\theta}}$。 〔当我们考虑 y 作为单一变量 x 的函

数时，我们可以从定义中看出：$\dfrac{\mathrm{d}y}{\mathrm{d}x}$ 和 $\dfrac{\mathrm{d}x}{\mathrm{d}y}$ 互为倒数。而当我们处理双变量的函数

时，这个结论不再成立。在图 43 中，令 P 为点 (x,y) 或点 (r,θ)。为了求 $\dfrac{\partial r}{\partial x}$，

我们必须给 x 一个增量，比如增加 $MM_1=\delta x$，同时保持 y 恒定。这就将 P 移动到

P_1。如果我们沿着 OP_1 取 $OP'=OP$，则 r 的

增量为 $P'P_1=\delta r$，且 $\dfrac{\partial r}{\partial x}=\lim\left(\dfrac{\delta r}{\delta x}\right)$。

另一方面，如果我们要计算 $\dfrac{\partial x}{\partial r}$，现在 x 和

y 可以被看作 r 和 θ 的函数，我们必须给 r

一个增量 Δr，同时保持 θ 恒定。我们假设

这样将 P 移动到 P_2，并记 $PP_2=\Delta r$。对应

的 x 增量为 $MM_1=\Delta x$，且

$$\frac{\partial x}{\partial r}=\lim\frac{\Delta x}{\Delta r}$$

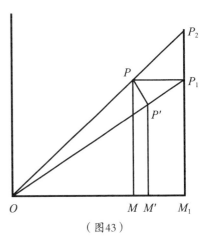

（图43）

现在 $\Delta x = \delta x$ [1]：但是 $\Delta r \neq \delta x$。的确，从图象中很容易看出

$$\lim \frac{\delta r}{\delta x} = \lim \frac{P'P_1}{PP_1} = \cos\theta$$

但是

$$\lim \frac{\Delta r}{\Delta x} = \lim \frac{PP_2}{PP_1} = \sec\theta$$

所以

$$\lim \frac{\delta r}{\Delta r} = \cos^2\theta \quad]$$

3. 证明：如果 $z = f(ax+by)$，则 $b\dfrac{\partial z}{\partial x} = a\dfrac{\partial z}{\partial y}$。

4. 当 $X+Y=x$，$Y=xy$ 时，求出 X_x，X_y，$\cdots$，将 x，y 表达为 X，Y 的函数，并求出 x_X，x_Y，$\cdots$

5. 当 $X+Y+Z=x$，$Y+Z=xy$，$Z=xyz$ 时，求出 X_x，$\cdots$，用 X，Y，Z 来表达 x，y，z，并求出 x_X，$\cdots$。

［我们可以将本课时的讨论推广到任意多个变量的函数中去。但是读者要注意：多变量的函数的偏微分这一概念只有当所有的自变量的值被指定时才是确定的。例如，如果 $u=x+y+z$，x，y 和 z 都是自变量，则 $u_x=1$。但是如果将 u 视为变量 x，$x+y=\eta$，$x+y+z=\zeta$ 的一个函数，所以 $u=\zeta$，从而 $u_x=0$。］

（157）双变量函数微分法

有一个关于单变量函数微分法的定理，一般称之为全微分系数定理（theorem of the total differential coefficient）。这个定理非常重要，且依赖于上一课时讨论的双变量函数的定义。此定理为我们提供了一个计算 $f\{\phi(t), \psi(t)\}$ 关于 t 求导的法则。

首先假设：$f(x, y)$ 是双变量 x 和 y 的函数，并且 f'_x，f'_y 对于此双变量（第

---

〔1〕当然，$\Delta x = \delta x$ 这一事实也仅仅对我们为 Δr 选定的特殊值（即 PP_2）才适用。任意其他选择都会对 Δx 和 Δr 给出的值与这里使用的值成比例。

108 课时）也是连续的。现在我们假设 x 和 y 的变化局限在曲线

$$x = \phi(t)\, , \quad y = \psi(t)$$

上的点 (x, y)，其中 ϕ 和 ψ 是 t 的有连续微分系数 $\phi'(t)$ 和 $\psi'(t)$ 的函数。则 $f(x, y)$ 可以简化为单一变量 t 的函数，比如 $F(t)$。这个问题就变为了确定 $F'(t)$。

假设当 t 变化到 $t + \tau$ 时，x 和 y 变化为 $x + \xi$ 和 $y + \eta$。则根据定义，有

$$\frac{\mathrm{d}F(t)}{\mathrm{d}t} = \lim_{\tau \to 0} \frac{1}{\tau}\big[f\{\phi(t+\tau), \psi(t+\tau)\} - f\{\phi(t), \psi(t)\} \big]$$

$$= \lim \frac{1}{\tau}\big\{ f(x+\xi, y+\eta) - f(x, y) \big\}$$

$$= \lim \left[\frac{f(x+\xi, y+\eta) - f(x, y+\eta)}{\xi}\frac{\xi}{\tau} + \frac{f(x, y+\eta) - f(x, y)}{\eta}\frac{\eta}{\tau} \right]$$

但是，根据中值定理，有

$$\frac{f(x+\xi, y+\eta) - f(x, y+\eta)}{\xi} = f'_x(x+\theta\xi, y+\eta)$$

$$\frac{f(x, y+\eta) - f(x, y)}{\eta} = f'_y(x, y+\theta'\eta)$$

其中每一个 θ 和 θ' 都在 0 和 1 之间。当 $\tau \to 0$ 时，有 $\xi \to 0$ 和 $\eta \to 0$，从而有 $\dfrac{\xi}{\tau} \to \phi'(t)$，$\dfrac{\eta}{\tau} \to \psi'(t)$。同时

$$f'_x(x+\theta\xi, y+\eta) \to f'_x(x, y)\quad f'_y(x, y+\theta'\eta) \to f'_y(x, y)$$

因此

$$F'(t) = D_t f\{\phi(t), \psi(t)\} = f'_x(x, y)\phi'(t) + f'_y(x, y)\psi'(t)$$

其中在对 x 和 y 求导后，令 $x = \phi(t)$，$y = \psi(t)$。这个结果也可以表达为

$$\frac{\mathrm{d}f}{\mathrm{d}t} = \frac{\partial f}{\partial x}\frac{\mathrm{d}x}{\mathrm{d}t} + \frac{\partial f}{\partial y}\frac{\mathrm{d}y}{\mathrm{d}t}$$

例61

1. 假设

$$\phi(t) = \frac{1 - t^2}{1 + t^2}\, , \quad \psi(t) = \frac{2t}{1 + t^2}$$

所以 (x, y) 的轨迹在圆 $x^2 + y^2 = 1$ 上。则

$$F'(t) = -\frac{4t}{(1+t^2)^2}f'_x + \frac{2(1-t^2)}{(1+t^2)^2}f'_y$$

其中 x 和 y 求导后令它们等于 $\dfrac{1-t^2}{1+t^2}$ 和 $\dfrac{2t}{1+t^2}$。

我们也可以在特定情形下来验证此公式。例如，假设 $f(x, y) = x^2 + y^2$。则 $f'_x = 2x$，$f'_y = 2y$，且

$$F'_t = 2x\phi'(t) + 2y\psi'(t) = 0$$

这是正确的，因为 $F(t) = 1$

2. 当 (a) $x = t^m$，$y = 1 - t^m$，$f(x, y) = x + y$；(b) $x = a\cos t$，$y = a\sin t$，$f(x, y) = x^2 + y^2$ 时，用相同的方式来验证定理。

3. 最重要的情形之一是：x 本身就是 t。则我们得到

$$D_x f\{x, \psi(x)\} = D_x f(x, y) + D_y f(x, y)\ \psi'(x)$$

其中 $\psi(x)$ 求导后可以替代 y。

正是在这种情况下，我们引入了概念 $\dfrac{\partial f}{\partial x}$，$\dfrac{\partial f}{\partial y}$。因为在函数 $D_x f\{x, \psi(x)\}$ 以及 $D_x f(x, y)$ 中的无论哪种情况，都会自然地使用符号 $\dfrac{\mathrm{d}f}{\mathrm{d}x}$，在其中一种情形中，在求导前令 $y = \psi(x)$，而在另一种情形，则是在求导后令 $y = \psi(x)$。例如，假设 $y = 1 - x$ 且 $f(x, y) = x + y$。则 $D_x f(x, 1 - x) = D_x 1 = 0$，但是 $D_x f(x, y) = 1$。

记第一个函数为 $\dfrac{\mathrm{d}f}{\mathrm{d}x}$，记第二个函数为 $\dfrac{\partial f}{\partial x}$，可以恰当地显现出这两个函数之间的区别如下形式

$$\frac{\mathrm{d}f}{\mathrm{d}x} = \frac{\partial f}{\partial x} + \frac{\partial f}{\partial y}\frac{\mathrm{d}y}{\mathrm{d}x}$$

尽管这个表达式也遭反驳（理由是表达 $f\{x, \psi(x)\}$ 和 $f(x, y)$ 时有些误导：其作为 x 的函数的形式是不同的，尽管在 $\dfrac{\mathrm{d}f}{\mathrm{d}x}$ 和 $\dfrac{\partial f}{\partial x}$ 中都有相同的字母 f）。

4. 如果在 $x = \phi(t)$ 和 $y = \psi(t)$ 之间消去 t 的结果为 $f(x, y) = 0$，则

$$\frac{\partial f}{\partial x}\frac{\mathrm{d}x}{\mathrm{d}t} + \frac{\partial f}{\partial y}\frac{\mathrm{d}y}{\mathrm{d}t} = 0$$

5. 如果 x 和 y 都是 t 的函数，r 和 θ 是 (x, y) 的极坐标，则 $r' = \dfrac{(xx' + yy')}{r}$，

$$\theta' = \frac{(xy' - yx')}{r^2}，$$ 其中的撇号表示关于 t 求导。

（158）双变量函数微分法（续）

根据第108课时的讨论，我们已经假设了 f'_x 和 f'_y 是双变量 x 和 y 的连续函数。仅仅假设它们对所有的 x 和 y 都存在是不充分的。

事实上，仅从 f'_x 和 f'_y 的存在性并不能推导出什么结论来；我们甚至不能推导出 f 是连续的。例如，考虑在第108课时作为例子用到的函数，当 $x \neq 0, y \neq 0$ 时，它定义为

$$f(x, y) = \frac{2xy}{x^2 + y^2}$$

而当 x 和 y 中至少有一个为 0 时 $f = 0$。则

$$f'_x(x, y) = -\frac{2y(x^2 - y^2)}{(x^2 + y^2)^2}，\quad f'_y(x, y) = \frac{2x(x^2 - y^2)}{(x^2 + y^2)^2}$$

在除原点外的所有点都成立。又有

$$f'_x(0, 0) = \lim_{h \to 0} \frac{f(h,0) - f(0,0)}{h} = \lim_{h \to 0} \frac{0}{h} = 0$$

相似的，$f'_y(0, 0) = 0$。因此 f'_x 和 f'_y 对于所有的 x 和 y 都存在；但是（正如我们在第 108 课时中看到的）f 在原点处不连续。

当 $x \neq 0, y \neq 0$ 时，函数定义为

$$f(x, y) = \frac{2xy}{x^2 + y^2}(x + y)$$

而当 $x = 0$ 或者 $y = 0$ 时函数定义为 $f = 0$，在包括原点在内的每一点都连续；在原点处还有

$$f'_x(0, 0) = f'_y(0, 0) = 0。$$

现在假设 $x = y = t$。则有 $F(t) = f(t, t) = 2t$，且 $F'(0) = 2$；但是当 $t = 0$ 时，有

$$f'_x \frac{dx}{dt} + f'_y \frac{dy}{dt} = 0.1 + 0.1 = 0$$

所以上一课时的结论不成立。

接下来假设出现的所有的导函数都是连续的。

（159）双变量函数的中值定理

上一章的很多结果都依赖于中值定理

$$f(x+h)-f(x)=hf'(x+\theta h)$$

我们也可以将其写作

$$\delta y = f'(x+\theta\delta x)\delta x$$

其中 $y=f(x)$。我们现在可以假设 $z=f(x,y)$ 是两个自变量 x 和 y 的函数，又 x 和 y 分别有增量 h, k，即 δx，δy；则相应的 z 的增量为

$$\delta z = f(x+h,\ y+k)-f(x,y)$$

用 h, k 以及 z 关于 x 和 y 的导数来表示。

令 $f(x+ht,\ y+kt)=F(t)$。则

$$f(x+h,\ y+k)-f(x,y)=F(1)-F(0)=F'(\theta)$$

其中 $0<\theta<1$。但是根据第 157 课时，有

$$F'(t)=D_t f(x+ht,\ y+kt)=hf'_x(x+ht,\ y+kt)+kf'_y(x+ht,\ y+kt)$$

因此最终有

$$\delta z = f(x+h,\ y+k)-f(x,y)=hf'_x(x+\theta h,\ y+\theta k)+kf'_y(x+\theta h,\ y+\theta k)$$

这也就是所求的公式。既然 f'_x，f'_y 是 x 和 y 的连续函数，我们就有

$$f'_x(x+\theta h,\ y+\theta k)=f'_x(x,\ y)+\varepsilon_{h,k}$$

$$f'_y(x+\theta h,\ y+\theta k)=f'_y(x,\ y)+\eta_{h,k}$$

其中，当 h 和 k 趋向于 0 时，$\varepsilon_{h,k}$ 和 $\eta_{h,k}$ 也趋向于 0。因此该定理可以写作

$$\delta z = (f'_x+\varepsilon)\delta x+(f'_y+\eta)\delta y \tag{1}$$

其中，当 δx 和 δy 很小时，ε 和 η 也很小。

等式（1）中所蕴含的结果也可以表达为公式

$$\delta z = f'_x\delta x + f'_y\delta y$$

近似成立；也就是说：这个等式两边的差值比 δx 和 δy 之间的较大者小[1]。我们

---

[1] 或者说 $|\delta x|+|\delta y|$ 或 $\sqrt{\delta x^2+\delta y^2}$ 相比较。

一定要说"δx 和 δy 之间的较大者"，这是因为二者中的一个可能比另一个小；事实上，的确可能有 $\delta x = 0$ 或 $\delta y = 0$ 的情况出现。

如果任意形如 $\delta z = \lambda \delta x + \mu \delta y$ 的等式"近似成立"的，则有 $\lambda = f'_x$，$\mu = f'_y$。因为

$$\delta z - f'_x \delta x - f'_y \delta y = \varepsilon \delta x + \eta \delta y ,\quad \delta z - \lambda \delta x - \mu \delta y = \varepsilon' \delta x + \eta' \delta y$$

其中，当 δx 和 δy 都趋向于 0 时，$\varepsilon, \eta, \varepsilon', \eta'$ 都趋向于 0；所以

$$(\lambda - f'_x)\delta x + (\mu - f'_y)\delta y = \rho \delta x + \sigma \delta y$$

其中，ρ 和 σ 都趋向于 0。因此，如果 ζ 是任意指定正数，我们可以选择 ω 使得对 δx 和 δy 的绝对值小于 ω 的所有的值，都有

$$|(\lambda - f'_x)\delta x + (\mu - f'_y)\delta y| < \zeta(|\delta x| + |\delta y|)$$

取 $\delta y = 0$ 即可得到 $|(\lambda - f'_x)\delta x| < \zeta|\delta x|$，也就是 $|\lambda - f'_x| < \zeta$。对于任意 ζ，当且仅当 $\lambda = f'_x$ 时才成立。相似地，有 $\mu = f'_y$。

我们需要证明：如果 f'_x 和 f'_y 连续，则（1）成立，但是这个条件也不完全需要。例如，假设 $\phi(x, y)$ 是 x 和 y 的任意连续函数，且

$$z = f(x, y) = (x+y)\phi(x, y)$$

则

$$f'_x(0, 0) = \lim \frac{h\phi(h, 0)}{h} = \phi(0, 0)$$

相似地，有 $f'_y(0, 0) = \phi(x, y)$；显然

$$z = \{\phi(0, 0) + \varepsilon\}x + \{\phi(0, 0) + \eta\}y$$

其中 ε 和 η 随着 x 和 y 趋向于 0。这与（1）等价，即对应于 $x = y = 0$。但是我们并没有假设 $\phi(x, y)$ 对于 x 或 y 可导，且除了原点外 f'_x 和 f'_y 在任何其他点处存在。

方程（1）有时也视作"双变量的微分方程"的定义；如果

$$f(x+h, y+k) - f(x, y) = (A + \varepsilon)h + (B + \eta)k$$

则 $f(x, y)$ 被称为在点 (x, y) 处可导，其中 A 和 B 只取决于 x 和 y，当 h 和 k 趋向于 0 时，ε 和 η 也趋向于 0。如果在此区域内的所有点都可导则称之为在此区域内可导。此时 f'_x 和 f'_y 存在且等于 A 和 B，但也并不需要连续。此假设是介于较弱假设"f'_x 和 f'_y 存在"和较强假设"f'_x 和 f'_y 连续"之间的中间假设。这个定义有很多优势，但是对于我们来说，目前关于连续性的假设也足够了。见威

廉・亨利・杨的《微分计算的基础定理》，剑桥数学出版社，第11卷以及德拉瓦雷・普桑所著的《课程分析》，第6版，卷2，第3章。

（160）微分

在微积分的应用中，特别是几何应用中，最方便的往往并不是像第159课时的公式（1）那样，用 δx，δy，δz 作为 x，y，z 的函数，而是根据它们的微分 dx，dy，dz。

让我们回过头来考虑单变量 x 的函数 $y=f(x)$。如果 f 可导，则

$$\delta y = \{f'(x) + \varepsilon\}\delta x \tag{1}$$

其中 ε 随着 δx 一起趋向于 0。等式

$$\delta y = f'(x)\delta x \tag{2}$$

也"近似"成立。

直到目前，我们并没有赋予单独的符号 dy 以任何意义。我们现在定义

$$dy = f'(x)\delta x \tag{3}$$

如果我们选择特殊函数 x 作为 y，则可得

$$dx = \delta x \tag{4}$$

所以

$$dy = f'(x)dx \tag{5}$$

如果将方程（5）的两边同时除以 dx，从而得到

$$\frac{dy}{dx} = f'(x) \tag{6}$$

其中 $\dfrac{dy}{dx}$ 到现在为止并不表示 y 的微分系数，而表示微分 dy，dx 的商。符号 $\dfrac{dy}{dx}$ 因此就获得了双重意义；但其中并没有不方便之处，因为无论我们选择哪种意义，（6）总是成立。

现在我们转向与两个自变量 x 和 y 的函数 z 相关的定义。我们定义 dz 为

$$dz = f'_x \delta x + f'_y \delta y \tag{7}$$

依次取 $z=x$ 以及 $z=y$，我们得到

$$dx = \delta x \quad , \quad dy = \delta y \tag{8}$$

从而

$$dz = f'_x \, dx + f'_y \, dy \tag{9}$$

这是对应于第 159 课时的方程（1）近似公式的精确公式。

等式（9）的一个性质值得注意。在第 157 课时我们看到，如果 $z = f(x, y)$，x 和 y 就不是互相独立的，而是一个单一变量 t 的函数，使得 z 也是 t 的函数，则

$$\frac{dz}{dt} = \frac{\partial f}{\partial x}\frac{dx}{dt} + \frac{\partial f}{\partial y}\frac{dy}{dt}$$

用 dt 来乘以这个方程，我们观察到

$$dx = \frac{dx}{dt}dt \, , \quad dy = \frac{dy}{dt}dt \, , \quad dz = \frac{dz}{dt}dt$$

从而得到

$$dz = f'_x dx + f'_y dy$$

它与（9）有相同的形式。因此，无论 x 和 y 是否为独立变量，用 dx 和 dy 来表示 dz 的公式总是相同的。这个符号在应用中特别重要。

我们也应该观察到，如果 z 是两个独立变量 x 和 y 的函数，且有

$$dz = \lambda dx + \mu dy$$

则 $\lambda = f'_x$，$\mu = f'_y$。这可以从第 159 课时中得出。

显然，前三课时的定理和定义可以推广到任意数量变量的函数中去。微分的概念具有技术优势，特别是在几何方面。

例62

1. 一个椭圆的面积为 A，且 a，b 为其半轴长。证明：

$$\frac{dA}{A} = \frac{da}{a} + \frac{db}{b}$$

2. 将三角形 ABC 的面积 $\varDelta$ 表达为函数（i）a，B，C，（ii）A，b，c，（iii）a，b，c，并建立公式

$$\frac{d\varDelta}{\varDelta} = 2\frac{da}{a} + \frac{cdB}{a\sin B} + \frac{bdC}{a\sin C}$$

$$\frac{d\varDelta}{\varDelta} = \cot A dA + \frac{db}{b} + \frac{dc}{c}$$

$$d\varDelta = R(\cos A da + \cos B db + \cos C dc)$$

其中 R 是其外接圆的半径。

3. 在三角形的面积保持恒定的前提下，边长不断变化，使得 a 可以被看作是 b 和 c 的函数。证明：

$$\frac{\partial a}{\partial b} = -\frac{\cos B}{\cos A}, \quad \frac{\partial a}{\partial c} = -\frac{\cos C}{\cos A}$$

$\Big[$ 从公式 $da = \frac{\partial a}{\partial b} \, db \, db + \frac{\partial a}{\partial c} dc$, $\cos A \, da + \cos B \, db + \cos C \, dc = 0$ 中可以推出。$\Big]$

4. 如果 a, b, c 变化但 R 恒定，则

$$\frac{da}{\cos A} + \frac{db}{\cos B} + \frac{dc}{\cos C} = 0$$

所以有

$$\frac{\partial a}{\partial b} = -\frac{\cos A}{\cos B}, \quad \frac{\partial a}{\partial c} = -\frac{\cos A}{\cos C}$$

$\big[$ 使用公式 $a = 2R \sin A$, $\cdots$, 以及 R 和 $A + B + C$ 恒定这一事实。$\big]$

5. 如果 z 是 u 和 v 的函数，而 u 和 v 是 x 和 y 的函数，则

$$\frac{\partial z}{\partial x} = \frac{\partial z}{\partial u} \frac{\partial u}{\partial x} + \frac{\partial z}{\partial v} \frac{\partial v}{\partial x}$$

$$\frac{\partial z}{\partial y} = \frac{\partial z}{\partial u} \frac{\partial u}{\partial y} + \frac{\partial z}{\partial v} \frac{\partial v}{\partial y}$$

$\Big[$ 我们有

$$dz = \frac{\partial z}{\partial u} \, du + \frac{\partial z}{\partial v} dv, \quad du = \frac{\partial u}{\partial x} dx + \frac{\partial u}{\partial y} dy, \quad dv = \frac{\partial v}{\partial x} dx + \frac{\partial v}{\partial y} dy$$

在第一个等式中代入 du 和 dv，并将结果与等式

$$dz = \frac{\partial z}{\partial x} \, dx + \frac{\partial z}{\partial y} dy$$

作对比。$\Big]$

6. 如果 $ur \cos \theta = 1$, $\tan \theta = v$, 且 $F(r, \theta) = G(u, v)$, 则

$$rF_r = -uG_u, \quad F_\theta = uvG_u + (1 + v^2) G_v \quad (《数学之旅》, 1932)$$

7. 设 z 是 x 和 y 的函数，定义 X, Y, Z 的方程分别为

$$x = a_1 X + b_1 Y + c_1 Z, \ y = a_2 X + b_2 Y + c_2 Z, \ z = a_3 X + b_3 Y + c_3 Z$$

则 Z 可以表示成 X 和 Y 的函数。用 z_x, z_y 来表示 Z_X, Z_Y。$\big[$ 用 P, Q 和 p, q 来表

示这些微分系数。则有 $dz - pdx - qdy = 0$，或者

$$(c_1 p + c_2 q - c_3) dZ + (a_1 p + a_2 q - a_3) dX + (b_1 p + b_2 q - b_3) dY = 0$$

将此等式与 $dZ - PdX - QdY = 0$ 相比较，我们就看出

$$P = -\frac{a_1 p + a_2 q - a_3}{c_1 p + c_2 q - c_3}, \quad Q = -\frac{b_1 p + b_2 q - b_3}{c_1 p + c_2 q - c_3} \quad]$$

8. 如果

$$(a_1 x + b_1 y + c_1 z) p + (a_2 x + b_2 y + c_2 z) q = a_3 x + b_3 y + c_3 z$$

则

$$(a_1 X + b_1 Y + c_1 Z) P + (a_2 X + b_2 Y + c_2 Z) Q = a_3 X + b_3 Y + c_3 Z \quad (《数学之旅》,$$
1899)

9. 隐函数的微分法。假设 $f (x , y)$ 及其导数 f'_x 和 f'_y 在点 (a , b) 的邻域内都是连续的，且

$$f (a , b) = 0, \quad f'_b (a , b) \neq 0$$

则我们可以找到 (a , b) 的一个邻域，使得在此区间内 $f'_y (x , y)$ 总有相同的符号。例如，设 $f'_y (x , y)$ 在接近 (a , b) 时是正的。那么，对于足够接近 a 的任意 x 值，以及足够接近 b 的任意 y 值，$f (x , y)$ 都是 y 的递增函数（在第 95 课时的严格意义下）。并根据第 109 课时的定理推出：存在唯一的连续函数 y，当 $x = a$ 时取值为 b，并且对于所有接近于 a 的 x 值都满足 $f (x , y) = 0$。

如果 $f (x , y) = 0$, $x = a + h$, $y = b + k$, 则

$$0 = f (x , y) - f (a , b) = (f'_a + \varepsilon) h + (f'_b + \eta) k$$

其中 ε 和 η 随着 h 和 k 趋向于 0。因此

$$\frac{k}{h} = -\frac{f'_a + \varepsilon}{f'_b + \eta} \rightarrow -\frac{f'_a}{f'_b}$$

也就是

$$\frac{dy}{dx} = -\frac{f'_a}{f'_b}$$

10. 曲线 $f (x , y) = 0$ 在点 (x_0 , y_0) 处的切线方程为

$$(x - x_0) f'_x (x_0 , y_0) + (y - y_0) f'_y (x_0 , y_0) = 0$$

11. 在方程 $y = f (x , u)$ 和 $z = \phi (x , u)$ 中消去 u 的结果可以表示为

$z = F(x, y)$。证明:

$$F_x = \frac{f_u \phi_x - f_x \phi_u}{f_u}, \quad F_y = \frac{\phi_u}{f_u} \quad (《数学之旅》,1933)$$

12. 最大值与最小值。我们可以改变第 123 课时的定义,重新定义双变量函数的最大值与最小值。显然,如果 (a, b) 给出了 $f(x, y)$ 的一个最大值,使得 f'_x 在 (a, b) 上取值为 0。相似地,f'_y 在该点取值也为 0,从而

$$f'_x = 0, \quad f'_y = 0$$

或者说(等同于)

$$\mathrm{d}f = 0$$

是取最大值或最小值的必要条件。求充分条件的问题更复杂,我们在此不作考虑。

13. 如果 y 定义为 x 的函数 $g(x, y) = 0$,且 $f(x, y)$ 在一个点处有一个最大值,则(由于无论变量独立与否,微分的公式总是一样的)在最大值处有 $\mathrm{d}f = 0$,而对于所有的 x,y 都有 $\mathrm{d}g = 0$。换句话说,只要 $g'_x \mathrm{d}x + g'_y \mathrm{d}y = 0$,就有 $f'_x \mathrm{d}x + f'_y \mathrm{d}y = 0$;所以

$$\frac{f'_x}{g'_x} = \frac{f'_y}{g'_y} \tag{1}$$

如果 g'_x 或 g'_y 取值为 0,则(1)可以解释为对应的 f'_x 或 f'_y 取值为 0。

相似地,如果 z 由 $g(x, y, z) = 0$ 定义,且 $f(x, y, z)$ 有最大值,则

$$\frac{f'_x}{g'_x} = \frac{f'_y}{g'_y} = \frac{f'_z}{g'_z}$$

14. 如果 α,β,γ 为正,A,B,C 为三角形的内角,且 $\sin^\alpha A \sin^\beta B \sin^\gamma C$ 为最大值,则

$$\tan^2 A = \frac{\alpha(\alpha + \beta + \gamma)}{\beta\gamma}, \quad \tan^2 B = \frac{\beta(\alpha + \beta + \gamma)}{\gamma\alpha}, \quad \tan^2 C = \frac{\gamma(\alpha + \beta + \gamma)}{\alpha\beta}$$

(161)定积分和面积计算

在第 148 课时中,我们曾假设:如果 $f(x)$ 是 x 的连续函数,且 $P_1 P$ 是 $y = f(x)$ 图象中的一段弧,则由 $P_1 P$,纵坐标线段 $P_1 N_1$ 与 PN,以及 x 轴上的线段 $N_1 N$ 组成的区域即为我们所说的面积。显然,如果 $ON = x$,且随着 x 的变化,此面积即为 x 的函数,将其表示为 $F(x)$。

如此一来，我们在第 148 课时中证明了 $F'_x = f(x)$，并且也证明了这个结果可以被用在特殊曲线的面积计算中。但是我们仍然要证明这个基本假设，即证明存在这样的数表示为面积 $F(x)$。

我们已经知道了长方形的面积是由边长的乘积来度量的。同时三角形、平行四边形和多边形的性质使我们能够为这些图形的面积赋予意义。但是目前我们还不知道曲线包围的面积是什么。现在我们将给出 $F(x)$ 的定义，使我们能够证明其存在。

我们假设 $f(x)$ 在区间 (a, b) 上连续，通过点 x_0，x_1，x_2，$\cdots$，x_n 来将此区间分为若干子区间，其中

$$a = x_0 < x_1 < \cdots < x_{n-1} < x_n = b$$

我们用 $\delta_v (x_v, x_{v+1})$，用 m_v 来表示 $f(x)$ 在此区间上的下边界，写作

$$s = m_0 \delta_0 + m_1 \delta_1 + \cdots + m_{n-1} \delta_{n-1} = \sum M_v \delta_v$$

显然，如果 M 是 $f(x)$ 在 (a, b) 上的上边界，则 $s \leqslant M(b-a)$。因此，用第 103 课时的语言来说，所有 s 值组成的集合有上边界，表示为 j。s 中没有一个数值能大于 j，但也有 s 中的一些数值比任意小于 j 的数都要大。

相同地，如果 M_v 是 $f(x)$ 在 δ_v 上的上边界，我们就可以定义其和式

$$S = \sum M_v \delta_v$$

显然，如果 m 是 $f(x)$ 在 (a, b) 上的下边界，则 $S \geqslant m(b-a)$ 所有 S 的数值集合有下边界，表示为 J。S 中没有数值会小于 J，但是 S 中也有一些数值比任意大于 J 的数都要小。

如果我们注意到，在 $f(x)$ 从 $x=a$ 到 $x=b$ 持续递增的情况下，$m_v = f(x_v)$，$M_v = f(x_{v+1})$，则我们就能更加清楚和式 s 和 S 的意义。在这种情况下 s 为下图 44 中阴影长方形的面积之和，S 为粗线所包围的面积。一般情形下，s 和 S 依然是长方形组成的面积，分别代表着定义面积的曲线区域内部以及此曲线区域包含在其内部。现在我们来证明：s 中没有一个和能大于 S 中的任意和。设 s，S 为一种分法所对应的和，而 s'，S' 为另一种分法所对应的和。我们需要证明：$s \leqslant S'$，$s' \leqslant S'$，成立。

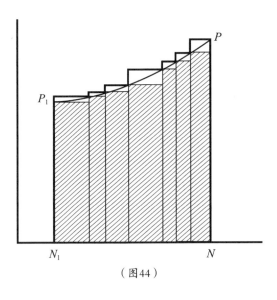

（图44）

将产生和式 s, S 以及产生和式 s', S' 的所有分点放在一起作出区间的第三个分法。令 $\mathbf{s}$, $\mathbf{S}$ 为第三种分法对应的和式。那么很容易看出

$$\mathbf{s} \geqslant s, \mathbf{s} \geqslant s', \mathbf{S} \leqslant S, \mathbf{S} \leqslant S' \tag{1}$$

例如，$\mathbf{s}$ 和 s 的差异在于，至少一个区间 δ_v，出现在 s 中，并且将 s 分成了若干更小的区间

$$\delta_{v,1}, \ \delta_{v,2}, \ \cdots, \ \delta_{v,p}$$

这就使得 s 中的一项 $m_v \delta_v$ 由 $\mathbf{s}$ 中的一个和

$$m_{v,1} \delta_{v,1} + m_{v,2} \delta_{v,2} + \cdots m_{v,p} \delta_{v,p}$$

所取代，其中 $m_{v,1}$, $m_{v,2}$, $\cdots$ 是 $f(x)$ 在 $\delta_{v,1} \ \delta_{v,2}$, $\cdots$ 中的下边界。但是显然 $m_{v,1} \geqslant m_v$, $m_{v,2} \geqslant m_v$, $\cdots$ 所以刚才所写的和式不小于 $m_v \delta_v$。从而 $\mathbf{s} \geqslant s$；（1）中的另一个不等式也可以用相同的方式来建立。但是，既然 $\mathbf{s} \leqslant \mathbf{S}$，由此可得

$$s \leqslant \mathbf{s} \leqslant \mathbf{S} \leqslant S'$$

即为所证。

还可以推出 $j \leqslant J$ 因为我们可以求得一个尽可能接近于 j 的 s 以及一个尽可能接近于 J 的 S[1]，所以 $j > J$ 也就会包括一个 s 和一个 S，使得 $s > S$。

目前我们还没有用到 $f(x)$ 是连续的这一事实。现在我们将证明 $j = J$，且当分点 xv 无限加倍使得所有区间 δ_v 的长度都倾向于 0 时。s 和 S 都倾向于极限 J。更准确地说，我们要证明：给定任意正数 ε，我们都可以求得 δ，使得只要对于所有的 v 值，都有 $\delta_v < \delta$，就有

$$0 \leqslant J - s < \varepsilon, \ 0 \leqslant S - J < \varepsilon$$

---

〔1〕一般意义上，这里的 s 和 S 也并不对应着区间的同一个分法。

根据第 107 课时的定理 2，存在一个数 δ 使得只要每一个 δ_ν 都小于 δ，就有

$$M_\nu - m_\nu < \frac{\varepsilon}{(b-a)}$$

因此

$$S - s = \sum (M_\nu - m_\nu) \delta_\nu < \varepsilon$$

但是

$$S - s = (S - J) + (J - j) + (j - s)$$

右边的三项都为正（或等于 0），因此也都小于 ε。由于 $J - j$ 是常数，所以它必定为 0。因此 $j = J$，且 $0 \leq j - s < \varepsilon$，$0 \leq S - J < \varepsilon$，即为所证。

我们将面积 $N_1 NPP_1$ 定义为 s 和 S 的共同极限，即 J。很容易给予这个定义以更一般的形式。考虑和

$$\sigma = \sum f_\nu \delta_\nu$$

其中 f_ν 表示 $f(x)$ 在 δ_ν 中任意点处。则显然 σ 在 s 和 S 之间，因此当区间 δ_ν 倾向于 0 时也倾向于极限 J。如此一来，我们就可以将此面积定义为 σ 的极限。

（162）定积分

现在我们假设 $f(x)$ 是连续函数，使得曲线 $y = f(x)$，坐标 $x = a$ 和 $x = b$，以及 x 轴之间包围的区域有一个确定的面积。我们在第六章第 148 课时中证明过：如果 $F(x)$ 是 $f(x)$ 的"积分函数"，也就是如果

$$F'(x) = f(x) , \quad F(x) = \int f(x) \mathrm{d}x$$

则所求面积为 $F(b) - F(a)$。

由于确定 $F(x)$ 的形式并不总是可行的，所以我们须要确定一个公式代表面积 $N_1 NPP_1$，又不明显地提及 $F(x)$。我们可以记

$$(N_1 NPP_1) = \int_a^b f(x) \mathrm{d}x$$

此等式右边的表达式可以看作两种定义式之一。我们也可以简单地将其看作 $F(b) - F(a)$ 的缩写，其中 $F(x)$ 是 $f(x)$ 的某个积分函数，无论此公式是否已知；我们也可以将其看作在第 161 课时直接定义的面积 $N_1 NPP_1$ 的值。

数字

$$\int_a^b f(x)\mathrm{d}x$$

被称之为定积分（definite integral）；a 和 b 被称为下极限和上极限；$f(x)$ 被称为积分对象（subject of integration）或被积函数（integrand）；区间（a，b）被称为积分范围（range of integration）。定积分只取决于 a，b 以及函数 $f(x)$，并且它不是 x 的函数。另外，积分函数

$$F(x)=\int f(x)\mathrm{d}x$$

有时也被称作 $f(x)$ 的不定积分（indefinite integral）。

定积分和不定积分的区别仅仅是观点上的不同。定积分 $\int_a^b f(x)\mathrm{d}x = F(b) - F(a)$ 是 b 的一个函数，它也可以被看做是 $f(b)$ 的一个特殊积分函数。另一方面，不定积分 $F(x)$ 也总可以表达成定积分的形式，因为

$$F(x)=F(a)+\int_a^x f(t)\mathrm{d}t$$

但是当我们考虑"不定积分"或者"积分函数"时，我们通常会考虑两函数之间的关系，因为一个函数往往是另一个函数的导数；当我们考虑"定积分"时，我们并不关心积分极限任何可能的变化。

我们应该注意到：积分 $\int_a^x f(t)\mathrm{d}x$，有微分系数 $f(x)$，当然它也是 x 的连续函数。

由于 $\dfrac{1}{x}$ 对于所有的 x 正值都是连续的，所以本节的讨论就给我们提供了函数 $\log x$ 存在的证明，在 131 课时我们仅仅是假设它的存在而已。

（163）圆的扇形面积，三角函数

正如基础三角函数的课本中介绍的那样，三角函数 $\cos x$，$\sin x$ 等的理论还依赖一个未加证明的假设。一个角是由两条直线 OA，OP 所组成的；也不难将此"几何"定义转化为纯分析的语言。下一阶段是假设，我们假设角度可以测量，也就是说，对此图形有一个实数与之相关联，恰如第 148 课时中的区域有一个实数 x

与角的结构相关联一样。一旦接受了这点，
$\cos x$ 和 $\sin x$ 就可以用原来的方式来定义，
在阐述这种理论时也就没有理论困难了。
于是整个难题就落到了：在 $\cos x$ 和 $\sin x$ 中
的 x 到底代表着什么。为了回答这个问题，
我们要定义角度的测量，我们现在就可以
这么做了。最自然地定义为：设 AP 是一
个圆的圆弧，其圆心为 O，半径为 1（见
图 45），使得 $OA = OP = 1$。则这个角的测

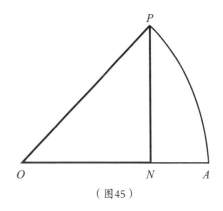

（图45）

度 x 即是弧 AP 的长度。这是课本中对于"圆的测量"所采用的定义。然后，目
前它有一个致命缺陷，因为我们还没有证明曲线甚至圆的弧是有长度的。曲线的
长度和曲线的面积一样可以作精确的数学分析；但是这种分析虽然同之前的讨论
一样有一般性特征，却也是更困难的，在这里我们也不可能给出任何一般性处理。

因此我们必须从面积，而不是长度来给出定义。我们将角 AOP 的测度定义
为单位圆的扇形 AOP 的面积的两倍。

特别地，假设 OA 是 $y = 0$，OP 则是 $y = mx$，其中 $m > 0$。此面积为 m 的函数，
我们记为 $\phi(m)$。点 P 为（$\mu, m\mu$），其中

$$\mu = \frac{1}{\sqrt{1+m^2}} \ , \quad \sqrt{1-\mu^2} = \frac{m}{\sqrt{1+m^2}} \ , \quad m = \frac{\sqrt{1-\mu^2}}{\mu}$$

且

$$\phi(m) = \frac{1}{2} m\mu^2 + \int_{\mu}^{1} \sqrt{1-x^2}\,\mathrm{d}x = \frac{1}{2} \mu\sqrt{1-\mu^2} + \int_{\mu}^{1} \sqrt{1-x^2}\,\mathrm{d}x$$

因此

$$\frac{\mathrm{d}\phi}{\mathrm{d}\mu} = \frac{1}{2}\sqrt{1-\mu^2} - \frac{\mu^2}{2\sqrt{1-\mu^2}} - \sqrt{1-\mu^2} = -\frac{1}{2\sqrt{1-\mu^2}}$$

$$\frac{\mathrm{d}\phi}{\mathrm{d}m} = \frac{\mathrm{d}\phi}{\mathrm{d}\mu}\frac{\mathrm{d}\mu}{\mathrm{d}m} = \frac{1}{2\sqrt{1-\mu^2}}\frac{m}{(1+m^2)^{\frac{3}{2}}} = \frac{1}{2(1+m^2)}$$

所以

$$\phi(m) = \frac{1}{2}\int_{0}^{m} \frac{\mathrm{d}t}{1+t^2}$$

因此我们的定义的等价物就是用

$$\arctan m = \int_0^m \frac{\mathrm{d}t}{1+t^2}$$

来定义 arc tan m。三角函数的理论将从第 9 章一开始就发挥它的作用。

例63 利用不定积分来计算定积分

1. 证明：如果 $b > a \geqslant 0$，$n > -1$ 则

$$\int_a^b x^n \mathrm{d}x = \frac{b^{n+1} - a^{n+1}}{n+1}$$

2. $\displaystyle\int_a^b \cos mx \ \mathrm{d}x = \frac{\sin mb - \sin ma}{m}$；$\displaystyle\int_a^b \sin mx \ \mathrm{d}x = \frac{\cos ma - \cos mb}{m}$

3. $\displaystyle\int_a^b \frac{\mathrm{d}x}{1+x^2} = \arctan b - \arctan a$；$\displaystyle\int_0^1 \frac{\mathrm{d}x}{1+x^2} = \frac{1}{4}\pi$

　[由于 arc tan x 是一个多值函数，所以这引起了明显的难题。此难题可以避免，因为等式

$$\int_0^x \frac{\mathrm{d}t}{1+t^2} = \arctan x$$

中的 arctan x 必然表示一个介于 $-\frac{1}{2}\pi$ 和 $\frac{1}{2}\pi$ 之间的角。当 $x=0$ 时此积分取值为 0 且随着 x 增加而连续地递增。因此对于 arctan x 也同样，当 $x \to \infty$ 时 arctan x 趋向于 $\frac{1}{2}\pi$。相同的，我们也可以证明当 $x \to -\infty$ 时 arctan $x \to -\frac{1}{2}\pi$。相似地，在等式

$$\int_0^x \frac{\mathrm{d}t}{\sqrt{1-t^2}} = \arcsin x$$

中（其中 $-1 < x < 1$），arcsin x 表示介于 $-\frac{1}{2}\pi$ 和 $\frac{1}{2}\pi$ 之间的角度。因此，如果 a 和 b 数值上都小于 1，我们便有

$$\int_a^b \frac{\mathrm{d}t}{\sqrt{1-x^2}} = \arcsin b - \arcsin a \ ]$$

4. 如果 $-\pi < \alpha < \pi$，那么除非 $\alpha = 0$，都有 $\displaystyle\int_0^1 \frac{\mathrm{d}x}{1+2x\cos\alpha+x^2} = \frac{\alpha}{2\sin\alpha}$，

而当 $\alpha = 0$ 时，此积分的值为 $\frac{1}{2}$，当 $\alpha \to 0$ 时此积分为 $\frac{1}{2}\alpha\csc\alpha$。

5. $\displaystyle\int_0^1 \sqrt{1-x^2} \ \mathrm{d}x = \frac{1}{4}\pi$；如果 $a > 0$，则 $\displaystyle\int_0^a \sqrt{a^2-x^2} \ \mathrm{d}x = \frac{1}{4}\pi a^2$

6. 如果 $-1 < \alpha < 1$，$\displaystyle\int_{-1}^1 \frac{\mathrm{d}x}{\sqrt{1-2\alpha x+\alpha^2}} = 2$；

如果 $|\alpha| > 1$，则等于 $\dfrac{2}{\alpha}$。（《数学之旅》，1933）

7. 如果 $a > |b|$，则有

$$\int_0^\pi \frac{\mathrm{d}x}{a + b\cos x} = \frac{\pi}{\sqrt{a^2 - b^2}}$$

[有关此不定积分的形式见于例 53 的题第 3、第 4 题。如果 $|a| < |b|$，则被积分函数取值在 0 和 π 之间。而当 a 是负数，且 $-a > |b|$ 时，此积分的值又是多少？]

8. 如果 a 和 b 都是正数，则

$$\int_0^{\frac{1}{2}\pi} \frac{\mathrm{d}x}{a^2\cos^2 x + b^2\sin^2 x} = \frac{\pi}{2ab}$$

那么当 a 和 b 有相反的符号，或者都为负数时积分值又为多少呢？

9. 傅里叶积分。证明：如果 m 和 n 都是正整数，则

$$\int_0^{2\pi} \cos mx \sin nx \,\mathrm{d}x$$

恒等于 0，且

$$\int_0^{2\pi} \cos mx \cos nx \,\mathrm{d}x, \quad \int_0^{2\pi} \sin mx \sin nx \,\mathrm{d}x$$

都等于 0，除非 $m = n$，当 $m = n$ 时每一个积分值都等于 π。

□ **傅里叶**

约瑟夫·傅里叶（1768—1830年），法国数学家、物理学家。他提出傅里叶级数，并将其应用于热传导理论与振动理论，傅里叶积分也以他的名字命名。其著作《热的解析理论》在数学和物理领域均有重要贡献：在数学中，正确地察觉"有些不连续函数是无穷级数的总和"，实现重大突破；在物理中，提出量纲分析中的重要概念（当方程两边的量纲匹配时，方程才会正确）以及提出有关于热能传导扩散的偏微分方程。他是名字被刻在埃菲尔铁塔的七十二位法国科学家与工程师之其中一位。

10. 证明：$\displaystyle\int_0^\pi \cos mx \cos nx \,\mathrm{d}x$ 和 $\displaystyle\int_0^\pi \sin mx \sin nx \,\mathrm{d}x$ 的积分值都等于 0，除非 $m = n$，而当 $m = n$ 时每一个积分值都等于 $\dfrac{1}{2}\pi$；并且，根据 $n - m$ 是奇数还是偶数有

$$\int_0^\pi \cos mx \sin nx \,\mathrm{d}x = \frac{2n}{n^2 - m^2}, \quad \int_0^\pi \cos mx \sin nx \,\mathrm{d}x = 0$$

11. 证明：如果 m 和 n 都是正整数且 $m > n$，有

$$\int_0^\pi \cos m\theta (\cos\theta)^n \,\mathrm{d}\theta = 0 \quad（《数学之旅》，1928）$$

12. 计算

$$\int_0^1 \frac{4x^2+3}{8x^2+4x+5}\,\mathrm{d}x, \quad \int_0^c \frac{x\mathrm{d}x}{\sqrt{x+c}}, \quad \int_0^\pi \frac{\mathrm{d}x}{5+3\cos x}, \quad \int_0^{\frac{1}{2}\pi} \frac{\mathrm{d}x}{1+2\cos x}$$

$$\int_0^\alpha \frac{\mathrm{d}x}{\cos 2\alpha - \cos x}\left(0 < \alpha < \frac{2}{3}\pi\right), \quad \int_0^1 \arctan x\,\mathrm{d}x \ . \ (《数学之旅》，1927，$$

1928，1929，1930，1936）

（164）从定积分作为和的极限来计算定积分

在几种情形中，我们可以从第 161 和第 162 课时的定义出发，通过直接计算法来计算定积分。这比使用不定积分简单得多，但是读者也应该尝试解决如下几个例题。

例64

1. 用分点 $a = x_0, x_1, x_2, \cdots, x_n = b$ 将 (a, b) 分为 n 个相等的部分，并计算当 $n \to \infty$ 时

$$(x_1 - x_0)f(x_0) + (x_2 - x_1)f(x_1) + \cdots + (x_n - x_{n-1})f(x_{n-1})$$

的极限，由此计算 $\int_a^b x\mathrm{d}x$ 。

$\Bigg[$ 此和为

$$\frac{b-a}{n}\left[a + \left(a + \frac{b-a}{n}\right) + \left(a + 2\frac{b-a}{n}\right) + \cdots + \left\{a + (n-1)\frac{b-a}{n}\right\}\right]$$

$$= \frac{b-a}{n}\left[na + \frac{b-a}{n}\{1 + 2 + \cdots + (n-1)\}\right] = (b-a)\left\{a + (b-a)\frac{n(n-1)}{2n^2}\right\}$$

当 $n \to \infty$ 时它趋向于 $\frac{1}{2}(b^2 - a^2)$ 。通过图象法来验证此结果。$\Bigg]$

2. 用分点 $a, ar, ar^2, \cdots, ar^{n-1}, ar^n$ $\left(\text{其中 } r^n = \frac{b}{a}\right)$ 将 (a, b) 分为 n 部分来计算 $\int_a^b x\mathrm{d}x$ ，其中 $0 < a < b$。将此方法应用到更一般的积分 $\int_a^b x^m\mathrm{d}x$ 中。

3. 用第 1 题的方法来计算 $\int_a^b x^2\mathrm{d}x$ ， $\int_a^b \cos mx\,\mathrm{d}x$ 和 $\int_a^b \sin mx\,\mathrm{d}x$ 。

4. 证明：当 $n \to \infty$ 时有 $n \sum_{r=0}^{n-1} \dfrac{1}{n^2 + r^2} \to \dfrac{1}{4}\pi$。

$\Big[$ 这可以由

$$\frac{n}{n^2} + \frac{n}{n^2 + 1^2} + \cdots + \frac{n}{n^2 + (n-1)^2} = \sum_{r=0}^{n-1} \frac{\dfrac{1}{n}}{1 + \left(\dfrac{r}{n}\right)^2}$$

推出，根据积分的直接定义，当 $n \to \infty$ 时这个和趋向于极限 $\displaystyle\int_0^1 \dfrac{\mathrm{d}x}{1 + x^2}$。$\Big]$

5. 证明：$\dfrac{1}{n^2} \sum_{r=0}^{n-1} \sqrt{n^2 - r^2} \to \dfrac{1}{4}\pi$。 $\Big[$ 此极限为 $\displaystyle\int_0^1 \sqrt{1 - x^2}\,\mathrm{d}x$。$\Big]$

（165）定积分的一般性质

定积分作为一个和式的极限这一定义，预先假设了（ⅰ）f 是连续的,（ⅱ）$a < b$。当 $a > b$ 时，定义它的值为

（1）$\displaystyle\int_a^b f(x)\mathrm{d}x = -\int_b^a f(x)\,\mathrm{d}x$

而当 $a = b$ 时定义它的值为

（2）$\displaystyle\int_a^a f(x)\mathrm{d}x = 0$

如果我们用函数 $F(x)$ 来定义积分，这些定义就变成了定理；因为 $F(b) - F(a) = -\{F(a) - F(b)\}$, $F(a) - F(a) = 0$

对于任意 a 和 b，有

（3）$\displaystyle\int_a^b f(x)\mathrm{d}x + \int_b^c f(x)\mathrm{d}x = \int_a^c f(x)\mathrm{d}x$

（4）$\displaystyle\int_a^b kf(x)\mathrm{d}x = k\int_a^b f(x)\mathrm{d}x$

（5）$\displaystyle\int_a^b \{f(x) + \phi(x)\}\,\mathrm{d}x = \int_a^b f(x)\mathrm{d}x + \int_a^b \phi(x)\mathrm{d}x$

读者会发现，写出这些性质的正式证明非常有意义，在每一种情况下用（ⅰ）积分函数的定义；（ⅱ）直接从定义出发给出证明。

如下定理也非常重要。

（6）当 $a \leqslant x \leqslant b$ 时 $f(x) \geqslant 0$，则 $\displaystyle\int_a^b f(x)\mathrm{d}x \geqslant 0$。

我们需要观察到第 156 课时中的和 s 不可能是负的。之后会证明（见本章例题集中第 43 题），积分的值不可能是 0，除非 $f(x)$ 恒等于 0；这也可以从第 122 课时的第一个推论中得出。

（7）当 $a \le x \le b$ 时，如果 $H \le f(x) \le K$，则

$$H(b-a) \le \int_a^b f(x)\mathrm{d}x \le K(b-a)$$

如果我们将（6）应用到 $f(x)-H$ 和 $K-f(x)$ 中便可得出此结论。

（8）$\int_a^b f(x)\mathrm{d}x = (b-a)f(\xi)$

其中 ξ 介于 a 和 b 之间。

这可以从（7）中得出。因为可以取 H 为 $f(x)$ 在 (a,b) 中的最小值，取 K 为 $f(x)$ 在 (a,b) 中的最大值。则此积分等于 $\eta(b-a)$，其中 η 介于 H 和 K 之间。但是，由于 $f(x)$ 是连续的，所以必有一个值 ξ 使得 $f(\xi)=\eta$（第 101 课时）。

如果 $F(x)$ 是它的积分函数，我们就可以将（8）的结果写作

$$F(b)-F(a)=(b-a)F'(\xi)$$

所以（8）现在又作为第 126 课时的中值定理的一个特殊情况而出现。我们也可以称（8）为积分的第一中值定理。

（9）推广的积分中值定理。如果 $\phi(x)$ 是正值，H 和 K 如（7）中定义，则

$$H\int_a^b \phi(x)\mathrm{d}x \le \int_a^b f(x)\phi(x)\mathrm{d}x \le K\int_a^b \phi(x)\mathrm{d}x$$

且

$$\int_a^b f(x)\phi(x)\mathrm{d}x = f(\xi)\int_a^b \phi(x)\mathrm{d}x$$

其中 ξ 介于 a 和 b 之间。

应用其到定理（6）中求出积分

$$\int_a^b \{f(x)-H\}\phi(x)\mathrm{d}x, \quad \int_a^b \{K-f(x)\}\phi(x)\mathrm{d}x$$

（10）积分计算的基础定理。函数

$$F(x)=\int_a^x f(t)\mathrm{d}t$$

有导数等于 $f(x)$。

这已经在 148 课时中证明过了，但是在这里重申这些结果作为正式定理也是方便的。正如第 162 课时中指出的那样，作为推论得知，$F(x)$ 是 x 的连续函数。

例65

1. 通过定积分的直接定义和以上的公式（1）–（5），证明

（i）$\displaystyle\int_{-a}^{a}\phi(x^2)\,\mathrm{d}x = 2\int_{0}^{a}\phi(x^2)\,\mathrm{d}x$，$\displaystyle\int_{-a}^{a}x\phi(x^2)\,\mathrm{d}x = 0$

（ii）$\displaystyle\int_{0}^{\frac{1}{2}\pi}\phi(\cos x)\,\mathrm{d}x = \int_{0}^{\frac{1}{2}\pi}\phi(\sin x)\,\mathrm{d}x = \frac{1}{2}\int_{0}^{\pi}\phi(\sin x)\,\mathrm{d}x$

（iii）$\displaystyle\int_{0}^{m\pi}\phi(\cos^2 x)\,\mathrm{d}x = m\int_{0}^{\pi}\phi(\cos^2 x)\,\mathrm{d}x$

其中 m 为整数。［如果大概地画出积分符号下的函数图象，这些方程的正确性将会自然呈现。］

2. 如果 n 是正整数或 0，对于负整数 n，证明：

$$\int_{0}^{\pi}\frac{\sin\left(n+\frac{1}{2}\right)\theta}{\sin\frac{1}{2}\theta}\,\mathrm{d}\theta = \pi$$

积分值为多少？

3. 证明：根据 n 是奇是偶，$\displaystyle\int_{0}^{\pi}\frac{\sin nx}{\sin x}\,\mathrm{d}x$ 等于 π 或 0。

4. 证明：对于所有 n 的正整数值，有

$$\int_{0}^{\pi}\left(\frac{\sin nx}{\sin x}\right)^2\,\mathrm{d}x = n\pi$$

［对于第 2 题，使用恒等式

$$\frac{\sin\left(n+\frac{1}{2}\right)x}{\sin\frac{1}{2}x} = 1+2\cos x+2\cos 2x+\cdots+2\cos nx$$

对于第 3 题，使用恒等式

$$\frac{\sin nx}{\sin x} = 2\cos(n-1)x + 2\cos(n-3)x + \cdots$$

其中最后一项是 1 或 $2\cos x$。为了证明第 4 题，对最后一个恒等式平方并使用例 63 的第 10 题。］

5. 如果 $\phi(x) = \frac{1}{2} a_0 + a_1\cos x + b_1\sin x + a_2\cos 2x + \cdots + a_n\cos nx + b_n\sin nx$, 而 k 是不大于 n 的正整数, 则

$$\int_0^{2\pi} \phi(x)\mathrm{d}x = \pi a_0 , \quad \int_0^{2\pi} \cos kx\, \phi(x)\, \mathrm{d}x = \pi a_k , \quad \int_0^{2\pi} \sin kx\, \phi(x)\, \mathrm{d}x = \pi b_k$$

如果 $k > n$, 则以上两个积分的值都是 0。［使用例 63 的第 9 题］

6. 如果当 $a \le x \le b$ 时 $f(x) \le \phi(x)$, 则 $\int_a^b f\,\mathrm{d}x \le \int_a^b \phi\,\mathrm{d}x$。

7. 证明:

$$0 < \int_0^{\frac{1}{2}\pi} \sin^{n+1}x\mathrm{d}x < \int_0^{\frac{1}{2}\pi} \sin^n x\mathrm{d}x , \quad 0 < \int_0^{\frac{1}{4}\pi} \tan^{n+1}x\mathrm{d}x < \int_0^{\frac{1}{4}\pi} \tan^n x\mathrm{d}x$$

8. [1] 如果 $n>1$, 则 $0.5 < \int_0^{\frac{1}{2}} \dfrac{\mathrm{d}x}{\sqrt{1-x^{2n}}} < 0.524$。［第一个不等式来自 $\sqrt{1-x^{2n}} < 1$, 第二个来自 $\sqrt{1-x^{2n}} > \sqrt{1-x^2}$ ］

9. 证明 $\dfrac{1}{2} < \int_0^1 \dfrac{\mathrm{d}x}{\sqrt{4-x^2+x^3}} < \dfrac{1}{6}\pi$

10. 证明: $0.573 < \int_1^2 \dfrac{\mathrm{d}x}{\sqrt{4-3x+x^3}} < 0.595$。［令 $x=1+u$: 然后用 $2+4u^2$ 和 $2+3u^2$ 来分别替代 $2+3u^2+u^3$。］

11. 如果 α 和 ϕ 是正的锐角, 则

$$\phi < \int_0^\phi \dfrac{\mathrm{d}x}{\sqrt{1-\sin^2\alpha\sin^2 x}} < \dfrac{\phi}{\sqrt{1-\sin^2\alpha\sin^2\phi}}$$

如果 $\alpha = \phi = \dfrac{1}{6}\pi$, 则积分在 0.523 和 0.541 之间。

12. 证明: $\left| \int_a^b f(x)\mathrm{d}x \right| \le \int_a^b |f(x)|\mathrm{d}x$

［如果 σ 是第 161 课时末尾考虑过的和, 且 σ' 是函数 $|f(x)|$ 所形成的对应的和, 则有 $|\sigma| \le \sigma'$。］

13. 如果 $|f(x)| \le M$, 则 $\left| \int_a^b f(x)\phi(x)\mathrm{d}x \right| \le M\int_a^b |\phi(x)|\mathrm{d}x$

（166）分部积分法和换元积分法

从第 141 课时中得出，如果 $f'(x)$ 和 $\phi'(x)$ 是连续的，则

$$\int_a^b f(x)\phi'(x)\,\mathrm{d}x = f(b)\phi(b) - f(a)\phi(a) - \int_a^b f'(x)\phi(x)\,\mathrm{d}x$$

此公式被称为定积分的分部积分法（integral by parts）公式。

我们还知道（第 136 课时）如果 $F(t)$ 是 $f(t)$ 的积分函数，则

$$\int f\{\phi(x)\}\,\phi'(x)\,\mathrm{d}x = F\{\phi(x)\}$$

这样一来，如果 $\phi(a) = c$，$\phi(b) = d$，我们有

$$\int_c^d f(t)\,\mathrm{d}t = F(d) - F(c) = F\{\phi(b)\} - F\{\phi(a)\} = \int_a^b f\{\phi(x)\}\,\phi'(x)\,\mathrm{d}x$$

这是定积分的换元积分法（integral by substitution）的公式。

这些公式使我们确定定积分的值，而不需要知道积分 $F(x)$ 的形式。定积分只取决于 $F(x)$ 的两个特殊值的差值，当 $F(x)$ 的形式未知时，这些值可以通过某些特殊的方法求得。

例64

1. 证明：$\displaystyle\int_a^b xf''(x)\,\mathrm{d}x = \{bf'(b) - f(b)\} - \{af'(a) - f(a)\}$

2. 更一般地，有

$$\int_a^b x^m f^{(m+1)}(x)\,\mathrm{d}x = F(b) - F(a)$$

其中

$$F(x) = x^m f^{(m)}(x) - mx^{m-1}f^{(m-1)}(x) + m(m-1)x^{m-2}f^{(m-2)}(x) - \cdots + (-1)^m m!\, f(x)$$

3. 证明：

$$\int_0^1 \arcsin x\,\mathrm{d}x = \frac{1}{2}\pi - 1 \ , \quad \int_0^1 x\arctan x\,\mathrm{d}x = \frac{1}{4}\pi - \frac{1}{2}$$

4. 证明：如果 a 和 b 都是正数，则

$$\int_0^{\frac{1}{2}\pi} \frac{x\cos x\sin x\,\mathrm{d}x}{(a^2\cos^2 x + b^2\sin^2 x)^2} = \frac{\pi}{4ab^2(a+b)}$$

［使用分部积分法，并利用例 63 的第 8 题。］

5. 通过合适的替换积分法计算

$$\int_1^2 \frac{dx}{x(1+x^4)}, \quad \int_8^{15} \frac{dx}{(x-3)\sqrt{x+1}}, \quad \int_0^1 \frac{x\,dx}{1+\sqrt{x}}, \quad \int_0^{\frac{1}{4}\pi} \sec^3 x\,dx, \quad \int_0^{\frac{1}{4}\pi} \sqrt{\tan x}\,dx$$

$$\int_{-\frac{1}{2}\pi}^{\frac{1}{2}\pi} \frac{dx}{5+7\cos x + \sin x}, \quad \int_0^{\frac{1}{2}\pi} \frac{1+2\cos x}{(2+\cos x)^2}\,dx, \quad \int_0^{\frac{1}{2}\pi} \sin^{\frac{3}{2}} x \cos^3 x\,dx \quad （《数学之旅》,$$

1924，1925，1926，1931）

6. 如果 $f_1(x) = \int_0^x f(t)\,dt$，$f_2(x) = \int_0^x f_1(t)\,dt$，$\cdots$，$f_k(x) = \int_0^x f_{k-1}(t)\,dt$，

那么 $f_k(x) = \dfrac{1}{(k-1)!} \int_0^x f(t)(x-t)^{k-1}\,dt$ （《数学之旅》，1933）

［重复地使用分部积分法。］

7. 用分部积分法证明：如果 $u_{m,n} = \int_0^1 x^m (1-x)^n\,dx$，其中 m 和 n 都是正整数，

则 $(m+n+1)\,u_{m,n} = nu_{m,n-1}$，并推导出

$$u_{m,n} = \frac{m!\,n!}{(m+n+1)!}$$

8. 证明：如果 $u_n = \int_0^{\frac{1}{4}\pi} \tan^n x\,dx$，则 $u_n + u_{n-2} = \dfrac{1}{n-1}$。由此对于所有 n 的正整

数值计算该积分。

［令 $\tan^n x = \tan^{n-2} x\,(\sec^2 x - 1)$，使用分部积分法。］

9. 证明：如果 $u_n = \int_0^{\frac{1}{2}\pi} \sin^n x\,dx$，则 $u_n = \dfrac{n-1}{n}\,u_{n-2}$。［用 $\sin^n x$ 替换 $\sin^{n-1}x \sin x$，

并使用分部积分法。］

10. 从第 9 题中推导出：根据 n 的奇偶，u_n 等于

$$\frac{2\times4\times6\times\cdots\times(n-1)}{3\times5\times7\times\cdots\times n}, \quad \frac{1}{2}\pi \frac{1\times3\times5\times\cdots\times(n-1)}{2\times4\times6\times\cdots\times n}$$

11. 第二中值定理。

如果 $f(x)$ 是 x 的函数，它对所有从 $x=a$ 到 $x=b$ 的 x 值都有带固定符号的

连续微分系数，则在 a 和 b 之间存在数 ξ，使得

$$\int_a^b f(x)\phi(x)\,dx = f(a)\int_a^\xi \phi(x)\,dx + f(b)\int_\xi^b \phi(x)\,dx$$

［令 $\int_a^x \phi(t)\,dt = \Phi(x)$。则根据第 165 课时的定理（9），有

$$\int_a^b f(x)\phi(x)\,\mathrm{d}x = \int_a^b f(x)\Phi'(x)\,\mathrm{d}x = f(b)\Phi(b) - \int_a^b f'(x)\Phi(x)\,\mathrm{d}x$$

$$= f(b)\Phi(b) - \Phi(\xi)\int_a^b f'(x)\,\mathrm{d}x$$

也就是

$$\int_a^b f(x)\phi(x)\,\mathrm{d}x = f(b)\Phi(b) + \{f(a) - f(b)\}\,\Phi(\xi)$$

这等同于陈述的结果。〕

12. 第二中值定理的博奈特（Bonnet）形式

如果 $f'(x)$ 是符号固定的连续函数，且 $f(b)$ 和 $f(a) - f(b)$ 有相同的符号，则

$$\int_a^b f(x)\phi(x)\,\mathrm{d}x = f(a)\int_a^X \phi(x)\,\mathrm{d}x$$

其中 X 介于 a 和 b 之间。因为

$$f(b)\Phi(b) + \{f(a) - f(b)\}\,\Phi(\xi) = \mu f(a)$$

其中 μ 介于 $\Phi(\xi)$ 和 $\Phi(b)$ 之间，所以对像 X 的这样一个值 x 所取的值 $\Phi(X)$ 也是如此。最重要的情形是 $0 \le f(b) \le f(x) \le f(a)$

相似的证明：如果 $f(a)$ 和 $f(b) - f(a)$ 有相同的符号，则

$$\int_a^b f(x)\phi(x)\,\mathrm{d}x = f(a)\int_X^b \phi(x)\,\mathrm{d}x$$

其中 X 介于 a 和 b 之间。

13. 证明：如果 $X' > X > 0$，则有 $\left|\int_X^{X'} \dfrac{\sin x}{x}\,\mathrm{d}x\right| < \dfrac{2}{X}$。〔应用第 12 题中的第一个公式，并注意 $\sin x$ 在任意区间上积分的绝对值都小于 2。〕

14. 利用换元积分法来证明例 65 的第 1 题中的结果。〔例如在（iii）中，将此区间均分为 m 个部分，并使用变量替换 $x = \pi + y$，$x = 2\pi + y$，$\cdots$〕

15. 证明：$\displaystyle\int_a^b F(x)\,\mathrm{d}x = \int_a^b F(a + b - x)\,\mathrm{d}x$

16. 证明：$\displaystyle\int_0^{\frac{1}{2}\pi} \cos^m x \sin^m x\,\mathrm{d}x = 2^{-m}\int_0^{\frac{1}{2}\pi} \cos^m x\,\mathrm{d}x$

17. 证明：$\displaystyle\int_0^\pi x\phi(\sin x)\,\mathrm{d}x = \frac{1}{2}\pi\int_0^\pi \phi(\sin x)\,\mathrm{d}x$。〔令 $x = \pi - y$〕

18. 证明：$\displaystyle\int_0^\pi \frac{x\sin x}{1 + \cos^2 x}\,\mathrm{d}x = \frac{1}{4}\pi^2$，$\displaystyle\int_0^\pi x\sin^6 x\cos^4 x\,\mathrm{d}x = \frac{3}{512}\pi^2$（《数学之旅》，

1927）

19. 通过变量替换 $x = a\cos^2\theta + b\sin^2\theta$ 证明：

$$\int_a^b \sqrt{(x-a)(b-x)}\, dx = \frac{1}{8}\pi(b-a)^2$$

20. 通过变量替换 $(a + b\cos x)(a - b\cos y) = a^2 - b^2$，证明：当 n 是正整数且 $a > |b|$ 时，有

$$\int_0^\pi (a + b\cos x)^{-n}\, dx = (a^2 - b^2)^{-(n-\frac{1}{2})} \int_0^\pi (a - b\cos y)^{n-1}\, dy$$

并且当 $n=1$，2，3 时计算这个积分。

21. 如果 m 和 n 都是正整数，则

$$\int_a^b (x-a)^m (b-x)^n\, dx = (b-a)^{m+n+1} \frac{m!\,n!}{(m+n+1)!}$$

［令 $x = a + (b-a)y$，并利用第 7 题的结果。］

（167）利用分部积分法证明泰勒定理

我们可以用分部积分法得到泰勒定理的另一种证明。设 $f(x)$ 是前 n 阶导数都连续的函数，并且设

$$F_n(x) = f(b) - f(x) - (b-x)f'(x) - \cdots - \frac{(b-x)^{n-1}}{(n-1)!} f^{(n-1)}(x)$$

则有

$$F_n'(x) = -\frac{(b-x)^{n-1}}{(n-1)!} f^{(n)}(x)$$

所以

$$F_n(a) = F_n(b) - \int_a^b F_n'\, dx = \frac{1}{(n-1)!} \int_a^b (b-x)^{n-1} f^{(n)}(x)\, dx$$

我们现在如果用 $a+h$ 来替换 b，并用 $x = a + th$ 来转换积分，我们就得到

$$f(a+h) = f(a) + hf'(a) + \cdots + \frac{h^{n-1}}{(n-1)!} f^{(n-1)}(a) + R_n \tag{1}$$

其中

$$R_n = \frac{h^n}{(n-1)!} \int_0^1 (1-t)^{n-1} f^{(n)}(a+th)\, dt \tag{2}$$

现在，如果 p 为任意不大于 n 的正整数，根据第 165 课时的定理（9），我们有

$$\int_0^1 (1-t)^{n-1} f^{(n)}(a+th)\, \mathrm{d}t = \int_0^1 (1-t)^{n-p}(1-t)^{p-1} f^{(n)}(a+th)\, \mathrm{d}t$$

$$= (1-\theta)^{n-p} f^{(n)}(a+\theta h)\int_0^1 (1-t)^{p-1}\, \mathrm{d}t$$

其中 $0 < \theta < 1$，如果我们取 $p = n$，就得到了 R_n 的拉格朗日形式（第 152 课时）。因此

$$R_n = \frac{(1-\theta)^{n-p} f^{(n)}(a+\theta h) h^n}{p(n-1)!} \tag{3}$$

另一方面，如果我们取 $p = 1$，我们得到柯西形式，即：

$$R_n = \frac{(1-\theta)^{n-1} f^{(n)}(a+\theta h) h^n}{(n-1)!} \tag{4}$$

泰勒定理这个证明的好处在于对 R_n 得到一个精确的公式，即（2），其中不包括不确定的数 θ。因为我们已经假设了 $f^{(n)}(x)$ 的连续性，它（被直接看作是此定理的拉格朗日形式的证明）比起第 150 课时中的证明更缺少一般性。第 150 课时的证明可以通过加以调整，从而给出公式（3）和（4）。

（168）余项的柯西形式在二项式中的应用

如果 $f(x) = (1+x)^m$，其中 m 并不是正整数，则余项的柯西形式为

$$R_n = \frac{m(m-1)\cdots(m-n+1)}{1\times 2\times\cdots\times(n-1)}\, \frac{(1-\theta)^{n-1} x^n}{(1+\theta x)^{n-m}}$$

现在，$-1 < x < 1$，无论 x 是正是负，都有 $\dfrac{1-\theta}{1+\theta x}$ 小于 1；且如果 $m > 1$，则 $(1+\theta x)^{m-1}$ 小于 $(1+|x|)^{m-1}$，而如果 $m < 1$，也小于 $(1-|x|)^{m-1}$ 从而有

$$|R_n| < |m|\,(1\pm|x|)^{m-1}\left|\binom{m-1}{n-1}\right| |x|^n = \rho_n$$

其中最后一步是我们的定义。但是当 $n \to 0$ 时，有 $\rho_n \to 0$，根据例 27 的第 13 题，也有 $R_n \to 0$ 这样就对 m 的所有有理值以及介于 -1 与 1 之间的所有 x 值确定了二项式定理的适用性。我们也要记住：困难在于利用拉格朗日形式的余项，它出现在 152 课时（2）中与 x 的负值相关联的情况下。

（169）定积分的近似公式，辛普森公式

在数值计算中有一系列关于定积分值的近似公式，最简单的一个是

$$\int_a^b f(x)\mathrm{d}x = \frac{1}{2}(b-a)\{f(a)+f(b)\} \tag{1}$$

这里我们用多边形 P_1N_1NP 替代了第 148 课时中的面积 P_1N_1NP，当 $f(x)$ 是线性函数时，公式也是精确的。参见例 67 的第 2 题可以证明：如果 $f(x)$ 有两个导数 $f'(x)$ 和 $f''(x)$，则（1）中的误差项为

$$-\frac{1}{12}(b-a)^3 f''(\xi)$$

其中 ξ 是 a 和 b 之间的一个值。当然，实际上我们应该将积分区间分为一系列更小的区间，并分别将公式应用到每一个子区间上。

一个更好的公式是

$$\int_a^b f(x)\mathrm{d}x = \frac{1}{6}(b-a)\left\{f(a)+4f\left(\frac{a+b}{2}\right)+f(b)\right\} \tag{2}$$

这被称为辛普森公式。我们将证明，如果 $f(x)$ 有四个导数 $f'(x)$，$f''(x)$，$f'''(x)$，和 $f^{(4)}(x)$，则（2）中的误差项为

$$-\frac{1}{2880}(b-a)^5 f^{(4)}(\xi)$$

其中 ξ 是 a 和 b 之间的一个值。这也证明了辛普森公式对于不超过三次的多项式来说都是准确的。

我们用 $c-h$，$c+h$ 代替 a，b，并考虑函数

$$\phi(t) = \psi(t) - \left(\frac{t}{h}\right)^5 \psi(h)$$

其中

$$\psi(t) = \int_{c-t}^{c+t} f(x)\mathrm{d}x - \frac{1}{3}t\{f(c+t)+4f(c)+f(c-t)\}$$

三次求导，我们发现

$$\phi'(t) = \frac{2}{3}\{f(c+t)-2f(c)+f(c-t)\} - \frac{1}{3}t\{f'(c+t)-f'(c-t)\} - \frac{5t^4}{h^5}\psi(h)$$

$$\phi''(t) = \frac{1}{3}\left\{f'(c+t) - f'(c-t)\right\} - \frac{1}{3}t\left\{f''(c+t) + f''(c-t)\right\} - \frac{20t^3}{h^5}\psi(h)$$

$$\phi'''(t) = -\frac{1}{3}t\left\{f'''(c+t) - f'''(c-t)\right\} - \frac{60t^2}{h^5}\psi(h)$$

因此，根据中值定理，有

$$\phi'''(t) = -\frac{2}{3}t^2\left\{f^{(4)}(\xi) + \frac{90}{h^5}\psi(h)\right\} \tag{3}$$

其中 ξ 在 $(c-t,\ c+t)$ 中。

现有 $\phi(0) = \phi(h) = 0$，根据罗列定理，对于某个介于 0 和 h 之间的 t_1 有 $\phi'(t_1)$。又有 $\phi'(0) = 0$，因此对某个介于 0 和 t_1 之间的 t_2 有 $\phi''(t_2) = 0$，以此类推。最后有 $\phi''(0) = 0$，从而对某个介于 0 和 h 之间的 t_3 有 $\phi'''(t_3) = 0$。如此一来，根据（3），介于 $c-t_3$ 和 $c+t_3$ 之间（从而也在 $c-h$ 和 $c+h$ 之间）的一个 ξ，就有

$$f^{(4)}(\xi) = -\frac{90}{h^5}\psi(h)$$

但是这就是

$$\int_{c-h}^{c+h} f(x)\mathrm{d}x - \frac{1}{3}h\left\{f(c+h) + 4f(c) + f(c-h)\right\} = -\frac{h^5}{90}f^{(4)}(\xi)$$

或者

$$\int_a^b f(x)\mathrm{d}x = \frac{1}{6}(b-a)\left\{f(a) + 4f\left(\frac{a+b}{2}\right) + f(b)\right\} - \frac{(b-a)^5}{2880}f^{(4)}(\xi)$$

在实际操作中，我们再次将积分区间分成小段，并将这个方法应用到每一段子区间中。

例67

1. 如果 $f(x)$ 有二阶导数，证明：

$$f(x+h) - 2f(x) + f(x-h) = h^2 f''(\xi) \quad (《数学之旅》，1925)$$

其中 ξ 介于 $x-h$ 于 $x+h$ 之间。

$$\left[\ 使用辅助函数\right.$$

$$\phi(t) = f(x+t) - 2f(x) + f(x-t) - \left(\frac{t}{h}\right)^2\left\{f(x+h) - 2f(x) + f(x-h)\right\}\ \right]$$

2. 证明：在上面（1）中的误差为 $-\dfrac{1}{12}(b-a)^3 f''(\xi)$，其中 $a<\xi<b$。

$\Big[$ 使用辅助函数

$$\psi(t)=\int_{c-t}^{c+t} f(x)\mathrm{d}x - t\{f(c+t)+f(c-t)\}$$

$$\phi(t)=\psi(t)-\left(\dfrac{t}{h}\right)^3 \psi(h) \Big]$$

3. 证明：

$$\int_a^b f(x)\mathrm{d}x=(b-a)f\left(\dfrac{a+b}{2}\right)+\dfrac{1}{24}(b-a)^3 f''(\xi)$$

其中 $a<\xi<b$。

4. 利用辛普森公式，从公式 $\dfrac{1}{4}\pi=\int_0^1 \dfrac{\mathrm{d}x}{1+x^2}$ 中计算 π [此结果为 $0.7833\cdots$，如果我们将积分分为从 0 到 $\dfrac{1}{2}$，从 $\dfrac{1}{2}$ 到 1 两段，将辛普森公式应用到每一个部分，我们就得到了 $0.7853916\cdots$，正确值为 $0.7853921\cdots$]

5. 证明：$8.9 < \int_3^5 \sqrt{4+x^2}\,\mathrm{d}x < 9$（《数学之旅》，1903）

6. 利用五个坐标的辛普森公式计算

$$\int_1^2 \sqrt{x-\dfrac{1}{x}}\,\mathrm{d}x$$

至二位小数。（《数学之旅》，1934）

7. 证明：近似地，有 $\int_0^4 x^3 \sqrt{4x-x^2}\,\mathrm{d}x = 88$。（《数学之旅》，1933）

（170）实变量复数函数的积分

目前为止，我们总是假设定积分的被积函数是实数。我们通过等式

$$\int_a^b f(x)\,\mathrm{d}x=\int_a^b \{\phi(x)+\mathrm{i}\psi(x)\}\mathrm{d}x=\int_a^b \phi(x)\mathrm{d}x+\mathrm{i}\int_a^b \psi(x)\,\mathrm{d}x$$

定义实变量 x 的复数函数 $f(x)=\phi(x)+\mathrm{i}\psi(x)$ 在 a 与 b 之间的积分，显然这些积分的性质可以通过已经考虑过的实积分推导出来。

我们之后将会用到这样的一个性质。它用不等式表达为

$$\left|\int_a^b f(x)\,dx\right| \le \int_a^b |f(x)|\,dx \quad^{[1]} \tag{1}$$

这个不等式很容易从第 161 课时和第 162 课时中推导出来。如果 δ_v 有与在第 161 课时中相同的意义，ϕ_v 和 ψ_v 是 ϕ 和 ψ 在点 δ_v 处的取值，且 $f_v = \phi_v + i\psi_v$，则我们有

$$\int_a^b f\,dx = \int_a^b \phi\,dx + i\int_a^b \psi\,dx$$
$$= \lim\sum\phi_v\delta_v + i\lim\sum\psi_v\delta_v$$
$$= \lim\sum(\phi_v + i\psi_v)\delta_v = \lim\sum f_v\delta_v$$

所以

$$\left|\int_a^b f\,dx\right| = \lim\sum f_v\delta_v = \lim|f_v\delta_v|$$

然而

$$\int_a^b |f|\,dx = \lim\sum|f_v|\delta_v$$

这个结果现在可以用不等式

$$\left|\sum f_v\delta_v\right| \le \sum|f_v|\delta_v$$

推出。

显然，当 f 是复数函数 $\phi + i\psi$ 时，第 167 课时的公式（1）和（2）依然成立。

例题集

1. 验证如下泰勒级数中给出的等式：

（1）$\tan x = x + \dfrac{1}{3}x^3 + \dfrac{2}{15}x^5 + \cdots$

（2）$\sec x = 1 + \dfrac{1}{2}x^2 + \dfrac{5}{24}x^4 + \cdots$

（3）$x\csc x = 1 + \dfrac{1}{6}x^2 + \dfrac{7}{360}x^4 + \cdots$

（4）$x\cot x = 1 - \dfrac{1}{3}x^2 - \dfrac{1}{45}x^4 - \cdots$

---

[1] 与实积分的对应不等式在例 65 的第 12 题中可以证明。

2. 证明：如果 $f(x)$ 及其前 $n+2$ 阶导数都是连续的，且 $f^{(n+1)}(0) \neq 0$ 且 θ_n 是在泰勒级数 n 项之后的拉格朗日形式的余项中出现的 θ 值，则

$$\theta_n = \frac{1}{n+1} + \frac{n}{2(n+1)^2(n+2)} \frac{f^{(n+2)}(0)}{f^{(n+1)}(0)} x + o(x)$$

［利用例 65 的第 12 题中的方法。］

3. 建立下列公式：

（ⅰ） $\begin{vmatrix} f(a) & f(b) \\ g(a) & g(b) \end{vmatrix} = (b-a) \begin{vmatrix} f(a) & f'(\beta) \\ g(a) & g'(\beta) \end{vmatrix}$

其中 β 在 a 与 b 之间，且

（ⅱ） $\begin{vmatrix} f(a) & f(b) & f(c) \\ g(a) & g(b) & g(c) \\ h(a) & h(b) & h(c) \end{vmatrix} = \frac{1}{2}(b-c)(c-a)(a-b) \begin{vmatrix} f(a) & f'(\beta) & f''(\gamma) \\ g(a) & g'(\beta) & g''(\gamma) \\ h(a) & h'(\beta) & h''(\gamma) \end{vmatrix}$

其中 β 和 γ 在 a, b, c 的最小值与最大值之间。 ［ 为了证明（ⅱ），考虑函数

$$\phi(x) = \begin{vmatrix} f(a) & f(b) & f(x) \\ g(a) & g(b) & g(x) \\ h(a) & h(b) & h(x) \end{vmatrix} - \frac{(x-a)(x-b)}{(c-a)(c-b)} \begin{vmatrix} f(a) & f(b) & f(c) \\ g(a) & g(b) & g(c) \\ h(a) & h(b) & h(c) \end{vmatrix}$$

当 $x=a$, $x=b$ 和 $x=c$ 时，函数取值为 0。根据第 122 课时的定理 B，其一阶导数对于 a, b, c 的最大值与最小值之间的两个不同 x 值取值为 0；因此其二阶导数对于 x 满足相同的条件的一个值 γ 取值必定为 0。因此我们得到公式

$$\begin{vmatrix} f(a) & f(b) & f(c) \\ g(a) & g(b) & g(c) \\ h(a) & h(b) & h(c) \end{vmatrix} = \frac{1}{2}(c-a)(c-b) \begin{vmatrix} f(a) & f(b) & f''(\gamma) \\ g(a) & g(b) & g''(\gamma) \\ h(a) & h(b) & h''(\gamma) \end{vmatrix}$$

读者现在可以无困难地完成证明。 ］

4. 如果 $F(x)$ 对于前 n 阶都有连续导数，当 $x=0$ 时，它的前 $n-1$ 阶导数取值为 0，且当 $0 \leqslant x \leqslant h$ 时，$A \leqslant F^{(n)}(x) \leqslant B$，则 $0 \leqslant x \leqslant h$ 时，

$$A \frac{x^n}{n!} \leqslant F(x) \leqslant B \frac{x^n}{n!}$$

将此结果应用到

$$f(x) - f(0) - xf'(0) - \cdots - \frac{x^{n-1}}{(n-1)!} f^{(n-1)}(0)$$

上，并推导出泰勒定理。

5. 如果 $\Delta_h\phi(x)=\phi(x)-\phi(x+h)$，$\Delta_h^2\phi(x)=\Delta_h\{\Delta_h\phi(x)\}$，以此类推，且 $\phi(x)$ 有前 n 阶导数，则

$$\Delta_h^n\phi(x)=\sum_{r=0}^{n}(-1)^r\binom{n}{r}\phi(x+rh)=(-h)^n\phi^{(n)}(\xi)$$

其中 ξ 在 x 和 $x+nh$ 之间。〔利用辅助函数

$$\psi(t)=\Delta_t^n\phi(x)-\left(\frac{t}{n}\right)^n\Delta_h^n\phi(x)$$

例 67 的第 1 题实际上是 $n=2$ 时的情形。〕

6. 从第 5 题中推导出：当 $x\to\infty$，$x^{n-m}\Delta_h^n x^m\to m(m-1)\cdots(m-n+1)h^n$，其中 m 为任意有理数，n 为任意正整数。特别地，证明：

$$x\sqrt{x}\left(\sqrt{x}-2\sqrt{x+1}+\sqrt{x+2}\right)\to-\frac{1}{4}$$

7. 假设 $y=\phi(x)$ 是 x 的一个函数，其前四阶导数都是连续的，且 $\phi(0)=0$，$\phi'(0)=1$ 使得

$$y=\phi(x)=x+a_2x^2+a_3x^3+a_4x^4+o(x^4)$$

证明：

$$x=\psi(y)=y-a_2y^2+(2a_2^2-a_3)y^3-(5a_2^3-5a_2a_3+a_4)y^4+o(y^4)$$

且当 $x\to0$ 时，有

$$\frac{\phi(x)\psi(x)-x^2}{x^4}\to a_2^2$$

8. 曲线 $x=f(t)$，$y=F(t)$ 在点 (x,y) 处的曲率中心的坐标 (ξ,η) 由：

$$-\frac{\xi-x}{y'}=\frac{\eta-y}{x'}=\frac{x'^2+y'^2}{x'y''-x''y'}$$

给出；曲线的曲率半径为 $\dfrac{(x'^2+y'^2)^{\frac{3}{2}}}{x'y''-x''y'}$，符号撇号表示关于 t 求导。

9. 曲线 $27ay^2=4x^3$ 在点 (x,y) 处的曲率中心的坐标 (ξ,η) 由

$$3a(\xi+x)+2x^2=0,\quad \eta=4y+\frac{9ay}{x}$$

给出。（《数学之旅》，1899）

10. 证明：如果 $(1+y_1^2)y_3=3y_1y_2^2$，则在点 (x,y) 处的曲率圆与曲线有三

□ 欧拉

　　莱昂哈德·欧拉（1707—1783年），瑞士数学家，近代数学先驱之一。他首次引进的许多数学术语和书写格式一直沿用至今，例如函数的记法*f(x)*，圆周率的记法π，求和符号$\Sigma_k\binom{n}{k}$，以及差分符号等。他还定义了自然对数的底数e，现在也称为欧拉数（Euler's number）。在数学中可见许多以欧拉命名的常数、公式和定理，其中就包括欧拉定理。图为苏联为纪念欧拉诞辰250周年，于1957年发行的邮票。

阶相切。同时证明：这个圆是在每一点都拥有此性质的唯一的圆；而圆锥曲线上拥有此性质的唯一点为轴的端点。

11. 与曲线

$$y = ax^2 + bx^3 + cx^4 + \cdots + kx^n$$

在原点的最近相切为

$$a^3 y = a^4 x^2 + a^2 bxy + (ac - b^2) y^2$$

证明：曲线 $y = f(x)$ 在点 (ξ, η) 处与圆锥曲线的最近的切线为

$$18\eta_2^3 T = 9\eta_2^4 (x - \xi)^2 + 6\eta_2^2 \eta_3 (x - \xi) T + (3\eta_2 \eta_4 - 4\eta_3^2) T^2$$

其中 $T = (y - \eta) - \eta_1 (x - \xi)$（《数学之旅》，1907）

12. 同次函数[1]

如果 $u = x^n f\left(\dfrac{y}{x}, \dfrac{z}{x}, \dfrac{y}{x} \cdots\right)$，则 x，y，z，$\cdots$以 $\lambda : 1$ 的比例增长，除了 λ^n 外 u 并不变化。在这种情况下 u 被称为变量 x，y，z，$\cdots$的 n 级同次函数（homogeneous function of degree n）。证明：如果 u 是同次函数且幂级为 n，则

$$x \frac{\partial u}{\partial x} + y \frac{\partial u}{\partial y} + z \frac{\partial u}{\partial z} + \cdots = nu$$

此结果被称为同次函数的欧拉（Euler）定理。

13. 如果 u 是同次函数，且幂级为 n，则 u_x，u_y，$\cdots$都是同次函数且幂级为 $n-1$。

14. 设 $f(x, y) = 0$ 是关于 x 和 y 的方程（例如：$x^n + y^n - x = 0$），令 $F(x, y, z) = 0$ 为通过引入第三变量 z 代替 1 的同次函数形式（例如：$x^n + y^n - xz^{n-1} = 0$）。

证明：曲线 $f(x, y) = 0$ 在点 (ξ, η) 处的切线方程为：

$$xF_\xi + yF_\eta + F_\zeta = 0$$

---

〔1〕在本例和接下来的例子中，读者须要假设所有导数函数有连续性。

其中 F_ξ，F_η，F_ζ 表示当 $x = \xi$，$y = \eta$，$z = \zeta = 1$ 时 F_x，F_y，F_z 的值。

15. 相关的和独立的函数。雅克布（Jacobi）式或函数行列式。

假设 u 和 v 是 x 和 y 的函数，它们由恒等式

$$\phi(u,v) = 0 \tag{1}$$

相联系，对（1）关于 x 和 y 求导，我们得到

$$\frac{\partial \phi}{\partial u}\frac{\partial u}{\partial x} + \frac{\partial \phi}{\partial v}\frac{\partial v}{\partial x} = 0, \quad \frac{\partial \phi}{\partial u}\frac{\partial u}{\partial y} + \frac{\partial \phi}{\partial v}\frac{\partial v}{\partial y} = 0 \tag{2}$$

通过消除 ϕ 的导数，可得

$$J = \begin{vmatrix} u_x & u_y \\ v_x & v_y \end{vmatrix} = u_x v_y - u_y v_x = 0 \tag{3}$$

其中 u_x，u_y，v_x，v_y 是 u 和 v 对于 x 和 y 的导数。因此此条件对于（1）这样的关系也是必要的。可以证明此条件为充分条件；对此我们可以参考古尔萨所著的《课程分析》，第 3 版，卷 1，第 126 页。

两个函数 u 和 v 相关或独立，取决于是否由（1）这样的关系相连。通常称 J 为 u 和 v 对于 x 和 y 的雅克布式或函数行列式，写作

$$J = \frac{\partial(u,v)}{\partial(x,y)}$$

对于任意数目变量的函数也有相似的结果。例如，三个变量 x，y，z 的三个函数 u，v，w 是否由关系 $\phi(u,v,w) = 0$ 相连，取决于

$$J = \begin{vmatrix} u_x & u_y & u_z \\ v_x & v_y & v_z \\ w_x & w_y & w_z \end{vmatrix} = \frac{\partial(u,v,w)}{\partial(x,y,z)}$$

是否对于 x，y，z 的所有值取值为 0。

16. 证明：$ax^2 + by^2 + cz^2 + 2fyz + 2gzx + 2hxy$ 可以表达为 x，y 和 z 的两个线性函数的乘积，当且仅当

$$abc + 2fgh - af^2 - bg^2 - ch^2 = 0$$

［写下使得 $px + qy + rz$ 和 $p'x + q'y + r'z$ 由函数关系的给定函数相连的条件。］

17. 如果 u 和 v 是 ξ 和 η 的函数，ξ 和 η 自身也是 x 和 y 的函数，则

$$\frac{\partial(u,v)}{\partial(x,y)} = \frac{\partial(u,v)}{\partial(\xi,\eta)}\frac{\partial(\xi,\eta)}{\partial(x,y)}$$

将此结果推广到任意数目的变量之中。

18. 设 $f(x)$ 是 x 的函数，其导数为 $\dfrac{1}{x}$，且当 $x=1$ 时取值为 0。证明：如果 $u=f(x)+f(y)$，$v=xy$，则 $u_x v_y - u_y v_x = 0$，于是 u 和 v 由一个有理关系相连。再设 $y=1$，证明此关系为 $f(x)+f(y)=f(xy)$。并用相似的方法证明：如果 $f(x)$ 的导数为 $\dfrac{1}{1+x^2}$，且 $f(0)=0$，则 $f(x)$ 必定满足等式

$$f(x)+f(y)=f\left(\frac{x+y}{1-xy}\right)$$

19. 证明：如果 $f(x)=\displaystyle\int_0^x \frac{\mathrm{d}t}{\sqrt{1-t^4}}$，则

$$f(x)+f(y)=f\left(\frac{x\sqrt{1-y^4}+y\sqrt{1-x^4}}{1+x^2 y^2}\right)$$

20. 证明：如果在

$$u=f(x)+f(y)+f(z)$$
$$v=f(y)f(z)+f(z)f(x)+f(x)f(y)$$
$$w=f(x)f(y)f(z)$$

之间存在有理关系，则 f 必定为常数。〔求出有理关系的条件为：

$$f'(x)f'(y)f'(z)\{f(y)-f(z)\}\{f(z)-f(x)\}\{f(x)-f(y)\}=0\,〕$$

21. 如果 $f(y,z)$，$f(z,x)$ 和 $f(x,y)$ 由一个有理关系相连，则 $f(x,x)$ 与 x 无关。（《数学之旅》，1909）

22. 如果 $u=0$，$v=0$，$w=0$ 是三个圆的方程，就像第 14 题那样是同次函数，则方程

$$\frac{\partial(u,v,w)}{\partial(x,y,z)}=0$$

代表着与这三圆全部正交的圆。（《数学之旅》，1900）

23. 当

$$\frac{x^2}{a^2+\lambda}+\frac{y^2}{b^2+\lambda}=\frac{x^2}{a^2+\mu}+\frac{y^2}{b^2+\mu}=1$$

时，计算 $\dfrac{\partial(\lambda,\mu)}{\partial(x,y)}$。

24. 如果 A，B，C 是 x 的三个函数，它们使得

$$\begin{vmatrix} A & A' & A'' \\ B & B' & B'' \\ C & C' & C'' \end{vmatrix}$$

恒为 0，则我们可以求得常数 λ，μ，v 使得

$$\lambda A + \mu B + vC$$

恒为 0；逆命题也成立。〔逆命题几乎是显然的。为了证明原命题，设 $\alpha = BC' - B'C$，$\cdots$ 则 $\alpha' = BC'' - B''C$，从该行列式取值为 0 就可得出 $\beta\gamma' - \beta'\gamma = 0$，$\cdots$，使得比例 $\alpha : \beta : \gamma$ 是常数。但是 $\alpha A + \beta B + \gamma C = 0$〕

25. 假设三个变量 x，y，z 由一个关系相连，根据这个关系，有（i）z 是 x 和 y 的函数，且存在导数 z_x，z_y，（ii）x 是 y 和 z 的函数，且存在导数 x_y，x_z。证明：

$$x_y = \frac{-z_y}{z_x}, \quad x_z = \frac{1}{z_x}$$

〔我们有

$$\mathrm{d}z = z_x\mathrm{d}x + z_y\mathrm{d}y, \quad \mathrm{d}x = x_y\mathrm{d}y + x_z\mathrm{d}z$$

二式相减消去 $\mathrm{d}x$ 得到

$$\mathrm{d}z = (z_x x_y + z_y)\,\mathrm{d}y + z_x x_z\mathrm{d}z$$

该式只有当 $z_x x_y + z_y = 0$，$z_x x_z = 1$ 时才可能成立。〕

26. 四个变量 x，y，z，u 由两个关系式相连，因而任意两个变量都可以表达成为另外两个变量的函数。证明：

$$x_y{}^z y_z{}^u + x_u{}^z u_z{}^y = 0, \quad y_z{}^u z_x{}^u x_y{}^z = -y_z{}^x z_x{}^y x_y{}^z = 1, \quad x_z{}^u z_x{}^y + y_z{}^u z_y{}^x = 1$$

其中 $y_z{}''$ 表示：当把 y 表达为 z 和 u 的函数时，关于 z 的导数。（《数学之旅》，1897，1928）

27. 变量 x，y，z 由

$$x^2 + y^2 + z^2 - 3xyz = 0$$

相连，且 $\phi(x, y, z) = x^3 y^2 z$。求出 ϕ_x 在（1，1，1）处的值：（i）当 x 和 y 为独立变量时，（ii）当 x 和 z 为独立变量时；并用几何方法证明在这两种情况下 ϕ_x 的意义之间的区别。

28. 如果 $x^2 = vw$，$y^2 = wu$，$z^2 = uv$，且 $f(x, y, z) = \phi(u, v, w)$，则

$$xf_x + yf_y + zf_z = u\phi_u + v\phi_v + w\phi_w \quad （《数学之旅》，1836）$$

29. 当 x, y 不都为 0, 且 $\phi(0, 0) = 0$ 时, 定义

$$\phi_y(x, y) = \frac{(x+y)^2(x-y)}{x^2+y^2}$$

并解释为什么 $\phi(x, y) = 0$ 在原点附近不能将 y 定义为 x 的单值函数。

30. 函数 $\phi(u, v, x, y)$ 是 u, v 的二级同次函数; $\phi_u = p$, $\phi_v = q$; 当 $\phi(u, v, x, y)$ 表达为 p, q, x, y 时, 取 $\psi(p, q, x, y)$ 的形式。证明:

$$\psi_p = u, \quad \psi_q = v, \quad \psi_x = -\phi_x, \quad \psi_y = -\phi_y \quad (《数学之旅》, 1936)$$

〔根据欧拉定理(第 12 题), 当 u 和 v 表达为 p, q, x, y 时, 函数有 $u\phi_u + v\phi_v = 2\phi$, 也就是 $pu + qv = 2\psi$。因此

$$u + pu_p + qv_p = 2\psi_p$$

但是

$$\psi_p = \phi_u u_p + \phi_v v_p = pu_p + qv_p$$

所以有 $\psi_p = u$。其他的结果也可以相似地加以证明。〕

31. 如果 $a > 0$, $ac - b^2 > 0$, 且 $x_1 > x_0$, 则

$$\int_{x_0}^{x_1} \frac{\mathrm{d}x}{ax^2 + 2bx + c} = \frac{1}{\sqrt{ac - b^2}} \arctan\left\{\frac{(x_1 - x_0)\sqrt{ac - b^2}}{ax_1 x_0 + b(x_1 + x_0) + c}\right\}$$

其中反正切值介于 0 和 π 之间。[1]

32. 计算积分 $\displaystyle\int_{-1}^{1} \frac{\sin\alpha\,\mathrm{d}x}{1 - 2x\cos\alpha + x^2}$。$\alpha$ 取何值时, 此积分是 α 的不连续函数?
(《数学之旅》, 1904)

〔对于任意整数 n, 如果 $2n\pi < \alpha < (2n+1)\pi$ 时该积分值为 $\frac{1}{2}\pi$, 如果 $(2n-1)\pi < \alpha < 2n\pi$ 时, 该积分值为 $-\frac{1}{2}\pi$; 如果 α 是 π 的倍数, 则积分值为 0。〕

33. 当 $x_0 \leqslant x \leqslant x_1$ 时, 如果 $ax^2 + 2bx + c > 0$, $f(x) = \sqrt{ax^2 + 2bx + c}$, 且

$$y = f(x), \quad y_0 = f(x_0), \quad y_1 = f(x_1), \quad X = \frac{x_1 - x_0}{y_1 + y_0}$$

---

〔1〕与第 31, 33, 36, 38 题相关的联系可见于布罗米奇的《数学的信使》的第 35 卷。

则根据 a 的正负，有

$$\int_{x_0}^{x_1} \frac{\mathrm{d}x}{y} = \frac{1}{\sqrt{a}} \log \frac{1 + X\sqrt{a}}{1 - X\sqrt{a}}, \quad \frac{2}{\sqrt{-a}} \arctan \{X\sqrt{-a}\}$$

在后一种情况下，反正切取值在 0 和 $\frac{1}{2}\pi$ 之间。$\left[\ \text{通过替换}\ t = \dfrac{x - x_0}{y + y_0}, \ \text{可以将}\right.$

积分简化为 $\left. 2\displaystyle\int_0^X \frac{\mathrm{d}t}{1 - at^2} \ \right]$

34. 证明：$\displaystyle\int_0^a \frac{\mathrm{d}x}{x + \sqrt{a^2 - x^2}} = \frac{\pi}{4}$（《数学之旅》，1913）

35. 如果 $a > 1$，则 $\displaystyle\int_{-1}^1 \frac{\sqrt{1 - x^2}}{a - x}\,\mathrm{d}x = \pi(a - \sqrt{a^2 - 1})$

36. 如果 $p > 1$，$0 < q < 1$，则

$$\int_0^1 \frac{\mathrm{d}x}{\sqrt{\{1 + (p^2 - 1)x\}\{1 - (1 - q^2)x\}}} = \frac{2\omega}{(p + q)\sin\omega}$$

其中 ω 是正的锐角，其余弦值为 $\dfrac{1 + pq}{p + q}$。

37. 如果 $a > b > 0$，则 $\displaystyle\int_0^{2\pi} \frac{\sin^2\theta\,\mathrm{d}\theta}{a - b\cos\theta} = \frac{2\pi}{b^2}\left(a - \sqrt{a^2 - b^2}\right)$（《数学之旅》，1904）

38. 证明：如果 $a > \sqrt{b^2 + c^2}$，则

$$\int_0^\pi \frac{\mathrm{d}\theta}{a + b\cos\theta + c\sin\theta} = \frac{2}{\sqrt{a^2 - b^2 - c^2}}\arctan\left(\frac{\sqrt{a^2 - b^2 - c^2}}{c}\right)$$

其中反正切值在 0 与 π 之间。

39. 证明：如果 $m \geq 1$，且

$$I_{m,n} = \int_0^{\frac{1}{2}\pi} \sin^m x \cos nx \,\mathrm{d}x$$

$$J_{m,n} = \int_0^{\frac{1}{2}\pi} \sin^m x \sin nx \,\mathrm{d}x$$

那么，

$$(m + n)I_{m,n} = \sin\frac{1}{2}n\pi - mJ_{m-1,n-1}$$

并在 $m \geq 2$，将 $I_{m,n}$ 用 $I_{m-2,n-2}$ 表示出来。

40. 对不等式

$$\frac{1-\sin^{2n-1}x}{2n-1} > \frac{1-\sin^{2n}x}{2n} > \frac{1-\sin^{2n+1}x}{2n+1}$$

从 0 到 $\frac{1}{2}\pi$ 积分，并利用例 66 的第 10 题证明

$$p_{n-1}\Big(1 + \frac{2n-1}{2n}p_{n-1}\Big) > \frac{4n}{\pi} > p_n\,(\,p_n - 1\,)$$

其中

$$p_n = \frac{3 \times 5 \times \cdots \times (2n-1)}{2 \times 4 \times \cdots \times 2n}$$

41. 求出 $\int_0^x \sin^{2n-1}\theta \mathrm{d}\theta$ 的简化公式，并推导出

$$1 = \cos x + \frac{1}{2}\cos x \sin^2 x + \cdots + \frac{1 \times 3 \times \cdots \times (2n-3)}{2 \times 4(2n-2)}\cos x \sin^{2n-2}x + r_n$$

$$\alpha = \sin\alpha + \frac{1}{2}\frac{\sin^3\alpha}{3} + \cdots + \frac{1 \times 3 \times \cdots \times (2n-3)}{2 \times 4(2n-2)}\frac{\sin^{2n-1}\alpha}{2n-1} + R_n$$

其中

$$r_n = \frac{3 \times 5 \times \cdots \times (2n-1)}{2 \times 4 \times \cdots \times (2n-2)}\int_0^x \sin^{2n-1}\theta \mathrm{d}\theta$$

且

$$R_n = \int_0^\alpha r_n \mathrm{d}x = \frac{3 \times 5 \times \cdots \times (2n-1)}{2 \times 4 \times \cdots \times (2n-2)}\int_0^\alpha (\alpha - x)\sin^{2n-1}x\mathrm{d}x$$

证明：如果 $0 \leqslant x \leqslant \alpha \leqslant \frac{1}{2}\pi$，则 $x + \alpha \cos x \geqslant \alpha$ 从而

$$R_n \leqslant \frac{1 \times 3 \times \cdots \times (2n-1)}{2 \times 4 \times \cdots \times 2n}\alpha \sin^{2n}\alpha$$

42. 利用变量代换 $\sqrt{1+x^4} = (1+x^2)\cos\phi$，或者其他方法，证明：

$$\int_0^1 \frac{1-x^2}{1+x^2}\frac{\mathrm{d}x}{\sqrt{1+x^4}} = \frac{\pi}{4\sqrt{2}}$$

43. 如果 $f(x)$ 是连续的且不取负值，且 $\int_a^b f(x)\mathrm{d}x = 0$，则 $f(x)$ 对于 a 与 b 之间的所有 x 值都有 $f(x) = 0$。

　　［当 $x = \xi$ 时，如果 $f(x)$ 等于正数 k，则根据 $f(x)$ 的连续性，我们可以找到一个区间 $(\xi - \delta, \xi + \delta)$，使得 $f(x) > \frac{1}{2}k$；如此一来，积分值便会大于 δk］

44. 施瓦茨（Schwarz）不等式。

证明：

$$\left(\int_a^b \phi\psi \,\mathrm{d}x\right)^2 \leqslant \int_a^b \phi^2 \,\mathrm{d}x \int_a^b \psi^2 \,\mathrm{d}x$$

［观察到

$$\int_a^b (\lambda\phi + \mu\psi)^2 \,\mathrm{d}x = \lambda^2 \int_a^b \phi^2 \,\mathrm{d}x + 2\lambda\mu \int_a^b \phi\psi \,\mathrm{d}x + \mu^2 \int_a^b \psi^2 \,\mathrm{d}x$$

不可能为负。此不等式也可以作为柯西不等式（第一章，例题集第 10 题）的极限情况推导出来。］

45. 如果 $P_n(x) = \dfrac{1}{(\beta - \alpha)^n n!} \left(\dfrac{\mathrm{d}}{\mathrm{d}x}\right)^n \{(x - \alpha)(\beta - x)\}^n$，则 $P_n(x)$ 是幂级为 n 的多项式，对幂级低于 n 的任意多项式 $\theta(x)$，$P_n(x)$ 有性质

$$\int_\alpha^\beta P_n(x)\theta(x)\,\mathrm{d}x = 0。$$

［使用分部积分法 $m+1$ 次，其中 m 是 $\theta(x)$ 的幂级，且观察到 $\theta^{(m+1)}(x) = 0$。］

46. 证明：如果 $m \neq n$，$\int_\alpha^\beta P_m(x)P_n(x)\,\mathrm{d}x = 0$，但是当 $m = n$ 时，该积分值为 $\dfrac{(\beta - \alpha)}{(2n+1)}$。

47. 如果 $Q_n(x)$ 是幂级为 n 的多项式，$\theta(x)$ 是幂级小于 n 的任意多项式，拥有性质 $\int_\alpha^\beta Q_n(x)\theta(x)\,\mathrm{d}x = 0$，则 $Q_n(x)$ 是 $P_n(x)$ 的常数倍。

［我们可以选择 k 使得 $Q_n - kP_n$ 的幂级为 $n-1$，这样则有

$$\int_\alpha^\beta Q_n(Q_n - kP_n)\,\mathrm{d}x = 0$$

$$\int_\alpha^\beta P_n(Q_n - kP_n)\,\mathrm{d}x = 0$$

所以

$$\int_\alpha^\beta (Q_n - kP_n)^2\,\mathrm{d}x = 0$$

现在应用到第 43 题中。］

48. 如果 $\phi(x)$ 是幂级为 5 的多项式，则

$$\int_0^1 \phi(x)\,\mathrm{d}x = \frac{1}{18}\left\{5\phi(\alpha) + 8\phi\left(\frac{1}{2}\right) + 5\phi(\beta)\right\}$$

这里的 α 和 β 是方程 $x^2 - x + \dfrac{1}{10} = 0$ 的根。

第八章　无穷级数与无穷积分的收敛

（171）前言

在第四章中，我们已经解释了无穷级数收敛、发散或者振荡的含义，并用几个简单例子阐释了定义，这些例子主要是从几何级数

$$1+x+x^2+\cdots$$

或与之相关的其他级数导出的。在本章中，我们将更加系统地研究这个问题，并且证明若干个定理，使我们能够判断分析中最常见的简单级数何时收敛。

我们将时常使用记号

$$u_m+u_{m+1}+\cdots+u_n=\sum_m^n u_\nu$$

而将无穷级数

$$u_0+u_1+u_2+\cdots\,^{[1]}$$

写作 $\sum_0^\infty u_n$，或简写作 $\sum u_n$。

（172）正项级数

当级数中所有项都为正数时，级数收敛的理论也相对简单[2]。我们首先考

---

〔1〕 对于级数，我们用第四章的 $u_1+u_2+\cdots$ 还是这里的 $u_0+u_1+\cdots$，是无关紧要的。在本章后面我们还将考虑级数 $a_0+a_1x+a_2x^2+\cdots$。对这种类型的级数来说，后一种表示方法显然更加方便。因此我们将此作为标准表示方法。但是我们也不总坚持这么做，只要使表达更加方便，我们也将假设 u_1 是级数的第一项。例如，当处理级数 $1+\dfrac{1}{2}+\dfrac{1}{3}+\cdots$ 时，假设 $u_n=\dfrac{1}{n}$ 且级数从 u_1 开始，比起假设 $u_n=\dfrac{1}{n+1}$ 且级数从 u_0 开始就更为方便。例如，此方法适用于例 68 的第 4 题。

〔2〕 这里以及以后"正数"视作也包括 0。

虑这样的级数，不仅因为它们容易处理，也因为讨论包含负项或复数项的级数收敛性时，往往会依赖于仅由正项构成的级数的相似讨论。

当我们讨论一个级数的收敛性或发散性时，我们可以忽略任意有限多的项。例如，当一个级数仅包含有限多负数项或复数项，我们就可以忽略它们，并将接下来的定理应用到余项中去。

（173）正项级数（续）

在这里，我们要回顾一下第 77 课时建立的如下基本定理：

A. 正项级数必定收敛或发散于 ∞，且不可能振荡。

B. $\sum u_n$ 收敛的必要充分条件为：存在一个数 K，使得对于所有的 n 值都有
$$u_0 + u_1 + \cdots + u_n < K$$

C. 比较定理。如果 $\sum u_n$ 收敛，且对于所有的 n 值都有 $v_n \leqslant u_n$，则 $\sum v_n$ 也收敛，且有 $\sum v_n \leqslant \sum u_n$。更一般地，如果 $v_n \leqslant K u_n$，其中 K 是常数，则 $\sum v_n$ 也收敛，且有 $\sum v_n \leqslant K \sum u_n$。如果 $\sum u_n$ 发散，且 $v_n \geqslant K u_n$（K 为正数），则 $\sum v_n$ 发散。

另外，在用其中的某个判别法判定 $\sum v_n$ 的收敛或发散时，只要知道该判别法对于足够大的 n 值都满足，即对于大于某个确定值 n_0 的所有 n 值满足就够了。但是在这种情形下，结论 $\sum v_n \leqslant K \sum u_n$ 也不一定成立。

此定理的一个特别有用的情形为：

D. 如果 $\sum u_n$ 收敛（或发散），且当 $n \to \infty$，$\dfrac{u_n}{v_n}$ 趋向于一个非零极限，则 $\sum v_n$ 也收敛（发散）。

（174）这些判别的第一批应用

关于任意特殊级数的收敛，我们已证明的最重要的定理为：如果 $r < 1$，则

$\sum r^n$ 收敛，如果 $r \geqslant 1$[1]，则发散。很自然地在定理 C 中取 $u_n = r^n$。我们发现：

1. 如果对于所有足够大的 n 值都有 $v_n \leqslant Kr^n$，其中 $r < 1$，则级数 $\sum v_n$ 收敛。

当 $K=1$ 时，此条件可以写作 $v_n^{\frac{1}{n}} \leqslant r$ 如此我们就得到了正项级数收敛的柯西判别法（Cauchy's test）。

2. 如果对于所有足够大的 n 值都有 $v_n^{\frac{1}{n}} \leqslant r$，其中 $r < 1$，则级数 $\sum v_n$ 收敛。

另一方面，3. 如果对于无限多的 n 值都有 $v_n^{\frac{1}{n}} \geqslant 1$，则级数 $\sum v_n$ 发散。

这是显然的，因为 $v_n^{\frac{1}{n}} \geqslant 1$ 也包含了 $v_n \geqslant 1$。

（175）比值判别法

还有一些非常有用的判别法，它们涉及了级数的连续两项的比值 $\frac{v_{n+1}}{v_n}$。在这些判别法中，我们必须严格地假设 u_n 和 v_n 为正。

假设 $u_n > 0$，$v_n > 0$，且对于足够大的 n 值，比如 $n \geqslant n_0$，有

$$\frac{v_{n+1}}{v_n} \leqslant \frac{u_{n+1}}{u_n} \tag{1}$$

则

$$v_n = \frac{v_{n_0+1}}{v_{n_0}} \frac{v_{n_0+2}}{v_{n_0+1}} \cdots \frac{v_n}{v_{n-1}} v_{n_0} \leqslant \frac{u_{n_0+1}}{u_{n_0}} \frac{u_{n_0+2}}{u_{n_0+1}} \cdots \frac{u_n}{u_{n-1}} v_{n_0} = \frac{v_{n_0}}{u_{n_0}} u_n$$

所以 $v_n \leqslant Ku_n$，其中 K 与 n 无关。相似地，对于 $n \geqslant n_0$，有

$$\frac{v_{n+1}}{v_n} \geqslant \frac{u_{n+1}}{u_n} \tag{2}$$

这暗示着对于某个正数 K，有 $v_n \geqslant Ku_n$。因而

4. 如果（1）式对于足够大的 n 值成立，且 $\sum u_n$ 收敛，则 $\sum v_n$ 收敛。

5. 如果（2）式对于足够大的 n 值成立，且 $\sum u_n$ 发散，则 $\sum v_n$ 发散。

在定理（4）中取 $u_n = r^n$，我们可以发现

6. 如果对于足够大的 n 值都有 $\frac{v_{n+1}}{v_n} \leqslant r$，其中 $r < 1$，则级数 $\sum v_n$ 收敛。

---

〔1〕在本章中，r 始终为正数，在更广泛的意义上还包括 0。

此方法称之为阿勒波特判别法（D'Alembert's test）。相对应的发散判定"如果对于所有足够大的 n 值都有 $\frac{v_{n+1}}{v_n} \geqslant r$，其中 $r \geqslant 1$，则 $\sum v_n$ 收敛"仅是平凡的。

之后我们将会看到，从理论上讲，阿勒波特判别法比起柯西判别法要更弱一些，柯西判别法总是成立，而阿勒波特判别法却时灵时不灵。例如下面例 68 的第 9 题。对于非常规级数，例如 $0 + \frac{1}{2} + 0 + \frac{1}{4} + 0 + \frac{1}{8} + \cdots$，比值判别是无效的。但不管怎么样，实际上阿勒波特判别法十分有效，因为当 v_n 是复杂函数时，$\frac{v_{n+1}}{v_n}$ 常常不那么复杂了，从而更容易处理。

当 $n \to \infty$ 时，$\frac{v_{n+1}}{v_n}$ 或 $v_n^{\frac{1}{n}}$ 有时会趋向于某个极限[1]。当极限小于 1 时，显然以上的定理 2 或 6 的条件得以满足。因此：

7. 如果当 $n \to \infty$ 时，$v_n^{\frac{1}{n}}$ 或 $\frac{v_{n+1}}{v_n}$ 趋向于一个小于 1 的极限，则 $\sum v_n$ 收敛。

显然，如果两个函数中的任意一个都趋向于大于 1 的极限，则 $\sum v_n$ 发散。我们将此结论的正式证明留给读者作为练习。但是当 $v_n^{\frac{1}{n}}$ 或 $\frac{v_{n+1}}{v_n}$ 趋向于 1 时，这些判别就失效了。当 $v_n^{\frac{1}{n}}$ 或 $\frac{v_{n+1}}{v_n}$ 以这样的方式振荡时，它们也同样失效，尽管它们总是小于 1，也假设了由无限多的 n 值无限接近于 1；当比值 $\frac{v_{n+1}}{v_n}$ 振荡使得有时小于 1 有时大于 1 时，包含 $\frac{v_{n+1}}{v_n}$ 的判别法也会失效。当 $v_n^{\frac{1}{n}}$ 有如此性状时，定理 3 就足够证明这个级数的发散性。但是显然还有很多情形需要更精确的判别法。

例68

1. 对于级数 $\sum n^k r^n$ 应用柯西判别法和阿勒波特判别法（正如 7 中所指出的形式），其中 k 是正整数。

〔这里有

$$\frac{v_{n+1}}{v_n} = \left(\frac{n+1}{n}\right)^k r \to r$$

---

〔1〕在第九章例 87 的第 36 题将证明：无论何时，只要 $\frac{v_{n+1}}{v_n} \to l$ 就有 $v_n^{\frac{1}{n}} \to l$，假设当 n 是奇数时 $v_n = 1$，当 n 时偶数时 $v_n = 2$，其逆命题也并不总是成立。

阿勒波特判别法表明：如果 $r<1$，则级数收敛，如果 $r>1$，则级数发散。如果 $r=1$，则判别法失效；不过此时，该级数显然发散。既然 $\lim n^{\frac{1}{n}}=1$（例 27 的第 11 题），柯西判别法得到相同的结论。〕

2. 考虑级数 $\sum(An^k+Bn^{k-1}+\cdots+K)r^n$。〔我们可以假设 A 是正数。如果用 $P(n)$ 来表示 r^n 的系数，则有 $P(n)\sim An^k$ 且根据第 173 课时的 D，可知此级数与 $\sum n^k r^n$ 性状相似。〕

3. 考虑

$$\sum\frac{An^k+Bn^{k-1}+\cdots+K}{\alpha n^l+\beta n^{l-1}+\cdots+k}r^n\ (A>0,\ \alpha>0)$$

〔此级数与 $\sum n^{k-l}r^n$ 性状相似。$r=1$，$k<l$ 的情况须要作进一步的研究。〕

4. 在第四章例题集的第 25 题中，我们已经看到级数

$$\sum\frac{1}{n(n+1)},\ \sum\frac{1}{n(n+1)\cdots(n+p)}$$

是收敛的。证明柯西判别法和阿勒波特判别法对它们都失效。〔因为 $\lim u_n^{\frac{1}{n}}=\lim\left(\frac{u_{n+1}}{u_n}\right)=1$〕

5. 证明：级数 $\sum n^{-p}$ 是收敛的，其中 p 是不小于 2 的整数。〔因为 $n(n+1)\cdots(n+p-1)\sim n^p$，从而可以由第 4 题研究的级数收敛性得出结论。在第 77 课时（7）中证明过，如果 $p=1$，则级数发散，如果 $p\leqslant0$，则级数显然发散。〕

6. 证明：如果 $r=1$，$l>k+1$，则第 3 题中的级数收敛，且如果 $r=1$，$l\leqslant k+1$，则级数分散。

7. 如果 m_n 是正整数，且 $m_{n+1}>m_n$，则级数 $\sum r^{m_n}$ 当 $r<1$ 时收敛，当 $r\geqslant1$ 时发散。例如级数 $1+r+r^4+r^9+\cdots$，如当 $r<1$ 则收敛，当 $r\geqslant1$ 则发散。

8. 计算级数 $1+2r+2r^4+\cdots$ 的和，当 $r=0.1$ 时计算至小数点后 24 位的值，以及当 $r=0.9$ 时计算至小数点后 2 位的值。〔如果 $r=0.1$，则前 5 项就给出和 1.2002000020000002，其误差为

$$2r^{25}+2r^{36}+\cdots<2r^{25}+2r^{36}+2r^{47}+\cdots=\frac{2r^{25}}{1-r^{11}}<3.10^{-25}$$

如果 $r=0.9$，则前 8 项就给出和 5.457$\cdots$，误差小于 $\dfrac{2r^{64}}{1-r^{17}}<0.003$。〕

9. 如果 $0 < a < b < 1$，则级数 $a + b + a^2 + b^2 + a^3 + \cdots$ 收敛。证明：柯西判别法可以应用于此级数，但是阿勒波特判别法则不可以。$\left[\ \text{因为}\ \dfrac{v_{2n+1}}{v_{2n}} = \left(\dfrac{b}{a}\right)^{n+1} \to \infty,\ \dfrac{v_{2n+2}}{v_{2n+1}} = b\left(\dfrac{a}{b}\right)^{n+2} \to 0\ \right]$

10. 级数 $\sum \dfrac{r^n}{n!}$ 和 $\sum \dfrac{r^n}{n^n}$ 对于所有的 r 都是收敛的，且 $\sum n! r^n$ 和 $\sum n^n r^n$ 除了 $r = 0$ 外都发散。

11. 级数 $\sum \left(\dfrac{nr}{n+1}\right)^n$ 和 $\sum \dfrac{\{(n+1)r\}^n}{n^{n+1}}$ 在 $r < 1$ 时收敛，在 $r \geq 1$ 时发散。$[$ 当 $r = 1$ 时使用第 73 课时和第 77 课时（7）的结论。$]$

12. 如果 $\sum u_n$ 收敛，则 $\sum u_n^2$ 和 $\sum \dfrac{u_n}{1 + u_n}$ 也收敛。

13. 如果 $\sum u_n^2$ 收敛，则 $\sum n^{-1} u_n$ 也收敛。$[$ 因为 $2n^{-1} u_n \leq u_n^2 + n^{-2}$，且 $\sum n^{-2}$ 收敛。$]$

14. 证明：
$$1 + \frac{1}{3^2} + \frac{1}{5^2} + \cdots = \frac{3}{4}\left(1 + \frac{1}{2^2} + \frac{1}{3^2} + \cdots\right)$$
和
$$1 + \frac{1}{2^2} + \frac{1}{3^2} + \frac{1}{5^2} + \frac{1}{6^2} + \frac{1}{7^2} + \frac{1}{9^2} \cdots = \frac{15}{16}\left(1 + \frac{1}{2^2} + \frac{1}{3^2} + \cdots\right)$$

$[$ 为了证明第一个结果，根据第 77 课时的定理（8）（6）和（4），我们注意到
$$1 + \frac{1}{2^2} + \frac{1}{3^2} + \cdots = \left(1 + \frac{1}{2^2}\right) + \left(\frac{1}{3^2} + \frac{1}{4^2}\right) + \cdots$$
$$= 1 + \frac{1}{3^2} + \frac{1}{5^2} + \cdots + \frac{1}{2^2}\left(1 + \frac{1}{2^2} + \frac{1}{3^2} + \cdots\right)\ ]$$

15. 通过归谬法证明 $\sum n^{-1}$ 发散。$[$ 如果级数收敛，则根据第 14 题中的论断，我们有
$$1 + \frac{1}{2} + \frac{1}{3} + \cdots = \left(1 + \frac{1}{3} + \frac{1}{5} + \cdots\right) + \frac{1}{2}\left(1 + \frac{1}{2} + \frac{1}{3} + \cdots\right)$$
也就有
$$\frac{1}{2} + \frac{1}{4} + \frac{1}{6} + \cdots = 1 + \frac{1}{3} + \frac{1}{5} + \cdots$$

这是不可能的，因为第一级数的每一项都小于第二个级数的对应项。]

（176）德里赫特判别法

在进一步研究收敛与发散的判别法之前，我们将证明关于正项级数的一个重要的一般性定理。

德里赫特判别法（Dirichlet's theorem）[1]。无论各项的顺序如何，一个正项级数的和总会是相同的。

此定理说明了：如果给定正项的收敛级数 $u_0 + u_1 + u_2 + \cdots$，并取相同的项以新顺序排列，形成其他级数

$$v_0 + v_1 + v_2 + \cdots$$

则此新级数也是收敛的，且与旧级数有相同的和。当然，我们不应该漏掉任何一项：每一个 u 都必须来自于各 v 中的某一处，反之同理。

定理的证明也是简单的。令 s 为级数 $u's$ 的和。则从 $u's$ 中选取任意数目项之和也不会大于 s。但是每一个 v 都是一个 u，因此从 $v's$ 中选取的任意数目项之和也不会大于 s。因此 $\sum v_n$ 收敛，其和 t 也不会大于 s。但是我们可以准确地表明 $s \leqslant t$，因此 $s = t$。

（177）正项级数的乘法

德里赫特判别法的直接推论为：如果 $u_0 + u_1 + u_2 + \cdots$ 和 $v_0 + v_1 + v_2 + \cdots$ 是两个收敛的正项级数，s 和 t 分别代表其和，则级数

$$u_0 v_0 + (u_1 v_0 + u_0 v_1) + (u_2 v_0 + u_1 v_1 + u_0 v_2) + \cdots$$

也收敛，并有和为 st。

---

[1] 此定理由德里赫特于 1837 年首次详细阐述。毫无疑问，之前的作者也对此有所了解，特别是柯西。

将所有 $u_m v_n$ 的乘积排列成双重数列的形式：

$u_0 v_0$	$u_1 v_0$	$u_2 v_0$	$u_3 v_0$	$\cdots$
$u_0 v_1$	$u_1 v_1$	$u_2 v_1$	$u_3 v_1$	$\cdots$
$u_0 v_2$	$u_1 v_2$	$u_2 v_2$	$u_3 v_2$	$\cdots$
$u_0 v_3$	$u_1 v_3$	$u_2 v_3$	$u_3 v_3$	$\cdots$
$\cdots$	$\cdots$	$\cdots$	$\cdots$	$\cdots$

我们也可以把这些项重新排列成简单的如下几种无穷级数的形式。

（1）我们首先满足 $m+n=0$ 的单一项 $u_0 v_0$ 开始；接下来取满足 $m+n=1$ 的两项 $u_1 v_0$，$u_0 v_1$；然后取满足 $m+n=2$ 的三项 $u_2 v_0$，$u_1 v_1$，$u_0 v_2$；以此类推。这样我们就得到级数

$$u_0 v_0 + (u_1 v_0 + u_0 v_1) + (u_2 v_0 + u_1 v_1 + u_0 v_2) + \cdots$$

（2）我们从下标都为 0 的单一项 $u_0 v_0$ 开始；然后我们取下标都有 1 但不大于 1 的 $u_1 v_0$，$u_1 v_1$，$u_0 v_1$；再取下标有 2 但不大于 2 的 $u_2 v_0$，$u_2 v_1$，$u_2 v_2$，$u_1 v_2$，$u_0 v_2$；以此类推。这些项之和分别等于

$$u_0 v_0, \ (u_0 + u_1) (v_0 + v_1) - u_0 v_0$$

$$(u_0 + u_1 + u_2) (v_0 + v_1 + v_2) - (u_0 + u_1) (v_0 + v_1) \cdots$$

且前 $n+1$ 组之和为

$$(u_0 + u_1 + \cdots + u_n) (v_0 + v_1 + \cdots + v_n)$$

当 $n \to \infty$，它也趋向于 st。当级数之和以此方式形成的时候，前 1，2，3，$\cdots$ 组元素的和包含了上面所画的双重数列图表中所指出的第 1 个，第 2 个，第 3 个，$\cdots$ 长方形中的所有项。

用第二种方式形成的级数之和为 st。但是第一个级数（当去掉括号时）是第二个级数的重新排列；因此，通过德里赫特判别法，它也收敛于和 st。定理得证。

例69

1. 证明：如果 $r < 1$，则

$$1 + r^2 + r + r^4 + r^6 + r^3 + \cdots = 1 + r + r^3 + r^2 + r^5 + r^7 + \cdots = \frac{1}{1-r}$$

2.[1] 如果级数 $u_0+u_1+\cdots$，$v_0+v_1+\cdots$ 中有一个是发散的，则级数 $u_0v_0+(u_1v_0+u_0v_1)+(u_2v_0+u_1v_1+u_0v_2)+\cdots$ 也发散，除非在级数的每一项都是 0 这一平凡情形时才可能收敛。

3. 如果级数 $u_0+u_1+\cdots$，$v_0+v_1+\cdots$，$w_0+w_1+\cdots$ 分别收敛于和 r，s，t，则级数 $\sum\lambda_k$ 收敛于和 rst，其中 $\lambda_k=\sum u_m v_n w_p$，且求和取遍所有的 m，n，p 值使得 $m+n+p=k$。

4. 如果 $\sum u_n$ 和 $\sum v_n$ 收敛于 s 和 t，则级数 $\sum w_n$ 收敛于和 st，其中 $w_n=\sum u_l v_m$，且求和取遍所有的 l，m 值使得 $lm=n$。

（178）对于收敛与发散的额外判别法

第 175 课时的例子说明：也有一些简单而有趣的正项级数不能用第 174—175 课时的一般性判别来处理。事实上，如果我们考虑当 $n\to\infty$ 时 $\frac{u_{n+1}}{u_n}$ 趋向一个极限的简单类型的级数，当此极限是 1 时，第 174—175 课时的判别一般也会失效。因此在例 68 的第 5 题中，这些判别法失效，我们就必须返回到一个特殊的方法，其本质在于使用例 68 的第 4 题中的级数作为我们的比较级数，而不是几何级数。

事实上，几何级数（通过与第 174—175 课时的判别法相比较），不仅是收敛的，而且是快速收敛的。通过比较得出的判别法自然很粗糙，而我们需要更精细的判别法。

在例 27 的第 7 题中，我们证明了当 $n\to\infty$ 时，只要 $r<1$，无论 k 取值如何，都有 $n^k r^n\to0$；在例 68 的第 1 题中我们证明得更多，即证明了级数 $\sum n^k r^n$ 收敛。从而得出当 $r<1$ 时，数列 r，r^2，r^3，$\cdots$，r^n，$\cdots$，比起 1^{-k}，2^{-k}，3^{-k}，$\cdots$，n^{-k}，$\cdots$ 更快趋向于 0……如果 r 不是比 1 小很多且 k 很大时，这似乎是矛盾的。因此两个数列

---

[1] 在第 2—4 题中的级数当然也是正项级数。

$$\frac{2}{3}, \quad \frac{4}{9}, \quad \frac{8}{27}, \quad \cdots; \quad 1, \quad \frac{1}{4096}, \quad \frac{1}{531441}, \quad \cdots$$

其一般项为 $\left(\dfrac{2}{3}\right)^n$ 和 n^{-12}，第二项看起来减少得快得多。但是如果我们深入探究这个数列，我们将会发现第一数列的项小得多。例如，

$$\left(\frac{2}{3}\right)^4 = \frac{16}{81} < \frac{1}{5}, \quad \left(\frac{2}{3}\right)^{12} < \left(\frac{1}{5}\right)^3 < \left(\frac{1}{10}\right)^2, \quad \left(\frac{2}{3}\right)^{1000} < \left(\frac{1}{10}\right)^{166}$$

然而，

$$1000^{-12} = 10^{-36}$$

使得第一数列的第 1000 项小于第二数列的对应项的 10^{130} 分之一。因此级数 $\sum\left(\dfrac{2}{3}\right)^n$ 比起级数 $\sum n^{-12}$ 收敛快得多，甚至这个级数比起 $\sum n^{-2}$ 收敛也要快得多。

还有两种判别法：麦克劳林积分判别法（或柯西积分判别法）及柯西并项判别法，当第 174—175 课时的判别法失效时，这两种就特别有效了。在此我们对 u_n 做了一个额外假设，假设它随着 n 而持续降低。这个条件对于最重要的级数都满足[1]。

但是在我们研究这两种判别法之前，我们证明一个简单而有效的定理称之为阿贝尔定理[2]。它说明了此特殊类型级数收敛的必要条件。

（179）阿贝尔（或普林斯姆）定理

如果 $\sum u_n$ 是正项且递减的收敛级数，则 $\lim nu_n = 0$。

因为 $u_{n+1} + u_{n+2} + \cdots \to 0$，从而有

$$u_{n+1} + u_{n+2} + \cdots + u_{2n} \to 0$$

而它的左边至少是 nu_{2n}。从而 $2nu_{2n} = 2\,(nu_{2n}) \to 0$ 又有

$$(2n+1)\,u_{2n+1} \leqslant \frac{2n+1}{2n}\, 2nu_{2n} \longrightarrow 0$$

---

[1] 前 5 项足够给出的 $\sum n^{-12}$ 和精确到 7 位小数，然而对于 $\sum n^{-2}$ 精确的估计则需要 10000000 项。本章中大量的数值结果可以在作者的专著《次序的无穷》（剑桥数学出版社，第 12 册）中的附录（由杰克森先生撰写）找到。

[2] 此定理由阿贝尔发现，但却被人们遗忘了，由普林斯姆先生重新发现。

因此有 $nu_n \to 0$。

例70

1. 利用阿贝尔定理证明：$\sum n^{-1}$ 和 $\sum (an+b)^{-1}$ 都是发散的。 $\left[\ 这里\ nu_n \to 1\right.$
或者 $\left. nu_n \to \dfrac{1}{a}\ \right]$

2. 证明：如果我们忽略掉条件：随着 n 的增加 u_n 递减，阿贝尔定理不成立。

$\left[\ 级数\right.$

$$1 + \frac{1}{2^2} + \frac{1}{3^2} + \frac{1}{4} + \frac{1}{5^2} + \frac{1}{6^2} + \frac{1}{7^2} + \frac{1}{8^2} + \frac{1}{9} + \frac{1}{10^2} + \cdots$$

收敛，其中 $u_n = \dfrac{1}{n}$ 或者 $\dfrac{1}{n^2}$，且取决于 n 是否为完全平方数，因为它可以重新排列成如下形式：

$$\frac{1}{2^2} + \frac{1}{3^2} + \frac{1}{5^2} + \frac{1}{6^2} + \frac{1}{7^2} + \frac{1}{8^2} + \frac{1}{10^2} + \cdots + \left(1 + \frac{1}{4} + \frac{1}{9} + \cdots\right)$$

而每一个级数都是收敛的。但是无论 n 是否为完全平方数，因为 $nu_n = 1$，则 nu_n
$\to 0$ 不成立。 $\left.\right]$

3. 阿贝尔定理的逆命题并不成立，也就是说，如果 u_n 随着 n 递减且 $\lim nu_n = 0$，则 $\sum u_n$ 收敛的命题不成立。

$\left[\ 取级数\ \sum n^{-1}\right.$，第一项乘 1，第二项乘 $\dfrac{1}{2}$，接下来两项乘 $\dfrac{1}{3}$，接下来四
项乘 $\dfrac{1}{4}$，接下来八项乘 $\dfrac{1}{5}$，以此类推。将形成的新级数括号中的项成组，我们得到

$$1 + \frac{1}{2} \times \frac{1}{2} + \frac{1}{3}\left(\frac{1}{3} + \frac{1}{4}\right) + \frac{1}{4}\left(\frac{1}{5} + \frac{1}{6} + \frac{1}{7} + \frac{1}{8}\right) + \cdots$$

此级数发散，它的项都大于

$$1 + \frac{1}{2} \times \frac{1}{2} + \frac{1}{3} \times \frac{1}{2} + \frac{1}{4} \times \frac{1}{2} + \cdots$$

的项，而后者发散。容易看出此级数

$$1 + \frac{1}{2} \times \frac{1}{2} + \frac{1}{3} \times \frac{1}{3} + \frac{1}{3} \times \frac{1}{4} + \frac{1}{4} \times \frac{1}{5} + \frac{1}{4} \times \frac{1}{6} + \cdots$$

的项满足条件 $nu_n \to 0$。事实上，如果 $2^{v-2} < n \leqslant 2^{v-1}$ 时有 $un_n = \dfrac{1}{v}$，且当 $n \to \infty$
时 $v \to \infty$ $\left.\right]$

（180）麦克劳林（或柯西）积分判别法[1]

如果 u_n 随着 n 的增加而递减，我们写作 $u_n = \phi(n)$，且假设 $\phi(n)$ 是当 $x=n$ 时的值，是连续变量 x 的连续且递减函数 $\phi(n)$。那么，如果 v 是任意正整数，则当 $v-1 \leqslant x \leqslant v$ 时，我们有

$$\phi(v-1) \geqslant \phi(x) \geqslant \phi(v)$$

令

$$v_v = \phi(v-1) - \int_{v-1}^{v} \phi(x)\mathrm{d}x = \int_{v-1}^{v} \{\phi(v-1) - \phi(x)\}\mathrm{d}x$$

使得

$$0 \leqslant v_v \leqslant \phi(v-1) - \phi(v)$$

则 $\sum v_v$ 是正项级数，且

$$v_2 + v_3 + \cdots + v_n \leqslant \phi(1) - \phi(n) \leqslant \phi(1)$$

因此 $\sum v_v$ 收敛，所以当 $n \to \infty$ 时，$v_2 + v_3 + \cdots + v_n$ 也就是

$$\sum_{1}^{n-1} \phi(v) - \int_{1}^{n} \phi(x)\,\mathrm{d}x$$

趋向一个正极限，这个极限不超过 $\phi(1)$

我们写作

$$\Phi(\xi) = \int_{1}^{\xi} \phi(x)\,\mathrm{d}x$$

所以 $\Phi(\xi)$ 是 ξ 的连续且递增函数。则当 $n \to \infty$ 时，

$$u_1 + u_2 + \cdots + u_{n-1} - \Phi(n)$$

趋向于一个正极限，且此极限不大于 $\phi(1)$。因此 $\sum u_v$ 是收敛还是发散，取决于当 $n \to \infty$ 时 $\Phi(n)$ 趋向于某极限还是无穷，由于 $\Phi(n)$ 递增，这样一来，$\sum u_v$ 是收敛还是发散取决于当 $\xi \to \infty$ 时 $\Phi(\xi)$ 趋向于一个极限还是无穷。因此 $\phi(x)$ 对于所

---

[1] 此判别法由麦克劳林发现，由柯西重新发现，且此判别法时常归属于柯西。

有大于 1 的 x 值，如果是 x 的正且连续函数，并且随着 x 的增加而降低，则级数

$$\phi(1) + \phi(2) + \cdots$$

发散或收敛，取决于

$$\Phi(\xi) = \int_1^\xi \phi(x)\,\mathrm{d}x$$

当 $\xi \to \infty$ 时是否趋向于极限 l；在第一种情况下，级数的和不大于 $\phi(1) + l$。

事实上此和必定小于 $\phi(1) + l$。从第 165 课时的（6）和第七章的例题集 43，可得 $v_v < \phi(v-1) - \phi(v)$，除非在区间 $(v-1, v)$ 中 $\phi(x) = \phi(v)$。这对于所有的 v 值并不都成立。

（181）级数 $\sum n^{-s}$

积分判别法最重要的应用是应用于级数

$$1^{-s} + 2^{-s} + 3^{-s} + \cdots + n^{-s} + \cdots$$

其中 s 为任意有理数。我们已经看到（第 77 课时、例 68 的第 15 题和例 70 的第 1 题）当 $s = 1$ 时此级数也发散。

如果 $s \leqslant 0$，则显然此级数发散。如果 $s > 0$，则随着 n 的增加 u_n 在减少，我们可以应用在判别法。这里有

$$\Phi(\xi) = \int_1^\xi \frac{\mathrm{d}x}{x^s} = \frac{\xi^{1-s} - 1}{1-s}$$

除非 $s = 1$。如果 $s > 1$ 则当 $\xi \to \infty$ 时 $\xi^{1-s} \to 0$，且有

$$\Phi(\xi) \to \frac{1}{s-1} = l$$

这里最后一步是我们的定义，如果 $s < 1$，则当 $\xi \to \infty$ 时 $\xi^{1-s} \to \infty$，所以 $\Phi(\xi) \to \infty$。因此如果 $s > 1$ 则级数 $\sum n^{-s}$ 收敛，如果 $s \leqslant 1$ 级数分散，在第一种情况下其和小于 $\frac{s}{s-1}$。

当然我们可以通过比较此级数与分散级数来证明当 $s < 1$ 时，级数 $\sum n^{-1}$ 是分散的。

不过有趣的是，观察到积分判别法怎样应用到级数 $\sum n^{-1}$ 中去，此时之前的

分析都失效了。此时,

$$\Phi(\xi) = \int_1^\xi \frac{dx}{x}$$

很容易看出当 $\xi \to \infty$ 时,有 $\Phi(\xi) \to \infty$。因为如果 $\xi > 2^n$,则

$$\Phi(\xi) > \int_1^{2^n} \frac{dx}{x} = \int_1^2 \frac{dx}{x} + \int_2^4 \frac{dx}{x} + \cdots + \int_{2^{n-1}}^{2^n} \frac{dx}{x}$$

但是通过令 $x = 2^r u$,我们得到

$$\int_{2^r}^{2^{r+1}} \frac{dx}{x} = \int_1^2 \frac{du}{u}$$

所以 $\Phi(\xi) > n \int_1^2 \frac{du}{u}$,表明了当 $\xi \to \infty$ 时 $\Phi(\xi) \to \infty$。

例71

1. 用与之前类似的方法,不用积分判别法来证明 $\Phi(\xi) = \int_1^\xi \frac{dx}{x^s}$ 与 ξ 一起趋向于无穷,其中 $s < 1$。

2. 级数 $\sum n^{-2}$,$\sum n^{-\frac{3}{2}}$,$\sum n^{-\frac{11}{10}}$ 收敛,其和不大于 2,3,11。级数 $\sum n^{-\frac{1}{2}}$,$\sum n^{-\frac{10}{11}}$,是分散的。

3. 级数 $\sum \frac{n^s}{n^t + a}$ 是收敛还是分散,取决于 $t > 1 + s$ 或者 $t \leq 1 + s$,其中 $a > 0$。

[同 $\sum n^{s-t}$ 进行比较。]

4. 讨论级数

$$\sum \frac{a_1 n^{s_1} + a_2 n^{s_2} + \cdots a_k n^{s_k}}{b_1 n^{t_1} + b_2 n^{t_2} + \cdots b_l n^{t_l}}$$

的收敛与发散性,其中所有的字母都表示正数,$s's$ 和 $t's$ 都是有理数并以递减的顺序排列。

5. 证明:如果 $m > 0$,则

$$\frac{1}{m^2} + \frac{1}{(m+1)^2} + \frac{1}{(m+2)^2} + \cdots < \frac{m+1}{m^2}$$

6. 证明:

$$\sum_1^\infty \frac{1}{n^2 + 1} < \frac{1}{2} + \frac{1}{4}\pi$$

7. 证明：

$$-\frac{1}{2}\pi < \sum_1^\infty \frac{1}{n^2+a^2} < \frac{1}{2}\pi \ （《数学之旅》，1909）$$

8. 证明：

$$2\sqrt{n}-2 < \frac{1}{\sqrt{1}} + \frac{1}{\sqrt{2}} + \cdots + \frac{1}{\sqrt{n}} < 2\sqrt{n}-1$$

$$\frac{1}{2}\pi < \frac{1}{2\sqrt{1}} + \frac{1}{3\sqrt{2}} + \frac{1}{4\sqrt{3}} + \cdots < \frac{1}{2}(\pi+1)$$

9. 如果 $\phi(n) \to l > 1$，则级数 $\sum n^{-\phi(n)}$ 收敛。如果 $\phi(n) \to l < 1$，则级数 $\sum n^{-\phi(n)}$ 发散。

10. 证明：如果 $a > 0$，$b > 0$，且 $0 < s < 1$，则

$$\psi(n) = (a+b)^{-s} + (a+2b)^{-s} + \cdots + (a+nb)^{-s} - \frac{(a+nb)^{1-s}}{b(1-s)}$$

在 $n \to \infty$ 时趋向于极限 A。同时证明 $\psi(n) - \psi(n-1) = O\left(n^{-s-1}\right)$，并推导出 $\psi(n) = A + O\left(n^{-s}\right)$

（182）柯西并项判别法

第 178 课时提到的第二个判别法如下：如果 $u_n = \phi(n)$ 是 n 的递减函数，则级数 $\sum \phi(n)$ 是收敛还是发散，取决于 $\sum 2^n \phi(2^n)$ 是收敛还是发散。

我们可以通过第 77 课时的论断来对特殊级数 $\sum n^{-1}$ 证明。首先，

$$\phi(3) + \phi(4) \geqslant 2\phi(4)$$

$$\phi(5) + \phi(6) + \phi(7) + \phi(8) \geqslant 4\phi(8)$$

……

$$\phi(2^n+1) + \phi(2^n+2) + \cdots + \phi(2^{n+1}) \geqslant 2^n \phi(2^{n+1})$$

如果 $\sum 2^n \phi(2^n)$ 发散，则 $\sum 2^{n+1} \phi(2^{n+1})$ 和 $\sum 2^n \phi(2^{n+1})$ 也发散，则刚刚得到的各不等式也表明了 $\sum \phi(n)$ 发散。

另一方面，有

$$\phi(2) + \phi(3) \leqslant 2\phi(2)$$

$$\phi(4) + \phi(5) + \phi(6) + \phi(7) \leq 4\phi(4)$$

等等；从这组不等式可以推出，如果 $\sum 2^n \phi(2^n)$ 收敛，则 $\sum \phi(n)$ 也收敛。定理得证。

目前来说，此判别法的应用范围与积分判别法是相同的。使我们能够轻松地讨论级数 $\sum n^{-s}$。因为 $\sum n^{-s}$ 收敛还是发散取决于 $\sum 2^n 2^{-ns}$ 收敛还是发散，即取决于 $s > 1$ 或者 $s \leq 1$。

例72

1. 证明：如果 a 是任意大于 1 的正整数，则 $\sum \phi(n)$ 收敛还是发散，取决于 $\sum a^n \phi(a^n)$ 收敛还是发散。［使用与之前相同的论断，取 a，a^2，a^3，$\cdots$。］

2. 如果 $\sum 2^n \phi(2^n)$ 收敛，则 $\lim 2^n \phi(2^n) = 0$。因此推导出第 179 课时的阿贝尔定理。

（183）进一步的比值判别法

如果 $u_n = n^{-s}$，则通过泰勒定理，有

$$\frac{u_{n+1}}{u_n} = \left(1 + \frac{1}{n}\right)^{-s} = 1 - \frac{s}{n} + \frac{s(s-1)}{2n^2}\left(1 + \frac{\theta}{n}\right)^{-s-2}$$

其中 $0 < \theta < 1$，所以

$$\frac{u_{n+1}}{u_n} = 1 - \frac{s}{n} + O\left(\frac{1}{n^2}\right)$$

现在假设

$$\frac{v_{n+1}}{v_n} = 1 - \frac{a}{n} + O\left(\frac{1}{n^2}\right) \tag{1}$$

如果 $a > 1$，我们可以选择 s 使得 $1 < s < a$，则对于足够大的 n 值，都有 $\frac{v_{n+1}}{v_n} < \frac{u_{n+1}}{u_n}$。但是 $\sum u_n$ 是收敛的，因此通过第 175 课时的定理 4，$\sum v_n$ 是收敛的。相似地，如果 $a < 1$，我们可以选择 s 使得 $a < s < 1$，通过与发散级数 $\sum v_n$ 进行比较来证明 $\sum u_n$ 的发散性。从而如果 v_n 满足（1），则如果 $a > 1$，$\sum v_n$ 收敛，如果 $a < 1$，$\sum v_n$ 发散。我们将 $a = 1$ 的情形留给下一章（例90 的第 5 题）。

相似地，我们可以证明：如果（1）对于满足 $0 < s < a$ 的任意正数 a 成立，则 $v_n \leqslant K n^{-s}$，所以 $v_n \to 0$。

现在我们来考虑特殊的"超几何"级数

$$\sum v_n = 1 + \frac{\alpha \times \beta}{1 \times \gamma} + \frac{\alpha(\alpha+1) \times \beta(\beta+1)}{1 \times 2 \times \gamma(\gamma+1)} + \cdots \tag{2}$$

其中 α，β，γ 都是实数，且它们之中没有一个是 0 或者负整数。则各项都有相同的符号，且

$$\frac{v_{n+1}}{v_n} = \frac{(\alpha+n)(\beta+n)}{(1+n)(\gamma+n)} = 1 - \frac{\gamma+1-\alpha-\beta}{n} + O\left(\frac{1}{n^2}\right)$$

因此级数（2）当 $\gamma > \alpha + \beta$ 收敛，级数（2）当 $\gamma < \alpha + \beta$ 时发散。特别地，级数

$$1 + \frac{n}{1} + \frac{n(n+1)}{1 \times 2} + \cdots$$

当 $n < 0$ 时收敛，当 $n > 0$ 时发散。且当 $\gamma > \alpha + \beta - 1$ 时，$v_n \to 0$。

（184）无穷积分

第 180 课时的积分判别法表明，如果 $\phi(x)$ 是 x 的正的递减函数，则级数 $\sum \phi(x)$ 收敛还是发散取决于当 $x \to \infty$ 时，积分函数 $\Phi(x)$ 是否趋向于某极限值。让我们假设它的确趋向于某极限值，且

$$\lim_{x \to \infty} \int_1^x \phi(t)\mathrm{d}t = l$$

则我们可以说积分

$$\int_1^\infty \phi(t)\mathrm{d}t$$

收敛，且取值为 l；我们称此积分为无穷积分（infinite integral）。

到目前为止，我们假设了 $\phi(t)$ 为正且递减，并且很自然地，我们可以将定义延伸到别的情形下。上面假设积分下限为 1 没有任何特殊意义。我们相应给出如下定义：

如果 $\phi(t)$ 对于 $t \geqslant a$，是 t 的连续函数，且

$$\lim_{x \to \infty} \int_a^x \phi(t)\mathrm{d}t = l$$

则我们称无穷积分

$$\int_a^\infty \phi(t)\mathrm{d}t \tag{1}$$

收敛，并且取值为 l。

正如在七章的定义，通常的积分在极限 a 和 A 之间，有时我们也相应称之为有限积分（finite integral）。

另一方面，当

$$\int_a^x \phi(t)\mathrm{d}t \to \infty$$

时，我们称此积分发散于 ∞ ，我们也可以给出发散至 $-\infty$ 的定义。最后，当这些变换都不发生时，我们称当 $x \to \infty$ 时，此积分有限或无限振荡。

这些定义启发我们给出如下的说明：

（i）如果记

$$\int_a^x \phi(t)\mathrm{d}t = \Phi(x)$$

则此积分的收敛、发散或振荡取决于当 $x \to \infty$ 时 $\Phi(x)$ 趋向于某极限，趋向于 ∞（或者 $-\infty$），还是振荡。如果 $\Phi(x)$ 趋向于某极限，表示为 $\Phi(\infty)$，则此积分值为 $\Phi(\infty)$。更一般地，如果 $\Phi(x)$ 是 $\phi(x)$ 的任意积分函数，则积分值为 $\Phi(x) - \Phi(a)$。

（ii）在 $\phi(t)$ 总为正值的特殊情况下，显然 $\Phi(x)$ 是 x 的递增函数。因此仅有的选择为收敛和发散至 ∞ 。

（iii）对应于第 96 课时的讨论，收敛的一般性原则为：积分（1）收敛的必要充分条件为：对于 $x_2 > x_1 \geqslant X(\delta)$ ，有

$$\left| \int_{x_1}^{x_2} \phi(x)\mathrm{d}x \right| < \delta$$

（iv）读者不应该困惑于用无穷积分这样的术语来表示 2 或 $\frac{1}{2}\pi$ 这样的定值的某个对象。无限积分与有限积分之间的区别相似于无限级数与有限级数之间的区别，没有人会假设无限级数是发散的。

（v）在第 161—162 课时中，定义积分 $\int_a^x \phi(t)\mathrm{d}t$ 为一个简单的极限，即某个有限和的极限。于是无限积分就是极限的极限，也称之为双重极限。无限积分

的定义比起有限积分要更复杂，这也是有限积分的一个进一步发展。

（vi）第 180 课时中的积分判别法可以陈述成如下形式：如果 $\phi(x)$ 是正的，并且随着 x 的增加而递减，则无限级数 $\sum \phi(x)$ 和无限积分 $\int_1^\infty \phi(x)\mathrm{d}x$ 一同收敛或发散。

（vii）读者可以轻易地陈述和证明与第 77 课时中（1）—（6）相似的无限积分。因此与（2）相似的结果为：如果 $\int_a^\infty \phi(x)\mathrm{d}x$ 收敛，且 $b > a$，则 $\int_b^\infty \phi(x)\mathrm{d}x$ 也收敛，且

$$\int_a^\infty \phi(x)\mathrm{d}x = \int_a^b \phi(x)\mathrm{d}x + \int_b^\infty \phi(x)\mathrm{d}x$$

（185）$\phi(x)$ 取值为正的情形

很自然地，我们要来考虑第 184 课时的无限积分（1）关于收敛或发散的一般性定理，这些定理类似于第 173 课时的定理 A—D。在第 184 课时（ii）中，A 对于积分和级数都成立。对应于 B 我们得到定理：积分（1）收敛的必要充分条件为：存在常数 K 使得对于所有大于 a 的 x 值都有：

$$\int_a^x \phi(t)\mathrm{d}t < K$$

相似地，对应于 C，我们有定理：如果 $\int_a^\infty \phi(x)\mathrm{d}x$ 收敛，且对于所有大于 a 的 x 值都有 $\psi(x) \leqslant K\phi(x)$，则 $\int_a^\infty \psi(x)\mathrm{d}x$ 收敛且有

$$\int_a^\infty \phi(x)\mathrm{d}x \leqslant K\int_a^\infty \phi(x)\mathrm{d}x$$

我们将发散性的相关判别法留给读者。

我们也可以观察到，阿勒波特判别法（第 175 课时）取决于连续性的概念，在无限积分中没有类似的结论；而柯西判别法的类似结论也并不重要，当我们像第九章那样仔细探究函数 $\phi(x) = r^x$ 的理论才能对与柯西判别法类似的结论作出系统的表述。最重要的一个特殊判别法是通过与积分

$$\int_a^\infty \frac{\mathrm{d}x}{x^s}\,(a > 0)$$

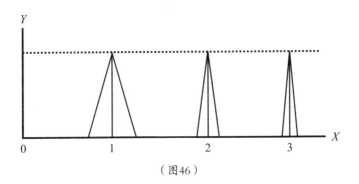

（图46）

相对比得到的，其收敛或发散性已经在第181课时中讨论过了，从而该判别法的结论如下：当 $x \geq a$ 时，如果 $\phi(x) < Kx^{-s}$，其中 $s > 1$，则 $\int_a^\infty \phi(x)\mathrm{d}x$ 收敛；当 $x \geq a$ 时，如果 $\phi(x) > Kx^{-s}$，其中 $K > 0$ 且 $s \leq 1$，则积分发散；特别地，如果 $\lim x^s \phi(x) = l$，其中 $l > 0$，则积分是收敛还是发散取决于 $s > 1$ 还是 $s \leq 1$。

收敛无穷级数有一个基本性质，此性质打破了无穷级数和无穷积分之间的类比。如果 $\sum \phi(n)$ 收敛，则 $\phi(n) \to 0$；但是哪怕 $\phi(x)$ 总是正值，如果 $\int_a^\infty \phi(x)\mathrm{d}x$ 收敛，则 $\phi(x) \to 0$ 也并不总是成立的。

例如，考虑函数 $\phi(x)$，如图 46 所示。这里峰高对应于点 $x=1$，2，3，$\cdots$ 在每种情况下峰宽 $x=n$ 对应于 $\dfrac{2}{(n+1)^2}$。峰的面积为 $\dfrac{1}{(n+1)^2}$，且对于任意值 ξ，

$$\int_0^\xi \phi(x)\mathrm{d}x < \sum_0^\infty \frac{1}{(n+1)^2}$$

所以 $\int_0^\infty \phi(x)\mathrm{d}x$ 收敛，但是 $\phi(x) \to 0$ 不成立。

例73

1. 积分

$$\int_a^\infty \frac{\alpha x^r + \beta x^{r-1} + \cdots + \lambda}{Ax^s + Bx^{s-1} + \cdots + L}\mathrm{d}x$$

当 $s > r+1$ 时收敛，否则发散。其中 α 和 A 都是正数，且 a 大于分母的最大根（若分母有根）。

2. 如下积分

$$\int_a^\infty \frac{dx}{\sqrt{x}}, \quad \int_a^\infty \frac{dx}{x^{\frac{4}{3}}}, \quad \int_a^\infty \frac{dx}{c^2+x^2}, \quad \int_a^\infty \frac{xdx}{c^2+x^2}, \quad \int_a^\infty \frac{x^2dx}{c^2+x^2}, \quad \int_a^\infty \frac{x^2dx}{\alpha+2\beta x^2+\gamma x^4}$$

中哪些是收敛的？在前两个积分中假设 $a > 0$，在最后一个积分中假设 a 都大于分母的最大根（若分母有根）。

3. 当 $\xi \to \infty$ 时，积分 $\int_a^\xi \cos x dx$，$\int_a^\xi \cos(\alpha x + \beta)\,dx$ 有限振荡。

4. 当 $\xi \to \infty$ 时，积分 $\int_a^\xi x \cos x dx$，$\int_a^\xi x^n \cos(\alpha x + \beta)\,dx$ 无限振荡，其中 n 为任意正整数。

5. 下限为 $-\infty$ 的积分。当 $\xi \to \infty$ 时如果 $\int_\xi^a \phi(x)dx$ 趋向于极限 l，则我们可以说 $\int_{-\infty}^a \phi(x)dx$ 收敛且等于 l。这样的积分拥有与之前课时讨论过的积分相似的性质：读者可以轻易地证明。

6. 从 $-\infty$ 到 $+\infty$ 的积分。如果积分

$$\int_{-\infty}^a \phi(x)dx, \quad \int_a^\infty \phi(x)dx$$

都是收敛，分别有值 k，l，则我们也可以说

$$\int_{-\infty}^\infty \phi(x)dx$$

收敛，且有值 $k+l$。

7. 证明：

$$\int_{-\infty}^0 \frac{dx}{1+x^2} = \int_0^\infty \frac{dx}{1+x^2} = \frac{1}{2}\int_{-\infty}^\infty \frac{dx}{1+x^2} = \frac{1}{2}\pi。$$

8. 证明：只要积分 $\int_0^\infty \phi(x^2)dx$ 收敛，就有 $\int_{-\infty}^\infty \phi(x^2)dx = 2\int_0^\infty \phi(x^2)dx$。

9. 证明：如果 $\int_0^\infty x\phi(x^2)dx$ 收敛，则 $\int_{-\infty}^\infty x\phi(x^2)dx = 0$。

10. 第 179 课时的阿贝尔定理的类比。如果 $\phi(x)$ 取值为正且递减，且 $\int_0^\infty \phi(x)dx$ 收敛，则 $x\phi(x) \to 0$。（a）利用阿贝尔定理和积分判别法，（b）直接用第 179 课时类比的方法来证明。

11. 如果 $a = x_0 < x_1 < x_2 < \cdots$，且 $x_n \to \infty$，$u_n = \int_{x_n}^{x_{n+1}} \phi(x)dx$，则 $\int_a^\infty \phi(x)dx$

的收敛性也包括了 $\sum u_n$ 的收敛性。如果 $\phi(x)$ 总是正的，则逆命题也成立。[从例子 $\phi(x) = \cos x$, $x_n = n\pi$ 中得出，其逆命题一般也不总是成立的。]

（186）替换积分法和分部积分法对无限积分的应用

在第 166 课时中讨论的定积分替换法则也可以延伸到无限积分中。

（1）替换积分法。

假设

$$\int_a^\infty \phi(x)\mathrm{d}x \tag{1}$$

收敛。再假设对于大于 a 的任意值 ξ，正如第 166 课时[1]，我们都有

$$\int_a^\xi \phi(x)\,\mathrm{d}x = \int_b^\tau \phi\{f(t)\}\,f'(t)\,\mathrm{d}t \tag{2}$$

其中 $a = f(b)$，$\xi = f(\tau)$。最后假设函数关系 $x = f(t)$ 使得当 $t \to \infty$，$x \to \infty$。则在（2）中令 τ 和 ξ 趋向于 ∞，我们看到积分

$$\int_b^\infty \phi\{f(t)\}\,f'(t)\,\mathrm{d}t \tag{3}$$

收敛，且等于积分（1）。

另一方面，当 $\tau \to -\infty$ 或 $\tau \to c$ 时，也有可能有 $\xi \to \infty$。在第一种情况下我们得到

$$\int_a^\infty \phi(x)\mathrm{d}x = \lim_{\tau \to -\infty} \int_b^\tau \phi\{f(t)\}\,f'(t)\,\mathrm{d}t$$

$$= -\lim_{\tau \to -\infty} \int_\tau^b \phi\{f(t)\}\,f'(t)\mathrm{d}t$$

$$= -\int_{-\infty}^b \phi\{f(t)\}\,f'(t)\mathrm{d}t$$

在第二种情况下，我们得到

$$\int_a^\infty \phi(x)\mathrm{d}x = \lim_{\tau \to c} \int_b^\tau \phi\{f(t)\}\,f'(t)\mathrm{d}t \tag{4}$$

---

[1] 现在 f 和 ϕ 互换。

我们将在第 188 课时中返回讨论这个等式。

当然，在（$-\infty$，a）或（$-\infty$，∞）中的积分也有相应的结果，对此，读者可以自行推导。

例74

1. 通过替换 $x = t^{\alpha}$ 证明：如果 $s > 1$ 且 $\alpha > 0$，则

$$\int_1^{\infty} x^{-s}\,\mathrm{d}x = \alpha \int_1^{\infty} t^{\alpha(1-s)-1}\,\mathrm{d}t$$

并且验证直接计算得来的每个积分值的结果。

2. 如果 $\int_a^{\infty} \phi(x)\mathrm{d}x$ 收敛，则它等于积分

$$\alpha \int_{\frac{(a-\beta)}{\alpha}}^{\infty} \phi\,(\alpha t + \beta)\,\mathrm{d}t,\quad -\alpha \int_{-\infty}^{\frac{(a-\beta)}{\alpha}} \phi\,(\alpha t + \beta)\,\mathrm{d}t$$

中的哪一个，取决于 α 是正还是负。

3. 如果 $\phi(x)$ 取值为正并且持续递减，α 和 β 是任意正值，则级数 $\sum \phi(n)$ 的收敛性也指代着级数 $\sum \phi(\alpha n + \beta)$ 的收敛性。〔通过替换 $x = \alpha t + \beta$，推出积分

$$\int_a^{\infty} \phi(x)\,\mathrm{d}x,\quad \int_{\frac{(a-\beta)}{\alpha}}^{\infty} \phi\,(\alpha t + \beta)\,\mathrm{d}t$$

一起收敛或发散，现在可以使用积分判别法了。〕

4. 证明：

$$\int_1^{\infty} \frac{\mathrm{d}x}{(1+x)\sqrt{x}} = \frac{\pi}{2}$$

〔令 $x = t^2$。〕

5. 计算 $\int_0^{\infty} \frac{\mathrm{d}x}{(1+x^2)^n}$ 和 $\int_0^{\infty} \frac{\mathrm{d}x}{(1+x^2)^{n+\frac{1}{2}}}$，$n$ 是一个正整数。

〔通过替换 $x = \cot\theta$ 将积分简化至 $\int_0^{\frac{1}{2}\pi} \sin^{2n-2}\theta\mathrm{d}\theta$ 和 $\int_0^{\frac{1}{2}\pi} \sin^{2n-1}\theta\mathrm{d}\theta$。现在使用例 66 的第 10 题。〕

6. 如果当 $x \to \infty$ 时，$\phi(x) \to h$，当 $x \to -\infty$ 时，$\phi(x) \to k$，则

$$\int_{-\infty}^{\infty} \{\phi(x-a) - \phi(x-b)\}\,\mathrm{d}x = -(a-b)\,(h-k)$$

［因为

$$\int_{-\xi'}^{\xi} \{\phi(x-a) - \phi(x-b)\} \, \mathrm{d}x = \int_{-\xi'}^{\xi} \phi(x-a) \, \mathrm{d}x - \int_{-\xi'}^{\xi} \phi(x-b) \, \mathrm{d}x$$

$$= \int_{-\xi'-a}^{\xi-a} \phi(t) \, \mathrm{d}t - \int_{-\xi'-b}^{\xi-b} \phi(t) \, \mathrm{d}t = \int_{-\xi'-a}^{-\xi'-b} \phi(t) \, \mathrm{d}t - \int_{\xi-b}^{\xi-b} \phi(t) \, \mathrm{d}t$$

这两个积分可以表示为

$$(a-b) \, k + \int_{-\xi'-a}^{-\xi'-b} \rho \mathrm{d}t$$

其中当 $\xi' \to \infty$ 时 $\rho \to 0$，上个积分的模量不超过 $|a-b|k$，其中 k 是整个区间 $(-\xi'-a , -\xi'-b)$ 中 ρ 的最大值。从而

$$\int_{-\xi'-a}^{-\xi'-b} \phi(t) \, \mathrm{d}t \to (a-b)k$$

第二个积分可以类似地加以讨论。］

（2）分部积分法。分部积分法（第 166 课时）的公式为

$$\int_{a}^{\xi} f(x)\phi'(x) \, \mathrm{d}x = f(\xi)\phi(\xi) - f(a)\phi(a) - \int_{a}^{\xi} f'(x)\phi(x) \mathrm{d}x$$

现在假设 $\xi \to \infty$。则上面公式包含 ξ 的三项中有任意两项趋向于某极限，第三项也趋向于某极限，我们得到结果

$$\int_{a}^{\infty} f(x)\phi'(x) \mathrm{d}x = \lim_{\xi \to \infty} f(\xi)\phi(\xi) - f(a)\phi(a) - \int_{a}^{\infty} f'(x)\phi(x) \, \mathrm{d}x$$

当然对于积分到 $-\infty$，或者从 $-\infty$ 到 ∞ 的积分也有相似的结果。

例75

1. 证明：$\displaystyle\int_{0}^{\infty} \frac{x}{(1+x)^3} \, \mathrm{d}x = \frac{1}{2} \int_{0}^{\infty} \frac{\mathrm{d}x}{(1+x)^2} = \frac{1}{2}$

2. 如果 m 和 $n-1$ 都是正整数，且 $I_{m,n} = \displaystyle\int_{0}^{\infty} \frac{x^m \mathrm{d}x}{(1+x)^{m+n}}$，则 $(m+n-1) \, I_{m,n} = m I_{m-1,n}$

因此证明：

$$I_{m,n} = \frac{m!(n-2)!}{(m+n-1)!}$$

3. 证明：

$$\int_{1}^{\infty} \frac{\sqrt{x}}{(1+x)^2} \, \mathrm{d}x = \frac{1}{2} + \frac{\pi}{4}$$

$\left[\ \text{令}\ x=t^2,\ \text{此时我们得到}\right.$

$$2\int_1^\infty \frac{t^2\mathrm{d}t}{(1+t^2)^2} = -\int_1^\infty t\frac{\mathrm{d}}{\mathrm{d}t}\left(\frac{1}{1+t^2}\right)\mathrm{d}t$$

$\left.\text{现在使用分部积分法。}\right]$

4. 利用分部积分法证明：如果 u_n 是例 74 的第 5 题的第一个积分，且 $n>1$，则

$$(2n-2)u_n = (2n-3)u_{n-1};\ \text{所以计算}\ u_n。$$

$\left[\ \text{观察到}\right.$

$$u_{n-1} - u_n = \int_0^\infty \frac{x^2\mathrm{d}x}{(1+x^2)^n} = -\frac{1}{2(n-1)}\int_0^\infty x\frac{\mathrm{d}}{\mathrm{d}x}\left\{\frac{1}{(1+x^2)^{n-1}}\right\}\mathrm{d}x\ \left.\right]$$

（187）其他类型的无穷积分

在第七章中给出的常规或有限积分的定义中，我们假设了（1）积分的范围是有限的；（2）被积函数是连续的。

然而，也可以将"定积分"的定义推广到很多条件不满足的情形中去。例如，在之前讨论的"无穷积分"与第七章中的积分，不同点在于积分范围是无限的。现在我们假设条件（2）不满足。最重要的情形为：在 $\phi(x)$ 区间范围 (a,A) 中，除了有限多个 x 值（比如 $x=\xi_1,\xi_2,\cdots$）之外处处连续，且当 x 从任意一边倾向于任意例外值，有 $\phi(x)\to\infty$ 或 $\phi(x)\to-\infty$。

显然，我们只需要考虑 (a,A) 中一点 ξ 的情形。当有多于一个这样的点时，我们可以将 (a,A) 分为有限多个子区间，每个子区间都包含这样一个例外的点；且如果每个子区间上的积分值都有定义，我们因此就可以将整个区间上的积分定义为每个子区间积分之和。此外，我们可以假设 (a,A) 上的一点 ξ 就是端点 (a,A)。因为，如果 ξ 在 a 和 A 之间，我们就可以将 $\int_a^A \phi(x)\mathrm{d}x$ 定义为

$$\int_a^\xi \phi(x)\mathrm{d}x + \int_\xi^A \phi(x)\mathrm{d}x$$

假设每个积分值的定义都满足了。则我们将假设 $\xi=a$；显然，只要作轻微的改

动，我们可以将定义应用到 $\xi = A$ 的情形中。

假设 $\phi(x)$ 在 (a, A) 中除 $x = a$ 外是连续的，而当 x 从大于 a 的方向 $x \to a$ 取值有 $\phi(x) \to \infty$。这些函数的典型例子由

$$\phi(x) = (x-a)^{-s}$$

给出，其中 $s > 0$；特别地，如果 $a = 0$，则 $\phi(x) = x^{-s}$。因而我们来考虑当 $s > 0$ 时我们如何定义

$$\int_0^A \frac{\mathrm{d}x}{x^s} \tag{1}$$

如果当 $s < 1$ 时（第 185 课时），积分 $\int_{\frac{1}{A}}^{\infty} y^{s-2} \mathrm{d}y$ 收敛，意味着 $\lim\limits_{\eta \to \infty} \int_{\frac{1}{A}}^{\eta} y^{s-2} \mathrm{d}y$。

但是如果我们进行替换 $y = \frac{1}{x}$，我们就得到

$$\int_{\frac{1}{A}}^{\infty} y^{s-2} \mathrm{d}y = \int_{\frac{1}{\eta}}^{A} x^{-s} \mathrm{d}x$$

因此只要 $s < 1$，$\lim\limits_{\eta \to \infty} \int_{\frac{1}{\eta}}^{A} x^{-2} \mathrm{d}x$，或相同地，$\lim\limits_{\varepsilon \to +0} \int_{\varepsilon}^{A} x^{-s} \mathrm{d}x$ 存在；很自然地将

积分（1）的值定义成等同于此极限。相似的考虑使我们可以通过方程

$$\int_a^A (x-a)^{-s} \mathrm{d}x = \lim_{\varepsilon \to +0} \int_{a+\varepsilon}^{A} (x-a)^{-s} \mathrm{d}x$$

来定义 $\int_a^A (x-a)^{-s} \mathrm{d}x$。因此我们得出如下一般性定义：如果当 $\varepsilon \to +0$ 时，积分

$$\int_{a+\varepsilon}^{A} \phi(x) \mathrm{d}x$$

趋向于极限 l，我们称积分

$$\int_a^A \phi(x) \mathrm{d}x$$

是收敛的且取值为 l。

相似地，当 x 趋向于上极限 A 时，$\phi(x) \to \infty$，我们可以定义 $\int_a^A \phi(x) \mathrm{d}x$

为

$$\lim_{\varepsilon \to +0} \int_a^{A-\varepsilon} \phi(x) \mathrm{d}x$$

如此一来，则正如之前的解释，我们将此定义延伸到 (a, A) 区间中包含任意有限数目的 $\phi(x)$ 的无穷值。

当 x 趋向于某些值或者积分范围内的某个值，被积函数趋向 ∞ 或 $-\infty$ 的积分被称为第二类无限积分（infinite integral of the second kind）；而第一类无限积分（infinite integral of the first kind）就是在第 184 课时已经讨论过的积分。在第 184 课时末尾所作的所有说明既适用于第二类无限积分，也适用于第一类无限积分。

我们对 x 的特殊值趋向无穷的函数构造定义，但是它们也可以用于被积函数有其他类型的不连续点的情况。例如，对于 $-1 \leqslant x < 0$，有 $f(x) = -1, f(0) = 0$，对于 $0 < x \leqslant 1$，有 $f(x) = 1$，则 $\int_{-1}^{1} f(x)\mathrm{d}x$ 意味着

$$\lim_{\eta \to +0}\int_{-1}^{-\eta} f(x)\,\mathrm{d}x + \lim_{\varepsilon \to +0}\int_{\varepsilon}^{1} f(x)\,\mathrm{d}x = \lim_{\eta \to +0}(-1+\eta) + \lim_{\varepsilon \to +0}(1-q) = 0$$

这个定义还可以用于当 $f(x)$ 有振荡不连续点的情形，例如，当 $f(x) = \sin\left(\dfrac{1}{x}\right)$ 时。

（188）其他类型的无穷积分（续）

我们现在可以将第 186 课时的等式（4）写成

$$\int_a^{\infty} \phi(x)\mathrm{d}x = \int_b^c \phi\{f(t)\}\, f'(t)\,\mathrm{d}t \tag{1}$$

右边的积分定义为：当 $\tau \to c$ 时，在区间 (b, τ) 上对应的积分的极限，也就是定义为第二类无限积分。当 $\phi\{f(t)\}\, f'(t)$ 在 $t=c$ 时取无穷值，此积分本质上为无限积分。例如，假设 $\phi(x) = (1+x)^{-m}$，其中 $1 < m < 2$ 且 $a=0$，$f(t) = \dfrac{t}{1-t}$。则 $b=0$，$c=1$，而（1）就变成了

$$\int_0^{\infty} \frac{\mathrm{d}x}{(1+x)^m} = \int_0^1 (1-t)^{m-2}\,\mathrm{d}t \tag{2}$$

右边的积分是一个第二类无限积分。

另一方面，也有可能 $\phi\{f(t)\}\, f'(t)$ 在 $t=c$ 时是连续的。此时

$$\int_b^c \phi\{f(t)\}\, f'(t)\mathrm{d}t$$

是一个有限积分，且根据第 165 课时的定理（10），有

$$\lim_{\tau \to c}\int_b^{\tau} \phi\{f(t)\}\, f'(t)\mathrm{d}t = \int_b^c \phi\{f(t)\}\, f'(t)\mathrm{d}t$$

这样一来，替换 $x = f(t)$ 就将一个无限积分转化为了一个有限积分。之前考虑的例子中，如果 $m \geqslant 2$ 就会有此情形。

例76

1. 如果 $\phi(x)$ 在除了 $x = a$ 的点均连续，当 $x \to a$ 时，有 $\phi(x) \to \infty$，则 $\int_a^A \phi(x) \, dx$ 收敛的必要充分条件为：我们能够求得一个常数 K，使得对于所有 ε 的正值都有

$$\int_{a+\varepsilon}^A \phi(x) \, dx < K$$

显然，我们可以在 a 和 A 之间选择一个数 A'，使得 $\phi(x)$ 在 (a, A') 中取正值。如果 $\phi(x)$ 在整个区间 (a, A) 中取值为正，则我们可以将 A' 和 A 等同起来。现在有

$$\int_{a-\varepsilon}^A \phi(x) \, dx = \int_{a-\varepsilon}^{A'} \phi(x) \, dx + \int_{A'}^A \phi(x) \, dx \, 。$$

上面等式的右边第一个积分随着 ε 的减少而增加，因此趋向于某极限值或趋向 ∞；这样一来，此结论的正确性就变得显而易见了。

如果此条件不满足，则 $\int_{a-\varepsilon}^A \phi(x) \, dx \to \infty$。此时我们称积分 $\int_a^A \phi(x) \, dx$ 发散于 ∞。显然，当 $x \to a+0$ 时，有 $\phi(x) \to \infty$，则对此积分来说，收敛或发散至 ∞ 就是仅有的可能选择，相似地，我们可以讨论 $\phi(x) \to -\infty$ 的情形。

2. 证明：如果 $s < 1$，则有

$$\int_a^A (x-a)^{-s} \, dx = \frac{(A-a)^{1-s}}{1-s}$$

而如果 $s \geqslant 1$，则积分发散。

3. 如果 $\phi(x)$ 对于 $a < x \leqslant A$，$\phi(x)$ 是连续的，且 $0 \leqslant \phi(x) < K(x-a)^{-s}$，其中 $s < 1$，则 $\int_a^A \phi(x) \, dx$ 收敛；如果 $\phi(x) > K(x-a)^{-s}$，其中 $s \geqslant 1$，则积分发散。〔这是等同于第 185 课时一般性定理的一个特例。〕

4. 求如下各积分

$$\int_a^A \frac{dx}{\sqrt{(x-a)(A-x)}} , \quad \int_a^A \frac{dx}{(A-x)^3 \sqrt[3]{x-a}} , \quad \int_a^A \frac{dx}{(A-x)^3 \sqrt[3]{A-x}}$$

$$\int_a^A \frac{dx}{\sqrt{(x^2-a^2)}} , \quad \int_a^A \frac{dx}{\sqrt[3]{A^3-x^3}} , \quad \int_a^A \frac{dx}{x^2-a^2} , \quad \int_a^A \frac{dx}{A^3-x^3}$$

是收敛还是发散的?

5. 积分 $\int_{-1}^{1} \dfrac{\mathrm{d}x}{\sqrt[3]{x}}$, $\int_{a-1}^{a+1} \dfrac{\mathrm{d}x}{\sqrt[3]{x-a}}$ 都是收敛的, 且每个积分的值都是 0。

6. 积分 $\int_{0}^{\pi} \dfrac{\mathrm{d}x}{\sqrt{\sin x}}$ 收敛。［当 x 趋向于某个极限时, 积分函数趋向于 ∞。］

7. 当且仅当 $s<1$ 时, 积分 $\int_{0}^{\pi} \dfrac{\mathrm{d}x}{(\sin x)^{s}}$ 收敛。

8. 证明: 如果 $p<2$, 则 $\int_{0}^{h} \dfrac{\sin x}{x^{p}}\mathrm{d}x$ 收敛, 其中 $h>0$。同时证明: 如果 $0<p<2$, 积分

$$\int_{0}^{\pi} \frac{\sin x}{x^{p}}\mathrm{d}x \, , \quad \int_{\pi}^{2\pi} \frac{\sin x}{x^{p}}\mathrm{d}x \, , \quad \int_{2\pi}^{3\pi} \frac{\sin x}{x^{p}}\mathrm{d}x \, , \quad \dots$$

符号交替改变, 并且绝对值递减。［通过代换 $x=k\pi+y$ 极限为 $k\pi$ 和 $(k+1)$ π 的积分。］

9. 证明: 当 $h=k\pi$ 时, $\int_{0}^{h} \dfrac{\sin x}{x^{p}}\mathrm{d}x$ 取到它的最大值, 其中 $0<p<2$。

10. 当且仅当 $l>-1$, $m>-1$ 时, $\int_{0}^{\frac{1}{2}\pi} (\cos x)^{l} (\sin x)^{m}\mathrm{d}x$ 收敛。

11. 像 $\int_{0}^{\infty} \dfrac{x^{s-1}\mathrm{d}x}{1+x}$ 这样的积分（其中 $s<1$）, 并不属于我们前面定义的任何一种积分。因为积分范围是无限的, 且当 $x\to+0$, 被积分函数也趋向于 ∞。很自然会将此积分定义为等同于下面的和:

$$\int_{0}^{1} \frac{x^{s-1}\mathrm{d}x}{1+x} + \int_{1}^{\infty} \frac{x^{s-1}\mathrm{d}x}{1+x}$$

只要这两个积分都收敛。

如果 $s>0$, 则第一个积分收敛。如果 $s<1$, 则第二个积分收敛。因此, 当且仅当 $0<s<1$ 时积分从 0 到 ∞ 收敛。

12. 证明: 当且仅当 $0<s<t$ 时, 积分 $\int_{0}^{\infty} \dfrac{x^{s-1}}{1+x^{t}}\mathrm{d}x$ 收敛。

13. 当且仅当 $0<s<1$, $0<t<1$ 时, 积分 $\int_{0}^{\infty} \dfrac{x^{s-1}-x^{t-1}}{1-x}\mathrm{d}x$ 收敛。［值得注意, 积分函数在 $x=1$ 时没有定义; 但是当 $x\to1$（无论从哪一边）时, 都有 $\dfrac{x^{s-1}-x^{t-1}}{1-x}\to$ $t-s$; 如果当 $x=1$ 时我们赋值 $t-s$, 则被积函数就成为了连续函数。

常会发生这种情形：由于被积函数在积分区间上的某个特殊点没有定义从而出现间断，而在此点赋予某值，则不再间断。此时可以假设积分函数的定义。例如，如果被积函数当 $x=0$ 时给予函数值 m，则积分

$$\int_0^{\frac{1}{2}\pi} \frac{\sin mx}{x} \mathrm{d}x \ , \quad \int_0^{\frac{1}{2}\pi} \frac{\sin mx}{\sin x} \mathrm{d}x$$

都是通常的有限积分。$\Big]$

14. 替换积分法和分部积分法。替换积分法和分部积分法当然可以延伸到第二类和第一类无限积分。读者应该根据第 186 课时的讨论来自行证明一般性定理。

15. 通过分部积分法证明：如果 $s > 0$，$t > 1$，则

$$\int_0^1 x^{s-1}(1-x)^{t-1}\mathrm{d}x = \frac{t-1}{s}\int_0^1 x^s(1-x)^{t-2}\mathrm{d}x$$

16. 如果 $s > 0$，则

$$\int_0^1 \frac{x^{s-1}\mathrm{d}x}{1+x} = \int_1^\infty \frac{t^{-s}\mathrm{d}t}{1+t}$$

$\Big[$ 令 $x = \dfrac{1}{t}$。$\Big]$

17. 如果 $0 < s < 1$，则

$$\int_0^1 \frac{x^{s-1}+x^{-s}}{1+x}\mathrm{d}x = \int_0^\infty \frac{t^{-s}\mathrm{d}t}{1+t} = \int_0^\infty \frac{t^{s-1}\mathrm{d}t}{1+t}$$

18. 如果 $a+b > 0$，则

$$\int_b^\infty \frac{\mathrm{d}x}{(x+a)\sqrt{x-b}} = \frac{\pi}{\sqrt{a+b}} \quad （《数学之旅》，1909）$$

$\Big[$ 令 $x-b=t^2$。$\Big]$

19. 如果 $I_n = \displaystyle\int_0^a (a^2-x^2)^n \mathrm{d}x$，且 $n > 0$，则 $(2n+1)I_n = 2na^2 I_{n-1}$（《数学之旅》，1934）

$\Big[$ 观察到

$$I_n = \int_0^a (a^2-x^2)^n \frac{\mathrm{d}}{\mathrm{d}x}x\mathrm{d}x = 2n\int_0^a x^2(a^2-x^2)^{n-1}\mathrm{d}x = 2n(a^2 I_{n-1}-I_n)$$

这个结果可以用来计算 I_n（当 n 为正整数时）。通过替换 $x=a\cos\theta$，可以将 I_n 简化到例 66 的第 10 题中的积分。$\Big]$

20. 通过替换 $x = \dfrac{t}{1-t}$ 证明：如果 l 和 m 都为正，则

$$\int_0^\infty \frac{x^{l-1}}{(1+x)^{l+m}}\,\mathrm{d}x = \int_0^1 t^{l-1}(1-t)^{m-1}\mathrm{d}t$$

21. 通过替换 $x = \dfrac{pt}{p+1-t}$ 证明：如果 l, m 和 p 都为正，则

$$\int_0^1 x^{l-1}(1-x)^{m-1}\frac{\mathrm{d}x}{(x+p)^{l+m}} = \frac{1}{(1+p)^l p^m}\int_0^1 t^{l-1}(1-t)^{m-1}\mathrm{d}t$$

22. 分别通过（i）替换 $x = a+(b-a)t^2$，（ii）替换 $\dfrac{b-x}{x-a}=t$，（iii）替换 $x = a\cos^2 t + b\sin^2 t$，证明：

$$\int_a^b \frac{\mathrm{d}x}{\sqrt{(x-a)(b-x)}} = \pi\,,\quad \int_a^b \frac{x\mathrm{d}x}{\sqrt{(x-a)(b-x)}} = \frac{1}{2}\pi(a+b)$$

23. 证明：如果 p 和 q 是正数，且 $f(p,q)=\int_0^1 x^{p-1}(1-x)^{q-1}\mathrm{d}x$，则 $f(p+1,q)+f(p,q+1)=f(p,q)$，$qf(p+1,q)=pf(p,q+1)$

用 $f(p,q)$ 来表示 $f(p+1,q)$ 和 $f(p,q+1)$；证明：

$$f(p,n) = \frac{(n-1)!}{p(p+1)\cdots(p+n-1)}$$

其中 n 是正整数。（《数学之旅》，1926）

24. 建立公式

$$\int_0^1 \frac{f(x)\mathrm{d}x}{\sqrt{1-x^2}} = \int_0^{\frac{1}{2}\pi} f(\sin\theta)\mathrm{d}\theta$$

$$\int_a^b \frac{f(x)\mathrm{d}x}{\sqrt{(x-a)(b-x)}} = 2\int_0^{\frac{1}{2}\pi} f(a\cos^2\theta + b\sin^2\theta)\mathrm{d}\theta$$

25. 证明：$\displaystyle\int_1^2 \frac{\mathrm{d}x}{(x+1)\sqrt{x^2-1}} = \frac{1}{\sqrt{3}}$（《数学之旅》，1930）

26. 证明：$\displaystyle\int_0^1 \frac{\mathrm{d}x}{(1+x)(2+x)\sqrt{x(1-x)}} = \pi\left(\frac{1}{\sqrt{2}} - \frac{1}{\sqrt{6}}\right)$（《数学之旅》，1912）

［令 $x = \sin^2\theta$，并用例 63 的第 7 题。］

（189）其他类型的无穷积分（再续）

使用替换积分法时要特别注意应用的法则。例如假设

$$J = \int_1^7 (x^2-6x+13)\,\mathrm{d}x$$

直接积分，求得 $J = 48$。现在我们替换

$$y = x^2 - 6x + 13$$

给出了 $x = 3 \pm \sqrt{y-4}$。因为当 $x=1$ 时，$y=8$，当 $x=7$ 时，$y=20$，我们导出结果

$$J = \int_8^{20} y \frac{\mathrm{d}x}{\mathrm{d}y}\, \mathrm{d}y = \pm \frac{1}{2} \int_8^{20} \frac{y\,\mathrm{d}y}{\sqrt{y-4}}$$

这个不定积分为

$$\frac{1}{3}(y-4)^{\frac{3}{2}} + 4\,(y-4)^{\frac{1}{2}}$$

所以我们得到值 $\pm \dfrac{80}{3}$，无论取何符号，此结果都是错的。

更仔细地考虑 x 与 y 的关系就可以得到问题的解释。函数 $x^2 - 6x + 13$ 在 $x=3$ 时有最小值，此时 $y=4$。随着 x 从 1 增加到 3，y 从 8 减少到 4，且 $\dfrac{\mathrm{d}x}{\mathrm{d}y}$ 为负值，使得

$$\frac{\mathrm{d}x}{\mathrm{d}y} = -\frac{1}{2\sqrt{y-4}}$$

随着 x 从 3 增加到 7，y 从 4 增加到 20，选取另一符号。因此

$$J = \int_1^7 y\mathrm{d}x = \int_8^4 \left\{ -\frac{y}{2\sqrt{y-4}} \right\} \mathrm{d}y + \int_4^{20} \frac{y}{2\sqrt{y-4}}\mathrm{d}y$$

此公式将会得出正确的结果。

相似地，如果我们替换 $x = \arcsin y$ 来变换积分 $\displaystyle\int_0^\pi \mathrm{d}x = \pi$，就必须要观察到 $\dfrac{\mathrm{d}x}{\mathrm{d}y}$ 等于 $(1-y^2)^{-\frac{1}{2}}$ 或者 $-(1-y^2)^{-\frac{1}{2}}$，取决于 $0 \leqslant x < \frac{1}{2}\pi$，$\frac{1}{2}\pi < x \leqslant \pi$。

例

分别替换 $4x^2 - x + \dfrac{1}{16} = y$，$x = \arcsin y$ 来验证转换积分

$$\int_0^1 \left(4x^2 - x + \frac{1}{16}\right)\mathrm{d}x \,, \quad \int_0^\pi \cos^2 x\mathrm{d}x$$

的结果。

（190）正负项的级数

我们定义了无穷级数之和以及无限积分（无论是第一类还是第二类）的值，这二者都可以应用到正负项级数或函数积分。但是本章所建立的对于收敛还是发散的判别法，以及用来说明这些判别法的案例，几乎全部与全取正值或全取负值的情形相关。

在级数的情形下总是会假设：用明显或含蓄的方式，施加在 u_n 上的某些条件可能对有限数目项不成立：这时必须要求这样的条件（例如所有项都为正）从某一项开始，后面每一项都要被满足。相似地，在无限积分的情形下，假设对于所有大于某个 x_0 的所有 x 值所述条件都满足，或者对于在区间（a, $a+\delta$）（此区间包含了一个 a 值使得接近 a 值时积分函数趋向于无穷）中的所有 x 值都满足。例如，我们的判别法适用于

$$\sum \frac{n^2 - 10}{n^4}$$

这样一个级数，因为当 $n \geqslant 4$ 时，有 $n^2 - 10 > 0$，也适用于

$$\int_1^\infty \frac{3x - 7}{(x+1)^3}\,\mathrm{d}x, \quad \int_0^1 \frac{1 - 2x}{\sqrt{x}}\,\mathrm{d}x$$

这样的积分，因为当 $x > \frac{7}{3}$ 时，有 $3x - 7 > 0$，而当 $0 < x < \frac{1}{2}$ 时，有 $1 - 2x > 0$。

但是当整个级数中的 u_n 始终都有符号改变时，也就是当正项和负项的数目都有无限多时，就像在级数 $1 - \frac{1}{2} + \frac{1}{3} - \frac{1}{4} + \cdots$ 中那样；或者当 $x \to \infty$ 时 $\phi(x)$ 不断地改变符号时，就像在积分

$$\int^\infty \frac{\sin x}{x^s}\,\mathrm{d}x$$

中那样，或者当 $x \to a$（a 是 $\phi(x)$ 间断点）时，$\phi(x)$ 不断地改变符号时，就像在积分

$$\int_a^A \sin\left(\frac{1}{x-a}\right) \frac{\mathrm{d}x}{x-a}$$

中那样；则此时讨论收敛或发散的问题就变得更加困难了。现在我们必须既研究振荡的可能性，也要研究收敛或发散的可能性。

（191）绝对收敛级数

接下来我们考虑级数 $\sum u_n$，它的任意项都可能是正数或负数。令

$$|u_n| = \alpha_n$$

使得 u_n 是正数时，$\alpha_n = u_n$，如果 u_n 是负数，$\alpha_n = -u_n$。另外，令 $v_n = u_n$ 或 $v_n = 0$，取决于 u_n 是正数还是负数，并且令 $w_n = -u_n$ 或 $w_n = 0$，取决于 u_n 是正数还是负数；或者说，令 $v_n = \alpha_n$ 还是 $w_n = \alpha_n$，取决于 u_n 是正数还是负数，而在其他情况下，v_n 和 w_n 都等于 0。则显然 v_n 和 w_n 总为正，且

$$u_n = v_n - w_n, \quad \alpha_n = v_n + w_n$$

例如，如果级数为 $1 - \left(\dfrac{1}{2}\right)^2 + \left(\dfrac{1}{3}\right)^2 - \cdots$，则 $u_n = \dfrac{(-1)^{n-1}}{n^2}$，且 $\alpha_n = \dfrac{1}{n^2}$，而 $v_n = \dfrac{1}{n^2}$ 还是 $v_n = 0$ 取决于 n 是奇数还是偶数；$w_n = \dfrac{1}{n^2}$ 还是 $w_n = 0$ 取决于 n 是奇数还是偶数。

现在我们来区分两种情况。

A. 假设级数 $\sum \alpha_n$ 收敛。例如上面的例子就是这种情形，其中为 $\sum \alpha_n$ 为

$$1 + \left(\dfrac{1}{2}\right)^2 + \left(\dfrac{1}{3}\right)^2 + \cdots$$

则此时 $\sum v_n$ 和 $\sum w_n$ 都是收敛的：因为（例 30 的第 18 题）从一个收敛的正项级数中选取的任意级数都是收敛的。因此根据第 77 课时的定理（6），$\sum u_n$ 也就是 $\sum (v_n - w_n)$ 是收敛的，且等于 $\sum v_n - \sum w_n$。

因此我们得出如下定义。

定义

当 $\sum \alpha_n$（也就是 $\sum |u_n|$）**收敛时，级数 $\sum u_n$ 被称为绝对收敛**（absolutely convergent）。

以上证明的结果可以如此描述：如果 $\sum u_n$ 绝对收敛，则它也收敛；从其单独

选取的正项和负项形成的级数也收敛；此级数之和等于正数项之和加上负数项之和。

读者应该预防把命题"一个绝对收敛级数也是收敛的"看作是没有意义的同义反复。当我们说 $\sum u_n$ 是"绝对收敛的"，我们并不直接断言 $\sum u_n$ 是收敛的：我们论证了另一个级数 $\sum |u_n|$ 的收敛性，因此排除 $\sum u_n$ 的振荡也不是显而易见的。

例77

1. 应用"收敛的一般性原则"（第 84 课时的定理 2）来证明：一个绝对收敛的级数也是收敛的。〔因为 $\sum |u_n|$ 收敛，给定任意正数 δ，我们可以选择 n_0 使得当 $n_2 > n_1 \geqslant n_0$ 时，有

$$|u_{n_1+1}| + |u_{n_1+2}| + \cdots + |u_{n_2}| < \delta$$

从而有

$$|u_{n_1+1} + u_{n_1+2} + \cdots + u_{n_2}| < \delta$$

因此 $\sum u_n$ 也是收敛的。〕

2. 如果 $\sum a_n$ 是收敛的正项级数，且 $|b_n| \leqslant Ka_n$，则 $\sum b_n$ 是一个绝对收敛级数。

3. 如果 $\sum a_n$ 是收敛的正项级数，则当 $-1 \leqslant x \leqslant 1$ 时级数 $\sum \alpha_n x^n$ 是一个绝对收敛级数。

4. 如果 $\sum a_n$ 是收敛的正项级数，则级数 $\sum a_n \cos n\theta$，$\sum a_n \sin n\theta$ 对于所有的 θ 值都是绝对收敛的。〔第 88 课时的级数 $\sum r^n \cot n\theta$，$\sum r^n \sin n\theta$ 已经提供了这样的例子。〕

5. 从一个绝对收敛级数的项中选取的任意级数也是绝对收敛的。〔因为该级数的项的模的级数是从原始级数的项的模量选取的。〕

6. 证明：如果 $\sum |u_n|$ 收敛，则 $|\sum u_n| \leqslant \sum |u_n|$，唯一可能成为等式的情形是每一项都有相同的符号。

（192）德里赫特（Dirichlet）定理延伸到绝对收敛级数

德里赫特判别法（第176课时）表明：正项级数的各项可以以任意方式重新排列，但不影响其和。现在容易看出：任意绝对收敛的级数都具有相同的性质。因为令 $\sum|u_n|$ 重新排列就得到了 $\sum u_n'$，并令 α'_n，v'_n，w'_n 从 u'_n 中形成，正如 α_n，v_n，w_n 从 u_n 中形成。则 $\sum \alpha'_n$ 收敛，因为这是 $\sum \alpha_n$ 的重新排列。$\sum v'_n$，$\sum w'_n$ 收敛，同样也是因为 $\sum v_n$，$\sum w_n$ 的重新排列。又根据德里赫特判别法，有 $\sum v'_n = \sum v_n$，$\sum w'_n = \sum w_n$，所以

$$\sum u_n' = \sum v_n' - \sum w_n' = \sum v_n - \sum w_n = \sum u_n$$

（193）条件性收敛级数

B. 现在我们必须要考虑以上的第二种情形，即模组成的级数 $\sum \alpha_n$ 发散至 ∞ 的情形。

定义

如果 $\sum u_n$ 收敛，但是 $\sum|u_n|$ 发散，则称原始级数是条件性收敛（conditionally convergent）的。

我们首先注意到，如果 $\sum u_n$ 条件性收敛，则第191课时的 $\sum v_n$，$\sum w_n$ 级数都发散至 ∞。它们不可能都收敛，因为这样就会得出 $\sum(v_n + w_n)$，也就是 $\sum \alpha_n$ 的收敛。如果其中之一收敛，比如说 $\sum w_n$ 收敛，且 $\sum v_n$ 发散，那么

$$\sum_0^N u_n = \sum_0^N v_n - \sum_0^N w_n \tag{1}$$

因此它就随着 N 一起趋向于 ∞，这与 $\sum u_n$ 收敛的假设相悖。

因此，$\sum v_n$，$\sum w_n$ 都是发散的。显然从以上的公式（1）得出：一个条

件性收敛的级数之和是两个函数之差的极限，其中每个函数都随着 N 一起趋向于 ∞。同样显然的是，$\sum u_n$ 不再拥有正项收敛级数的性质（例 30 的第 18 题），也不具有绝对收敛级数的性质（例 77 的第 5 题），从其项中选取的任意级数本身也构成一个收敛的级数。更可能的是，条件性收敛级数不再具有德里赫特判别法的性质；此时第 192 课时的证明完全失效，因为这个证明本质上依赖于 $\sum v_n$ 与 $\sum w_n$ 的收敛性。我们将看到，这个猜想是很有根据的，此定理对于我们现在所考虑的级数来说并不成立。

（194）条件性收敛级数的收敛判别法

我们不要指望能像第 173 课时那样，找到简单而又一般性的条件性收敛判别法。自然地，正如以上等式（1）所指出的，对于收敛性依赖于正负项相互抵消的级数来说，系统地表述它们的收敛判别法要更加困难。首先，对于条件性收敛级数，不存在比较判别法。

因为假设我们希望从 $\sum w_n$ 中推导出 $\sum v_n$ 的收敛性，我们就必须要比较

$$v_0 + v_1 + \cdots + v_n, \quad u_0 + u_1 + \cdots + u_n$$

如果每一个 u 和 v 都是正值，且（a）每一个 v 都小于对应的 u，我们便可推出：

$$v_0 + v_1 + \cdots + v_n < u_0 + u_1 + \cdots + u_n$$

使得 $\sum v_n$ 收敛。如果只有各 u 是正值，且（b）每一个 v 的绝对值都小于对应的 u 的绝对值，我们就可以推出：

$$|v_0| + |v_1| + \cdots + |v_n| < u_0 + u_1 + \cdots + u_n$$

所以 $\sum v_n$ 收敛。但是一般地说，当各 u 和各 v 不限制符号时，从（b）中我们可以推出：

$$|v_0| + |v_1| + \cdots + |v_n| < |u_0| + |u_1| + \cdots + |u_n|$$

这使我们能够从 $\sum u_n$ 的绝对收敛性推导出 $\sum v_n$ 的绝对收敛性；但是如果 $\sum u_n$ 仅仅是条件性收敛的，则我们的推导失效。

例

我们可以看出级数 $1 - \frac{1}{2} + \frac{1}{3} - \frac{1}{4} + \cdots$ 是收敛的。但是级数 $\frac{1}{2} + \frac{1}{3} + \frac{1}{4} + \frac{1}{5} + \cdots$ 是发散的,尽管它的每一项的绝对值都小于前者的对应项。

自然地,我们可以得到的判别法比起本章之前部分给出的判别法具有更特殊的特征。

(195)交错级数

最简单的条件性收敛级数,是其项交替取正数和负数的交错级数(alternating series),每一项交错性取正取负。此类最重要的级数的收敛性由如下定理给出。

如果 $\phi(n)$ 是 n 的正函数,当 $n \to \infty$ 时恒定倾向于 0,则级数

$\phi(0) - \phi(1) + \phi(2) - \cdots$ 收敛,其和介于 $\phi(0)$ 和 $\phi(0) - \phi(1)$ 之间。

让我们用 ϕ_0, ϕ_1, $\cdots$ 来表示 $\phi(0)$, $\phi(1)$, $\cdots$。并且令

$$s_n = \phi_0 - \phi_1 + \phi_2 - \cdots + (-1)^n \phi_n$$

则有

$$s_{2n+1} - s_{2n-1} = \phi_{2n} - \phi_{2n+1} \geqslant 0, \ s_{2n} - s_{2n-2} = -(\phi_{2n-1} - \phi_{2n}) \leqslant 0$$

所以 s_0, s_2, s_4, $\cdots$, s_{2n}, $\cdots$ 是一个递减数列,也趋向于某极限或 $-\infty$,并且 s_1, s_3, s_5, $\cdots$, s_{2n+1}, $\cdots$ 是一个递增数列,它趋向于某极限或趋向 ∞。但是 $\lim (s_{2n+1} - s_{2n}) = \lim (-1)^{2n+1} \phi_{2n+1} = 0$,从而推出两个数列都趋向于某极限值,且两个极限一定相同。也就是说,数列 s_0, s_1, $\cdots$, s_n, $\cdots$ 趋向于某个极限。由于 $s_0 = \phi_0$,$s_1 = \phi_0 - \phi_1$,显然此极限也就介于 ϕ_0 和 $\phi_0 - \phi_1$ 之间。

例78

1. 证明级数

$$1 - \frac{1}{2} + \frac{1}{3} - \frac{1}{4} + \cdots, \ 1 - \frac{1}{\sqrt{2}} + \frac{1}{\sqrt{3}} - \frac{1}{\sqrt{4}} + \cdots$$

$$\sum \frac{(-1)^n}{n+a}, \ \sum \frac{(-1)^n}{\sqrt{n+a}}, \ \sum \frac{(-1)^n}{\sqrt{n} + \sqrt{a}}, \ \sum \frac{(-1)^n}{(\sqrt{n} + \sqrt{a})^2}$$

是条件性收敛的，其中 $a > 0$。

2. 证明：有级数 $\sum (-1)^r (n+a)^{-s}$，其中 $a > 0$，当 $s > 1$ 时绝对收敛，当 $0 < s \leq 1$ 时则条件性收敛，当 $s \leq 0$ 时则振荡。

3. 第 195 课时中级数的和对于所有的 n 值都介于 s_n 和 s_{n+1} 之间；取前 n 项之和代替整个级数之和所产生的误差，绝对值不会大于第 $n+1$ 项的模量。

4. 考虑级数

$$\sum \frac{(-1)^n}{\sqrt{n} + (-1)^n}$$

为了避免前几项定义时的困难，我们首先假设它从 $n=2$ 这一项开始，此级数也可以写成

$$\sum \left[\left\{ \frac{(-1)^n}{\sqrt{n} + (-1)^n} - \frac{(-1)^n}{\sqrt{n}} \right\} + \frac{(-1)^n}{\sqrt{n}} \right]$$

或者

$$\sum \left\{ \frac{(-1)^n}{\sqrt{n}} - \frac{1}{n + (-1)^r \sqrt{n}} \right\} = \sum (\psi_n - X_n)$$

级数 $\sum \psi_n$ 收敛；但是 $\sum X_n$ 发散，因为所有项都为正值且 $\lim n X_n = 1$。因此原始级数发散，虽然其形式为 $\phi_2 - \phi_3 + \phi_4 - \cdots$，其中 $\phi_n \to 0$。此例表明，严格趋向于 0 是定理的必要条件。读者可以轻易验证：

$$\sqrt{2n+1} - 1 < \sqrt{2n+1}$$

所以此条件在这里不满足。

5. 如果第 195 课时的条件不满足，除非 ϕ_n 严格倾向于正极限 l，则级数 $\sum (-1)^r \phi_n$ 有限振荡。

6. 级数 $\sum (-1)^r \dfrac{a(a+1)\cdots(a+n+1)}{b(b+1)\cdots(b+n+1)}$ 当且仅当 $a < b$ 时收敛，其中 a 和 b 既不是 0 也不是负整数。

〔将此级数记为 $\sum (-1)^r \phi_n$，首先假设 a 和 b 都是正数。如果 $a \geq b$，则 $\phi_{n+1} \geq \phi_n$，且 ϕ_n 不趋向于 0。如果 $a < b$ 则 $\phi_{n+1} < \phi_n$，且 $\phi_n \to 0$（第 183 课时），所以满足一般性定理的条件。

一般地，我们选择 N 使得 $a' = a + N$ 且 $b' = b + N$ 都是正数，且 ϕ_n 是 ψ_{n-N} 的倍

数，其中

$$\psi_n = \frac{a'(a'+1)\cdots(a'+n+1)}{b'(b'+1)\cdots(b'+n+1)} \quad]$$

7. 条件性收敛级数通过项的重组来改变和。

设 s 为级数

$$1 - \frac{1}{2} + \frac{1}{3} - \frac{1}{4} + \cdots$$

的和，s_{2n} 为前 $2n$ 项之和，使得 $\lim s_{2n} = s$；重新排列此级数为

$$1 + \frac{1}{3} - \frac{1}{2} + \frac{1}{5} + \frac{1}{7} - \frac{1}{4} + \cdots \tag{1}$$

两个正项接着一个负项。如果 t_{3n} 为新级数的前 $3n$ 项之和，则

$$t_{3n} = 1 + \frac{1}{3} + \cdots + \frac{1}{4n-1} - \frac{1}{2} - \frac{1}{4} - \cdots - \frac{1}{2n}$$
$$= s_{2n} + \frac{1}{2n+1} + \frac{1}{2n+3} + \cdots + \frac{1}{4n-1}$$

现在有

$$\lim\left[\frac{1}{2n+1} - \frac{1}{2n+2} + \frac{1}{2n+3} - \cdots + \frac{1}{4n-1} - \frac{1}{4n}\right] = 0$$

因为括号内各项之和小于 $\dfrac{n}{(2n+1)(2n+2)}$；且根据 161 课时和第 164 课时，有

$$\lim\left(\frac{1}{2n+2} + \frac{1}{2n+4} + \cdots + \frac{1}{4n}\right) = \frac{1}{2}\lim\frac{1}{n}\sum_{r=1}^{n}\frac{1}{1+\left(\frac{r}{n}\right)} = \frac{1}{2}\int_1^2 \frac{\mathrm{d}x}{x}$$

从而有

$$\lim t_{3n} = s + \frac{1}{2}\int_1^2 \frac{\mathrm{d}x}{x}$$

由此推出，级数（1）的和不是 s，而是上一方程的右边。之后我们将给出两个级数之和的实际值：见第 220 课时例 90 的第 7 题，以及第九章例题集的第 19 题。

的确可以证明：一个条件收敛级数总可以重新排序到收敛于任意和，或发散于 ∞，或发散于 $-\infty$。证明见于布罗米奇所著《无穷级数》一书，第 2 版，第 74 页。

8. 级数 $1 + \dfrac{1}{\sqrt{3}} - \dfrac{1}{\sqrt{2}} + \dfrac{1}{\sqrt{5}} + \dfrac{1}{\sqrt{7}} - \dfrac{1}{\sqrt{4}} + \cdots$ 发散至 ∞。 $\Big[$ 这里

$$t_{3n} = s_{2n} + \frac{1}{\sqrt{2n+1}} + \frac{1}{\sqrt{2n+3}} + \cdots + \frac{1}{\sqrt{4n-1}} > s_{2n} + \frac{n}{\sqrt{4n-1}}$$

其中

$$s_{2n}=1-\frac{1}{\sqrt{2}}+\cdots-\frac{1}{\sqrt{2n}}$$

当 $n\to\infty$ 时趋向于某极限。]

（196）阿贝尔收敛判别法和德里赫特收敛判别法

一个更一般性的判别法（它包含第 195 课时的判别作为特例）如下：

德里赫特判别法。如果 ϕ_n 满足第 195 课时相同的条件，且 $\sum a_n$ 为任意一个收敛或有限振荡的级数，则级数

$$a_0\phi_n+a_1\phi_1+a_2\phi_2+\cdots$$

收敛。

读者可以轻易地验证等式

$$a_0\phi_0+a_1\phi_1+\cdots+a_n\phi_n$$

$$=s_0(\phi_0-\phi_1)+s_1(\phi_1-\phi_2)+\cdots+s_{n-1}(\phi_{n-1}-\phi_n)+s_n\phi_n$$

其中 $s_n=a_0+a_1+\cdots+a_n$。现在级数 $(\phi_0-\phi_1)+(\phi_1-\phi_2)+\cdots$ 收敛，因为它的前 n 项之和为 $\phi_0-\phi_n$，且 $\lim\phi_n=0$；所有项都是正的。同样地，由于 $\sum a_n$ 即使不是收敛的，无论如何都是有限振荡的，我们可以找到常数 K，使得对于所有的 v 值都有 $|s_v|<K$，因此级数

$$\sum s_v(\phi_v-\phi_{v+1})$$

绝对收敛，所以当 $n\to\infty$ 时

$$s_0(\phi_0-\phi_1)+s_1(\phi_1-\phi_2)+\cdots+s_{n-1}\cdot(\phi_{n-1}-\phi_n)$$

趋向于某极限。最后 ϕ_n 趋向于 0，$s_n\phi_n$ 也趋向于 0；因此

$$a_0\phi_0+a_1\phi_1+\cdots+a_n\phi_n$$

趋向于某极限，即级数 $\sum a_v\phi_v$ 收敛。

阿贝尔判别法。还有另一种属于阿贝尔的判别法，虽然不如德里赫特判别法的使用那么频繁，有时也是有用的。

正如在德里赫特判别法中那样，假设 ϕ_n 是正的，且是 n 的递减函数，但是当

□ 阿贝尔

尼尔斯·亨里克·阿贝尔（1802—1829年），挪威数学家，以证明悬疑250年的五次方程的根式解的不可能性和在对椭圆函数的研究中提出阿贝尔方程式而闻名。得名于他的阿贝尔判别法是一个用于判断无穷级数是否收敛的方法，有两种不同的形式，一是用以判断实数项级数的收敛，二是用以判断复数项级数的收敛。

$n \to \infty$ 时，其极限不一定等于 0。这样一来，关于 ϕ_n 就减少了假设条件，作为补充，我们更多地假设 $\sum a_n$，即假设 $\sum a_n$ 收敛。则我们有如下定理：如果 ϕ_n 是正的且是 n 的递减函数，且 $\sum a_n$ 收敛，则 $\sum a_n \phi_n$ 收敛。

当 $n \to \infty$ 时 ϕ_n 有极限，比如说极限为 l：于是 $\lim(\phi_n - l) = 0$。因此，根据德里赫特判别法，可知 $\sum a_n(\phi_n - l)$ 收敛；既然 $\sum a_n$ 收敛，由此推出 $\sum a_n \phi_n$ 收敛。

此定理可以如此陈述：如果我们将收敛级数的各项乘以任意递增或递减的序列，则所得级数依然收敛。

例79

1. 德里赫特判别法和阿贝尔判别法也可以通过第 84 课时的一般性收敛原理建立起来。例如，假设阿贝尔判别法的条件得到满足。我们有：

$$a_m\phi_m + a_{m+1}\phi_{m+1} + \cdots + a_n\phi_n = s_{m,m}(\phi_m - \phi_{m+1}) + s_{m,m+1}(\phi_{m+1} - \phi_{m+2}) + \cdots$$

$$+ s_{m,n-1} \cdot (\phi_{n-1} - \phi_n) + s_{m,n}\phi_n \tag{1}$$

其中

$$s_{m,v} = a_m + a_{m+1} + \cdots + a_v$$

于是等式（1）的左边介于 $h\phi_m$ 与 $H\phi_m$ 之间，其中 h 与 H 是 $s_{m,m}$，$s_{m,m+1}$，$\cdots$，$s_{m,n}$ 的代数最小值和最大值。但是，对于给定任意正数 δ，我们可以选择 m_0，使得当 $m \geq m_0$ 时 $|S_{m,v}| < \delta$，所以当 $n > m \geq m_0$ 时，就有

$$|a_m\phi_m + a_{m+1}\phi_{m+1} + \cdots + a_n\phi_n| < \delta\phi_m \leqslant \delta\phi_1$$

从而级数 $\sum a_n \phi_n$ 收敛。

2. 当 θ 不是 π 的倍数时，级数 $\sum \cos n\theta$ 和 $\sum \sin n\theta$ 有限振荡。因为，如果用

s_n 和 t_n 来记这两个级数的前 n 项之和，并写作 $z = \text{Cis}\theta$ ，使得 $|z| = 1$ 和 $z \neq 1$ ，我们有

$$|s_n + \mathrm{i}t_n| = \left| \frac{1 - z^n}{1 - z} \right| \leqslant \frac{1 + |z^n|}{|1 - z|} \leqslant \frac{2}{|1 - z|}$$

所以 $|s_n|$ 和 $|t_n|$ 都不大于 $\dfrac{2}{|1 - z|}$ 。由于它们从第 n 项开始不趋向于 0（例 24 的第 7 题），此级数事实上并不收敛。

如果 θ 是 π 的倍数，此 sin 级数收敛于 0。如果 θ 是 π 的奇数倍数，此 cos 级数振荡，如果 θ 是 π 的偶数倍数，则级数发散。

由此推出：如果 ϕ_n 是 n 的正函数，当 $n \to \infty$ 时趋向于 0，则级数

$$\sum \phi_n \cos n\theta \text{ , } \sum \phi_n \sin n\theta$$

除了第一个级数在 θ 是 2π 的倍数这一情形之外都收敛，在 θ 是 2π 的倍数时，第一个级数简化为 $\sum \phi_n$ ，有可能收敛，也有可能发散，第二个级数恒等于 0。如果 $\sum \phi_n$ 收敛，则两个级数对于所有的 θ 值都绝对收敛（例 77 的第 4 题）。此结果可以应用到 $\sum \phi_n$ 发散的情形中去。$\sum \phi_n$ 发散时，上述级数是条件性收敛，而不是绝对性收敛，正如以下第 6 题所证。如果我们在此余弦级数中令 $\theta = \pi$ ，我们便可以返回得到第 195 课时的结果，因为 $\cos n\pi = (-1)^n$ 。

3. 如果 $s > 0$ ，则级数 $\sum n^{-s} \cos n\theta$ ，$\sum n^{-s} \sin n\theta$ 收敛，除非（在第一个级数的情形）θ 是 2π 的倍数且 $0 < s \leqslant 1$ 。

4. 一般来说，如果 $s > 1$ ，第 3 题中的级数就会绝对收敛，如果 $0 < s \leqslant 1$ ，则条件性收敛，如果 $s \leqslant 0$ 振荡（如果 $s = 0$ 则有限振荡，如果 $s < 0$ 则无限振荡）。请讨论任何例外的情形。

5. 如果 $\sum a_n n^{-s}$ 收敛或有限振荡，则当 $t > s$ 时 $\sum a_n n^{-t}$ 收敛。

6. 如果 ϕ_n 是 n 的正函数，且当 $n \to \infty$ 时趋向于 0，$\sum \phi_n$ 发散，那么，除非 θ 是 π 的倍数，级数 $\sum \phi_n \cos n\theta$ ，$\sum \phi_n \sin n\theta$ 都不是绝对收敛〔因为，如果假设 $\sum \phi_n |\cos n\theta|$ 收敛。由于 $\cos^2 n\theta \leqslant |\cos n\theta|$ ，从而推出 $\sum \phi_n \cos^2 n\theta$ ，也就是

$$\frac{1}{2} \sum \phi_n (1 + \cos 2n\theta)$$

收敛。但这是不可能的，因为 $\sum \phi_n$ 发散，而根据德里赫特判别法，收敛，除非 θ

是 π 的倍数，而 θ 是 π 的倍数时，显然 $\sum \phi_n |\cos n\theta|$ 发散。读者应该写出对应的正弦级数的论证过程，并注意到当 θ 是 π 的倍数时，判别法在何处失效。]

<h2 align="center">（197）复数项的级数</h2>

目前我们讨论的级数项都是实数。现在我们将考虑级数

$$\sum u_n = \sum (v_n + iw_n)$$

其中 v_n 和 w_n 都是实数。考虑这种级数并不产生新的困难。这个级数是收敛的，当且仅当级数

$$\sum v_n , \quad \sum w_n$$

分别收敛，此级数才会收敛。然而也有这样的一类级数需要特殊对待。相应地我们给出如下定义，这是第 191 课时中定义的明显延伸。

定义

如果级数 $\sum v_n$ 和 $\sum w_n$ 绝对收敛，其中 $u_n = v_n + iw_n$，则级数 $\sum u_n$ 绝对收敛。

定理

$\sum u_n$ 绝对收敛的充分必要条件为：$\sum |u_n|$（或者 $\sum \sqrt{v_n^2 + w_n^2}$）收敛。

因为，如果 $\sum u_n$，则两个级数 $\sum |v_n|$ 和 $\sum |w_n|$ 也都收敛，所以 $\sum \{|v_n| + |w_n|\}$ 收敛，但是：

$$|u_n| = \sqrt{v_n^2 + w_n^2} \leqslant |v_n| + |w_n|$$

从而 $\sum |u_n|$ 收敛。另一方面，

$$|u_n| \leqslant \sqrt{v_n^2 + w_n^2} , \quad |w_n| \leqslant \sqrt{v_n^2 + w_n^2}$$

所以，无论 $\sum |u_n|$ 是否收敛，$\sum |v_n|$ 和 $\sum |w_n|$ 都收敛。

显然，一个绝对收敛级数也是收敛的，因为它的实数部分与虚数部分分别收敛。通过将德里赫特判别法（第 176、第 192 课时）应用到级数 $\sum v_n$ 和 $\sum w_n$，德

里赫特判别法便能延伸到绝对收敛复数级数。

绝对收敛级数的收敛性也可以通过收敛的一般性原则（例 77 的第 1 题）直接推导出来。我们将此作为练习留给读者。

（198）幂级数

初等分析的常见函数的理论（诸如将在下一章中讨论的正弦函数和余弦函数，对数函数和指数函数）中最重要的一部分，就是研究将它们展开成形如 $\sum a_n x^n$ 的级数。这样的级数被称为 x 的幂级数（power series in x）。我们在讨论泰勒级数和麦克劳林级数（第 152 课时）时，已经遇见了这类级数的例子。然而当时我们只关心实数变量 x。现在我们要考虑 z 的幂级数的几个一般性性质，其中 z 是一个复数变量。

A. 幂级数 $\sum a_n z^n$ 可能对于所有的 z 值都是收敛的，也可能对某个区域内的 z 值收敛，也可能对除了 $z = 0$ 以外的所有 z 值都发散。

对每种可能性给出一个例子即可。

1. 级数 $\sum \dfrac{z^n}{n!}$ 对于所有的 z 值都是收敛的。因为如果 $u_n = \sum \dfrac{z^n}{n!}$，则无论 z 值取值如何，都有

$$\frac{|u_{n+1}|}{|u_n|} = \frac{|z|}{n+1} \to 0$$

这样一来，根据阿勒波特判别法，$\sum |u_n|$ 对于所有的 z 值都是收敛的，并且原始级数对于所有的 z 值都是绝对收敛的。之后我们将看到，一旦一个幂级数是收敛的，则一般意义上也是绝对收敛的。

2. 除非 $z = 0$，级数 $\sum n! z^n$ 对于其他任意 z 值都不收敛。因为如果 $u_n = n! z^n$，则有 $\dfrac{|u_{n+1}|}{|u_n|} = (n+1)|z|$，它随着 n 一起趋向于 ∞，除非 $z = 0$。因此（参见例 27 的第 1，2，5 题），第 n 项的模量随着 n 一起趋向于 ∞；所以此级数并不收敛，除非 $z = 0$。显然当 $z = 0$ 时任意幂级数都收敛。

3. 级数 $\sum z^n$，当 $|z| < 1$ 时总是收敛，当 $|z| \geqslant 1$ 时从不收敛。这在第 88 课时已经证明。因此我们有了三种可能性的每一个例子。

（199）幂级数（续）

B. 如果幂级数 $\sum a_n z^n$ 对于特定的 z 值收敛，比如对 $z_1=r_1(\cos\theta_1+\mathrm{i}\sin\theta_1)$ 收敛满足 $|z|<r_1$ 的 z 值都绝对收敛。

对于 $\lim a_n z_1^n = 0$ ，因为 $\sum a_n z_1^n$ 收敛，所以我们可以找到一个数 K，使得对于所有的 n 值都有 $|a_n z_1^n| < K$。但是，如果 $|z|=r<r_1$，就有

$$|a_n z^n| = |a_n z_1^n|\left(\frac{r}{r_1}\right)^n < K\left(\frac{r}{r_1}\right)^n$$

此结果可以通过与收敛的几何级数 $\sum\left(\frac{r}{r_1}\right)^n$ 相比较得到。

换句话说，如果级数在 P 收敛，则它在距离 P 更接近于原点的所有点绝对收敛。

例

证明：当 $z=z_1$ 时，如果级数有限振荡，此结果成立。［如果 $s_n=a_0+a_1 z_1+\cdots+a_n z_1^n$，则我们可以求得 K，使得对于所有的 n 值都有 $|s_n|<K$ 且

$$|a_n z_1^n| = |s_n-s_{n-1}| \leqslant |s_{n-1}|+|s_n| < 2K$$

从而此论断可以像以前那样完成。］

（200）幂级数的收敛域、收敛圈

令 $z=r$ 为正实数轴上的任意点。如果幂级数当 $z=r$ 时收敛，则它在圆 $|z|=r$ 内所有点都绝对收敛。特别地，它在 z 的所有小于 r 的实数值处都收敛。

现在我们把正实数轴上的点 r 分为两类，一类是使级数收敛的点，一类是使级数不收敛的点。第一类至少包括一点 $z=0$。另一方面，第二类并不一定存在，因为级数可能对于所有的 z 值收敛。然而假设它并不存在，第一类里还包括除了 $z=0$ 外的其他点。则显然，第一类的每一点都在第二类的左边。因此存在一点，比如 $z=R$，分为两类，自身可能属于两类中的任意一种。则级数在圆 $|z|=R$ 内的

所有点都收敛。

例如假设此圆切 OX 于点 A（图 47），且 P 是其中一点。我们可以画出半径小于 R 的一个同心圆，使 P 点也在其内。令此圆切 OX 于点 Q。则级数在点 Q 收敛，因此根据定理 B，它在 P 绝对收敛。

另一方面，此级数不可能在圆外任意一点 P' 收敛。因为如果在点 P' 收敛，则它在所有比 P' 更接近于 O 的点

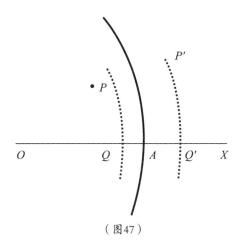

（图47）

都绝对收敛；这是显然是荒谬的，因为它不可能在 A 和 Q' 之间任意点都不收敛。

目前我们已经排除了如下情形：（1）除了 $z=0$ 外，在正实数轴上任意点级数都不收敛；（2）在正实数轴上所有点级数都收敛。显然，在情形（1）中，幂级数除非 $z=0$ 都不收敛，在情形(2)中级数处处绝对收敛。因此我们得到如下结果：一个幂级数的收敛性是以下三种情形之一：

（1）在 $z=0$ 收敛，在其他点都不收敛；

（2）对于所有的 z 值都绝对收敛；

（3）对于半径为 R 的圆内所有 z 值都绝对收敛，对于圆外的任意 z 值都不收敛。

在情形（3）中圆被称为收敛圆（circle of convergence），圆的半径被称为幂级数的收敛半径（radius of convergen-ce）。

应该注意到，此一般性结果对于级数在收敛圆上的增减性并没有给出任何信息。接下来的例子将展示多种可能性。

例80

1. 级数 $1+az+a^2z^2+\cdots$ 有收敛半径 $\dfrac{1}{a}$，其中 $a>0$。它在收敛圆上的任何地方都不收敛，它在 $z=\dfrac{1}{a}$ 处发散，在圆上所有其他点处有限振荡。

2. 级数 $\dfrac{z}{1^2}+\dfrac{z^2}{2^2}+\dfrac{z^3}{3^2}+\cdots$ 的收敛半径等于 1；在收敛圆上所有点都绝对收敛。

3. 更一般地，如果当 $n \to \infty$ 时，有 $\frac{|a_{n+1}|}{|a_n|} \to \lambda$ 或者 $|a_n|^{\frac{1}{n}} \to \lambda$，则级数 $a_0 + a_1 z + a_2 z^2 + \cdots$ 的收敛半径为 $\frac{1}{\lambda}$。在第一种情形下

$$\frac{\lim|a_{n+1}z^{n+1}|}{|a_n z^n|} = \lambda|z|$$

小于 1 还是大于 1，取决于 $|z|$ 小于还是大于 $\frac{1}{\lambda}$，所以我们可以使用阿勒波特判别法（第 175 课时的第 6 题）。在第二种情形下，相似地，我们可以使用柯西判别法（第 174 课时的第 2 题）。

4. 对数级数。级数

$$z - \frac{1}{2}z^2 + \frac{1}{3}z^3 - \cdots$$

被称为"对数"级数（理由之后说明）。从第 3 题中可以得出此收敛半径为 1。

当 z 在收敛圆上时，我们记 $z = \cos\theta + i\sin\theta$，级数形式为

$$\cos\theta - \frac{1}{2}\cos 2\theta + \frac{1}{3}\cos 3\theta - \cdots + i\left(\sin\theta - \frac{1}{2}\sin 2\theta + \frac{1}{3}\sin 3\theta - \cdots\right)$$

其实数部分和虚数部分都是收敛的，虽然不是绝对收敛的，除非 θ 是 π 的奇数倍数（例 79 的第 3、4 题，用 $\theta+\pi$ 代替 θ）。如果 θ 是 π 的奇数倍数，则 $z=-1$，级数 $-1-\frac{1}{2}-\frac{1}{3}-\cdots$ 发散于 $-\infty$。因此除了点 $z=-1$，对数级数在收敛圆的所有点都收敛。

5. 双项级数。考虑级数

$$1 + mz + \frac{m(m-1)}{2!}z^2 + \frac{m(m-1)(m-2)}{3!}z^3 + \cdots$$

如果 m 是正整数，则级数是有限的。一般地，有

$$\frac{|a_{n+1}|}{|a_n|} = \frac{|m-n|}{n+1} \to 1$$

使得收敛半径为 1。我们不会讨论圆上收敛的问题，在这里讨论的话有一点难度[1]。

[1] $z=1$ 和 $z=-1$ 的例子将在第 222 课时讨论。更复杂的讨论参见布罗米奇所著的《无穷级数》，第 2 版，第 287 页；霍布森所著的《平面三角学》，第 5 版，第 268 页。

（201）幂级数的唯一性

如果 $\sum a_n z^n$ 是一个至少在除了 $z=0$ 之外的某些 z 值处都收敛的幂级数，且 $f(z)$ 是它的和，则对于每一个 m，当 $z \to 0$ 时，都有

$$f(z) = a_0 + a_1 z + \cdots + a_m z^m + o(z^m)$$

因为，如果 μ 是任意小于该级数的收敛半径的正数，则 $|a_n|\mu^n < K$，其中 K 与 n 无关（参见第 199 课时）；所以，如果 $|z| < \mu$ 则有

$$\left| f(z) - \sum_0^m a_\nu z^\nu \right| \leqslant |a_{m+1}| |z|^{m+1} + |a_{m+2}| |z|^{m+2} + \cdots$$

$$< K \left(\frac{|z|}{\mu} \right)^{m+1} \left(1 + \frac{|z|}{\mu} + \frac{|z|^2}{\mu^2} + \cdots \right) = \frac{K|z|^{m+1}}{\mu^m(\mu - |z|)}$$

它等于 $O(|z|^{m+1})$ 以及 $o(|z|^m)$。特别地，这对正数 z 也成立。

现在由例 56 的第 1 题中得出，如果 $\sum a_n z^n = \sum b_n z^n$ 对于所有模量小于 μ 的 z 都成立，则对于所有的 n 都有 $a_n = b_n$。同一函数 $f(z)$ 不能用两个不同的幂级数来表达。

（202）级数的乘法

在第 177 课时中我们看到，如果 $\sum u_n$ 和 $\sum v_n$ 是两个正项的收敛级数，则 $\sum u_n \times \sum v_n = \sum w_n$，其中

$$w_n = u_0 v_n + u_1 v_{n-1} + \cdots + u_n v_0$$

现在将此结果推广到所有 $\sum u_n$ 和 $\sum v_n$ 都绝对收敛的情形中。证明仅需要简单地使用德里赫特判别法，我们已经将它推广到所有的绝对收敛级数中去了。

例81

1. 如果 $|z|$ 小于级数 $\sum a_n z^n$，$\sum b_n z^n$ 中每一个级数的收敛半径，则这两个级数的乘积为 $\sum c_n z^n$，其中 $c_n = a_0 b_n + a_1 b_{n-1} + \cdots + a_n b_0$。

2. 如果 $\sum a_n z^n$ 的收敛半径为 R，且 $f(z)$ 是当 $|z| < R$ 时的级数之和，且 $|z|$

要么小于 R，要么小于 1，则 $\dfrac{f(z)}{(1-z)} = \sum s_n z^n$，其中 $s_n = a_0 + a_1 + \cdots + a_n$。

3. 通过平方 $(1-z)^{-1}$，证明：如果 $|z| < 1$，则有

$$(1-z)^{-2} = 1 + 2z + 3z^2 + \cdots$$

4. 相似地，证明：$(1-z)^{-3} = 1 + 3z + 6z^2 + \cdots$，其一般形式为 $\dfrac{1}{2}(n+1)(n+2)z^n$。

5. 负整数指数的双项定理。如果 $|z| < 1$，m 为正整数，则

$$\frac{1}{(1-z)^m} = 1 + mz + \frac{m(m+1)}{1 \times 2} z^2 + \cdots + \frac{m(m+1)\cdots(m+n-1)}{1 \times 2 \times \cdots \times n} z^n + \cdots$$

[假设此结果对于所有大至 m 的整数都满足。则根据第 2 题，有 $\dfrac{1}{(1-z)^{m+1}} = \sum s_n z^n$，其中

$$s_n = 1 + m + \frac{m(m+1)}{1 \times 2} + \cdots + \frac{m(m+1)\cdots(m+n-1)}{1 \times 2 \times \cdots \times n} + \cdots$$

$$= \frac{(m+1)(m+2)\cdots(m+n)}{1 \times 2 \times \cdots \times n}$$

可以用归纳法轻松证明（无论 m 是否为整数）。]

6. 通过级数相乘，证明：如果

$$f(m, z) = 1 + \binom{m}{1} z + \binom{m}{2} z^2 + \cdots$$

且 $|z| < 1$，且 $f(m, z) f(m', z) = f(m+m', z)$。[此等式给出了双项定理的欧拉证明的基础。$z^n$ 的系数为

$$\binom{m'}{n} + \binom{m}{1}\binom{m'}{n-1} + \binom{m}{2}\binom{m'}{n-2} + \cdots + \binom{m}{n-1}\binom{m'}{1} + \binom{m}{n}$$

是关于 m 和 m' 的多项式。当 m 和 m' 是正整数，此多项式定简化到 $\binom{m+m'}{k}$，根据正整数指数的二项式定理；且如果对于 m 和 m' 的所有正整数，如果两个这样的多项式相等，则它们必定恒等。]

7. 如果 $f(z) = 1 + z + \dfrac{z^2}{2!} + \cdots$ 则 $f(z) f(z') = f(z+z')$。[因为此级数对于所有的 z 值都绝对收敛，且容易看出：如果 $u_n = \dfrac{z^n}{n!}$，$z_n = \dfrac{z'^n}{n!}$，则 $w_n = \dfrac{(z+z')^n}{n!}$。]

8. 如果 $C(z) = 1 - \dfrac{z^2}{2!} + \dfrac{z^4}{4!} - \cdots$，$S(z) = z - \dfrac{z^3}{3!} + \dfrac{z^5}{5!} - \cdots$

则

$$C(z+z') = C(z)C(z') - S(z)S(z'), \quad S(z+z') = S(z)C(z') + C(z)S(z')$$

且

$$\{C(z)\}^2 + \{S(z)\}^2 = 1。$$

9. 乘法定理的失效。当 $\sum u_n$ 和 $\sum v_n$ 并不绝对收敛，考虑下例可以看出这个定理并不总是成立。

$$u_n = v_n = \frac{(-1)^n}{\sqrt{n+1}}$$

则此时有

$$w_n = (-1)^n \sum_{r=0}^{n} \frac{1}{\sqrt{(r+1)(n+1-r)}}$$

但是 $\sqrt{(r+1)(n+1-r)} \leqslant \frac{1}{2}(n+2)$，所以 $|w_n| > \frac{2n+2}{n+2}$，它趋向于 2；从而 $\sum w_n$ 一定不收敛。

（203）绝对收敛无限积分和条件收敛无限积分

存在一个关于积分的理论，它与第 191 课时以及其后各课时中讨论的级数类比的积分

无限积分

$$\int_a^\infty f(x)\mathrm{d}x \tag{1}$$

被称为绝对收敛，如果

$$\int_a^\infty |f(x)|\mathrm{d}x \tag{2}$$

收敛。我们可以将 $g(x)$ 和 $h(x)$ 定义为

$$f(x) = g(x) - h(x), \quad |f(x)| = g(x) + h(x)$$

则当 $f(x)$ 取正值时，$g(x)$ 就是 $f(x)$；当 $f(x)$ 取负值时，$g(x)$ 等于 0；当 $f(x)$ 取正值时，$h(x)$ 等于 0；当 $f(x)$ 取负值时，$h(x)$ 就是 $-f(x)$，所以 $g(x)$ 和 $h(x)$ 对应于第 191 课时的 v_n 和 w_n。显然，$g(x) \geqslant 0, h(x) \geqslant 0$，当 $f(x)$ 连续时，$g(x)$ 和 $h(x)$ 都连续。

这样就可以像第 191 课时和第 193 课时中那样推出，积分

$$\int_a^\infty g(x)\mathrm{d}x \; , \quad \int_a^\infty h(x)\mathrm{d}x$$

在（2）收敛时都收敛，但是在（1）收敛而（2）发散时都发散；且一个绝对收敛的积分是收敛的。

显然，如果 $|f(x)| \le |\phi(x)|$，且 $\int_a^\infty \phi(x)\mathrm{d}x$ 收敛，则积分（1）绝对收敛。

当（1）收敛而（2）发散时，我们可以说（1）是条件性收敛的。我们在这里对于条件性收敛积分不过多讨论，但是有一种特殊积分特别重要。

假设，$\phi'(x)$ 连续；$\phi(x) \ge 0$，$\phi'(x) \le 0$；当 $x \to \infty$ 时 $\phi(x) \to 0$。则 $|\phi'(x)| = -\phi'(x)$，且

$$\int_a^\infty |\phi'(x)|\mathrm{d}x = -\int_a^\infty \phi'(x)\mathrm{d}x = -\lim_{X \to \infty} \int_a^X \phi'(x)\mathrm{d}x =$$

$$\lim_{X \to \infty} \{\phi(a) - \phi(X)\} = \phi(a)$$

所以 $\int_a^\infty \phi'(x)\mathrm{d}x$ 绝对收敛。

现在考虑积分

$$\int_a^\infty \phi(x)\, \cos tx\,\mathrm{d}x \tag{3}$$

假设 t 为正。我们有

$$\int_a^X \phi(x)\, \cos tx\,\mathrm{d}x = \frac{1}{t}\int_a^X \phi(x)\, \frac{\mathrm{d}}{\mathrm{d}x}\, \sin tx\,\mathrm{d}x$$

$$= \frac{\sin tX}{t}\, \phi(X) - \frac{\sin ta}{t}\, \phi(a) - \frac{1}{t}\int_a^X \phi'(x)\, \sin tx\,\mathrm{d}x \tag{4}$$

当 $X \to \infty$ 时第一项趋向于 0。又有 $|\sin tx| \le 1$，所以 $|\phi'(x)\sin tx| \le |\phi'(x)|$。因此 $\int_a^\infty \phi'(x)\, \sin tx\,\mathrm{d}x$ 绝对收敛，从而也收敛；所以当 $X \to \infty$ 时，（4）中最后那个积分趋向于某极限。从而推出（4）中的左边趋向于某极限，因此（3）收敛。相似地

$$\int_a^\infty \phi(x)\, \sin tx\,\mathrm{d}x$$

收敛。

最重要的情形为 $a > 0$ 且 $\phi(x) = x^{-s}$，其中 $s > 0$。当 $s > 1$ 时，积分绝对收敛，

且当 $0 < s \leqslant 1$ 时条件性收敛。

例82

1. 当 $0 < s < 2$，积分 $\int_0^\infty \dfrac{\sin tx}{x^s} \mathrm{d}x$ 收敛，当 $1 < s < 2$，则绝对收敛。

　［分别考虑范围（0，1）（1，∞）。］

2. $\displaystyle\int_0^\infty \dfrac{x+1}{x^{\frac{3}{2}}} \sin x \mathrm{d}x$ 收敛。（《数学之旅》，1930）

3. $\displaystyle\int_0^\infty \dfrac{1 - \cos tx}{x^s} \mathrm{d}x$ 在 $1 < s < 3$ 时收敛，并且绝对收敛。

4. $\displaystyle\int_0^\infty \dfrac{\sin x(1 - \cos x)}{x^s} \mathrm{d}x$ 在 $0 < s < 4$ 时收敛，并且在 $1 < s < 4$ 时绝对收敛。

5. 如果 α 介于 β 与 $2 - \beta$ 之间，$\displaystyle\int_0^\infty x^{-\alpha} \sin x^{1-\beta} \mathrm{d}x$ 收敛。［令 $x^{1-\beta} = y$，分别考虑 $\beta < 1$ 与 $\beta > 1$ 情形。］

例题集

1. 讨论级数 $\sum n^k \left(\sqrt{n+1} - 2\sqrt{n} + \sqrt{n-1}\right)$ 的收敛性，其中 k 是实数。（《数学之旅》，1890）

2. 证明：除非 s 是小于 k 的正整数，

$$\sum n^r \Delta^k (n^s)$$

当且仅当 $k > r + s + 1$ 时收敛，其中

$$\Delta u_n = u_n - u_{n+1}, \quad \Delta^2 u_n = \Delta (\Delta u_n)$$

等等，当 s 是小于 k 的正整数时，这个级数的每个项都是 0。［第七章例题集例第 6 题的结果表明 $\Delta^k (n^s)$ 一般来说幂级为 n^{s-k}。］

3. 证明：

$$\sum_1^\infty \frac{n^2 + 9n + 5}{(n+1)(2n+3)(2n+5)(n+4)} \mathrm{d}n = \frac{5}{36} （《数学之旅》，1912）$$

　［将这个等式分解成部分分数的形式。］

4. 如果 $\sum a_n$ 是正项的发散级数，且

$$a_{n-1} > \frac{a_n}{1 + a_n}, \quad b_n = \frac{a_n}{1 + n a_n}$$

则 $\sum b_n$ 发散。(《数学之旅》,1931)

[很容易验证 $b_{n-1} > b_n$。因此 $\sum b_n$ 的收敛也暗示了 $nb_n \to 0$,因此 $na_n \to 0$。这给出 $b_n \sim a_n$,矛盾。]

5. 证明:只要 z 不是负整数,级数

$$1 - \frac{1}{1+z} + \frac{1}{2} - \frac{1}{2+z} + \frac{1}{3} - \frac{1}{3+z} + \cdots$$

就是收敛的。

6. 探究级数

$$\sum \sin\frac{a}{n}, \quad \sum \frac{1}{n}\sin\frac{a}{n}, \quad \sum(-1)^n \sin\frac{a}{n}, \quad \sum\left(1-\cos\frac{a}{n}\right), \quad \sum(-1)^n\left(1-\cos\frac{a}{n}\right)$$

的收敛性或发散性,其中 a 是实数。(《数学之旅》,1899)

7. 讨论级数

$$\sum_1^\infty \left(1 + \frac{1}{2} + \frac{1}{3} + \cdots + \frac{1}{n}\right) \frac{\sin(n\theta + \alpha)}{n}$$

的收敛性,其中 θ 和 α 是实数。(《数学之旅》,1899)

8. 证明级数

$$1 - \frac{1}{2} - \frac{1}{3} + \frac{1}{4} + \frac{1}{5} + \frac{1}{6} - \frac{1}{7} - \frac{1}{8} - \frac{1}{9} - \frac{1}{10} + \cdots$$

是收敛的,其中有相同符号的连续项形成 1 项、2 项、3 项、4 项、…的元素组;但是每组包含 1 项、2 项、4 项、8 项…元素形成的对应级数是有限振荡的。

9. 如果 u_1,u_2,u_3,…是递减的正数序列,其极限为 0,则级数

$$u_1 - \frac{1}{2}(u_1 + u_2) + \frac{1}{3}(u_1 + u_2 + u_3) - \cdots, \quad u_1 - \frac{1}{3}(u_1 + u_3) + \frac{1}{5}(u_1 + u_3 + u_5) - \cdots$$

收敛。[因为如果 $\dfrac{u_1 + u_2 + \cdots + u_n}{n} = v_n$,则 v_1,v_2,v_3 也是极限为 0 的递减序列(第四章例题集第 8, 16 题)。这表明第一个级数收敛;第二个级数收敛性的证明我们留给读者完成。特别地,级数

$$1 - \frac{1}{2}\left(1 + \frac{1}{2}\right) + \frac{1}{3}\left(1 + \frac{1}{2} + \frac{1}{3}\right) - \cdots, \quad 1 - \frac{1}{3}\left(1 + \frac{1}{3}\right) + \frac{1}{5}\left(1 + \frac{1}{3} + \frac{1}{5}\right) - \cdots$$

收敛。]

10. 如果 $u_0 + u_1 + u_2 + \cdots$ 是正项递减的发散级数,则

$$\frac{u_0 + u_2 + \cdots + u_{2n}}{u_1 + u_3 + \cdots + u_{2n+1}} \to 1$$

11. 证明：$\lim\limits_{\alpha \to +0} \alpha \sum\limits_1^\infty n^{-1-\alpha} = 1$。　［从第 180 课时可得

$$0 < 1^{-1-\alpha} + 2^{-1-\alpha} + \cdots + (n-1)^{-1-\alpha} - \int_1^n x^{-1-\alpha}\, \mathrm{d}x \le 1$$

容易推导出 $\sum n^{-1-\alpha}$ 介于 $\dfrac{1}{\alpha}$ 和 $\dfrac{\alpha+1}{\alpha}$ 之间。］

12. 对于所有使得级数 $\sum\limits_1^\infty u_n$ 收敛的 x 实数值，求出其级数之和，其中

$$u_n = \frac{x^n - x^{-n-1}}{(x^n + x^{-n})(x^{n+1} + x^{-n-1})} = \frac{1}{x-1}\left(\frac{1}{x^n + x^{-n}} - \frac{1}{x^{n+1} + x^{-n-1}}\right)$$（《数学之旅》，1901）

　　［如果 $|x|$ 不等于 1，则级数的和为 $\dfrac{x}{(x-1)(x^2+1)}$。如果 $x=1$，则 $u_n=0$，且级数的和为 0。如果 $x=-1$，则 $u_n=\dfrac{1}{2}(-1)^{n+1}$ 且级数有限振荡。］

13. 级数

$$\frac{z}{1+z} + \frac{2z^2}{1+z^2} + \frac{4z^4}{1+z^4} + \cdots, \quad \frac{z}{1-z^2} + \frac{z^2}{1-z^4} + \frac{z^4}{1-z^8} + \cdots$$

收敛时求它们的和（其中所有的指数都是 2 的幂）。

　　［只有当 $|z| < 1$ 时，第一级数收敛，其为 $\dfrac{z}{1-z}$；如果 $|z| < 1$，则第二级数收敛于和 $\dfrac{z}{1-z}$，如果 $|z| > 1$，收敛于和 $\dfrac{1}{1-z}$。］

14. 如果对于所有的 n 值，都有 $|a_n| \le 1$，则方程

$$0 = 1 + a_1 z + a_2 z^2 + \cdots$$

不可能有一个模量小于 $\dfrac{1}{2}$ 的根。唯一有模量等于 $\dfrac{1}{2}$ 的根的情形：$a_n = -\mathrm{Cis}(n\theta)$，这时 $z = -\dfrac{1}{2}\mathrm{Cis}(-\theta)$。

15. 循环级数。

幂级数 $\sum a_n z^n$ 被称之为循环级数，如果其系数满足此类关系式

$$a_n + p_1 a_{n-1} + p_2 a_{n-2} + \cdots + p_k a_{n-k} = 0 \tag{1}$$

其中 $n \ge k$，且 $p_1, p_2, \cdots p_k$ 与 n 无关。任何循环级数就是 z 的有理函数的延伸。

为了证明这一点，我们首先观察到此级数对于模量充分小的 z 值都一定收敛。从（1）可得 $|a_n| \leqslant Ga_n$，其中 a_n 是之前系数的数值最大的模量，且 $G = |p_1| + |p_2| + \cdots + |p_k|$；由此得到 $|a_n| < KG^n$，其中 K 与 n 无关。因此循环级数对于模量小于 $\dfrac{1}{G}$ 的 z 值确定收敛。

但是如果我们分别用 $p_1 z$，$p_2 z^2$，$\cdots$，$p_k z^k$ 乘以级数 $f(z) = \sum a_n z^n$，并将结果相加，我们就得到一个新的级数，根据（1），这个新级数从第 $k-1$ 项之后所有系数取值为 0，所以

$$(1 + p_1 z + p_2 z^2 + \cdots + p_k z^k) f(z) = P_0 + P_1 z + \cdots + P_{k-1} z^{k-1}$$

其中 P_0，P_1，$\cdots$，P_{k-1} 是常数。多项式

$$1 + p_1 z + p_2 z^2 + \cdots + p_k z^k$$

被称为级数的关系尺度（scale of relation）。

相反地，从已知结果得出任意有理函数的表达式作为多项式和某些形如 $\dfrac{A}{(z-\alpha)^p}$ 的部分分式之和这一已知结果，又根据负整数指数的二项式，得出分母不被 z 整除的有理函数可以延伸至幂级数的形式，对于模量足够小的 z 值也收敛。事实上，如果 $|z| < \rho$，其中 ρ 是分母的根的模量最小值（参见第四章例题集的第 26 题）。将以上论断翻转，容易看出这个级数是一个循环级数。因此一个幂级数是循环级数的必要充分条件为：它是 z 的这样一个有理函数的延伸。

16. 差分方程的解。

形如第 15 题中（1）的关系被称为关于 a_n 的常数系数的线性差分方程。这样的方程可以通过一个例子来进行解释。假设方程为

$$a_n - a_{n-1} - 8a_{n-2} + 12a_{n-3} = 0$$

考虑循环幂级数 $\sum a_n z^n$。正如第 15 题中讨论的那样，我们可以求得其和为

$$\frac{a_0 + (a_1 - a_0)z + (a_2 - a_1 - 8a_0)z^2}{1 - z - 8z^2 + 12z^3} = \frac{A_1}{1 - 2z} + \frac{A_2}{(1 - 2z)^2} + \frac{B}{1 + 3z}$$

其中 A_1，A_2 和 B 都可以轻易地用 a_0，a_1 和 a_2 表示。分别延伸到每个分式，我们看出 z^n 的系数为

$$a_n = 2^n \{A_1 + (n+1)A_2\} + (-3)^n B$$

A_1，A_2 和 B 的值依赖于前三个系数 a_0，a_1，a_2，当然，a_0，a_1，a_2 可以随意选取。

17. 差分方程 $u_n - 2\cos\theta u_{n-1} + u_{n-2} = 0$ 的解为 $u_n = A\cos n\theta + B\sin n\theta$，其中 A 和 B 为任意常数。

18. 如果 u_n 是一个关于 n 的多项式，幂级为 k，则 $\sum u_n z^n$ 是循环级数，其关系尺度为 $(1-z)^{k+1}$。（《数学之旅》，1904）

19. 按照 z 的递增幂级来展开 $\dfrac{9}{(z-1)(z+2)^2}$。（《数学之旅》，1913）

20. 一名掷硬币玩家，打算正面朝上得一分，反面朝上得两分，得分直到 n 分。证明：他得分恰好为 n 的概率为 $\dfrac{1}{3}\left\{2 + \left(-\dfrac{1}{2}\right)^n\right\}$。（《数学之旅》，1896）

> $\Big[$ 如果 p_n 是概率，则 $p_n = \dfrac{1}{2}(p_{n-1} + p_{n-2})$；同时 $p_0 = 1$，$p_1 = \dfrac{1}{2}$。$\Big]$

21. 证明：如果 n 是正整数，a 不是以下数目 $-1, -2, \cdots, -n$ 之一，那么

$$\frac{1}{a+1} + \frac{1}{a+2} + \cdots + \frac{1}{a+n} = \binom{n}{1}\frac{1}{a+1} - \binom{n}{2}\frac{1!}{(a+1)(a+2)} + \cdots$$

> $\Big[$ 将右边的每一项分解成部分分数即得此结果。当 $a > -1$ 时，通过展开 $\dfrac{1-x^n}{1-x}$ 和 $1-(1-x)^n$，并逐项进行积分。结果可简单地从等式
>
> $$\int_0^1 x^a \frac{1-x^n}{1-x}\, dx = \int_0^1 (1-x)^a \{1 - (1-x)^n\}\frac{dx}{x}$$
>
> 中推导出来。作为几何性恒等式，对于除了 $-1, -2, \cdots, -n$ 的所有 a 值一定成立。$\Big]$

22. 将级数相乘，证明：

$$\sum_0^\infty \frac{z^n}{n!} \sum_1^\infty \frac{(-1)^{n-1}z^n}{n \cdot n!} = \sum_1^\infty \left(1 + \frac{1}{2} + \frac{1}{3} + \cdots + \frac{1}{n}\right)\frac{z^n}{n!}$$

> $\Big[$ 可以求得 z^n 的系数为
>
> $$\frac{1}{n!}\left\{\binom{n}{1} - \frac{1}{2}\binom{n}{2} + \frac{1}{3}\binom{n}{3} - \cdots\right\}$$
>
> 现在使用第 21 题的结果，取 $a = 0$。$\Big]$

23. 对于实数或复数 z 的收敛性，尽可能完整地讨论：

$$\sum \frac{2n!}{n!n!}z^n \quad （《数学之旅》，1924）$$

24. 当 $n \to \infty$ 时，如果 $A_n \to A$，$B_n \to B$，则

$$D_n = \frac{1}{n}\left(A_1 B_n + A_2 B_{n-1} + \cdots + A_n B_1\right) \to AB$$

进一步，如果 A_n 和 B_n 都是正数且严格递减，D_n 也是如此。

$\Big[$ 令 $A_n = A + \varepsilon_2$。则给出的表达式等于

$$A\,\frac{B_1 + B_2 + \cdots + B_n}{n} + \frac{\varepsilon_1 B_n + \varepsilon_2 B_{n-1} + \cdots + \varepsilon_n B_1}{n}$$

其中第一项趋向于 AB（第四章例题集的第 16 题）。第二项的模量小于 $\dfrac{\beta\{|\varepsilon_1| + |\varepsilon_2| + \cdots + |\varepsilon_1|\}}{n}$，其中 β 为任意大于 $|B_r|$ 的最大值的数目；且此表达式趋向于 0。$\Big]$

25. 证明：如果 $c_n = a_1 b_n + a_2 b_{n-1} + \cdots + a_n b_1$，且

$$A_n = a_1 + a_2 + \cdots + a_n,\quad B_n = b_1 + b_2 + \cdots + b_n,\quad C_n = c_1 + c_2 + \cdots + c_n$$

那么就有

$$C_n = a_1 B_n + a_2 B_{n-1} + \cdots + a_n B_1 = b_1 A_n + b_2 A_{n-1} + \cdots + b_n A_1$$

以及

$$C_1 + C_2 + \cdots + C_n = A_1 B_n + A_2 B_{n-1} + \cdots + A_n B_1$$

由此证明：如果级数 $\sum a_n$，$\sum b_n$ 收敛，且和为 A，B，所以 $A_n \to A$，$B_n \to B$，则

$$\frac{C_1 + C_2 + \cdots + C_n}{n} \to AB$$

证明如果 $\sum c_n$ 收敛，则其和为 AB。此结果被称之为阿贝尔级数乘积定理。我们已经看到，我们如果两个级数 $\sum a_n$，$\sum b_n$ 都绝对收敛，就可以将它们相乘。而阿贝尔定理表明：即使它们中有一个级数不是绝对收敛的，或二者都不是绝对收敛的，也可以作它们的乘积，只要乘积级数收敛即可。

26. 如果

$$a_n = \frac{(-1)^n}{\sqrt{n+1}},\quad A_n = a_0 + a_1 + \cdots + a_n$$

$$b_n = a_0 a_n + a_1 a_{n-1} + \cdots + a_n a_0,\quad B_n = b_0 + b_1 + \cdots + b_n$$

则（i）$\sum a_n$ 收敛于和 A，（ii）$A_n = A + O\left(n^{-\frac{1}{2}}\right)$，（iii）$b_n$ 有限振荡，（iv）$B_n = a_0 A_n + a_1 A_{n-1} + \cdots + a_n A_0$，（v）$B_n$ 有限振荡。

27. 证明：

$$\frac{1}{2}\left(1 - \frac{1}{2} + \frac{1}{3} - \cdots\right)^2 = \frac{1}{2} - \frac{1}{3}\left(1 + \frac{1}{2}\right) + \frac{1}{4}\left(1 + \frac{1}{2} + \frac{1}{3}\right) - \cdots$$

$$\frac{1}{2}\left(1 - \frac{1}{3} + \frac{1}{5} - \cdots\right)^2 = \frac{1}{2} - \frac{1}{4}\left(1 + \frac{1}{3}\right) + \frac{1}{6}\left(1 + \frac{1}{3} + \frac{1}{5}\right) - \cdots$$

[利用第 9 题的结果建立了级数的收敛性。]

28. 证明：如果 $m > -1$，$p > 0$，$n > 0$，且 $U_{m,n} = \int_0^1 x^m (1 - x^p)^n \, dx$ 则 $(m + np + 1) U_{m,n} = np U_{m,n-1}$。推导出：

$$\int_0^1 x^{-\frac{1}{4}} \left(1 - x^{\frac{1}{2}}\right)^{\frac{5}{2}} dx = \frac{5}{16} \int_0^1 x^{-\frac{1}{4}} \left(1 - x^{\frac{1}{2}}\right)^{\frac{1}{2}} dx$$

并用适当的代换来计算这些积分。（《数学之旅》，1932）

29. 证明：

$$\int_a^\infty \frac{dx}{x^4 \sqrt{a^2 + x^2}} = \frac{2 - \sqrt{2}}{3a^4} , \quad \int_0^1 \frac{x^3 \arcsin x}{\sqrt{1 - x^2}} dx = \frac{7}{9} \quad （《数学之旅》，1932）$$

30. 建立公式

$$\int_0^\infty F\left\{\sqrt{x^2 + 1} + x\right\} dx = \frac{1}{2} \int_1^\infty \left(1 + \frac{1}{y^2}\right) F(y) dy$$

$$\int_0^\infty F\left\{\sqrt{x^2 + 1} - x\right\} dx = \frac{1}{2} \int_0^1 \left(1 + \frac{1}{y^2}\right) F(y) dy$$

特别地，证明如果 $n > 1$，则

$$\int_0^\infty \frac{dx}{\left\{\sqrt{x^2 + 1} + x\right\}^n} = \int_0^\infty \left\{\sqrt{x^2 + 1} - x\right\}^n dx = \frac{n}{n^2 - 1}$$

[在此例及接下来的例子中，假设考虑的积分根据第184课时的定义有意义。]

31. 证明：如果 $2y = ax - bx^{-1}$，其中 a 和 b 都是正数，那么随着 x 从 0 增加到 ∞，y 持续从 $-\infty$ 增加到 ∞。因此证明：

$$\int_0^\infty f\left\{\frac{1}{2}\left(ax - \frac{b}{x}\right)\right\} dx = \frac{1}{a} \int_{-\infty}^\infty f(y) \left\{1 + \frac{y}{\sqrt{y^2 + ab}}\right\} dy$$

如果 $f(y)$ 是偶数，这就是

$$\frac{2}{a} \int_0^\infty f(y) dy。$$

32. 证明：如果 $2y = ax + bx^{-1}$，其中 a 和 b 都是正数，则任意大于 $\sqrt{ab}$ 的 y 值都对应 x 的两个值。将较大数记为 x_1，较小数记为 x_2。证明：随着 y 从 $\sqrt{ab}$ 增

加到 ∞，x_1 从 $\sqrt{\dfrac{b}{a}}$ 增加到 ∞，x_2 从 $\sqrt{\dfrac{b}{a}}$ 减少到 0。从而证明

$$\int_{\sqrt{\frac{b}{a}}}^{\infty} f(y)\,\mathrm{d}x_1 = \frac{1}{a}\int_{\sqrt{ab}}^{\infty} f(y)\left\{\frac{y}{\sqrt{y^2-ab}}+1\right\}\mathrm{d}y$$

$$\int_{0}^{\sqrt{\frac{b}{a}}} f(y)\,\mathrm{d}x_2 = \frac{1}{a}\int_{\sqrt{ab}}^{\infty} f(y)\left\{\frac{y}{\sqrt{y^2-ab}}-1\right\}\mathrm{d}y$$

以及

$$\int_{0}^{\infty} f\left\{\frac{1}{2}\left(ax+\frac{b}{x}\right)\right\}\mathrm{d}x = \frac{2}{a}\int_{\sqrt{ab}}^{\infty}\frac{yf(y)}{\sqrt{y^2-ab}}\,\mathrm{d}y = \frac{2}{a}\int_{0}^{\infty} f\left(\sqrt{z^2+ab}\right)\mathrm{d}z$$

33. 证明公式：

$$\int_{0}^{\pi} f\left(\sec\frac{1}{2}x+\tan\frac{1}{2}x\right)\frac{\mathrm{d}x}{\sqrt{\sin x}} = \int_{0}^{\pi} f(\csc x)\frac{\mathrm{d}x}{\sqrt{\sin x}}$$

34. 如果 a 和 b 都是正数，则

$$\int_{0}^{\infty}\frac{\mathrm{d}x}{(x^2+a^2)(x^2+b^2)} = \frac{\pi}{2ab(a+b)}$$

$$\int_{0}^{\infty}\frac{x^2\,\mathrm{d}x}{(x^2+a^2)(x^2+b^2)} = \frac{\pi}{2(a+b)}$$

推导出：如果 α，β 和 γ 都是正数，且 $\beta^2 \geqslant \alpha\gamma$，则

$$\int_{0}^{\infty}\frac{\mathrm{d}x}{\alpha x^4+2\beta x^2+\gamma} = \frac{\pi}{2\sqrt{2\gamma A}}$$

$$\int_{0}^{\infty}\frac{x^2\,\mathrm{d}x}{\alpha x^4+2\beta x^2+\gamma} = \frac{\pi}{2\sqrt{2\alpha A}}$$

其中 $A = B+\sqrt{\alpha\gamma}$。通过令 $f(y) = \dfrac{1}{c^2+y^2}$ 同样推导出第 31 题最后的结果。﹝当 $\beta^2 < \alpha\gamma$ 时，最后两个结果依然成立，但是证明过程却不那么简单。﹞

35. 证明：如果 b 是正数，则

$$\int_{0}^{\infty}\frac{x^2\,\mathrm{d}x}{(x^2-a^2)^2+b^2x^2} = \frac{\pi}{2b}$$

$$\int_{0}^{\infty}\frac{x^4\,\mathrm{d}x}{\{(x^2-a^2)^2+b^2x^2\}^2} = \frac{\pi}{4b^3}$$

36. 如果对于 $x > 1$，$\phi'(x)$ 是连续的，则

$$\sum_{1\leqslant n\leqslant x}\phi(n) = [x]\phi(x) - \int_{1}^{x}[t]\phi'(t)\,\mathrm{d}t$$

其中 $[x]$ 表示含 x 在内的最大整数。（《数学之旅》，1932）

37. 如果对于大数值的 x，有 $\phi''(x) = O(x^{-\alpha})$，其中 $\alpha > 1$，则

$$\int_n^{n+1} \left\{ \phi(x) - \phi\left(n + \frac{1}{2}\right) \right\} \mathrm{d}x = O(n^{-\alpha})$$

且

$$\sum_1^n \phi\left(m + \frac{1}{2}\right) = \int_1^{n+1} \phi(x)\, \mathrm{d}x + C + O(n^{1-\alpha})$$

其中 C 独立于 n。（《数学之旅》，1923）

> 观察到
>
> $$\int_n^{n+1} \left\{ \phi(x) - \phi\left(n + \frac{1}{2}\right) \right\} \mathrm{d}x = \int_0^{\frac{1}{2}} \left\{ \phi\left(n + \frac{1}{2} + t\right) + \phi\left(n + \frac{1}{2} - t\right) - 2\phi\left(n + \frac{1}{2}\right) \right\}$$
>
> $\mathrm{d}t$。

38. 如果

$$J_m = \int_0^x \sin^m \theta \sin a(x - \theta) \mathrm{d}\theta$$

其中 m 是不小于 2 的整数，则

$$m(m-1)J_{m-2} = a \sin^m x + (m^2 - a^2)J_m$$

推导出

$$\cos ax = 1 - \frac{a^2}{2!}\,\sin^2 x - \frac{a^2(2^2 - a^2)}{4!}\,\sin^4 x - \frac{a^2(2^2 - a^2)(4^2 - a^2)}{6!}\sin^6 x - \cdots \quad （《数$$
学之旅》，1923）

39. 证明：如果

$$u_n = \int_0^{\frac{1}{2}\pi} \sin 2nx \cot x\, \mathrm{d}x, \quad v_n = \int_0^{\frac{1}{2}\pi} \frac{\sin 2nx}{x}\, \mathrm{d}x$$

则有 $u_n = \frac{1}{2}\pi$，且有

$$v_n \to \int_0^\infty \frac{\sin x}{x}\, \mathrm{d}x = v$$

最后一步是我们的假设。同时通过部分积分法或别的方法，证明 $u_n - v_n \to 0$；并且推出 $v = \frac{1}{2}\pi$。（《数学之旅》，1924）

40. 如果 a 取正值，$f(x)$ 在除原点外的点都是连续的，

$$\int_0^a f(x)\mathrm{d}x = \lim_{\varepsilon \to 0} \int_\varepsilon^a f(x)\, \mathrm{d}x$$

存在，且

$$g(x) = \int_x^a \frac{f(t)}{t}\, \mathrm{d}t$$

则

$$\int_0^a g(x)\mathrm{d}x = \int_0^a f(x)\mathrm{d}x \ (《数学之旅》, 1934)$$

第九章　实变量的对数、指数及三角函数

（204）引言

在之前的章节中我们讨论过的函数种类并不很多，最重要的就是多项式、有理函数、线性或隐性的代数函数，以及正反三角函数。

随着数学知识的逐步扩展，也伴随着一步步引入新的函数。引进这些函数，往往是因为数学家们不能用已有的函数关系来解决新的数学问题。这个过程就像当初引入无理数和复数，从而使一些几何方程可以解决。最多产生新函数的来源就是积分问题。人们试图根据已知函数来求解某些函数 $f(x)$ 的积分。然而此意图失效了，在一次次的失败后，逐渐显现出此问题可能不可解。有时候确实如此；不过通常来说，一个严格的证明总是不能唾手可得，而是要等到之后才会到来。一般来说，数学家们一旦有理由确信该问题无解，就会把这种不可能性当作已知的对象，并用具有所要求的性质来定义一个新函数，如 $F(x)$，即也就是 $F'(x) = f(x)$。从这个定义开始，数学家们探究 $F(x)$ 的性质；而且发现 $F(x)$ 的性质是以往所知函数的任何有限组合所没有的；这就使原来的问题不可解这一假设被确认。在第六章中就出现过一个这样的情形，当时我们用等式

$$\log x = \int \frac{\mathrm{d}x}{x}$$

定义了函数 $\log x$。

让我们来考虑假设 $\log x$ 作为新函数的基础理由。我们已经看到（例 42 第 4 题），这它不可能是有理函数，因为有理函数的导数也是有理函数，其分母只包含重复因子。它是代数函数还是三角函数的问题更加复杂。但是通过分析一些例子，也容易得出微分不会消除掉代数无理数。例如，对 $\sqrt{1+x}$ 求导任意次数的结果总是等于 $\sqrt{1+x}$ 和一个有理函数相乘的形式，以此类推。相似地，如果我们对

一个包含 $\sin x$ 或 $\cos x$ 的函数求导，这些函数中的一个会一直保留在结果中。

因此，我们并没有严格证明 $\log x$ 是一个新的函数——我们并没有继续给予证明[1]——而是给出了一个合理的预证明。因此我们将这样处理的，经过检验，其性质不像我们所遇到的任意函数。

（205）$\log x$ 的定义

我们用等式

$$\log x = \int_1^x \frac{\mathrm{d}t}{t}$$

定义 x 的对数 $\log x$。我们必须要假设 x 为正，因为（例 76 的第 2 题）如果积分区域包含了点 $x=0$，则这个积分没有意义。我们已经选择了不是 1 的积分下限；但是我们会证明 1 是最方便的。根据这个定义有 $\log 1 = 0$。

现在我们来考虑当 x 从 0 变化到 ∞ 时 $\log x$ 如何变化。从定义得出，$\log x$ 是 x 的连续函数，随着 x 一起而连续递增，且有导数

$$\frac{\mathrm{d}}{\mathrm{d}x} \log x = \frac{1}{x}$$

从第 181 课时得出，当 $x \to \infty$ 时，$\log x$ 趋向于 ∞。

如果 x 是正数，但小于 1，则 $\log x$ 是负数。因为

$$\log x = \int_1^x \frac{\mathrm{d}t}{t} = -\int_x^1 \frac{\mathrm{d}t}{t} < 0$$

另外，如果我们在积分中代换 $t = \frac{1}{u}$，我们就得到

$$\log x = \int_1^x \frac{\mathrm{d}t}{t} = -\int_1^{\frac{1}{x}} \frac{\mathrm{d}u}{u} = -\log \frac{1}{x}$$

因此当 x 从 1 减小到 0 时 $\log x$ 逐渐趋向于 $-\infty$。

图 48 为对数函数图象的一般形式。由于 $\log x$ 的导数为 $\frac{1}{x}$，当 x 很大时曲线的斜度很缓，当 x 很小时曲线的斜度很急。

---

〔1〕证明过程见第 134 课时注中提及的作者专著。

例83

1. 根据定义证明：

（a）$\dfrac{x}{1+x} < \log(1+x) < x\,(x>0)$；

（b）$x < -\log(1-x) < \dfrac{x}{1-x}$，$(0<x<1)$

$\left[\right.$ 例如对于（a）观察到

$$\log(1+x) = \int_{1}^{1+x} \frac{\mathrm{d}t}{t}\,,$$

并且被积函数介于 1 和 $\dfrac{1}{1+x}$ 之间。$\left.\right]$

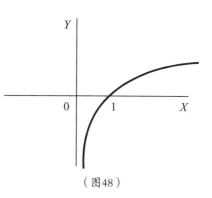

（图48）

2. 证明不等式：

（i）$x - \dfrac{1}{2}x^2 < \log(1+x)\,(x>0)$

（ii）$\dfrac{x-1}{x} < \log x < x-1\,(x>1)$

（iii）$4(x-1) - 2\log x < 2x\log x < x^2-1\,(x>1)$

（iv）$0 < \dfrac{1}{x} - \log\dfrac{x+1}{x} < \dfrac{1}{2x^2}\,(x>0)$

（v）$\dfrac{2}{2x+1} < \log\dfrac{x+1}{x} < \dfrac{2x+1}{2x(x+1)}\,(x>0)$（《数学之旅》，1931，1933，

1936）

3. 证明：

$$\lim_{x\to 1} \frac{\log x}{x-1} = \lim_{y\to 0} \frac{\log(1+y)}{y} = 1$$

$\left[\right.$ 利用第 1 题的结果。$\left.\right]$

（206）$\log x$ **满足的函数等式**

函数 $\log x$ 满足函数等式

$$f(xy) = f(x) + f(y) \tag{1}$$

因为，通过代换 $t = yu$，我们就看到

$$\log xy = \int_{1}^{xy} \frac{\mathrm{d}t}{t} = \int_{\frac{1}{y}}^{x} \frac{\mathrm{d}u}{u} = \int_{1}^{x} \frac{\mathrm{d}u}{u} - \int_{1}^{\frac{1}{y}} \frac{\mathrm{d}u}{u}$$

$$= \log\ x - \log\left(\frac{1}{y}\right) = \log x + \log y$$

所以定理得证。

例84

1. 可以证明，方程（1）具有微分系数并且完全不同于 $\log x$。因为当我们对函数方程求导时，分别对 x 和 y 求导，就得到两个方程

$$yf'(xy) = f'(x), \quad xf'(xy) = f'(y)$$

所以，消除 $f'(xy)$，得到 $xf'(x) = yf'(y)$。但是如果这个等式对于每一对 x 和 y 的值都成立，则我们就有 $xf'(x) = C$ 或者 $f'(x) = \dfrac{C}{x}$，其中 C 为常数。从而

$$f(x) = \int \frac{C}{x}\mathrm{d}x + C' = C\log x + C'$$

代入（1），可得 $C' = 0$。因此，除非取 $C = 0$ 得到平凡解 $f(x) = 0$，则没有一个解从根本上区别于 $\log x$。

2. 用相同的方法证明：方程

$$f(x) + f(y) = f\left(\frac{x+y}{1-xy}\right)$$

不具有微分系数且平凡性不同于 $\arctan x$。

3. 证明：如果 $m + 1 > 0$，则当 $n \to \infty$ 时，有 $\dbinom{m}{n} \to 0$。

〔如果 m 是整数，则对于 $n > m$，有 $u_n = \dbinom{m}{n} = 0$，这就没有什么可证明的了。于是我们假设 $p < m < p+1$，其中 p 为不小于 -1 的整数。此时 $\dfrac{u_{v+1}}{u_v} = \dfrac{m-v}{v+1}$ 对于 $v \geq p+1$ 是负值，且绝对值小于 1，使得 u_v 交替地改变符号，且 $|u_v|$ 持续递减。同时有

$$\log\frac{|u_{v+1}|}{|u_v|} = \log\frac{v-m}{v+1} = \log\left(1 - \frac{m+1}{v+1}\right) < -\frac{m+1}{v+1}$$

使得当 $n \to \infty$ 时，有

$$\log|u_{n+1}| - \log|u_{p+1}| < -(m+1)\sum_{v=p+1}^{n}\frac{1}{v+1} \to -\infty$$

因此 $u_{n+1} \to 0$。

如果 $m=-1$，则有 $u_n=(-1)^n$。如果 $m+1<0$，则 $|u_n|$ 随着 n 一起递增。证明此时有：$|u_n|\to\infty$。]

（207）$\log x$ 随着 x 趋向于无穷时的情况

在第 98 课时中，我们定义了大数 x 的一级大量，二级大量，三级大量，⋯ 这样的函数。当 x 趋向于无穷，$\dfrac{f(x)}{x^k}$ 趋向一个非零极限时，函数 $f(x)$ 被称为 k 级大量。

很容易定义一系列函数，它们随着 x 趋向于 0 而逐渐趋向于无穷。例如 $\sqrt{x}$，$\sqrt[3]{x}$，$\sqrt[4]{x}$，⋯就是这样的一系列函数。一般地，我们可以说当 x 很大时，x^α（其中 α 为任意正有理数）是 α 级大量。我们也可以假设 α 尽可能小，例如小于 0.0000001。可能有人会认为：只有取遍 α 所有可能的正值，便可得出 $f(x)$ 所有可能的"无穷大的级数"。可以假设：如果 $f(x)$ 随着 x 一起趋向于无穷大，无论趋向的速度有多慢，我们总可以找到 α 的一个适当的小值，使得 x^α 比它更慢地趋向于无穷；相似地，如果 $f(x)$ 随着 x 一起趋向于无穷大，无论趋向的速度有多快，我们总可以找到 α 的一个适当的大值，使得 x^α 比它更快地趋向于无穷。

而 $\log x$ 的性状否决了所有这样的意图。x 的对数函数随着 x 一起趋向于无穷，但是比 x 的任意正指数都慢（无论是整数指数还是分数指数）。换句话说，$\log x\to\infty$，但是对于 α 所有的正有理数值都有

$$\frac{\log x}{x^\alpha}\to 0$$

（208）当 $x\to\infty$ 时 $x^{-\alpha}\log x\to 0$ 的证明

令 β 是一个任意正有理数。则当 $t>1$ 时，$t^{-1}<t^{\beta-1}$，所以

$$\log x=\int_1^x\frac{\mathrm{d}t}{t}<\int_1^x\frac{\mathrm{d}t}{t^{1-\beta}}$$

使得对于 $x>1$，有

$$\log x<\frac{x^\beta-1}{\beta}<\frac{x^\beta}{\beta}$$

现在如果 α 是正数，那么我们可以选择取一个更小的正数 β，则有

$$0 < \frac{\log x}{x^\alpha} < \frac{x^{\beta-\alpha}}{\beta}$$

但是当 $x \to \infty$ 时有 $x^{\beta-\alpha} \to 0$，因为 $\beta < \alpha$，所以有 $x^{-\alpha} \log x \to 0$。

（209）当 $x \to +0$ 时 $\log x$ 的性状

因为当 $x = \dfrac{1}{y}$ 时，有

$$x^{-\alpha} \log x = -y^\alpha \log y$$

从已证的定理可得

$$\lim_{y \to +0} y^\alpha \log\ y = -\lim_{x \to +\infty} x^{-\alpha} \log x = 0$$

因此当 x 取正值且趋向于 0 时，$\log x$ 趋向于 $-\infty$ 且 $\log \dfrac{1}{x} = -\log x$ 趋向于 ∞，但是 $\log \dfrac{1}{x}$ 比起 $\dfrac{1}{x}$ 的任意正幂级（无论是整数还是分数）更慢地趋向于 ∞。

（210）无穷的尺度，对数的尺度

我们来考虑函数数列

$$x,\ \sqrt{x}\ ,\ \sqrt[3]{x}\ ,\ \cdots,\ \sqrt[n]{x}\ ,\ \cdots$$

它拥有这样的性质：如果 $f(x)$ 和 $\phi(x)$ 是包含这些项中的任意两个函数，则当 $x \to \infty$ 时，$f(x)$ 和 $\phi(x)$ 都趋向于 ∞，其中 $\dfrac{f(x)}{\phi(x)}$ 趋向于 0 还是趋向于 ∞ 取决于在此级数中 $f(x)$ 位于 $\phi(x)$ 的左边还是右边。我们现在可以通过在已写出来的函数右边继续插入新的项来延续这个级数。我们从插入 $\log x$ 开始，它比起任意之前项都更慢地趋向于无穷。然后插入 $\sqrt{\log x}$，它比起 $\log x$ 更慢地趋向于 ∞，再插入 $\sqrt[3]{\log x}$，它比 $\sqrt{\log x}$ 更慢地趋向于 ∞，以此类推。这样一来，我们就得到一系列级数

$$x,\ \sqrt{x}\ ,\ \sqrt[3]{x}\ ,\ \cdots,\ \sqrt[n]{x}\ ,\ \cdots,\ \log x,\ \sqrt{\log x}\ ,\ \sqrt[3]{\log x}\ ,\ \cdots,\ \sqrt[n]{\log x}\ ,\ \cdots$$

它由两列简单的无穷级数序列构成。我们可以通过考虑函数 $\log \log x$（$\log x$ 的

对数）来延续此级数。因为对于所有 α 的正值，都有 $x^{-\alpha}\log x \to 0$，令 $x = \log y$，即得

$$(\log y)^{-\alpha}\log\log y = x^{-\alpha}\log x \to 0$$

从而 $\log\log y$ 随着 y 一起趋向于 ∞，但是比起 $\log y$ 的任意幂函数趋向于 ∞ 都更慢。因此我们可以继续扩充级数：

$$x,\ \sqrt{x},\ \sqrt[3]{x},\ \cdots,\ \log x,\ \sqrt{\log x},\ \sqrt[3]{\log x},\ \cdots$$

$$\log\log x,\ \sqrt{\log\log x},\ \cdots,\ \sqrt[n]{\log\log x},\ \cdots$$

显然可以看出，通过引入函数 $\log\log\log x$，$\log\log\log\log x$，$\cdots$ 我们可以无限延长这个级数。通过令 $x = \dfrac{1}{y}$，我们可以得到一个相似的 y 的函数的无穷大的尺度，当 y 从正向趋向于 0 时它趋向于 ∞ [1]。

例85

1. 在级数的任意两项 $f(x)$，$F(x)$ 之间，我们可以插入一个新项 $\phi(x)$，使得 $\phi(x)$ 比起 $f(x)$ 更慢地趋向于 ∞，比起 $F(x)$ 更快地趋向于 ∞。[例如，在 $\sqrt{x}$ 和 $\sqrt[3]{x}$ 之间我们可以插入 $x^{\frac{5}{12}}$；而在 $\sqrt{\log x}$ 和 $\sqrt[3]{\log x}$ 之间，我们可以插入 $(\log x)^{\frac{5}{12}}$。且一般地，$\phi(x) = \sqrt{f(x)F(x)}$ 满足所陈述的条件。]

2. 求一个函数，它比 $\sqrt{x}$ 更慢趋向于 ∞，但是比 x^{α} 更快趋向于 ∞，其中 α 是任意小于 $\dfrac{1}{2}$ 的有理数。[函数 $x^{\frac{1}{2}}(\log x)^{-\beta}$ 即为所求函数，其中 β 是任意正有理数。]

3. 求一个函数，它比 $\sqrt{x}$ 更慢趋向于 ∞，但是比 $\sqrt{x}(\log x)^{-\alpha}$ 更快趋向于 ∞，其中 α 是任意正有理数。[函数 $\sqrt{x}(\log\log x)^{-1}$ 即为所求函数。从这些例题中我们总结出：不完整性（incompleteness）是对数函数无穷大尺度的固有特征。]

4. 当 $x \to \infty$ 时，函数

$$f(x) = \frac{x^{\alpha}(\log x)^{\alpha'}(\log\log x)^{\alpha''}}{x^{\beta}(\log x)^{\beta'}(\log\log x)^{\beta''}}$$

---

[1] 关于"无穷大的尺度"的更多内容请见 178 课时注 1 所引的论文。

将有何种性状？［如果 $\alpha \neq \beta$，则

$$f(x) = x^{\alpha-\beta}(\log x)^{\alpha'-\beta'}(\log\log x)^{\alpha''-\beta''}$$

的性状将由 $x^{\alpha-\beta}$ 决定。如果 $\alpha = \beta$，则 x 的幂函数消失，且 $f(x)$ 的性状由 $(\log x)^{\alpha'-\beta'}$ 决定，除非 $\alpha' = \beta'$；当 $\alpha = \beta$ 且 $\alpha' = \beta'$ 时，$f(x)$ 的性状由 $(\log\log x)^{\alpha''-\beta''}$ 决定。因此如果 $\alpha > \beta$，或者 $\alpha = \beta$ 且 $\alpha' > \beta'$，又或者 $\alpha = \beta$，$\alpha' = \beta'$ 且 $\alpha'' > \beta''$ 时，都有 $f(x) \to \infty$；而如果 $\alpha < \beta$，或者 $\alpha = \beta$ 且 $\alpha' > \beta'$，又或者 $\alpha = \beta$，$\alpha' = \beta'$ 且 $\alpha'' < \beta''$ 时，都有 $f(x) \to 0$。］

5. 根据 x 的大值的量级排列函数

$$\frac{x}{\sqrt{\log x}}, \quad \frac{x\sqrt{\log x}}{\log\log x}, \quad \frac{x\log\log x}{\sqrt{\log x}}, \quad \frac{x\log\log\log x}{\sqrt{\log\log x}}$$

6. 证明：对于大的 x 值，有

$$\log(x+1) = \log x + O\left(\frac{1}{x}\right)$$

$$\frac{1}{2}\log\frac{x+1}{x-1} = \frac{1}{x} + O\left(\frac{1}{x^2}\right)$$

$$\log\log\frac{x+1}{x-1} = -\log x + \log 2 + O\left(\frac{1}{x}\right)$$

$$\log(x\log x) \sim \log x$$

7. 证明：

$$\frac{\mathrm{d}}{\mathrm{d}x}(\log x)^\alpha = \frac{\alpha}{x(\log x)^{1-\alpha}}$$

$$\frac{\mathrm{d}}{\mathrm{d}x}(\log\log x)^\alpha = \frac{\alpha}{x\log x(\log\log x)^{1-\alpha}}, \quad \cdots$$

$$\int\frac{\mathrm{d}x}{x\log x} = \log\log x$$

$$\int\frac{\mathrm{d}x}{x\log x\log\log x} = \log\log\log x, \quad \cdots$$

8. 证明曲线 $y = x^m(\log x)^n$ 有至少两个拐点，其中 x 是正数，m 和 n 是大于 1 的正数。画出当 n 是奇数时的曲线草图。（《数学之旅》，1927）

（211）**数字** e

我们现在引入一个数，其通常表示为 e。就像 π 一样，e 是分析的一个基础常数之一。

我们将 e 定义为对数为 1 的数。换句话说，e 定义为等式

$$1 = \int_1^e \frac{\mathrm{d}t}{t}$$

由于 $\log x$ 是在第 95 节的严格意义下 x 的递增函数，所以它只取值 1。从而我们的定义是准确无歧义的。

现在因为 $\log xy = \log x + \log y$，所以

$$\log x^2 = 2\log x, \quad \log x^3 = 3\log x, \quad \cdots, \quad \log x^n = n\log x$$

其中 n 是任意正整数。因此

$$\log e^n = n\log e = n$$

此外，如果 p 和 q 是任意正整数，且 $e^{\frac{p}{q}}$ 表示 e^p 的第 q 个正根，我们有

$$P = \log e^p = \log \left(e^{\frac{p}{q}}\right)^q = q\log e^{\frac{p}{q}}$$

使得 $\log e^{\frac{p}{q}} = \dfrac{p}{q}$。这样一来，如果 y 有任意正有理值，且 e^y 表示 e 的第 y 个正幂函数，我们就有

$$\log e^y = y \tag{1}$$

且 $\log e^{-y} = -\log e^y = -y$。因此等式（1）对于 y 所有的有理值都满足，无论正负。换句话说，等式

$$y = \log x, \quad x = e^y \tag{2}$$

互为对方的推论，只要 y 为有理数，且 e^y 取正值。现在并没有给出诸如 e^y 这样的幂函数定义（其指数为无理数），所以函数 e^y 仅对 y 的有理值有定义。

例

证明：$2 < e < 3$。〔首先，显然有

$$\int_1^2 \frac{\mathrm{d}t}{t} < 1$$

所以有 $2 < \mathrm{e}$ 。又有

$$\int_1^3 \frac{\mathrm{d}t}{t} = \int_1^2 \frac{\mathrm{d}t}{t} + \int_2^3 \frac{\mathrm{d}t}{t} = \int_0^1 \frac{\mathrm{d}u}{2-u} + \int_0^1 \frac{\mathrm{d}u}{2+u} = 4 \int_0^1 \frac{\mathrm{d}u}{4-u^2} > 1$$

使得 $\mathrm{e} < 3$ 。]

（212）指数函数

现在我们定义指数函数 e^y ，其中 y 为所有实数值，作为对数函数的反函数。换句话说，如果 $y = \log x$ ，则我们记：

$$x = \mathrm{e}^y$$

我们看到，随着 x 从 0 变化到 ∞ ， y 严格递增，且从 $-\infty$ 到 ∞ 。因此 x 的一个值都应于 y 的一个值，反之亦然。同样， y 也是 x 的连续函数，从第 110 课时中可推出， x 同样也是 y 的连续函数。

容易给出指数函数连续性的一个直接证明：因为如果 $x = \mathrm{e}^y$ 且 $x + \xi = \mathrm{e}^{y+\eta}$ ，则

$$\eta = \int_x^{x+\xi} \frac{\mathrm{d}t}{t}$$

因此，如果 $\xi > 0$ 时， $|\eta|$ 就大于 $\dfrac{\xi}{x+\xi}$ ，且如果 $\xi < 0$ ，则大于 $\dfrac{|\xi|}{x}$ ；如果 η 很小， ξ 必定也很小。

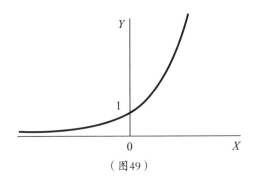

（图49）

因此 e^y 是 y 的正的连续函数，当 y 从 $-\infty$ 增加到 ∞ 时，这个函数持续从 0 增加到 ∞ 。另外，只要 y 是有理数，根据基础定义， e^y 就是数 e 的正的第 y 项幂函数。特别地，当 $y = 0$ 时有 $\mathrm{e}^y = 1$ 。 e^y 图象的一般形式如图49。

（213）指数函数的一般性质

（1）如果 $x=\mathrm{e}^{y}$，使得 $y=\log x$，则

$$\frac{\mathrm{d}y}{\mathrm{d}x}=\frac{1}{x}，\quad \frac{\mathrm{d}x}{\mathrm{d}y}=x=\mathrm{e}^{y}$$

因此指数函数的对数等于它本身。更一般地，有

$$\frac{\mathrm{d}}{\mathrm{d}y}\mathrm{e}^{ay}=a\mathrm{e}^{ay}。$$

（2）指数函数满足函数方程

$$f(y+z)=f(y)f(z)$$

当 y 和 z 都是有理数时，这个结论由通常的指数运算法则推导而来。如果 y 或 z 其中之一是无理数，或者二者都是无理数，则我们可以选取两个数列 y_1，y_2，$\cdots$，y_n，$\cdots$ 和 z_1，z_2，$\cdots$，z_n，$\cdots$，使得 $\lim y_n=y$，$\lim z_n=z$。这样一来，由于指数函数是连续的，我们就有

$$\mathrm{e}^{y}\times\mathrm{e}^{z}=\lim\mathrm{e}^{y_n}\times\lim\mathrm{e}^{z_n}=\lim\mathrm{e}^{y_n+z_n}=\mathrm{e}^{y+z}$$

特别地，有 $\mathrm{e}^{y}\times\mathrm{e}^{-y}=\mathrm{e}^{0}=1$，或者 $\mathrm{e}^{-y}=\dfrac{1}{\mathrm{e}^{y}}$。

我们也可以从 $\log x$ 所满足的函数等式推导出 e^{y} 所满足的函数方程等式。因为如果 $y_1=\log x_1$，$y_2=\log x_2$，则 $x_1=\mathrm{e}^{y_1}$，$x_2=\mathrm{e}^{y_2}$，则 $y_1+y_2=\log x_1+\log x_2=\log x_1x_2$，所以

$$\mathrm{e}^{y_1+y_2}=\mathrm{e}^{\log x_1x_2}=x_1x_2=\mathrm{e}^{y_1}\times\mathrm{e}^{y_2}。$$

（3）当 y 趋向于无穷大时，函数 e^{y} 比起任意 y 的幂函数都要更快地趋向于无穷，也就是说当 $y\to\infty$ 时，

$$\lim\frac{y^{\alpha}}{\mathrm{e}^{y}}=\lim\mathrm{e}^{-y}y^{\alpha}=0$$

无论 α 取值多大都成立。

我们看出，对于任意正的 β 值，当 $x\to\infty$ 时都有 $x^{-\beta}\log x\to 0$。用 α 代换 $\dfrac{1}{\beta}$，我们就看出对于任意 α 值，也都有 $x^{-1}(\log x)^{\alpha}\to 0$。令 $x=\mathrm{e}^{y}$ 就可以得到这个结果。显然，如果 $\gamma>0$，$\mathrm{e}^{\gamma y}$ 趋向于 ∞，如果 $\gamma<0$，则 $\mathrm{e}^{\gamma y}$ 趋向于 0，且无论是哪种

情况都比 y 的幂函数更快地趋向于相应的极限。

从以上的结果结论我们可以构筑构造出一组与第 210 课时相类似的"无穷大的尺度",但是是以相反的方向推广的；例如，当 $x \to \infty$ 时，函数越来越快地趋向于 ∞ [1]。这个此尺度就是

$$x, \ x^2, \ x^3, \ \cdots, \ e^x, \ e^{2x}, \ \cdots, \ e^{x^2}, \ \cdots, \ e^{x^3}, \ \cdots e^{e^x}, \ \cdots$$

其中 $e^{x^2}, \ \cdots e^{e^x}, \ \cdots$ 当然表示 $e^{(x^2)}, \ \cdots, \ e^{(e^x)}, \ \cdots$

读者应该尝试将第 210 课时和例 85 中关于对数无穷大的尺度所作的注解应用到"指数尺度"的情形中去。当然，如果把一种尺度的次序反过来，两种尺度可以结组合成一个尺度：

$$\cdots, \ \log \log x, \ \cdots, \ \log x, \ \cdots, \ x, \ \cdots, \ e^x, \ \cdots, \ e^{e^x}, \ \cdots$$

例86

1. 如果 $D_y x = ax$ 则 $x = Ke^{ay}$，其中 K 是常数。

2. 等式 $f(y+z) = f(y) f(z)$ 并无与指数函数本质上不同的解。[我们假设 $f(y)$ 有微分系数。将此等式分别关于 y 和 z 进行求导，我们就得到：

$$f'(y+z) = f'(y) f(z), \ f'(y+z) = f(y) f'(z)$$

从而 $\dfrac{f'(y)}{f(y)} = \dfrac{f'(z)}{f(z)}$，因此每一边都是常数。这样一来，如果 $x = f(y)$，则有 $D_y x = ax$，其中 a 是常数，使得 $x = Ke^{ay}$（第 1 题）。]

3. 证明当 $y \to 0$ 时，$\dfrac{e^{ay} - 1}{y \to a}$。[应用中值定理，我们得到 $e^{ay} - 1 = aye^{a\eta}$，其中 $0 < |\eta| < |y|$。]

4. 证明：$e^x - 1 - x$，$e^{-x} - 1 + x$ 以及 $1 - \dfrac{1}{2}x^2 + \dfrac{1}{3}x^3 - (1+x)e^{-x}$ 都是正值且对于正的 x 值递增。（《数学之旅》，1924）

---

[1] 指数函数是通过将方程 $y = \log x$ 反转成 $x = e^y$ 而加以定义的；且到现在为止，我们已经在讨论它们的性质时使用 y 作为因自变量，x 作为因变量。除了必要时，或者有特殊原因时同时考虑这一组形如 $y = \log x$，$x = e^y$ 的方程，我们现在反过来取 x 作为因自变量。

5. 证明：当 $x \to \infty$ 时，

$$\left(\frac{\mathrm{d}}{\mathrm{d}x}\right)^m \left(x^n \mathrm{e}^{-\sqrt{x}}\right) \to 0$$

对于所有的整数 m 和 n 都成立。（《数学之旅》，1936）

（214）一般幂函数 a^x

在之前的讨论中，除非 $a = \mathrm{e}$，函数 a^x 仅对 x 的有理值有定义，现在我们来考虑 a 为任意正数的情况。假设 x 是正有理数 $\dfrac{p}{q}$。则幂函数 $a^{\frac{p}{q}}$ 的正值 y 由 $y^q = a^p$ 给出；从而推出

$$q \log y = p \log a, \quad \log y = \left(\frac{p}{q}\right) \log a = x \log a$$

所以，

$$y = \mathrm{e}^{x \log a}$$

当 x 为无理数时我们取此作为 a^x 的定义。因此 $10^{\sqrt{2}} = \mathrm{e}^{\sqrt{2} \log 10}$。当 x 为无理数时，a^x 仅对 a 的正值有定义，它自身也基本上是正的；且有 $\log a^x = x \log a$。函数 a^x 的最重要的性质如下：

（1）无论 a 取值如何，$a^x \times a^y = a^{x+y}$ 且 $(a^x)^y = a^{xy}$。换句话说，指数法则对于无理数指数的性质与有理数都成立。因为，首先

$$a^x \times a^y = \mathrm{e}^{x \log a} \times \mathrm{e}^{y \log a} = \mathrm{e}^{(x+y) \log a} = a^{x+y}$$

其次，

$$(a^x)^y = \mathrm{e}^{y \log a^x} = \mathrm{e}^{xy \log a} = a^{xy}$$

（2）如果 $a > 1$，则 $a^x = \mathrm{e}^{x \log a} = \mathrm{e}^{\alpha x}$，其中 α 是正值。此时 a^x 的图象与 e^x 的图象相似，且当 $x \to \infty$ 时，$a^x \to 0$ 的速度比起 x 的任意幂函数都快。

如果 $a < 1$，则 $a^x = \mathrm{e}^{x \log a} = \mathrm{e}^{-\beta x}$，其中 β 为正。a^x 的图象与 e^x 的图象相似，但是左右相反，且当 $x \to \infty$ 时，$a^x \to 0$ 的速度比 $\dfrac{1}{x}$ 的任意幂函数都快。

（3）a^x 是 x 的可导函数，且

$$D_x a^x = D_x \mathrm{e}^{x \log a} = \mathrm{e}^{x \log a} \log a = a^x \log a$$

（4）a^x 也是 a 的可导函数，且

$$D_a a^x = D_a e^{x \log a} = e^{x \log a}\left(\frac{x}{a}\right) = x a^{x-1}$$

（5）从（3）可推出

$$\lim \frac{a^x - 1}{x} = \log a$$

左边是当 $x = 0$ 时 $D_x a^x$ 的值。此结果等同于例 84 的第 3 题的结果。

在之前的章节中，已经陈述很多与 a^x 有关的结果，这些结果都有 x 为有理数时这一限制条件。本课时给出的定义和定理使我们能够去掉这个限制。

（215）e^x 作为极限的表示法

在第四章第 73 课时，我们证明了：当 $n \to \infty$ 时，$\left\{1 + \left(\dfrac{1}{n}\right)\right\}^n$ 趋向于一个极限，我们将这个极限暂时表示为 e。现在我们可以建立一个更一般的结果，也就是由下述等式给出的结果：

$$\lim_{n \to \infty}\left(1 + \frac{x}{n}\right)^n = \lim_{n \to \infty}\left(1 - \frac{x}{n}\right)^{-n} = e^x \tag{1}$$

这个结果非常重要，我们将展示另一种证明的路线。

（1）由于

$$\frac{\mathrm{d}}{\mathrm{d}t} \log(1 + xt) = \frac{x}{1 + xt}$$

从而推出

$$\lim_{h \to 0} \frac{\log(1 + xh)}{h} = x$$

如果我们令 $h = \dfrac{1}{\xi}$，我们即看出当 $\xi \to \infty$ 或 $\xi \to -\infty$ 时，有

$$\lim \xi \log\left(1 + \frac{x}{\xi}\right) = x$$

因为指数函数是连续的，从而推出当 $\xi \to \infty$ 或 $\xi \to -\infty$ 时，有

$$\left(1 + \frac{x}{\xi}\right)^{\xi} = e^{\xi \log\left(1 + \frac{x}{\xi}\right)} \to e^x$$

也即

$$\lim_{\xi \to \infty}\left(1 + \frac{x}{\xi}\right)^{\xi} = \lim_{\xi \to -\infty}\left(1 + \frac{x}{\xi}\right)^{\xi} = e^{x} \tag{2}$$

如果我们只假设 ξ 取证正数值趋向 ∞ 或 $-\infty$，我们便得到了方程（1）表示的结果。

（2）如果 n 为任意正整数且 $x > 1$，我们有

$$\int_{1}^{x} \frac{\mathrm{d}t}{t^{1+\left(\frac{1}{n}\right)}} < \int_{1}^{x} \frac{\mathrm{d}t}{t} < \int_{1}^{x} \frac{\mathrm{d}t}{t^{1-\left(\frac{1}{n}\right)}}$$

也就是

$$n\left(1 - x^{-\frac{1}{n}}\right) < \log x < n\left(x^{\frac{1}{n}} - 1\right) \tag{3}$$

我们记 $y = \log x$，$x = e^{y}$。经过一些简单的变换过后从（3）得出，

$$\left(1 + \frac{y}{n}\right)^{n} < e^{y} < \left(1 - \frac{y}{n}\right)^{-n} \tag{4}$$

如果 $0 < n\xi < 1$，则通过第 74 课时的（4），有

$$1 - (1 - \xi)^{n} < n\{1 - (1 - \xi)\} = n\xi$$

所以

$$(1 - \xi)^{-n} < (1 - n\xi)^{-1} \tag{5}$$

特别地，如果 $\xi = \frac{y^{2}}{n^{2}}$ 且 $n > y^{2}$，（5）也成立。因此

$$\left(1 - \frac{y}{n}\right)^{-n} - \left(1 + \frac{y}{n}\right)^{n} = \left(1 + \frac{y}{n}\right)^{n}\left\{\left(1 - \frac{y^{2}}{n^{2}}\right)^{-n} - 1\right\}$$

$$< e^{y}\left\{\left(1 - \frac{y^{2}}{n}\right)^{-1} - 1\right\} = \frac{y^{2}e^{y}}{n - y^{2}}$$

当 $n \to \infty$ 时它趋向于 0；现在从（4）就得出（1）。

我们将（i）在 $0 < x < 1$ 时讨论中出现的必要的变化和（ii）对负的 x 值推导出结果，这两个问题留给读者思考。

（216）$\log x$ **作为极限的表示法**

我们也可以证明

$$\lim n\left(1 - x^{-\frac{1}{n}}\right) = \lim n\left(x^{\frac{1}{n}} - 1\right) = \log x$$

因为

$$n\left(x^{\frac{1}{n}}-1\right)-n\left(1-x^{-\frac{1}{n}}\right)=n\left(x^{\frac{1}{n}}-1\right)\left(1-x^{-\frac{1}{n}}\right)$$

当 $n\to\infty$ 时它趋向于 0，因为 $n\left(x^{\frac{1}{n}}-1\right)$ 趋向于某个极限值（第 75 课时）且 $x^{-\frac{1}{n}}$ 趋向于 1（例 27 的第 10 题）。现在可以从第 215 课时的不等式（3）中得出结论。

例87

1. 在第 215 课时不等式（4）中取 $y=1$ 和 $n=6$，证明 $2.5<e<2.9$。

2. 当 $n\to\infty$ 时，如果 $n\xi_n\to l$，则 $(1+\xi_n)^n\to e^l$。〔将 $n\log(1+\xi_n)$ 写成

$$l\left(\frac{n\xi_n}{l}\right)\frac{\log(1+\xi_n)}{\xi_n}$$

的形式，并使用例 83 的第 3 题的结果，我们就看出 $n\log(1+\xi_n)\to l$。〕

3. 如果 $n\xi_n\to\infty$，则 $(1+\xi_n)^n\to\infty$；如果 $1+\xi_n>0$ 且 $n\xi_n\to-\infty$，则 $(1+\xi_n)^n\to 0$。

4. 从第 215 课时的定理（1）可得：e^y 比 y 的任意幂函数都更快地趋向于无穷。

（217）常用的对数

读者应该已经熟悉了对数函数的概念以及它在数学计算中的应用。读者应该记住，在基础代数中，x 的以 a 为底的对数 $\log_a x$ 定义为等式

$$x=a^y,\ y=\log_a x$$

当然，此定义仅适用于 y 为有理数的情形。

因此我们所定义的对数都是以 e 为底。对于以 10 为底的对数来进行数值计算，如果

$$y=\log x=\log_e x,\ z=\log_{10}x$$

则 $x=e^y$，且有 $x=10^z=e^{z\log 10}$，所以

$$\log_{10}x=\frac{\log_e x}{\log_e 10}$$

因此，若计算出 $\log_e 10$，就很容易从一个系统转化到另一个系统。

本书并不是要详细讨论对数函数的实际应用。如果读者对此不熟悉，可以参

阅关于代数或三角函数的相关书籍[1]。

例88

1. 证明：

$$D_x \mathrm{e}^{ax} \cos bx = r\mathrm{e}^{ax} \cos(bx+\theta)，D_x \mathrm{e}^{ax} \sin bx = r\mathrm{e}^{ax} \sin(bx+\theta)$$

其中 $r = \sqrt{a^2+b^2}$，$\cos\theta = \dfrac{a}{r}$，$\sin\theta = \dfrac{b}{r}$。由此求出函数 $\mathrm{e}^{ax}\cos bx$，$\mathrm{e}^{ax}\sin bx$ 的第 n 阶导数，特别地，证明：

$$\left(\frac{\mathrm{d}}{\mathrm{d}x}\right)^n \mathrm{e}^{ax}\sin bx = (a\sec\theta)^n \mathrm{e}^{ax}\sin(bx+n\theta) \quad (《数学之旅》，1932)$$

2. 如果 y_n 是 $\mathrm{e}^{ax}\sin bx$ 的第 n 阶导数，则

$$y_{n+1} - 2ay_n + (a^2+b^2) y_{n-1} = 0 \quad (《数学之旅》，1932)$$

3. 如果 y_n 是 $x^2\mathrm{e}^x$ 的第 n 阶导数，则

$$y_n = \frac{1}{2}n(n-1) y_2 - n(n-2)y_1 + \frac{1}{2}(n-1)(n-2)y \quad (《数学之旅》，1934)$$

4. 画出曲线 $y = \mathrm{e}^{-ax}\sin bx$ 的图象，其中 a 和 b 为正数。证明：y 有无限多个最大值，这些最大值形成了一个集合图象，最大点在以下曲线上。

$$y = \frac{b}{\sqrt{a^2+b^2}} \mathrm{e}^{-ax} \quad (《数学之旅》，1912，1935)$$

5. 包含指数函数的积分。证明：

$$\int \mathrm{e}^{ax} \cos bx\mathrm{d}x = \frac{a\cos bx + b\sin bx}{a^2+b^2} \mathrm{e}^{ax}$$

$$\int \mathrm{e}^{ax} \sin bx\mathrm{d}x = \frac{a\sin bx - b\cos bx}{a^2+b^2} \mathrm{e}^{ax}$$

[将两个积分记为 I 和 J，利用分部积分法，我们得到

$$aI = \mathrm{e}^{ax}\cos bx + bJ$$

$$aJ = \mathrm{e}^{ax}\sin bx - bI$$

求解 I 和 J 的方程。]

---

〔1〕例如克里斯特尔（Chrystal）所著的《代数》（*Algebra*），第 2 版，卷 1，第 21 章。$\log_e 10$ 的值为 2.302…，其倒数为 0.434…。

6. 证明：如果 $a > 0$，则

$$\int_0^\infty e^{-ax} \cos bx \, dx = \frac{a}{a^2 + b^2}$$

$$\int_0^\infty e^{-ax} \sin bx \, dx = \frac{b}{a^2 + b^2}$$

7. 如果 $I_n = \int e^{ax} x^n dx$，则 $aI_n = e^{ax} x^n - nI_{n-1}$。［进行分部积分。从而推出 I_n 对于所有 n 的正整数值都可以计算。］

8. 证明：如果 n 是正整数，则

$$\int_0^x e^{-t} t^n \, dt = n! e^{-x} \left(e^x - 1 - x - \frac{x^2}{2!} - \cdots - \frac{x^n}{n!} \right)$$

且

$$\int_0^\infty e^{-x} x^n dx = n! \quad （《数学之旅》，1935）$$

9. 证明：

$$\int_0^x e^t t^n dt = dt = (-1)^{n-1} n! e^x \left\{ e^{-x} - 1 + x - \frac{x^2}{2!} + \cdots + (-1)^{n-1} \frac{x^n}{n!} \right\}$$

并推导出，当 $x > 0$ 时，e^{-x} 大于还是小于级数 $1 - x + \frac{x^2}{2!} - \cdots$ 的前 $n+1$ 项之和，取决于 n 是奇还是偶。（《数学之旅》，1934）

10. 如果 $u_n = \int_0^x e^{-t} t^n dt$，则 $u_n - (n+x) u_{n-1} + (n-1) x u_{n-2} = 0$（《数学之旅》，1930）

11. 将 $I_m = \int_0^\infty x^m e^{-x} \cos x dx$ 和 $J_m = \int_0^\infty x^m e^{-x} \sin x dx$ 用 I_{m-1} 和 J_{m-1} 的形式表达出来；证明：如果 m 是大于 1 的整数，则

$$I_m - mI_{m-1} + \frac{1}{2} m(m-1) I_{m-2} = 0$$

在最后的关系式中令 $I_m = m! u_m$ 来求出 I_m 的值。（《数学之旅》，1936）

12. 指出如何求任意有理函数 e^x 的积分。［令 $x = \log u$，此时 $e^x = u$，$\frac{dx}{du} = \frac{1}{u}$，这个积分转化为 u 的一个有理函数。］

13. 证明：我们可以对任意形如

$$P\left(x, \ e^{ax}, \ e^{bx}, \ \cdots, \ \cos lx, \ \cos mx, \ \cdots, \ \sin lx, \ \sin mx, \ \cdots \right)$$

的函数进行积分，其中 P 表示一个多项式。

14. 证明：$\int_a^\infty \mathrm{e}^{-\lambda x} R(x)\mathrm{d}x$ 是收敛的，其中 $\lambda > 0$，而 a 大于 $R(x)$ 的分母的最大根。〔可以从 $\mathrm{e}^{\lambda x}$ 比 x 的任意幂函数都更快趋向于无穷这一事实得出。〕

15. 证明：$\int_{-\infty}^\infty \mathrm{e}^{-\lambda x^2 + \mu x}\mathrm{d}x$ 对于所有的 μ 值都收敛，其中 $\lambda > 0$，同样的结论对于 $\int_{-\infty}^\infty \mathrm{e}^{-\lambda x^2 + \mu x}x^n\mathrm{d}x$ 也成立，其中 n 是任意正整数。

16. 画出 e^x，e^{-x}，$x\mathrm{e}^x$，$x\mathrm{e}^{-x}$，$x\mathrm{e}^{x^2}$，$x\mathrm{e}^{-x^2}$ 和 $x\log x$ 的图象，求出函数的最大值与最小值，并确定图象上的拐点。

17. 证明方程 $\mathrm{e}^{ax} = bx$ 是否有两个实根、一个实根还是无实根，取决于 $b > a\mathrm{e}$、$b = a\mathrm{e}$，或者 $b < a\mathrm{e}$。〔曲线 $y = \mathrm{e}^{ax}$ 在点（ξ，$\mathrm{e}^{a\xi}$）处的切线为

$$y - \mathrm{e}^{a\xi} = a\mathrm{e}^{a\xi}(x - \xi)$$

当 $a\xi = 1$ 时，该切线穿过原点，使得直线 $y = a\mathrm{e}x$ 切曲线于点 $\left(\dfrac{1}{a}, \mathrm{e}\right)$。现在当我们画出线 $y = bx$ 时，结果就很明显了。读者应该讨论 a 或 b 为复数，或二者都为负数时的情形。〕

18. 证明：除非 $x = 0$，否则方程 $\mathrm{e}^x = 1 + x$ 没有实数根，而 $\mathrm{e}^x = 1 + x + \dfrac{1}{2}x^2$ 有三个实数根。

19. 证明：$\dfrac{x^5}{\mathrm{e}^x - 1}$ 有两个平稳值，一个在原点，还有一个大约在 $x = 5(1 - \mathrm{e}^{-5})$ 附近。

20. 双曲函数。双曲函数 $\cosh x$[1]，$\sinh x$，…由等式

$$\cosh x = \frac{1}{2}(\mathrm{e}^x + \mathrm{e}^{-x})$$

$$\sinh x = \frac{1}{2}(\mathrm{e}^x - \mathrm{e}^{-x})$$

定义。画出如下这些函数的图象。

$$\tanh x = \frac{\sinh x}{\cosh x}, \quad \coth x = \frac{\cosh x}{\sinh x}, \quad \operatorname{sech} x = \frac{1}{\cosh x}, \quad \operatorname{csch} x = \frac{1}{\sinh x}$$

---

〔1〕双曲余弦函数：关于这个术语的详细解释可见于霍布森的《三角函数》，第16章。

21. 建立公式：

$$\cosh(-x) = \cosh x, \quad \sinh(-x) = -\sinh x, \quad \tanh(-x) = -\tanh x$$

$$\cosh^2 x - \sinh^2 x = 1, \quad \text{sech}^2 x + \tanh^2 x = 1, \quad \coth^2 x - \text{csch}^2 x = 1$$

$$\cosh^2 x = \cosh^2 x + \sinh^2 x, \quad \sinh 2x = 2\sinh x \cosh x$$

$$\cosh(x+y) = \cosh x \cosh y + \sinh x \sinh y$$

$$\sinh(x+y) = \sinh x \cosh y + \cosh x \sinh y$$

22. 验证：通过用 $\cosh x$ 代替 $\cos x$，用 $\sinh x$ 代替 $\sin x$，则这些公式可以通过 $\cos x$ 和 $\sin x$ 对应的公式推导得出。

［相同的可以得出，所有包含 $\cos nx$ 和 $\sin nx$ 的公式都可以从对应的 $\cos x$ 和 $\sin x$ 的基础性质中得出。此类比较分析将在第十章中给出。］

23. 用（a）$\cosh 2x$ 来表示 $\cosh x$ 和 $\sinh x$，（b）$\sinh 2x$ 来表 $\cosh x$ 和 $\sinh x$。讨论可能发生的符号问题。（《数学之旅》，1908）

24. 证明：

$$D_x \cosh x = \sinh x, \quad D_x \sinh x = \cosh x$$

$$D_x \tanh x = \text{sech}^2 x, \quad D_x \coth x = -\text{csch}^2 x$$

$$D_x \text{sech } x = -\text{sech } x \tanh x, \quad D_x \cosech x = -\text{csch } x \coth x$$

$$D_x \log \cosh x = \tanh x, \quad D_x \log |\sinh x| = \coth x$$

$$D_x \arctan e^x = \frac{1}{2} \text{sech } x, \quad D_x \log \left| \tanh \frac{1}{2} x \right| = \text{csch } x$$

［当然，所有这些公式都可以转化为积分学中的公式。］

25. 证明 $\cosh x \geq 1$，$-1 < \tanh x < 1$

26. 证明：如果 $-\frac{1}{2}\pi < x < \frac{1}{2}\pi$，而 y 是正数，且 $\cos x \cosh y = 1$，则

$$y = \log(\sec x + \tan x), \quad D_x y = \sec x, \quad D_y x = \text{sech } y$$

27. 反双曲函数。我们记

$$s = \sinh x, \quad t = \tanh x, \quad c = \cosh x$$

并假设 x 可取所有的实数值且递增。

（i）当 x 增加时，函数 s 递增，且恰好可取每个实数值一次。方程 $\sinh x = s$ 有唯一解

$$x = \log\left\{ s + \sqrt{s^2 + 1} \right\},$$

我们写作 sinh s

（ii）函数 t 随着 x 而递增，当 $x \to \infty$ 时有极限 1，当 $x \to -\infty$ 时有极限 1 和 -1。方程 $\tanh x = t$ 有独特解

$$x = \frac{1}{2} \log \frac{1+t}{1-t}$$

我们将它记作 argtanh t

（iii）函数 c 是偶函数，除非 $x = 0$，其值均大于 1。当 x 是正数且 $x \to \infty$ 时，函数递增且趋向于 ∞。函数 $\cosh x = c$ 有两解

$$x = \log \left\{ c + \sqrt{c^2 - 1} \right\}$$

$$x = \log \left\{ c - \sqrt{c^2 - 1} \right\}$$

这两个解绝对值值相等，符号相反。我们将第一个正的解记为 argcosh c。

因此 argsinh x，argtanh x 是 sinh x 和 tanh x 的单值反函数，而 argcosh x 被视为 cosh 的反函数的一个单值分支。验证：

$$\int \frac{\mathrm{d}x}{\sqrt{x^2 + a^2}} = \operatorname{argsinh} \frac{x}{a}$$

在 $a > 0$ 时成立，

$$\int \frac{\mathrm{d}x}{\sqrt{x^2 - a^2}} = \operatorname{argcosh} \frac{x}{a}$$

在 $x > a$ 时成立，

$$\int \frac{\mathrm{d}x}{\sqrt{x^2 - a^2}} = -\frac{1}{a} \operatorname{argtanh} \frac{x}{a}$$

在 $-a < x < a$ 时成立。这些公式给了我们另外的方法来写出第六章的诸多公式。

28. 证明：

$$\int \frac{\mathrm{d}x}{\sqrt{(x-a)(x-b)}} = 2 \log \left\{ \sqrt{x-a} + \sqrt{x-b} \right\} \ (a < b < x)$$

$$\int \frac{\mathrm{d}x}{\sqrt{(a-x)(b-x)}} = -2 \log \left\{ \sqrt{a-x} + \sqrt{b-x} \right\} \ (x < a < b)$$

$$\int \frac{\mathrm{d}x}{\sqrt{(x-a)(b-x)}} = 2 \arctan \sqrt{\frac{x-a}{b-x}} \ (a < x < b)$$

29. 解方程：$a \cosh x + b \sinh x = c$，其中 $c > 0$，证明：如果 $b^2 + c^2 - a^2 < 0$，则没有实数根，而如果 $b^2 + c^2 - a^2 > 0$，它有两根、一根还是无根，取决于 $a+b$ 和

$a-b$ 都是正的，符号相反，或者都是负的。讨论 $b^2+c^2-a^2=0$ 时的情形。

30. 求解方程：

$\cosh x \cosh y = a$，$\sinh x \sinh y = b$

31. 当 $x \to \infty$ 时，$x^{\frac{1}{x}} \to 1$。$\left[\text{ 因为 } x^{\frac{1}{x}} = e^{\frac{\log x}{x}}\text{, 且 } \dfrac{\log x}{x} \to 0\text{。参见例 27 的}\right.$

第 11 题。$\bigg]$

再证明：当 $x = e$ 时，函数 $x^{\frac{1}{x}}$ 有最大值，并画出 x 取正值时的图象。

32. 当 $x \to +0$ 时 $x^x \to 1$

33. 如果 $\dfrac{u_{n+1}}{u_n} \to l$，其中 $l > 0$，当 $n \to \infty$ 时，则 $\sqrt[n]{u_n} \to l$

$\big[$ 因为

$$\log u_{n+1} - \log u_n \to \log l$$

所以

$$\log u_n \sim n \log l$$

参见第四章例题集第 17 题。$\big]$

34. 当 $n \to \infty$ 时，$\sqrt[n]{n!} \sim e^{-1} n$。$\left[\text{ 在第 33 题中取 } u_n = n^{-n} n!\text{ }\right]$

35. $\sqrt[n]{\left(\dfrac{2n!}{n!n!}\right)} \to 4$

36. 讨论方程 $e^x = x^{1000000}$ 的近似解。

$\big[$通过观察图象容易看出，该方程有两个正根，一个比 1 略大，另一个则非常大[1]，还有一个比 -1 稍大的负根。为了粗略地确定大的正根，我们可以进行如下操作。如果 $e^x = x^{1000000}$，由于 13.82 和 2.63 分别接近 $\log 10^6$ 和 $\log \log 10^6$ 的值，则粗略地有

$$x = 10^6 \log x, \ \log x = 13.82 + \log \log x, \ \log \log x = 2.63 + \log\left(1 + \frac{\log\log x}{13.82}\right)$$

从这些方程中容易看出，比值 $\log x : 13.82$ 和 $\log \log x : 2.63$ 不会比 1 大许多，且

---

〔1〕这里表述"非常大"当然不是像第四章那样的准确解释。它意味着"远大于基础数学中的概念"，表述"稍大于"也可以作相似的解释。

$$x = 10^6 \left(13.82 + \log \log x \right) = 10^6 \left(13.82 + 2.63 \right) = 16450000$$

给出这个根的一个近似值，所产生的误差可以粗略地用为 $10^6 \left(\log \log x - 2.63 \right)$

或 $\dfrac{10^6 \log\log x}{13.82}$ 或者 $\dfrac{10^6 \times 2.63}{13.82}$ 表示，这个数小于 200000。这些根的估计虽然很粗

略，但也足够给我们一个根到底有多大的概念。

相似地，讨论方程 $e^x = 1000000 x^{1000000}$，$e^{x^2} = x^{1000000000}$。]

（218）级数和积分收敛的对数判别法

在第八章（第 181，第 185 课时）中，我们证明了

$$\sum_1^\infty \frac{1}{n^s} , \quad \int_a^\infty \frac{\mathrm{d}x}{x^s} \ (a > 0)$$

当 $s > 1$ 时收敛，当 $s \leqslant 1$ 时则发散。因此 $\sum n^{-1}$ 是发散的，而对于所有 α 的正值

$\sum n^{-1-\alpha}$ 都是收敛的。

然而在第 210 课时我们看到：借助对数函数，我们构造了这样的一个函

数：它比任意幂函数 n^{-1} 更快趋向于 0，但是比任意幂函数 $n^{-1-\alpha}$ 则更快。例如，

$n^{-1} \left(\log n \right)^{-1}$ 就是这样一个函数，无论级数

$$\sum \frac{1}{n \log n}$$

收敛还是发散都不能通过与形如 $\sum n^{-s}$ 的任意级数相比较得到。

对于级数

$$\sum \frac{1}{n \sqrt{\log n}} , \quad \sum \frac{\log \log n}{n (\log n)^2}$$

来说也有同样的结论成立。关键是我们要找到一些判别法，使我们能够确定这样

的级数收敛还是发散；这样的判别法可以从第 180 课时的积分判别法中轻松推导

出来。

由于

$$D_x \left(\log x \right)^{1-s} = \frac{1-s}{x (\log x)^s}$$

$$D_x \log \log x = \frac{1}{x \log x}$$

我们就有

$$\int_a^\xi \frac{dx}{x(\log x)^s} = \frac{(\log \xi)^{1-s} - (\log a)^{1-s}}{1-s}$$

$$\int_a^\xi \frac{dx}{x\log x} = \log\log\xi - \log\log a$$

其中 $a > 1$。如果 $s > 1$，则当 $\xi \to \infty$ 时，第一个积分趋向于极限 $\dfrac{(\log a)^{1-s}}{s-1}$，如果 $s < 1$，则趋向于 ∞。第二个积分趋向于 ∞。因此级数和积分

$$\sum_{n_0}^\infty \frac{1}{n(\log n)^s} \;,\quad \int_a^\infty \frac{dx}{x(\log x)^s}$$

在 $s > 1$ 时收敛，在 $s \leq 1$ 时发散，其中 n_0 和 a 都大于 1。

从而如果对于很大的 n 值，有

$$\phi(n) = O\left\{\frac{1}{n(\log n)^s}\right\}$$

其中 $s > 1$，则级数 $\sum \phi(n)$ 收敛，如果 $\phi(n)$ 为正，且

$$\frac{1}{\phi(n)} = O\left(n\log n\right)$$

则该级数发散。我们将积分的相对应定理的表述留给读者完成。

例89

1. 级数

$$\sum \frac{(\log n)^p}{n^{1+s}} \;,\quad \sum \frac{(\log n)^p (\log\log n)^q}{n^{1+s}} \;,\quad \sum \frac{(\log\log n)^p}{n(\log n)^{1+s}}$$

对于所有的 p 和 q 值都收敛，其中 $s > 0$；且

$$\sum \frac{1}{n^{1-s}(\log n)^p} \;,\quad \sum \frac{1}{n^{1-s}(\log n)^p(\log\log n)^q} \;,\quad \sum \frac{1}{n(\log n)^{1-s}(\log\log n)^p}$$

发散。因为对于每一个 p（无论多大）和每一个正的 δ（无论多小），都有 $(\log n)^p = O(n^\delta)$，且有 $(\log\log n)^p = O\{(\log n)^\delta\}$。从收敛的角度来看，每一组前两个级数中包含 $\log n$ 以及 $\log\log n$ 的因子，每一组第三个级数中包含 $\log\log n$ 的因子，都可以忽略。

2. 如

$$\sum \frac{1}{n \log n \log \log n}, \quad \sum \frac{\log \log \log n}{n \log n \sqrt{\log \log n}}$$

这样的级数的收敛或发散性不可以由本课时前面给出的定理得到，因为在每种情况下，该函数的和都比 $n^{-1} (\log n)^{-1}$ 更快趋向于 0，但是比 $n^{-1} (\log n)^{-1-\alpha}$ 更慢趋向于 0，其中 α 是任意正数。对于这样的级数，我们还需要更精细的判别法。读者应该可以实现，从方程

$$\frac{\mathrm{d}}{\mathrm{d}x} (\log_k x)^{1-s} = \frac{1-s}{x \log x \log_2 x \cdots \log_{k-1} x (\log_k x)^s}$$

$$\frac{\mathrm{d}}{\mathrm{d}x} \log_{k+1} x = \frac{1}{x \log x \log_2 x \cdots \log_{k-1} x \log_k x}$$

出发，其中 $\log_2 x = \log \log x$，$\log_3 x = \log \log \log x$，$\cdots$，[1] 为了证明如下定理：级数和积分

$$\sum_{n_0}^{\infty} \frac{1}{n \log n \log_2 n \cdots \log_{k-1} n (\log_k n)^s}$$

$$\int_a^{\infty} \frac{\mathrm{d}x}{x \log x \log_2 x \cdots \log_{k-1} x (\log_k x)^s}$$

在 $s > 1$ 时收敛，如果当 $s \leq 1$ 时则发散，n_0 和 a 是任意足够大的数，它们能够保证当 $n \geq n_0$ 时或 $x \geq a$ 时 $\log_k n$ 和 $\log_k x$ 都是正数。随着 k 的增加，n_0 和 a 的值增长得很快：例如 $\log x > 0$ 需要 $x > 1$，$\log_2 x > 0$ 需要 $x > e$，$\log \log x > 0$ 需要 $x > e^e$，以此类推；容易看出，$e^e > 10$，$e^{e^e} > e^{10} > 20000$，$e^{e^{e^e}} > e^{20000} > 10^{8000}$。

读者应该注意，诸如 e^{e^x}，$e^{e^{e^x}}$ 这样的更高阶的指数函数随着 x 的增长而极快地增长。相同的情况应用到诸如 a^{a^x}，$a^{a^{a^x}}$ 的函数也适用，其中 a 是任意一个大于 1 的数。据有人计算，9^{9^9} 有 369693100 位数字。$10^{10^{10}}$ 有 10000000001 位数字。相反地，更高阶的对数函数的增长速率特别慢。因此，为了使 $\log \log \log \log x > 1$，我们必须假设 x 是一个有超过 8000 位数字的数[2]。

宇宙中的质子数预计在 10^{80} 个，可能的象棋玩法有 $10^{10^{50}}$ 个。

---

[1] 此概念不要与第 217 课时以 a 为底的对数符号的概念混淆。

[2] 见于第 178 课时的注 1 和第 210 课时的注。

3. 证明：积分 $\int_0^a \frac{1}{x}\left\{\log\left(\frac{1}{x}\right)\right\}^s \mathrm{d}x$ 当 $s < -1$ 时收敛，当 $s \geqslant -1$ 时则发散，其中 $0 < a < 1$。 ［思考：当 $\varepsilon \to +0$ 时

$$\int_\varepsilon^a \frac{1}{x}\left\{\log\left(\frac{1}{x}\right)\right\}^s \mathrm{d}x$$

的性状。此结论也可以通过引入更高阶的对数函数因子来加强。］

4. 证明：$\int_0^1 \frac{1}{x}\left\{\log\left(\frac{1}{x}\right)\right\}^s \mathrm{d}x$ 对于所有的 s 值都发散。 ［上面最后一个例子证明：$s < -1$ 对于收敛到更低的极限是必要条件；但是当 $x \to 1-0$ 时，如果 s 取值为负，$\left\{\log\left(\frac{1}{x}\right)\right\}^s$ 就像 $(1-x)^s$ 一样趋向于 ∞；当 $s < -1$ 时，积分发散于上极限。］

5. $\int_0^1 x^{a-1}\left\{\log\left(\frac{1}{x}\right)\right\}^s \mathrm{d}x$ 收敛的充分必要条件为 $a > 0$，$s > -1$。

6. 研究

$$\int_0^\infty \frac{x^a \mathrm{d}x}{(1+x)^b\left\{1 + (\log x)^2\right\}} \quad （《数学之旅》，1934）$$

的收敛性。

例90

1. 欧拉极限。

证明：当 $n \to \infty$ 时

$$\phi(n) = 1 + \frac{1}{2} + \frac{1}{3} + \cdots + \frac{1}{n-1} - \log n$$

趋向于极限 γ，且 $0 < \gamma \leqslant 1$。 ［从第 180 课时可得，γ 的值为 $0.577\cdots$，通常 γ 被称为欧拉常数（Euler's constant）。］

2. 如果 a 和 b 为正，则当 $n \to \infty$ 时，

$$\frac{1}{a} + \frac{1}{a+b} + \frac{1}{a+2b} + \cdots + \frac{1}{a+(n-1)b} - \frac{1}{b}\log(a+nb)$$

趋向于某极限。

3. 如果 $0 < s < 1$，则当 $n \to \infty$ 时

$$\phi(n) = 1 + 2^{-s} + 3^{-s} + \cdots + (n-1)^{-s} - \frac{n^{1-s}}{1-s}$$

趋向于某极限。

4. 证明：级数

$$\frac{1}{1} + \frac{1}{2\left(1+\frac{1}{2}\right)} + \frac{1}{3\left(1+\frac{1}{2}+\frac{1}{3}\right)} + \cdots$$

发散。［将此级数的一般形式与 $(n\log n)^{-1}$ 进行比较。］

5. 第 183 课时中 $a=1$ 的情形。

在第 183 课时方程（1）中，如果 $a=1$，我们取 $u_n = (n\log n)^{-1}$，此时 $\sum u_n$ 发散。因为

$$\frac{\log(n+1)}{\log n} = \frac{1}{\log n}\left\{\log n + \frac{1}{n} + O\left(\frac{1}{n^2}\right)\right\} = 1 + \frac{1}{n\log n} + O\left(\frac{1}{n^2}\right)$$

我们有

$$\frac{u_{n+1}}{u_n} = \frac{n\log n}{(n+1)\log(n+1)} = 1 - \frac{1}{n} - \frac{1}{n\log n} + O\left(\frac{1}{n^2}\right)$$

对于大的 n 值，有 $\dfrac{v_{n+1}}{v_n} > \dfrac{u_{n+1}}{u_n}$ ，因此 $\sum v_n$ 发散。

6. 一般地，证明：如果 $\sum u_n$ 是正项的级数，且

$$s_n = u_1 + u_2 + \cdots + u_n$$

则 $\sum \dfrac{u_n}{s_{n-1}}$ 是收敛还是发散取决于 $\sum u_n$ 是收敛还是发散。 ［ 如果 $\sum u_n$ 收敛则 s_{n-1} 趋向于正极限 l，所以 $\sum \dfrac{u_n}{s_{n-1}}$ 收敛。如果 $\sum u_n$ 发散则 $s_{n-1} \to \infty$ ，且

$$\frac{u_n}{s_{n-1}} > \log\left(1 + \frac{u_n}{s_{n-1}}\right) = \log \frac{s_n}{s_{n-1}}$$

（例 83 第 1 题）；显然当 $n \to \infty$ 时，

$$\log \frac{s_2}{s_1} + \log \frac{s_3}{s_2} + \cdots + \log \frac{s_n}{s_{n-1}} = \log \frac{s_n}{s_1}$$

趋向于 ∞ 。 ］

7. 求级数

$$1 - \frac{1}{2} + \frac{1}{3} - \cdots$$

的和。 ［ 通过第 1 题，我们有

$$1 + \frac{1}{2} + \cdots + \frac{1}{2n} = \log(2n+1) + \gamma + o(1)$$

$$2\left(\frac{1}{2} + \frac{1}{4} + \cdots + \frac{1}{2n}\right) = \log(n+1) + \gamma + o(1)$$

其中 γ 表示欧拉常数。相减再令 $n \to \infty$，我们看到给出的级数和为 $\log 2$。也见于第 220 课时。]

8. 证明：当 $C = \gamma$ 时级数

$$\sum_0^\infty (-1)^n \left(1 + \frac{1}{2} + \cdots + \frac{1}{n+1} - \log n - C\right)$$

有限振荡，除此之外收敛。

（219）与指数函数、对数函数有关的级数，用泰勒定理展开 e^x

由于指数函数的所有导数都等于函数本身，我们有

$$\mathrm{e}^x = 1 + x + \frac{x^2}{2!} + \cdots + \frac{x^{n-1}}{(n-1)!} + \frac{x^n}{n!}\mathrm{e}^{\theta x}$$

其中 $0 < \theta < 1$。但是当 $n \to \infty$ 时 $\frac{x^n}{n!} \to 0$，无论 x 取值如何（例 27 的第 12 题）；且 $\mathrm{e}^{\theta x} < \mathrm{e}^x$。因此，令 n 趋向于 ∞，我们就有

$$\mathrm{e}^x = 1 + x + \frac{x^2}{2!} + \cdots + \frac{x^n}{n!} + \cdots \tag{1}$$

此公式右边的级数被称为指数级数（exponential series）。特别地，我们有

$$\mathrm{e} = 1 + 1 + \frac{1}{2!} + \cdots + \frac{1}{n!} + \cdots \tag{2}$$

所以

$$\left(1 + 1 + \frac{1}{2!} + \cdots + \frac{1}{n!} + \cdots\right)^x = 1 + x + \frac{x^2}{2!} + \cdots + \frac{x^n}{n!} + \cdots \tag{3}$$

这个结果被称为指数定理（exponential theorem）。同样对于 a 的所有正值，有

$$a^x = \mathrm{e}^{x\log a} = 1 + (x\log a) + \frac{(x\log a)^2}{2!} + \cdots \tag{4}$$

读者将会看到，指数级数对每项求导时，都可以重新生成自己的性质，不再会有别的 x 的幂函数也拥有这种性质：此方面的进一步解释见于附录 2。

e^x 这个幂函数非常重要，因而值得用泰勒定理以外的另一种方式来证明。令

$$E_n(x) = 1 + x + \frac{x^2}{2!} + \cdots + \frac{x^n}{n!}$$

并假设 $x>0$。则

$$\left(1+\frac{x}{n}\right)^n = 1+n\left(\frac{x}{n}\right)+$$

$$\frac{n(n-1)}{1\times 2}\left(\frac{x}{n}\right)^2+\cdots+$$

$$\frac{n(n-1)\cdots 1}{1\times 2\cdot\cdots\cdot n}\left(\frac{x}{n}\right)^n$$

如果 $n>1$，则该式小于 $E_n(x)$。并且只要 $n>x$，根据负整数的指数的二项式定理，我们也有

$$\left(1-\frac{x}{n}\right)^{-n} = 1+n\left(\frac{x}{n}\right)+$$

$$\frac{n(n+1)}{1\times 2}\left(\frac{x}{n}\right)^2+\cdots > E_n(x)$$

从而

$$\left(1+\frac{x}{n}\right)^n < E_n(x) <$$

$$\left(1-\frac{x}{n}\right)^{-n}\ (n>x)$$

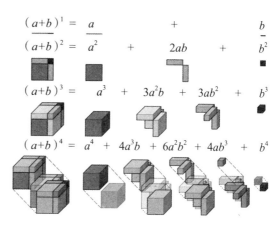

□ **二项式定理**

　　二项式定理描述了二项式的幂的代数展开，即将两数之和的整数次幂诸如 $(x+y)^n$ 展开为类似 ax^by^c 项之和的恒等式，其中 b、c 均为非负整数且 $b+c=n$，系数 a 则是依赖于 n 和 b 的正整数，称为二项式系数。图为二项式定理在几何上的释义：例如当 $n=2$ 时，边为 $a+b$ 的正方形，可以切割成1个边为 a 的正方形、1个边为 b 的正方形以及2个长为 a 且宽为 b 的长方形。

　　但是（第 215 课时），当 $n\to\infty$ 时，第一个和最后一个函数都趋向于极限 e^x，因此 $E_n(x)$ 也是如此。当 x 为正时（1）得证。当 x 为负时，（1）的正确性可以从函数方程 $f(x)f(y)=f(x+y)$ 由指数级数满足（例 81 的第 7 题）得出。

例91

1. 证明：

$$\cosh x = 1+\frac{x^2}{2!}+\frac{x^4}{4!}+\cdots,\ \sinh x = 1+\frac{x^3}{3!}+\frac{x^5}{5!}+\cdots$$

2. 如果 x 为正则指数级数中的最大项是第（$[x]+1$）项，除非 x 是整数，此时之前项就与它相等。

3. 证明：$n! > \left(\dfrac{n}{\mathrm{e}}\right)^n$。〔因为对于 e^n，$\dfrac{n^n}{n!}$ 是级数中一项。〕

4. 证明：$\mathrm{e}^n = \dfrac{n^n}{n!}(2+S_1+S_2)$，其中

$$S_1 = \frac{1}{1+v}+\frac{1}{(1+v)(1+2v)}+\cdots$$

$$S_2 = (1 - v) + (1 - v)(1 - 2v) + \cdots$$

且 $v = \dfrac{1}{n}$；推导出 $n!$ 介于 $2\left(\dfrac{n}{e}\right)^n$ 和 $2(n+1)\left(\dfrac{n}{e}\right)^n$ 之间。

5. 用指数级数来证明：e^x 比起 x 的任意幂函数都更快趋向于无穷。[使用不等式 $e^x > \dfrac{x^n}{n!}$]

6. 证明：e 不是一个有理数。 [如果 $e = \dfrac{p}{q}$，其中 p 和 q 是整数，我们一定有

$$\frac{p}{q} = 1 + 1 + \frac{1}{2!} + \frac{1}{3!} + \cdots + \frac{1}{q!} + \cdots$$

或者乘以 $q!$，即得

$$q!\left(\frac{p}{q} - 1 - 1 - \frac{1}{2!} - \cdots - \frac{1}{q!}\right) = \frac{1}{q+1} + \frac{1}{(q+1)(q+2)} + \cdots$$

而这是不可能的，因为左边是正整数，右边小于 $(q+1)^{-1} + (q+1)^{-2} + \cdots = q^{-1}$。]

7. 求和级数 $\displaystyle\sum_0^\infty P_r(n)\frac{x^n}{n!}$，其中 $P_r(n)$ 是 n 的多项式，幂级为 r。[我们可以将 $P_r(n)$ 表达为

$$A_0 + A_1 n + A_2 n(n-1) + \cdots + A_r n(n-1)\cdots(n-r+1)$$

且

$$\sum_0^\infty P_r(n)\frac{x^n}{n!} = A_0 \sum_0^\infty \frac{x^n}{n!} + A_1 \sum_1^\infty \frac{x^n}{(n-1)!} + \cdots + A_r \sum_r^\infty \frac{x^n}{(n-r)!}$$

$$= (A_0 + A_1 x + A_2 x^2 + \cdots + A_r x^r)\, e^x。]$$

8. 证明：

$$\sum_1^\infty \frac{n^3}{n!} x^n = (x + 3x^2 + x^3)\, e^x$$

$$\sum_1^\infty \frac{n^4}{n!} x^n = (x + 7x^2 + 6x^3 + x^4)\, e^x$$

如果 $S_n = 1^3 + 2^3 + \cdots + n^3$，则

$$\sum_1^\infty S_n \frac{x^n}{n!} = \frac{1}{4}(4x + 14x^2 + 8x^3 + x^4)\, e^x$$

特别地，当 $x = -2$ 最后这个级数等于 0。（《数学之旅》，1904）

9. 证明：$\sum\left(\dfrac{n}{n!}\right)=\mathrm{e}$，$\sum\left(\dfrac{n^2}{n!}\right)=2\mathrm{e}$，$\sum\left(\dfrac{n^3}{n!}\right)=5\mathrm{e}$，且 $\sum\left(\dfrac{n^k}{n!}\right)$ 是 e 的正整数倍数，其中 k 是任意正整数。

10. 证明：

$$\sum_{1}^{\infty}\frac{(n-1)x^n}{(n+2)n!}=x^{-2}\left\{(x^2-3x+3)\mathrm{e}^x+\frac{1}{2}x^2-3\right\}$$

［分子和分母同乘 $n+1$，按第 7 题中那样进行。］

11. 计算 $\lim\limits_{x\to0}\dfrac{1-a\mathrm{e}^{-x}-b\mathrm{e}^{-2x}-c\mathrm{e}^{-3x}}{1-a\mathrm{e}^{x}-b\mathrm{e}^{2x}-c\mathrm{e}^{3x}}$ 在三种情形：（ⅰ）$a=3$，$b=-5$，$c=4$；（ⅱ）$a=3$，$b=-4$，$c=2$；（ⅲ）$a=3$，$b=-3$，$c=1$（《数学之旅》，1923）

12. 计算

$$\lim_{x\to0}\frac{a^x-b^x}{c^x-d^x}$$

其中 a，b，c，d 是整数，且 $c\neq d$。（《数学之旅》，1934）

13. 从例 88 第 9 题的结果中推导出指数级数。

14. 如果

$$X_0=\mathrm{e}^x,\ X_1=\mathrm{e}^x-1,\ X_2=\mathrm{e}^x-1-x,\ X_3=\mathrm{e}^x-1-x-\frac{x^2}{2!},\ \cdots$$

则 X_ν 的导数为 $X_{\nu-1}$。因此证明：如果 $t>0$，则

$$X_1(t)=\int_0^t X_0\mathrm{d}x<t\mathrm{e}^t,\ X_2(t)=\int_0^t X_1\mathrm{d}x<\int_0^t x\mathrm{e}^x\mathrm{d}x<\mathrm{e}^t\int_0^t x\mathrm{d}x=\frac{t^2}{2!}\mathrm{e}^t$$

一般地，有 $X_\nu(t)<\dfrac{t^\nu}{\nu!}\mathrm{e}^t$。由此推导出指数定理。

15. 证明：$x^{2+p}=a^2$ 的正根的 p 次幂展开的前几项是

$$a\left\{1-\frac{1}{2}p\log a+\frac{1}{8}p^2\log a\,(2+\log a)\right\}$$

（220）对数级数

另一个非常重要的展开式为 $\log(1+x)$。由于

$$\log(1+x)=\int_0^x\frac{\mathrm{d}t}{1+t}$$

且当 t 的绝对值小于 1, $\dfrac{1}{1+t} = 1 - t + t^2 - \cdots$, 自然地, 可以预测：[1] 当 $-1 < x < 1$ 时, $\log(1+x)$ 就等于通过从 $t = 0$ 到 $t = x$ 积分级数 $1 - t + t^2 - \cdots$ 中的每一项来得到的级数, 即等于级数 $x - \dfrac{1}{2}x^2 + \dfrac{1}{3}x^3 - \cdots$；这是成立的。因为

$$\frac{1}{1+t} = 1 - t + t^2 - \cdots + (-1)^{m-1}t^{m-1} + \frac{(-1)^m t^m}{1+t}$$

所以, 如果 $x > -1$,

$$\log(1+x) = \int_0^x \frac{\mathrm{d}t}{1+t} = x - \frac{x^2}{2} + \cdots + (-1)^{m-1}\frac{x^m}{m} + (-1)^m R_m$$

其中

$$R_m = \int_0^x \frac{t^m \mathrm{d}t}{1+t}$$

如果 $0 \leqslant x \leqslant 1$, 则当 $m \to \infty$ 时, 有

$$0 \leqslant R_m \leqslant \int_0^x t^m \mathrm{d}t = \frac{x^{m+1}}{m+1} \leqslant \frac{1}{m+1} \to 0$$

如果 $-1 < x < 0$, 且 $x = -\xi$, 使得 $0 < \xi < 1$, 则

$$R_m = (-1)^{m-1}\int_0^\xi \frac{u^m}{1-u}\mathrm{d}u$$

且有

$$|R_m| \leqslant \frac{1}{1-\xi}\int_0^\xi u^m \mathrm{d}u = \frac{\xi^{m+1}}{(m+1)(1-\xi)} \to 0$$

所以再次有 $R_m \to 0$。因此只要 $-1 < x \leqslant 1$, 就有

$$\log(1+x) = x - \frac{1}{2}x^2 + \frac{1}{3}x^3 - \cdots$$

如果 x 在此极限范围外, 则级数不收敛。令 $x = 1$, 我们得到

$$\log 2 = 1 - \frac{1}{2} + \frac{1}{3} - \cdots$$

此结果在例 90 的第 7 题中已证。

---

[1] 关于此话题更多的讨论见于附录 2。

（221）反正切函数级数

相似地，可以证明：当 $-1 \leqslant x \leqslant 1$ 时，有

$$\arctan x = \int_0^x \frac{\mathrm{d}t}{1+t^2} = \int_0^x (1 - t^2 + t^4 - \cdots)\,\mathrm{d}t = x - \frac{1}{3}x^3 + \frac{1}{5}x^5 - \cdots$$

唯一的区别在于证明更简单了一些，因为 $\arctan x$ 是 x 的奇函数，我们仅需要考虑 x 的正值；且级数在 $x=1$ 和 $x=-1$ 时收敛。我们将此讨论留给读者。当 $-1 \leqslant x \leqslant 1$ 时，级数表示的 $\arctan x$ 的值当然介于 $-\frac{1}{4}\pi$ 与 $\frac{1}{4}\pi$ 之间，这也是第七章中（例 63 的第 3 题）中积分所表示的值。令 $x=1$，我们就得到公式

$$\frac{1}{4}\pi = 1 - \frac{1}{3} + \frac{1}{5} - \cdots$$

例92

1. 如果 $-1 \leqslant x < 1$，则有 $\log\left(\dfrac{1}{1-x}\right) = x + \dfrac{1}{2}x^2 + \dfrac{1}{3}x^3 + \cdots$

2. 如果 $-1 < x < 1$，则有 $\operatorname{argtanh} x = \dfrac{1}{2}\log\left(\dfrac{1+x}{1-x}\right) = x + \dfrac{1}{3}x^3 + \dfrac{1}{5}x^5 + \cdots$

3. 证明：如果 x 为正，则由

$$\log(1+x) = \frac{x}{1+x} + \frac{1}{2}\left(\frac{x}{1+x}\right)^2 + \frac{1}{3}\left(\frac{x}{1+x}\right)^3 + \cdots \quad (《数学之旅》，1911)$$

4. 用泰勒定理求级数 $\log\ (1+x)$ 和 $\arctan x$

$\big[$ 如果采用拉格朗日形式的余项，则当 x 为负数时，讨论第一级系数余数时会出现困难。此处应该采用柯西形式的余项，也就是

$$R_n = \frac{(-1)^{n-1}(1-\theta)^{n-1}x^n}{(1+\theta x)^n}$$

（对于二项级数的对应讨论，见于第 152 课时定理（1）和第 168 课时。）

在第二个级数的情形中我们有

$$D_x^n \arctan x = D_x^{n-1}\{(1+x^2)^{-1}\}$$

$$= (-1)^{n-1}(n-1)!\ (x^2+1)^{-\frac{1}{2}n}\sin\left\{n\,\arctan\left(\frac{1}{x}\right)\right\}$$

（例 45 的第 15 题），对于余项的讨论也没有难度，显然绝对值不会大于 $\dfrac{1}{n}$ [1]。$\Big]$

（《数学之旅》，1930）

5. 证明：$\log 2$ 介于级数 $1 - \dfrac{1}{2} + \dfrac{1}{3} - \ldots$ 的前 $2n$ 项之和、前 $2n+1$ 项之和之间。

（《数学之旅》，1930）

6. 计算：$\displaystyle\lim_{x \to 1} \dfrac{1 - x + \log x}{1 - \sqrt{2x - x^2}}$ （《数学之旅》，1934）

7. 如果 $y > 0$，则

$$\log y = 2\left\{\frac{y-1}{y+1} + \frac{1}{3}\left(\frac{y-1}{y+1}\right)^3 + \frac{1}{5}\left(\frac{y-1}{y+1}\right)^5 + \ldots\right\}$$

$\Big[$ 使用恒等式 $y = \dfrac{1 + \dfrac{y-1}{y+1}}{1 - \dfrac{y-1}{y+1}}$。这个级数 $1 - \dfrac{1}{2} + \dfrac{1}{3} - \ldots$ 可以用来计算 $\log 2$，

但由于级数的收敛性过慢，事实上并无用处。令 $y = 2$，并计算 $\log 2$ 到第三位小数。$\Big]$

8. 通过公式 $\log 10 = 3 \log 2 + \log\left(1 + \dfrac{1}{4}\right)$ 求出 $\log 10$ 到三位小数。

9. 证明：如果 $x > 0$，则有

$$\log\left(\frac{x+1}{x}\right) = 2\left\{\frac{1}{2x+1} + \frac{1}{3(2x+1)^3} + \frac{1}{5(2x+1)^5} + \ldots\right\}$$

且如果 $x > 2$，则有

$$\log \frac{(x-1)^2(x+2)}{(x+1)^2(x-2)} = 2\left\{\frac{2}{x^3-3x} + \frac{1}{3}\left(\frac{2}{x^3-3x}\right)^3 + \frac{1}{5}\left(\frac{2}{x^3-3x}\right)^5 + \ldots\right\}$$

考虑到 $\log 2 = 0.6931471\cdots$，$\log 3 = 1.0986123\cdots$，通过在第二个公式中令 $x = 10$，证明：$\log 11 = 2.397895\cdots$（《数学之旅》，1912）

10. 证明：如果 $\log 2$，$\log 5$ 和 $\log 11$ 已知，则公式

$$\log 13 = 3 \log 11 + \log 5 - 9 \log 2$$

---

[1] 当 $x = 0$ 时对于 $D_x^n \arctan x$ 的公式失效，因为 $\arctan \dfrac{1}{x}$ 无定义。容易看出（参见例 45 的第 15 题），此时 $\arctan \dfrac{1}{x}$ 必须表达成 $\dfrac{1}{2}\pi$ 的意义。

给出 log13 的一个误差等于 0.00015。（《数学之旅》，1910）

11. 证明：

$$\frac{1}{2}\log 2 = 7a + 5b + 3c,\quad \frac{1}{2}\log 3 = 11a + 8b + 5c,\quad \frac{1}{2}\log 5 = 16a + 12b + 7c$$

其中 $a = \text{argtanh}\,\dfrac{1}{31}$，$b = \text{argtanh}\,\dfrac{1}{49}$，$c = \text{argtanh}\,\dfrac{1}{161}$

［这些公式使我们能够以任意的准确度迅速求出 log2，log3 和 log5。］

12. 证明：

$$\frac{1}{4}\pi = \arctan\frac{1}{2} + \arctan\frac{1}{3} = 4\arctan\frac{1}{5} - \arctan\frac{1}{239}$$

并计算 π 到小数点后 6 位小数。

13. 将 $\log\{1 - \log(1-x)\}$ 展开至 x^3 的幂；通过替换 $\dfrac{x}{1+x}$ 推导出 $\log\{1 + \log(1+x)\}$ 相应的展开式。（《数学之旅》，1923）

14. 证明：$(1+x)^{1+x}$ 展开成 x 的幂函数的前几项 $1 + x + x^2 + \dfrac{1}{2}x^3$。（《数学之旅》，1910）

15. 证明：对于大数值的 x 近似地有

$$\log_{10}\mathrm{e} - \sqrt{x(x+1)}\log_{10}\left(\frac{1+x}{x}\right) = \frac{\log_{10}\mathrm{e}}{24x^2}$$

$x = 10$ 时的公式得到 $\log_{10}\mathrm{e}$ 的近似值，并且估计此结果的准确性。

16. 如果

$$2x = \log\frac{y-1}{2} + \sum_{1}^{\infty}\frac{(-1)^n}{n}\left(\frac{y-1}{2}\right)^n$$

且 $1 < y \leqslant 3$，则 $y = -\coth x$。求出 $2x$ 的一个在 $-3 \leqslant y < 1$ 内适用的一个相似的展开式。

17. 利用对数级数

$$\log_{10}2.3758 \approx 0.3758099,\quad \log_{10}\mathrm{e} \approx 0.4343\cdots$$

证明：方程 $x = 100\log_{10}x$ 的近似解为 237.58121。（《数学之旅》，1910）

18. 将 $\log\cos x$ 和 $\log\sin x - \log x$ 展开至 x^4 项，并验证，到 x^4 为止有

$$\log\sin x = \log x - \frac{1}{45}\log\cos x + \frac{64}{45}\log\cos\frac{1}{2}x \quad（《数学之旅》，1908）$$

19. 证明：如果 $-1 \leqslant x \leqslant 1$，

$$\int_0^x \frac{\mathrm{d}t}{1+t^4} = x - \frac{1}{5}x^5 + \frac{1}{9}x^9 - \cdots$$

推导出

$$1 - \frac{1}{5} + \frac{1}{9} - \cdots = \frac{\pi + 2\log(\sqrt{2}+1)}{4\sqrt{2}} \quad (《数学之旅》,1896)$$

［像第 221 课时那样，推导并利用例 48 的第 8 题的结果。类似地求和 $\frac{1}{3}$ − $\frac{1}{7} + \frac{1}{11} - \cdots$ ］

20. 一般地，证明如果 a 和 b 都是正整数，则

$$\frac{1}{a} - \frac{1}{a+b} + \frac{1}{a+2b} - \cdots = \int_0^1 \frac{t^{a-1}\mathrm{d}t}{1+t^b}$$

所以可以求得此级数之和。以此方法计算 $1 - \frac{1}{4} + \frac{1}{7} - \cdots$ 和 $\frac{1}{2} - \frac{1}{5} + \frac{1}{8} - \cdots$

（222）二项级数

我们已经在第 168 课时研究过二项式定理（在假设 $-1 < x < 1$ 且 m 是有理数的情况下）

$$(1+x)^m = 1 + \binom{m}{1}x + \binom{m}{2}x^2 + \cdots$$

当 m 是无理数时，我们有

$$(1+x)^m = e^{m\log(1+x)}$$

$$\frac{\mathrm{d}}{\mathrm{d}x}(1+x)^m = \frac{m}{1+x}e^{m\log(1+x)} = m(1+x)^{m-1}$$

使得 $(1+x)^m$ 的求导方法依旧相同，从而第 168 课时所给出的定理证明也依旧适用。剩下要讨论 $x=1$ 和 $x=-1$ 的情形。

（1）当 $x=1$ 时级数为

$$1 + m + \frac{m(m-1)}{2!} + \frac{m(m-1)(m-2)}{3!} + \cdots$$

如果 $m+1 \le 0$，一般项 u_n 不会趋向于 0（例 84 的第 3 题）。如果 $m+1 > 0$ 则 u_n 最终会轮替符号且递减至 0，使得级数收敛。

为了对该级数求和，在第 167 课时的（1）中取 $f(x) = (1+x)^m$，并用 0

代替 a，用 1 代替 h。我们得到

$$2^m = u_0 + u_1 + \cdots + u_{n-1} + R_n$$

其中

$$R_n = \frac{m(m-1)\cdots(m-n+1)}{(n-1)!} \int_0^1 (1-t)^{n-1}(1+t)^{m-n}\,\mathrm{d}t$$

对于大数值的 n，这里的积分小于 n^{-1}（因为 $m-n<0$ 且 $1+t \geqslant 1$）。因此

$$|R_n| \leqslant |u_n| \to 0$$

因此当且仅当 $m > -1$ 时，二项式对于 $x=1$ 收敛，且其和为 2^m。

（2）当 $x=-1$ 时，求级数前 $n+1$ 项的和。如果 $m=0$ 则其和为 1。否则，我们令 $x=-1$，$m=-\mu$，这时

$$1 + \mu + \cdots + \frac{\mu(\mu+1)\cdots(\mu+n-1)}{n!} = \frac{(\mu+1)(\mu+2)\cdots(\mu+n)}{n!}$$

$$= (-1)^n \binom{m-1}{n}$$

（例 81 的第 5 题）。当 $m>0$ 时趋向于 0，当 $m<0$ 时不会趋向于某极限（例 84 的第 3 题）。因此，当且仅当 $m \geqslant 0$ 时，对于 $x=-1$ 级数收敛，当 $x=0$ 时其和为 1，当 $m>0$ 时其和为 0。

例93

1. 证明：如果 $-1 < x < 1$，则

$$\frac{1}{\sqrt{1+x^2}} = 1 - \frac{1}{2}x^2 + \frac{1 \cdot 3}{2 \cdot 4}x^4 - \cdots$$

$$\frac{1}{\sqrt{1-x^2}} = 1 + \frac{1}{2}x^2 + \frac{1 \cdot 3}{2 \cdot 4}x^4 + \cdots$$

2. 二次根和其他根的估算。设 $\sqrt{M}$ 一个二次根式，求它的数值。设 N^2 为最接近于 M 的平方根；设 $M = N^2 + x$ 或者 $M = N^2 - x$，x 为正。因为 x 不会大于 N，$\dfrac{x}{N^2}$ 就会相当小，二次根 $\sqrt{M} = N \sqrt{1 \pm \left(\dfrac{x}{N^2}\right)}$ 可以表达为级数

$$N\left\{ 1 \pm \frac{1}{2}\left(\frac{x}{N^2}\right) - \frac{1 \cdot 1}{2 \cdot 4}\left(\frac{x}{N^2}\right)^2 \pm \cdots \right\}$$

其收敛相当快。例如

$$\sqrt{67} = \sqrt{64+3} = 8\left\{1 + \frac{1}{2}\left(\frac{3}{64}\right) - \frac{1 \cdot 1}{2 \cdot 4}\left(\frac{3}{64}\right)^2 + \cdots\right\}$$

验证：取 $8\frac{3}{16}$（前两项给出的值）作为估算值时的误差小于 $\frac{3^2}{64^2}$，即小于 0.003。

3. 如果 x 比起 N^2 来说很小，则

$$\sqrt{N^2+x} = N + \frac{x}{4N} + \frac{Nx}{2(2N^2+x)}$$

其误差为 $\frac{x^4}{N^7}$ 级。用它来计算 $\sqrt{997}$。

4. 如果 M 与 N^3 的差值小于百分之一，则 $\sqrt[3]{M}$ 与 $\frac{2}{3}N + \frac{1}{3}MN^{-2}$ 的差值小于 $\frac{N}{90000}$。（《数学之旅》，1882）

5. 如果 $M = N^4 + x$，且 x 比起 N 来说很小，则 $\sqrt[4]{M}$ 的一个估算值为

$$\frac{51}{56}N + \frac{5}{56}\frac{M}{N^3} + \frac{27Nx}{14(7M+5N^4)}$$

证明：当 $N = 10$，$x = 1$ 时，该近似值可以精确到小数点后 16 位小数。

6. 证明：怎样对级数

$$\sum_0^\infty P_r(n)\binom{m}{n}x^n$$

求和。其中 $P_r(n)$ 是 n 的多项式，幂级为 r。

［就像例 91 的第 7 题中那样，将 $P_r(n)$ 表达为 $A_0 + A_1 n + A_2 n(n-1) + \cdots$ 的形式。］

（223）建立指数函数与对数函数理论的另一种方法

不同于之前章节中所遵循的逻辑次序，现在我们将给出研究 e^x 和 $\log x$ 的一种完全不同的方法。此方法从级数 $1 + x + \frac{x^2}{2!} + \cdots$ 开始。我们知道此级数对于 x 的所有值都收敛，因此我们定义函数 $\exp x$ 为

$$\exp x = 1 + x + \frac{x^2}{2!} + \cdots \tag{1}$$

正如例 81 的第 7 题，我们可以证明

$$\exp x \times \exp y = \exp(x+y) \tag{2}$$

又有

$$\frac{\exp h - 1}{h} = 1 + \frac{h}{2!} + \frac{h^2}{3!} + \cdots = 1 + \rho(h)$$

其中 $\rho(h)$ 的绝对值小于

$$\left|\frac{1}{2}h\right| + \left|\frac{1}{2}h\right|^2 + \left|\frac{1}{2}h\right|^3 + \cdots = \frac{\left|\frac{1}{2}h\right|}{1 - \left|\frac{1}{2}h\right|}$$

所以当 $h \to 0$ 时，$\rho(h) \to 0$；从而当 $h \to 0$ 时，有

$$\frac{\exp(x+h) - \exp x}{h} = \exp x \left(\frac{\exp h - 1}{h}\right) \to \exp x$$

也就是

$$\frac{\mathrm{d}}{\mathrm{d}x} \exp x = \exp x \tag{3}$$

我们附带地证明了 $\exp x$ 是连续函数。

现在我们可以对进程有所选择。记 $y = \exp x$，并观察到 $\exp 0 = 1$，就有

$$\frac{\mathrm{d}y}{\mathrm{d}x} = y, \quad x = \int_1^y \frac{\mathrm{d}t}{t}$$

并且，如果我们将对数函数定义为指数函数的反函数，我们就回到了本章之前采用过的观点。

但是我们可以采取不同的方法来进行。从（2）推出，如果 n 是一个正整数，则

$$(\exp x)^n = \exp nx, \quad (\exp 1)^n = \exp n$$

如果 x 是正的有理分数 $\frac{m}{n}$，则

$$\left\{\exp\left(\frac{m}{n}\right)\right\}^n = \exp m = (\exp 1)^m$$

所以 $\exp\left(\frac{m}{n}\right)$ 等于 $(\exp 1)^{\frac{m}{n}}$ 的正值。此结果可以通过方程

$$\exp x \exp(-x) = 1$$

推广到 x 的负有理值，所以对 x 的所有有理数值，我们有

$$\exp x = (\exp 1)^x = \mathrm{e}^x$$

其中，对于 x 的所有有理值，

$$e = \exp 1 = 1 + 1 + \frac{1}{2!} + \frac{1}{3!} + \cdots$$

最后，我们定义 e^x 等于 $\exp x$，其中 x 是无理数。指数函数因此定义为反函数。

例

用相似的方法，证明二项级数的原理

$$1 + \binom{m}{1}x + \binom{m}{2}x^2 + \cdots = f(m, x)$$

其中 $-1 < x < 1$，从方程

$$f(m, x) f(m', x) = f(m + m', x)$$

开始（例 81 的第 6 题）。

（224）三角函数的分析理论

现在我们返回到在 163 课时中简要讨论过的问题。

在本书中，我们都视读者了解平面三角函数，并且自由地使用三角函数或"三角函数" $\cos x$，$\sin x$，$\tan x$，$\cdots$ 来列举例证。然而在第 163 课时中我们已经指出：三角函数的建立并不像开始假设的那样简单，该理论的通常表述依赖于某些预假设，而这些预假设要仔细地分析。

有至少四种明显的方法，我们可以用来建立三角函数的分析理论。

（i）几何方法。最自然的方法是，尽可能紧密地采用原来课本中的几何语言。在第 163 课时中我们讨论过这个问题，并得出结论：这涉及了唯一一个严重的问题。我们也需要证明：要么圆的任意弧与某数相关联（我们称之为长度），要么与扇形相关的某数相关联（我们称之为面积）。这些要求都是可替换的，只要其中任何一个要求得以满足时，三角函数的建立就得以保证。通常使用第一种替换方式，将三角函数建立在长度的基础上；但是第七章也包含了关于面积，而不是长度的精确讨论，所以这里我们自然而然偏向于第二种替换方法。

（ii）无限级数法。在很多专著中，问题的分析中应用过了第二种方法，就是将三角函数定义为第 223 课时已经定义过的指数函数，也就是用无穷级数加以定义。我们将 $\cos x$ 和 $\sin x$ 定义为方程

（1）$\cos x = 1 - \dfrac{x^2}{2!} + \dfrac{x^4}{4!} - \cdots,\quad \sin x = x - \dfrac{x^3}{3!} + \dfrac{x^5}{5!} - \cdots$

这些级数对于 x 的所有实数值都是绝对收敛的，也可以像在第 223 课时中那样作乘积。因此我们得到公式

$$\cos(x+y) = \cos x \cos y - \sin x \sin y$$

以及其他三角函数的加法和形式。周期性这个性质有点麻烦。从（1）中可证：$\cos x$（对小数值的 x 都是取正值）在区间（0，2）里恰好只改变符号一次，比如 $x = \xi$；我们定义 π 为方程 $\dfrac{1}{2}\pi = \xi$。容易证明：$\sin\dfrac{1}{2}\pi = 1$，$\cos\pi = -1$，$\sin\pi = 0$；从加法公式中可得出方程

$$\cos(x+\pi) = -\cos x,\quad \sin(x+\pi) = -\sin x$$

基于这些定义，对于理论的仔细考究在惠特克和沃森合著的《近代分析学》的附录 A 中找到。

这个理论基本令人满意，不过，将 $\cos z$ 和 $\sin z$ 视为复变量 z 的函数要比在这里仅仅将它们视作实变量和实函数要更加自然。

（iii）用无限乘积定义正弦函数。第三种方法是用

$$\sin x = x\left(1 - \frac{x^2}{\pi^2}\right)\left(1 - \frac{x^2}{2^2\pi^2}\right)\left(1 - \frac{x^2}{3^2\pi^2}\right)\cdots$$

来定义 $\sin x$。这种方法有很多优点，但是自然地也需要无限乘积理论的知识。

（iv）用积分法定义反函数。第四种方法这里更适用，因为这与我们本章对于对数函数的处理相同。我们首先定义 x 的反正切函数为

（1）$y = y(x) = \arctan x = \displaystyle\int_0^x \frac{\mathrm{d}t}{1+t^2}$

此方程对于每一个实数 x 值都定义了唯一一个对应的 y 值。由于积分对象为偶函数，$y(x)$ 是 x 的奇函数。同样，因为 y 连续且严格递增，根据第 110 课时，存在反函数 $x = x(y)$ 也是连续且严格递增的。我们记为

（2）$x = x(y) = \tan y$

如果我们用等式

（3）$\dfrac{1}{2}\pi = \displaystyle\int_0^\infty \frac{\mathrm{d}t}{1+t^2}$

定义 π，则 $x(y)$ 的定义范围为 $-\dfrac{1}{2}\pi < y < \dfrac{1}{2}\pi$

我们现在记

（4）$\cos y = \dfrac{1}{\sqrt{1+x^2}}$，$\sin y = \dfrac{x}{\sqrt{1+x^2}}$

其中平方根取为正值。因此 $\cos y$ 和 $\sin y$ 就对 $-\dfrac{1}{2}\pi < y < \dfrac{1}{2}\pi$ 有定义。当 $y \to \dfrac{1}{2}\pi$ 时，$x \to \infty$ 时，所以 $\cos y \to 0$，$\sin y \to 1$。我们将 $\cos\dfrac{1}{2}\pi$ 和 $\sin\dfrac{1}{2}\pi$ 定义为方程

（5）$\cos\dfrac{1}{2}\pi = 0$，$\sin\dfrac{1}{2}\pi = 1$

这样一来 $\cos y$ 和 $\sin y$ 的定义范围就是 $-\dfrac{1}{2}\pi < y \leqslant \dfrac{1}{2}\pi$，$\tan y$ 的定义范围就是 $-\dfrac{1}{2}\pi < y < \dfrac{1}{2}\pi$

最后，我们对于区间 $\left(-\dfrac{1}{2}\pi,\ \dfrac{1}{2}\pi\right)$ 外的 y 值，将 $\tan y$，$\cos y$ 和 $\sin y$ 定义为方程

（6）$\tan(y+\pi) = \tan y$，$\cos(y+\pi) = -\cos y$，$\sin(y+\pi) = -\sin y$，这成功地将我们的定义推广到了区间

$$\left(\dfrac{1}{2}\pi,\ \dfrac{2}{3}\pi\right),\ \left(\dfrac{3}{2}\pi,\ \dfrac{5}{2}\pi\right),\ \cdots,\ \left(-\dfrac{3}{2}\pi,\ -\dfrac{1}{2}\pi\right),\ \left(-\dfrac{5}{2}\pi,\ -\dfrac{3}{2}\pi\right),\ \cdots$$

这样一来，正切函数除了 $\left(k+\dfrac{1}{2}\right)\pi$，对于所有的 y 值都有定义，其中 k 是整数。而对于 $\left(k+\dfrac{1}{2}\right)\pi$，所有 π 值定义失效；且当 y 趋向于其中之一个值时，$\tan y$ 趋向于 $+\infty$ 或 $-\infty$，符号取决于 y 从上面还是从下面趋向于所讨论的那个数值。另一方面，对于所有的 y 值，$\cos y$ 和 $\sin y$ 都被定义且都连续。

例如，当 $y \to \left(k+\dfrac{1}{2}\right)\pi - 0$ 时，$\tan y \to +\infty$。如果将 -0 改变到 $+0$，则结论中极限的符号相反。

为了看出 $\cos y$ 对于 $y = \dfrac{1}{2}\pi$ 是连续的，我们观察到（ⅰ）通过根据定义，有 $\cos\dfrac{1}{2}\pi = 0$，（ⅱ）根据（4），当 $y \to \dfrac{1}{2}\pi - 0$ 时，$\cos y \to 0$，（ⅲ）根据（4），当 $y \to -\dfrac{1}{2}\pi + 0$ 时，有 $\cos y \to 0$，因此根据（6）可知，当 $y \to \dfrac{1}{2}\pi + 0$ 时有 $\cos y \to 0$。

我们首先定义了 $\arctan x$ 和 $\tan y$，接下来又根据 $\tan y$ 定义了 $\cos y$ 和 $\sin y$。

我们已经将 $\arcsin x$ 和 $\sin y$ 作为基础函数加以处理。此时我们应该在区间$(-1, 1)$上用方程

$$y = y(x) = \arcsin x = \int_0^x \frac{\mathrm{d}t}{\sqrt{1-t^2}}$$

定义了 $\arcsin x$。其中平方根取正值；再将它翻转，就定义了 $\sin y$；用 $\frac{1}{2}\pi = \int_0^1 \frac{\mathrm{d}t}{\sqrt{1-t^2}}$ 定义 π；再用

$$\cos y = \sqrt{1-x^2}\,, \quad \tan y = \frac{x}{\sqrt{1-x^2}} \quad (-1 < x < 1)$$

定义 $\cos y$ 和 $\tan y$。我们采取的步骤更方便了一些。

（225）三角函数的解析理论（续）

现在我们已经给出了所有必要的定义，也就是第 224 课时中标有数字的方程。理论进一步的发展取决于加法公式。

首先我们观察到

$$(1+x^2)(1+y^2) = (1-xy)^2 + (x+y)^2$$

所以

$$\frac{\mathrm{d}x}{1+x^2} + \frac{\mathrm{d}y}{1+y^2} = \frac{(1+y^2)\mathrm{d}x + (1+x^2)\mathrm{d}y}{(1-xy)^2 + (x+y)^2} =$$

$$\frac{(1-xy)\mathrm{d}(x+y) - (x+y)\mathrm{d}(1-xy)}{(1-xy)^2 + (x+y)^2} = \frac{\mathrm{d}z}{1+z^2}$$

其中

$$z = \frac{x+y}{1-xy}$$

这表明了有

$$\arctan x + \arctan y = \arctan z$$

但是这些函数是多值的，因此公式也需要更仔细的检验。

我们记

$$t = \frac{x_1 + u}{1 - x_1 u}\,, \quad u = \frac{t - x_1}{1 + x_1 t}$$

使得

$$\frac{dt}{du} = \frac{1}{1-x_1 u} + \frac{x_1(x_1+u)}{(1-x_1 u)^2} = \frac{1+x_1^2}{(1-x_1 u)^2} > 0$$

这样一来，t 和 u 总是以相同的方式变换。当 t 从 $-\infty$ 增加到 $\dfrac{-1}{x_1}$ 时，u 从 $\dfrac{1}{x_1}$ 增加到 ∞，随着当 t 从 $\dfrac{-1}{x_1}$ 增加到 ∞，u 从 $-\infty$ 增加到 $\dfrac{1}{x_1}$。另外，当 $t = x_1$ 时 $u=0$，当 $t=0$ 时 $u=-x_1$。[1]

现在假设 x_2 可取任何这样的值，使得 u 在区间（$-x_1,\ x_2$）上的值不包括点 $u = \dfrac{1}{x_1}$，（在 $u = \dfrac{1}{x_1}$ 这一点 t 有无穷值）。如果 $x_1 > 0$，则 x_2 一定小于 $\dfrac{1}{x_1}$，且如果 $x_1 < 0$，x_2 一定大于 $\dfrac{1}{x_1}$。在这种情况下，当 u 从 $-x_1$ 递增或递减至 x_2，t 从 0 递增或递减至

$$x = \frac{x_1 + x_2}{1 - x_1 x_2}$$

由于

$$\frac{1}{1+t^2} = \frac{(1-x_1 u)^2}{(1+x_1^2)(1+u^2)}$$

我们就有

$$\arctan x = \arctan \frac{x_1 + x_2}{1 - x_1 x_2} = \int_0^x \frac{dt}{1+t^2} = \int_{-x_1}^{x_2} \frac{du}{1+u^2} = \int_0^{x_2} \frac{du}{1+u^2} + \int_{-x_1}^0 \frac{du}{1+u^2}$$

$$= \int_0^{x_2} \frac{du}{1+u^2} + \int_0^{x_1} \frac{du}{1+u^2} = \arctan x_1 + \arctan x_2$$

如果现在我们记

$$y = \arctan x,\ \ y_1 = \arctan x_1,\ \ y_2 = \arctan x_2$$

我们就有 $y = y_1 + y_2$，以及

$$(1)\ \ \tan(y_1 + y_2) = x = \frac{x_1 + x_2}{1 - x_1 x_2} = \frac{\tan y_1 + \tan y_2}{1 - \tan y_1 \tan y_2}$$

这就是正切的加法公式。

---

[1] 读者应该画出将每个变量作为另一个变量的函数图象。

此公式目前只在某些限制条件下给出证明，即：如果 $x_1 > 0$，则 $x_2 < \dfrac{1}{x_1}$，如果 $x_1 < 0$，则 $x_2 > \dfrac{1}{x_1}$。当 $x_1 > 0$ 且从下端 $x_2 \to \dfrac{1}{x_1}$，$x \to \infty$，$y \to \dfrac{1}{2}\pi$；且当 $x_1 < 0$ 且从上端 $x_2 \to \dfrac{1}{x_1}$，$x \to -\infty$，$y \to -\dfrac{1}{2}\pi$。因此我们的限制条件为：y_1，y_2 以及 $y_1 + y_2$ 一定要在区间 $\left(-\dfrac{1}{2}\pi, \dfrac{1}{2}\pi\right)$ 的范围内。

然而这些限制条件都是不必要的。

对于 $y_1 + y_2$ 的限制来自于我们的假设：区间 $(-x_1, x_2)$ 不包括 $\dfrac{1}{x_1}$。假设此条件不成立，例如，假设 $x_1 > 0$ 且 $x_2 > \dfrac{1}{x_1}$。则，当 u 从 $-x_1$ 增加到 x_2 时，t 从 0 增加到 ∞，并且从 $-\infty$ 增加到 x 时改变符号。因此我们有

$$\int_{-x_1}^{x_2} \frac{\mathrm{d}u}{1+u^2} = \int_0^\infty \frac{\mathrm{d}t}{1+t^2} + \int_{-\infty}^x \frac{\mathrm{d}t}{1+t^2} = \int_0^\infty \frac{\mathrm{d}t}{1+t^2} + \int_{-\infty}^0 \frac{\mathrm{d}t}{1+t^2} + \int_0^x \frac{\mathrm{d}t}{1+t^2} = \pi + \arctan x$$

因此

$\arctan x = \arctan x_1 + \arctan x_2 - \pi$

所以，根据（6）就有

$\tan(y_1 + y_2) = \tan(y_1 + y_2 - \pi) = \tan y = \dfrac{x_1 + x_2}{1 - x_1 x_2} = \dfrac{\tan y_1 + \tan y_2}{1 - \tan y_1 \tan y_2}$。

相似地，我们可以处理 $x_1 < 0$ 时的情况；由此推出，只要 y_1 和 y_2 在 $\left(-\dfrac{1}{2}\pi, \dfrac{1}{2}\pi\right)$ 之间，则（1）成立。

最后，根据（6），由于（1）的每一边都是 y_1 或 y_2 的周期函数，（1）无需保留地成立，除非 y_1，y_2，或 $y_1 + y_2$ 是 $\dfrac{1}{2}\pi$ 的奇数倍数的情况，此时就不再有意义。

（226）三角函数的解析理论（再续）

从第 225 课时的（1）和第 224 课时的（4）我们推导出

$$\cos^2(y_1 + y_2) = \frac{(1 - \tan y_1 \tan y_2)^2}{(1 + \tan^2 y_1)(1 + \tan^2 y_2)} = (\cos y_1 \cos y_2 - \sin y_1 \sin y_2)^2$$

从而

$$\cos(y_1+y_2)=\pm(\cos y_1\cos y_2-\sin y_1\sin y_2)$$

为了确定它的符号，令 $y_2=0$。方程简化为 $\cos y_1=\pm\cos y_1$，使得当 $y_2=0$ 时正号被选择。因为当 y_2 增加了 π 时两边都在改变符号，公式成立，当 y_2 是 π 的任意倍数时同样成立。另外，两边都是 y_2 的连续函数，使得符号只有当每一边都取值为 0 时才会改变，这也就是说，两边符号的改变仅对于取值…，$-\frac{1}{2}\pi-y_1$，$\frac{1}{2}\pi-y_1$，$\frac{3}{2}\pi-y_1$，…才是可能的，每一个都在长度为 π 的区间里仅有一个这样的值。因为我们已经看到，在每个这样的区间中有一个 y_2 的值使得符号是正的，所以必定总是正值。因此

$$(2)\quad \cos(y_1+y_2)=\cos y_1\cos y_2-\sin y_1\sin y_2$$

对于 $\sin(y_1+y_2)$ 的公式也可以类似地加以证明。

例题集[1]

1. 考虑到 $\log_{10}e\approx 0.4343$，且 2^{10} 和 3^{21} 都近似等于 10 的幂级数，计算 $\log_{10}2$ 和 $\log_{10}3$ 到小数点后四位。

2. 证明：如果 n 是任意一个正整数，但不是 10 的幂级数，则 $\log_{10}n$ 不可能是有理数。〔如果 n 不能被 10 整除，且 $\log_{10}n=\frac{p}{q}$，我们就有 $10^p=n^q$，而这是不可能的，因为 10^p 终于 0 而 n^q 则不是。如果 $n=10^aN$，其中 N 不能被 10 整除，则 $\log_{10}N$，因此

$$\log_{10}n=a+\log_{10}N$$

也不可能是有理数。〕

3. x 取何值才能使函数 $\log x$，$\log\log x$，$\log\log\log x$，…（a）等于 0，（b）等于 1，（c）无定义？同时对于函数 lx，llx，$lllx$，…也考虑相同的问题，其中 $lx=\log|x|$。

---

〔1〕很多例题都取自布罗米奇的《无穷级数》一书。

4. 证明：

$$\log x-\binom{n}{1}\log(x+1)+\binom{n}{2}\log(x+2)-\cdots+(-1)^n\log(x+n)$$

取值为负，且随着 x 从 0 递增到 ∞ 时，朝向 0 递增。

$\Bigg[$ 函数的导数为

$$\sum_1^n(-1)^r\binom{n}{r}\frac{1}{x+r}=\frac{n!}{x(x+1)\cdots(x+n)}$$

将函数的右边拆分为部分分数形式就很容易看出这个结果。这个表达式是正的，且当 $x\to\infty$ 时函数自身趋向于 0，因为 $\log(x+r)=\log x+o(1)$ 且 $1-\binom{n}{1}+\binom{n}{2}-\cdots=0$。$\Bigg]$

5. 证明：

$$\left(\frac{\mathrm{d}}{\mathrm{d}x}\right)^n\frac{\log x}{x}=\frac{(-1)^n n!}{x^{n+1}}\left(\log x-1-\frac{1}{2}-\cdots-\frac{1}{n}\right)$$（《数学之旅》，1909）

6. 如果 $x>-1$ 则 $x^2>(1+x)\{\log(1+x)\}^2$

$\big[$ 令 $1+x=e^\xi$，利用当 $\xi>0$ 时 $\sin h\,\xi>\xi$。$\big]$（《数学之旅》，1906）

7. 证明：随着 x 从 0 增加到 ∞，$\dfrac{\log(1+x)}{x}$ 和 $\dfrac{x}{(1+x)\log(1+x)}$ 都递减。

8. 证明：随着 x 从 -1 增加到 ∞，函数 $(1+x)^{\frac{1}{x}}$ 仅取 0 和 1 之间的每一个值恰好一次。（《数学之旅》，1910）

9. 证明：当 $x\to0$ 时

$$\frac{1}{\log(1+x)}-\frac{1}{x}\to\frac{1}{2}$$

10. 证明：随着 x 从 -1 增加到 ∞，$\dfrac{1}{\log(1+x)}-\dfrac{1}{x}$ 从 1 到 0 递减。$\big[$该函数在 $x=0$ 处无定义，但是如果我们在 $x=0$ 处赋予定义 $\dfrac{1}{2}$，则它对于 $x=0$ 连续。使用第 6 题来证明导数是负值。$\big]$

11. 证明：

$$\psi(x)=\frac{1}{2}\sin x\tan x-\log\sec x$$

在 $0 < x < \frac{1}{2}\pi$ 是正值且递增，且对于 x 的小值 $\psi(x) = O(x^6)$（《数学之旅》，1930）

12. 如果

$$\phi(x) = \frac{3\int_0^x (1 + \sec t)\log\sec t\,dt}{\log\sec x\{x + \log(\sec x + \tan x)\}}$$

则（i）$\phi(x)$ 是偶函数;（ii）对于小的 x 值，近似有 $\phi(x) = 1 + \frac{1}{420}x^4$; 且（iii）对于所有小于 $\frac{1}{2}\pi$ 的 x 值，当 $x \to \frac{1}{2}\pi$ 时，$\phi(x) \to \frac{3}{2}$（《数学之旅》，1930）

13. 证明: 如果 x 大于 $2\log M$ 和 $16N^2$ 之间的较大者，则 $e^x > Mx^N$，其中 M 和 N 都是大的正值数。[容易证明 $\log x < 2\sqrt{x}$; 如果

$$x > \log M + 2N\sqrt{x}$$

则给出的不等式必定得以满足，因此如果 $\frac{1}{2}x > \log M$，$\frac{1}{2}x > 2N\sqrt{x}$，则给出的不等式也必定满足。]

14. 证明: 数列

$$a_1 = e, \quad a_2 = e^{e^2}, \quad a_3 = e^{e^{e^3}}, \quad \cdots$$

比起任意无穷大的指数尺度中的任何成员都更快趋向于无穷。

[令 $e_1(x) = e^x$, $e_2(x) = e^{e_1(x)}$, 以此类推。那么，如果 $e_k(x)$ 是任意指数函数，当 $n > k$ 时就有 $a_n > e_k(n)$。]

15. 如果 p 和 q 都是正整数，则当 $n \to \infty$ 时，有

$$\frac{1}{pn+1} + \frac{1}{pn+2} + \cdots + \frac{1}{qn} \to \log\left(\frac{q}{p}\right)$$

[参见例 78 的第 7 题。]

16. 证明: 如果 x 是正值则当 $n \to \infty$ 时，$n\log\left\{\frac{1}{2}\left(1 + x^{\frac{1}{n}}\right)\right\} \to \frac{1}{2}\log x$。[我们有

$$n\log\left\{\frac{1}{2}\left(1 + x^{\frac{1}{n}}\right)\right\} = n\log\left\{1 - \frac{1}{2}\left(1 - x^{\frac{1}{n}}\right)\right\} = \frac{1}{2}n\left(1 - x^{\frac{1}{n}}\right)\frac{\log(1-u)}{u}$$

其中 $u = \frac{1}{2}\left(1 - x^{\frac{1}{n}}\right)$。现在使用第 216 课时和例 83 第 3 题的结果。]

17. 证明：如果 a 和 b 都是正数，则

$$\left\{\frac{1}{2}\left(a^{\frac{1}{n}}+b^{\frac{1}{n}}\right)\right\}^{n} \to \sqrt{ab}$$

$\left[\text{取对数函数且利用第 16 题。}\right]$

18. 证明：

$$1+\frac{1}{3}+\frac{1}{5}+\cdots+\frac{1}{2n-1}=\frac{1}{2}\log n+\log 2+\frac{1}{2}\gamma+o\,(1)$$

其中 γ 是欧拉常数（例 90 的第 1 题）。

19. 证明：

$$1+\frac{1}{3}-\frac{1}{2}+\frac{1}{5}+\frac{1}{7}-\frac{1}{4}+\frac{1}{9}+\cdots=\frac{3}{2}\log 2$$

此级数从级数 $1-\frac{1}{2}+\frac{1}{3}-\cdots$ 得来，通过交替地取两正项，然后接一负项得来。

$\Big[$ 前 $3n$ 项之和为

$$1+\frac{1}{3}+\frac{1}{5}+\cdots+\frac{1}{4n-1}-\frac{1}{2}\left(1+\frac{1}{2}+\cdots+\frac{1}{n}\right)=\frac{1}{2}\log 2n+\log 2$$

$$+\frac{1}{2}\gamma+o(1)-\frac{1}{2}\log\{n+\gamma+o(1)\}\text{。}\ \Big]$$

20. 证明：

$$\sum_{1}^{n}\frac{1}{v(36v^2-1)}=-3+3\sum_{3n+1}+1-\Sigma n-S_n$$

其中 $S_n=1+\frac{1}{2}+\cdots+\frac{1}{n}$ ，$\Sigma_n=1+\frac{1}{3}+\cdots+\frac{1}{2n-1}$ 。由此证明：当它连续到无穷时，级数之和为

$$-3+\frac{3}{2}\log 3+2\log 2 \quad \text{（《数学之旅》，1905）}$$

21. 证明：

$$\sum_{1}^{\infty}\frac{1}{4n^2-1}, \quad \sum_{1}^{\infty}\frac{(-1)^{n-1}}{4n^2-1}, \quad \sum_{1}^{\infty}\frac{1}{(2n+1)^2-1}, \quad \sum_{1}^{\infty}\frac{(-1)^{n-1}}{(2n+1)^2-1}$$

这四个级数之和分别为

$$\frac{1}{2}, \quad \frac{1}{4}\pi-\frac{1}{2}, \quad \frac{1}{4}, \quad \frac{1}{2}\log 2-\frac{1}{4}$$

22. 探究级数

$$\sum\left(1-\frac{x\log n}{n}\right)^{n}, \quad \sum(\log n)^{-x\log n}, \quad \sum\left(\log 2-\left(\sum_{n+1}^{2n}\frac{1}{v}\right)\right)^{x}$$

的收敛性或发散性。（《数学之旅》，1935）

23. 对于 a，b，c 的所有实数值，探究

$$\sum n^{-a} e^{-b\sqrt{n}+cni}$$

的收敛或发散性。（《数学之旅》，1925）

24. 级数 $\sum u_n$ 重新排列为

$$u_1 + u_2 + u_4 + u_3 + u_5 + u_7 + u_9 + u_6 + u_8 + \cdots + u_{20} + u_{11} + \cdots$$

的形式（一项奇序项，然后接二项偶序项，再接四项奇序项，再接八项偶序项，…）。当

$$（1）u_n = \frac{(-1)^{n-1}}{n}；（2）u_n = \frac{(-1)^{n-1}}{n\log(n+1)}$$

检验重新排列的级数的收敛或发散性。（《数学之旅》，1930）

25. 证明：$n!\left(\dfrac{a}{n}\right)^n$ 趋向于 0 还是 ∞，取决于 $a<e$ 或者 $a>e$。

26. 证明：如果

$$u_n = n! \, e^n n^{-n-\frac{1}{2}}$$

则

$$\frac{u_n}{u_{n+1}} = 1 + O\left(\frac{1}{n^2}\right)$$

推证：如果 a 是一个恒定值，且 s 是最接近于 $a\sqrt{n}$ 的整数，则

$$\frac{\dbinom{2n}{n+s}}{\dbinom{2n}{n}} \to e^{-a^2} \quad （《数学之旅》，1928）$$

27. 如果 $u_n > 0$ 且 $\dfrac{u_{n+1}}{u_n} = 1 - \dfrac{a}{n} + O\left(\dfrac{1}{n^2}\right)$，则 $u_n \sim Kn^{-a}$，其中 K 是常数。$\Big[$ 因为

$$\log\frac{u_{n+1}}{u_n} = -\frac{a}{n} + \rho_n$$

其中 $\rho_n = O(n^{-2})$。因此

$$\log\frac{u_n}{u_1} = -a\sum_1^{n-1}\frac{1}{v} + \sum_1^{n-1}\rho_v = -a(\log n + \gamma) + H + o(1)$$

其中 $H = \sum \rho_v$。$\Big]$

28. 证明：

$$\frac{(a+1)(a+2)\cdots(a+n)}{(b+1)(b+2)\cdots(b+n)} \sim Kn^{a-b}$$

其中 K 是常数。〔使用第 27 题的结果。〕

29. 证明：按例 90 的第 6 题的记号，$\sum \dfrac{u_n}{s_n}$ 与 $\sum u_n$ 一同收敛或发散。〔在考虑收敛时证明是相同的。如果 $\sum u_n$ 发散，且从 n 的某个值往后开始 $u_n < s_{n-1}$，则 $s_n < 2s_{n-1}$，$\sum \dfrac{u_n}{s_n}$ 的发散性可从 $\sum \dfrac{u_n}{s_{n-1}}$ 的发散中得出。另一方面，如果对于无限多的 n 值，有 $u_n \geqslant s_{n-1}$（这对于快速发散的级数可能发生），则对于这些 n 值都有 $\dfrac{u_n}{s_n} \geqslant \dfrac{1}{2}$。〕

30. 证明：如果 $x > -1$，则

$$\frac{1}{(x+1)^2} = \frac{1}{(x+1)(x+2)} + \frac{1!}{(x+1)(x+2)(x+3)} +$$

$$\frac{2!}{(x+1)(x+2)(x+3)(x+4)} + \cdots （《数学之旅》，1908）$$

$$\left[\frac{1}{(x+1)^2} 与前 n 项之和之间的差为 \right.$$

$$\left. \frac{1}{(x+1)^2} \frac{n!}{(x+2)(x+3)\cdots(x+n+1)} 。\right]$$

31. 当 $x \to \infty$ 时，求出

$$\left(\frac{a_0 + a_1 x + \cdots + a_r x^r}{b_0 + b_1 x + \cdots + b_r x^r} \right)^{\lambda_0 + \lambda_1 x}$$

的极限，区别可能发生的不同情况，并加以讨论。（《数学之旅》，1886）

32. 方程 $f(xy) = f(x)f(y)$ 的一般解为 x^a，其中 f 是求导函数，a 是常数；而

$$f(x+y) + f(x-y) = 2f(x)f(y)$$

的一般性解为 $\cosh ax$ 还是 $\cos ax$，取决于 $f''(0)$ 是正还是负。〔在证明第二个结果的过程中，假设 f 有前三阶导数。则

$$2f(x) + y^2 f'(x) + o(y^2) = 2f(x) \left\{ f(0) + yf'(0) + \frac{1}{2}y^2 f''(0) + o(y^2) \right\}$$

因此 $f(0) = 1$，$f'(0) = 0$ 且 $f''(x) = f''(0)f(x)$。〕

33. 如果 $a < 0$ 或者 $a = 0$, $b > 0$, 方程 $e^x = ax + b$ 有一个实数根。如果 $a > 0$, 则它有两个实数根还是没有实数根, 取决于 $a \log a > b - a$ 还是 $a \log a < b - a$。

34. 通过考虑图象证明: 方程

$$e^x = ax^2 + 2bx + c$$

当 $a > 0$ 时有一个实数根、两个实数根或三个实数根, 当 $a < 0$ 时则没有实数根、有一个实数根或有两个实数根; 并指出如何区别这些不同情况。

35. 证明: 如果 $a^2 < 4e^{-2}$ 则方程 $a^2 e^x = x^2$ 有三个实数根, 且当 a 很小时, 一个小的正根为

$$a + \frac{1}{2}a^2 + \frac{3}{8}a^3 + \cdots \quad (《数学之旅》, 1931)$$

36. 求出方程, 它满足

$$y = Ae^{-x^2} + Be^{-(x-c)^2}$$

是一个平稳值, 并且证明: 对应于 x 的一个值 x_1 所对应的 y 值为

$$\frac{Ac}{c - x_1} e^{-x_1^2}$$

再证明: 当 A, B, c 都是正值时, 方程仅有两根, 一个大于 c 另一个是负值; 它们分别对应于一个最大值和一个最小值。(《数学之旅》, 1923)

37. 画出曲线 $y = \frac{1}{x} \log\left(\frac{e^x - 1}{x}\right)$ 的图象, 证明点 $\left(0, \frac{1}{2}\right)$ 是一个对称中心点, 随着 x 递增且取所有实数值, y 从 0 增加到 1。推证方程

$$\frac{1}{x} \log\left(\frac{e^x - 1}{x}\right) = \alpha$$

没有实数根, 除非 $0 < \alpha < 1$, 要么就是一个根, 其符号与 $\alpha - \frac{1}{2}$ 相同。$\Big[$ 首先

$$y - \frac{1}{2} = \frac{1}{x} \left\{ \log\left(\frac{e^x - 1}{x}\right) \right\} - \log e^{\frac{1}{2}x} = \frac{1}{x} \log\left(\frac{\sinh \frac{1}{2}x}{\frac{1}{2}x}\right)$$

显然是个 x 的奇数函数。又有

$$\frac{dy}{dx} = \frac{1}{x^2} \left\{ \frac{1}{2}x \coth \frac{1}{2}x - 1 - \log\left(\frac{\sinh \frac{1}{2}x}{\frac{1}{2}x}\right) \right\}$$

当 $x \to 0$ 时，大括号内的函数也趋向于 0；其导数为

$$\frac{1}{x}\left\{1 - \left(\frac{\frac{1}{2}x}{\sinh\frac{1}{2}x}\right)^2\right\}$$

它与 x 的符号相同。因此对于所有的 x 值，$\dfrac{\mathrm{d}y}{\mathrm{d}x} > 0$。］

38. 画出曲线 $y = \mathrm{e}^{\frac{1}{x}}\sqrt{x^2 + 2x}$ 的图象，并证明：如果 α 是负值，则方程

$$\mathrm{e}^{\frac{1}{x}}\sqrt{x^2 + 2x} = \alpha$$

没有实数根，如果

$$0 < \alpha < a = \mathrm{e}^{\frac{1}{\sqrt{2}}}\sqrt{2 + 2\sqrt{2}}$$

则方程有一个负根。如果 $\alpha > a$，有两个正根，一个负根。

39. 证明：如果 n 是奇数，则方程

$$f_n(x) = 1 + x + \frac{x^2}{2!} + \cdots + \frac{x^n}{n!} = 0$$

有一个实数根，如果 n 是偶数，则方程没有实数根。

　　［假设这对于 $n = 1, 2, \cdots, 2k$ 都满足这个结论。则 $f_{2k+1}(x) = 0$ 有形如 f'_{2k+2} 至少一个实数根，因为其幂级是奇数，也不能有更多根，因为如果有的话，$f'_{2k+2}(x)$ 或者 $f_{2k}(x)$ 都至少同时取值为 0。因此 $f_{2k+1}(x) = 0$ 只有一个根，所以 $f_{2k+2}(x) = 0$ 不可能有多于两个根。如果有两个根，比如说 α 和 β，则 $f_{2k+2}(x)$ 或者 $f_{2k+1}(x)$ 必定在 α 和 β 之间，比如说 γ 处，至少一个取值为 0；且

$$f_{2k+2}(\gamma) = f_{2k+1}(\gamma) + \frac{\gamma^{2k+2}}{(2k+2)!} > 0$$

但是当 x 很大时（无论正负），$f_{2k+2}(x)$ 也是正值，且看一眼图象会发现，这些结果都是自相矛盾的。因此 $f_{2k+2}(x) = 0$ 没有实数根。］

40. 证明：如果 a 和 b 都是正值且近似相等，则近似地，有

$$\log\frac{a}{b} = \frac{1}{2}(a - b)\left(\frac{1}{a} + \frac{1}{b}\right)$$

其误差为 $\frac{1}{6}(a - b)^3 a^{-3}$。［使用对数级数。此公式历史上很有意思，因为纳皮尔用来计算对数。］

41. 通过级数相乘，证明：如果 $-1<x<1$，则

$$\frac{1}{2}\{\log(1+x)\}^2 = \frac{1}{2}x^2 - \frac{1}{3}\left(1+\frac{1}{2}\right)x^3 + \frac{1}{4}\left(1+\frac{1}{2}+\frac{1}{3}\right)x^4 - \cdots$$

$$\frac{1}{2}(\arctan x)^2 = \frac{1}{2}x^2 - \frac{1}{4}\left(1+\frac{1}{3}\right)x^4 + \frac{1}{6}\left(1+\frac{1}{3}+\frac{1}{5}\right)x^6 - \cdots$$

42. $\log\left(1+x+\dfrac{x^2}{2!}+\cdots+\dfrac{x^n}{n!}\right)$ 作为 x 的幂级数前 $n+2$ 项展开式是

$$x - \frac{x^{n+1}}{n!}\left\{\frac{1}{n+1} - \frac{x}{1!(n+2)} + \frac{x^2}{2!(n+3)} - \cdots + (-1)^n\frac{x^n}{n!(2n+1)}\right\}$$

43. 证明：$\exp\left(-x-\dfrac{x^2}{x}-\cdots-\dfrac{x^n}{n}\right)$ 作为 x 的幂级数展开式中的前几项为

$$1 - x + \frac{x^{n+1}}{n+1} - \sum_{s=1}^{n}\frac{x^{n+s+1}}{(n+s)(n+s+1)}\quad(《数学之旅》，1909)$$

44. 使用恒等式

$$\log\,(1-x^3) = \log\,(1-x) + \log\,(1+x+x^2)$$

来证明：如果 k 不是 3 的倍数，则

$$\sum_{\frac{1}{2}k\leqslant n\leqslant k}\frac{(-1)^{n-1}(n-1)!}{(k-n)!(2n-k)!}$$

等于 k^{-1}，如果 k 是 3 的倍数，则它等于 $-2k^{-1}$（《数学之旅》，1932）

45. 证明：如果 x 很小，y 是 $(1+x+x^2)^{x^{-2}}$ 的正值，则

$$y = e^{x^{-1}+\frac{1}{2}}\left\{1 - \frac{2}{3}x + O(x^2)\right\}$$

求出当 x 从正值和负值方向趋近于 0 时，y 的极限与 $\dfrac{\mathrm{d}y}{\mathrm{d}x}$，并且在 $x=0$ 附近画出 y 的图象。

46. 证明：如果 $a > b > 0$，

$$\int_0^{\infty}\frac{\mathrm{d}x}{(x+a)(x+b)} = \frac{1}{a-b}\log\left(\frac{a}{b}\right)$$

47. 证明：如果 α，β，γ 都是正值，且 $\beta^2 > \alpha\gamma$，则

$$\int_0^{\infty}\frac{\mathrm{d}x}{\alpha x^2+2\beta x+\gamma} = \frac{1}{\sqrt{\beta^2-\alpha\gamma}}\log\left\{\frac{\beta+\sqrt{\beta^2-\alpha\gamma}}{\sqrt{\alpha\gamma}}\right\}$$

且当 $\alpha > 0$，$\alpha\gamma > \beta^2$ 时，计算这个积分值。

48. 证明：如果 $a>-1$，则

$$\int_1^\infty \frac{\mathrm{d}x}{(x+a)\sqrt{x^2-1}} = \int_0^\infty \frac{\mathrm{d}t}{\cosh t + a} = 2\int_1^\infty \frac{\mathrm{d}u}{u^2 + 2au + 1}$$

并推导出：如果 $-1<a<1$，则积分的值为

$$\frac{2}{\sqrt{1-a^2}} \arctan \sqrt{\frac{1-a}{1+a}}$$

如果 $a>1$，则积分的值为

$$\frac{1}{\sqrt{a^2-1}} \log \frac{\sqrt{a+1}+\sqrt{a-1}}{\sqrt{a+1}-\sqrt{a-1}} = \frac{2}{\sqrt{a^2-1}} \operatorname{argtanh} \sqrt{\frac{a-1}{a+1}}$$

讨论 $a=1$ 时的情形。

49. 如果 $0<\alpha<1$，$0<\beta<1$，则

$$\int_{-1}^1 \frac{\mathrm{d}x}{\sqrt{(1-2\alpha x+\alpha^2)(1-2\beta x+\beta^2)}} = \frac{1}{\sqrt{\alpha\beta}} \log \frac{1+\sqrt{\alpha\beta}}{1-\sqrt{\alpha\beta}}$$

50. 证明：如果 $a>b>0$，则

$$\int_{-\infty}^\infty \frac{\mathrm{d}\theta}{a\cosh\theta + b\sinh\theta} = \frac{\pi}{\sqrt{a^2-b^2}}$$

51. 证明：

$$\int_0^1 x\log\left(1+\frac{1}{2}x\right)\mathrm{d}x = \frac{3}{4} - \frac{3}{2}\log\frac{3}{2} < \frac{1}{2}\int_0^1 x^2\,\mathrm{d}x = \frac{1}{6}$$

$$\int_1^\infty \frac{\log x}{x^n}\mathrm{d}x = \frac{1}{(n-1)^2} \quad (n>1)$$

$$\int_0^\infty \frac{\mathrm{d}x}{\{x+\sqrt{x^2+1}\}^n} = \frac{n}{n^2-1} \quad (n>1)$$

$$\int_{\frac{1}{2}}^1 \frac{\mathrm{d}x}{x^4\sqrt{1-x^2}} = 2\sqrt{3}$$

$$\int_1^\infty \frac{\mathrm{d}x}{(x+1)^2(x^2+1)} = \frac{1}{4}(1-\log 2)$$

$$\int_0^\infty \frac{\mathrm{d}x}{(1+e^x)(1+e^{-x})} = 1 \quad (《数学之旅》，1913，1928，1932，1933，1934)$$

52. 证明：

$$\int_0^1 \frac{\log x}{1+x^2}\mathrm{d}x = -\int_1^\infty \frac{\log x}{1+x^2}\mathrm{d}x, \quad \int_0^\infty \frac{\log x}{1+x^2}\mathrm{d}x = 0$$

并推导出：如果 $a > 0$，则

$$\int_0^\infty \frac{\log x}{a^2 + x^2} dx = \frac{\pi}{2a} \log a$$

$$\left[\, 利用代换 \ x = \frac{1}{t} \ 和 \ x = au。 \,\right]$$

53. 证明：如果 $a > 0$，则有 $\int_0^\infty \log\left(1 + \frac{a^2}{x^2}\right) dx = \pi a$。［使用分部积分法。］

54. 证明：

$$\lim_{t \to 1-0} (1-t)^{\frac{1}{2}} (t + t^4 + t^9 + t^{16} + \cdots) = \int_0^\infty e^{-x^2} dx \quad (《数学之旅》, 1932)$$

$$\left[\, 从第 180 课时中可得 \right.$$

$$\int_h^{(n+1)h} e^{-x^2} dx < h\sum_{\nu=1}^n e^{-\nu^2 h^2} < \int_0^{nh} e^{-x^2} dx$$

$$\left. 取 \ t = e^{-h^2} \ 并且令 \ n \to \infty。 \,\right]$$

第十章　对数函数、指数函数 和三角函数的一般理论

（227）单复变量的函数

在第三章中我们定义了复变量

$$z = x + iy^{[1]}$$

并且考虑了一些例如多项式 $P(z)$ 这样的几类包含 z 的表达式的简单性质。自然地描绘这样的表达式为 z 的函数，事实上，我们的确描绘商 $\dfrac{P(z)}{Q(z)}$ [$P(z)$ 和 $Q(z)$ 都是多项式] 为"有理函数"。然而我们并没有对 z 的函数给出一般定义。

自然地，可以用定义实变量 x 的函数一样的方法来定义 z 的函数，即如果 Z 和 z 之间存在的对应关系，根据这种关系，Z 的某些或者很多值与 z 的某些或者很多值相对应，则说 Z 是 z 的函数。但是经过更精细的检验会发现，从这个定义中得不出任何对我们有益的地方。因为如果给定了 z，x 和 y 也就给定了，相反地，给 z 赋予一个值也等同于给一对 x 和 y 赋值。因此，根据给出的定义，一个"z 的函数"，仅仅是两个实变量 x 和 y 的一个复函数

$$f(x, y) + ig(x, y)$$

例如，

$$x - iy, \ xy, \ |z| = \sqrt{x^2 + y^2}, \ am\ z = \arctan\left(\frac{y}{x}\right)$$

都是"z 的函数"。这个定义虽然合理，但并无多少价值，因为它实际上并没有给出任何新的概念。

因此，在较为限制的意义下使用表达式"一个复变量 z 的函数"更为方便，

---

[1] 在本章中我们发现写作 $x+iy$ 而不是 $x+yi$ 更方便。

或者换句话说，是从两个实变量 x 和 y 的复函数的一般性复函数类中摘选出一类表达式有所限制的类来。如果我们能够解释如何进行这类选择，选择的函数的特别性质是什么，我们就超越了本教程的限制。因此我们不打算给出任意一般性定义，而仅限于对一些特殊函数直接定义。

（228）单复变量的函数（续）

我们已经定义了 z 的多项式（第 39 课时），z 的有理函数（第 46 课时）和 z 的根（第 47 课时）。从几何函数，无论是显性函数还是隐性函数（第 26—27 课时）的定义推广到复变量也并没有什么难度。在所有这些情况下，我们都称复数 z 为点 z（第 44 课时）考虑的函数 $f(z)$。在本章中会考虑定义的问题，来决定指数函数、对数函数和三角或图函数的性质。这些函数目前仅对 z 的实数值有定义，事实上对数函数还只对正值满足。

我们将从对数函数开始讨论。自然地，可以用定义

$$\log x = \int_1^x \frac{\mathrm{d}t}{t} \ (x > 0)$$

的某种推广来对它加以定义，我们发现需要简短考虑一个积分概念的某种推广。

（229）实数和复数曲线积分

令 AB 是由

$$x = \phi(t), \ y = \psi(t)$$

定义的一条曲线上的一段弧 C，通过方程定义，其中 ϕ 和 ψ 是 t 的函数，还有连续的积分系数 ϕ' 和 ψ'；并假设，随着 t 从 t_0 变化到 t_1，点 (x, y) 沿着曲线移动，与从 A 到 B 相同方向。

接下来我们定义曲线积分

$$\int_C \{g(x, y)\mathrm{d}x + h(x, y)\mathrm{d}y\} \tag{1}$$

（其中 g 和 h 是 x 和 y 的连续函数）为通过形式的变量替换 $x = \phi(t)$，$y = \psi(t)$，

所得到的通常积分，也即定义为积分

$$\int_{t_0}^{t_1} \{g(\phi, \psi)\phi' + h(\phi, \psi)\psi'\} dt$$

我们称 C 为积分路径（path of integration）

现在我们假设

$$z = x + iy = \phi(t) + i\psi(t)$$

使得随着 t 的变化，z 就在阿尔干图象上描绘出曲线 C。进一步假设

$$f(z) = u + iv$$

是关于 z 的一个多项式，或者是关于 z 的一个有理函数。则我们将

$$\int_C f(z)\, dz \tag{2}$$

定义为

$$\int_C (u + iv)(dx + idy)$$

这个积分本身定义为

$$\int_C (u dx - v dy) + i\int_C (v dx + u dy)$$

（230）$\mathrm{Log}\,\zeta$ 的定义

现在令 $\zeta = \xi + i\eta$ 为任意复数。我们用等式

$$\mathrm{Log}\,\zeta = \int_C \frac{dz}{z}$$

定义一般的对数函数 $\mathrm{Log}\,\zeta$，其中 C 是一条始于 1，终于 ζ，且不穿过原点的曲线。例如（图 50 中的）路径（a）（b）（c）都是在定义中所说的这种路径。当积分的特殊路径被选定后，$\mathrm{Log}\,\zeta$ 的值被定义。但是目前还不明确从定义产生的 $\mathrm{Log}\,\zeta$ 值在多大的程度上依赖于所选取的路径。例如假设 ζ 为实数且为正数，比如等于 ξ。则一条积分的可能路径为从 1 到 ξ 的直线，这是一条由方程 $x = t$，$y = 0$ 所定义的路径。此时，随着这条选择的积分路径，我们有

$$\mathrm{Log}\,\xi = \int_1^{\xi} \frac{dt}{t}$$

使得 $\mathrm{Log}\,\xi$ 等于 $\log \xi$，这是上一章定义的 ξ 的对数。因此当 ξ 为实数且为正值时，

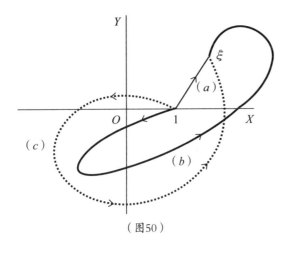

（图50）

Log ξ 的一个值就为 log ξ。但是这时，正如在一般性情况中那样，可以以无限多种方式来选择积分路径。没有任何理由表明 Log ξ 的每一个值都等于 log ξ；事实上我们发现并非如此。这也就是为什么我们选择 Log ζ，Log ξ 来代替 log ζ，log ξ。Log ζ 是一个多值函数，而 log ζ 仅是其中一个值。在一般情况下，就像我们目前看到的那样，有三种不同的可能性，即：

（1）无论从 1 到 ζ 哪条路径，我们总能得到相同的 Log ζ 的值；

（2）对于不同的路径，我们有可能得到不同的值；

（3）对一系列不同路径，我们可以得到不同的值：

其中每一种可能性的正误无论如何都可以从定义中得出。

（231）Log ζ 的值

让我们假设点 $z = \zeta$ 的极坐标为（ρ，ϕ），使得

$$\zeta = \rho（\cos \phi + \mathrm{i} \sin \phi）$$

现在我们假设 $-\pi < \phi < \pi$，而 ρ 可能取任意正值。因此 ζ 可能取任何非零非实负数的任意值。

路径 C 的任意点的坐标（x，y）是 t 的函数，极坐标（r，θ）也是 t 的函数。又根据第 229 课时的定义，有

$$\mathrm{Log}\zeta = \int_C \frac{\mathrm{d}z}{z} = \int_C \frac{\mathrm{d}x + \mathrm{i}\mathrm{d}y}{x + \mathrm{i}y} = \int_{t_0}^{t_1} \frac{1}{x + \mathrm{i}y}\left(\frac{\mathrm{d}x}{\mathrm{d}t} + \mathrm{i}\frac{\mathrm{d}y}{\mathrm{d}t}\right)\mathrm{d}t$$

但是 $x = r \cos \theta$，$y = r \sin \theta$，且

$$\frac{\mathrm{d}x}{\mathrm{d}t} + \mathrm{i}\frac{\mathrm{d}y}{\mathrm{d}t} = \left(\cos \theta \frac{\mathrm{d}r}{\mathrm{d}t} - r \sin \theta \frac{\mathrm{d}\theta}{\mathrm{d}t}\right) + \mathrm{i}\left(\sin \theta \frac{\mathrm{d}r}{\mathrm{d}t} + r \cos \theta \frac{\mathrm{d}\theta}{\mathrm{d}t}\right)$$

$$= (\cos\theta + i\sin\theta)\left(\frac{dr}{dt} + ir\frac{d\theta}{dt}\right)$$

所以

$$\text{Log}\,\zeta = \int_{t_0}^{t_1} \frac{1}{r}\frac{dr}{dt}\,dt + i\int_{t_0}^{t_1}\frac{d\theta}{dt}\,dt = [\log r] + i[\theta]$$

其中 $[\log r]$ 表示 $\log r$ 在 $t = t_1$ 和 $t = t_0$ 对应点的值的区别，$[\theta]$ 有相似的意义。

显然，有

$$[\log r] = \log \rho - \log 1 = \log \rho$$

但是 $[\theta]$ 则需要一些额外的考虑。我们首先假设积分路径为从 1 到 ζ 的直线段。θ 的初始值为 1 的辐角，更确切地说是 1 的辐角之一，即 $2k\pi$，其中 k 为任意整数。我们首先假设 $\theta = 2k\pi$。显然，由图 51 可见，随着 t 沿着直线移动，θ 从 $2k\pi$ 增加到 $2k\pi + \phi$。因此

$$[\theta] = (2k\pi + \phi) - 2k\pi = \phi$$

所以当积分路径是一条直线时，

$$\text{Log}\,\zeta = \log \rho + i\phi$$

我们将把 Log ζ 的这个特殊的值为主值（principal value）。当 ζ 是正实数，$\zeta = \rho$ 且 $\phi = 0$，使得 Log ζ 的主值为 $\log \zeta$，因此将 Log ζ 的主值表示为 $\log \zeta$。因此

$$\log \zeta = \log \rho + i\phi$$

而主值的特征在于：虚部在 $-\pi$ 与 π 之间。

现在我们来考虑：路径以及从 1 到 ζ 的直线围成的面积不包括原点的情况：两条路径如图 52 所示。很容易看出 $[\theta]$ 依然等于 ϕ。例如，沿着图中的连续曲线所指出的曲线，θ（起始值等于 $2k\pi$），首先降到值

$$2k\pi - XOP$$

然后再次增加，在 Q 点等于 $2k\pi$，最后达到 $2k\pi + \phi$。虚线展示了一个相似但却更

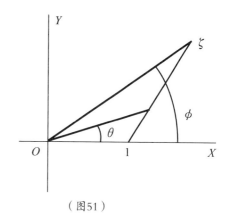

（图51）

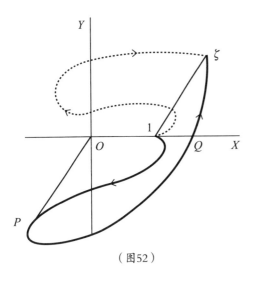

（图52）

复杂的情形：直线和曲线围成了两个区域，任意一个都不包含原点。因此如果积分路径是由该直线和直线从 1 到 ζ（不包括原点）形成的闭环曲线，则

$$\text{Log } \zeta = \log \zeta = \log \rho + i\phi$$

另一方面，也很容易构造出积分路径使得 $[\theta]$ 不等于 ϕ。例如，考虑图 53 中连续的曲线。如果 θ 刚开始等于 $2k\pi$，当到达 P 点时它就增加了 2π，而当它到达 Q 点时就增加

了 4π；其最终值为 $2k\pi + 4\pi + \phi$，使得 $[\theta] = 4\pi + \phi$，且

$$\text{Log } \zeta = \log \rho + i(4\pi + \phi)$$

在这种情况下，积分路径绕原点沿正方向绕行了 2 次。如果我们已经取一条路径围着原点旋转 k 次，我们相同地可以发现 $[\theta] = 2k\pi + \phi$ 以及

$$\text{Log } \zeta = \log \rho + i(2k\pi + \phi)$$

其中 k 是正值。使路径绕原点以相反方向旋转（如图 53 中的虚线），我们就得

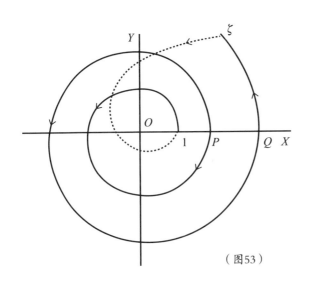

（图53）

到了相似的一系列值，其中 k 是负数。因为 $|\zeta| = \rho$，不同的角 $2k\pi + \phi$ 是 $am\ \zeta$ 的不同值，从而我们得出结论 $\log|\zeta| + i\ am\ \zeta$ 的每一个值都是 $\text{Log } \zeta$ 的值；从之前的讨论中，每一个 $\text{Log } \zeta$ 的值都是这种形式。

我们可以如此总结我们的结论：$\text{Log } \zeta$ 的一般值为

$$\log|\zeta| + i\ am\ \zeta = \log \rho$$

$+\mathrm{i}\,(\,2k\pi+\phi\,)$

其中 k 是任意正整数或负整数。k 的值由选取的积分路径而定。如果此路径是一条直线，则 $k=0$ 且

$\mathrm{Log}\,\zeta=\log\,\zeta=\log\,\rho+\mathrm{i}\phi$

　　之前我们用 ζ 来表示函数 $\mathrm{Log}\,\zeta$ 的自变量，用（ξ,η）或（ρ,ϕ）表示 ζ 的坐标；用 z,（x,y）,（r,θ）表示积分路径上的任意一点及其坐标。不过，现在应恢复用 z 作为函数 $\mathrm{Log}\,z$ 的自变量，我们通过如下例子来说明。

例94

　　1. 之前我们假设了 $-\pi<\theta<\pi$，这就排除了 z 是负实数的情形。在这种情况下，从 1 到 z 的直线穿过 0，因此作为积分路径是不可取的。$-\pi$ 和 π 都是 $am\,z$ 的值，而 θ 等于其中之一；且 $r=-z$。$\mathrm{Log}\,z$ 的值依然是 $\log|z|+\mathrm{i}\,am\,z$ 的值，即：

$\log\,(-z)+(2k+1)\pi\mathrm{i}$

其中 k 是整数。则数值 $\log\,(-z)+\pi\mathrm{i}$ 和 $\log\,(-z)-\pi\mathrm{i}$ 分别对应着从 1 到 z 的路径在实数轴以上和以下的路径。只要方便，它们中的每一个都可以看作是 $\mathrm{Log}\,z$ 的主值。我们将选择 $\log\,(-z)+\pi\mathrm{i}$ 对应于第一种路径。

　　2. 除非 $x=0$，$y=0$，$\mathrm{Log}\,z$ 的任意值的实数部分和虚数部分都是 x 和 y 的连续函数。

　　3. $\mathrm{Log}\,z$ 满足的函数方程

　　函数 $\mathrm{Log}\,z$ 满足方程

$\mathrm{Log}\,z_1z_2=\mathrm{Log}\,z_1+\mathrm{Log}\,z_2$ 　　　　　　　　　　　　（1）

在某种意义上，此方程上每一边的每一个值都是另一边的一个值。令

$z_1=r_1\,(\cos\theta_1+\mathrm{i}\sin\theta_1)$

$z_2=r_2\,(\cos\theta_2+\mathrm{i}\sin\theta_2)$

并应用本课时中的公式。然而

$\log\,z_1z_2=\log\,z_1+\log\,z_2$ 　　　　　　　　　　　　（2）

也不总是成立的。例如，如果

$$z_1=z_2=\frac{1}{2}\,(-1+\mathrm{i}\sqrt{3})=\cos\frac{2}{3}\pi+\mathrm{i}\sin\frac{2}{3}\pi$$

则 $\log z_1 = \log z_2 = \frac{2}{3}\pi i$，且 $\log z_1 + \log z_2 = \frac{4}{3}\pi i$，这是 $\text{Log}\, z_1 z_2$ 的值之一，但不是它的主值。事实上 $\log z_1 z_2 = -\frac{2}{3}\pi i$

像（1）这样的方程，每一边的每一个值都等于另一边的一个值，我们称之为完全方程（complete equation），或完全成立方程（completely true equation）。

4. 方程 $\text{Log}\, z^m = m \log z$（其中 m 是整数），并不完全成立：右边的每一个值都是左边的一个值，但反之不成立。

5. 方程 $\text{Log}\left(\dfrac{1}{z}\right) = -\text{Log}\, z$ 完全成立。$\log\left(\dfrac{1}{z}\right) = -\log z$ 也成立，除非 z 是实数且是负值。

6. 方程

$$\log \frac{z-a}{z-b} = \log(z-a) - \log(z-b)$$

成立，如果 z 在此区域外：相交于点 $z = a$，$z = b$ 的直线，穿过这些点平行于 OX，向负方向推广到无穷的直线。

7. 方程

$$\log \frac{a-z}{b-z} = \log\left(1 - \frac{a}{z}\right) - \log\left(1 - \frac{b}{z}\right)$$

成立，如果 z 在三点 0，a，b 组成的三角形之外。

8. 画出实变量 x 的函数 $I(\text{Log}\, x)$ 的图象。［图象包含直线 $y = 2k\pi$ 的正的那一半和直线 $y = (2k+1)\pi$ 负的那一半部分。］

9. 实变量 x 的函数 $f(x)$，定义为

$$\pi f(x) = p\pi + (q-p) I(\log x)$$

当 x 为正值时等于 p，当 x 为负值时等于 q。

10. 函数 $f(x)$ 定义为

$$\pi f(x) = p\pi + (q-p) I\{\log(x-1)\} + (r-q) I(\log x)$$

当 $x > 1$ 时等于 p，当 $0 < x < 1$ 时等于 q，当 $x < 0$ 时等于 r。

11. z 取何值使得（i）$\log z$ 和（ii）$\text{Log}\, z$ 的任意值（a）为实数或者（b）为纯虚数？

12. 如果 $z = x + iy$，则 $\text{Log Log}\, z = \log R + i(\Theta + 2k'\pi)$，其中

$$R^2 = (\log r)^2 + (\Theta + 2k\pi)^2$$

Θ 是由方程

$$\cos \Theta : \sin \Theta : 1 :: \log r : \theta + 2k\pi : \sqrt{(\log r)^2 + (\theta + 2k\pi)^2}$$

决定的最小正角。粗略地画出 Log Log $(1+\mathrm{i}\sqrt{3})$ 的双无穷系列值，并且指出哪个值等于 log Log $(1+\mathrm{i}\sqrt{3})$，而哪个值等于 Log log $(1+\mathrm{i}\sqrt{3})$。

（232）指数函数

在第九章中我们定义了实变量 y 的函数 e^y 为函数 $y = \log x$ 的反函数。自然地，我们应该定义一个复变量 z 的函数作为函数 Log z 的反函数。

定义

如果 Log z 的任意值等于 ζ，我们称 z 为 ζ 的指数函数，写作
$$z = \exp \zeta$$

因此，如果 $\zeta = \text{Log } z$，则 $z = \exp \zeta$。很明确的是，对于 z 的任意给定的值对应于无穷多个不同的 ζ 值。相反地也可以假设，对于任意给定的 ζ 值对应于无穷多个不同的 z 值，或者换句话说，$\exp \zeta$ 是 ζ 的无限多值函数。然而这个结论并不成立，由如下定理证明。

定理

指数函数 $\exp \zeta$ 是 ζ 的单值函数。

假设
$$z_1 = r_1(\cos \theta_1 + \mathrm{i}\sin \theta_1) , \quad z_2 = r_2(\cos \theta_2 + \mathrm{i}\sin \theta_2)$$
都是 $\exp \zeta$ 的值。则
$$\zeta = \text{Log } z_1 = \text{Log } z_2$$

所以

$$\log r_1 + i(\theta_1 + 2m\pi) = \log r_2 + i(\theta_2 + 2n\pi)$$

其中 m 和 n 是整数。这包含了

$$\log r_1 = \log r_2, \quad \theta_1 + 2m\pi = \theta_2 + 2n\pi$$

于是 $r_1 = r_2$，θ_1 和 θ_2 相差为 2π 的倍数。因此 $z_1 = z_2$。

推论

如果 ζ 是实数则 $\exp \zeta = e^\zeta$，这里的 e^ζ 是在第九章定义的实的指数函数。

因为如果 $z = e^\zeta$，则 $\log z = \zeta$，即 $\operatorname{Log} z$ 的一个值为 ζ。因此 $z = \exp \zeta$。

（233）$\exp \zeta$ **的值**

令 $\zeta = \xi + i\eta$ 且

$$z = \exp \zeta = r(\cos\theta + i\sin\theta)$$

则

$$\xi + i\eta = \operatorname{Log} z = \log r + i(\theta + 2m\pi)$$

其中 m 是整数。因此 $\xi = \log r$，$\eta = \theta + 2m\pi$ 或

$$r = e^\xi, \quad \theta = \eta - 2m\pi$$

从而

$$\exp(\xi + i\eta) = e^\xi(\cos\eta + i\sin\eta)$$

如果 $\eta = 0$，那么正如我们在第 232 课时的讨论，有 $\exp \xi = e^\xi$。显然 $\exp(\xi + i\eta)$ 的实数部分和虚数部分对于 ξ 和 η 的所有值，都是 ξ 和 η 的连续函数。

（234）$\exp \zeta$ **满足的函数方程**

令 $\zeta_1 = \xi_1 + i\eta_1$，$\zeta_2 = \xi_2 + i\eta_2$。则

$$\exp \zeta_1 \times \exp \zeta_2 = e^{\xi_1}(\cos\eta_1 + i\sin\eta_1) \times e^{\xi_2}(\cos\eta_2 + i\sin\eta_2)$$

$$= e^{\xi_1 + \xi_2} \{\cos(\eta_1 + \eta_2) + i \sin(\eta_1 + \eta_2)\}$$

$$= \exp(\zeta_1 + \zeta_2)$$

这样一来，指数函数就满足函数关系 $f(\zeta_1 + \zeta_2) = f(\zeta_1) f(\zeta_2)$，我们已经在第 213 课时中证明过这个方程了，对于 ζ_1 和 ζ_2 的实数值这个等式都成立。

（235）一般的幂 a^ζ

由于当 ζ 是实数时，有 $\exp\zeta = e^\zeta$，其中 ζ 是实数。因而当 ζ 是复数时也可以使用同样的符号，而且完全抛弃符号 $\exp\zeta$ 看起来也很自然。但是我们不会这么做，因为我们必须要对符号 e^ζ 给出一个更一般性的定义。我们会发现，e^ζ 表示一个有无限多个值的函数，而 $\exp\zeta$ 仅表示其中的一个值。

我们已经在很多情形中定义了符号 a^ζ 的意义。在基础代数中，当 a 为正实数以及 ζ 为有理数，或者 a 为负实数以及 ζ 是分母为奇数的有理分数。此函数都已经有了定义。根据给出的定义，a^ζ 至多有两值。在第三章中我们将定义扩充并覆盖了 a 为任意实数或复数且 ζ 为任意有理数 $\dfrac{p}{q}$ 的情形；在第九章中我们给出了新的定义，表达为方程

$$a^\zeta = e^{\zeta \log a}$$

只要 ζ 是实数，a 是正实数，该式就适用。

因此，我们赋予了

$$3^{\frac{1}{2}}, \quad (-1)^{\frac{1}{3}}, \quad \left(\sqrt{3} + \frac{1}{2}i\right)^{-\frac{1}{2}}, \quad (3 \times 5)^{1+\sqrt{2}}$$

意义，但并没有给出任何定义使我们能赋予

$$(1 + i)^{\sqrt{2}}, \quad 2^i, \quad (3 + 2i)^{2+3i}$$

意义。现在我们给出 a^ζ 的一个一般性定义，应用于所有的 a 和 ζ 值，无论是实数还是复数，唯一的限制在于 a 不能为 0。

定义

函数 a^ζ 由方程

$$a^{\zeta} = \exp\left(\zeta \mathrm{Log}\, a\right)$$

定义，其中 $\mathrm{Log}\, a$ 是 a 的任意对数值。

我们首先会满意地发现：此定义与之前的定义不冲突，也包含了所有的特殊情况。

（1）如果 a 是正数，ζ 是实数，则 $\zeta\, \mathrm{Log}\, a$ 的一个值，也就是 $\zeta\, \log a$ 是实数；并且 $\exp\left(\zeta \log a\right) = e^{\zeta \log a}$，这与第九章中所采用的定义一致。正如我们所见，第九章给出的定义与基础代数中给出的一致；因此我们给出的新定义也是如此。

（2）如果 $a = e^{\tau}\left(\cos\psi + i\sin\psi\right)$，则

$$\mathrm{Log}\, a = \tau + i\left(\psi + 2m\pi\right)$$

$$\exp\left(\frac{p}{q}\mathrm{Log}\, a\right) = e^{\frac{p\tau}{q}}\mathrm{Cis}\left\{\frac{p}{q}(\psi + 2m\pi)\right\}$$

其中 m 可以取任意整数值。很容易看出，如果 m 取所有可能的整数值，则这个表达式只能取 q 个不同值，这恰好是第 48 课时中所得到的 $a^{\frac{p}{q}}$ 的值。因此我们的新定义与第三章里的也一致。

（236）a^{ζ} 的一般值

令

$$\zeta = \xi + i\eta,\ a = \sigma\left(\cos\psi + i\sin\psi\right)$$

其中 $-\pi < \psi \leqslant \pi$，所以根据第 235 课时的定义，$\sigma = e^{\tau}$ 或 $\tau = \log\sigma$。则

$$\zeta\, \mathrm{Log}\, a = \left(\xi + i\eta\right)\left\{\log\sigma + i\left(\psi + 2m\pi\right)\right\} = L + iM$$

其中

$$L = \xi\log\sigma - \eta\left(\psi + 2m\pi\right),\ M = \eta\log\sigma + \xi\left(\psi + 2m\pi\right)$$

且

$$a^{\zeta} = \exp\left(\zeta\, \mathrm{Log}\, a\right) = e^{L}\left(\cos M + i\sin M\right)$$

因此 a^{ζ} 的一般值为

$$e^{\xi\log\sigma - \eta(\psi + 2m\pi)}\left[\cos\{\eta\log\sigma + \xi\left(\psi + 2m\pi\right)\} + i\sin\{\eta\log\sigma + \xi\left(\psi + 2m\pi\right)\}\right]$$

一般来说，a^{ζ} 是一个无限多值函数。因为对于 m 的每一个值，

$$|a^\zeta| = e^{\xi\log\sigma - \eta(\psi + 2m\pi)}$$

都有一个不同的值，除非 $\eta = 0$。如果 $\eta = 0$，则 a^ζ 的所有不同值的模量都是相同的。但是它的任意两值都是不同的，除非它们的辐角相同，或相差 2π 的倍数。这需要 $\xi(\psi + 2m\pi)$ 和 $\xi(\psi + 2n\pi)$ 相差 2π 的倍数，其中 m 和 n 是不同的整数。但是如果

$$\xi(\psi + 2m\pi) - \xi(\psi + 2n\pi) = 2k\pi$$

则 $\xi = \dfrac{k}{m-n}$ 是有理数。我们得出结论：a^ζ 无限多值，除非 ζ 是实数且为有理数。另一方面，我们已经看出：当 ζ 是实数且为有理数时，a^ζ 只有有限多的值。

$a^\zeta = \exp(\zeta\, \mathrm{Log}\, a)$ 的主值可以通过对 $\mathrm{Log}\, a$ 取主值而给出；即，在一般方程中假设 $m = 0$ 所得到的值。因此 a^ζ 的主值为

$$e^{\xi\log\sigma - \eta\psi} \{\cos(\eta\log\sigma + \xi\psi) + i\sin(\eta\log\sigma + \xi\psi)\}$$

两个特别情形很有意义。如果 a 是正实数，ζ 是实数，则有 $\sigma = a$，$\psi = 0$，$\xi = \zeta$，$\eta = 0$，此时 a^ζ 的主值为 $e^{\zeta\log a}$，这是第九章中定义的值。如果 $|a| = 1$ 且 ζ 是实数，则 $\sigma = 1$，$\xi = \zeta$，$\eta = 0$，$(\cos\psi + i\sin\psi)^\zeta$ 的主值为 $\cos\zeta\psi + i\sin\zeta\psi$。

这是棣莫弗（de Moivre）定理（第 45，49 课时）的更一般化推广。

例95

1. 求出 i^i 的所有值。［根据定义，有

$$i^i = \exp(i\,\mathrm{Log}\,i)$$

但是

$$i = \cos\frac{1}{2}\pi + i\sin\frac{1}{2}\pi, \quad \mathrm{Log}\,i = \left(2k + \frac{1}{2}\right)\pi i$$

其中 k 是任意整数，于是

$$i^i = \exp\left\{-\left(2k + \frac{1}{2}\right)\pi\right\} = e^{-\left(2k + \frac{1}{2}\right)\pi}$$

从而 i^i 的所有值都是正实数。］

2. 画在阿尔干图中的 a^ζ 值是内嵌于一条等角螺旋线的一个等角多边形的顶点，这个等角螺旋线的角与 a 无关。

［如果 $a^\zeta = r(\cos\theta + i\sin\theta)$，我们有

□ **等角螺线**

等角螺线，指臂的距离以几何级数递增的螺线。设 L 为穿过原点的任意直线，则 L 与等角螺线相交的角永远相等（故其名），而此值为 $\cot^{-1}b$。等角螺线是由勒内·笛卡尔在 1638 年发现的。在许多自然现象中都能见到等角螺线的身影，例如图示的旋涡星系的旋臂像等角螺线。

$$r = e^{\xi \log \sigma - \eta(\psi + 2m\pi)},$$

$$\theta = \eta \log \sigma + \xi(\psi + 2m\pi)$$

因此螺旋上所有的点都在 $r = \sigma^{\frac{\xi^2+\eta^2}{\xi}} e^{\frac{-\eta\theta}{\xi}}$]（《数学之旅》，1899）

3. 函数 e^ζ

如果在一般公式中我们用 e 代替 a，则 $\log \sigma = 1$，$\psi = 0$，我们就得到

$$e^\zeta = e^{\xi - 2m\pi\eta} \{\cos(\eta + 2m\pi\xi) + i\sin(\eta + 2m\pi\xi)\}$$

e^ζ 的基础主值为 $e^\xi(\cos\eta + i\sin\eta)$，这等于 $\exp\zeta$（第 233 课时）。特别地，如果 ζ 是实数，则 $\eta = 0$，我们得到其一般值

$$e^\xi(\cos 2m\pi\zeta + i\sin 2m\pi\zeta)$$

e^ξ 是其主值，这里 e^ξ 表示第九章中定义的指数函数的正值。

4. 证明：

$$\text{Log}\, e^\zeta = (1 + 2m\pi i)\zeta + 2n\pi i$$

其中 m 和 n 为任意整数，且一般地，$\text{Log}\, a^\zeta$ 有双重无穷多值。

5. 方程 $\dfrac{1}{a^\zeta} = a^{-\zeta}$ 完全成立（例 94 的第 3 题）：对于主值，该式也完全成立。

6. 方程 $a^\zeta \times b^\zeta = (ab)^\zeta$ 完全成立，但是对于主值并不如此。

7. 方程 $a^\zeta \times a^{\zeta'} = a^{\zeta + \zeta'}$ 并不完全成立，但是对于主值成立。［右边的每一个值都是左边的一个值，但是 $a^\zeta \times a^{\zeta'}$ 的一般值为

$$\exp\{\zeta(\log a + 2m\pi i) + \zeta'(\log a + 2n\pi i)\}$$

通常并不是 $a^{\zeta + \zeta'}$ 的一个值，除非 $m = n$ ］

8. 求出方程

$$\text{Log}\, a^\zeta = \zeta \text{Log}\, a, \quad (a^\zeta)^{\zeta'} = (a^{\zeta'})^\zeta = a^{\zeta\zeta'}$$

对应的结果。

9. a^ζ 的所有值都是实数的充分必要条件为：2ξ 和 $\dfrac{\eta \log|a| + \xi \, am\,a}{\pi}$ 都是整数，其中 $am\,a$ 表示辐角的任意值。使其所有值都是单一模量的对应条件是什么？

10. $|x^{\mathrm{i}} + x^{-\mathrm{i}}|$ 的一般值为

$$e^{-(m-n)\pi}\sqrt{2\{\cosh 2(m+n)\pi + \cos(2\log x)\}}$$

其中 $x > 0$。

11. 指出下列论断的错误之处：由于 $e^{2m\pi\mathrm{i}} = e^{2n\pi\mathrm{i}} = 1$，其中 m 和 n 为任意整数，因此对于每一边都取幂函数 i，我们就得到 $e^{-2m\pi} = e^{-2n\pi}$。

12. 在哪种情况下，x^x 的任意值本身就都是实数？其中 x 是实数。

> 如果 $x > 0$，则
>
> $$x^x = \exp(x\,\mathrm{Log}\,x) = \exp(x\log x)\,\mathrm{Cis}\,2m\pi x$$
>
> 其中第一个因子为实数。对于 $m = 0$，主值总是实数。
>
> 如果 x 为有理分数 $\dfrac{p}{2q+1}$ 或无理数，那么它并不存在别的实数值。但是如果 x 是形式 $\dfrac{p}{2q}$，则只存在一个别的实数值，即 $-\exp(x\log x)$，它由 $m = q$ 给出。
>
> 如果 $x = -\xi < 0$，则
>
> $$x^x = \exp\{-\xi\,\mathrm{Log}(-\xi)\} = \exp(-\xi\log\xi)\,\mathrm{Cis}\{-(2m+1)\pi\xi\}$$
>
> 是它的任意值都是实数的唯一情况为 $\xi = \dfrac{p}{2q+1}$，此时 $m = q$ 给出实数值
>
> $$\exp(-\xi\log\xi)\,\mathrm{Cis}(-p\pi) = (-1)^p\,\xi^{-\xi}$$
>
> 实际的情形由如下例子给出
>
> $$\left(\frac{1}{3}\right)^{\frac{1}{3}} = \sqrt[3]{\frac{1}{3}}, \quad \left(\frac{1}{2}\right)^{\frac{1}{2}} = \pm\sqrt{\frac{1}{2}}, \quad \left(-\frac{2}{3}\right)^{-\frac{2}{3}} = \sqrt[3]{\frac{9}{4}}, \quad \left(-\frac{1}{3}\right)^{-\frac{1}{3}} = \sqrt[3]{3}\,\text{。}$$

13. **任意底的对数。**我们可以用两种不同的方式来定义 $\zeta = \mathrm{Log}_a z$。我们可以说（ⅰ）如果 a^ζ 的主值等于 z，则 $\zeta = \mathrm{Log}_a z$；或者也可以说（ⅱ）如果 a^ζ 的任意值都等于 z，则 $\zeta = \mathrm{Log}_a z$。

因此，如果 $a = e$，则根据第一个定义，如果 e^ζ 的主值等于 z，或者如果 $\exp\zeta = z$，则有 $\zeta = \mathrm{Log}_a z$；所以 $\mathrm{Log}_a z$ 恒等于 $\mathrm{Log}\,z$。但是，根据第二个定义，如果

$$e^\zeta = \exp(\zeta\log e) = z, \quad \zeta\,\mathrm{Log}\,e = \mathrm{Log}\,z$$

或者有 $\zeta = \dfrac{\mathrm{Log}z}{\mathrm{Log}e}$（对数可取任意值），则有 $\zeta = \mathrm{Log}_e z$。于是

$$\zeta = \mathrm{Log}_e z = \frac{\log|z| + (amz + 2m\pi)\mathrm{i}}{1 + 2n\pi\mathrm{i}}$$

所以 ζ 是 z 的双重无限多值函数。根据此定义，一般地有 $\mathrm{Log}_a z = \dfrac{\mathrm{Log}z}{\mathrm{Log}a}$

14. $\mathrm{Log}_e 1 = \dfrac{2m\pi\mathrm{i}}{1 + 2n\pi\mathrm{i}}$，$\mathrm{Log}_e(-1) = \dfrac{(2m+1)\pi\mathrm{i}}{1 + 2n\pi\mathrm{i}}$，其中 m 和 n 为任意整数。

（237）正弦和余弦的指数值

从公式

$$\exp(\xi + \mathrm{i}\eta) = \exp\xi(\cos\eta + \mathrm{i}\sin\eta)$$

可以推导出一系列非常重要的辅助公式。取 $\xi = 0$，我们得到 $\exp(\mathrm{i}\eta) = \cos\eta + \mathrm{i}\sin\eta$；且通过改变 η 的符号得到 $\exp(-\mathrm{i}\eta) = \cos\eta - \mathrm{i}\sin\eta$。因此

$$\cos\eta = \frac{1}{2}\{\exp(\mathrm{i}\eta) + \exp(-\mathrm{i}\eta)\}$$

$$\sin\eta = -\frac{1}{2}\mathrm{i}\{\exp(\mathrm{i}\eta) - \exp(-\mathrm{i}\eta)\}$$

当然，我们也可以对 η 的任意三角函数比值得出 $\exp(\mathrm{i}\eta)$。

（238）对于所有的 ζ，$\sin\zeta$ 和 $\cos\zeta$ 的定义

在上一节中我们看出，当 ζ 是实数时，有

$$\cos\zeta = \frac{1}{2}\{\exp(\mathrm{i}\zeta) + \exp(-\mathrm{i}\zeta)\} \tag{1a}$$

$$\sin\zeta = -\frac{1}{2}\mathrm{i}\{\exp(\mathrm{i}\zeta) - \exp(-\mathrm{i}\zeta)\} \tag{1b}$$

根据通常在基础三角函数中采用的几何定义，这些方程的左边仅对 ζ 的实数值成立。另一方面，方程的右边对于所有的 ζ 值都成立，无论是实数还是复数。自然地，我们因而利用公式（1）作为 $\sin\zeta$ 和 $\cos\zeta$ 的定义，对于 ζ 的所有值都成立。根据第 237 课时的结果，这些定义与对应于 ζ 的实数值的基础定义相一致。

既然已经定义了 $\sin\zeta$ 和 $\cos\zeta$，我们可以通过方程

$$\tan \zeta = \frac{\sin \zeta}{\cos \zeta} \, , \quad \cot \zeta = \frac{\cos \zeta}{\sin \zeta} \, , \quad \sec \zeta = \frac{1}{\cos \zeta} \, , \quad \csc \zeta = \frac{1}{\sin \zeta} \tag{2}$$

来定义别的三角函数。显然，$\cos \zeta$ 和 $\sec \zeta$ 都是 ζ 的偶函数，且 $\sin \zeta$，$\tan \zeta$，$\cot \zeta$，$\csc \zeta$ 都是 ζ 的奇函数。同样，如果 $\exp(i\zeta) = t$，我们有 $\cos \zeta = \frac{1}{2} \{t + t^{-1}\}$，$\sin \zeta = -\frac{1}{2} i \{t - t^{-1}\}$，从而

$$\cos^2 \zeta + \sin^2 \zeta = \frac{1}{4} \{(t + t^{-1})^2 - (t - t^{-1})^2\} = 1 \tag{3}$$

我们可以用 ζ 和 ζ' 的三角函数来表示 $\zeta + \zeta'$ 的三角函数，就像在基础三角函数中那样。因为如果 $\exp(i\zeta) = t$，$\exp(i\zeta') = t'$，我们有

$$\cos(\zeta + \zeta') = \frac{1}{2} \left(tt' + \frac{1}{tt'} \right) = \frac{1}{4} \left\{ \left(t + \frac{1}{t} \right) \left(t' + \frac{1}{t'} \right) + \left(t - \frac{1}{t} \right) \left(t' - \frac{1}{t'} \right) \right\}$$

$$= \cos \zeta \cos \zeta' - \sin \zeta \sin \zeta' \tag{4}$$

相似地，我们可以证明

$$\sin(\zeta + \zeta') = \sin \zeta \cos \zeta' + \cos \zeta \sin \zeta' \tag{5}$$

特别地，有

$$\cos\left(\zeta + \frac{1}{2}\pi \right) = -\sin \zeta \, , \quad \sin\left(\zeta + \frac{1}{2}\pi \right) = \cos \zeta \tag{6}$$

基础三角函数中所有基础公式都是方程（2）—（6）的代数推论；因此所有这些关系式对于此节中定义的一般性三角函数都成立。

（239）推广的双曲线函数

在例 88 的第 20 题中，对于 ζ 的实数值，我们用

$$\cosh \zeta = \frac{1}{2} \{\exp \zeta + \exp(-\zeta)\} \, , \quad \sinh \zeta = \frac{1}{2} \{\exp \zeta - \exp(-\zeta)\} \tag{1}$$

对取实数值的 ζ 定义了 $\cosh \zeta$ 和 $\sinh \zeta$，现在我们将这些定义推广到取复数值的变量；例如，我们同意（1）可以用来对所有实数或复数 ζ 值定义 $\cosh \zeta$ 和 $\sinh \zeta$。读者可以容易验证

$$\cos i\zeta = \cosh \zeta \, , \quad \sin i\zeta = i \sinh \zeta \, , \quad \cosh i\zeta = \cos \zeta \, , \quad \sinh i\zeta = i \sin \zeta$$

我们已经看出，任意基础三角函数公式，诸如 $\cos 2\zeta = \cos^2 \zeta - \sin^2 \zeta$，当 ζ 可以取复数值时依然成立。如果我们用 $\cos i\zeta$ 代替 $\cos \zeta$，用 $\sin i\zeta$ 代替 $\sin \zeta$，用

$\cos 2\mathrm{i}\zeta$ 代替 $\cos 2\zeta$，或者，换句话说，如果我们用 $\cosh\zeta$ 代替 $\cos\zeta$，用 $\mathrm{i}\sinh\zeta$ 代替 $\sin\zeta$，用 $\cosh 2\zeta$ 代替 $\cos 2\zeta$，它仍保持成立。因此

$$\cosh 2\zeta = \cosh^2\zeta + \sinh^2\zeta$$

同样的转化过程可以应用到任意三角函数等式中去。这样就解释了例 88 的第 22 题中的双曲公式与通常的三角函数之间对应的公式关系。

（240）与 $\cos(\xi+\mathrm{i}\eta)$，$\sin(\xi+\mathrm{i}\eta)$ 等有关的公式

从加法公式中可得

$$\cos(\xi+\mathrm{i}\eta) = \cos\xi\cos\mathrm{i}\eta - \sin\xi\sin\mathrm{i}\eta = \cos\xi\cosh\eta - \mathrm{i}\sin\xi\sinh\eta$$

$$\sin(\xi+\mathrm{i}\eta) = \sin\xi\cos\mathrm{i}\eta + \cos\xi\sin\mathrm{i}\eta = \sin\xi\cosh\eta + \mathrm{i}\cos\xi\sinh\eta$$

这些公式对于所有 ξ 和 η 的值都成立。有趣的情况是，ξ 和 η 都是实数的情形。这样就给出了复数的正弦和余弦的实数部分和虚数部分的表达式。

例96

1. 求出 ζ 的值，使得 $\cos\zeta$ 和 $\sin\zeta$ 都是（i）实数，（ii）纯虚数。〔例如当 $\eta=0$ 或 ξ 为 π 的任意倍数时，$\cos\xi$ 是实数。〕

2. $\left|\cos(\xi+\mathrm{i}\eta)\right| = \sqrt{\cos^2\xi + \sinh^2\eta} = \sqrt{\dfrac{1}{2}(\cosh 2\eta + \cos 2\xi)}$

$\left|\sin(\xi+\mathrm{i}\eta)\right| = \sqrt{\sin^2\xi + \sinh^2\eta} = \sqrt{\dfrac{1}{2}(\cosh 2\eta - \cos 2\xi)}$

〔使用（例如）公式

$\left|\cos(\xi+\mathrm{i}\eta)\right| = \sqrt{\cos(\xi+\mathrm{i}\eta)\cos(\xi-\mathrm{i}\eta)}$。〕

3. $\tan(\xi+\mathrm{i}\eta) = \dfrac{\sin 2\xi + \mathrm{i}\sinh 2\eta}{\cosh 2\eta + \cos 2\xi}$，$\cot(\xi+\mathrm{i}\eta) = \dfrac{\sin 2\xi - \mathrm{i}\sinh 2\eta}{\cosh 2\eta - \cos 2\xi}$

〔例如

$$\tan(\xi+\mathrm{i}\eta) = \frac{\sin(\xi+\mathrm{i}\eta)\cos(\xi-\mathrm{i}\eta)}{\cos(\xi+\mathrm{i}\eta)\cos(\xi-\mathrm{i}\eta)} = \frac{\sin 2\xi + \sin 2\mathrm{i}\eta}{\cos 2\xi + \cos 2\mathrm{i}\eta}$$

马上就可以得到给出的结果。〕

4. $\sec(\xi+i\eta) = \dfrac{\cos\xi\cosh\eta+i\sin\xi\sinh\eta}{\frac{1}{2}(\cosh 2\eta+\cos 2\xi)}$

$\csc(\xi+i\eta) = \dfrac{\sin\xi\cosh\eta-i\cos\xi\sinh\eta}{\frac{1}{2}(\cosh 2\eta-\cos 2\xi)}$

5. 如果 $|\cos(\xi+i\eta)|=1$，则 $\sin^2\xi=\sinh^2\eta$，又如果 $|\sin(\xi+i\eta)|=1$ 则 $\cos^2\xi=\cosh^2\eta$。

6. 如果 $|\cos(\xi+i\eta)|=1$，则

$\sin\{am\cos(\xi+i\eta)\}=\pm\sin^2\xi=\pm\sinh^2\eta$

7. 证明：$\mathrm{Log}\cos(\xi+i\eta)=A+iB$，其中

$A=\dfrac{1}{2}\log\left\{\dfrac{1}{2}(\cosh 2\eta+\cos 2\xi)\right\}$

而 B 是任意一个能够满足

$$\dfrac{\cos B}{\cos\xi\cosh\eta}=-\dfrac{\sin B}{\sin\xi\sinh\eta}=\dfrac{1}{\sqrt{\dfrac{1}{2}\cosh 2\eta+\cos 2\xi}}$$

的角度。对于 $\mathrm{Log}\sin(\xi+i\eta)$ 求出一个相似的公式。

8. 方程 $\cos\zeta=\alpha$ 的解，其中 α 是实数。令 $\zeta=\xi+i\eta$，使实数部分和虚数部分相等，我们得到

$\cos\xi\cosh\eta=\alpha$, $\sin\xi\sinh\eta=0$

因此，要么 $\eta=0$，要么 ξ 是 π 的倍数。如果（ⅰ）$\eta=0$ 则 $\cos\xi=\alpha$，而这是不可能的，除非 $-1\le\alpha\le 1$。这个假设可得到解

$\zeta=2k\pi\pm\arccos\alpha$

其中 $\arccos\alpha$ 的值介于 0 和 $\dfrac{1}{2}\pi$ 之间。如果（ⅱ）$\xi=m\pi$，则使得 $\cosh\eta=(-1)^m\alpha$，所以要么 $\alpha\ge 1$ 且 m 是偶数，要么 $\alpha\le-1$ 且 m 是奇数。如果 $\alpha=\pm 1$ 则 $\eta=0$，我们便返回到了第一种情形，如果 $|\alpha|>1$，则 $\cosh\eta=|\alpha|$，我们得到解

$\zeta=2k\pi\pm i\log(\alpha+\sqrt{\alpha^2-1})$ $(\alpha>1)$

$\zeta=(2k+1)\pi\pm i\log(-\alpha+\sqrt{\alpha^2-1})$ $(\alpha<-1)$

例如，$\cos\zeta=-\dfrac{5}{3}$ 的一般性解为 $\zeta=(2k+1)\pi\pm i\log 3$

相似地，求解 $\sin\zeta=\alpha$

9. $\cos \zeta = \alpha + i\beta$ 的解，其中 $\beta \neq 0$。我们可以假设 $\beta > 0$，因为当 $\beta < 0$ 时的结果可以仅仅通过改变 i 的符号就能得到。在这种情况下有

$$\cos \xi \cosh \eta = \alpha, \ \sin \xi \sinh \eta = -\beta \tag{1}$$

以及

$$\frac{\alpha^2}{\cosh^2 \eta} + \frac{\beta^2}{\sinh^2 \eta} = 1$$

如果我们令 $\cosh^2 \eta = x$，就得到

$$x^2 - (1 + \alpha^2 + \beta^2) x + \alpha^2 = 0$$

也就是 $x = (A_1 \pm A_2)^2$，其中

$$A_1 = \frac{1}{2} \sqrt{(\alpha+1)^2 + \beta^2}, \quad A_2 = \frac{1}{2} \sqrt{(\alpha-1)^2 + \beta^2}$$

假设 $\alpha > 0$。则 $A_1 > A_2 > 0$ 且 $\cosh \eta = A_1 \pm A_2$。又有

$$\cos \xi = \frac{\alpha}{\cosh \eta} = A_1 \mp A_2$$

而由于 $\cosh \eta > \cos \xi$，我们必须取

$$\cosh \eta = A_1 + A_2, \ \cos \xi = A_1 - A_2$$

这些方程的一般性解为

$$\xi = 2k\pi \pm \arccos M, \ \eta = \pm \log \{L + \sqrt{L^2 - 1}\} \tag{2}$$

其中 $L = A_1 + A_2$，$M = A_1 - A_2$，且 $\arccos M$ 在 0 和 $\frac{1}{2}\pi$ 之间。

然而，以上这样得到的 η 和 ξ 值既包括了方程

$$\cos \xi \cosh \eta = \alpha, \ \sin \xi \sinh \eta = \beta \tag{3}$$

的解，也包括了方程（1）的解，因为我们仅使用了后一种方程开平方根后的第二个方程。为了区别这两种解，我们观察到 $\sin \xi$ 的符号与方程（2）中第一个方程的不确定的符号相同，而 $\sinh \eta$ 的符号与第二个方程的不确定的符号相同。因为 $\beta > 0$，这两个符号必定不同。因此需要的一般性解为

$$\zeta = 2k\pi \pm \{\arccos M - i \log (L + \sqrt{L^2 - 1})\}$$

试用同样的方法研究并解决 $\alpha < 0$ 和 $\alpha = 0$ 的情况。

10. 如果 $\beta = 0$ 则 $L = \frac{1}{2}|\alpha + 1| + \frac{1}{2}|\alpha - 1|$，$M = \frac{1}{2}|\alpha + 1| - \frac{1}{2}|\alpha - 1|$。验证这样得到的结果与例 8 的结果一致。

11. 证明：如果 α 和 β 都是正数，则 $\sin \zeta = \alpha + i\beta$ 的一般解为

$$\zeta = k\pi + (-1)^k \left\{ \arcsin M + i \log \left(L + \sqrt{L^2 - 1} \right) \right\}$$

其中 $\arcsin M$ 介于 0 与 $\frac{1}{2}\pi$ 之间。在其他可能情况求出它的解。

12. 解方程 $\tan \zeta = \alpha$，其中 α 是实数。［所有的根都是实数。］

13. 证明：$\tan \zeta = \alpha + i\beta$（其中 $\beta \neq 0$）的一般性解为

$$\zeta = k\pi + \frac{1}{2}\theta + \frac{1}{4} i \log \left\{ \frac{\alpha^2 + (1 + \beta)^2}{\alpha^2 + (1 - \beta)^2} \right\}$$

其中 θ 是绝对值最小的角，使得

$$\cos \theta : \sin \theta : 1 :: 1 - \alpha^2 - \beta^2 : 2\alpha : \sqrt{(1 - \alpha^2 - \beta^2)^2 + 4\alpha^2}$$

14. 证明：

$$|\exp\exp (\xi + i\eta)| = \exp (\exp \xi \cos \eta)$$

$$R\{\cos\cos (\xi + i\eta)\} = \cos (\cos \xi \cosh \eta) \cosh (\sin \xi \sinh \eta)$$

$$I\{\sin\sin (\xi + i\eta)\} = \cos (\sin \xi \cosh \eta) \sinh (\cos \xi \sinh \eta)$$

15. 证明：如果 ζ 沿着任意穿过原点且与 OX 成小于 $\frac{1}{2}\pi$ 的角度的直线向着无穷移动，则 $|\exp \zeta|$ 趋向于 ∞，如果 ζ 沿着与 OX 成 $\frac{1}{2}\pi$ 与 π 之间的角度的直线移动，则趋向于 0。

16. 证明：如果 ζ 沿着任意穿过原点，而不是实数轴的任意半边直线移动，则 $|\cos \zeta|$ 和 $|\sin \zeta|$ 趋向于 ∞。

17. 证明，如果 ζ 沿着例 16 中的直线移动，则 $\tan \zeta$ 趋向于 $-i$ 或 i。如果直线在实数轴以上则趋向于 $-i$，如果在实数轴以下则趋向于 i。

（241）对数函数与反三角函数之间的联系

在第 6 章中我们发现了，有理函数或代数函数 $\phi(x, \alpha, \beta, \cdots)$ 的积分，其中 $\alpha, \beta, \cdots$ 是常数，有时也取不同的形式取决于 $\alpha, \beta, \cdots$ 的值；有时它可以用对数表达，有时可以用反三角函数表达。因此，例如如果 $a > 0$，则

$$\int \frac{dx}{x^2 + a} = \frac{1}{\sqrt{a}} \arctan \frac{x}{\sqrt{a}} \tag{1}$$

但是如果 $a<0$，则

$$\int \frac{\mathrm{d}x}{x^2+a} = \frac{1}{2\sqrt{-a}} \log \left| \frac{x-\sqrt{-a}}{x+\sqrt{-a}} \right| \tag{2}$$

这些公式表明：对数函数与反三角函数之间存在某种联系。这种函数联系可以如此得出：我们已经用 $\exp \mathrm{i}\,\zeta$ 表达出了 ζ 的三角函数，而对数又是指数函数的反函数。

更特别的，我们来考虑方程

$$\int \frac{\mathrm{d}x}{x^2-a^2} = \frac{1}{2a} \log \left(\frac{x-\alpha}{x+\alpha} \right)$$

当 α 是实数，且 $\frac{x-\alpha}{x+\alpha}$ 是正数时它成立。如果在方程中我们写作 $\mathrm{i}\alpha$，而不是 α，我们又可以得到方程

$$\arctan\left(\frac{x}{\alpha}\right) = \frac{1}{2\mathrm{i}} \log \left(\frac{x-\mathrm{i}\alpha}{x+\mathrm{i}\alpha} \right) + C \tag{3}$$

其中 C 是常数，现在我们已经定义了复数的对数，如何验证这个等式正确？

现在有（第 231 课时）

$$\mathrm{Log}(x \pm \mathrm{i}\alpha) = \frac{1}{2} \log(x^2+\alpha^2) \pm \mathrm{i}(\phi+2k\pi)$$

其中 k 是整数，而 ϕ 是使得 $\cos\phi : \sin\phi : 1 :: x : \alpha : \sqrt{x^2+\alpha^2}$ 成立的绝对值最小的角度。因此

$$\frac{1}{2\mathrm{i}} \mathrm{Log}\left(\frac{x-\mathrm{i}\alpha}{x+\mathrm{i}\alpha} \right) = -\phi - l\pi$$

其中 l 是整数，这个值与 $\arctan\left(\frac{x}{\alpha}\right)$ 的任意一个值相差一个常数。

连接对数函数和反三角函数的标准公式为

$$\arctan x = \frac{1}{2\mathrm{i}} \mathrm{Log}\left(\frac{1+\mathrm{i}x}{1-\mathrm{i}x} \right) \tag{4}$$

其中 x 是实数。通过令 $x = \tan y$ 最容易确认此时它的右边简化为

$$\frac{1}{2\mathrm{i}} \mathrm{Log}\left(\frac{\cos y + \mathrm{i}\sin y}{\cos y - \mathrm{i}\sin y} \right) = \frac{1}{2\mathrm{i}} \mathrm{Log}(\exp 2\mathrm{i}y) = y + k\pi$$

其中 k 是任意整数，使得方程（4）完全成立（例 94 的第 3 题）。读者应该验证公式

$$\arccos x = -\mathrm{i}\mathrm{Log}\left(x \pm \mathrm{i}\sqrt{1-x^2} \right), \quad \arcsin x = -\mathrm{i}\mathrm{Log}\left(\mathrm{i}x \pm \mathrm{i}\sqrt{1-x^2} \right) \tag{5}$$

其中 $-1 \leqslant x \leqslant 1$；这些公式的每一个都完全成立。

例

求解方程

$$\cos u = x = \frac{1}{2}\left(y + y^{-1}\right)$$

其中 $y = \exp\left(\mathrm{i}u\right)$，对于 y 解出 $y = x \pm \mathrm{i}\sqrt{1-x^2}$。因此

$$u = -\mathrm{i}\mathrm{Log}\,y = -\mathrm{i}\mathrm{Log}\left(xv \pm \mathrm{i}\sqrt{1-x^2}\right)$$

这等同于（5）的第一个等式。通过相似的推导也可以得到剩余的方程（4）和（5）。

（242）$\exp z$ **的幂级数** [1]

在第 219 课时中我们看到，当 z 是实数时有

$$\exp z = 1 + z + \frac{z^2}{2!} + \cdots \tag{1}$$

我们在第 198 课时中还看到，当 z 是复数时右边的级数依旧收敛（而且还是绝对收敛）。自然地，方程（1）也成立，现在我们将证明的确如此。

我们将级数（1）的和表示为 $F(z)$。由于此级数绝对收敛，通过直接相乘（与例 81 的第 7 题相同）得到 $F(z)$ 满足函数方程

$$F(z+h) = F(z)F(h) \tag{2}$$

特别地，有

$$F(x+\mathrm{i}y) = F(x)F(\mathrm{i}y)$$

现在有

$$F(x) = 1 + x + \frac{x^2}{2!} + \cdots = \mathrm{e}^x$$

而

$$F(\mathrm{i}y) = 1 - \frac{y^2}{2!} + \frac{y^4}{4!} - \cdots + \mathrm{i}\left(y - \frac{y^3}{3!} + \cdots\right) = \cos y + \mathrm{i}\sin y$$

---

[1] 现在使用 z 而不是 ζ 作为指数函数的自变量是方便的。

因此如果 $z = x + \mathrm{i}y$，则有

$$F(z) = \mathrm{e}^x(\cos y + \mathrm{i}\sin y) = \exp z$$

还有另一种有趣的证明，它并不需要 $\cos y$ 和 $\sin y$ 的幂级数的相关知识。

如果 $F(\mathrm{i}y) = f(y)$，则 $f(y+k) = f(y)f(k)$，以及

$$\frac{f(y+k) - f(y)}{k} = f(y)\frac{f(k) - 1}{k} = \mathrm{i}f(y)\left\{1 + \frac{\mathrm{i}k}{2!} + \frac{(\mathrm{i}k)^2}{3!} + \cdots\right\}$$

$$= \mathrm{i}f(y)(1 + \rho)$$

其中对于小数值的 k，有

$$|\rho| \leqslant \frac{|k|}{2!} + \frac{|k|^2}{3!} + \cdots \leqslant (\mathrm{e} - 2)|k|$$

使得 ρ 随着 k 一起趋向于 0。因此 $f(y)$ 是可导的，且有

$$f'(y) = \mathrm{i}f(y)$$

从而推出

$$g(y) = f(y)(\cos y - \mathrm{i}\sin y)$$

是可导的[1]。又有

$$g'(y) = \mathrm{i}f(y)(\cos y - \mathrm{i}\sin y) - f(y)(\sin y + \mathrm{i}\cos y) = 0$$

使得 $g(y)$ 是常数。从而有

$$g(y) = g(0) = 1$$

且

$$f(y) = \frac{1}{\cos y - \mathrm{i}\sin y} = \frac{\cos y + \mathrm{i}\sin y}{\cos^2 y + \sin^2 y} = \cos y + \mathrm{i}\sin y$$

最后有 $F(\mathrm{i}y) = f(y) = \cos y + \mathrm{i}\sin y$，以及

$$F(x + \mathrm{i}y) = F(x)F(\mathrm{i}y) = \mathrm{e}^x(\cos y + \mathrm{i}\sin y)$$

（243）$\cos z$ 和 $\sin z$ 的幂级数

从上一课时的结果和第 238 课时的方程（1）推出：对于所有的 z 值，有

---

[1] 在之前的版本中，接下来的论断包含了一个有趣的谬论。这里的修改要感谢洛夫先生提的建议。

$$\cos z = 1 - \frac{z^2}{2!} + \frac{z^4}{4!} - \cdots$$

$$\sin z = z - \frac{z^3}{3!} + \frac{z^5}{5!} - \cdots$$

例97

1. 证明：

$$|\cos z| \leqslant \cosh|z|, \quad |\sin z| \leqslant \sinh|z|$$

2. 证明：如果 $|z| < 1$，则 $|\cos z| < 2$ 且 $|\sin z| < \frac{6}{5}|z|$

3. 由于 $\sin 2z = 2 \sin z \cos z$，我们有

$$(2z) - \frac{(2z)^3}{3!} + \frac{(2z)^5}{5!} - \cdots = 2\left(z - \frac{z^3}{3!} + \cdots\right)\left(1 - \frac{z^2}{2!} + \cdots\right)$$

通过将右边的两个级数相乘（第 202 课时）并使两边系数相等（第 201 课时），可得出

$$\binom{2n+1}{1} + \binom{2n+1}{3} + \cdots + \binom{2n+1}{2n+1} = 2^{2n}$$

用二项式定理验证这个结果。从方程

$$\cos^2 z + \sin^2 z = 1, \quad \cos 2z = 2\cos^2 z - 1 = 1 - 2\sin^2 z$$

中推导出相似的等式。

4. 证明：

$$\exp\{(1+i)z\} = \sum_0^\infty 2^{\frac{1}{2}n} \exp\left(\frac{1}{4}n\pi\,i\right)\frac{z^n}{n!}$$

5. 将 $\cos z \cosh z$ 以 z 的幂级数形式展开。〔我们有

$$\cos z \cosh z - i \sin z \sinh z = \cos\{(1+i)z\} = \frac{1}{2}\left[\exp\{(1+i)z\} + \exp\{-(1+i)z\}\right]$$

$$= \frac{1}{2}\sum_0^\infty 2^{\frac{1}{2}n}\{1 + (-1)^n\}\exp\left(\frac{1}{4}n\pi i\right)\frac{z^n}{n!}$$

类似地有

$$\cos z \cosh z + i \sin z \sinh z$$

$$= \cos(1-i)z$$

$$= \frac{1}{2}\sum_0^\infty 2^{\frac{1}{2}n}\{1 + (-1)^n\}\exp\left(-\frac{1}{4}n\pi i\right)\frac{z^n}{n!}$$

从而

$$\cos z \cosh z = \frac{1}{2}\sum_{0}^{\infty} 2^{\frac{1}{2}n}\left\{1+(-1)^n\right\}\cos \frac{1}{4}n\pi\frac{z^n}{n!} = 1 - \frac{2^2 z^4}{4!} + \frac{2^4 z^8}{8!} - \cdots \right]$$

6. 将 $\sin^2 z$ 和 $\sin^3 z$ 以 z 的幂级数形式展开。〔使用公式

$$\sin^2 z = \frac{1}{2}(1-\cos 2z), \quad \sin^3 z = \frac{1}{4}(3\sin z - \sin 3z)$$

显然，相同的方法也可以用来展开 $\cos^n z$ 和 $\sin^n z$，其中 n 是任意整数。〕

7. 求和级数

$$C = 1 + \frac{\cos z}{1!} + \frac{\cos 2z}{2!} + \frac{\cos 3z}{3!} + \cdots$$

$$S = \frac{\sin z}{1!} + \frac{\sin 2z}{2!} + \frac{\sin 3z}{3!} + \cdots$$

〔这里有

$$C + iS = 1 + \frac{\exp(iz)}{1!} + \frac{\exp(2iz)}{2!} + \cdots = \exp\left\{\exp\left(iz\right)\right\}$$

$$= \exp\left(\cos z\right)\left\{\cos\left(\sin z\right) + i\sin\left(\sin z\right)\right\}$$

相似地，有

$$C - iS = \exp\left\{\exp\left(-iz\right)\right\} = \exp\left(\cos z\right)\left\{\cos\left(\sin z\right) - i\sin\left(\sin z\right)\right\}$$

从而

$$C = \exp\left(\cos z\right)\cos\left(\sin z\right), \quad S = \exp\left(\cos z\right)\sin\left(\sin z\right)\right]$$

8. 求和：

$$1 + \frac{a\cos z}{1!} + \frac{a^2\cos 2z}{2!} + \cdots, \quad \frac{a\sin z}{1!} + \frac{a^2\sin 2z}{2!} + \cdots$$

9. 求和：

$$1 - \frac{\cos 2z}{2!} + \frac{\cos 4z}{4!} - \cdots, \quad \frac{\cos z}{1!} - \frac{\cos 3z}{3!} + \cdots$$

以及包括正弦函数的对应的级数。

10. 证明：

$$1 + \frac{\cos 4z}{4!} + \frac{\cos 8z}{8!} + \cdots = \frac{1}{2}\left\{\cos\left(\cos z\right)\cosh\left(\sin z\right) + \cos\left(\sin z\right)\cosh\left(\cos z\right)\right\}$$

11. 证明：在第 152 课时（1）中得到的 $\cos\left(x+h\right)$ 和 $\sin\left(x+h\right)$ 展开成 h 的幂的展开式对于所有的 x 和 h 值都是有效的，无论是实数还是复数。

（244）对数级数

当 z 是实数且绝对值小于 1 时，在第 220 课时中我们曾得到

$$\log(1+z) = z - \frac{1}{2}z^2 + \frac{1}{3}z^3 - \cdots \tag{1}$$

其中右边的级数是收敛的，也是绝对收敛的，此时 z 可取任意复数值，其模量小于 1。自然地，方程（1）对于这样的复数 z 仍然成立。它的成立也可以通过第 220 课时中的讨论证明。事实上，我们要证明的还不止于此，即，我们还要证明对于满足 $|z| \le 1$ 且除了 -1 以外所有的 z 值，（1）都成立。

应该记住，$\log(1+z)$ 是 $\mathrm{Log}(1+z)$ 的主值，且

$$\log(1+z) = \int_C \frac{\mathrm{d}u}{u}$$

其中 C 是复变量 u 的平面上连接点 1 和 $1+z$ 的直线。我们可以假设 z 不是实数，因为公式（1）对于 z 的实变量值已经被证明。

如果我们令

$$z = r(\cos\theta + \mathrm{i}\sin\theta) = \zeta r$$

则 $r \le 1$，且

$$u = 1 + \zeta t$$

则随着 t 从 0 增加到 r，u 就描绘出 C。且

$$\int_C \frac{\mathrm{d}u}{u} = \int_0^r \frac{\zeta \mathrm{d}t}{1+\zeta t} = \int_0^r \left\{ \zeta - \zeta^2 t + \zeta^3 t^2 - \cdots + (-1)^{m-1}\zeta^m t^{m-1} + \right.$$

$$\left. \frac{(-1)^m \zeta^{m+1} t^m}{1+\zeta t} \right\} \mathrm{d}t = \zeta r - \frac{(\zeta r)^2}{2} + \frac{(\zeta r)^3}{3} - \cdots + (-1)^{m-1}\frac{(\zeta r)^m}{m} + R_m =$$

$$z - \frac{z^2}{2} + \frac{z^3}{3} - \cdots + (-1)^{m-1}\frac{z^m}{m} + R_m \tag{2}$$

其中

$$R_m = (-1)^m \zeta^{m+1} \int_0^r \frac{t^m \mathrm{d}t}{1+\zeta t} \tag{3}$$

从第 170 课时的（1）可得，

$$|R_m| \le \int_0^r \frac{t^m \mathrm{d}t}{|1+\zeta t|} \tag{4}$$

现在 $|1+\zeta t|$ 或 $|u|$ 不小于 ϖ，这是从 O 到直线 C 的法线长度[1]。

$$|R_m| \leqslant \frac{1}{\varpi} \int_0^r t^m \, dt = \frac{r^{m+1}}{(m+1)\varpi} \leqslant \frac{1}{(m+1)\varpi}$$

因此当 $m \to \infty$ 时 $R_m \to 0$。从（2）可得

$$\log(1+z) = z - \frac{1}{2}z^2 + \frac{1}{3}z^3 - \cdots \tag{5}$$

在证明过程中我们已经展示了此级数是收敛的，然而这已证（例 80 的第 4 题）。当 $|z| < 1$ 时此级数是绝对收敛的，当 $|z| = 1$ 时条件性收敛。

将 z 换成 $-z$，此时 $|z| \leqslant 1$，$z \neq 1$，我们得到

$$\log\left(\frac{1}{1-z}\right) = -\log(1-z) = z + \frac{1}{2}z^2 + \frac{1}{3}z^3 - \cdots \tag{6}$$

（245）对数级数（续）

现在有

$$\log(1+z) = \log\{(1+r\cos\theta) + ir\sin\theta\} = \frac{1}{2}\log(1 + 2r\cos\theta + r^2) +$$

$$i\arctan\left(\frac{r\sin\theta}{1+r\cos\theta}\right)$$

反正切值一定在 $-\frac{1}{2}\pi$ 与 $\frac{1}{2}\pi$ 之间。因为，既然 $1+z$ 表示从 -1 到 z 的直线向量，am（$1+z$）的主值总是在这些极限之间，此时 z 在圆 $|z|=1$ 内。[2]

由于 $z^m = r^m(\cos m\theta + i\sin m\theta)$，根据第 244 课时的方程（5），相等实数部分和虚数部分，我们得到

$$\frac{1}{2}\log(1 + 2r\cos\theta + r^2) = r\cos\theta - \frac{1}{2}r^2\cos 2\theta + \frac{1}{3}r^3\cos 3\theta - \cdots$$

$$\arctan\left(\frac{r\sin\theta}{1+r\cos\theta}\right) = r\sin\theta - \frac{1}{2}r^2\sin 2\theta + \frac{1}{3}r^3\sin 3\theta - \cdots$$

当 $0 \leqslant r \leqslant 1$ 时这些等式对所有的 θ 值成立，并且对于 θ 的所有值，除了 $r=1$ 时，

---

[1] 由于 z 不是实数，因而直线 C 不可能穿过 O。建议读者画图来对这个论证加以说明。

[2] 参见脚注 1。

θ 必定不等于 π 的奇数倍。容易看出，当 $-1 \leqslant r \leqslant 0$ 时同样成立，除了当 $r =$ -1 时，θ 一定等于 π 的偶数倍。

一个特别重要的情形是 $r=1$。此时，如果 $-\pi < \theta < 0$，则有

$$\log(1+z) = \log(1+\mathrm{Cis}\theta) = \frac{1}{2}\log(2+2\cos\theta) + \mathrm{i}\arctan\left(\frac{\sin\theta}{1+\cos\theta}\right) =$$
$$\frac{1}{2}\log\left(4\cos^2\frac{1}{2}\theta\right) + \frac{1}{2}\mathrm{i}\theta$$

所以

$$\cos\theta - \frac{1}{2}\cos 2\theta + \frac{1}{3}\cos 3\theta - \cdots = \frac{1}{2}\log\left(4\cos^2\frac{1}{2}\theta\right)$$
$$\sin\theta - \frac{1}{2}\sin 2\theta + \frac{1}{3}\sin 3\theta - \cdots = \frac{1}{2}\theta$$

对于 θ 的其他值来说，考虑到它们都是 θ 的以 2π 为周期的周期函数，这些级数的和就很容易算出来。例如，对于 θ 的除了是 π 的奇数倍的以外的所有值（对于这样的 θ 值级数发散），$\cos\mathrm{e}$ 级数之和为 $\frac{1}{2}\log\left(4\cos^2\frac{1}{2}\theta\right)$，而如果 $(2k-1)\pi < \theta < (2k+1)\pi$，则 $\sin\mathrm{e}$ 级数之和为 $\frac{1}{2}(\theta - 2k\pi)$，如果 θ 是 π 的奇数倍，则为 0。$\sin$ e 级数表示的函数图象画在图 54 中。函数对于 $\theta = (2k+1)\pi$ 不连续。

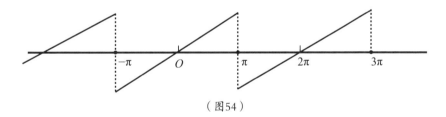

（图54）

如果在（5）中我们分别用 $\mathrm{i}z$ 和 $-\mathrm{i}z$ 代替 z，并将两式相减，就得到

$$\frac{1}{2\mathrm{i}}\log\left(\frac{1+\mathrm{i}z}{1-\mathrm{i}z}\right) = z - \frac{1}{3}z^3 + \frac{1}{5}z^5 - \cdots$$

如果 z 是实数且绝对值小于 1，利用第 241 课时的结果，我们得到公式

$$\arctan z = z - \frac{1}{3}z^3 + \frac{1}{5}z^5 - \cdots$$

这已经在第 221 课时中用不同的方式证明过了。

例98

1. 证明：在任意满足 $a > b$ 的三角形中，证明：

$$\log c = \log a - \frac{b}{a}\cos C - \frac{b^2}{2a^2}\cos 2C - \cdots \quad （《数学之旅》，1915）$$

$$\left[\, 使用公式 \log c = \frac{1}{2}\log\left(a^2 + b^2 - 2ab\cos C\right) \,\right]$$

2. 证明：如果 $-1 < r < 1$，$-\frac{1}{2}\pi < \theta < \frac{1}{2}\pi$，则

$$r\sin 2\theta - \frac{1}{2}r^2\sin 4\theta + \frac{1}{3}r^3\sin 6\theta - \cdots = \theta - \arctan\left\{\left(\frac{1-r}{1+r}\right)\tan\theta\right\}$$

反正切函数取值介于 $-\frac{1}{2}\pi$ 与 $\frac{1}{2}\pi$ 之间。对所有其他的 θ 值，求出该级数之和。

3. 证明：通过考虑 $\log(1+iz)$ 和 $\log(1-iz)$ 按照 z 的幂的展开式来证明：如果 $-1 < r < 1$，则

$$r\sin\theta + \frac{1}{2}r^2\cos 2\theta - \frac{1}{3}r^3\sin 3\theta - \frac{1}{4}r^4\cos 4\theta + \cdots = \frac{1}{2}\log\left(1 + 2r\sin\theta + r^2\right)$$

$$r\cos\theta + \frac{1}{2}r^2\sin 2\theta - \frac{1}{3}r^3\cos 3\theta - \frac{1}{4}r^4\sin 4\theta + \cdots = \arctan\left(\frac{r\cos\theta}{1 - r\sin\theta}\right)$$

$$r\sin\theta - \frac{1}{3}r^3\sin 3\theta + \cdots = \frac{1}{4}\log\left(\frac{1 + 2r\sin\theta + r^2}{1 - 2r\sin\theta + r^2}\right)$$

$$r\cos\theta - \frac{1}{3}r^3\cos 3\theta + \cdots = \frac{1}{2}\arctan\left(\frac{2r\cos\theta}{1 - r^2}\right)$$

反正切函数的值介于 $-\frac{1}{2}\pi$ 与 $\frac{1}{2}\pi$ 之间。

4. 证明：

$$\cos\theta\cos\theta - \frac{1}{2}\cos 2\theta\cos^2\theta + \frac{1}{3}\cos 3\theta\cos^3\theta - \cdots = \frac{1}{2}\log\left(1 + 3\cos^2\theta\right)$$

$$\sin\theta\sin\theta - \frac{1}{2}\sin 2\theta\sin^2\theta + \frac{1}{3}\sin 3\theta\sin^3\theta - \cdots = \text{act cot}\left(1 + \cot\theta + \cot^2\theta\right)$$

反余切函数的值介于 $-\frac{1}{2}\pi$ 与 $\frac{1}{2}\pi$ 之间；并对级数

$$\cos\theta\sin\theta - \frac{1}{2}\cos 2\theta\sin^2\theta + \cdots, \quad \sin\theta\cos\theta - \frac{1}{2}\sin 2\theta\cos^2\theta + \cdots$$

的和求出类似的表达式。

（246）对数级数的一些应用，指数极限

令 z 为任意复数，h 为一个足够小的实数使得 $|hz| < 1$。则

$$\log(1 + hz) = hz - \frac{1}{2}(hz)^2 + \frac{1}{3}(hz)^3 - \cdots$$

所以

$$\frac{\log(1 + hz)}{h} = z + \phi\,(h,\,z)$$

其中

$$\phi\,(h,\,z) = -\frac{1}{2}hz^2 + \frac{1}{3}h^2z^3 - \frac{1}{4}h^3z^4 + \cdots$$

$$|\phi(h,z)| \leqslant |hz^2|(1 + |hz| + |h^2z^2| + \cdots) = \frac{|hz^2|}{1 - |hz|}$$

所以当 $h \to 0$ 时 $\phi\,(h,\,z) \to 0$。从而推出

$$\lim_{h \to 0} \frac{\log(1 + hz)}{h} = z \tag{1}$$

特别地，如果我们假设 $h = \dfrac{1}{n}$，其中 n 是正整数，我们就得到

$$\lim_{n \to \infty} n \log\left(1 + \frac{z}{n}\right) = z$$

所以

$$\lim_{n \to \infty}\left(1 + \frac{z}{n}\right)^n = \lim_{n \to \infty} \exp\left\{ n \log\left(1 + \frac{z}{n}\right)\right\} = \exp z \tag{2}$$

这个式子推广了第 215 课时中的结果对取实数值的 z 所证明的结论。

从（1）可推出，我们可以推导出下一课时会用到的其他结果。如果 t 和 h 是实数，且 h 足够小，我们有

$$\frac{\log(1 + tz + hz) - \log(1 + tz)}{h} = \frac{1}{h}\log\left(1 + \frac{hz}{1 + tz}\right)$$

当 $h \to 0$ 时它趋向于极限 $\dfrac{z}{1 + tz}$。因此

$$\frac{\mathrm{d}}{\mathrm{d}t}\{\log(1 + tz)\} = \frac{z}{1 + tz} \tag{3}$$

我们也需要一个公式来对 $(1 + tz)^m$ 求导，其中 m 为任意实数或复数。我们

首先观察到，如果 $\phi(t) = \psi(t) + i\chi(t)$ 是 t 的复数，其实数部分和虚数部分 $\phi(t)$ 和 $\chi(t)$ 都是可导的，则

$$\frac{\mathrm{d}}{\mathrm{d}t}(\exp\phi) = \frac{\mathrm{d}}{\mathrm{d}t}\{(\cos\chi + i\sin\chi)\exp\psi\}$$

$$= \{(\cos\chi + i\sin\chi)\psi' + (-\sin\chi + i\cos\chi)\chi'\}\exp\psi$$

$$= (\psi' + i\chi')(\cos\chi + i\sin\chi)\exp\psi$$

$$= (\psi' + i\chi')\exp(\psi + i\chi) = \phi'\exp\phi$$

所以当 ϕ 是实数时，对于 $\exp\phi$ 求导的法则也是相同的。从而我们有

$$\frac{\mathrm{d}}{\mathrm{d}t}(1 + tz)^m$$

$$= \frac{\mathrm{d}}{\mathrm{d}t}\exp\{m\log(1 + tz)\}$$

$$= \frac{mz}{1 + tz}\exp\{m\log(1 + tz)\}$$

$$= mz(1 + tz)^{m-1} \tag{4}$$

这里 $(1 + tz)^m$ 和 $(1 + tz)^{m-1}$ 都取主值。

（247）二项式定理的一般形式

我们已经证明（第 222 课时），对于 m 的所有实数值以及介于 -1 与 1 之间的 z 的所有实数值，都有

$$1 + \binom{m}{1}z + \binom{m}{2}z^2 + \cdots$$

级数之和是 $(1 + z)^m = \exp\{m\log(1 + z)\}$，和如果 a_n 是 z^n 的系数，则无论 m 是实数还是复数，都有

$$\left|\frac{a_{n+1}}{a_n}\right| = \frac{|m - n|}{n + 1} \to 1$$

因此（例 80 的第 3 题），如果 z 的模量小于 1，则该级数总是收敛的，现在我们来证明它的和仍然是 $\exp\{m\log(1 + z)\}$，即 $(1 + z)^m$ 的主值。

从第 246 课时中可知，如果 t 是实数，则

$$\frac{\mathrm{d}}{\mathrm{d}t}(1 + tz)^m = mz(1 + tz)^{m-1}$$

z 和 m 可取任意实数值或复数值，且每一边都有主值。因此，如果 $\phi(t) = (1+tz)^m$，我们有

$$\phi^{(n)}(t) = m(m-1)\cdots(m-n+1)z^n(1+tz)^{m-n}$$

如果 $t=0$，此公式依然成立，所以

$$\frac{\phi^n(0)}{n!} = \binom{m}{n}z^n$$

从第 167 课时的（1）和（2）中（如果我们还记得第 170 课时末尾的讨论）可推出

$$\phi(1) = \phi(0) + \phi'(0) + \frac{\phi''(0)}{2!} + \cdots + \frac{\phi^{(n-1)}(0)}{(n-1)!} + R_n$$

其中

$$R_n = \frac{1}{(n-1)!}\int_0^1 (1-t)^{n-1}\,\phi^{(n)}(t)\,\mathrm{d}t$$

我们记

$$z = r(\cos\theta + \mathrm{i}\sin\theta),\quad m = \mu + \mathrm{i}v$$

并定 R_n 的一个上极限。

一方面我们有

$$|1+tz| < 2$$

另一方面有

$$|1+tz| = \sqrt{1+2tr\cos\theta+t^2r^2} \geq 1-tr \geq 1-r$$

此时 $-\pi \leq am\,(1+tz) \leq \pi$。同样，

$$|(1+tz)^{m-1}| = \exp\left\{(\mu-1)\log|1+tz| - vam\,(1+tz)\right\} = |1+tz|^{\mu-1}\,\mathrm{e}^{-vam(1+tz)}$$

如果 $\mu \geq 1$，第一个因子不超过 $2^{\mu-1}$，或者如果 $\mu < 1$，不超过 $(1-r)^{\mu-1}$；第二个因子不超过 $\mathrm{e}^{\pi|v|}$。因此 $|(1+tz)^{m-1}|$ 有一个独立于 t（和 n）的上极限 K；因此就有

$$|R_n| = \frac{|m(m-1)\cdots(m-n+1)|}{(n-1)!}|z|^n \times \left|\int_0^1 (1+tz)^{m-1}\left(\frac{1-t}{1+tz}\right)^{n-1}\mathrm{d}t\right| \leq$$

$$K\,\frac{|m(m-1)\cdots(m-n+1)|}{(n-1)!}r^n\int_0^1 \left(\frac{1-t}{1-tr}\right)^{n-1}\mathrm{d}t$$

最后有 $1-tr > 1-t$，使得

$$|R_n| < K \frac{|m(m-1)\cdots(m-n+1)|}{(n-1)!} r^n = \rho_n$$

最后一步是我们的定义。但是

$$\frac{\rho_{n+1}}{\rho_n} = \frac{|m-n|}{n} r \to r$$

所以 $\rho_n \to 0$（例 27 的第 6 题）。因此 $R_n \to 0$，我们得出如下定理。

定理

对于所有取实数值或复数值的 m 值，以及所有满足 $|z| < 1$ 的 z 值，二项式级数

$$1 + \binom{m}{1}z + \binom{m}{2}z^2 + \cdots$$

之和为 $\exp\{m\log(1+z)\}$，其中对数取主值。

对于二项式级数更完整的讨论，包括 $|z|=1$ 这一更复杂的情况，见布罗米奇所著的《无穷级数》（第 2 版）的第 287 页。

例99

1. 假设 m 为实数。那么，由于

$$\log(1+z) = \frac{1}{2}\log(1+2r\cos\theta+r^2) + i\arctan\left(\frac{r\sin\theta}{1+r\cos\theta}\right)$$

我们得到

$$\sum_0^\infty \binom{m}{n}z^n = \exp\left\{\frac{1}{2}m\log(1+2r\cos\theta+r^2)\right\} \operatorname{Cis}\left\{m\arctan\left(\frac{r\sin\theta}{1+r\cos\theta}\right)\right\}$$

$$= (1+2r\cos\theta+r^2)^{\frac{1}{2}m} \operatorname{Cis}\left\{m\arctan\left(\frac{r\sin\theta}{1+r\cos\theta}\right)\right\}$$

所有的反正切介于 $-\frac{1}{2}\pi$ 与 $\frac{1}{2}\pi$ 之间。特别地，如果我们假设 $\theta = \frac{1}{2}\pi$，$z = ir$，并令实数部分和虚数部分相等，我们就得到

$$1 - \binom{m}{2}r^2 + \binom{m}{4}r^4 - \cdots = (1+r^2)^{\frac{1}{2}m}\cos(m\arctan r)$$

$$\binom{m}{1}r - \binom{m}{3}r^3 + \binom{m}{5}r^5 - \cdots = (1+r^2)^{\frac{1}{2}m}\sin(m\arctan r)$$

2. 证明：如果 $0 \leqslant r < 1$，则

$$1 - \frac{1 \times 3}{2 \times 4} r^2 + \frac{1 \times 3 \times 5 \times 7}{2 \times 4 \times 6 \times 8} r^4 - \cdots = \sqrt{\frac{\sqrt{1+r^2}+1}{2(1+r^2)}}$$

$$\frac{1}{2} r - \frac{1 \times 3 \times 5}{2 \times 4 \times 6} r^3 + \frac{1 \times 3 \times 5 \times 7 \times 9}{2 \times 4 \times 6 \times 8 \times 10} r^5 - \cdots = \sqrt{\frac{\sqrt{1+r^2}-1}{2(1+r^2)}}$$

［在第 1 题的最后两个公式中取 $m = -\dfrac{1}{2}$ ］

3. 证明：如果 $-\dfrac{1}{4}\pi < \theta < \dfrac{1}{4}\pi$，则对于 m 的所有实数值都有

$$\cos m\theta = \cos^m \theta \left\{ 1 - \binom{m}{2} \tan^2 \theta + \binom{m}{4} \tan^4 \theta - \cdots \right\}$$

$$\sin m\theta = \cos^m \theta \left\{ \binom{m}{1} \tan \theta - \binom{m}{3} \tan^3 \theta + \cdots \right\}$$

［这些结果可从

$$\cos m\theta + \mathrm{i}\sin m\theta = (\cos\theta + \mathrm{i}\sin\theta)^m = \cos^m \theta \,(1 + \mathrm{i}\tan\theta)^m$$

中得出。］

4. 通过级数相乘，我们证明了（例 81 的第 6 题）$f(m, z) = \sum \binom{m}{z} z^n$ 满足函数方程

$$f(m, z) f(m', z) = f(m + m', z)$$

其中 $|z| < 1$，通过与第 223 课时相似的论断，且不须要假设本节中的一般性结果，来推导出：如果 m 是实数且为有理数，则

$$f(m, z) = \exp\{m \log(1 + z)\}$$

5. 如果 z 和 μ 是实数，且 $-1 < z < 1$，则

$$\sum \binom{\mathrm{i}\mu}{n} z^n = \cos\{\mu \log(1 + z)\} + \mathrm{i}\sin\{\mu \log(1 + z)\}。$$

例题集

1. 证明：$\mathrm{i}^{\log(1-\mathrm{i})}$ 的实数部分为

$$\mathrm{e}^{\frac{1}{8}(4k+1)\pi^2} \cos\left\{\frac{1}{4}(4k+1)\pi \log 2\right\}$$

其中 k 为任意整数。

2. 如果 $a\cos\theta + b\sin\theta + c = 0$，其中 a，b，c 都是实数且 $c^2 > a^2 + b^2$，则

$$\theta = m\pi + \alpha \pm i \log \frac{|c| + \sqrt{c^2 - a^2 - b^2}}{\sqrt{a^2 + b^2}}$$

其中 m 为任意奇数或偶数，取决于 c 是正数还是负数，且 α 的余弦与正弦为

$$\frac{a}{\sqrt{a^2 + b^2}} \text{ 和 } \frac{b}{\sqrt{a^2 + b^2}}$$

3. 证明：如果 $z = re^{i\theta}$，且 $r < 1$，则

$$\log(1 + iz) - \log(1 - iz)$$

的虚数部分为（其对数取主值）

$$\arctan\left(\frac{2r\cos\theta}{1 - r^2}\right)$$

介于 $-\frac{1}{2}\pi$ 与 $\frac{1}{2}\pi$ 之间的值。

4. 证明：如果 x 是实数且 $A = a + ib$，则

$$\frac{d}{dx}\exp Ax = A\exp Ax, \quad \int \exp Ax\,dx = \frac{\exp Ax}{A}$$

从例 88 的第 5 题推导出这些结果。

5. 证明：如果 $a > 0$，则 $\int_0^\infty \exp\{-(a + ib)x\}\,dx = \frac{1}{a + ib}$，推导出例 88 的第 6 题的结果。

6. 证明：$\left(\frac{x}{a}\right)^2 + \left(\frac{y}{b}\right)^2 = 1$ 是一个椭圆的方程，$f(x, y)$ 表示任意别的代数曲线方程中幂级最高的那些项，则该椭圆与该曲线的交点的离心角度之和与

$$-i\{\log f(a, ib) - \log f(a, -ib)\}$$

相差的 2π 的倍数。

［离心角度由 $f(a\cos\alpha, b\sin\alpha) + \cdots = 0$ 给出，也就是由

$$f\left\{\frac{1}{2}a\left(u + \frac{1}{u}\right), -\frac{1}{2}ib\left(u - \frac{1}{u}\right)\right\} + \cdots = 0$$

给出，其中 $u = \exp i\alpha$；$\sum\alpha$ 是 $-i\operatorname{Log} P$ 其中之一值，其中 P 是此方程根的乘积。］

7. 求出方程 $\tan z = az$ 的根的数量和近似值，其中 a 是实数。

［我们已经知道（例 17 的第 4 题），该方程有无限多个实根。现在令 $z = x + iy$，并使实数部分和虚数部分相等。我们就得到

$$\frac{\sin 2x}{\cos 2x + \cosh 2y} = ax, \quad \frac{\sinh 2y}{\cos 2x + \cosh 2y} = ay$$

所以，除非 x 或 y 为 0，否则就有

$$\frac{\sin 2x}{2x} = \frac{\sinh 2y}{2y}$$

这是不可能的，因为它左边的绝对值小于 1，右边的绝对值大于 1。因此 $x=0$ 或者 $y=0$。如果 $y=0$，我们回到了方程的实数根。如果 $x=0$ 则 $\tan hy = ay$。容易看出，如果 $a \le 0$ 或 $a \ge 1$，此方程没有非零的实数根，如果 $0<a<1$，此方程有两个这样的根。因此，如果 $0<a<1$，它有两个纯虚数根；反之所有的根都是实根。]

8. 如果 $a \le 0$，方程 $\tan z = az + b$ 没有复数根，其中 a 和 b 都是实数，且 b 不等于 0。如果 $a>0$ 则所有复数根的实数部分的绝对值都大于 $\left|\dfrac{b}{2a}\right|$。

9. 方程 $\tan z = \dfrac{a}{z}$ 没有复数根，其中 a 是实数，但是如果 $a<0$，则有两个纯虚数根。

10. 方程 $\tan z = a \tan h\, cz$ 有无限多个实数根和虚数根，其中 a 和 c 是实数，但是没有复数根。

11. 证明：如果 x 是实数，则

$$e^{ax} \cos bx = \sum_0^\infty \frac{x^n}{n!} \left\{ a^n - \binom{n}{2} a^{n-2} b^2 + \binom{n}{4} a^{n-4} b^4 \cdots \right\}$$

其中大括号内有 $\dfrac{1}{2}(n+1)$ 或 $\dfrac{1}{2}(n+2)$ 项。对于 $e^{ax} \sin bx$ 求出一个相似的级数。

12. 如果当 $n \to \infty$ 时，$n\phi(z, n) \to z$，则 $\{1 + \phi(z, n)\}^n \to \exp z$

13. 如果 $\phi(t)$ 是实变量 t 的复数函数，则

$$\frac{\mathrm{d}}{\mathrm{d}t} \log \phi(t) = \frac{\phi'(t)}{\phi(t)}$$

$$\left[\text{使用公式 } \phi = \psi + \mathrm{i}\chi, \ \log \phi = \frac{1}{2} \log(\psi^2 + \chi^2) + \mathrm{i} \arctan\left(\frac{\chi}{\psi}\right) \right]$$

14. 变换

在第三章（例 21 的第 21 题以及其后例题集的第 22 题）中，我们考虑了双变量 z，Z 的平面图象之间的几何关系，数量关系为 $z = f(Z)$。现在我们来考虑包含对数函数，指数函数或三角函数的某些关系。

首先假设

$$z = \exp \frac{\pi Z}{a}, \quad Z = \frac{a}{\pi} \mathrm{Log}\, z$$

其中 a 是正数。z 的一个值对应于 Z 的一个值，但是对于 z 的一个值却有无限多个 Z 的值与之对应。如果 x，y，r，θ 是 z 的坐标，且 X，Y，R，Θ 是 Z 的坐标，我们有关系式：

$$x = \mathrm{e}^{\frac{\pi X}{a}} \cos \frac{\pi Y}{a} \ , \quad y = \mathrm{e}^{\frac{\pi X}{a}} \sin \frac{\pi Y}{a}$$

$$X = \frac{a}{\pi} \log r \ , \quad Y = \frac{a\theta}{\pi} + 2ka$$

其中 k 为任意整数。如果我们假设 $-\pi < \theta \leqslant \pi$，且 $\mathrm{Log}\, z$ 有主值 $\log z$，则 $k = 0$，而 Z 则被限制在与 OX 轴平行的带状区域内，且它的每一边与 OX 的距离为 a，此带状区域上的一点对应于整个 z 平面上一点，反之亦然。通过取 $\mathrm{Log}\, z$ 的一个非主值的值，我们就得到 z 平面与 Z 平面上另一个宽度为 $2a$ 的另一带状区域之间的一个相似的关系。

Z 平面上 X 和 Y 取常数值时的直线，与 z 平面上 r 和 θ 取常数值的圆周及其半径向量对应。平行于 OX 的所有直线对应于后者直线中的一条，但是平行于 OY 的长度为 $2a$ 的一部分对应于 r 为常数的一个圆。为了使 Z 描绘整条直线，我们必须使 z 沿着圆连续移动。

15. 证明：Z 平面上一条等角螺旋对应于 z 平面上一个直线。

16. 相似地，讨论变换 $z = c \cosh \dfrac{\pi Z}{a}$。特别地，证明：整个 z 平面对应于 Z 平面上无限多的带状区域的任意一条，每一条都平行于 OX 轴，且宽度为 $2a$。同时证明：直线 $X = X_0$ 对应于椭圆

$$\left\{ \frac{x}{c \cosh \dfrac{\pi X_0}{a}} \right\}^2 + \left\{ \frac{y}{c \sinh \dfrac{\pi X_0}{a}} \right\}^2 = 1$$

这些椭圆对于不同的 X_0 值形成了共焦点系统；直线 $Y = Y_0$ 对应于相关的共焦点双曲线系统。随着 Z 描绘出整条直线 $X = X_0$ 或 $Y = Y_0$ 时，画出 z 的变化图形。随着 z 描绘出椭圆与双曲线的变化，Z 将如何变化？这些椭圆和双曲线是在共焦点系统的焦点部分和 x 轴剩余部分形成。

17. 验证：第 16 题的结果与第 14 题，以及第三章，例题集第 26 题的结果一致。$\Bigl[$ 转换

$$z = c \cosh \frac{\pi Z}{a}$$

可以视为由以下各变换复合而成的

$$z = cz_1 , \quad z_1 = \frac{1}{2}\left(z_2 + \frac{1}{z_2}\right), \quad z_2 = \exp\frac{\pi Z}{a} \quad \Big]$$

18. 相似地，讨论变换 $z = c\tanh\left(\dfrac{\pi Z}{a}\right)$，证明直线 $X = X_0$ 对应于同轴圆

$$\left\{x - c\coth\frac{2\pi X_0}{a}\right\}^2 + y^2 = c^2\operatorname{csch}^2\frac{2\pi X_0}{a}$$

与此组正交的同轴圆系对应于直线 $Y = Y_0$。

19. 球极平面投影与墨卡托（Mercator）投影。圆心在原点的单位球面上的点从南极点（其坐标为 0，0，−1）投影到在北极点 O 的正切面上。球面上一点的坐标为 ξ，η，ζ，正切面上取笛卡尔轴 OX，OY，且平行于 ξ 和 η 轴。证明：该投影点的坐标为

$$x = \frac{2\xi}{1+\zeta} , \quad y = \frac{2\eta}{1+\zeta}$$

且 $x + \mathrm{i}y = 2\tan\dfrac{1}{2}\theta\,\mathrm{Cis}\phi$，其中 ϕ 是经度（从平面 $\eta = 0$ 开始测量）且 θ 为球面上点的北极距离。

此投影给出了球面在正切面上的一个映射，一般称为球极平面投影（stereographic projection）。现在如果我们引入了新的复数变量

$$Z = X + \mathrm{i}Y = -\,\mathrm{i}\log\frac{1}{2}z = -\,\mathrm{i}\log\frac{1}{2}(x + \mathrm{i}y)$$

使得 $X = \phi$，$Y = \log\cot\dfrac{1}{2}\theta$，我们得到 Z 平面上的另外一个映射，通常称为墨卡托投影（Mercator's projection）。在此映射上，纬度与经度分别由平行于 X 轴和 Y 轴的直线所表示。

20. 讨论方程 $z = \log\left(\dfrac{Z-a}{Z-b}\right)$ 给出的变换，证明：x 和 y 都是常数的直线对应于 Z 平面上两组正交的共轴圆系统。

21. 讨论变换

$$z = \mathrm{Log}\left\{\frac{\sqrt{Z-a} + \sqrt{Z-b}}{\sqrt{b-a}}\right\}$$

证明：x 和 y 取常数值的直线对应于共焦点的椭圆与双曲线系统，焦点为 $Z = a$ 和 $Z = b$。

［我们有

$$\sqrt{Z-a} + \sqrt{Z-b} = \sqrt{b-a}\exp(x+\mathrm{i}y)$$

$$\sqrt{Z-a} - \sqrt{Z-b} = \sqrt{b-a}\exp(-x-\mathrm{i}y)$$

从而

$$|Z-a| + |Z-b| = |b-a|\cosh 2x, \quad |Z-a| - |Z-b| = |b-a|\cosh 2y ］$$

22. 变换 $z = Z^{\mathrm{i}}$。如果 $z = Z^{\mathrm{i}}$，其中虚数幂级数有主值，我们有

$$\exp(\log r + \mathrm{i}\theta) = z = \exp(\mathrm{i}\log Z) = \exp(\mathrm{i}\log R - \Theta)$$

所以 $\log r = -\Theta$，$\theta = \log R + 2k\pi$，其中 k 是整数。既然 k 的所有值给出了相同点 z，我们可以假设 $k=0$，此时

$$\log r = -\Theta, \quad \theta = \log R \tag{1}$$

当 R 变化经过从 $-\pi$ 到 π 的 Θ 所有正值，整个 Z 平面都被覆盖住了：则此时 r 取值范围为从 $\exp(-\pi)$ 到 $\exp\pi$，θ 取所有实数值。因此 Z 平面对应于圆 $r = \exp(-\pi)$ 和 $r = \exp\pi$ 所包含的圆环；但是此环会被覆盖无穷多次。然而，如果 θ 仅允许在 $-\pi$ 与 π 之间变化，使得此环仅被覆盖一次，则此时 R 将仅从 $\exp(-\pi)$ 变化到 $\exp\pi$，所以 Z 的变化就限制到随着 z 变化的相似环内。另外，每个环沿着负实数值轴都必定被视为 z（或 Z）必定不会越过的割线，因为其辐角不会超过界限 $-\pi$ 与 π。

因此我们就得到了由一对等式

$$z = Z^{\mathrm{i}}, \quad Z = z^{-\mathrm{i}}$$

给出的两个环之间的一个对应关系，其中每一个幂级数都有主值。一个平面上的圆心在原点的圆对应于另一个平面上穿过原点的直线。

23. 当 Z 以 $\exp\pi$ 为起点沿着更大圆按正向移动到到点 $-\exp\pi$，再沿着割线移动，继而按负向沿着更小圆移动，再回过来沿割线前进，并沿着更大圆的剩余部分回到原始位置时，画出 z 变化的图象。

24. 如果 $z = Z^{\mathrm{i}}$，幂取任意值，且 Z 沿着极坐标在原点的等角螺旋上移动，则 z 也沿着此平面上的等角螺旋移动。

25. 随着 z 沿着实数轴接近原点，$Z = z^{a\mathrm{i}}$ 如何变化，其中 a 是实数？［Z 沿着圆心为原点的圆移动（如果 $z^{a\mathrm{i}}$ 有主值，则它是单位圆），Z 的实数部分和虚数部

分都有限振荡。〕

26. 证明：形如 $\sum_{-\infty}^{\infty} a_n z^{nai}$ 的级数（其中 a 是一个角度，且是实数）收敛区域为一个角状区域，也就是由形如 $\theta_0 < am\ z < \theta_1$ 的不等式围成的区域。〔这个角状区域可以简化为一条直线，或者覆盖整个平面。〕

27. 等位曲线。如果 $f(z)$ 是复变量 z 的函数，我们称使得 $|f(z)| = k$ 为常数的曲线为 $f(z)$ 的等位曲线（level curves）。请画出下列函数的等位曲线的形式：

$z - a$（同心圆），$(z-a)(z-b)$（笛卡尔椭圆）

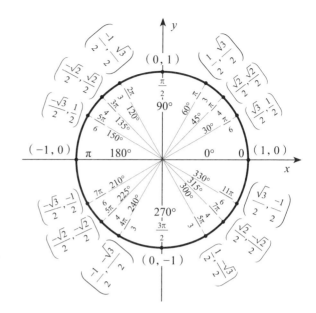

□ **单位圆**

　　单位圆是指半径为单位长度的圆，通常为欧几里得平面直角坐标系中圆心为（0,0）、半径为1的圆。单位圆对于三角函数和复数的坐标化表示有着重要意义。单位圆通常表示为S1。多维空间中，单位圆可推广为单位球。六个标准三角函数——正弦（sin）、余弦（cos）、正切（tan）、余切（cot）、正割（sec）、余割（csc）、正矢（versin）与外正割（exsec）都可以在单位圆表示出来。图中标示出了单位圆上已知准确坐标的点。

$\dfrac{z-a}{z-b}$（同轴圆），$\exp z$（直线）

28. 画出 $(z-a)(z-b)(z-c)$ 的等位曲线形式。

29. 画出（i）$z \exp z$，（ii）$\sin z$ 的等位曲线的形式。〔参见图 55[1]，它表示 $\sin z$ 的等位曲线。曲线 Ⅰ—Ⅶ对应于 $k = 0.35, 0.50, 0.71, 1.00, 1.41, 2.00, 2.83, 4.00$ 时的等位线。〕

30. 画出 $\exp z - c$ 的等位曲线形式，其中 c 为实数常数。〔图 56 表示 $|\exp z - 1|$

---

〔1〕这些图象由内维尔教授还是在校大学生时为我所画。

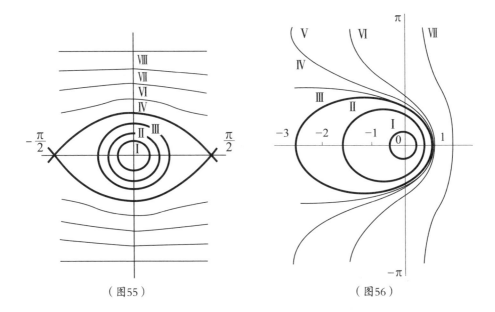

（图55）　　　　　　　（图56）

的等位曲线，曲线 I—Ⅶ对应于 k 的值由 $\log k = -1.00$，-0.20，-0.05，0.00，0.05，0.20，1.00 给出。］

31. $\sin z - c$ 的等位曲线如图 57，58 所示，其中 c 为正整数。［曲线在 $c < 1$ 和 $c > 1$ 的情况下是不同的。在图 57 中我们取 $c = 0.5$，曲线 I—Ⅷ对应于 $k = 0.29$，0.37，0.50，0.87，1.50，2.60，4.50，7.79。在图 58 中，我们取 $c = 2$，曲线 I—Ⅶ对应于 $k = 0.58$，1.00，1.73，3.00，5.20，9.00，15.59。如果 $c = 1$ 则曲线与图 55 中相同，除了原点和尺度不同。］

32. 证明：如果 $0 < \theta < \pi$，则

$$\cos\theta + \frac{1}{3}\cos 3\theta + \frac{1}{5}\cos 5\theta + \cdots = \frac{1}{4}\log\cot^2\frac{1}{2}\theta$$

$$\sin\theta + \frac{1}{3}\sin 3\theta + \frac{1}{5}\sin 5\theta + \cdots = \frac{1}{4}\pi$$

并对所有使得这些级数收敛的其他 θ 值求级数的和。［利用方程

$$z + \frac{1}{3}z^3 + \frac{1}{5}z^5 + \cdots = \frac{1}{2}\log\left(\frac{1+z}{1-z}\right)$$

其中 $z = \cos\theta + i\sin\theta$。当 θ 增加 π 时，每个级数之和都改变符号。由此推出对于所有的 θ 值除了 π 的倍数（此时级数发散），第一个公式都成立，如果

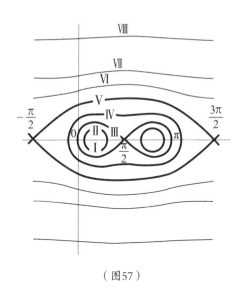

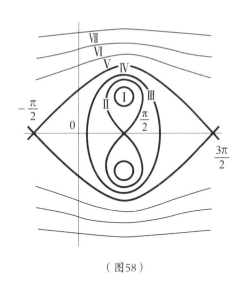

（图57）　　　　　　　　　（图58）

$$2k\pi < \theta < (2k+1)\pi$$

则第二个级数之和为 $\frac{1}{4}\pi$，如果

$$(2k+1)\pi < \theta < (2k+2)\pi$$

则第二个级数之和为 $-\frac{1}{4}\pi$，如果 θ 是 π 的倍数，则第二个级数之和为 0。]

33. 证明：对于所有实的 θ 值，有 $\sum_1^\infty \dfrac{\sin n\theta}{n} = \pi\left(\dfrac{1}{2} - \dfrac{\theta}{2\pi} + \left[\dfrac{\theta}{2\pi}\right]\right)$（《数学之旅》，1932）

34. 证明：如果 $0 < \theta < \frac{1}{2}\pi$，则

$$\cos\theta - \frac{1}{3}\cos 3\theta + \frac{1}{5}\cos 5\theta - \cdots = \frac{1}{4}\pi$$

$$\sin\theta - \frac{1}{3}\sin 3\theta + \frac{1}{5}\sin 5\theta - \cdots = \frac{1}{4}\log(\sec\theta + \tan\theta)^2$$

并对所有使得这些级数收敛的其他 θ 值求级数的和。

35. 证明：除非 $\theta - \alpha$ 或 $\theta + \alpha$ 是 2π 的倍数，则

$$\cos\theta\cos\alpha + \frac{1}{2}\cos 2\theta\cos 2\alpha + \frac{1}{3}\cos 3\theta\cos 3\alpha + \cdots$$

$$= -\frac{1}{4}\log\{4(\cos\theta - \cos\alpha\theta)^2\}$$

36. 证明: 如果 a 和 b 都不是实数, 则

$$\int_0^\infty \frac{\mathrm{d}x}{(x-a)(x-b)} = -\frac{\log(-a) - \log(-b)}{a-b}$$

每一个对数函数都取其主值。验证 $a = ci$, $b = -ci$ 时的结果, 其中 c 是正数。同时也讨论 a 或 b, 或都是负实数的情形。

37. 证明: 如果 α 和 β 为实数, 且 $\beta > 0$, 则

$$\int_0^\infty \frac{\mathrm{d}x}{x^2 - (\alpha + i\beta)^2} = \frac{\pi i}{2(\alpha + i\beta)}$$

当 $\beta < 0$ 时积分值是多少?

38. 证明: 如果 $Ax^2 + 2Bx + C = 0$ 的根有相反符号的虚数部分, 则

$$\int_{-\infty}^\infty \frac{\mathrm{d}x}{Ax^2 + 2Bx + C} = \frac{\pi i}{\sqrt{B^2 - AC}}$$

其中 $\sqrt{B^2 - AC}$ 的符号的选择使得 $\dfrac{\sqrt{B^2 - AC}}{Ai}$ 的实数部分是正值。

附录 1

Hölder 不等式和 Minkowski 不等式

有三个不等式在分析中特别重要：算术平均和几何平均定理、Hölder 不等式和 Minkowski 不等式。其中第一个不等式需要比起第一章例题集中更一般的形式：而其余两个不等式可以从第一个不等式中推导。

接下来所有的字母都（严格地）表示正数。在第一章例题集中我们可以证明[1]

$$\frac{a_1 + a_2 + \cdots + a_n}{n} > (a_1 a_2 \cdots a_n)^{\frac{1}{n}} \tag{1}$$

除非所有的 a_i 都相等（此时两个平均值相等）。假设它们分为了 m 组相等的数构成的数组，有 p_1 个数等于 a_1，p_2 个数等于 a_2，以此类推，使得

$$p_1 + p_2 + \cdots + p_m = n$$

则（1）变成

$$q_1 a_1 + q_2 a_2 + \cdots + q_m a_m > a_1^{q_1} a_2^{q_2} \cdots a_m^{q_m} \tag{2}$$

其中

$$q_v = \frac{p_v}{p_1 + p_2 + \cdots + p_m} \tag{3}$$

所以

$$q_1 + q_2 + \cdots + q_m = 1 \tag{4}$$

当所有的 a_i 相等时，此不等式便转化为了等式。

相反，如果 $q_1, q_2, \cdots, q_m$ 是任意正有理数，它们的和为 1，我们就可以将

---

[1]事实上我们并不需要证明这么多，论证过程只需要一点点轻微的调整即可，并不需要详细的描绘，因为（1）包含在（2）里，我们对于（2）给出了个独立性证明。

其简化为有共同的分母，并将它们写作（3）的形式，此时（2）简化为（1）。

现在我们将证明：（2）对于所有和为 1 的实数 q_i 都成立，除非所有的 a 都相等。换句话说，我们移除了 q_i 为有理数的限制。我们称此定理为"平均值的一般性定理"，将其记为 G_m，或简写为 G。这个证明过程与之前所说的无关。

我们可以将此证明过程简化为对于特殊情形 G_2 的证明。因为，假设 $m > 2$，且 G_k 对于 $k = 2$，3，$\cdots$，$m-1$ 都得以证明。令

$$q_1 + q_2 + \cdots + q_{m-1} = q$$

所以

$$q + q_m = 1$$

写作

$$q_1' = \frac{q_1}{q} , \quad \cdots, \quad q'_{m-1} = \frac{q_{m-1}}{q}$$

则有

$$q_1' + q_2' + \cdots + q'_{m-1} = 1$$

此时根据 G_2 和 G_{m-1} 可得

$$a_1^{q_1} \cdots a_{m-1}^{q_{m-1}} a_m^{q_m} = (a_1^{q'_1} \cdots a_{m-1}^{q'_{m-1}})^q a_m^{q_m} \leqslant q (a_1^{q'_1} \cdots a_{m-1}^{q'_{m-1}})$$

$$+ q_m a_m \leqslant q (q'_1 a_1 + \cdots + q'_{m-1} a_{m-1}) + q_m a_m$$

$$= q_1 a_1 + q_2 a_2 + \cdots q_m a_m$$

第二行的不等式成立，除非

$$a_1^{q'_1} \cdots a_{m-1}^{q'_{m-1}} = a_m$$

第三行的不等式成立，除非 $a_1 = a_2 = \cdots = a_{m-1}$；如此一来，除非 $a_1 = a_2 = \cdots = a_{m-1} = a_m$，否则在别的地方不等式也会成立，因此 G_k 对于 $k = m$ 成立，因此结论一般也成立。

接下来要证明 G_2。通过改变符号，我们将 G_2 写作

$$a^\alpha b^{1-\alpha} < \alpha a + (1-\alpha) b \quad (0 < \alpha < 1) \tag{5}$$

（除非 $a = b$）。显然，在不失一般性的前提下，我们也可以假设 $b > a$。则（5）为：

$$b^{1-\alpha} - a^{1-\alpha} < (1-\alpha)(b-a) a^{-\alpha} \tag{6}$$

但是，根据中值定理（第 126 课时）

$$b^{1-\alpha} - a^{1-\alpha} = (1-\alpha)(b-a) \xi^{-\alpha}$$

其中 $a < \xi < b$，这便给出了（6），因为 $-\alpha < 0$，所以 $\xi^{-\alpha} < a^{-\alpha}$ 这便证明了 G_2，因而也就证明了 G_m。

我们也可以写出形如（5）的不等式 G_m 的一般形式，即：

$$a^\alpha b^\beta \cdots l^\lambda < \alpha a + \beta b + \cdots + \lambda l \tag{7}$$

其中 $\alpha + \beta + \cdots + \lambda = 1$

读者可能会产生这样一个问题：我们是否可以通过一个极限过程，从 q_i 为有理数的特殊情形出发，来推导出一般性定理呢？我们可以通过有理数列 $q_v^{(r)}$ 来逼近每一个 q_v：对于每一个 r，有

$$q_1^{(r)} + q_2^{(r)} + \cdots + q_m^{(r)} = 1$$

对于每一个 v，当 $r \to \infty$ 时，有 $q_v^{(r)} \to q_v$。则对于每一个 r，有

$$q_1^{(r)} a_1 + q_2^{(r)} a_2 + \cdots + q_m^{(r)} a_m > a_1^{q_1^{(r)}} a_2^{q_2^{(r)}} \cdots a_m^{q_m^{(r)}} \tag{8}$$

当 $r \to \infty$ 时，（8）的两边都趋向于（2）的两边。

如果我们用"$\geqslant$"代替"$>$"，以不那么严格的形式证明（2）就足够了。但是当 $r \to \infty$ 时"$>$"退化为"$\geqslant$"：$x^{(r)} \to x$，$y^{(r)} \to y$，而 $x^{(r)} > y^{(r)}$ 仅仅意味着 $x \geqslant y$，不一定是 $x > y$。这个难题可以克服（参见《不等式》一书，第18页），不过这需要一点聪明才智，我们更愿意采用一种更直接的路径。

在第74课时中，不等式（6）已证，不过有一个限制，即 α 是有理数。读者可以证明：一般来说，第74课时中所有的不等式对有理数或指数都成立。这在第74课时中显然是不可能的，因为 x^α 直到第214课时才被定义，其中 α 是无理数。

还有另一种有趣的研究 G_2 的方法。由于

$$\frac{\mathrm{d}^2}{\mathrm{d}x^2} \log x = -\frac{1}{x^2} < 0$$

函数 $\log x$ 是凹的（即图象每一点曲率为负），且曲线 $y = \log x$ 的所有弦都在曲线下方。如果 P 是（a, $\log a$），而 Q 是（b, $\log b$），则点 R 划分 PQ 使得

$$\alpha PR = (1 - \alpha) RQ$$

拥有横坐标 $\alpha a + (1 - \alpha)b$，纵坐标 $\alpha \log a + (1 - \alpha) \log b$。因此

$$\alpha \log a + (1 - \alpha) \log b < \log\{\alpha a + (1 - \alpha)b\}$$

这是（5）。

□ 归纳法

数学归纳法是一种数学证明方法，通常被用于证明某个给定命题在整个或者局部自然数范围内成立。最简单和常见的是证明当n等于任意一个自然数时某命题成立。证明分两步，第一步证明"当$n=1$时命题成立"，第二步证明"若假设在$n=m$时命题成立，可推导出在$n=m+1$时命题成立。m代表任意自然数"。这种方法可换在图示的多米诺骨牌效应中去理解：如果第一张牌倒了，且任意一张骨牌的下一张骨牌会因前面的骨牌倒而跟着倒，则可得出所有的骨牌都会倒下的结论。

霍尔德不等式（H）

如果 $k > 1$ 且 $k' = \dfrac{k}{k-1}$，使得 $k' > 1$ 且

$$\frac{1}{k} + \frac{1}{k'} = 1 \tag{9}$$

且 a_1，a_2，$\cdots$，a_n 和 b_1，b_2，$\cdots$，b_n 是两列正数；则

$$\sum_{m=1}^{n} a_m b_m \leqslant \left(\sum_{m=1}^{n} a_m^k \right)^{\frac{1}{k}} \left(\sum_{m=1}^{n} b_m^{k'} \right)^{\frac{1}{k'}} \tag{10}$$

不等式存在除非序列（a）和（b）成正比，即除非 $\dfrac{a_m}{b_m}$ 与 m 无关。

这是（5）的一个推论。因为（10）的每边对于 a 和 b 都是同幂级的（当然为1），从而在不失去一般性的前提下，我们可以假设

$$\sum a = 1, \quad \sum b = 1 \tag{11}$$

如果我们用 α 代替 $\dfrac{1}{k}$，用 β 代替 $\dfrac{1}{k'}$，使得 $\alpha + \beta = 1$，还用 a^α 和 b^β 替代 a 和 b，则（10）就变成了

$$\sum a^\alpha b^\beta \leqslant \left(\sum a \right)^\alpha \left(\sum b \right)^\beta \tag{12}$$

但是，根据（5）有

$$\sum a^\alpha b^\beta \leqslant \sum (\alpha a + \beta b) = \alpha + \beta = 1 = \left(\sum a \right)^\alpha \left(\sum b \right)^\beta$$

除非对于每一个 m 都存在 $a_m = b_m$，否有不等号成立；因此，当我们去掉条件（11），除非 $\dfrac{a_m}{b_m}$ 与 m 无关，否则有不等号成立。

更一般地，有

$$\sum a^\alpha b^\beta \cdots l^\lambda < \left(\sum a \right)^\alpha \left(\sum b \right)^\beta \cdots \left(\sum l \right)^\lambda \tag{13}$$

如果

$$\alpha + \beta + \cdots + \lambda = 1 \tag{14}$$

除非数列(a)，(b)，$\cdots$，(l)都是成比例的。这也可以从(7)推导出来，正如(12)可以从(5)推导出来，或者从(12)自身用归纳法推导出来。

闵可夫斯基不等式（M）

如果$k>1$，且a_1，a_2，$\cdots$，a_n和b_1，b_2，$\cdots$，b_n是两列正数，则

$$\left\{\sum_{m=1}^{n}(a_m+b_m)^k\right\}^{\frac{1}{k}} \leqslant \left(\sum_{m=1}^{n}a_m^k\right)^{\frac{1}{k}} + \left(\sum_{m=1}^{n}b_m^k\right)^{\frac{1}{k}} \tag{15}$$

除非(a)和(b)成比例，否则总有不等式成立。

这也可以从(10)中推导出来。我们写作

$$S = \left\{\sum_{m=1}^{n}(a_m+b_m)^k\right\}^{\frac{1}{k}} = \left\{\sum(a+b)^k\right\}^{\frac{1}{k}}$$

（去掉下标）。则

$$S = \sum a(a+b)^{k-1} + \sum b(a+b)^{k-1}$$

将(10)应用到右边的每一项，并观察到$(k-1)k'=k$

我们得到

$$S \leqslant \left\{\sum a^k\right\}^{\frac{1}{k}}\left\{\sum(a+b)^k\right\}^{\frac{1}{k'}} + \left\{\sum b^k\right\}^{\frac{1}{k}}\left\{\sum(a+b)^k\right\}^{\frac{1}{k'}}$$

$$= \left\{\left(\sum a^k\right)^{\frac{1}{k}} + \left(\sum b^k\right)^{\frac{1}{k}}\right\}S^{\frac{1}{k'}}$$

当我们用$S^{\frac{1}{k'}}$来除，便得到了(15)。除非(a)和(b)的每一项都与$(a+b)$成正比，即除非(a)和(b)成比例，否则不等式一直存在。

与之相伴也有一个有用的不等式（相反方向）。假设$a+b=1$。则$a<1$，$b<1$且因而（因为$k>1$）$a^k<a$，$b^k<b$且

$$a^k+b^k < a+b=1=(a+b)^k \tag{16}$$

因为最后的不等式两边是幂级相等的（幂级都为k），一般情形下也成立（不需要限制$a+b=1$）。从而

$$\sum(a+b)^k > \sum a^k + \sum b^k \tag{17}$$

当a和b都严格为正时（正如我们所假设的那样），不可能有等式成立的情形出现。

关于不等式的说明

当 $k = 2$，$k' = 2$ 时，H 简化为

$$\left(\sum ab\right)^2 < \sum a^2 \sum b^2$$

这就是柯西不等式（第一章例题集第 10 题）。如果我们在 M 中假设 $k = 2$，$n = 3$，并取数列（a）和（b）为 x_1，y_1，z_1 和 x_2，y_2，z_2，从而

$$\sqrt{\{(x_1 + x_2)^2 + (y_1 + y_2)^2 + (z_1 + z_2)^2\}} < \sqrt{x_1^2 + y_1^2 + z_1^2} + \sqrt{x_2^2 + y_2^2 + z_2^2}$$

这表明：顶点为（0，0，0）（x_1，y_1，z_1）（$-x_2$，$-y_2$，$-z_2$）的三角形的一边小于其余两边之和。当 x_1，y_1，z_1 正比于 x_2，y_2，z_2 不等式退化为等式，也就是说三角形退化了。一般地，M 将"三角不等式"推广到 n 维空间，在 n 维空间中两点 P_1，P_2 之间的距离定义为

$$\left(\ |x_1 - x_2|^k + |y_1 - y_2|^k + |z_1 - z_2|^k + \cdots\ \right)^{\frac{1}{k}}$$

第一章例题集第 8 题中的不等式（7）是 H 的一个推论，因为

$$\left(\sum a\right)^k = \left(\sum a \cdot 1\right)^k < \sum a^k \left(\sum 1\right)^{\frac{k}{k'}} = n^{k-1} \sum a^k$$

但是第一章例题集第 8 题中的（6）也无法从这里证得的任意不等式中推出，事实上这是一个不同类型的不等式，称为切比雪夫不等式，见《不等式》，第 43 页。

当 k 是有理数时，H 和 M 是代数定理，须要其证明过程也是代数性的，即不应该依赖于任何种类的极限过程。这种证明可以在《不等式》一书的第 2 章中找到（在那里也讨论了很多定理的类比和推广）。如果 k 是无理数，x^k 不是代数函数；则也就没有了代数证明的问题。例如，在本书中，x^k 被定义为 $\exp(k \log x)$，很自然地，我们已经给出的证明需要依赖微积分学中的方法和对数函数、指数函数理论。

附录2

每一个方程都有一个根的证明

定理"每个代数方程都有一个根"通常被称作"代数基本定理"，但是更合适地属于分析领域，因为如果不考虑连续性，这也无从可证。对两个最熟悉的证明给出描绘。

（A）第一个证明是第三章和第十章中讨论的自然推广。设

$$Z = f(z) = a_0 z^n + a_1 z^{n-1} + \cdots + a_n$$

为z的多项式，系数为实数或复数。我们可以假设$a_0 \neq 0$。

假设在z平面上描绘闭环路径γ：事实上，γ总是一个正方形，其边平行于坐标轴，沿正向移动。则Z描绘了Z平面上的闭环路径Γ。现在我们可以假设，Γ并不穿过原点，因为在论证的任何阶段，如果作此假设，也就承认了该定理成立。

对于Z的任意值都对应于$am\,Z$的无限值，区别为2π的倍数，当Z描绘出Γ[1]，每一个值都连续变化。我们选择了$am\,Z$的一个特殊值（此值使得$-\pi < amZ \leqslant \pi$）对应于Z的起始值，并沿着Γ移动。因此我们定义了$am\,Z$的一个值（简称为$am\,Z$）对应于Γ上的每一个Z。

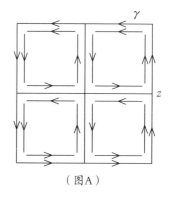

（图A）

当Z回到原始位置时，$am\,Z$可能未改变，也可能与原始值相差2π的倍数。因此如果Γ未包含了原点，就像图 B 中的（a），$am\,Z$也未改变；但是如果Γ沿正向绕原点一周，就像（b），$am\,Z$

〔1〕正是在这里我们使用了Γ不穿过原点这一假设。

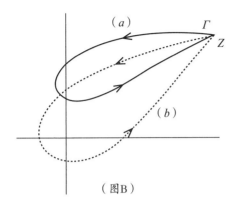

（图B）

将增加 2π。当 z 描述绘出 γ 时，我们将 $am\ Z$ 的增量描述表示为 $\Delta(\gamma)$。

首先我们假设 γ 是边长为 $2R$，由直线 $x = \pm R$，$y = \pm R$ 定义的正方形 S。则在 S 上，有 $|z| \geqslant R$。我们选择大数值的 R 使得

$$\frac{|a_1|}{|a_0|R} + \frac{|a_2|}{|a_0|R^2} + \cdots + \frac{|a_n|}{|a_0|R^n} < \frac{1}{2}$$

则有

$$Z = a_0 z^n \left(1 + \frac{a_1}{a_0 z} + \cdots + \frac{a_n}{a_0 z^n}\right) = a_0 z^n (1 + \eta)$$

其中在 S 中的所有点都有 $|\eta| < \frac{1}{2}$。当 z 描绘出 S 时，$1 + \eta$ 辐角的大小没变，z^n 的大小增加 $2n\pi$。因此 Z 的大小也增加 $2n\pi$，即 $\Delta(S) = 2n\pi$。事实上，所有我们需要知道的就是 $\Delta(S) \neq 0$。

正方形 S 可以被坐标轴分为四个边长为 R 的相等的正方形 $S^{(1)}$，$S^{(2)}$，$S^{(3)}$，$S^{(4)}$。我们可以取其中之一作为 γ，并再次假设对应的 Γ 不穿过原点。则有

$$\Delta(S) = \Delta(S_1^{(1)}) + \Delta(S_1^{(2)}) + \Delta(S_1^{(3)}) + \Delta(S_1^{(4)}) \tag{1}$$

因为，如果 z 依次描绘了 $S_1^{(1)}$，$\cdots$ 中的每一个，也就会描绘 S 中的每一边一次（见图 A），并且沿相反方向描绘一个更小正方形中不是 S 的边的一部分的那条边 l 两次，并且 l 对于和式（1）的两种贡献值将互相抵消。因为 $\Delta(S) \neq 0$，$\Delta S_1^{(1)}$，$\cdots$ 中至少一个不为 0；我们选择了第一个不为 0 的，称这样选取的正方形为 S_1。则 $\Delta(S_1) \neq 0$

现在我们再用平行于坐标轴的直线将 S_1 分为四个相等的正方形，并重复论证，因此得到了正方形 S_2，边长为 $\frac{1}{2}R$，且有 $\Delta(S_2) \neq 0$。继续这个过程，我们就得到了一系列正方形 S，S_1，S_2，$\cdots$，S_n，$\cdots$，边长分别为 $2R$，R，$\frac{1}{2}R$，$\cdots$，$2^{-n+1}R$，每一个正方形都包含在它前面一个正方形内，对于每一个 n 都有

$$\Delta(S_n) \neq 0$$

如果 S_n 的西南角和东北角为 (x_n, y_n) 和 (x'_n, y'_n)，则 $x'_n - x_n = y'_n - y_n = 2^{-n+1}R$，

从而（x_n）和（y_n）是递增序列，（x'_n）和（y'_n）是递减序列；x_n 和 x'_n 趋向于共同极限 x_0，且 y_n 和 y'_n 趋向于共同极限 y_0。点（x_0，y_0）（或称点 P）位于每一个 S_n 的边界上[1]。给出任意正数 δ，我们可以选择 n 使得 S_n 上每一点与 P 之间的距离小于 δ。因此 P 存在这样的性质，无论 δ 多小，总存在正方形 S_n 包含点 P，所有点与 P 之间的距离都小于 δ，使得 $\Delta(S_n) \neq 0$

我们现在可以证明

$$f(z_0) = f(x_0 + iy_0) = 0$$

这是因为，假设 $f(z_0) = c$，其中 $|c| = \rho > 0$。因为 $f(x_0 + iy_0)$ 是 x_0 和 y_0 的连续函数，所以我们可以选择足够大的 n 使得在 S_n 的所有点都有

$$|f(z) - f(z_0)| < \frac{1}{2}\rho$$

这样就有

$$Z = f(z) = c + \sigma = c(1 + \eta)$$

其中 $|\sigma| < \frac{1}{2}\rho$，$|\eta| < \frac{1}{2}\rho$。从而当 z 描绘出 S_n 时，$am\, Z$ 也不可变；这是一个悖论。因此 $f(z_0) = 0$[2]

（B）我们的第二个证明取决于第 103 课时以后的结果中多变量函数的推广。

正如在第 103 课时中我们所定义的那样，函数 $F(x, y)$ 在诸如 S 一样的正方形所围成的区域 D 中有上边界和下边界。我们可以证明（就像第 105 课时的最后一段的做法[3]）：一个连续函数可以在任何一个这样的区域 D 中取到其上边界和下边界。

设

$$F(x, y) = |f(x + iy)| = |f(z)| = |Z|$$

则 $F(x, y)$ 连续且不会取负值，在 D 中有非负值下边界 m，这个下边界在 D 中

---

〔1〕在论证过程中并没有任何理由表明它不在 S 的边界上，虽然尽管之后看来不会如此。

〔2〕由于 Z 在 S 中的所有点都很大，所以就附带证明了 z_0 不在 S 中。

〔3〕第 105 课时的第一个证明取决于戴德金（Dedekind）分割，而在二维情形中没有与此类似的概念。

的某点 z_0 处可以取到。容易看出，如果 R 很大，则 z_0 在区域 D 内[1]。

假设 $m > 0$。如果我们令 $z = z_0 + \zeta$，且重新将 $f(z)$ 展开成 ζ 的幂级形式，我们就得到

$$f(z) = f(z_0) + A_1\zeta + A_2\zeta^2 + \cdots + A_n\zeta^n$$

其中 A_1，A_2，$\cdots$，A_n 与 ζ 无关。设 A_k 为第一个非零的系数，并记

$$f(z_0) = me^{i\mu}, \quad Ak = ae^{i\alpha}, \quad \zeta = \rho e^{i\phi}$$

我们可以假设 ρ 足够小，使得 $a\rho^k < m$，且

$$\left| A_{k+1}\zeta^{k+1} + \cdots + A_n\zeta^n \right| < \frac{1}{2}a\rho^k$$

则有

$$f(z) = me^{i\mu} + a\rho^k e^{i(\alpha + k\phi)} + g$$

其中 $|g| < \frac{1}{2}a\rho^k$。我们可以选取 ϕ 使得

$$\alpha + k\phi = \mu + \pi \tag{2}$$

则有

$$f(z) = e^{i\mu}\left\{ m - a\rho^k + ge^{-i\mu} \right\}$$

$$|f(z)| = |m - a\rho^k + ge^{-i\mu}| \leqslant m - a\rho^k + |g| < m - \frac{1}{2}a\rho^k < m$$

这是一个悖论。从而推出 $m = 0$，即 $f(z_0) = 0$

当我们选取 ϕ 使之满足（1）时，我们事实上就是在求解方程

$$\zeta^k = -\rho^k e^{i(\mu - \alpha)}$$

换句话说，我们使用了特殊形式的方程

$$z^n - c = 0 \tag{3}$$

总有一个根，即"基本定理"对于二项式方程都成立。当然我们知道，在第 48 课时（以及后面对于三角函数和指数函数的描绘）之后，事实上（3）有 n 个根。

---

〔1〕因为，假设（明显写出 S，D，m_0 和 z_0 与 R 的依赖关系）$m_0(R)$ 和 $z_0(R)$ 对应于 $S(R)$ 和 $D(R)$：则 $z_0(R)$ 可能（根据其定义所指出）在 $S(R)$ 上。然而，给定 R_1 后，我们可以选取 R_2 使得 $|Z|$ 大于 $\frac{1}{2}|a_0||R_2^n|$，所以在 $S(R_2)$ 上以及在它外部的所有点上也都大于 $m(R_1)$；则 $z_0(R_2)$ 在 $S(R_2)$ 内部，也一定在 $S(R)$ 内部，因为有 $R \geqslant R_2$。事实上，从某个 R 值往后，$m(R)$ 和 $z_0(R)$ 都与 R 无关。

　　然而，在寻求这个定理的一个独立于三角函数理论时，也有某种逻辑性的意义。对于特殊方程（3）我们已经给出了证明的方法；李特尔伍德在《伦敦数学学会杂志》（*Journal of the London Mathematical Society*）第 16 卷的第一篇注记中已经展示了我们将"下界"应用到特殊函数

$$f(z) = z^n - c \tag{4}$$

其中 $c = a + \mathrm{i}b \neq 0$。

　　我们知道（第 46 课时的第 14 题），任意二次方程，特别是方程 $z^2 = c$，存在根。事实上，其根为

$$\pm\sqrt{\frac{1}{2}\left(\sqrt{a^2 + b^2} + a\right)} \pm \mathrm{i}\sqrt{\frac{1}{2}\left(\sqrt{a^2 + b^2} - a\right)}$$

如果 $b > 0$，则两个符号相同，如果 $b < 0$，则两个符号相反。因此，如果 $n = 2^\nu N$，其中 N 是奇数，通过求解 ν 个二次方程，我们将求解（3）简化为求解方程 $z^N - d = 0$。因此我们可以假设 n 为奇数。

　　现在我们来讨论特殊函数（4）。存在两种可能性：要么 $z_0 \neq 0$，要么 $z_0 = 0$。如果 $z_0 \neq 0$，则

$$f(z_0 + \zeta) = f(z_0) + n z_0^{n-1}\zeta + \cdots = f(z_0) + A_1\zeta + \cdots$$

其中 $A_1 \neq 0$，使得 $k = 1$。完成此证明只需要求解一个线性方程。另一方面，如果 $z_0 = 0$，则

$$f(z) = f(\zeta) = \zeta^n - c$$

如果我们给 ζ 赋予四个值 $\pm\rho$，$\pm\mathrm{i}\rho$，其中 ρ 值很小，则（因为 n 是奇数）$f(\zeta)$ 也取四个值

$$-c \pm \delta^n, \quad -c \pm \mathrm{i}\delta^n$$

换句话说，如果 P 是点 $f(z_0)$，或是在阿尔干图中的 $-c$，在这四种情况下，代表 $f(z)$ 的四点都是由 P 作小位移而得到，而且每一个小位移都在平行于各轴的四种可能方向上。至少一个小位移能够使得 P 更接近于原点[1]，且如果 ζ 有合适的值，则 $|f(z)| < |f(z_0)|$。因此我们得到了完成证明所需要的矛盾性。此证明

---

　　[1] 使纵坐标不变，而横坐标的绝对值减小，反之亦然。

的主要观点可见于柯西的《数学练习》，第 4 卷，第 65—128 页（虽然是以不够简洁、精确的形式给出的）。对于此证明的描绘见于德亨特的《方程理论》第 2 章。

在对"基础定理"给出的诸多证明中，或许令代数学家最满意的一个证明就是"高斯第二证明"（由后来的数学家给出的简化形式之一）。见高斯所著的《主要作品》的第 3 卷，第 33—56 页，或者见佩龙所著的《代数》，第 1 卷，第 258—266 页。然而这些证明要更长。

例题集

1. 证明：$f(z) = 0$ 在不穿过任意根的闭环内根的数目等于当 z 描绘出此闭环时

$$\frac{1}{2\pi \mathrm{i}} \log f(z)$$

的增量。

2. 证明：如果 R 为任意满足

$$\frac{|a_1|}{R} + \frac{|a_2|}{R^2} + \cdots + \frac{|a_n|}{R^n} < 1$$

的数，则 $z^n + a_1 z^{n-1} + \cdots + a_n = 0$ 的所有根的绝对值小于 R。特别地，证明：$z^5 - 13z - 7 = 0$ 的所有根的绝对值都小于 $2\frac{1}{67}$。

3. 求出方程 $z^{2p} + az + b = 0$ 的实数部分为正以及实数部分为负的根的个数，其中 a 和 b 是实数，p 为奇数。证明：如果 $a > 0$，$b > 0$，则根的个数为 $p-1$ 和 $p+1$；如果 $a < 0$，$b > 0$，则根的个数为 $p+1$ 和 $p-1$；如果 $b < 0$，则个数为 p 和 p。讨论 $a = 0$ 或 $b = 0$ 时的特殊情形。并验证当 $p = 1$ 时的结果。

〔当 z 描绘出一个中心在原点、半径为 R 的大半圆，以及此半圆截下的虚数轴的部分时，求出 $am(z^{2p} + az + b)$ 的变化曲线。〕

4. 相似地，考虑方程

$$z^{4q} + az + b = 0, \quad z^{4q-1} + az + b = 0, \quad z^{4q+1} + az + b = 0$$

5. 证明：如果 α 和 β 是实数，则方程 $z^{2n} + \alpha^2 z^{2n-1} + \beta^2 = 0$ 的实数部分为正以及实数部分为负的根的个数分别为 $n-1$ 和 $n+1$，或者 n 和 n，这取决于 n 是奇数还是偶数。（《数学之旅》，1891）

6. 点 z_1，z_2，z_3 构成了复平面上的一个三角形，这个三角形的内部在从 z_1 到 z_2 的这条边的左边。证明：当 z 沿着连接点 $z=z_1$，$z=z_2$ 的直线，从接近 z_1 的一点移动到接近 z_2 的一点时，

$$am\left(\frac{1}{z-z_1}+\frac{1}{z-z_2}+\frac{1}{z-z_3}\right)$$

的增量近似等于 π。

7. 包含三点 $z=z_1$，$z=z_2$，$z=z_3$ 在内的路径是由 z_1，z_2，z_3 所构成的三角形各边，以及以此三点为圆心的三个小圆在三角形外部的部分所定义。证明：当 z 描绘出此路径时，

$$am\left(\frac{1}{z-z_1}+\frac{1}{z-z_2}+\frac{1}{z-z_3}\right)$$

的增量为 -2π。

8. 证明：环绕立方方程 $f(z)=0$ 的所有根的锥形路径也包含着方程 $f'(z)=0$ 的根。

$\left\{\right.$ 使用公式

$$f'(z)=f(z)\left(\frac{1}{z-z_1}+\frac{1}{z-z_2}+\frac{1}{z-z_3}\right)$$

$\left.\right.$［其中 z_1，z_2，z_3 是 $f(z)=0$ 的根］，并使用第 7 题的结果。$\left.\right\}$

9. 证明：方程 $f'(z)=0$ 的根是椭圆与三角形（z_1，z_2，z_3）在各边中点相切的椭圆焦点。［证明过程参见切萨罗的《代数分析的基本原理》，第 252 页。］

10. 将第 8 题的结果推广到任意幂级的方程中去。

11. 如果 $f(z)$ 和 $\phi(z)$ 是 z 的两个多项式，γ 是不经过 $f(z)$ 的任意根的路径，且对于 γ 上所有点都有 $|\phi(z)|<|f(z)|$，则方程

$$f(z)=0,\ f(z)+\phi(z)=0$$

在 γ 内的根的数目相同。

12. 证明：方程

$$e^z=az,\ e^z=az^2,\ ez=az^3,$$

（其中 $a>e$），分别有（i）一个正根，（ii）一正一负两根和（iii）在圆 $|z|=1$ 内有一正根、两复数根。

附录 3

双极限问题的注记

在第九章和第十章中我们考虑并分析了一些一般问题的特殊情形。

在第 220 课时中我们证明了

$$\log(1+x) = x - \frac{1}{2}x^2 + \frac{1}{3}x^3 - \cdots$$

其中 $-1 < x \leq 1$，通过积分方程

$$\frac{1}{1+t} = 1 - t + t^2 - \cdots$$

在 0 和 x 之间。基于这一点，我们要证明的就是

$$\int_0^x \frac{\mathrm{d}t}{1+t} = \int_0^x \mathrm{d}t - \int_0^x t\,\mathrm{d}t + \int_0^x t^2\,\mathrm{d}t - \cdots$$

或者换句话说，无穷级数

$$1 - t + t^2 - \cdots$$

之和的积分取在极限 0 和 x 之间，等于取相同极限的各项的积分之和。另一种表达方法为：从 0 到求和，从 0 到 x 积分，在应用到函数 $(-1)^n t^n$ 上是可以互换的，即函数的表达顺序并无所谓。

在第 223 课时，我们还证明了指数函数的微分系数

$$\exp x = 1 + x + \frac{x^2}{2!} + \cdots$$

本身就等于 $\exp x$，或者

$$D_x\left(1 + x + \frac{x^2}{2!} + \cdots\right) = D_x 1 + D_x x + D_x\,\frac{x^2}{2!} + \cdots$$

这就是说，级数之和的微分系数等于各项的微分系数之和，或者说当应用到 $\frac{x^n}{n!}$ 时从 0 到 ∞ 求和与对于 x 求导的操作是可以互换的。

相同地，我们已经在相同的章节里证明过函数 exp x 是 x 的连续函数，或者换句话说，有

$$\lim_{x\to\xi}\left(1+x+\frac{x^2}{2!}\right)=1+\xi+\frac{\xi^2}{2!}+\cdots=\lim_{x\to\xi}1+\lim_{x\to\xi}x+\lim_{x\to\xi}\frac{x^2}{2!}+\cdots$$

即级数之和的极限等于各项的极限之和，或者级数之和对于 $x=\xi$ 连续，或者说当从 0 到 ∞ 的求和，以及使得 x 趋向于 ξ 的极限运算在应用到 $\dfrac{x^n}{n!}$ 时是可以交换的。

在每一种情况下，我们对于结果的正确性都给出了特殊的证明。我们并没有证明任何一个一般性的理论，由此一般性的定理可以立即推出其中任何一个特殊结论的正确性。在例 37 的第 1 题中我们看到，有限数目的连续项之和本身仍然是连续的，且在第 114 课时中，有限项之和的微分系数等于它们微分系数之和；且在第 165 课时中我们陈述了对于定积分的对应原理。例如，我们已经证明了：在某些特定情况下由符号

$$\lim_{x\to\xi}\cdots,\quad D_k\cdots,\quad \int_a^b\cdots\mathrm{d}x$$

所象征的各种运算，对于有限数目项的求和运算也是可以互换的。自然地，我们也可以精确地定义，对于无限数目项的求和运算也是可交换的。可以很自然地如此假设；但是我们目前只能说这些。

关于可交换与不可交换运算的几个额外的例子也有助于阐述这些要点。

（1）乘以 2 和乘以 3 总是可以交换的，因为对于所有的 x 值，都有

$$2\times3\times x=3\times2\times x$$

（2）取 z 的实数部分的运算与乘以 i 不可能互换，除非 $z=0$；因为

$$\mathrm{i}\times R\,(x+\mathrm{i}y)=\mathrm{i}x,\quad R\{\mathrm{i}\times(x+\mathrm{i}y)\}=-y$$

（3）当应用到函数 $f(x,y)$ 时，之前两个变量 x 和 y 的极限 0 的运算可能可以互换，也有可能不可以互换。因此

$$\lim_{x\to0}\left\{\lim_{y\to0}(x+y)\right\}=\lim_{x\to0}x=0,\quad \lim_{y\to0}\left\{\lim_{x\to0}(x+y)\right\}=\lim_{y\to0}x=0$$

但是另一方面有

$$\lim_{x\to0}\left\{\lim_{y\to0}\frac{x-y}{x+y}\right\}=\lim_{x\to0}\frac{x}{x}=\lim_{x\to0}1=1$$

$$\lim_{y \to 0}\left\{\lim_{x \to 0}\frac{x-y}{x+y}\right\} = \lim_{y \to 0}\frac{-y}{y} = \lim_{y \to 0}(-1) = -1$$

（4）运算 $\sum_1^\infty \cdots$，$\lim_{x \to 1} \cdots$ 可能可以互换，也可能不可以互换。例如，当 x 取小于 1 的值且 $x \to 1$，则

$$\lim_{x \to 1}\left\{\sum_1^\infty \frac{(-1)^{n-1}}{n}x^n\right\} = \lim_{x \to 1}\log(1+x) = \log 2$$

$$\sum_1^\infty\left\{\lim_{x \to 1}\frac{(-1)^{n-1}}{n}x^n\right\} = \sum_1^\infty\frac{(-1)^{n-1}}{n} = \log 2$$

但是另一方面有

$$\lim_{x \to 1}\left\{\sum_1^\infty (x^{n-1}-x^n)\right\} = \lim_{x \to 1}\{(1-x)+(x-x^2)+\cdots\} = \lim_{x \to 1}1 = 1$$

$$\sum_1^\infty\left\{\lim_{x \to 1}(x^{n-1}-x^n)\right\} = \sum_1^\infty(1-1) = 0+0+0+\cdots = 0$$

前面的例题表明，对于两种给定运算的互换问题存在三种可能性，即：（1）运算总是可互换的；（2）除非特殊情况，不可互换；（3）在分析中出现的绝大多数情况下是可互换的。

真正重要的情形是（正如第九章的例题所表明的那样）每一项运算都包含了到极限的过程，比如一个无穷级数的求和或微分：这样的运算被称为极限运算（limit operations）。确定两个给定极限运算是否可互换，是数学中最重要的问题之一；但是通过一般性定理的方法来处理这样的问题，就远远超出了本章节讨论的范围。

然而，一般问题的答案就在以上例题之中。如果 L 和 L' 是两个极限运算，则数 $LL'z$ 和 $L'Lz$ 按照一般意义来说并不相等。通过练习，我们也总是可以找到 z 使得 $LL'z$ 和 $L'Lz$ 互不相同。但是如果我们用更"实际"的词语，则一般意义上就相同了，即绝大多数情况下都自然发生。实际上，通过假设两个极限运算可互换而得到的结果很可能成立；无论如何都对考虑的问题给出了有价值的建议。但是由于缺少对于一般问题的进一步研究，或者缺少对于像在第 220 课时给出的对特别问题的特殊钻研，这样得到的答案只能被视为仅有参考价值，但却未被证明的结论。

附录 4

分析和几何中的无穷

有些（尽管不是所有）分析几何中的系统包含"无穷的"元素：无穷远处的直线，圆的无穷远点，等等。本附录的要点在于指出：这些概念与极限的分析理论无关。

在所谓的"通常笛卡尔几何"中，一点代表一对实数 (x, y)。一条直线就是满足直线关系 $ax + by + c = 0$ 的一组点，其中 a 和 b 不都是 0。这里并没有无限的元素，两条直线也可能没有公共点。

在一个实的幂级相同的几何系统中，一点也是一族不全为 0 的三元实数组 (x, y, z)，当每一部分成比例时，它们就被归类于一族。一条直线就是一族满足线性关系 $ax + by + cz = 0$ 的点，其中 a，b，c 不全为 0。在某些系统里，一点或一条直线相互建立在完全相同的基础之上。而在另一类系统中，某些"特殊的"点和直线也被特殊对待，重点要强调的部分也建立在这些特殊元素与其他元素的关系这一基础上。例如，在"实数幂级相同的笛卡尔几何"中，那些满足 $z = 0$ 的点是特殊的，其中也有一条特殊线，即直线 $z = 0$。这条特殊的直线被称为"无穷远的直线"。

本附录并不是一篇几何学的论文，本书也没有仔细地阐述此问题。重点是：分析中的无穷是一种"极限"无穷，而不是"事实"无穷。在整本书中，符号"∞"都被视为一个"不完全的符号"，并没有赋予任何意义，尽管我们已经对包含该符号的某些用语中赋予了意义。但是几何的无穷是事实的无穷而不是极限的无穷。"无穷远的直线"与其他直线含义相同。

很可能在"幂级相同的"笛卡尔几何和"通常的"笛卡尔几何中设定一个关系式，在这种关系下，第一个几何系统中除掉某些特殊元素外的所有元素都与第

二个系统有关联。例如直线

$$ax + by + cz = 0$$

对应于直线

$$ax + by + c = 0$$

第一条直线的每一点（除了满足 $z=0$ 的一点）都与第二条直线相关联。当 (x, y, z) 在第一条直线上变化，并且趋向于特殊点 $z=0$ 时，第二条直线上的对应点也如此变化，使得与原点的距离趋向于无穷。这个关系在历史上很重要，因为本学科的专业词汇由此诞生，且对于例证经常是有用的。不过它也仅仅是例证，在此基础上不会建立对几何无穷的合理解释。关于这些问题的困惑在学生中很普遍，原因在于：最常用的分析几何课本中，有时把例证当作了事实。

对于分析和几何关系感兴趣的读者可以参考

戴维·希尔伯特，《几何学基础》（英语版《几何学基础》，芝加哥，1938）；

哈茹阿和沃德，《射影几何导论》，牛津，1937；

罗宾逊，《几何学的基础》，多伦多，1940；

维布伦和杨格，《影射几何学》，第一卷，纽约，1910；

以及作者在《数学学报》，卷 12，1925 年，第 309—316 页刊登的文章"什么是几何？"。

中国古代物质文化丛书

《长物志》
〔明〕文震亨 / 撰

《园冶》
〔明〕计 成 / 撰

《香典》
〔明〕周嘉胄 / 撰
〔宋〕洪 刍 陈 敬 / 撰

《雪宦绣谱》
〔清〕沈 寿 / 口述
〔清〕张 謇 / 整理

《营造法式》
〔宋〕李 诫 / 撰

《海错图》
〔清〕聂 璜 / 著

《天工开物》
〔明〕宋应星 / 著

《髹饰录》
〔明〕黄 成 / 著 扬 明 / 注

《工程做法则例》
〔清〕工 部 / 颁布

《清式营造则例》
梁思成 / 著

《中国建筑史》
梁思成 / 著

《文房》
〔宋〕苏易简 〔清〕唐秉钧 / 撰

《鲁班经》
〔明〕午 荣 / 编

"锦瑟"书系

《浮生六记》
〔清〕沈 复 / 著 刘太亨 / 译注

《老残游记》
〔清〕刘 鹗 / 著 李海洲 / 注

《影梅庵忆语》
〔清〕冒 襄 / 著 龚静染 / 译注

《生命是什么？》
〔奥〕薛定谔 / 著 何 滟 / 译

《对称》
〔德〕赫尔曼·外尔 / 著 曾 怡 / 译

《智慧树》
〔瑞士〕荣 格 / 著 乌 蒙 / 译

《蒙田随笔》
〔法〕蒙 田 / 著 霍文智 / 译

《叔本华随笔》
〔德〕叔本华 / 著 衣巫虞 / 译

《尼采随笔》
〔德〕尼 采 / 著 梵 君 / 译

《乌合之众》
〔法〕古斯塔夫·勒庞 / 著 范 雅 / 译

《自卑与超越》
〔奥〕阿尔弗雷德·阿德勒 / 著 刘思慧 / 译